多孔陶瓷实用技术

罗民华　编著

中国建材工业出版社

图书在版编目（CIP）数据

多孔陶瓷实用技术/罗民华编著. —北京：中国建材
工业出版社，2006.3
ISBN 7 – 80227 – 020 – 0

Ⅰ. 多... Ⅱ. 罗... Ⅲ. 陶瓷-无机材料-基本
知识 Ⅳ. TB321

中国版本图书馆 CIP 数据核字（2006）第 004278 号

多孔陶瓷实用技术
罗民华 编著

出版发行：中国建材工业出版社
地 址：北京市西城区车公庄大街 6 号
邮 编：100044
经 销：全国各地新华书店
印 刷：北京鑫正大印刷有限公司
开 本：787mm×1092mm 1/16
印 张：23.5
字 数：567 千字
版 次：2006 年 3 月第 1 版
印 次：2006 年 3 月第 1 次
定 价：48.00 元

网上书店：www.ecool100.com

前　　言

多孔陶瓷是陶瓷的一个类别，它不仅具有普通陶瓷的化学稳定性好、刚度高、耐热性好等优良特性，还有更多的因其孔洞结构而具有的性能，如密度小、质量轻、比表面积大、导热系数小等等。由于其具有独特的化学、力学、热学、光学、电学等方面的性能，多孔陶瓷已经成为一类具有巨大应用潜力的材料。目前的应用领域已经涉及到环保、能源、航空航天、冶金、石油化工、建筑、生物医学、原子能、电化学等领域。用于分离过滤、吸声隔音、载体、隔热、换热、传感器、曝气、电极、生物植入、蓄热等许多场合。所有的应用产生了巨大的经济效益和社会效益。

或许具体的例子可以更好地说明多孔陶瓷孔结构的"妙处"。以下这些应用从不同的角度利用多孔陶瓷的孔结构，所起到的作用有些出人意料。

如：由无机盐和陶瓷基构成的显热/潜热复合储能材料（Composite Energy Storage Materials，即CESM），具有多孔结构，无机盐分布在陶瓷基体超微多孔网络中，当温度高于无机盐的熔点时，无机盐熔化而吸收潜热，但因毛细张力而不流出。由 CESM 构成的储热系统，可同时利用熔盐的潜热和陶瓷与无机盐材料的显热储存热能，因而它既有潜热储能密度大，且能量输出稳定和显热储能元件可与换热流体直接接触换热的优点，又克服了潜热存储系统成本高和熔盐腐蚀的缺点。CESM 可用于太阳能高温利用和余热回收，当替代耐火砖时，其蓄热量提高 2～2.5 倍。

又如：为保持高速公路路面的良好状况，对已损坏路面的修复正受到高度关注。在一些发达国家，应用修补机对高速公路进行修补的修复技术已相当成熟，机械化、自动化的操作，既快速，又经济、实效，且修复后的修补面和原来的路面结合紧密，表面平整一致（这是国内传统的修补技术所无法比拟的）。而这一切都离不开修补机上所装配的一种对路面加热的装置，该装置就是让一定压力、流量和流速的可燃气体在其内置的耐火多孔陶瓷材料中燃烧，并通过被加热耐火材料的热辐射来烘烤公路修补面，这样修补的路面非常平整。

为了能够达到高速公路修补机施工技术的要求，对加热砖的性能要求如下：

（1）透气量适中，以保证可燃气体能够进入制品内部，并能在其内部燃烧，以达到通过加热制品，使热量辐射到地面来达到烘烤的目的。若透气量过小，则可燃气体进入制品困难，不能产生足够的燃烧；透气量过大，则火焰易从制品内窜出，形成对路面的明火加热，易造成路面受热不均。

（2）热震稳定性好。由于该加热装置属于间歇性操作，故提高热震稳定性才能提高其使用寿命。

（3）体积密度要小，也就是制品要轻，以便于设备的移动。

（4）要有足够的强度，以抵抗机械力的作用。

对加热砖的性能指标要求如下：透气度 160μm，热震稳定性（1100℃水冷）≥10 次，体积密度≤1.3g/cm³，常温耐压强度≥4MPa，耐火度≥1750℃。

再如，俄罗斯专家开发出一种新型多孔陶瓷材料，用该材料制成的压力变换器可以大大提高医用便携式超声诊断仪的诊断精度。

超声诊断仪的诊断精度主要取决于其"心脏"部件——压力变换器的工作性能。压力变换器由多孔材料制成，材料内部小孔的大小、形状和分布状况会影响压力变换器的超声测量效果。俄罗斯国立罗斯托夫大学研究人员利用专门的数学方法计算出小孔的最佳大小、形状和分布状况，并利用他们自己开发出的材料合成技术，向锆钛酸铅溶液中充入气泡，从而得到了理想的用来制造压力变换器的多孔陶瓷材料。

实验证明，利用这种陶瓷材料制成的压力变换器，可以使便携式超声诊断仪的诊断精度达到与庞大而昂贵的台式诊断仪精度相近的效果。

从这三个例子中，读者可以体会到多孔陶瓷孔结构的妙用。还有更多的实例将在各个相应的章节中介绍。

本书共分十章：前四章系统地介绍了多孔陶瓷的概念、各种类别、制备技术、性能测试、孔结构表征；后六章分别较全面地介绍了多孔吸声隔音陶瓷、绝热和超绝热多孔陶瓷、多孔陶瓷载体、多孔过滤陶瓷、生物多孔陶瓷、多孔陶瓷传感器。全书着重介绍了各种实用技术特别是制备技术。

在本书中关于孔的描述有孔隙、气孔、孔洞、孔穴、细孔、微孔、宏孔、大孔等。这些词汇基本含义都相同，是指相对于多孔陶瓷中的固相而言，包含在材料中的气相。它们也有差别，这些差别很容易根据词汇本身理解，相信读者可以根据不同的文献语境体会到其中的区别。本书尽可能地保留了所引用文献的提法。

本书虽然想尽可能地全面介绍多孔陶瓷，然而由于多孔陶瓷应用范围广泛，限于篇幅本书不可能面面俱到。如目前已经应用非常普遍的多孔陶瓷膜，因这方面的书籍已经很多，所以在本书中没有进行全面介绍，只是在多孔过滤陶瓷中涉及到一些。同样，多孔陶瓷分子筛也有专门的书籍介绍，本书基本没有涉及。此外，多孔陶瓷用作蓄热材料、换热材料、多孔陶瓷辐射板、储氢材料、电化学膜以及与其他材料的复合多孔材料等等，他们的性能、制备方法等限于篇幅，本书也不再详细介绍。如果以后有机会的话再整理出来介绍给大家。

在编著本书的过程中，参阅了国内外几百篇学术论文、书籍、公开的专利以及网上的资料，在此谨向这些作者表示衷心的感谢。另外，非常感谢郝旭君、陈百远、王安根、张凯、何海峰、张山川、支楠、常伟等同学，他们分别参与了多孔陶瓷传感器、多孔吸声隔音陶瓷、多孔陶瓷孔结构的表征、多孔陶瓷的性能、绝热及超绝热多孔陶瓷、多孔生物陶瓷、多孔过滤陶瓷、多孔陶瓷载体等部分的编写工作。

多孔陶瓷的广泛应用涉及的知识面相当宽广，不仅仅需要材料方面的知识，还需要诸如生物医学、无机和有机化学、流体力学、食品学、电子电工学等方面的相关知识。作者在试图全面、系统地介绍多孔陶瓷时不免要涉足自己不熟悉的专业领域，限于自身的知识面和学识水平，其中不妥之处在所难免，还望各位读者批评指正。

作　者
2005 年 10 月

目　　录

第1章 多孔陶瓷概述

在介绍本书之前我们先来了解一下在日常生活、工业、农业、环境保护等领域已经应用的多孔陶瓷。

从这些应用实例出发，引出了研究开发多孔陶瓷的意义；然后本章再对多孔陶瓷进行定义，面对各种各样的多孔陶瓷的定义，作者进行了综合比较，提出了较为科学的定义。为了进一步对多孔陶瓷有个整体的了解，接着介绍了多孔陶瓷的各种类型，最后介绍多孔陶瓷的性能，以引出第2章多孔陶瓷的性能及其测试。

1.1 多孔陶瓷的应用实例

1.1.1 日常生活中用到的多孔陶瓷

让我们先来看看日常生活中用到的多孔陶瓷。

（1）漂亮的"香瓶"

轻质微孔陶瓷瓶是一种具有很好的内吸与散发功能的新型多孔陶质产品。它能将各种液体、低黏度膏体较快地内吸于陶瓷基体内，然后通过表面均匀分布的显微气孔缓慢地散发到空气中。目前欧美及日本等国广泛用来存放各种香料以对空间环境进行净化，其效果显著，倍受欢迎。这种微孔陶瓷瓶可以做成各种形状，作为装饰品使用（如图1-1所示）。

图1-1 作为装饰品的微孔陶瓷瓶

多孔陶瓷可以作为液体蚊香及香精油的吸收器，图1-2中瓶中间插入的那根就是吸满了液体的多孔陶瓷。

（2）鱼缸里的多孔陶瓷

在喜欢养鱼的家庭中，或者在酒店、餐厅养鱼处，经常要对鱼缸里的水充入氧气，充入氧气的曝气装置里就有多孔陶瓷，如图1-3所示。这种用于曝气装置的多孔陶瓷既可以适用于淡水的曝气，也可以适用于海水的曝气。

（3）变废为宝的多孔砖

在提倡环保、陶瓷生产绿色化的呼声下，一种环保型透水砖应运而生。它利用煤矸石及工业尾矿、建筑垃圾及陶瓷废料等作为集料，加入粘结剂和成孔剂烧结而成，由于具有防滑、耐磨、吸声以及超强的透水功能，下雨时可迅速大量地吸收保存水分，以后再慢慢蒸发以保湿降温，解决了城市地表硬化与水分流失的问题。

图 1-2　用于液体蚊香器的多孔陶瓷

一直是河床堵塞大问题的黄河淤沙现在变废为宝，成为盖起幢幢高楼的新材料。据报道，山东淄博市首创的河沙煤矸石烧制节能砖新技术，目前已在高青县全面推广，其烧制的"烧结黄河淤沙多孔砖"全面应用于居住工程。

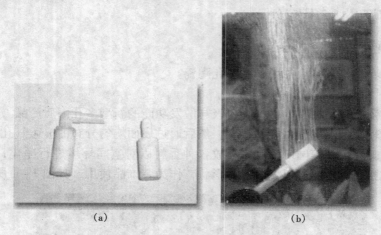

(a)　　　　　　　　　　(b)

图 1-3　曝气装置的多孔陶瓷
(a) 外形；(b) 使用情况

据了解，由于位于黄河下游，淄博市高青县沿黄段一到汛期便面临严峻的防汛考验，大量河沙由于无法及时处理而成为当地政府的一块心病。能不能变废为宝，让其在工程建设中发挥作用？淄博市建委部分科技人员和老专家于今年初多次到沿黄地段实地考察，他们采取多组泥沙实验样品进行化验分析，并结合该市煤矸石制砖的生产工艺和高青县粉煤灰利用的现状，利用煤矸石粉和粉煤灰作为燃料，掺加 80% 黄河淤沙，于今年初试制成功了"烧结黄河淤沙多孔砖"。

实验表明，这种砖强度高、空心率大、导热系数低，是代替实心黏土砖的理想产品。目前，在淄博市建委科技人员的指导下，高青县建设局已对烧结黏土砖的砖厂进行了技术改造，并投入 200 万元购置了新型制砖设备，一个现代化的制砖生产线已初步建成并投产。淄博市建委也正式批准该县今年新建设的所有居住工程，全部按照"节能型黄河淤沙多孔砖"进行结构设计。采用这项新技术后，按高青县年建设用砖 5000 万块标砖计算，每年可节省

172.8 万立方米黏土，至少可节省耕地 600 亩。

（4）具有调节功能的健康瓷砖

最近日本 INAX 公司研制开发出一种名为"EIKOKALATTO"的健康瓷砖，它不仅降低了有害化学成分的含量，而且更具有调节室内湿度的作用。

这种瓷砖是利用富含矿物质且有微细小孔的黏土作为原料烧制而成的，当室内温度过高时，这些小孔便会适当吸收水分并储存在瓷砖的内部，等到湿度下降时再缓慢挥发，从而达到有效控制室内湿度及温度的作用。虽然该产品比普通砖的成本稍高，由于其对自然环境和人体健康有保护作用，所以市场前景很被看好。

1.1.2 工业环保等领域中多孔陶瓷的作用

多孔陶瓷在工业方面的应用就更广泛了，下面列举的是一些典型的事例。

（1）消声器

在城市生活中，噪音是一种重要的污染。走在城市的街道上，可以听到来自于汽车排气管、飞机飞行以及空调压缩机工作等造成的各种让人心烦的噪声，而这一切其实都可以通过应用多孔陶瓷得以缓解，甚至消除。多孔陶瓷具有丰富的孔隙，当声波传播到多孔陶瓷上时，在网状的孔隙内引起空气的振动，进而通过空气与多孔陶瓷基体之间的摩擦，声波的能量转变成热能而被消耗，从而达到消除噪声的效果。现在已经得到应用的多孔陶瓷包括安装在汽车排气管中间的蜂窝状多孔陶瓷，用来减少汽车排气管的噪音。一些新型建筑材料也广泛采用多孔泡沫陶瓷作为墙体材料，实践证明可以达到非常好的隔音效果，在住宅、影剧院、医院等需要隔离噪音的场所具有广阔的应用前景。

多孔陶瓷作为吸声材料，可以应用在地铁、高速公路两侧、大型公共场所、影视院等场合。目前用作吸声材料的多孔陶瓷有：①无机纤维吸声材料，如玻璃棉、矿物棉和岩棉等。这类材料不仅具有良好的吸声性能，而且具有质轻、不燃、不腐、不易老化、价格低廉等特性。但因为易折断形成粉尘散逸而污染环境，吸潮后其吸声性能就会大大减弱等缺点，正在被逐渐取代。②泡沫吸声材料，如吸声泡沫玻璃、吸声陶瓷、吸声泡沫混凝土等。③吸声建筑材料，如吸声粉刷、微孔吸声砖、陶瓷吸声板、珍珠岩吸声板等。

（2）过滤与分离

各种废气、城市生活污水和工业废水都需要进行相应的过滤和分离才能排放到自然环境中，多孔陶瓷则扮演着"环境净化使者"的角色。废气和废液中常常含有一些有毒有害的物质，比如汽车尾气和发电厂烟气中的烟尘，半导体工业废水中的重金属元素等都是重要的环境污染源，如果不加以处理，则会造成酸雨、河流和土壤的污染等严重后果。使用多孔陶瓷，让废气或废液通过多孔的陶瓷体，其中的有害物质颗粒物就会被拦截或者吸附在多孔结构中，而净化后的气体或液体就可以排放到自然界中了。

这方面的一个典型应用就是柴油机尾气过滤。在城市中，大量公交车都是采用柴油机发动的，但是柴油因为燃烧不完全，在尾气中存在大量的微细碳粒，这也就是我们常常看到的公交车行驶中排放的"黑烟"，这些颗粒物如果被人体吸入就会产生各种呼吸道疾病。柴油车尾气颗粒物过滤的途径是让尾气通过一种"壁流式"的蜂窝陶瓷，这种材料通过一定的模具挤出成型获得类似于马蜂窝一样的结构，但是蜂窝结构的孔道分别在两端被一隔一地堵上，因此当尾气从入口孔道进入后必须流过蜂窝陶瓷孔道的壁，并从出口孔道排出，这也就是这种蜂窝陶瓷被称为"壁流式"的原因（如图1-4所示）。因为气体分子非常小，所以很容易通过疏松多孔的孔壁材料，而尾气中的颗粒物则被捕集在孔壁表面。但是，当捕集的颗粒物数量达到一定程度时，就需要通过燃烧碳粒，再生过滤器，这样才能降低气流阻力，继续正常使用。

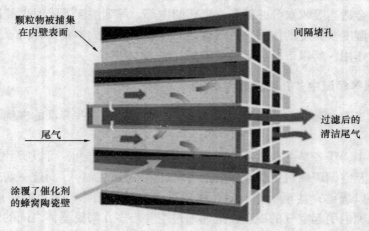

图1-4　壁流式蜂窝陶瓷的过滤机制

　　这种壁流式蜂窝陶瓷应用于高温废气的除尘也是多孔陶瓷的一个应用典范。在发达国家，利用多孔陶瓷除尘是一种最新、最有效的高温烟气除尘技术，我国有热电厂几百座、工业锅炉几十万台，每年排放的烟尘高达一亿吨以上，造成严重的环境污染问题，如果采用多孔陶瓷除尘将带来巨大的环保效益。

　　此外，还可以用来熔融金属过滤、各种化工过滤、食品医药过滤、各种气体过滤分离等。

　　多孔材料用于过滤分离带来了可观的经济效益，美国能源部矿物能源开发局分析了多孔无机膜在精炼生产上的应用。该项研究表明聚合膜和压力振荡吸收（PSA）已经大量渗入到精炼工业，尤其是氢的回收。传统氢的生产使用蒸汽重整的方法，而通过膜或PSA回收同体积的氢，所需费用仅为前者的1/3~1/2。这引起了人们对过滤分离膜的进一步关注，特别是孔径在纳米量级的多孔材料，具有许多独特的性质和较强的应用性，引起了欧美科学界以及工商界的重视。不少媒体报道了有关企业在多孔材料实际应用方面的新进展。美国能源部很早就为用于选择透过膜分离技术的多孔材料的研究提供了巨额资助。

　　（3）催化剂载体

　　利用多孔陶瓷的高比表面积、耐热、耐腐蚀、易再生等特性，是用作催化剂载体很合适的材料。

　　催化剂载体具有下述几方面的作用：

　　①增大有效表面积和提供合适的孔结构；

　　②提高催化剂的机械强度，包括耐磨性、硬度、抗压强度和耐冲击性等；

　　③提高催化剂的热稳定性；

④提供催化反应的活性中心；

⑤和活性组分作用形成新的化合物；

⑥增加催化剂的抗毒性能，降低对毒物的敏感性；

⑦节省活性组分用量，降低成本。

由于多孔陶瓷的高比表面积，使其在作为催化剂载体中，可以增加有效的接触面积，提高催化效果，而且具有耐热、耐腐蚀、不污染、机械强度高、硬度高、可以加工成型、成本低的优点。对其表面进行控制后，还可以固定催化剂等。因此在石油、食品卫生、环保等化工工艺中得到广泛的重视和应用，因此促进了多孔陶瓷的发展。

在化工领域，包括有机化工和无机化工，都可应用多孔陶瓷为催化剂载体。作为接触燃烧催化剂载体时，可用于化工厂、印刷厂、食品厂、畜牧部门有毒、恶臭等有害气体的处理。特别是应用于汽车尾气的氧化处理，汽车尾气是城市空气污染的最主要来源，因此对汽车尾气进行处理的要求越来越严，目前普遍使用蜂窝陶瓷作催化剂载体。

用于汽车尾气净化的蜂窝陶瓷，具体而言是在多孔陶瓷基体上形成高比表面积的过渡层材料，然后将催化剂负载于这层高比表面积的过渡层上，就构成了一组催化反应器。比如汽车尾气中的氮氧化物（NO_x）、一氧化碳（CO）等对人体有害的气体，就可以通过催化转化作用变成氮气（N_2）和二氧化碳（CO_2）这些没有毒性的气体，排放到大气中。虽然起催化作用的是催化剂，但是多孔陶瓷支撑体起到了提供催化反应器和分散催化剂的重要作用，而且支撑体本身性能的优劣（化学稳定性、热稳定性等）将直接影响到催化剂效能的发挥。图1-5为堇青石蜂窝陶瓷载体材料及其应用。

（4）固定化酶载体材料

固定化酶是20世纪70年代迅速发展起来的一个新的科技领域，它的产生和发展不仅打破了生物化学的传统概念，也给工业革命带来了强大的动力。在国外，固定化酶已被广泛用于氨基酸的拆分和提纯、葡萄糖和果糖的生产、诊断和分析试剂的制造、消除公害、特定的化学反应等等，几乎包括水产、纤维、造纸、化学、药品、石油、钢铁、金属、机械、电力等所有的产业部门。

目前对于固定化酶的研究，已经涉及到生物学、生物化学、酶化学、发酵工程、生物化学工程、有机化学、合成化学、催化化学、高分子化学、化学工程、材料学、医学及药学等各个学科领域。我国在固定化酶的研究方面，也取得了不少成绩，如用固定化大肠杆菌酰胺酶裂解青霉素生产6-APA，不仅大大简化了操作，而且使6-APA的生产成本下降了三分之一以上。

已经使用的无机载体有氧化铝、皂土、白土、高岭土、多孔玻璃、硅胶、二氧化钛、磷灰石等；无机材料作为固定化酶载体的优点逐渐显露出来。

目前，无机载体加以修饰使之与酶结合的技术取得了重大突破。在这方面，美国的UOP公司以氧化铝为载体，德国的Miles公司以二氧化硅为载体制备固定化酶都取得了显著的成效。这使得固定化酶无机材料载体的研究及应用走向高潮。无机材料为载体制备固定化酶与有机材料相比，具有有机材料不具备的优点，如稳定性好、机械强度高，具有适宜的孔结构、易于再生等。

（5）保温隔热材料

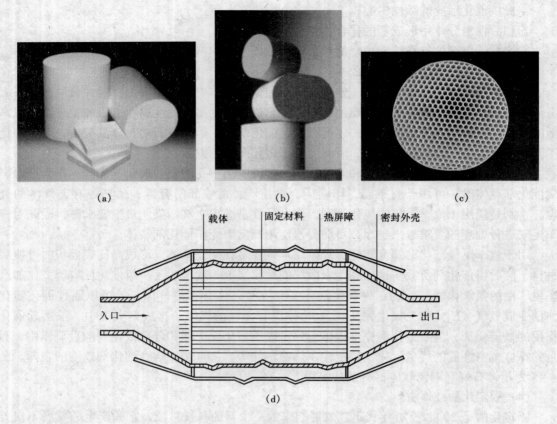

图 1-5 蜂窝陶瓷及其应用

(a)、(b)、(c) 为不同外形、孔道形状的蜂窝陶瓷；(d) 汽车尾气催化剂载体使用情况剖面图

用作保温隔热材料的多孔陶瓷主要利用其多孔、耐热、耐腐蚀等特点，这也是多孔陶瓷最传统的应用之一。这主要是由于多孔陶瓷气孔中所包含的空气具有较低的导热系数，并且封闭的孔洞限制了空气的对流，从而使多孔陶瓷整体上是低导热系数材料，所以这种材料具有很好的隔热保温效果。特殊场合为了增加其隔热性能，还可将内部气孔抽真空，目前世界上最好的隔热材料正是这类材料，称之为"超级隔热材料"。其传热系数比硬质聚甲酸乙酯泡沫低上千倍。这种材料可用于高级保温，如保冷集装箱。

利用多孔陶瓷的这种优点可以将其应用于各种防止热辐射的场合，以及应用于保温节能方面，因此从环保和节能两方面来说都是有利的。举个例子，当冬天或者夏天我们在室内打开空调的时候，需要房屋具有良好的隔热能力，否则室内温度的调节就很难实现。如果房屋的隔热效果很差，那就像开着门窗让空调工作一样，基本上不能达到调节温度的效果，而且因为空调不停地工作而带来了电能的巨大消耗。使用多孔陶瓷制备的建筑材料就可以让房屋具有非常好的保温隔热效果，这种先进的材料目前在国内部分新建的住宅小区和办公楼中已经得到应用。

除了日常生活中的应用，多孔陶瓷在航空航天领域也有着重要的应用，比如航天器的热保护系统就广泛采用了多孔陶瓷材料（如图 1-6 所示）。

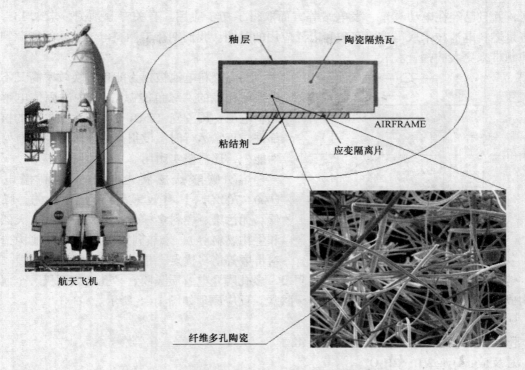

图 1－6 用于航天飞机热保护系统的纤维多孔陶瓷

（6）燃料电池材料

为了缓解能源危机，寻找新的能源，人们提出了使用燃料电池技术来发电，具体而言就是采用氢气、甲烷等燃料通过电化学反应，将化学能转化成电能。历史上燃料电池应用的范例是它曾"参与"了 20 世纪 60 年代末美国的"阿波罗"登月计划。该项技术采用了清洁的原料，发电过程没有污染排放，是一种绿色能源技术，因此得到了世界各国的广泛关注，并且已经成为当今科技竞争的前沿课题。固体氧化物燃料电池（SOFC）是目前燃料电池领域的研究热点，其基本工作原理如图 1－7 所示。

在燃料电池中，电极材料必须是多孔的，以保证气体扩散，并提供足

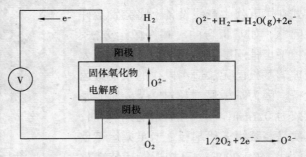

图 1－7 固体氧化物燃料电池（SOFC）基本工作原理

够的表面积让燃料发生电化学反应发电。可以看到，使用多孔电极材料的固体氧化物燃料电池可以通过电化学反应把燃料燃烧释放的化学能转化为电能，而且反应的产物为没有污染的水，燃料电池技术既提供了一种新的获得能源的途径，同时又彻底克服了传统能源使用过程中排放污染的问题。在汽车领域，燃料电池不存在卡诺循环，从能源使用效率的角度而言，比传统的汽油或者柴油发动的汽车具有根本性的突破，将最高为 30％的内燃发动机效率，提高到 55％的燃料电池效率。正因为如此，燃料电池领域的研究开发工作在世界各地蓬勃

开展，并且已经在电动汽车、发电站等方面取得了初步应用。有关专家预测，未来 15～20 年将是燃料电池技术取得重要突破和广泛应用的时期。我们期待着燃料电池技术给能源和环境问题带来更大的福音。

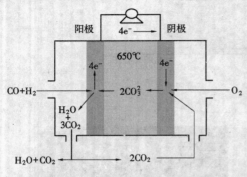

图 1-8　熔融碳酸盐燃料电池的反应原理

高温燃料电池被视为能量转换效率高又不污染地球环境的"绿色能源"，其中的固体电解质燃料电池，用陶瓷（ZrO_2 等）作大型电池的核心部件，正常运行时温度很高，要求陶瓷具有好的性能外，还需坚实耐用。

熔融碳酸盐燃料电池是一种高温电池（600～700℃），具有效率高（高于 40%）、噪音低、无污染、燃料多样化（氢气、煤气、天然气和生物燃料等）、余热利用价值高和电池构造材料价廉等诸多优点，是 21 世纪的绿色电站。

熔融碳酸盐燃料电池是由多孔陶瓷阴极、多孔陶瓷电解质隔膜、多孔金属阳极、金属极板构成的燃料电池，其电解质是熔融态碳酸盐。反应原理如图 1-8 所示。

阴极：$O_2 + 2CO_2 + 4e^- \longrightarrow 2CO_3^{2-}$

阳极：$2H_2 + 2CO_3^{2-} \longrightarrow 2CO_2 + 2H_2O + 4e^-$

总反应：$O_2 + 2H_2 \longrightarrow 2H_2O$

燃料电池已经走向实用化，图 1-9 为日本三菱公司研制的燃料电池车。

（7）TFT-LCD 玻璃基板的搬运

在 TFT-LCD 的玻璃基板朝向大型化发展的趋势下，由于玻璃基板面积扩大，再加上薄型化发展，使得传统运送方式在第五代生产线设备上将会发生许多问题，如基板弯曲、基板搬运方法、基板平坦性问题。首先这种第五代超大型玻璃基板已无法适用以往的水平搬运设备，因为基板尺寸超过 $1m^2$，加上厚度减为 0.7mm，会产生严重水平弯曲；其次是装载第五代基板之卡匣搬运箱重量已达 150～200kg，已接近搬运装载重量的极限。

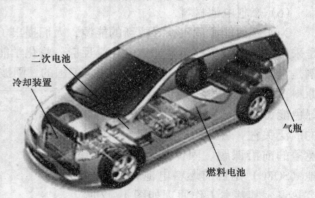

图 1-9　日本三菱公司研制的燃料电池车

为解决以上种种问题，目前新开发的搬运方式是采用单片直立式自动搬运系统，可应用于 $1400mm^2 \times 1600mm^2$ 以上玻璃基板，采用崭新空气轴承（Air Bearing）概念，运动方式与以往利用气体流动产生附加压力使物体上升的方式不同，是利用气体垂直作用于物体表面产生压力让搬运物上升，如图 1-10 所示。

此种上升构造是由气压箱、多孔陶瓷与气体供应管构成，以气体供应管将空气灌充到气压箱内的多孔陶瓷，气体填满气压箱及多孔陶瓷之间的空隙后，会透过多孔陶瓷内部细孔向外喷出，在多孔陶瓷表面形成一层压力均匀的气膜，搬运物放置在气膜上成为漂浮状态。此种搬运设备是以倾斜 80°直立非接触状态支撑，以下方的滚轮或皮带来支撑载重与移动。

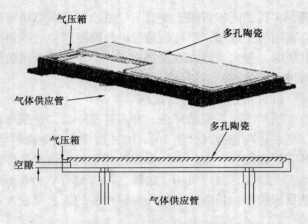

图 1 - 10　非接触式搬送方式原理

这种非接触枚叶纵型搬送的优点主要有下列几项：

1）减少基板弯曲，防止玻璃破损；

2）避免基板的搬送痕及刮伤产生；

3）可降低大型化装置的占有面积；

4）纵型洗净可大幅减少洗净液的滞留以及抑制二次污染；

5）纵型洗净可大幅降低气刀的空气使用量（约减少 50% ~ 60%）；

6）可适用于 1000mm 以上的大型基板。

（8）用于高转化率的电合成氨法

20 世纪 90 年代末，阿里斯多德大学的两位希腊化学家乔治和迈克尔发明了一种合成氨的新方法。

在常压下，令氢与用氨稀释的氮分别通入一加热到 570℃的以锶－铈－钇－钙钛矿多孔陶瓷（SCY）为固体电解质的电解池中，用覆盖在固体电解质内外表面的多孔钯多晶薄膜的催化，转化为氨，转化率大大提高，与近一个世纪的哈伯法合成氨工艺对比，转化率从10% ~ 15%提高到 78%。

实验条件探索：他们用在线气相色谱检测进出电解池的气体，用 HCl 吸收氨引起的 pH 值变化估算氨的产率，证实提高氮的分压对提高转化率无效；升高电流和温度虽提高质子在 SCY 中的传递速度，却因 SCY 导电率受温度限制，升温反而加速了氨的分解。

（9）多孔生物陶瓷

研究开发的多孔生物陶瓷，具有生物活性、生物相溶性、理化性能稳定、无毒副作用等优点，并且由于具有多孔结构，当用于修补骨缺损部位时，新生骨质将逐渐进入多孔陶瓷珊瑚状孔隙内，慢慢将多孔陶瓷吸收，最终这种多孔陶瓷将由新生骨质取代，国外利用多孔生物陶瓷用以修复头盖骨、大腿骨、脊椎骨等临床试验均已经获得成功。

（10）多孔陶瓷传感器

作为陶瓷传感器的湿敏和气敏元件，其原理是当将微孔陶瓷置于气体或液体介质中时，介质中的某些成分被轻质烧结体吸附或与之反应，使微孔陶瓷的电位或电流发生变化，从而检测出气体或液体的成分。由于陶瓷传感器耐高温、耐腐蚀，可以适用于许多特殊场合，而且制造工艺简单，测试灵敏、准确。

（11）多孔陶瓷电极

多孔陶瓷电极在电化学领域中应用广泛，龙文太（音）等人采用等离子喷涂工艺在电极基体上制备 La0.85Sr0.15MnO3 多孔涂层，成孔剂采用碳粉，孔隙率为 25% ~ 40%，孔径约5μm。利用石墨碳的导电性和介孔碳泡沫巨大的表面积，可将它作为"超容量电容器"的电极，多孔碳同样可用于锂离子电池。多孔碳电极将优于枝晶锂电极。传统的电极充电时枝晶会在阴极上成核，当枝晶超过电极跨度时将造成短路，从而限制了充电次数。用多孔碳作为电极时，锂离子嵌在石墨结构中，防止了锂金属的沉积和枝晶的形成，而丰富的孔洞可提高电极与电池溶液的接触面积。

（12）纳米多孔陶瓷微球

纳米多孔陶瓷微球是一种高科技产品，是采用软化学途径和现代精细陶瓷技术研究出的新型多孔陶瓷微球，集 HyperDTM 层析介质的两种优点，并且优化陶瓷孔隙结构。使之成为具有规则而且分布均匀的多级孔隙结构。该产品广泛应用于贵重的医药、生物医药用具、食品工业加工、医疗机构、法医（DNA 储存、分析）、水污染处理、大专院校、科研院所、运动员尿检等。目前，国内外对该产品的需求量较大，市场价格较高。

1.1.3 应用于农业的多孔陶瓷

土壤中适当的水分含量对于植物、农作物生长非常重要。测量土壤水分含量和土壤水吸力是农业土壤物理研究的最重要组成部分。图 1－11 为土壤含水量监测系统。

其中要用到各种多孔陶瓷器具，用于实验室或现场土壤湿度测量的多孔陶瓷器具尺寸和形状不等，如盘状（用以确定土样的湿度特征）、杯状（用于张力计）、管状等。还可以按需做成特殊形状（如图 1－12 所示）。

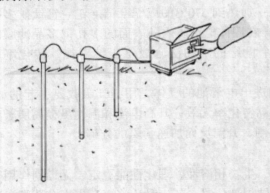

图 1－11　土壤含水量监测系统　　　图 1－12　土壤测量用的多孔陶瓷（杯、管、盘）

最简单和常用的测土壤水吸力（和非饱和土壤水分）的方法是在现场使用张力计。

张力计是一根底部带有陶瓷杯、顶部带有压力计的透明塑料管。标准张力计具有不同的长度，因此可以在根部区域对不同深度进行多次测量。

张力计可以有不同的类型和尺寸，如袖珍张力计（如图 1－13）。除可用在一般土壤外，也适合于盆栽和其他有机无机物质层。在放置张力计前需要钻孔。

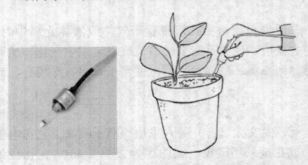

图 1－13　Tensior 5 袖珍张力计及其测量

Tensior 5 袖珍张力计的陶瓷头较小（直径为 5 mm，表面积为 0.5 cm²），管道较短，因此对土壤的影响也较小。袖珍型张力计可专门测量土柱、小型测渗计和花盆。这种仪表的测量结果快速可靠，可以应用于不同地点。测量范围 – 1000 ~ + 850 hPa（百帕），输出信号为 – 100 ~ + 85 mV（± 3 mV），电源为 $10.6V_{dc}$，电流消耗 1.3 mA。

用于土壤的多孔陶瓷还有陶瓷土壤水分传感器、盐分传感器等。如盐分传感器 5000 型盐桥含有一组镶嵌在一种较好质地的瓷元件上的电极。水分饱和的瓷元件可以和土壤保持化学平衡。装载传感器时，可以确保传感器和土壤间的良好水分接触。

此外，强度高的多孔陶瓷材料可用作结构材料，具有高强、质轻的优点，适宜在航天航空领域使用；有复合功能的多孔陶瓷能在更新的技术领域应用，如多孔硅用于发光材料；多孔陶瓷利用其比表面积大的吸附作用，可用作吸湿器、除臭器；纳米结构的多孔陶瓷还可以再进行加工，制备新型材料等。

1.2　研究开发多孔陶瓷的意义

从 1.1 节中我们可以看出，多孔陶瓷在各个行业、领域都有其神奇的作用，特别对于环境保护、节约资源具有很重要的意义。

众所周知，在全球经济发展的浪潮中，全球工业的飞速发展下，环境与资源是人类遇到的两个大难题，节省资源、保护环境的要求越来越高，因此，适应这种形势发展的材料是十分需要的。

而多孔陶瓷正是适应了这种形势发展需求的新材料，它能够提高效率、节约能源，尤其在环境保护方面发挥着越来越大的作用。多孔陶瓷在各行各业的应用已经越来越普遍地体现这两大方面的意义。预计，多孔陶瓷将成为非常有活力、有发展前途、新的经济增长点。

我们还可以从多孔陶瓷应用的发展清楚地看到这一点。多孔陶瓷的发展开始于 19 世纪 70 年代，初期用作铀提纯材料和作为细菌过滤材料。随着控制材料的细孔结构水平的不断提高，多孔陶瓷不仅具有陶瓷基体的优良性能，而且还具有巨大的气孔率、气孔表面以及可调节的气孔形状、气孔孔径及其分布、气孔在三维空间的分布、连通等，以及相匹配的优良热、电、磁、光、化学等性能。多孔陶瓷的优良特性给它的应用开拓了广阔的前景，被广泛用于化工、环保、能源、冶金、电子、石油、冶炼、纺织、制药、食品机械、水泥等领域，作为吸声材料、敏感元件和人工骨、齿根等材料，也受到人们越来越多的重视。

随着多孔陶瓷应用的广泛深入，越来越多的数据说明多孔陶瓷在节约能源方面的作用。如早在 1987 年，美国能源部的一项调查表明，美国用于蒸馏、干燥、蒸发的能量消耗达 4.43×10^{18} J。如果美国的化学、石油和食品工业更多地采用选择透过性膜分离系统，则至少可节省能源 7 千万桶石油；又对多孔隔热玻璃材料使用调查表明，可使每个用户每年节省空调开支近 50 美元；纳米多孔绝热材料用于冰箱，每年可节省的能源相当于美国每年能源总消耗的 1%。

现在，多孔陶瓷在烟尘过滤、污泥处理、污水净化、吸声降噪以及对各式各样的污染物的催化净化等领域的应用，也无不说明了多孔陶瓷在环境保护方面的重大意义。

多孔陶瓷的开发促进了多孔陶瓷的应用，同时，多孔陶瓷应用的巨大经济与社会意义，反过来推动多孔陶瓷的研究开发。正因为如此，多孔材料是当前材料科学中发展较为迅速的一种材料，对多孔陶瓷的研究经过几十年的发展，仍然是材料研究的热点之一。

1.3　多孔陶瓷的定义

实际的陶瓷材料都有或多或少的、大或小的气孔。结构陶瓷为了提高性能，要尽可能的消除气相，使材料尽可能接近理论密度；然而，多孔陶瓷材料却与之相反，可能为了提高气孔率控制气孔大小而想尽办法。研究的关键点都是气孔，但是它们之间显然有很大的不同。为了论述的方便，本文首先对多孔陶瓷进行界定，即什么是多孔陶瓷。

目前，多孔陶瓷出现了几十年，也提出了多种多孔陶瓷的说法。

如曾有人这样定义：多孔陶瓷是指一种经高温烧成，体内具有大量彼此相通或闭合气孔的新型陶瓷材料。如果我们考察陶瓷的定义，陶瓷已经不仅包括陶器、瓷器、耐火材料、构筑黏土制品、磨料、搪瓷、水泥和玻璃等材料，而且还包括非金属磁性材料、铁电体、人造单晶、玻璃－陶瓷，以及各种各样的其他制品。陶瓷一词，随着与陶瓷工艺相近的无机材料的不断出现，其概念的外延也不断扩大。最广义的陶瓷概念几乎与无机非金属材料的含义相同，也即相当部分的陶瓷不需要高温烧成。所以说这样的定义范围有点狭窄。

也有人这样界定：多孔陶瓷是以气孔为主相的一类陶瓷材料。这样的界定也有不确切的地方。并不是所有的多孔陶瓷的气孔率都很高，有的多孔陶瓷的气孔率较低甚至小于30%，此时就不能说是气孔为主相了。

也有的人说：多孔陶瓷材料是采用特殊工艺，在材料成型与烧结过程中形成颇多孔隙的一类陶瓷产品。这个说法有点过于笼统，并且现在多孔陶瓷形成孔隙的方法不仅仅是在材料成型或烧结时形成的。例如，有的就是在烧结之后用腐蚀法来形成孔隙的，并且很多多孔陶瓷的成型工艺也并不特殊。

各种新颖的多孔陶瓷材料和新的制造方法的出现，需要我们对多孔陶瓷作根本性的探讨，要对这一领域有更广阔的视野。多孔陶瓷，由于制备方法多样化，且还在不断发展，性能上也差异极大，用途更是非常广泛。然而，它们都有两个共同之处：一是具有孔隙结构的无机材料；二是它们的用途都与其孔隙结构紧密相关。所以从这两点来界定或许更合适。从而可作出如下的定义：

多孔陶瓷是一种含有较多孔洞的无机非金属材料，并且是利用材料中孔洞的结构和（或）表面积，结合材料本身的材质，来达到所需要的热、电、磁、光等物理及化学性能，从而可用作过滤、分离、分散、渗透，隔热、换热，吸声、隔音，吸附、载体，反应、传感及生物等等用途的材料。

定义中所说的孔洞的结构包括孔洞的大小、形状、含量的多少以及分布等参数。

与前几个定义相比，范围更广泛，含义也更确切了。定义表面上较长，但其要点只是如上面所述定义加了着重号的文字，即简单地说，多孔陶瓷是一种含有较多孔洞，并且是利用其孔洞结构所具有功能的一类无机非金属材料。

与多孔陶瓷类似的以及紧密相关的概念是多孔有机材料、多孔金属、天然多孔材料以及多孔复合材料，所有这些材料合称为多孔材料。

以上各种多孔材料因材质本身的不同，导致性能上差异也较大，各有其优缺点，各有其不同的应用领域。然而，随着科学技术的发展，对材料性能要求的进一步提高，它们之间不仅只是在各个应用领域相互竞争，更有相互融合、渗透之势。

1.4　多孔陶瓷材料的类型

目前多孔陶瓷无统一分类，可以按材质不同、孔径大小、孔洞形状等进行分类。

1.4.1　多孔陶瓷按材质的分类

多孔陶瓷一般是由集料（50% ~ 90%）、结合剂（6% ~ 50%）和增孔剂（0 ~ 20%）三大部分组成。种类繁多的多孔陶瓷主要是根据集料材质不同，分为以下几类：

（1）高硅质硅酸盐材料：主要以硬质瓷渣、耐酸陶瓷渣及其他耐酸的合成陶瓷颗粒为集料，具有耐水性、耐酸性，但受材质所限使用温度较低，只有 700℃。

（2）铝硅酸盐材料：以耐火黏土熟料、烧矾土、硅线石和合成莫来石质颗粒为集料，具有耐酸性和耐弱酸性使用温度可达 1000℃。

（3）精陶质材料：组成接近第一种材料，以多种黏土熟料颗粒与黏土等混合，得到微孔陶瓷材料。

（4）硅藻土质材料：主要以精选硅藻土为原料，加黏土烧结而成，用于精滤水和酸性介质。

（5）纯碳质材料：以低灰分煤或石油沥青焦颗粒，或者加入部分石墨，用稀焦油粘结烧制而成，用于耐水、冷热强酸、冷热强碱介质以及空气消毒、过滤等。

（6）刚玉和金刚砂材料：以不同型号的电熔刚玉和碳化硅颗粒为集料，具有耐强酸、耐高温特性，耐温可达 1600℃。

（7）堇青石、钛酸铝材料：因材质的热膨胀系数小，特别适用于抗热冲击的环境。

（8）以其他工业废料，尾矿以及石英玻璃或者普通玻璃构成的材料，视原料组成的不同具有不同的应用。

现代工业的发展，使得实际上几乎所有陶瓷材质均可用来制成多孔陶瓷，以上八类并没有概括全部的多孔陶瓷材质，只能说是较常见的材质。有介绍了利用木材的多层次网格结构来制备多孔陶瓷。常见的材质有刚玉质、石英质、硅藻土质、堇青石质、莫来石质 – 碳化硅质、氧化锆质和氧化硅质等。

1.4.2　多孔陶瓷按孔径的分类

一般以孔径大小、气孔形态（如开口或闭口等）和气孔多少来描述多孔陶瓷，更加贴近它的用途。综合国内外按孔径对多孔陶瓷的分类，有如下几种：

方法一

按一般惯例，按孔径大小可以分为粗孔径至纳米微孔径等，其具体范围如表 1 – 1 所示。

表 1-1　多孔陶瓷孔径区域

名　称	孔径（nm）	名　称	孔径（nm）
粗孔径	$10^7 \sim 10^6$	细孔径	$10^3 \sim 10^2$
大孔径	$10^6 \sim 10^5$	微孔径	$10^2 \sim 10$
中孔径	$10^5 \sim 10^4$	纳米微孔径	$10 \sim 0.1$
小孔径	$10^4 \sim 10^3$		

【方法二】

随着多孔陶瓷在分子催化、吸附与分离等过程中开拓的广阔应用前景，国际纯化学及应用化学组织为推动多孔材料的研究，推荐了专门术语：微孔（孔径<2nm）、介孔（2nm<孔径<50nm）、宏孔（50nm<孔径），目前这已经被大部分专家所接受。又可以把多孔陶瓷根据孔径大小分为三类：

微孔陶瓷（Microporous），指孔径小于 2nm 的材料。包括硅钙石、活性碳、泡沸石等，其中最典型的代表是人工合成的沸石分子筛，它是一类以 Si、Al 等为基的结晶硅铝酸盐，具有规则的孔道结构，但合成沸石分子筛的孔径尺寸一般小于 1.5nm，这限制了其对有机大分子的催化与吸附作用。

介孔陶瓷（Mesoporous），指孔径在 2~50nm 的多孔材料，如一些气凝胶、微晶玻璃等。1992 年，美国 Mohil 公司 Kresge 等人首先报道了孔径在 1.5~10nm 范围可调节的新型介孔分子筛 M41S。分子筛的规则孔径从微孔范围扩展到介孔领域，这对于很多在沸石分子筛中难以完成的大分子催化、吸附与分离等过程，无疑开拓了广阔的应用前景。同时，由于介孔材料具有规则可调节的纳米级孔道结构，可作为纳米"微型反应器"，为从微观角度研究纳米材料的小尺寸效应、表面效应及量子效应等提供了必要的基础。因此，介孔材料科学近年来已经成为国际上跨化学、物理材料等多学科的热点前沿领域之一，更成为分子筛科学发展的一个重要里程碑。

通常方法制备出的介孔分子筛都是粉体材料，无法满足实际操作的需要。因此，在制备介孔结构的材料时，如何控制其形态结构也是该领域研究的一个主要方向。目前介孔分子筛的形态结构有薄膜、纤维、薄片、硬球及空心球等。

宏孔陶瓷（Macroporous），指孔径大于 50nm 的多孔材料。其特点是孔径尺寸大，分布范围一般较宽。

【方法三】

对于颗粒材料成型的多孔材料，有学者把孔隙分为五类：（1）孔宽度大于 $100\mu m$ 的称为超大孔；（2）孔宽度在 $100\mu m \sim 100nm$ 之间的称为大孔；（3）孔宽度在 $100 \sim 10nm$ 之间的称为中孔；（4）孔宽度在 $10 \sim 2nm$ 之间的称为小孔；（5）孔宽度小于 2nm 的称为微孔。

【方法四】

有些国外学者把孔分为三类：大孔、中孔和微孔。孔宽度大于 100nm 的称为大孔；孔

宽度在 $100 \sim 1.5nm$ 之间的为中孔；而小于 $1.5nm$ 的为微孔。

┌──────────┐
│　方法五　│
└──────────┘

从多孔陶瓷孔径的大小可以将其分为三类：由 $1000\mu m$ 到几十微米的粗孔制品，$20\mu m$ 到 $0.2\mu m$ 的微孔制品，$0.2 \sim 0.3\mu m$ 到几十、几百埃（$10^{-10}m$）的超微孔制品。

┌──────────┐
│　方法六　│
└──────────┘

对于蜂窝陶瓷来说有两个结构参数很重要：一个是孔密度，一般又是以每平方英寸中有多少目（孔），即以 cpsi（cells per square inch）为单位；另一个是壁厚。这两个参数已经成为产品分类的主要规格。随着目数的增加，壁厚不变或变化较小时，孔径相应减小。如：美国康宁公司生产的有 400 目、600 目、900 目等规格，如果壁厚都是 4mil（1mil = 0.001inch = $25.4\mu m$）的话，则正方形孔的边长分别为：1.16mm，0.93mm，0.74mm。

由此可见，按孔径的分类目前还没有统一的标准，只是人为划分的界线，在对不同的产品或者不同的应用场合可能有不同的标准。研究者在研究开发多孔陶瓷中，应该以达到应用目的为主来设计材料的孔洞大小及其分布。

在以上所讨论的几种划分方法中，作者认为方法一的划分只是一种硬性的划分，并且划分的档次太多，缺少实用价值；方法三在方法一的基础上有所进步；方法五是进一步的"粗化"，比较实用些，但仍然都是一种硬性的划分标准，没有赋予更多的意义；方法二与方法四类似，但方法二比方法四更科学、合理些，并且已经被大部分专家所接受；方法六是对特定的产品进行分类的，已经普遍被行业内人士所接受并使用。所以，方法二即以微孔、介孔、宏孔作为划分标准较适合大多数多孔陶瓷。

1.4.3　多孔陶瓷按孔形态结构的分类

目前被国内学者引用较多的是美国研究者提出的分类方法。他们将多孔陶瓷分为两大类：即网眼型和泡沫型。网眼型多孔陶瓷是指包含有内部相互连通的气孔以及包围气孔成织网结构的陶瓷基体的多孔材料；泡沫型多孔陶瓷是指在连续的陶瓷基体中有着封闭孔洞的多孔材料。

国内外许多研究者也纷纷提出自己的分类方法，例如：

马文、沈卫平，董红英等根据成孔方法和孔隙结构，将多孔陶瓷分为三类：粒状陶瓷烧结体、泡沫陶瓷和蜂窝陶瓷。

国外有人按结构将多孔陶瓷分为蜂窝状和泡沫状两大类。

李月琴、吴基球根据结构将多孔陶瓷分为开孔、闭孔、缠结纤维网及膜四种结构。

张芳、徐晓虹将多孔陶瓷按其成孔方式和孔隙结构分为微孔陶瓷、泡沫陶瓷和蜂窝陶瓷三类。

穆柏春、李德、贾天敏等人将陶瓷过滤器按结构划分为颗粒状、芯型、网状、蜂窝状、泡沫等陶瓷过滤器。

综合比较以上分类方法，作者以为按气孔在陶瓷材料中的结构可将多孔陶瓷分为以下三类，或许更恰当些。

（1）开口气孔型多孔陶瓷。指以开口气孔占优的多孔陶瓷，主要是利用其气孔与外界相通、比表面积大的特点，用作吸附、催化、吸声、载体等功能材料。

（2）闭口气孔型多孔陶瓷。指主要以封闭气孔为主的多孔陶瓷，可应用其闭口气孔的特点，用作隔热、保温、隔音等材料。

（3）贯通气孔型多孔陶瓷。指具有大量贯穿材料的孔洞的多孔陶瓷。可以认为是开口气孔的特殊类型。其又可以分为两种：一种是二维贯通性孔洞，蜂窝陶瓷为其代表；另一种是三维贯通性孔洞，如利用纤维架构形成的气孔率相当高的纤维多孔陶瓷，气孔之间相互连接形成三维孔洞。贯通气孔型多孔陶瓷常用作过滤、分离、渗透、催化剂载体等功能材料。

这样的分类可以很好地反应"孔洞－多孔陶瓷－外界环境"三者之间的关系，将其孔洞结构与其性能、用途可以较好地联系起来，并且是基本上可以全面地包含现有的多孔陶瓷产品，不失为一种较科学的分类方法。

除了根据多孔陶瓷的材质、孔径、孔结构形状分类，还有其他分类方法。例如人们一般称呼的耐火材料、保温材料、吸声材料、生物陶瓷、无机膜、催化剂载体、过滤器等，在这其中的无机非金属材料的部分，都是人们根据用途对多孔陶瓷的分类。

1.5　多孔陶瓷材料的性能

多孔陶瓷除了继承了陶瓷的化学稳定性好、机械强度高、刚度高、耐热性好等优良特性外，还有更多的孔洞结构而具有的性能。

多孔材料的应用主要是利用其孔洞所具有的性能决定的，而多孔材料的微孔性能如表1－2所示。

微孔性能是由微孔的表面化学特性和微孔的尺寸特性决定的。决定微孔表面化学特性的因素有陶瓷的组成、状态和微孔表面的处理。吸附性能是由微孔表面材质的化学组成、结晶构造、非晶质、OH^-的有无来决定的。微孔的尺寸特性中，微孔直径、分布、形式、比表面积等对其过滤、分离性能有很大的影响。根据多孔陶瓷不同的性能，有不同的应用。例如，利用多

表 1－2　多孔体的微孔性能

决定性能的因素	性　　能
微孔的表面化学特性 （含表面修饰）	催化剂载体 酵素固定 吸附、吸收 由吸附产物物性变化
微孔的尺寸特性 （微孔径、微孔表面积）	过滤、分离 巨大分子的分离 微生物的固定 反渗透膜特性 微细发泡

孔陶瓷孔径的均匀性，可以制造各种过滤器、分离装置、流体分布元件、混合元件、渗出元件和节流元件等；利用多孔陶瓷吸收能量的性能，可以用作各种吸声材料、减震材料等；利用多孔陶瓷发达的比表面积，可以制成各种多孔电极、催化剂载体、热交换器、气体传感器等；利用多孔陶瓷密度低、热导性能低的特性，可以制成各种保温材料、轻质结构材料等。

在各种应用场合中，多孔陶瓷用作隔热保温材料时可以起到节能的作用；用于过滤废水、烟气及污泥处理时对环境保护很有意义，所以有的专家学者称之为绿色材料；多孔陶瓷在节能环保中发挥着重要的作用。

由于多孔陶瓷在各领域的应用都具有独特的性能，其各方面的性能就显得很重要，所以在接下来的第2章将详细介绍多孔陶瓷的性能及其测试技术。

第2章 多孔陶瓷的性能及其测量技术

多孔陶瓷由于其特殊的结构、材质使其具有特殊的力学性能（弹性行为、断裂韧性、抗压强度、拉伸强度、塑性形变），热学性能（动态热机械性能、高温蠕变、热膨胀、导热系数、高温抗弯强度、抗热震性能），光学性能，电学性能，渗透性能等。多孔陶瓷的这些独特的性质越来越受到人们的重视，并已经在不同领域得到应用。本章将叙述多孔陶瓷各种性能的定义以及相关的理论知识，论述各种性能与结构、材质之间的关系以及测试各种性能的方法、设备所需要的理论等。

2.1 多孔陶瓷的力学性能

在脆性固体中，气孔的存在往往显著地影响材料的力学行为。比如，虽然很多结构陶瓷可以达到或接近理论密度，但仍有残余气孔，所以其实际强度与理论强度相差较大。在某些情况下，气孔是限制材料强度的决定因素。气孔的存在也常被视为对强度极为有害的因素。然而，很多情况下必须用到陶瓷中的孔结构。如，利用气孔导热系数低而制备的耐火保温材料；多孔过滤陶瓷是利用其贯通性气孔来过滤的；多孔陶瓷催化剂载体中的孔洞可以很好地附着催化剂；等等。这些材料也要求具有一定的机械力学可靠性。有理由相信，多孔陶瓷机械性能的改善将为材料找到新用途创造条件。对多孔陶瓷的力学行为研究也是材料制备过程中的关键问题。

2.1.1 多孔陶瓷的力学模型和相对密度

要分析多孔陶瓷的力学性能，首先要建立多孔陶瓷的力学模型。从几何学的观点出发，可以将多孔陶瓷结构视为一个由棱交汇成的顶点所组成，这些棱围成面，而这些面又围成孔洞（如图2-1）。对于一个孤立的孔洞，利用欧拉规则可以建立如下关系式：

$$n = 6\left(1 - \frac{2}{f}\right) \qquad (2-1)$$

式中 n——孔洞每个面的平均棱数；

　　　f——孔洞的面数。

多孔材料的力学性能很大部分取决于相对密度，其权重超出其他所有的影响因素。在许多研究当中叙述了性能模型由孔穴棱边及壁面的显微棱杆和板块构成，以及它们对载荷、传热、耗能的响应方式。但含有显微参数的模型是无用的——不能期望工程师去检测他们使用的每件泡沫体的孔穴壁面厚度。他们所知道的全部就是它的密度。因此，需要建立将孔穴尺

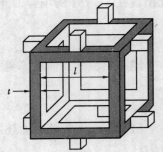

图2-1 孔结构模型

寸和形状与密度联系起来的方程。

方程式的适当选择取决于结构的维数（蜂窝材料对泡沫材料）以及其是否具有开口孔穴或闭合孔穴（若为泡沫材料）。如孔穴棱长为 l，孔壁厚度为 t，且 $t \ll l$（如图 2-1），即其具有低的相对密度，则对所有蜂窝材料均有相对密度：

$$\frac{\rho}{\rho_s} = C_1 \frac{t}{l} \tag{2-2}$$

式中　ρ——体材料的密度，kg/m^3；

ρ_s——固体密度，kg/m^3。

对所有棱长为 l 和厚度为 t 的开孔泡沫材料有：

$$\frac{\rho}{\rho_s} = C_2 \left(\frac{t}{l}\right)^2 \tag{2-3}$$

面对所有壁面棱长为 l 且壁面具有均匀厚度 t 的闭孔泡沫材料有：

$$\frac{\rho}{\rho_s} = C_3 \frac{t}{l} \tag{2-4}$$

式中　C_1、C_2、C_3——常数，它们接近于 1，且均取决于孔穴形状的微细结构。

就大多数目的而言，这已经够了。性能可根据 t 和 l 来进行计算，然后将这些经方程转换成相对密度，引入一个专门的常数 C。该常数由专门的实验检测确定，从而"校准"所有的密度结果。可是，当相对密度大时，这些简单的表达式所得的计算结果会高于实际密度。因为其中有重算（doublecounting）：开孔的角和闭孔的边和角均被算了两次。下面的近似规则可能是有用的。琐细的几何运算表明，对蜂窝材料，有如下形式：

$$\frac{\rho}{\rho_s} = C_1 \frac{t}{l}\left(1 - D_1 \frac{t}{l}\right) \tag{2-5}$$

式中　D_1——另一个常数。

它可视下列情况作省略：括号中的修正项只有当 t/l 较大时才重要，而当孔壁厚度具有仅使孔穴作完全充满的值时，它会让 ρ/ρ_s 的值趋于一致。对于正六边形蜂窝材料，这种情况出现在 $t = \sqrt{3}\,l$ 的场合，此时有：

$$\frac{\rho}{\rho_s} = \frac{2}{\sqrt{3}} \frac{t}{l}\left(1 - \frac{1}{2\sqrt{3}} \frac{t}{l}\right) \tag{2-6}$$

泡沫材料的几何运算更为困难。在尺寸上，开孔泡沫体的顶点修正密度需有如下形式：

$$\frac{\rho}{\rho_s} = C_2 \left(\frac{t}{l}\right)^2 \left[1 - D_2 \left(\frac{t}{l}\right)\right] \tag{2-7}$$

对于闭孔泡沫体，上述简单的表达式重算了棱和角的数量，仍鉴于尺寸上的原因而应修改为：

$$\frac{\rho}{\rho_s} = C_3 \frac{t}{l}\left[1 - D_3 \frac{t}{l}\left(1 - D_4 \frac{t}{l}\right)\right] \tag{2-8}$$

对于任意给定的孔穴形状，修正因子 D_2、D_3 和 D_4 均能估算。但只有在相对密度大（0.2 或更大）的时候修正才有意义。通常，实验的分散性和其他类别的各种修正掩饰了重算带来的小的差异。其中一项是固体在棱和面之间的分布。在许多具有闭孔的泡沫材料中，固体被优先拽至孔穴棱边处，这些棱比孔穴壁面厚实（大多数闭孔材料）。设 ϕ 为孔穴棱边所含固体的体积分数，剩余部分 $(1-\phi)$ 即为孔壁所含固体的体积分数。那么，若孔棱厚度为 t_e，孔壁厚度为 t_f，则有：

$$\phi = \frac{\dfrac{\overline{n}f}{2Z_f}lt_e^2}{\dfrac{\overline{n}f}{2Z_f}lt_e^2 + \dfrac{f}{2}l^2t_f} = \frac{t_e^2}{t_e^2 + \dfrac{Z_f}{n}t_fl} \tag{2-9}$$

式中　$\overline{n}$——单一孔穴的每个面的平均棱数；

　　　f——单一孔穴的面数；

　　　Z_f——交于一棱的面数。

而泡沫体的相对密度为：

$$\frac{\rho}{\rho_s} = \frac{\dfrac{\overline{n}f}{2Z_f}lt_e^2 + \dfrac{f}{2}l^2t_f}{C_4l^3} = \frac{f}{C_4}\left(\frac{\overline{n}}{2Z_f}\frac{t_e^2}{l^2} + \frac{1}{2}\frac{t_f}{l}\right) \tag{2-10}$$

式中　C_4——将孔穴体积和 l^3 相联系的常数。

由此得到关于 t_f/l 和 t_e/l 的关系式：

$$\frac{t_f}{l} = \frac{2C_4}{f}(1-\phi)\frac{\rho}{\rho_s} \tag{2-11}$$

和

$$\frac{t_e}{l} = \left(\frac{2Z_f}{\overline{n}}\frac{C_4}{f}\phi\frac{\rho}{\rho_s}\right)^{1/2} \tag{2-12}$$

对于多数泡沫材料，$Z_f = 3$，$\overline{n} \approx 5$，$f \approx 14$，$C_4 = 10$。这样便有一个良好的近似式：

$$\frac{\rho}{\rho_s} = 1.2\left(\frac{t_e^2}{l^2} + 0.7\frac{t_f}{l}\right) \tag{2-13}$$

$$\frac{t_f}{l} = 1.4(1-\phi)\frac{\rho}{\rho_s} \tag{2-14}$$

和

$$\frac{t_e}{l} = 0.93\phi^{1/2}\left(\frac{\rho}{\rho_s}\right)^{1/2} \tag{2-15}$$

我们知道常数 C_1、C_2、C_3 是重要的，即使确信它们接近于 1，测试其量值也是值得的。仅对于规则的充填结构，它们方能被确定：如六边形蜂窝材料或十四面体泡沫材料。像二维五边形或三维二十面体的孔穴形状就不能堆积充满空间，将它们扭曲也不能如此（因拓扑学要求）。这意味着没有明确的方法来计算由它们构成的假想多孔材料的相对密度。它们可以与其他形状（对五边形为七边形、对二十面体为四面体）混合在一起去充满空间，但即使这样也需要扭曲变形。计算这些混合结构的相对密度是困难的——有许多交替组合可使结果富于意义。但充满空间的多面体是另一回事：对于它们，相对密度能够被计算。

蜂窝体和闭孔泡沫材料的相对密度往往可以用 t/l 来表征，而开孔泡沫体的相对密度则通常可用 $(t/l)^2$ 来表征，并且两者的比例系数接近于 1。

2.1.2 多孔陶瓷的弹性行为

多孔陶瓷材料对应力的初始反应是线弹性的，对各向同性材料，需要两个参数确定弹性行为：杨氏模量和剪切模量。国外有研究者认为多孔的固体可能不一定满足经典的弹性理论。这种非弹性行为有很多的表现，但在这里多孔陶瓷材料将被看作是经典弹性的材料。开口气孔材料的孔单元棱的弯曲被认为是主要（线弹性）的形变模式。

2.1.2.1 开口气孔陶瓷的弹性行为

利用标准杠杆原理，吉普森（Gibson）和阿什比（Ashby）定出了气孔单元中气泡棱的偏折行为，并将施加的应力与作用于棱上的力相联系起来，得到：

$$\frac{E}{E_s} = C_5 \left(\frac{t}{l} \right)^4 \tag{2-16}$$

式中　E 和 E_s——泡沫和棱的杨式模量；

C_5——几何常量。

代入式（2-3）并设 $C_2 = 1$，即可将模量与标化密度相联系：

$$\frac{E}{E_s} = C_5 \left(\frac{\rho}{\rho_s} \right)^2 \tag{2-17}$$

泡沫的剪切模量（G）的分析与此类似，吉普森和阿什比得到如下关系式：

$$\frac{G}{E_s} = C_6 \left(\frac{\rho}{\rho_s} \right)^2 \tag{2-18}$$

格林等人早期对多孔的氧化铝泡沫测量的弹性常数模量表明，上述方程（2-17）和（2-18）其指数值 2 符合得相当好，但几何常量（C_5 和 C_6）则小于吉普森和阿什比的建议值，很明显，E_s 和 ρ_s 值大小的选择对这些常数的影响是至关重要的。格林等人意识到空心棱的存在对理论分析会产生很大影响。根据杠杆原理，格林等人指出如果考虑到模数相对于相对密度的变化，空心的棱事实上会使几何常数增加，即空心的棱实际上比同样材料的实心材料刚性更好。这时由于空洞显著降低了密度，但并不明显影响棱的断裂强度的结果。为了维持方程（2-17）和（2-18）的简单形式，参数 ρ/ρ_s 一定要解释为标化密度而不是相对密度。另根据方程，弹性模量与孔单元尺寸似乎没有关系。根据三种不同的孔单元尺寸的杨式模量，最小孔单元尺寸的材料包含有棱长度方向的裂纹，这将导致 E_s 的下降。

2.1.2.2 闭口多孔陶瓷的弹性行为

认识到无论在张应力还是压应力负载条件下，孔单元的面均受到张应力的作用，吉普森和阿什比推导出闭口气孔材料弹性常数的解析方程。他们的另一个结果是发现了孔单元内部的液体或气体总是受到压应力的作用，这在某些场合下是重要的，分析给出：

$$\frac{E}{E_s} = C_3 \phi^2 \left(\frac{\rho}{\rho_s} \right)^2 + C_3' (1 - \phi) \left(\frac{\rho}{\rho_s} \right) \tag{2-19}$$

$$\frac{G}{E_s} = C_4 \phi^2 \left(\frac{\rho}{\rho_s} \right)^2 + C_4' (1 - \phi) \left(\frac{\rho}{\rho_s} \right) \tag{2-20}$$

式中　C_3' 和 C_4'——几何常量；

ϕ——气孔棱所占有的固相体积含量。

闭口气孔材料与开口气孔材料相比，材料对相对密度的依赖幂指数较小，而 E/E_s 值则要大得多。这意味着闭口气孔的多晶多孔陶瓷材料的弹性常数为致密材料模量的 1/50 到 1/10,这使得它们的比刚性值对材料的结构应用，将是十分有吸引力的。

2.1.3 多孔陶瓷的断裂韧性及其测试技术

断裂力学已广泛地应用于高强金属材料的研究中，但在陶瓷材料中的应用则是近十几年的事。由于绝大部分多孔陶瓷材料是以共价键或离子键结合的，位错运动势垒很高，材料宏观韧性差，试样破坏之前几乎没有塑性变形，因而较好地符合线弹性断裂力学所要求的裂纹尖端平面应变条件。断裂韧性 K_{IC} 是陶瓷材料重要的力学性能之一，它表示材料抵抗裂纹扩展的能力，断裂韧性越高，抵抗裂纹扩展的能力就越强。研究陶瓷材料的断裂韧性 K_{IC} 以及 K_{IC} 的测试方法及其准确性，对研制新材料及改进生产工艺具有积极的意义。

目前，国内外对陶瓷断裂韧性测试的研究工作：一是不同几何构件的测试方法，如单边切口梁法（SENB）、双扭法（DT）、双悬臂梁法（OCB）、山形切口法（CHV）和压痕法（ID）等；二是探索理想尖裂纹的制备方法，其中有桥式压痕法（BI）、楔形压入法（PW）及烧结前制裂法（MBS）等。

2.1.3.1 单边切口梁技术

单边切口梁法（SENB）用材经济，加工方便，测试系统简单，因此广泛用于测试陶瓷材料的 K_{IC} 值。K_{IC} 值的计算公式如下：

$$K_{IC} = P_C \cdot S \cdot f(a/W)/(BW^{3/2}) \tag{2-21}$$

式中　P_C——试样断裂载荷；

　　　B——试样宽度；

　　　W——试样高度；

　　　S——两支撑点间距；

　　　a——切口高度。

因为理论上考虑的是自然裂纹，宽度仅 $1\mu m$ 左右。而实验中试样的人工切口往往大于自然裂纹，由此产生的应力集中程度小得多，使 K_{IC} 的实测值偏大，并随切口宽度的增大而增大，称为"切口钝化效应"。

2.1.3.2 山形切口技术

山形切口法（CHV）不必测量裂纹的最终长度，而从断裂载荷就能直接求出 K_{IC} 的简便方法，并在断裂过程中就可进行裂纹的扩展和断裂行为的研究。根据断裂力学的推导，适用于各种构型的山形切口试样 K_{IC} 有如下的通式：

$$K_{IC} = AP_C/[B^{3/2}\tan^{1/2}(\theta/2)(1-\nu^2)^{1/2}] \tag{2-22}$$

式中　P_C——试样断裂载荷；

　　　B——试样宽度；

　　　θ——山形切口夹角；

　　　ν——泊松比；

　　　A——几何形状因子。

2.1.3.3　压痕法和压痕－强度法

压痕法（即压痕裂纹直接测量法，简称 DCM）和压痕－强度法（IS）已作为测量脆性材料断裂韧性的两种重要方法。压痕－强度法的优点是：它不必像单边切口梁（SENB）、双悬臂梁（DCB）、双扭（DT）以及紧凑拉伸（CT）那样用薄砂轮片制造人工裂纹，而且它所制造的裂纹也比砂轮片制造的裂纹尖锐；它也不必像压痕法那样去测量压痕表面裂纹的尺寸。

用该方法测量断裂韧性的计算公式为：

$$K_{IC} = 4(X_r/27)^{\frac{1}{4}}(\pi\Omega)^{\frac{3}{8}}P^{\frac{1}{4}}\sigma^{\frac{3}{4}} \tag{2-23}$$

式中　Ω——裂纹形状因子；

　　　P——压头加载时的最大载荷；

　　　σ——外加应力。

式中的 X_r 可由国外研究者得出的下式计算：

$$X_r = g(E/H)^{1/2} \tag{2-24}$$

式中　g——取决于材料的常数；

　　　E——材料的杨氏模量；

　　　H——材料的硬度。

结合（2-24），式（2-23）可以改写为：

$$K_{IC} = \eta(E/H)^{1/8}P^{1/4}\sigma^{3/4} \tag{2-25}$$

式中　$\eta = 1.755 (\pi\Omega)^{3/8}g^{1/4}$，有研究者获得的 $\eta = 0.59 \pm 0.12$。

2.1.3.4　开口气孔多孔陶瓷的断裂韧性

多孔固体材料的力学行为取决于单独的棱的强度，这一数值一直被认为是恒定的，是组成棱的固相材料的强度。这一恒定的棱的强度的假定对于缺陷的陶瓷材料可能是无效的，因为一定尺寸的缺陷的几率取决于被测试样的大小。随着多孔固体中的相对密度或孔单元尺寸的减小，棱体积和棱面积边减小，从而影响棱的强度。而且，有很多种的显微缺陷可以影响到棱的强度，如气孔、夹杂物和裂纹等，如果这些缺陷性质发生变化，棱强度同样会变化。事实上，即使是致密材料，强度也十分依赖于制备工艺过程，强度也相当分散。对开口气孔碳断裂面进行观察，棱的弯曲是形变的一个基本类型。由于棱表面的应力最大，所以断裂常起始于近表面处。偶尔也可发现断裂起始与棱中心同时伴有圆形的镜面存在，表面的棱在一定的取向条件下会存在相当大的轴向张应力。

多孔陶瓷密度对韧性影响的研究集中于用有机基体制备的开口材料上，这种材料是将陶瓷浆料涂覆于有机高分子基体上，即对高分子材料进行结构上的复制而制备得到。有人研究了三种氧化铝基材料：纯氧化铝（HPA）、氧化铝－莫来石（AM）和氧化铝－氧化锆（AZ）。裂纹在开口气孔材料中通过使棱逐个断裂而渐次从一个孔单元向下一个孔单元扩展的，在 AM 材料中观察到了这种方式，AZ 材料的一个显著特性是其裂纹的传递是通过在长度方向上劈裂棱而实现的，主裂纹在长度方向上将原已存在的裂纹连接起来，在这一断裂过程中，裂纹一直在固相中扩展传递，遇到孔单元的边缘再转向。这种断裂方式完全不同于 AM 材料中的那个逐个分离的、渐次式的断裂方式。在 HPA 材料中的较低密度时气孔是以开口为主，高密度时局部完全致密，孔单元被完全填充。裂纹扩展时与这些致密区相互作用，并为了避开这些致密区而常常偏离原来的扩展方向。

脆性多孔材料的断裂韧性的理论关系之一是对孔单元结构尺寸的依赖关系。对固定密度和三个不同的孔单元尺寸的氧化铝基材料（AM 和 AZ）进行了测试，孔单元尺寸增加 4 倍，AM 材料的韧性增加近一个数量级。这一行为在两组不同密度的试样中观察得到，同一样品上测得的弹性模量和破碎强度一致。这一行为根据在最小孔单元材料中观察到的棱裂纹得以解释，同时还观察到孔单元小的材料的破坏始于棱的长度方向，即起始于棱的劈裂，而具有大孔单元的材料的破坏方式主要是棱的横切断裂。

2.1.3.5　闭口气孔多孔陶瓷的断裂韧性

格林等人使用了一个略有不同的方法对空心氧化铝球烧结得到的"闭口"气孔材料建立了模型。他们将薄壳理论应用于薄壁的空心球，当球体烧结时，中心相互靠近，接触面增加，通过考虑气孔壁的弯曲和拉伸分析了断裂韧性，模型预言了断裂韧性对密度、气泡尺寸和泡壁材料的强度的依赖关系。

2.1.3.6　加载速率对高温断裂韧性的影响

在晶须可以从基体中拔出的范围内，加载速率对裂纹桥接和晶须的拔出有两个相反的作用：一方面，高的加载速率造成晶界上很大的剪切应力，产生了较强的裂纹桥接效果，这有利于提高材料的断裂能；另一方面，低的加载速率导致小的界面剪切应力，故可允许晶须拔出较长并且当裂纹扩展时可产生较大的断裂阻抗。

高温时随着加载速率的增大，晶须与基体间的剪切应力因为晶界玻璃相的黏性流动而增大，当加载速率很高时，晶界上很大的剪应力将使晶须不能拔出，故使断裂能降低，从而使断裂韧性值较低。从组分的角度来分析，在高的加载速率下，软化相、玻璃相的黏滞效应来不及发挥，也是造成断裂韧性较低的原因之一。而低温时，玻璃相未被软化，而且对加载速率不敏感的粘结力阻止晶须拔出，故加载速率对断裂韧性几乎无影响。

2.1.4　多孔陶瓷的抗压强度

2.1.4.1　多孔陶瓷的抗压强度

多孔陶瓷的抗压强度是指材料在不被破坏时，单位面积上能够承受的最大压力。多孔陶瓷受压时的破坏主要不是塑性变形，而是脆性断裂，它的破坏过程并不是由位错滑移引起的，而是由于裂纹的扩展产生的。由于多晶材料中存在许多位错、气孔等缺陷，位错的交截形成裂纹。气孔处也构成应力集中点而形成裂纹源。又由于多晶体中不同取向的晶粒的热膨胀性的差别也可形成裂纹。不同取向晶界可形成压应力、张应力和剪应力。在张应力和剪应力的同时作用下使裂纹成核。这些裂纹成核和扩展存在热力学位垒，需要热起伏能量补偿，且能量的积聚是需要时间的。但在动态加载时，由于应力作用的时间很短，不能在静态条件下使裂纹成核，扩展没有充分时间完成，所以达不到材料断裂所需的能量，就必须在更高的应力下才能使裂纹成核、扩展，而使陶瓷断裂。结果表现出陶瓷材料动态抗压强度高于静态抗压强度。因此，在测量抗压强度时，必须规定统一的加压速度。

2.1.4.2　抗压强度的测试技术

多孔陶瓷抗压强度的实验采用材料试验机，实验机要求具有能将试样破坏的压力量程，能够控制均匀连续地增大压力，应能自动指示和标记试样所受的最大压力，压力测量示值误差不得大于 2%。在实验过程中，试样规格为直径（20±1）mm，高（20±1）mm 的圆柱体，每组试样不得少于五个。当试验用制品的厚度超过 20mm 时，试样可从制品上直接切取或钻取。对于切取上述规格试样有困难的制品，试样可以用与制品生产相同的工艺制作。另试样加压面必须研磨平整，两受压面须保持互相平行。制品为半干法成型时，试样试验时受压方向应为制品成型时的加压方向。试样外观不得有制样造成的缺边、掉角、裂纹等缺陷。否则应另行制样。实验时，用卡尺测量试样上下两受压面直径，精确到 0.01cm。将试样放在试验机下压板中心位置，并在上、下压板与试样接触处垫 1mm 左右的马粪纸。以施加负载速率为 2MPa/s 的速度均匀地施加压力，直到压力计指针倒转时立即停止试验，准确读取并记录试样破坏时的压力值。

按照国家标准对多孔陶瓷的抗压强度进行测试，计算公式为：

$$R_c = \frac{P}{S} \tag{2-26}$$

式中　R_c——压缩强度，MPa；

　　　P——破坏载荷，N；

　　　S——试样受力面积，mm^2。

2.1.4.3　多孔陶瓷抗压强度的测试分析实例

多孔氧化铝－莫来石开气孔泡沫材料，随着应力增大，棱在达到最大载荷前已经破坏。棱有时是在接触区域发生破坏的，这说明进行均匀加载比较困难。此外棱破坏容易发生在内部，这些棱相对较弱，其取向与最大应力方向一致。这些棱的破坏表现为随应力的增大，应力－应变曲线轻微下降。随着损伤不断积累，应力不断增大直至形成大的宏观裂纹或许多裂纹穿过试样。

在脆性多孔材料压痕实验中，吉普林和阿什比已经指出在接触区很难受到均匀的荷载。他们的分析表明当用非柔性面来对多孔陶瓷加载时，必须考虑承载面仅与某一棱接触的可能性。他们的研究还显示，随着压头面积的增大，仅某一部分棱的可能性降低，在这种非均匀的接触作用的影响下，压痕硬度值会大大低于破坏强度。

假设在压缩试验中也存在这种非均匀的接触作用，即破坏强度依赖于试样尺寸，则若用非柔性夹头加载，可能会严重低估材料的真实破坏强度。为了观察载荷分布对脆性泡沫的影响，采用一柔性的高聚物放在加载压头和试样之间，对实验数据线性回归后可得下面的方程：

$$\frac{\sigma_{fc}}{\sigma_{fs}} = 0.14 \left(\frac{\rho}{\rho_s} \right)^{1.7} \tag{2-27}$$

多孔氧化铝－莫来石开气孔泡沫材料的破坏强度也随气孔尺寸的增大显著增大。对最小气孔尺寸的材料破坏强度很低。对这种尺寸效应有两种解释。首先是总体尺寸效应，即随气孔尺寸降低，试样中存在更多的棱，因此强度低的棱存在的可能性就大大提高（实验试样体积不变）；其次，小气孔尺寸试样可能存在显微结构上的差异，气孔尺寸的降低使棱开裂程度增加。

2.1.5　多孔陶瓷的拉伸强度

2.1.5.1　多孔陶瓷拉伸强度的理论分析

多孔陶瓷复合材料的拉伸性能特别是高温拉伸性能具有十分重要的地位，但是拉伸强度的测试结果与测试方法及试样的几何尺寸密切相关。研究表明，拉伸强度与棱内固体材料的强度有关，且与其密度成线性关系。在实际应用中，当加载于材料时，由于棱的随机取向而不能视为单纯的轴向受力，虽然外加应力中轴向分量仍然存在，但最可能导致大部分棱断裂的是其弯曲应力。

为了计算作为密度函数的泡沫强度，有人研究了由一个弹性基面（气孔面壁）支撑的棱的模型，拉伸强度为泡沫密度的函数：

$$\sigma_{\mathrm{ft}} = A\left(\frac{\rho}{\rho_{\mathrm{s}}}\right)^{B} \tag{2-28}$$

式中　ρ——体材料的密度；

　　　ρ_{s}——固体密度。

常数 A 与气孔几何形状及固体材料性质有关，而指数 B 则与单个气孔的实际形变方式有关，由于气孔面壁先断裂后使邻近留下的棱承重，开口气孔和闭口气孔的形变现象应是一致的。由此可知，抗拉强度与气孔尺寸无关，但固体材料在面与边缘之间的分布情况则会影响其强度。

2.1.5.2　拉伸强度的测试分析技术

实际的多孔陶瓷材料因为用途不同，制备的材质和工艺都存在着很大的差异，因而很难用一个统一的模式来分析影响其拉伸强度的因素。本小节叙述了一个多孔陶瓷拉伸强度的测试分析实例，在本实例中，曹英斌等人采用两种形状（纺锤形、矩形）的拉伸试样，对单向 M40JB – Cr/ SiC 及 T800 – Cr/SiC 多孔复合材料进行了高温拉伸强度测试，得到了 Cr/SiC 多孔复合材料的拉伸强度，并对纺锤形试样断裂应变的表达式进行修正，得出了复合材料的弹性模量。读者可以通过这个实例，来理解掌握拉伸强度的测试分析技术。

（1）Cr/SiC 多孔复合材料的制备

该实验采用 Toroca 公司的 M40JB 和 T800 碳纤维。M40JB 属高模中强型纤维，拉伸强度为 4410MPa，拉伸模量为 337.0GPa，断裂应变为 1.2%；T800 属高强型纤维，拉伸强度为 5490MPa，拉伸模量为 294GPa，断裂应变为 1.9%。将一定量的 SiC 微粉、烧结助剂（AlN，Y_2O_3）聚碳硅烷及二甲苯在玛瑙罐中混合，球磨 24h 以后把制得的浆料置于浸浆槽中，碳纤维经过浸浆槽缠绕制成无纺布，晾干后裁剪成小块，叠层，在金属模具中以一定的温度、一定的压力模压成型，然后置于石墨模具中热压烧结，得到了 Cr/SiC 多孔复合材料。

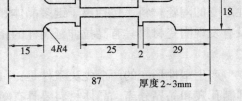

图 2 – 2　Cr/SiC 多孔复合材料拉伸试样示意图

（2）拉伸试样的制备方法及尺寸

对热压烧结后的 100 mm × 70 mm 的 Cr/SiC 多孔复合材料块，采用线切割制成基本尺寸如图 2 – 2 所示的拉伸试样，厚度为 2~3 mm。工作部分采用矩形（以下称 A 型）及纺锤形（以下称 B 型）两种。

（3）拉伸强度的测试

加载速率为 0.597 mm/min，采用跨距为 25 mm 的机械式引伸仪测量拉伸应变。对于工

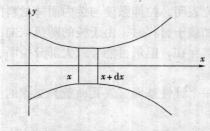

图 2 - 3　拉伸试样工作部分宽
度随长度方向的分布图

作部分为纺锤形（B 型）试样（中间部分示意图见图 2 - 3），高温拉伸应变及模量采用以下公式进行修正。假设纺锤曲线方程为：

$$y = f(x)w_0 \qquad (2 - 29)$$

式中　x——试样工作部分的长度方向；

　　　　w_0——纺锤形中部试样的宽度。

则试样的宽度 w 随长度方向的变化为：

$$w = 2f(x)w_0 \qquad (2 - 30)$$

参考国外研究者对塑性材料拉伸过程中不均匀塑性变形阶段颈缩区平均真应力的修正方法，假设每一工作截面应变是常数，即每一工作截面所受的拉力等于外加载荷，且在整个截面均匀分布，采用数学积分的方法可得出应变 ε 与拉伸载荷 P 及模量 E 的关系式：

$$\varepsilon = \frac{\Delta\lambda}{L_0} = \frac{P}{EHL_0\omega_0}\int_0^{L_0}\frac{1}{2f(x)}\delta x = \frac{\sigma_0}{EL_0}\int_0^{L_0}\frac{1}{2f(x)}\delta x \qquad (2 - 31)$$

式中　H——试样的厚度；

　　　　σ_0——以试样中部的最小宽度计的试样所受的最大拉伸应力；

　　　　L_0——工作部分的标距长度。

对于每一测试样品，式（2 - 31）中积分项为一常数，而 $\Delta\lambda$ 可用高温引伸仪测出，因此，由式（2 - 31）可得出复合材料的拉伸模量，以及试样的应力 - 应变曲线。对于 $f(x)$，采用圆弧曲线来近似，用迭代法求出其积分。

2.1.6　多孔陶瓷的塑性形变

多孔陶瓷的塑性形变有两种类型：一种是相变塑性形变，也称内应力塑性形变。它是由于温度变化经过相变点或由于材料具有明显的热膨胀各向异性而产生的塑性行为。这类塑性形变通常具有牛顿流型的特征。另一种是结构塑性形变，也称细晶塑性形变。这种塑性行为是在晶粒具有等轴形状的均匀细晶材料中产生，通常具有非牛顿流型的特征。能产生结构塑性形变的陶瓷材料，包括离子键多晶体和共价键多晶体、单相陶瓷和多相复合陶瓷。至今还没有发现陶瓷材料具有高拉伸延展性的相变塑性。就技术应用来说，结构塑性形变才是重要的。

产生塑性形变的两个先决条件是：（1）拉伸塑性稳定性，即不产生明显颈缩；（2）有效抑制孔穴和晶界分离。晶体材料要具有塑性形变有以下几项重要的要求：1）由于超塑性过程受扩散控制，因此试验温度应足够高，以便扩散足够快。在实际中，试验温度通常要达到材料熔化温度的一半以上；2）晶粒尺寸要很小，对于陶瓷材料，通常应 $< 1\mu m$，并且要能稳定保持细晶结构，没有或只有轻微的晶粒生长，以便使得流动应力低于产生孔穴或晶界分离所需的临界应力；3）晶粒具有等轴粒状，以利于晶界滑移的发生。与金属相比，陶瓷材料更容易获得细晶结构，在高温下结构更稳定。然而，由于陶瓷材料的晶间脆性，这种塑性形变的潜力受到限制。实际上，陶瓷材料产生塑性形变要比金属材料难得多。

2.1.6.1　测试装置

塑性测试装置由以下 6 部分组成：

(1) 试样安装装置。吊架、横管、上拉杆、下拉杆。

(2) 加载装置。试样上端固定在上拉杆上，下端悬挂下拉杆。下拉杆重为 50g，其下端可放置不同重量的砝码。

(3) 炉膛和电阻丝。拉伸试验机内膛直径为 60mm，高度为 400mm，为了改善炉膛内部温度分布，使之稳定均匀，在炉膛内部安装了紫铜管制内套，炉膛内壁安装直径为 0.8mm 的电阻丝。为了使炉温纵向分布均匀，将下炉口处的电阻丝圈数缠绕得较密，以后逐渐变稀，在接近上炉口约 50mm 处，电阻丝最稀。通过上述措施，使炉膛纵向温差最大为 ±6℃。

(4) 温度控制装置。采用镍铬 – 镍硅热电偶丝插入炉膛，热电偶耐热点紧靠试样中部。采用精度为 0.1 级的 VT – 37 型便携式直流电位差计定期校验温度。

(5) 上、下炉口。

(6) 读数装置。在下拉杆的下端，安装用钢尺作为标尺的延伸量读数装置。

该拉伸试验机采用下拉杆末端加挂载荷的方式实现试样的拉伸，因此，试样伸缩完全自如，克服了常用拉伸试验机上夹头速度对试样的影响，同时，通过载荷加载方式的改变，可以观察材料在恒应力、恒应变状态下的超塑变形，使获得的实验数据更接近于真值，使试验样品更真实地反映超塑变形的各种特性。

2.1.6.2　测试方法

(1) 恒载试验

经过探索性试验，找出符合试验要求所需的初始应变速率所对应的载荷量，加上载荷后，不再改变，直至整个超塑变形过程结束。

(2) 减载试验

在超塑变形过程中，根据需要减轻载荷，使试验参数符合试验要求。

1) 恒应力试验按伸长量计算出试样横截面积的缩小量，然后推算出保持试样所承受的应力恒定不变时需要减小的载荷量，列出表格。试验过程中，依据推算出的载荷量减载，使整个超塑拉伸过程中试样承受的应力基本恒定。

2) 恒应变速率试验按试样单位长度内变化的速率改变载荷量，保持整个超塑变形过程中应变速率固定不变。

(3) 变载试验

根据需要，可随时增减载荷，使试样在不同的形变工艺下进行超塑性拉伸。

例如：Al_2O_3 多孔陶瓷是有几种应用最广的结构陶瓷，有人研究了一种添加 0.25wt% MgO 的 Al_2O_3 瓷的高温压缩塑性形变行为，平均晶粒大小为 1.6μm，在 1420℃ 下可获得 60% 的真应变，并认为形变机理为扩散蠕变。有文献报道了对晶粒大小为 0.66μm 的 Al_2O_3 瓷的拉伸塑性的研究，在 1450℃ 和 20MPa 下，断裂前的拉伸形变量达 65%。对于脆性的陶瓷材料来说，这一形变量已是相当可观，他们发现，最大伸长量随着晶粒尺寸的减小而增大，细晶 Al_2O_3 瓷由于在塑性形变过程中会产生严重的动态晶粒生长，导致显著的应变硬化。日本研究者发现添加 MgO 可抑制晶粒生长，减小应变硬化，改善拉伸延展性，有研究结果表明，添加过渡金属氧化物（如 TiO_2，CuO，MnO）形成液相，可降低 Al_2O_3 瓷的塑性形变温度提高应变速率 4 个数量级。

2.1.7 多孔陶瓷的抗弯强度

抗弯强度测试是最传统、最普遍的测试陶瓷性能的方法之一。在 20 世纪 20 年代陶瓷制造者开始使用抗弯强度试验，这是因为其他方法很难实行。到五六十年代，这种方法已成为各实验室的通用方法。由于这种方法简单易行，而且具有一定的准确性，所以科学家并不怀疑它的可靠性，至少相信用这种方法测得的强度数据有可比性。但是，由于各单位规定的抗弯强度测试方法的具体试样尺寸和形状不同，试件夹具的尺寸和类型不同，进行的步骤及有关规定也很少一致，于是出现了一些试验方法之间的规律，像"三点弯曲强度比四点弯曲强度高 15%；而四点弯曲强度比单轴抗拉强度高 15% ～ 30%"。下面采用国家最新颁布的标准对抗弯强度的测试进行叙述。

2.1.7.1 测试设备与试样要求

对多孔陶瓷抗弯强度的测定可以采用水泥抗折、抗张杠杆试验机，夹具要求如下：加荷及支撑刀口的直径为（10 ± 0.1）mm；支撑两个刀口的中心距离为（50 ± 0.1）mm。

两个支撑刀口须在同一水平面内，并且互相平行。加荷刀口应处在两个支撑刀口的正中央。在实验过程中，试样规格厚为（10 ± 1）mm，宽（20 ± 1）mm，长（120 ± 2）mm。每组试样不得少于五块。对于直接切取上述试样有困难的试验制品，可以用与制品生产相同的工艺制作试样。另试样必须研磨平整，不允许存在制样时造成试样缺边或裂纹。

2.1.7.2 抗弯强度的测试与计算

试验前，必须将试样表面的杂质颗粒清除干净。使用水泥抗折、抗张试验机前，须清除夹具圆柱刀口表面上的粘着物，并使杠杆在无负荷情况下呈平衡状态，然后放入试样，使试样长棱与刀口垂直，两支撑刀口与试样端面距离相等。对于杠杆比为 10 的杠杆试验机，试验时铅弹流速为（100 ± 20）g/s。试样折断后称量铅弹及小桶的重量，精确至 10g。对抗弯强度我们可以采用下式计算：

$$R_f = \frac{3P_b L}{2bh^2} \tag{2-32}$$

式中　R_f——多孔陶瓷抗弯强度，kg/cm^2；

　　　P_b——试样折断时的负荷，kg；

　　　L——支撑刀口之间的距离，cm；

　　　b——试样断口处宽度，cm；

　　　h——试样断口处厚度，cm。

对于杠杆试验机　　　　　　　$P_b = GK$ 　　　　　　　　　(2-33)

式中　G——试样折断时铅弹重量，kg；

　　　K——杠杆比。

而作为多孔陶瓷的抗弯强度的各种性能因数主要是其在高温下的抗弯强度，所以对其的因数我们在下面的章节多孔陶瓷的高温抗弯强度中进行叙述。

2.2　多孔陶瓷的热学性能

2.2.1　多孔陶瓷的动态热机械性能

很多用于高温场合的多孔陶瓷是在振动的情况下，如汽车尾气的催化剂载体材料，即要承受发动机排出的高温烟气可高达 1000℃，又要能够在汽车行驶过程中不会被震裂，因此要求具有较好的动态热机械性能。对于了解多孔材料在高温下的动态机械性能也就很有意义。材料在高温下的动态机械性能是由材质本身及其微观结构决定的，对材料的动态热机械性能的了解，对于理解材料在极端条件下的微观结构的变化也是很有意义。

尽管表征金属、聚合物和它们之间相互复合材料的动态机械性能的试验技术已经研究得很广泛、深入。然而对于陶瓷材料，由于其脆性特征以及要求比金属、有机材料高得多的测试温度，使得这项技术广泛应用到陶瓷方面还存在着不少困难。

2.2.1.1　测试原理

动态机械性能分析（Dynamic Mechanical Analysis，简称为 DMA）目前主要是用作表征金属及聚合物材料在振动情况下的机械性能。动态储能模量（dynamicstorage modulus）、损耗模量（loss modulus）、阻尼系数（damping factor）或内耗（internal friction）都能够通过 DMA 获得。其中动态储能模量是衡量材料储存能量能力的一个参数；阻尼是对原子运动最敏感的一个参数，特别适合于衡量热过程中的结构松弛。一种材料的减震能力（damping capacity）是指材料吸收、消耗机械振动或波传播时的弹性应变能（elastic strain energy）的能力。

材料的弹性是指在一定的应力－应变范围内，材料在施加负载下发生的形变符合胡克定律，即应变与施加的应力成正比。胡克定律忽略了时间的影响，也就是说，一旦施加了应力，材料也就立即发生形变。这种情况仅适合于所施加的应力是足够慢的情况下。事实上，材料对于所施加的应力不仅存在一个与时间无关的立即弹性应变，同时还会存在一个与时间有关的、滞后于施加应力的应变。

因为这个滞后应变的存在，当材料受到循环载荷时，材料的应力－应变曲线将形成一个滞后回线。假设材料在循环载荷时所存储的最大弹性能量为 W，耗散的能量为 ΔW，那么，$\Delta W / W_G$ 称为材料的"比减震能力（ecificdamping capacity）"。数值上它等于应力－应变曲线的滞后回线面积与最大存储的能量的比值。

假设材料样本受到随时间变化而正弦变化的应力 σ，即：

$$\sigma = \sigma_0 \exp(\omega t) \tag{2-34}$$

则应变 ε 为：

$$\varepsilon = \varepsilon_0 [i(\omega t - \delta)] \tag{2-35}$$

式中　σ_0，ε_0——应力与应变的振幅；

　　　$w = 2\pi f$——角频率，f 是振动频率；

　　　　δ——应变滞后于应力的损耗角（loss angle）。

对于理想的弹性材料，$\delta = 0$，$\sigma / s = E$ 是胡克定律的弹性模量。然而大多数材料是滞弹性体，δ 不为零，σ / s 也是一个复模量（complex modulus）。

$$E'' = \frac{\sigma}{\varepsilon} = \frac{\sigma_0}{\varepsilon_0}(\cos\sigma + i\sin\delta) = E + iE'' \qquad (2-36)$$

式中　$E = \sigma_0/\varepsilon_0\cos\delta$——储能模量（Storage modulus）；

　　　$E'' = \sigma_0/\varepsilon_0\sin\delta$——损耗系数（loss modulus）。

储能模量与损耗系数之比即为阻尼系数或称减震能力：

$$\tan\delta = E''/E \qquad (2-37)$$

在高温下这些参数的大小就表征着材料的动态热机械性能。

2.2.1.2　测试设备装置

测试设备为厂家专门生产的动态机械分析仪。如 Perkin Elmer Corp. 生产的 DMA7 型仪器包括：分析器、程序控制升温的电炉、计算机以及测量系统，其中测量系统包括：给样品施加正弦力的马达、测量样品应变的位移传感器 LVDT 参见图 2 - 4。

在标准实验中，样品放置在一个三点弯曲模具（three - point mode）的平台上如图 2 - 4 所示），要求测试所用的器械必须比样品的刚度（硬度）大得多，这样可以保证变形几乎都是发生在样品上，而不是在器械上。

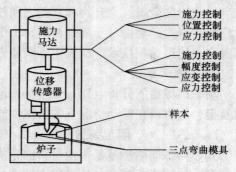

图 2 - 4　动态机械分析仪示意图

阻尼系数及动态模量的计算公式：

$$F_p \cdot \sin\omega t = M\frac{\mathrm{d}^2 x}{\mathrm{d}t^2} + \left(\frac{s''}{\omega} + \frac{kE''}{\omega}\right)\frac{\mathrm{d}x}{\mathrm{d}t} + \left[s' + \left(C_f + \frac{1}{kE'}\right)^{-1}\right]x \qquad (2-38)$$

式中　$F_p \cdot \sin\omega t$——马达所施加的正弦力；

　　　M——震动系统的质量；

　　　S'，S''——分别指支撑拱脚的复刚度的实部和虚部；

　　　C_f——系统柔量（system compliance）；

　　　k——几何因子；

　　　E'，E''——动态储能模量及损耗系数；

　　　x——样品中间部位的位移。

2.2.2　多孔陶瓷的高温蠕变

2.2.2.1　蠕变及其机理

（1）蠕变

对陶瓷材料来说，典型的蠕变曲线如图 2 - 5 所示。我们可以将其分成四个阶段（见图 2 - 5（a））：

1）起始阶级 oa，在外力作用下发生瞬时弹性形变 ε_a。此应变为瞬时发生，和时间没有关系。

2）第一阶段蠕变 ab，也称为蠕变减速阶段。此阶段的特点是应变率随时间下降，即 ab 段的斜率 $\mathrm{d}\varepsilon/\mathrm{d}t$ 随时间的增加越来越小，$\varepsilon \sim t$ 曲线越来越平坦。这一阶段通常较短暂。

3）第二阶段蠕变 bc 段，也称为稳定态蠕变阶段。这一阶段的特点是蠕变率几乎保持不变，其速率是蠕变曲线中最小的。

4）第三阶段蠕变 cd 段，也称为蠕变加速阶段。此阶段的特点是蠕变率随时间增加而增加，即 $\varepsilon \sim t$ 曲线变陡，最后到 d 点断裂。

对于各种陶瓷材料，其蠕变曲线因条件不同而有所差别。

应变与时间的关系有多种表示式，通常表示为：

$$\varepsilon = \varepsilon_0 + \beta t'' + kt \qquad (2-39)$$

式中，$0 < n < 1$，其中右边第一项 ε_0 为瞬时应变；第二项 βt 为减速蠕变引起的应变；第三项 kt 为稳定态蠕变引起的应变。

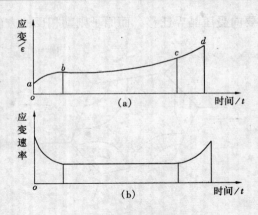

图 2-5　典型的蠕变曲线
(a) 应变与时间的关系；(b) 应变速率与时间的关系

将（2-39）式两边对时间求导得：

$$\frac{d\varepsilon}{dt} = n\beta t^{n-1} + k \qquad (2-40)$$

由于 n 是小于 1 的正数，当时间 t 很小时，第一项起主要作用，它表示应变速率随时间增加而逐渐减小的减速蠕变；随着时间 t 的不断增加，应变速率接近常数 k，它表示稳定态蠕变。

（2）蠕变机理

对于多晶的陶瓷材料来说，高温作用下蠕变的解释有如下三个机理，但都还不很完善，不能完全解释实际出现的现象。

1）位错运动理论：高温陶瓷材料中的位错在低温下由于受到障碍而难以发生运动，但在高温下原子热运动加剧，可以使位错从障碍中解放出来。

当温度增加时，位错运动速度就会加快，位错通过滑移和攀移运动的结果，造成材料宏观上的塑性变形。

蠕变速率表达式可表示为：

$$\frac{d\varepsilon}{dt} = \frac{AD_L b\sigma^n}{kTG^{n-1}} \qquad (2-41)$$

式中　A——常数；

　　D_L——晶格扩散系数；

　　b——柏格斯矢量；

　　σ——施加应力；

　　k——玻尔兹曼常数；

　　T——温度；

　　G——剪切模量；

　　n——常数，$n = 3 \sim 5$。

2）扩散蠕变理论：当材料受拉时，受拉晶界的空位浓度 $C_{拉}$ 将增加；而在受压晶界上，空位浓度 $C_{压}$ 将减少。这样，受拉晶界与受压晶界产生了空位浓度差，受拉晶界上的空位就要向受压晶界迁移，而原子则朝相反的方向扩散，如图 2 - 6 所示。结果导致沿受拉方向伸长，发生变形。

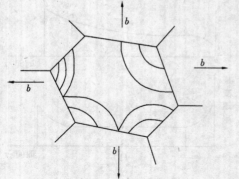

图 2 - 6　原子自受压晶界向受拉晶界迁移

（箭头表示原子的迁移方向）

当扩散沿晶界进行时，蠕变速率为：

$$\frac{\mathrm{d}\varepsilon}{\mathrm{d}t} = \frac{AD_{\mathrm{L}}b\sigma^{n-1}}{kTG^{n-1}} \tag{2 - 42}$$

式中　A——常数；

D_{L}——晶格扩散系数；

b——拍格斯矢量；

σ——施加应力；

k——玻尔兹曼常数；

T——温度；

G——剪切模量；

n——常数，$n = 3 \sim 5$。

3）晶界滑移理论：高温结构陶瓷材料中存在大量的晶界，因相邻晶粒取向不同，晶界处存在位相差。位相差较大时，晶界具有非晶体的结构和性质，当温度升高时，晶界黏度迅速下降，在外力作用下，导致晶界黏滞流动而发生蠕变。

以上介绍了蠕变的三个机理。对各种材料来说，蠕变机理可能有所不同，对同种材料的不同温度范围蠕变机理也可能有所差异。当同时存在有多个相互独立的机理时，其中最慢的过程是蠕变速率的控制过程；当存在有多个相互依赖的机理并顺次发生作用时，最快的过程将是蠕变速率控制过程。

2.2.2.2　蠕变性能的测试

高温蠕变的测试装置如图 2 - 7 所示。测试样本置于直立的管式炉中，在不同温度和不同压力下，记录测试样本随时间而发生的形变量。

2.2.2.3　影响高温多孔陶瓷材料高温蠕变因素

影响高温多孔结构陶瓷材料高温蠕变的因素是多方面的，而且许多因素又是相互联系在一起的。下面讨论一下相关的主要因素。

（1）温度、应力与时间

从前面讨论的蠕变机理可知，温度升高会使位错运动、扩散系数增大，无疑会增大蠕变率。

由（2 - 41）、（2 - 42）式可知，施加的应力 σ 增大，则

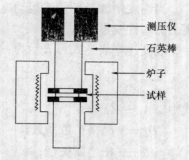

图 2 - 7　高温蠕变测试仪示意图

蠕变速率 $\mathrm{d}\varepsilon/\mathrm{d}t$ 增加。这是因为应力的增加促进了晶界的滑移、黏滞流动等过程的进行，从而使蠕变加大。

时间对蠕变的影响是非常明显的。时间增加，扩散物质量增加，导致蠕变变形量增加。

（2）化学 - 矿物组成

材料的化学 - 矿物组成不同，意味着材料组成有本质的不同，而材料的性质取决于化学 - 矿物组成，故导致组成不同，其高温蠕变性能不同。

（3）晶体结构键型

随着晶体结构共价性的增加，质点间相互作用力增加、扩散和位错迁移率下降，导致材料的抗蠕变性能提高，故碳化物和氮化物及其纯材料的抗蠕变性能较好。

（4）显微组织结构

耐火材料一般是由结晶相、非晶相和气孔组成，而且三者的抗蠕变性依次降低，所以抗蠕变性随这些相及其存在状态的变化而不同。

1）玻璃相的作用：大多数高温多孔结构陶瓷材料中存在的玻璃相在决定形变中起着极为重要的作用。玻璃是无序网络结构，不可能有滑移系统，呈脆性，高温下正是由于它不是远程有序，许多原子不是处在势能曲线的能谷中，因此有些原子间键能比较弱，只需较小的应力就能使这些原子间键断裂，使原子跃迁到附近的空隙位置，引起原子的位移和重排。因此，它不同于晶体的塑性变形，无需初始的屈服应力就能发生形变（黏性流动），高温下温度和应力的作用极易使玻璃相发生黏性流动，从而影响材料的蠕变性能。

玻璃相对材料蠕变性能的影响还在于它对晶相的润湿。如果玻璃不润湿晶粒，则晶粒发生高度自结合作用；而玻璃穿入晶界越深，自结合的程度就越小。当玻璃完全穿入晶界时，就没有自结合作用，这时玻璃就完全润湿晶相，形成最弱的结构，显然，后者的抗蠕变性能较前者更差，即玻璃相对晶相的润湿程度越高，则材料的抗蠕变性能越差。如，对莫来石－刚玉材料的蠕变研究结果表明，决定莫来石－刚玉材料蠕变时的变形值的重要因素之一即为玻璃相在结合剂中的分布特点。

2）晶粒尺寸的作用：晶粒尺寸的大小对材料蠕变性能是有较大影响的。这一点可以从（2－42）式看出：晶粒越小，蠕变率就越大。这是因为晶粒越小，晶界的比例就大大增加，晶界扩散及晶界流动对蠕变的贡献也就增加。例如，镁铝尖晶石晶粒尺寸为 $2 \sim 5 \mu m$ 时，$\mathrm{d}\epsilon/\mathrm{d}t = 26.3 \times 10^{-5}$；而当晶粒尺寸为 $1 \sim 3mm$ 时，$\mathrm{d}\epsilon/\mathrm{d}t = 0.1 \times 10^{-5}$，可见蠕变率减小很多。

3）结晶相的作用：此处提及的结晶相系指基质（主晶体以外）中的晶相。结晶相的数量和性质对材料的蠕变性能有很大的影响。镁质耐火材料其结合部分大多是结晶硅酸盐，且这些结晶相熔点高于基质中硅酸盐玻璃相的软化温度，这就决定了镁质耐火材料的抗蠕变性能较好。

又如，对 $Al_2O_3 - SiO_2$ 多相陶瓷材料的蠕变性能进行研究，当两个基质均是由均匀玻璃相构成，但基质中分布的莫来石含量不同时，莫来石含量高的材料抗蠕变性能较好。这是因为：①弥散分布在玻璃相中的微小晶体起着"填充料"的强化作用；②结晶相数量较多，相对地减少了玻璃相的体积分数；③结晶相之间的接触较好时，能有效地抑制玻璃基质的流动。因此，提高基质玻璃相中的晶相的含量可以提高材料的抗蠕变性能。

4）气孔的作用：一般来说，材料随气孔率的增加，蠕变率也增大。这是因为气孔减少了抵抗蠕变的有效截面积。此外，当晶界黏性流动起主要作用时，气孔的空余体积可以允许晶粒形变到这部分空间中。蠕变率和气孔率 P 的近似关系可表示为：

$$\frac{\mathrm{d}\epsilon}{\mathrm{d}t} \propto (1 - p^{3/2})^{-1} \tag{2-43}$$

如对多晶 Al_2O_3 材料进行研究，其结果表明，蠕变率和气孔率 P 的关系符合上述近似关系式。

（5）材料的生产工艺

材料的生产工艺对材料的蠕变性能有很大影响。

1）颗粒组成。R.W.埃文斯等在研究影响镁质耐高温材料蠕变强度的因素时得出，对体积密度类似的烧成镁砖来说，镁砂颗粒组成变化对蠕变强度有明显的作用。

2）烧成温度。烧成温度关系到不同相之间的反应程度，即是烧成温度的不同会导致不同相的形成，从而影响蠕变性能。

3）使用条件。在许多情况下，材料的使用温度会超过制造温度，从而引起一些能显著影响形变性状的变化。对高温结构陶瓷材料来说，由于其在制造时的不完全反应，导致组成不是完全可靠的强度指标。如高铝质耐高温材料通常随氧化铝含量的增加，其抗蠕变强度也增加，但在1300℃时蠕变速率随氧化铝含量的提高而下降，相反，在较高温度下，消耗二氧化硅和氧化铝形成莫来石，使抵抗形变的性能发生变化。这就说明材料的使用条件会对材料蠕变性能产生影响。

以上我们讨论了影响材料蠕变性能的主要因素，这里需要指出，影响蠕变性能的因素是多而复杂的，除上述以外，像晶体微观结构中的点缺陷，材料使用过程中的气氛等都会对材料蠕变性能产生影响。

2.2.2.4 提高高温多孔陶瓷材料抗蠕变性的措施

前面讨论了影响蠕变的因素，据此，我们可以制定一些提高材料抗蠕变性的措施。

（1）改善玻璃相组成

对于多晶高温结构陶瓷材料来说，应尽量使晶粒间为直接结合结构。但实际几乎是不可能的，或多或少要伴有玻璃的生存，欲提高抗蠕变性就得改变玻璃组成，使玻璃相不润湿晶相或与晶相的润湿性较差，使玻璃相的黏度提高，这样就可使抗蠕变性提高。

（2）改善材料的烧成工艺

我们知道，烧成工艺制度关系到制品的矿物组成、玻璃相数量及黏度、不同相之间的反应程度、气孔率等。显然合理地制定烧成制度对提高高温结构陶瓷材料的抗蠕变性是极为重要的。制定的烧成制度应在保证产品合格的前提下，尽量使制品中出现的玻璃相数量少、黏度大（如烧成温度的适当降低对之是有利的）；尽量使各相间的反应趋于完全、气孔率降低（如适当延长保温时间对之是有利的）。

（3）改善材料的使用条件

提高材料的抗蠕变性的目的是为了提高窑炉等高温设备的寿命，当所用材料选定以后，我们就应在使用条件上做文章了。要对窑炉的结构和操作方面很好地进行研究，特别要避免过热，因为即使是短时间的过热，也会对高温结构陶瓷材料有很大的蠕变损伤。只有注意使用条件，才可能延长窑炉的使用寿命。

除了上述措施外，针对各具体品种的材料、具体使用条件，还要做具体的分析，制定相应的措施。

2.2.3 多孔陶瓷的热膨胀系数

2.2.3.1 热膨胀系数及其测量

陶瓷材料的热膨胀系数是一个重要的物理性能参数。它表征了材料在受热时长度或体积增大的程度。所以，热膨胀系数在工程技术中，对于处在温度经常波动条件下使用的材料是非常重要的。热膨胀系数的大小不仅可以表示材料的使用性能，而且在工程构件的结构设计中也是不可缺少的参数。众所周知，材料的热震稳定性就是一个与其热膨胀系数有密切关系的参数，热膨胀系数越小，其热震稳定性就越好，如我们通常所知的董青石，热膨胀系数就比较小（$< 2 \times 10^{-6}$），一般被用作陶瓷窑具，而刚玉的热膨胀系数就较大（$> 8 \times 10^{-6}$），不能用于温度多变的环境中。这说明，材料的热膨胀系数的大小，直接或间接的影响着它的工程性能和使用性能。

　　人们经常遇到的陶瓷材料，大多是晶体、多相体或晶相和玻璃相的复合体。这些材料的热膨胀系数在理论上虽然可以按照特纳等人提出的复合材料热膨胀系数的经验方程来计算，但是往往由于材料内部结构的千变万化，其适应性受到局限。所以人们对材料的热膨胀系数的获得大多采用实验测试的方法，实验测试的方法很多，但目前大都采用示差法。这种方法的优点是：可靠、实用、试验温度范围比较宽，不失为一种经典的方法。然而用示差法测试热膨胀系数时，其结果为某一温度范围内的平均值。

$$\alpha = \frac{\Delta L}{L_0 \Delta t} + c = \frac{L_1 - L_0}{L_0(t_1 - t_0)} + c \qquad\qquad (2-44)$$

式中　Δt——在测量温度范围内试样的线性增长量；

　　　　L_0——试样在 t_0 时的线性长度；

　　　　t_0——测试时的初始温度；

　　　　t_1——测试的最终温度；

　　　　L_1——试样在 t_1 温度下的线性长度；

　　　　c——仪器校正系数。

　　从式（2-44）中我们可以看出，热膨胀系数 α 反映了在一定温度范围内，温度改变1℃时材料的线尺度相对平均增加值，是一个定常值。

　　即按照式（2-44）中的 α 值计算公式还原成材料膨胀线度与温度变化关系时，材料的线度变化与温度的关系为：$\Delta L \propto \alpha \Delta t$。这表明材料受热膨胀时，其线度变化随温度变化成直线关系。由此可以得出，材料的热膨胀系数为材料线度与温度变化关系中的斜率。对于不同的材料，只是斜率不同而已。

　　在一定的温度区间，常用材料的热膨胀系数是不随温度而发生变化的，但相当部分材料在较长的温度区间内，其热膨胀系数随温度变化而变化。如图 2-8 所示，为某材料的线性热膨胀量与温度的关系。

　　图 2-8 说明材料的线变化与温度变化关系是一条曲线。在这条曲线上，对应于任意温度下的斜率是不同

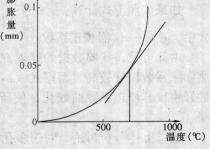

图 2-8　热膨胀量与温度的关系

的，也就是说，材料的热膨胀系数不是一个定常数，而是随温度改变而变化的变量。

2.2.3.2　测量数据的计算

　　如果将图 2-8 的测试结果按照式（2-44）进行处理，得到的材料热膨胀系数是一个定值。实际上，材料热膨胀系数是随温度改变而变化的，为此，可将实验测试结果用计算机拟合成线膨胀量与温度变化的函数曲线为 $y = f(t)$。

由（2－44）式定义得：

$$\alpha = \frac{1}{L_0}\left(\frac{\partial L}{\partial t}\right)_p \qquad (2-45)$$

用（2－45）式就可求得该材料在其实验温度范围内，任意温度下的真膨胀系数。如果要求测量温度范围内的平均热膨胀系数，则按（2－46）式进行。

$$\overline{\alpha} = \frac{\int_{t_0}^{t_1}\alpha(t)\mathrm{d}t}{\Delta t} \qquad (2-46)$$

$y = a + bx + cx^2 + dx^3$ 是一个多项式，为了求该式中的系数 a，b，c，d，可采用正交多项法拟合，针对该式进行正交构化：

$$y = a_0\varphi_0(t) + a_1\varphi_1(t) + a_2\varphi_2(t) + a_3\varphi_3(t) + a_4\varphi_4(t) \qquad (2-47)$$

其中 $\qquad\qquad\qquad \varphi_0(t) = 1, \varphi_1(t) = t$

$$\varphi_{k+1}(t) = \varphi_1(t)\varphi_k(t) - \frac{k^2 - (n^2 - k^2)}{4(4k^2 - 1)}\varphi_{k-1}(t) \qquad (2-48)$$

得到材料热膨胀量变化与温度变化的关系为：

$$\Delta L = -6.357 \times 10^{-3} + 5.799 \times 10^{-5}T - 6.351 \times 10^{-8}T^2 + 8.631 \times 10^{-11}T^3 \qquad (2-49)$$

真热膨胀系数为：

$$\alpha = \frac{1}{L_0}\left(\frac{\partial L}{\partial t}\right)_p = 1.257 \times 10^{-6} - 2.75 \times 10^{-9}T + 5.614 \times 10^{-12}T^2 + C_0 \qquad (2-50)$$

即 $\qquad\qquad\qquad\qquad \alpha = A + BT + CT^2 + c_0$

其中 $\qquad\qquad A = 1.257 \times 10^{-6}, B = -2.75 \times 10^{-9}, C = 5.614 \times 10^{-12}$

$$\overline{\alpha} = \frac{\int_{t_0}^{t_1}\alpha\mathrm{d}t}{t_1 - t_0} + C_0 = \frac{\left[1.257 \times 10^{-6}T - \frac{1}{2} \times 2.75 \times 10^{-9}T^2 + \frac{1}{3} \times 5.614 \times 10^{-12}T^3\right]_{25}^{1000}}{1000 - 25}$$

$$= 1.767 \times 10^{-6} + C_0$$

如果按照上式计算：$\overline{\alpha} = \dfrac{\Delta y}{L_0\Delta T} + C_0 = \dfrac{0.075}{46.12 \times 975} + C_0 = 1.67 \times 10^{-6} + C_0$

式中 $\quad C_0$——仪器校正系数。

由此可见，实验数据的处理方法不同，则得到的 α 也不同，用函数算术平均法得到的热膨胀系数精度较高，而用式（2－44）计算的 α 误差较大。对于示差法，由于仪器的特点，最好将仪器校正系数曲线化，使所测材料的热膨胀曲线与仪器校正曲线迭加，以提高其精度。

通过上述分析讨论，对于多孔材料的热膨胀系数的计算，应先通过实验数据拟合求得材料热膨胀与温度变化关系函数，并通过其函数关系求得材料的热膨胀系数，所得的热膨胀系数具有较高的精确性。

如果需要计算材料某一温度范围内的平均热膨胀系数，则按照温度范围内的积分平均值较为精确。

2.2.4　多孔陶瓷的导热系数

导热系数是表征材料导热性能优劣的参数，是一种物性参数。

陶瓷材料的导热系数不仅与组成相的导热系数有关，而且还与每个相的相对含量以及它们的分布、排列、取向等有关，所以，导热系数的理论计算方程式几乎都有较大的局限性，一般均采用实验测量确定。

准确测定陶瓷材料的导热系数不仅具有理论上的重要意义，而且对于开发研制新型材料更具有重要的实用价值。

2.2.4.1　热导率

多孔材料的热导率可以用下式来描述：

$$\lambda_{\text{total}} = \lambda_1 + \lambda_2 + \lambda_3 + \lambda_4 \tag{2-51}$$

式中　λ_1，λ_2，λ_3，λ_4——分别为固体，空气传导，气孔内对流，孔壁辐射对热导率的贡献。

固体部分对热导率的贡献 λ_1 与泡沫体中固体组分的含量即相对密度有关，可以表达如下：

$$\lambda_1 = \lambda_{\text{solid}}\left(\frac{\rho}{\rho_0}\right)e \tag{2-52}$$

式中　λ_{solid}——固体材料的热导率；

　　　e——效率因子，对于开孔材料，$e = 1/3$；对于闭孔材料，$e = 2/3$。

相对于固体热传导来说，空气的热传导可以忽略不计。

$$\lambda_4 = 4\beta_1\sigma\,\overline{T}^3\,t\exp\left(-e_{\text{s}}\frac{\rho}{\rho_{\text{s}}}t\right) \tag{2-53}$$

式中　$\overline{T}$——平均温度；

　　　β——表面热辐射率；

　　　σ——斯蒂芬常数 $[5.67\times10^{-8}\text{W}/\ (\text{m}^2\cdot\text{K}^4)]$；

　　　t——试样厚度；

　　　e_{s}——固体的衰减系数。

e_{s} 可以通过下式给出：

$$e_{\text{s}} = 4.10\frac{\sqrt{f_{\text{s}}\rho/\rho_{\text{s}}}}{L} \tag{2-54}$$

式中　f_{s}——多孔体孔筋（骨架）中固相分散；

　　　L——多孔体的孔径。

2.2.4.2　导热系数的测量

导热系数的测量方法很多，如果按热流的状态，一般可分为稳态法和非稳态法两类。本节就较为代表性的方法——平板法（稳态法）和闪光法（非稳态法）进行介绍和讨论。

（1）平板法

稳态法的测量原理为傅立叶导热定律。在稳态法测量中，待测试样做得很薄、直径很大，成为 $d/h \geqslant 10$ 的无限平板。平板法的物理模型是：在圆形或方形板试样内产生一个沿纵向的稳定的一维热

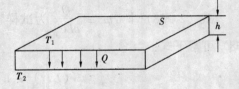

图 2 - 9　平板稳态导热示意图

流 Q_0，如图 2-9 所示，对于一个厚度为 h，截面积为 S 的平行平面平板，维持两面有稳定的温度 T_1 和 T_2（$T_1 > T_2$），侧面利用试样自身（为无限平板）防止热损失，试样热面（T_1）和冷面（T_2）的中心区域便有一较好的等温面，等温面之间则产生了一个均匀的稳定的热流（Q），则根据傅立叶导热定律，在单位时间内沿与 S 面垂直方向传递的热量为：

$$\frac{\Delta Q}{\Delta t} = \lambda \frac{T_1 - T_2}{h} S \tag{2-55}$$

式中　λ——平板材料的导热系数。

对于圆形板试样，由于实验中测出的通常是单位时间内通过 $\frac{1}{4}\pi d^2$ 面积的热量 Q，因此式（2-55）可写成：

$$\lambda = \frac{Qh}{(T_1 - T_2)\frac{1}{4}\pi d^2} \tag{2-56}$$

平板法的优点是试样容易制备，具有相当高的测量准确度和试验温度。因而已被许多国家作为低导热系数材料的标准测量方法，如美国的 ASTM Designation C201—47 等，得到了广泛的应用。其缺点是测试周期较长。

平板法按试样几何尺寸通常可分为：试样直径 $d \leqslant 50\text{mm}$ 的称为小平板；$d = 50 \sim 100\text{mm}$ 的称为中平板；$d > 100\text{mm}$ 的称为大平板。其测量误差随着试样不同和不同温度而变化。一般导热系数高的材料或者在较低温度下测试时，测试误差较大；反之则小。

（2）闪光法

闪光法（当光源为激光时称为激光脉冲法）是当今应用最为广泛的一种非稳态测量方法，它的测量原理为导热微分方程的具体解。本方法应用圆形薄试样，其一面有一个脉冲形的热流加热器，根据另一面的温度随时间的变化就能确定热扩散率（α），再由比热（C_p）、密度（ρ）算出导热系数（λ）。

闪光法的物理模型是：如果一束辐射脉冲能量为 Q，被四周绝热的、厚度为 L 的试样瞬时地均匀吸收，那么在试样背面（$x = L$）的温度分布可由下式表达：

$$T(L, t) = \frac{Q}{\rho L C_p}\left[1 + 2\sum_{n=1}^{\infty}(-1)^n \exp\left(\frac{-n^2\pi^2}{L^2}\alpha t\right)\right] \tag{2-57}$$

引入两个无量纲参数 V 和 W：

$$V = \frac{T(L, t)}{Tm} \tag{2-58}$$

$$W = \frac{\pi^2 \alpha t}{L^2} \tag{2-59}$$

式（2-58）中 $Tm = \dfrac{Q}{\rho L C_p}$ 为试样背面最高升温。将（2-57）和（2-59）代入（2-58）可得下式：

$$V(L, t) = 1 + 2\sum_{n=1}^{\infty}(-1)^n \exp(-n^2 W) \tag{2-60}$$

当 $V = 0.5$ 时，由式（2-60）可算得 $W = 1.37$，该点所对应的时间记作 $t_{1/2}$，于是可导得热扩散率为：

$$\alpha = 1.37L^2/\pi^2 t_{1/2} = 0.139L^2/t_{1/2} \tag{2-61}$$

并可进一步导得导热系数为：

$$\lambda = \alpha\rho C_p = 0.139L^2\rho C_p/t_{1/2} \tag{2-62}$$

导出公式（2-62）的主要假设有：试样处于绝热状态，热量只沿轴向一维导热；试样材料均匀，各向同性；试样一面均匀受光辐射，在极薄的一层内吸收转化为热量；光辐射的时间远远小于在试样内部传播的特征时间，若光辐射的时间为 t，那么

$$t \ll L^2/\pi^2\alpha \tag{2-63}$$

为了比较准确地测量材料的热扩散率，实验装置所创造的条件应满足上述物理模型的假设。从日本进口的 TLP-18 型热常数测定仪可同时测量材料的三个热物理性质：热扩散率（α）、比热（C_p）和导热系数（λ）。

TLP-18 型热常数仪属于非稳态的激光脉冲法测量装置，由三个主要部分组成：

1）激光脉冲源

常用激光器有两种：一种是钕玻璃激光器；一种是红宝石激光器。激光脉冲控制在 $\leqslant$ 1ms，每个脉冲能量约为 15~25J，光斑直径大于试样（$\phi = 10$mm），为 12~13mm，配备有大电容的激光充放电触发线路。

2）真空高温炉系统

①真空系统：采用旋转泵和油扩散泵两级抽真空，旋转泵的流量为 75L/min，真空度可达 10~3Torr；油扩散泵流量为 200L/min，真空度可达 10~5Torr。用循环冷却水冷却扩散泵，并装有水压警报器。

②高温加热炉：一般用碳管炉或钽管炉，用大电流（3kVA）直接加热，可从室温加热到所要求测量温度，本仪器最高可加热到 1800℃。

③光电接收系统：根据测量温度不同，选用接触法（700℃以下）或非接触法（700℃以上）。接触法用 Cr-Al 或 Pt-PtRh 热电偶直接测量试样背面温度；非接触法选用不同的热敏电阻，光敏电阻探测试样背面温度，用光线示波器储存和显示出来，并由记录仪打印出升温曲线。

闪光法的主要优点是：测试的温度范围宽（从液氮温度到 2973K 左右）；试样尺寸很小（直径约为 10mm，厚度约为 1~1.5mm）；测试速度很快（达到试验温度后，从发出激光到显示升温曲线只需几秒钟）；测试功能强（能测出热扩散系数 α，比热 C_p 和导热系数 λ 三个热物理参数）。特别是从 20 世纪 70 年代开始，闪光法用电子计算法进行运控以后，其优越性更为明显，也极大地扩大了用同一装置测量不同导热系数材料——从铜到导热系数很小的陶瓷隔热材料，目前已成为非稳态法中应用最为广泛和最受欢迎的方法。其缺点是测试误差通常要比稳态法略大一些。

2.2.4.3　影响热导率的因素

（1）杂质

氧杂质是影响多孔陶瓷热导率的主要因素，因为多孔陶瓷晶格中的氧具有高置换可溶性，容易形成氧缺陷，而陶瓷是靠声子传热，氧缺陷会使声子散射截面增大，故将显著降低多孔陶瓷的热导率。随着陶瓷晶格中的氧含量的降低，热导率相应增加。氧杂质主要来源于

陶瓷粉料。除氧外，其他杂质元素如 Si、Fe、Mn 等也会降低陶瓷的热导率，因此应尽可能的选取高纯陶瓷粉。

（2）助烧结剂

由于陶瓷的自扩散系数小，自身难以烧结，其致密化的机理主要是液相烧结，所以需添加一定量的助烧结剂才能达到致密烧结。而助烧结剂的选取应遵循以下几个原则：

1）能在较低的温度下与陶瓷颗粒表面的 Al_2O_3 发生共熔，产生液相，降低烧结温度；

2）产生的液相要对陶瓷颗粒具有良好的浸润性，以起到烧结的作用；

3）烧结助剂与氧有较强的结合能力，以有利于除去氧杂质；

4）液相的流动性要好，烧结后期在陶瓷晶粒生长过程的驱动下向三角晶界流动，而不致于形成陶瓷晶粒的热阻层；

5）常用的助烧结剂主要是碱土金属和稀土金属。而 Y_2O_3 是使用最广泛、效果也是最好的。Y_2O_3 与陶瓷在高温烧结过程中，会产生一些液相化合物，它可以促进陶瓷颗粒排列及晶粒生长，提高致密度。此外，Y_2O_3 还与陶瓷晶格逸出的氧缺陷结合于晶界，从而增高热导率。

（3）烧结温度

常压烧结的烧结温度要比热压烧结的温度高，只有更高的温度才能保证有足够的烧结动力来推动烧结。普遍认为烧结过程中也存在一个最佳烧结温度的问题。若烧结温度继续升高，则将使晶粒过分长大，晶界相增多，致密度反而下降，不利于热导率的提高。

（4）保温时间

保温时间的适当延长，可进一步净化晶格，促使晶粒发育长大，气孔率显著下降，从而热导率增加。但保温时间太长，氧溶入晶格与 Y_2O_3 夺取晶格中的氧，达到动态平衡，致密度不再提高，热导率随保温时间的变化进入饱和期，促使成本增加，不符合经济观点。

（5）烧结气氛

烧结气氛的不同，烧结后期坯体内的闭气孔的气体成分和性质不同，它们在固体中的扩散、溶解能力也不同。烧结的气氛还直接影响高温时晶界相的排除及晶粒的生长。一般采用的气氛条件为流动的 N_2、Ar、$N_2 + O_2$、H_2 等。

2.2.4.4 最佳隔热能的多孔体相对密度

对于多孔陶瓷的导热性能来说，当导热性能很低的时候，多孔陶瓷一个重要的应用就是作为隔热材料，而多孔材料的隔热性能强烈依赖于它的相对密度。为了获得最佳隔热性能，这就需要对材料的相对密度进行优化。对于开孔材料的优化相对密度可以由下式来确定：

$$\left(\frac{\rho}{\rho_s}\right)_{opt} = \frac{1}{e_s t}\ln\left[\frac{4e_s\beta_1\sigma t^2 \overline{T^3}}{\frac{2}{3}\lambda_s - \lambda_g}\right] \quad (2-64)$$

式中各个参数的物理意义与热导率部分一致。

2.2.5 多孔陶瓷的高温抗弯强度

影响材料强度和韧性的参数为弹性模量 E、断裂能和裂纹尺寸以及泊松比等，而这些参数则与材料的晶界、气孔、晶粒、二相杂质和微裂纹等微观结构有密切的关系，故研究多孔陶瓷材料的高温性能变化规律，就必须研究材料微观结构随温度变化的规律。大量的试验和研究已证明，在 Al_2O_3，或 Si_3N_4 基体中添加一定比例的 SiC 晶须，可大大提高多孔陶瓷材料的室温抗弯强度和断裂韧性，其主要增韧机理是裂纹的偏转、晶须的拔出和裂纹的桥接。

2.2.5.1　SiC 晶须与基体的界面对高温抗弯强度的影响

在较低温度下，多孔陶瓷断口表现出较多的晶须折断，实质是 SiC 晶须起增韧效果而造成它的穿晶断裂较多；而在较高温度下，断口上有较多的晶须拔出的痕迹，这与沿晶断裂形式相似，只增加少量的拔出功。影响晶须与基体界面性质的因素有：晶须与基体的热胀失配、晶须与基体在高温下产生的化学反应、晶须与基体的泊松比及晶须与基体界面的摩擦系数。而晶界应力可表示为：

$$\pi = K \cdot \Delta\alpha \cdot \Delta T \cdot d/L \tag{2-65}$$

式中　L——晶须长度；

　　　d——晶须直径；

　　　K——常数。

当温度较低时，亦即 ΔT 的绝对值较大时，无论夹紧力还是晶界应力均较高，也就是晶界强度较高，当基体内裂纹扩展时，晶须可充分发挥承担外力的作用，但很难产生裂纹的偏转、分支，晶须拔出困难，故表现为晶须断裂较多，导致其强度不是太高。而在 1000℃ 以上的情况下，由于晶界滑移严重，塑性变形的加剧及裂纹成核导致晶须与基体的结合强度和摩擦系数降低，在断裂过程中晶须承担外应力的作用明显降低。而另一方面，由于晶界滑移和位错造成晶界上应力集中，裂纹扩展时，由晶须的存在吸收裂纹扩展能量，所以抗弯强度也较低。而在 800℃ 左右时，SiC 晶须与基体的界面产生很轻的滑移，即晶界结合强度仍较高，而且与低温相比，材料内部热胀失配应力得到了缓解，这样就可得到较高的抗弯强度。

2.2.5.2　化学组分和气孔对高温抗弯强度的影响

随着温度的升高，陶瓷材料内一方面由于玻璃相的黏滞效应而使应力集中得到松弛，另一方面由于晶界滑移和位错的产生使材料内部发生塑性变形。它们综合作用的结果是：在 800℃ 左右时，使临界裂纹尖端的部分应力得到松弛，同时裂纹尖端的钝化亦提高了对裂纹扩展的抗力，故在 800℃ 左右材料的抗弯强度值最高。而温度再升高时，晶界滑移加剧，同时由于缺陷热激活扩张，促使空穴在晶界处成核并进一步扩展使应力集中加剧，从而导致抗弯强度显著下降。

在 700℃ 以上，虽然通有氮气保护，但仍有氧化作用。它主要发生在结构内部，内部表面上生成氧化层，氧化物导致气孔率下降，而且弹性模量和断裂能也随气孔率变化。断裂能的主要组成部分等效表面能 γ_0 和气孔率 P 的关系：

$$\gamma_0 = \pi a[\sigma_0 \exp(-kp)]^2/(2E) \tag{2-66}$$

式中　a——缺口深度；

　　　σ_0——气孔率为零时的抗弯强度；

　　　K——常数。

可见，在 800℃ 左右，抗弯强度较高是合乎逻辑的。而温度再升高时，材料内部晶界滑移加剧，因为晶界处存在非晶相，且在高温时，氧化作用主要发生在试样表面，故等效表面能增加很小，加上晶界处的局部塑性变形严重，从而导致抗弯强度下降。

2.2.6 多孔陶瓷的抗热震性能

2.2.6.1 多孔陶瓷的抗热震性能

当陶瓷材料经受快速的温度变化（热震）时，就会形成巨大的应力，在这种情况下，抵抗材料变弱和断裂的性能称为抗热震性，或热持久性、抗热应力性。陶瓷材料有一个很大的优点就是可以承受较高的温度，所以当其用于高温场合时，温度的变化是不可避免的，因此对抗热震性能或多或少都有要求，如果在温度变化频繁场合使用，要求就更高了。

例如，作为高温烟气过滤的多孔陶瓷材料，使用一段时间后，常常会在表面形成一层滤饼，滤饼的致密化及增厚，而堵塞过滤元件内部通道，导致过滤阻力增大，使压力降增加，流速降低，极大的影响过滤效率。此时最常用的解决方法就是对过滤材料进行反吹，将集聚的灰尘颗粒吹落，或者用液体反洗或气－液混洗的方式再生，从而使其基本恢复到初始状态的水平。

反吹的气流温度往往与过滤的烟气温度有着较大的温差，在这个过程中，就存在着温度的突变，如果材料本身的抗热震性能不好，往往会由于材料的热应力作用而开裂，导致材料破坏，过滤器失效。

又如，用于汽车尾气催化剂的载体材料，要频繁的经受汽车发动时从常温到近 1000℃ 的剧烈温度变化；作为热交换的多孔陶瓷材料，也需要周期性的经受冷、热流体的热冲击，这些材料对抗热震性要求更高。

2.2.6.2 抗热震性的理论分析

当固体表面温度从 T_1 变为 T_2 时，由于温度差异导致的体积变化将使固体内部出现热应力。因此，材料内部的温度梯度导致了材料内部的应力梯度。对于许多陶瓷材料，这种内应力会引起严重的力学损伤，以致断裂破坏。对于多孔陶瓷特别是开孔陶瓷材料，可以用下式来预测材料的热震行为：

$$\Delta T_c = \frac{0.2\Delta T_{cs}}{(\rho/\rho_s)^{1/2}} \tag{2-67}$$

式中 $\Delta T_{cs} = \sigma_{fs}/(E_s\alpha_s)$ ——致密材料的热震阻力；

σ_{fs}，E_s，α_s——致密材料的强度、弹性模量和热膨胀系数，并且假设孔筋强度等于致密材料的强度。

式（2-67）表明多孔材料具有比致密材料更好的抗热震性能，并随相对密度的降低，以 ΔT_{cs} 为指标的材料热震阻力增大。式（2-67）的推导没有考虑到热传导，特别是多孔的热传导可能是一个十分关键的因素。

研究表明，多孔材料的热传导主要与它的孔径和相对密度有关。如果仅考虑孔径和相对密度对热传导的影响，则它的热导率可以用下面的经典方程来表达：

$$\lambda_f = C\lambda_s\left(\frac{L}{t}\right)^r\left(\frac{\rho}{\rho_s}\right)^q \tag{2-68}$$

式中 C，r，q——常数。

这时多孔陶瓷的热震阻力可以表示如下：

$$\Delta T_{\mathrm{c}} = A\Delta T_{\mathrm{cs}}\left(\frac{L}{t}\right)^{r}\left(\frac{\rho}{\rho_{\mathrm{s}}}\right)^{q-1/2} \tag{2-69}$$

式中　A——常数。

　　研究表明，网眼多孔陶瓷的孔尺寸是影响它热震性能的主要因素，并且热震损伤程度随孔径的减小而增加，也就是大孔径的材料比小孔径的材料具有更好的热震性能。

2.2.6.3　抗热震性能的测试方法

　　一般陶瓷的抗热震性能的优劣是用材料在经受某个温度变化的情况下，而不开裂的次数来衡量。

　　多孔陶瓷本身存在着大量孔隙，因为热震而产生的微裂纹是不易检测出来的。目前，我国还没有关于多孔陶瓷的抗热震性检测标准。为此，参考有关文献，设计了如下检测多孔陶瓷抗热震性的方法。

　　根据多孔陶瓷材料所要求的性能，按照相应的性能测试标准，将要测试的试样加工制备成标准的块状、条状或圆柱状样品（如测试抗压强度时可制成直径为 20mm、高为 20mm 的圆柱体）。

　　用可以恒温的高温炉预先升至设定温度，必须保证设定的温度稳定在一定的范围内，快速将试样放入炉内，保温一定的时间（如半小时），然后快速取出，采用水冷或者风冷至室温（如 20℃）。此为一次热震。

　　重复以上过程，记录下样品的热震次数。每次热震后检查样品有没有被破坏，如已经出现了明显的开裂则记录下实验数据。

　　如果因为多孔陶瓷本身的孔隙而不易判断，则可按照相关性能的测试标准，对其性能进行测量，通过热震前和不同的热震次数后性能的变化来衡量其热震性能的优劣。

2.3　多孔陶瓷的光学性能

2.3.1　陶瓷的光学性能

　　陶瓷体存在着各种光散射中心，当光在陶瓷体传播时，入射光强度是逐渐衰减的。下列因素导致光散射：(1) 由杂质和添加物析出不同相以及烧结过程中残余气孔所引起的散射；(2) 由空位、错位等晶体结构的不完整性引起的散射；(3) 在陶瓷具有光学各向异性情况下，由于晶界界面折射率不连续所产生的反射、双折射引起光的散射。我们用兰伯特－比尔定律来定义陶瓷面度为 t 的光透过强度 I，可用下式表示：

$$I = \frac{(1-R)^2}{1-R^2\exp(-2\beta t)}I_0\exp(-\beta t), \quad \beta = \alpha + S_{\mathrm{im}} + S_{\mathrm{op}} \tag{2-70}$$

式中　I_0——入射强度；

　　　　β——材料有效吸收系数；

　　　　α——线吸收系数，它与组成陶瓷体的原子、杂质以及晶体结构引起的光吸收有关，因此，它是物质固有的吸收系数，取决于材料本身；

　　　　S_{im}——由析出物、残余气孔、晶界等晶体宏观结构的不完整性和组成的不均匀性引起的光散射系数，也直接和粉末的纯度、粒度以及成品的工艺条件有关；

S_{op}——由光学各向异性造成的散射系数，这也和材料本身有关。

为了降低材料的光吸收因数 S_{im}，粉末的烧结工艺至关重要。

2.3.2 长余辉光致发光多孔陶瓷材料

2.3.2.1 研究现状

长余辉光致发光材料中研究较早的是硫化物发光材料，包括 CaS：Bi（发紫蓝色光）；(CaSr) S：Bi（发蓝色光）；ZnS：Cu（发绿色光）；(ZnCd) S：Cu（发黄色或橙黄色光）。硫化物中较为著名的是 ZnS：Cu，它是第一个具有实际应用意义的长余辉蓄光材料。但是该材料在化学性质上不稳定，显示出较差的抗光性，在有一定湿度并在紫外光的辐射下会发生分解，因此变黑，减少光亮度。使之不宜用在户外，和直接暴露在太阳光下。并且 ZnS：Cu 的持续发光时间只有几十分钟，要想其发光时间更长，亮度更高，必须得在此发光材料中加入少量的放射性物质，如 Co、Pm 等。

关于利用稀土离子激活碱土金属铝酸盐发光材料，早在 1946 年，有人就发现 SrO·Al_2O_3：Eu，在经过光源激发后，可发出波长为 400～520nm 的有色光，并申请了美国专利 U.S.Patent 2392814。1968 年，有研究者发现 SrO·Al_2O_3：Eu 的发光过程首先是经历一个快速衰减的过程，然后在低发光强度范围内，还存在着较长时间的持续发光。但在很长一段时间，这个现象并没有引起人们的重视，直到 20 世纪 90 年代，研究人员发现，当在该体系中引入其他共掺杂稀土离子时，会使初始亮度和余辉性能大大改善，并远远强于以往的硫化物基长余辉发光材料，在近几年已经陆续有不少专利问世。如中国专利 CN 1188788A 和美国专利 U. S. Patent 5686022 公开了一种化学组成为 MO·Al_2O_3：Eu，N 的长余辉磷光体材料，余辉时间可长达 12h 以上。专利 CN 1241612A 报道了一种利用表面改性和包裹处理后的 MO·Al_2O_3：Eu，Dy 长余辉磷光体材料，以改善其流动性和分散性。日本专利 8－170076 报道了一种组成为 MO·$a(Al_{1-b}B_b)_2O_3$：cR 的长余辉发光材料。另外中国专利 CN 1115779A 还报道了一种 $aM_{1-x-y-z}O·bAl_2O_3$：Eu_x，A_y、B_z 的长余辉发光材料。

但是，上述该体系或类似体系所制备的发光材料硬团聚现象比较严重，并且在水中会发生水解，使其应用受到一定的限制。

专利 CN 1334311A 公开了一种发明，一种球状超长余辉光致发光多孔陶瓷材料及其合成方法，其解决了以往发光粉体经高温烧结后的硬团聚，减少了后处理工艺。此外，通过调整磷光体基质的组成，以提高原有长余辉磷光体粉体的抗水解性能。

该发光多孔陶瓷材料的特征在于该材料的理论化学组成式为：$M_{(1-m-n)}O·xAl_2O_3·ySiO_2·zB_2O_3$：$Eu_m$，$RE_n$；其中 M 为 Mg、Ca、Sr、Ba 中的一种或多种；x 值为 0.5～3.5；y 值为 0.001～1.0；z 值为 0.001～0.15；m 值为 0.0001～0.10；n 值为 0.0001～0.3；RE 为镧系元素中的一种或多种，如 La、Dy、Nd、Pr、Ho 等，或为过渡金属离子中的一种或多种，如 Sb、Co、Sn 等。

2.3.2.2 长余辉光致发光多孔陶瓷材料的合成方法

球状超长余辉光致发光多孔陶瓷材料的合成方法包括以下步骤：

（1）将 M 碱土金属，Al、Si、B 的碳酸盐，氢氧化物，氧化物或有机化合物盐类，按化学组成式$M_{(1-m-n)}O \cdot xAl_2O_3 \cdot ySiO_2 \cdot zB_2O_3 : Eu_m , RE_n$ 配料；其中 M 为 Mg、Ca、Sr、Ba 中的一种或多种；x 值为 0.5 ~ 3.5；y 值为 0.001 ~ 1.0；z 值为 0.001 ~ 0.15；m 值为 0.0001 ~ 0.10；n 值为 0.0001 ~ 0.3；RE 为镧系元素中的一种或多种，或为过渡金属离子中的一种或多种；

（2）通过搅拌机把上述原料均匀混合，在 50 ~ 90℃下干燥 2 ~ 4h，然后在 700 ~ 900℃进行预烧 1 ~ 3h；

（3）将预烧后的粉体加入溶有有机 – 无机分散剂的溶液中，该分散剂为乙醇、正硅酸乙酯、NH_4Cl、NH_4F、$NH_4H_2PO_4$、$CaCl_2$、CaF_2、$BaCl_2$、BaF_2 中的一种或多种的水溶液，进行分散、混合，其中的液固比为(1 ~ 1.5):1；

（4）利用喷雾造粒塔进行喷雾造粒，在 50 ~ 90℃下干燥；

（5）在还原气氛下（1% ~ 6% 的 $H_2 – N_2$ 混合气中），于 1200 ~ 1450℃的高温炉中进行烧成，即得到化学式为$M_{(1-m-n)}O \cdot xAl_2O_3 \cdot ySiO_2 \cdot zB_2O_3 : Eu_m , RE_n$ 的球状超长余辉光致发光多孔陶瓷材料。

2.3.3　多孔硅发光材料

2.3.3.1　发光机理

多孔陶瓷材料中具有奇特的光学性能的为多孔硅，自 1990 年有文献首次报道了多孔硅（Porous Silicon 简称 PS）在室温下用短波长光激发，可以发出明亮的可见光，引起了科学界的轰动，长期以来人们对多孔硅发光机制进行了大量研究，现有以下三种认识：（1）量子限域观点，认为量子限域效应使有效禁带宽度增加，造成多孔硅可见荧光发射；（2）非晶硅的成分导致可见荧光；（3）在多孔硅表面生成的硅氧烯或其他硅氢衍生物的发光。

多孔硅的高效可见光发射给廉价、成熟的硅材料在光电子领域的应用、实现全硅光电集成带来了可能。因此，国内外相继投入了大量的人力、物力进行研究。多孔硅电致发光器件、光探测器件相继在实验室中问世。但对多孔硅可见光发射机理的研究还没有取得令人满意的结果。在对多孔硅的制备及其光致发光特性大量实验研究的基础上，该研究认为多孔硅的高效可见光发射来源于表面，并进而用非化学的方法从样品表面取下了粉末状荧光物质（荧光粉末用玛瑙研钵研磨后仍能发荧光）。并用扫描电镜对粉末进行了观察。随后的光致发光光谱的测定也已证明，粉末状荧光物质的光致发光光谱与原多孔硅样品的光致发光光谱无差别（峰值位置、半高宽、线形均一致）。X 射线光电子谱分析表明，此时的发光多孔硅样品表面含有大量的非硅元素，硅的原子数只占 30% ~ 50%（未计入氢元素）。由此可认为，多孔硅的可见光发射是由于在其制备过程中其表面产生的某种粉末状发光物质所致。

2.3.3.2　多孔硅的制备

对于多孔硅的形成，最早提出的，也是至今最常用的制取多孔硅的方法是电化学腐蚀法。一般腐蚀槽用聚四氟乙烯制成，把样品 Si 片接电源阳极，用铂片或硅片作阴极。最常用的电解液为 HF，或 HF 加乙醇。多孔硅的生长与许多因素有关，如样品的型号、电阻率和晶相，溶液的成分和浓度，电流密度和环境温度，此外生长对光照敏感。多孔硅生长的化学反应过程较复杂，至今并不完全清楚，但有一些基本过程已有较一致的看法。在 HF 溶液中，硅的化学腐蚀速度（无电场作用）是极慢的，其表面硅键被氢钝化，可以组成 Si – H 和

$Si-H_2$ 两种键。多孔硅形成的电化学过程如下：被氢钝化的硅表面在电化学腐蚀过程中，必须从样品体内获得一个空穴，F^- 才能置换一个 H。失掉了一个 H 后，硅上的另一个 H 的稳定性下降，另外的 F^- 可以取而代之，并向样品释放一个电子。放出的两个 H 构成一个 H_2。失掉了 H 钝化的 Si，被 HF 溶解。

对于多孔硅的形成已经提出了许多模型，在众多的模型中，有三种是较受重视的：

（1）比尔耗尽模型。阳极腐蚀过程必须不断地向腐蚀界面提供空穴，一旦硅表面某一个点开始腐蚀形成了凹坑，腐蚀液面向下推移，此处将优先从体内获得空穴，加速腐蚀，逐渐形成孔。当孔与孔之间的壁层厚度小于耗尽层的厚度，孔壁中的载流子全部耗尽，它不能再向 Si/HF 界面提供空穴，腐蚀停止，孔壁将不再继续腐蚀。残留下的孔壁即是多孔硅。

（2）扩散限制模型。空穴参与多孔硅的形成过程，在样品中特别是在高阻样品中，空穴浓度低，要维持电化学过程不断进行，要依靠体内一个扩散长度内的空穴不断产生，并向 Si/HF 界面扩散，空穴一旦扩散到 Si/HF 界面，立即与界面上的 Si 反应，腐蚀过程被空穴的扩散过程所控制，如果界面不平，那些凹陷处获取空穴的几率最大，增强了腐蚀，并形成孔。根据这一模型，孔与孔之间残留的壁层厚度约为 2 倍的扩散长度。

（3）量子模型。该模型认为，当晶丝或晶粒尺寸减小至数十埃，发生量子尺寸效应，硅的带隙变宽，载流子的浓度随即下降，晶丝或晶粒的载流子将耗尽，从而限制了小尺寸晶粒继续腐蚀。这一模型将多孔硅的形成机理与发光机理统一起来。

多孔材料的光学性能还包括吸收与透射，如果入射的电磁辐射激发电子由原来的能级移到不同的能级去，则辐射被吸收，这种材料对这种特定波长的辐射是不透射的。光吸收也可因共振而产生，当电磁辐射的频率比得上材料的自然频率时，就会出现这种情况。在材料内产生的振动吸收辐射波。由于电子转移和共振而产生的吸收是本征的。吸收也可产生于外部影响，因含有杂质、气孔、晶界或其他内部缺陷而产生的散射所造成的，这样的吸收对大多数光学应用场合是不希望看到的。

2.3.4 多孔氧化铝发光材料

薄膜发光器件因其在平板显示技术领域中具有广阔的应用前景而倍受人们重视，而蓝色发光是其中关键性的难题，为此人们作了大量的努力。目前，人们获得蓝光的方法主要有两种：一是用稀土离子掺杂碱土金属硫化物或硫代镓酸盐作为发光层；二是利用聚合物或有机分子掺杂聚合物制备有机发光二极管。尽管这方面的研究工作已取得了很大进展，但与实际应用的要求还有较大的差距，寻找新的实验手段和新的发光材料则是一个努力方向。采用阳极氧化法制备多孔氧化铝时，适当控制化学反应条件，人们可获得排列十分规则的纳米结构。目前的研究方案多集中于多孔氧化铝成孔机理，及以其为模板制备新型光电材料与器件，如纳米晶颗粒和纳米导线等。对多孔氧化铝本身的研究还不充分。徐春祥等人采用电化学方法在硫酸和草酸溶液中制备了具有纳米结构的多孔氧化铝。在紫外光激发下，草酸中得到的多孔氧化铝可发射出明亮的蓝光。

然而不同的电解液、不同的制备条件对多孔氧化铝的发光有很大的影响。如日本有人研究了草酸溶液中阳极氧化得到的多孔型阳极氧化铝薄膜（Porous Anodic Alumina，PAA）的薄膜光致发光（Photolumine-scence，PL）性能，发现了一个峰值位于 470nm 左右的 PL 发射。

吴俊辉等人对硅衬底上 PAA 薄膜的荧光发射研究表明，在硫酸溶液中阳极氧化得到的 PAA 薄膜具有 312nm，367nm 和 449nm 的发光峰。郜涛等人采用的电化学阳极氧化技术在草酸和硫酸的混合溶液中制备了多孔氧化铝薄膜，该薄膜具有一个位于 350nm 的紫外波段的发光峰。

2.3.4.1　多孔氧化铝发光材料的制备

铝在酸性溶液中进行电化学阳极氧化，可以得到 PAA 薄膜，根据阳极氧化条件的不同，这种多孔薄膜的孔直径可控制在几到几百纳米之间，其长度（或薄膜厚度）取决于阳极氧化时间，孔密度可高达 $1010 \sim 1012$ 个/cm^2。选择合适的阳极氧化参数，可使这些纳米级微孔高度有序排列。一般的制备步骤如下：

认真清洗高纯铝片（99.996%），可按如下步骤：（1）在 0.1mol/dm^3 的 NaOH 溶液中，浸泡 $1 \sim 2$min 以除去表面的氧化铝；（2）用 50%（V/V）的 HNO_3 适量，中和掉残留在铝片上的 NaOH；（3）分别在丙酮和去离子水中超声清洗 10min。

对清洗后的铝片进行电化学刨光，可用 2:3（V/V）磷酸与硫酸的混合溶液。

多孔氧化铝采用阳极氧化的方法获得，即以铝片作阳极，石墨作阴极。反应条件可改变，如以下为两种不同的阳极氧化条件：一是在 40V 电压下，0.3mol/dm^3 草酸溶液中作阳极氧化；二是在 20V 电压下，0.3mol/dm^3 的硫酸溶液中作阳极氧化。反应都在室温下进行，反应时间为 12h。

氧化结束后去除 PAA 薄膜背面剩余的金属铝，可采用饱和 $SnCl_4$ 溶液，再用去离子水反复冲洗，去除 PAA 薄膜表面和孔内的电解液，可在 80℃下干燥 5h 后备用。

2.3.4.2　多孔氧化铝发光机理

关于多孔氧化铝的发光机理已有一些研究者作了报道，但迄今为止并无统一认识，主要表现为两种观点：一是分布于多孔氧化铝薄膜中的草酸根或草酸盐作为发光中心而引起的发光；二是由于阳极氧化过程中铝的过量，引起了 Al_2O_3 膜中 O 的不足，这些 O 空位充当了色心。徐春祥等人经过实验得出：草酸中制得的多孔氧化铝的发光与草酸根引入氧化铝后而产生的一价空位有密切的联系。由于硫酸的氧化性强，用它作电解液时，形成的多孔氧化铝中氧空位大大减少，因而几乎看不到发光。445nm 左右的蓝光发射主要来源于空位中产生的辐射跃迁。

2.4　多孔陶瓷的电学性能

一般多孔陶瓷使用于带电场合可以起到一定的绝缘作用，如用作电化学反应的催化剂载体；即使使用于普通场合也常要考虑静电作用。所以多孔陶瓷的电学性能对其应用影响很大。多孔陶瓷的电学性能参量包括电阻率、介电常数、介电强度、损耗因子等。

2.4.1　多孔陶瓷的电阻率

当一个电位梯度施加于除优良绝缘体之外的所有材料上时，都会产生电流。体电阻率 R 是电位梯度除以每单位面积的电流，即它是在两面具有单位电位差的单位立方材料的电阻。电阻率的变化范围非常大，从优良导体的近于 $10^{-8}\Omega \cdot m$，到优良绝缘体的大于 $10^{16}\Omega \cdot m$。

大多数聚合物的电阻率处于该范围的顶端。少数如掺杂的聚乙炔是本征导体，且都可以通过充入石墨或其他导电粉末来获得一定的导电率。氧化物陶瓷通常也是绝缘体；少数掺杂后成为半导体。碳化物陶瓷（NbC、ZrC、WC 等）就像金属一样，是电子导体。多孔材料沿袭了制备其所用的许多电特性，它的改变是其相对密度的函数。

当导电材料泡沫化时，其电阻率升高。预期其电导率会随着相对密度而线性地增加，类似于热导率。比例常数反映了由于泡沫材料中路径的迂回导致了电导率减小。电导率可运用与热导率相同的比例常数来描述（实线）。类似地，电阻率 R^* 为：

$$R^* \propto \frac{R_s}{(\rho/\rho_s)} \qquad (2-71)$$

式中　R_s——固体电阻率；

　　　ρ/ρ_s——泡沫体的相对密度。

注意到随着密度的下降，导电的平均有效截面积减小，同时电流路径的迂回度增加，两者都会提高电阻率；由此可定性地确定其电阻率。现在还缺少符合式（2 – 71）的定量化理论。

一般来说，聚合物泡沫材料都是优良的绝缘体。作为其分子结构组成部分的具有极性基团的聚合物可以吸收水分，在某些情况下其吸水率可达 10%，对电阻率具有显著的影响。

2.4.2　多孔陶瓷的介电常数

当材料置于电场中，它就会被极化，表面产生的电荷趋于将内部从外电场中屏蔽出来。极化趋势可由介电常数来衡量。它是置于电场中的材料内每单位体积所储存电能的量度。聚合物泡沫材料极低的介电常数，使其在需要发射和传输微波的结构性镶板和罩体方面具有吸引力。

非极性结构的聚合物，如聚乙烯和聚丙烯，具有低的介电常数（约为 3）；那些含有极性基团的聚合物，则具有较高的介电常数（约为 10），由其吸收水分的趋势的增大而增大，因为水会进一步使介电常数 ε^* 提高。泡沫化会减小介电常数，只是由于 ε^* 的量级为固体填充空间的分数，或者：

$$\varepsilon^* = 1 + (\varepsilon_s - 1)\left(\frac{\rho}{\rho_s}\right) \qquad (2-72)$$

式中　ε_s——固体的介电常数。

多孔介质陶瓷介电参数的测量成为材料性能评价及器件设计中的重要环节。目前的介质测试通常采用介质谐振法，它又可分为开式腔法和闭式腔法，其中闭式腔法不但可有效防止电磁能的辐射，提高无载品质因数，而且可为谐振频率温度系数的测试带来方便。采用闭式腔法，这样多孔介质试样外的电磁能可以尽量小，从而使体系有很高的能量填充系数。不但可避免介质试样与基片之间、基片与导电板之间以及上下导电板与侧壁之间的缝隙耦合电容，还可使该体系有较高的无载 Q 值。

2.4.3　多孔陶瓷的介电强度

介电强度 V_c（常用单位：MV/m）是绝缘体电阻被击穿而电流的破坏性冲击通过样品时

的电位梯度。通过在材料平板的两侧施加一个交流电压，并以均匀的速率增大该电压，直到平板被击穿，这样即可测出该材料的介电常数。泡沫材料的介电强度性能还没有得到较好的表征。

2.4.4 多孔陶瓷的损耗因子

当电流电压施加于"完美"的电介体时，流过的电流与电压的相位差是 90°。实际上没有完美的绝缘材料，所以电流对电压的滞后会略微大于 90°。功率因数（当其值小于 0.1 时则等同于"功率因子"）是电流偏离 90°时理想状态角度的正切。它等于电流热耗散与电流传输的比率，所以好的介电材料具有的功率因数小。功率因数取决于温度、电流频率和水分含量。

损耗因子 D_ε^*（对微波穿透性是重要的）是功率因数乘以介电常数。它随密度的增大而线性地增加，这是因为介电常数随密度的增大而线性增加的缘故。它可用下式来表述：

$$D_\varepsilon^* = D_{\varepsilon s}\left(\frac{\rho}{\rho_s}\right) \tag{2-73}$$

式中 $D_{\varepsilon s}$——制备多孔材料所用固体的损耗因子。

2.5 多孔陶瓷的渗透性能

材料的渗透性能是指在一定的压差下，流体通过材料的难易程度。它不仅取决于流体的种类，同时，还取决于多孔材料的结构。一般说来，贯通气孔率高、气孔形状均匀、孔隙的曲折度小、气孔表面光滑的多孔材料，其渗透性能好。因此，在相同的流体下，还可以用它来衡量多孔材料的结构。

这里引用了国家标准关于多孔陶瓷渗透率与透气性的试验方法，有研究者对此有疑义，他们认为：所给出的表达式没有考虑气体的压缩性，显然是欠准确的，仅当压差很小时才近似成立。

2.5.1 测试原理

渗透性能的好坏可以用渗透率（渗透度）来衡量。渗透率最早由达西（Darcy）在 1856 年提出的达西定律给出。

国家标准对多孔陶瓷渗透率的测定方法中，根据达西定律，在一定的压差下，让已知运动黏度的流体以层流状态通过多孔陶瓷试样，对流体的流量进行测定，计算渗透率的公式如下：

$$\mu = \eta \frac{L}{A} \frac{1}{\Delta P} q K_V \tag{2-74}$$

式中 μ——试样的渗透率，m^2；

η——试验温度下空气的运动黏度，Pa·s；

L——试样透气方向横截面厚度，m；

A——试样透气方向横截面面积，m^2；

ΔP——试样两边的压力差，Pa；

q——使用转子流量计时流量计的读数，m^3/s；

K_V——考虑空气中水蒸气含量的修正系数。

2.5.2 透气度的测试

渗透度 k 由达西定律给出：

$$k = \frac{Qlu}{A\Delta p} \tag{2-75}$$

式中　Q——流体的流速（在标准温度、标准压力下）；

l——测试样品的厚度；

u——流体的黏度；

A——测试样品的面积；

ΔP——样品两端的压差。

当为理想气体流过多孔材料时，柯林斯从达西定律推出：

$$QP_a = \frac{kA(P_a^2 - P_b^2)}{2ul} \tag{2-76}$$

式中　P_a——出口压力；

P_b——入口压力。

假定出口处压力等于一个大气压，则渗透度 k 为：

$$k = \frac{8Qu}{\pi D^2(P_b^2 - 1)} \tag{2-77}$$

此时，因为是气体流过多孔材料，所以 k 也就是透气度。

透气度测试装置如图 2-10 所示。

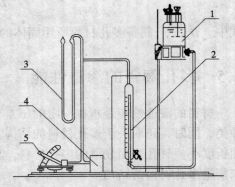

图 2-10　透气度测试装置示意图
1—放水瓶；2—气体计量瓶；3—U 形压力计；4—试样室；5—倾斜式压力计

测试数据按下式计算透气度：

$$k = 45.8 \frac{V\delta}{d^2 \Delta P t} \tag{2-78}$$

式中　k——多孔材料试样的透气度，$m^3 \cdot cm^2 \cdot hour \cdot mmH_2O$；

V——实验期间通过试样的空气量，mL；

δ——试样厚度，cm；

d——圆片试样直径，cm；

ΔP——试样两边压力差，mmH_2O；

t——实验时间，s。

2.5.3 测试方法

因为多孔陶瓷材料的渗透性能相差很大，目前国内还没有成熟的测试仪器设备出售，可以根据国标 GB/T 1969—1996 多孔陶瓷渗透率试验方法，制备实验测试装置，图 2 – 11 为自制的一套实验仪器，用来测试样品的渗透率。

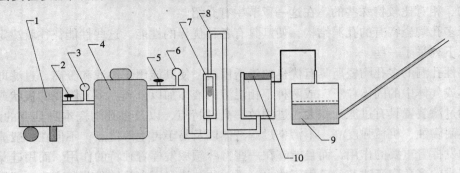

图 2 – 11　渗透率测试设备示意图

1—空气压缩机；2—调压阀 1；3—压力表 1；4—储气罐；5—调压阀 2；6—压力表 2；
7—流量计；8—空气导管；9—倾斜式微压计；10—测试样品

为了提高测量精度，可用 Y – 61 型倾斜式微压计来测量压力降。倾斜式微压计所读出的读数需要换算成压力值，具体原理如图 2 – 12 所示。

由图 2 – 12 中，所测的压力由 A
处进入倾斜式微压计中，B 口直接通
大气。在所测压力的作用下，与水平
线之间具有倾斜角度 α 的管子内的工
作液体在垂直方向升高了一个高度 h_1，
而在宽广容器内的液面下降了 h_2，那
时在一起工作液体面的高度差将等于：

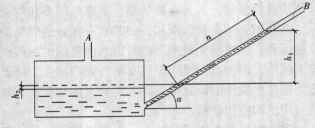

图 2 – 12　倾斜式微压计原理图

$$h = h_1 + h_2 \qquad (2-79)$$

其中 $$h_1 = n \times \sin\alpha \qquad (2-80)$$

假设 F_1 为倾斜管的横截面面积，F_2 为宽广容器的横截面面积，则有：

$$n \times F_1 = F_2 \times h_2 \qquad (2-81)$$

将式 （2 – 80）、（2 – 81）代入式（2 – 79）可得，所测量的压力 P 为：

$$P = h\gamma = n\gamma(\sin\alpha + F_1/F_2) \qquad (2-82)$$

式中　P——所测量的压力，mmH_2O；

　　　　n——倾斜管上的读数，mm；

　　　　γ——工作液体的密度，g/cm^3。

在测试中，常常把 $\gamma(\sin\alpha + F_1/F_2)$ 当成常数项来处理，在本次试验当中，常数项为 0.1763。

本章主要是介绍多孔陶瓷的性能及其测试技术，然而并不是所有的多孔陶瓷性能都在这

一章中论述全面，有些方面的性能，如吸声、隔音性能、生物性能等，将在后面的章节中结合多孔吸声隔音陶瓷、多孔生物陶瓷中进行介绍。还有些后面章节介绍其他各种多孔陶瓷中涉及到的、相对比较特殊些的，在这一章节中有介绍。

由于多孔陶瓷特有的孔洞结构，使其具有各种优异的性能，这些性能往往就决定着它的用途，以下列举了一些。

贯穿性孔洞的多孔陶瓷所具有优良的渗透性能，使其能用于过滤和分离，过滤即是将悬浮于液体或气体中的固体粒子，或两种不相混溶的液体加以分离。多孔陶瓷的板状或管状制品组成的过滤装置具有过滤面积大，过滤效率高的特点，以及多孔陶瓷本身具有的耐高温、耐磨损、耐腐蚀、机械强度高、不污染过滤液体以及易于再生等优点，不但在一般流体的过滤分离中发挥着重要的作用，而且能够在一些特殊领域发挥着独特的作用。而用硅藻土或黏土熟料制成的多孔陶瓷滤芯，已用于饮水、石油油井注水用水等的除菌和净化；还用于注射液的消毒过滤，以及电子工业、医药工业、光学透镜研磨用的超纯水的净化等。另还可用于废水处理、腐蚀性流体过滤、熔融金属过滤、高温气体过滤、放射性物质的过滤等。

含高封闭气孔率的多孔陶瓷，具有较小的密度和低的热传导系数，造成了巨大的热阻及较小的体积热容，成为传统的保温隔热材料。若将其内部气孔抽真空，将成为目前世界上最好的隔热材料"超能隔热材料"，其传热系数比硬质聚甲酸乙酯泡沫还要低千倍。这种材料可用于高级保温，如保冷集装箱。更高级的多孔陶瓷隔热材料还可用于航天飞机外壳隔热。

多孔陶瓷的高比表面积，使其具有良好的吸附能力和活性。作为催化剂载体能增加有效接触面积，提高催化效果。同时因其优良的抗热震性和耐腐蚀性，使其能够在极其恶劣的环境下使用。因而被大量用于汽车尾气处理和化工塔器中，还被用作酶载体等。目前多孔陶瓷作为催化剂载体的研究重点在无机分离催化膜，它结合了多孔陶瓷材料分离和催化的特性，具有广泛的应用前景。

多孔陶瓷具有连通开气孔，当声波传入时，在很小的气孔内受力振荡。振动受到的摩擦和阻碍，使声波传播受到抑制，导致声音衰减，从而起到吸音的作用，是一种消除噪声公害，益于人们身心健康的好材料。作为吸音材料的多孔陶瓷要求较小的孔径（$20 \sim 150\mu m$），相当高的气孔率（$>60\%$）及较高的机械强度。陶瓷所具有的优良的耐火性和耐候性，使它可用于变压器、道路、桥梁等的隔音。现在已在高层建筑、隧道、地铁等防火要求极高的场合及电视发射中心、影剧院等有较高隔音要求的场合使用，效果很好。

多孔陶瓷还可用于气-液、气-粉两相混合，即通常所说的布气、散气。通过多孔陶瓷的散气作用，使两相接触面积增大而加速反应。目前活性污泥法处理城市污水中使用的多孔陶瓷布气装置就比较成功，不仅布气效果好，而且使用寿命长。利用多孔陶瓷材料将气体吹入粉料中，使粉料处于疏松和流化状态，有利于混匀、传热和均匀受热，能加速反应，防止团聚，便于粉料的输送、加热、干燥和冷却等。特别在水泥、石灰、和氧化铝粉等粉料生产及输送中有着良好的应用前景。

另多孔陶瓷因其与液体和气体的接触面积大，使电解池的槽电压比使用一般材料低得多，而成为优良的电解隔膜材料，可大大降低电解槽电压，提高电解效率，节约电能和昂贵的电极材料。目前陶瓷隔膜材料已用在化学电池、燃料电池、光化学电池中，特别是固体氧化物电池用隔膜尤其引人注目。多孔陶瓷还可作为传感器陶瓷传感器的敏感元件工作原理是当微孔陶瓷元件置于气体或液体介质中时，介质的某些成分被多孔体吸附或与之反应，使微孔陶瓷的电位或电流发生变化，从而检验出气体或液体的成分。

正是由于陶瓷具有耐高温、耐化学腐蚀、耐磨损机械强度高等许多优良性能，且材质种类千变万化可适应各种不同的用途。加上陶瓷多孔体的孔隙结构与金属等其他类多孔体相比，具有许多优异的性能，因此多孔陶瓷的开发应用的市场前景十分广阔，已成为国内外众多科研机构和生产企业竞相开发的新型材料。

第3章 多孔陶瓷的制备技术

多孔陶瓷的制备技术很重要，其结构和使用性能都受到其制备工艺的控制。随着多孔陶瓷研究的深入，制备多孔陶瓷的方法也越来越丰富。常用的有挤压成型法、发泡法、造孔剂法、溶胶-凝胶法、有机泡沫浸渍法，新发展的有自蔓延高温合成法、超临界干燥法、升华干燥法、原位反应法、相变造孔、阳极氧化法、腐蚀法、分子键成孔等不下二十种。这些方法各有各的特色，适用于制备不同类型的多孔陶瓷，用于不同的使用场合。

本章将上述众多的方法进行了科学的分类，首次将它们分成原料加工配料中的造孔技术、成型造孔技术、干燥造孔技术、烧成造孔技术和其他工艺造孔技术等，这样有利于读者全面掌握制备多孔陶瓷各个工艺环节中的造孔技术，并可以综合应用。

本章将尽量全面地介绍各种制备工艺技术，但由于大多数制备工艺参数及关键问题处于技术保密状态，很多情况下，读者可以根据本章提供的方法，自己试验掌握其技术，制备出符合需要的多孔陶瓷。这就是本章的目的，也是本书的主要目的。

3.1 一般多孔陶瓷的制备工艺过程

一般多孔陶瓷的制备工艺与普通陶瓷的制备工艺类似，大致要经历原料加工、配料、成型、干燥、烧成等步骤。但在这些步骤中与普通陶瓷的制备相比有所同，也有所不同，本节主要介绍其不同的地方。

3.1.1 原料加工、配料

在多孔陶瓷的原料加工时，要考虑的是原料颗粒形状、颗粒度分布是否可以在满足其他性能的基础上制备出需要的气孔。

在配料时，需要考虑是否加入造孔剂或发泡剂等。以下是一类以造孔剂法制备多孔陶瓷的配方设计。

（1）集料：集料为多孔陶瓷的主要原料，在整个配方中占 70%~80% 的质量，在坯体中起到骨架的作用，一般选择强度高、弹性模量大的材料。多孔陶瓷的集料有石英砂、刚玉、SiC 等。还有烧矾土、烧蛇纹石、硬质碎瓷粉等需经破碎、筛分，按一定尺寸分级备用。

（2）粘结剂：多孔陶瓷使用的粘结剂有玻璃粉、瓷釉、各种黏土、高岭土、磷酸铝、水玻璃等。另外，为了提高半成品的强度，便于成型，常采用石蜡、水玻璃、亚硫酸纸浆废液、PVA、CMC 等作为成型粘结剂。其主要作用是使集料粘结在一起，便于成型。

（3）造孔剂：加入可燃尽的物质，一般都用木炭、木粉、焦炭、石蜡、塑料粉等物质，在烧成过程中因为发生化学反应或者燃烧挥发而除去，从而在坯体中留下气孔。

粘结剂和造孔剂必须经过细磨，使其能均匀地分散在集料颗粒周围。粘结剂的熔化温度要比集料低很多。

3.1.2　多孔陶瓷的成型

普通陶瓷的成型方法很多，可以分为干法、湿法成型等类型（如图 3－1 所示）。多孔陶瓷的成型方法与普通的陶瓷成型方法相似，可以用图 3－1 中的所有方法成型。

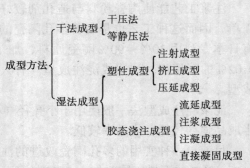

图 3－1　多孔陶瓷的成型方法

多孔陶瓷的成型主要使用的有模压、挤压、等静压、轧制、注射和粉浆浇注等。

表 3－1 是主要成型多孔陶瓷方法的比较，其中挤出成型是目前国内外陶瓷加工业普遍采用的一种成型方法，应用领域广泛。挤出成型具有适用范围广、生产效率高、产品尺寸精确、制品结构均匀等一系列优点，近年来在多孔陶瓷制品的成型方面得到了较大的发展和应用，尤其是在蜂窝陶瓷、单通道及多通道陶瓷膜支撑体的制备方面已显示出极大的优越性。另外，在制备大孔径多孔陶瓷制品方面，挤出成型工艺也得到一定的发展。

有人曾采用 9% 的凡士林和 16% 的水胶（1.5% 的甲基纤维素）作增塑剂，成功制取了挤压泥料。也有人则用生淀粉作造孔剂，用淀粉浆糊、甲基纤维素或聚乙烯醇等作增塑剂，挤压成型制备蜂窝状陶瓷。日本专利还采用过水合 Al_2O_3 加磷酸制备泥料。

模压成型的最大优点是简单方便，如果对制品的质量要求不高，较小的片状、块状或管状的多孔陶瓷都可用模压成型的方法制备。模压成型还可以半干压成型，采用摩擦或液压压力机成型，坯料中应加入 7%～8% 的水或亚硫酸低浆废液等其他成型粘合剂。还有一种是石蜡喷吹成小球作为成型粘合剂，在不加水等情况下进行半干压。

表 3－1　多孔陶瓷的成形方法比较

成型方法	优　点	缺　点	适　用　范　围
模　压	1. 模具简单 2. 尺寸精度高 3. 操作方便，生产率高	1. 气孔分布不均匀 2. 制品尺寸受限制 3. 制品形状受限制	尺寸不大的管状、片状、块状
挤　压	1. 能制取细而长的管材 2. 气孔沿长度方向分布均匀 3. 生产率高，可连续生产	1. 需加入较多的增塑剂 2. 泥料制备麻烦 3. 对原料的粒度要求高	细而长的管材、棒材，某些异形截面管材
轧　制	1. 能制取长而细的带材及箔材 2. 生产率高，可连续生产	1. 制品形状简单 2. 粗粉末难加工	各种厚度的带材，多层过滤器
等静压	1. 气孔分布均匀 2. 适于大尺寸制品	1. 尺寸公差大 2. 生产率低	大尺寸管材及异形制品
注　射	1. 可制形状复杂的制品 2. 气孔沿长度方向分布均匀	1. 需加入较多的塑化剂 2. 制品尺寸大小受限制	各种形状复杂的小件制品
粉浆浇注	1. 能制形状复杂的制品 2. 设备简单	1. 生产率低 2. 原料受限制	复杂形状制品，多层过滤器

注浆工艺能使陶瓷粉料与造孔剂较好地混合，制成的多孔陶瓷气孔分布均匀，且设备简单，因而这种工艺也是制备多孔陶瓷的常用方法。该工艺技术的关键是料浆的制备。如有日本专利用 30% ~ 90% 陶瓷原料，加 10% ~ 70% 的锯末作造孔剂，制成悬浊液，再加 0.02% 的凝聚剂，注浆或浇注成型。有人则采用乙醇作分散剂，加 0.2% 的粘结剂来注浆成型。

泥浆浇注成型法一般使用于小孔径（小于 $5\mu m$）的微孔陶瓷制品，其成型周期长，制品半成品强度较低，成品率较低。

目前，一种实用的多孔陶瓷改进的注浆成型工艺是蜡灌注法成型，它是在料浆中加入 18% ~ 25% 的石蜡，同时加入 0.5% 表面活性剂油酸，经快速搅拌机快速搅匀，制成蜡饼备用或直接进入慢速搅拌机内，除气后，注入金属模具中。其工艺流程如图 3 - 2。但存在耗蜡量大、烧成周期长、烧成时环境污染大、不适用长径比较大的制品成型等缺点。

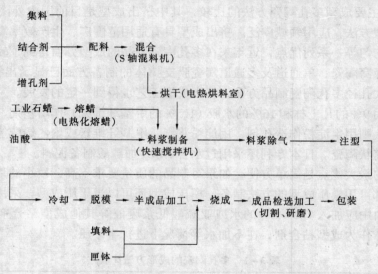

图 3 - 2　蜡灌注法工艺流程

对于冷、热等静压成型，应将预先混合好的粉料应预先经过喷雾干燥成球状粉体，装入特殊的囊袋中，然后置于等静压压机中制成型。

陶瓷的制备方法随着技术的进步也在不断革新，出现了许多新方法。

如 J·H·帕克等人开发了一种无压粉末成型工艺，将粉末倒入硅胶模内，振动紧实，然后渗入粘结剂，干燥脱模，得到坯体。甲基纤维素为粘结剂，Al_2O_3 为集料，制备的陶瓷件孔隙率为 50% ~ 70%。这种工艺不损伤集料颗粒，可以成型复杂形状，集料和粘结剂分布均匀，适于制备多孔材料。

如热压铸成型技术是制备高可靠性、复杂形状陶瓷部件的有效方法，它从根本上变革了传统的陶瓷成型工艺，是一种低成本、高可靠性的陶瓷成型技术。它具有以下几个显著特点：(1) 可适用于各种陶瓷材料，成型各种复杂形状和尺寸的陶瓷零件；(2) 能保证坯件中各部位组成十分均匀，缺陷少；(3) 热压铸成型无粉尘、噪声的危害，大大改善了操作工人的工作环境，降低了劳动强度；(4) 热压铸成型时工作压力为 490 ~ 588kPa，只及同样尺寸粉压产品的 1/20～1/10；热压铸成型机结构简单，维修方便，无噪音，成本低，投资小，产量高，产品质量稳定；（5）可对坯体进行机加工（车、磨、刨、铣、钻孔、锯等），从而取消或减少烧结后的加工；（6）是一种净尺寸成型技术，在干燥和烧结过程中不会变形或变形很小，烧结体可保持成型时的形状和尺寸比例；（7）所用陶瓷料为高固相（体积分数不小于50%）、低黏度（<1Pa·s）。

热压铸成型工艺由于其显而易见的优势，可以考虑使用在小型、复杂的多孔陶瓷产品中，如制备以刚玉为集料的多孔陶瓷。在制备过程当中应注意集料的密度和颗粒大小，如集料的颗料 >250μm，就要发生沉淀分层现象。由于多孔陶瓷的集料与结合剂，增孔剂的大小，密度相差大，所以其热压铸机必须是带搅拌器的。在设计金属模具时，进浆口比一般金属模具的进浆口要大一些。

3.1.3　多孔陶瓷的干燥

多孔陶瓷的干燥除了要考虑坯体不变形、不开裂外，还要考虑如何保持前期成型的孔洞结构。干燥过程在某些多孔陶瓷的制备工艺中非常重要，对产品的成品率起着决定性的作用，如制备高孔密度的蜂窝陶瓷（可参见本书第 7 章 7.5.4 节）。

另外，还可考虑应用干燥过程来造孔，如超临界干燥、升华干燥等使水分（或其他相）除去之后留下需要的孔隙结构。

3.1.4　多孔陶瓷的烧成

使用不同的制备方法和制备工艺，就会有不同的烧成制度，多孔陶瓷的烧结制度主要取决于原料、添加剂及制品所需的性能。

一般地当多孔陶瓷坯料中添加剂较多时，为了不使坯体在烧结过程中破裂，必须严格控制升温速率。另外，从方便排除各种有机添加剂考虑，必须在添加剂排除温度下保持足够长的时间。

例如采用蜡灌注法和热压铸法制备的多孔陶瓷，在烧成过程中因坯料中会有石蜡，烧成制度应十分注意。在烧成最初阶段，应充分氧化气氛以利于缓慢排蜡（120～600℃），烧成速度为 10～20℃/h。这一阶段窑内的传热和传质过程是：热量经埋烧填料（氧化铝粉）传给坯体，坯体中的石蜡逐渐熔化并渗入填料，然后气化经填料粉散逸，传质过程随传热过程的强化而加热。如升温过快，坯体内大量石蜡急速气化、外逸，会造成坯体表面鼓泡等缺陷。此时，如通风不好，窑内石蜡蒸气浓度太高，会引起"着蜡"而造成坯体表面鼓动泡、裂纹等缺陷。另外，升温过快，加上氧化不适，并在坯体内部出现液相前，若尚未排净石蜡，则会出现严重的"黑心"现象。

一般来说，提高烧成温度，延长烧成时间，有利于提高多孔陶瓷的强度，但会降低制品的气孔率。这目前仍是多孔陶瓷在制定烧成制度时经常要面临的问题之一。

3.1.5　具体制备工艺实例

本实例采用添加造孔剂（也称为增孔剂、成孔剂），采用捣打法制备毛坯，然后再进行烧结的方法。捣打法甚至是不需要模具的、最简单实用的成型多孔陶瓷的方法。其采用半干式配料，不存在颗粒料沉淀和分层问题，可满足各种集料黏度要求的杯状或管状制品的成型，其工艺流程如图 3－3 所示。

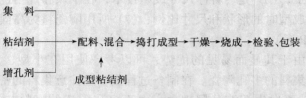

图 3－3　捣打法制备工艺流程

（1）原料及配料

原料中，集料用氧化铝，煤粒造孔，粘结剂使用 CMC、MgO。按表 3－2 称取原料。

表 3－2　多孔陶瓷的配料表

氧 化 铝	MgO	CMC	煤 粒	水
60%	8%	15%	17%	10% ~ 15%固体料

（2）制备

将称好的原料依次放入搅拌机中，混合搅拌均匀后，取一定量用捣打法成型。

（3）干燥、烧成

将毛坯放置烘箱中在 100℃下预处理 30min，然后再放入高温炉中，按表 3－3 的升温制度进行烧结，即可获得多孔陶瓷。

表 3－3　多孔陶瓷的升温制度

温度区间（℃）	室温 ~ 400	400 ~ 1100	1200 ~ 1300	1300
升温速率（℃/h）	100	200 ~ 300	100	保温 1h

3.2　原料加工工艺及配料中的造孔技术

3.2.1　颗粒堆积形成气孔结构

陶瓷粗粒粘结、堆积可形成多孔结构，颗粒靠粘结剂或自身粘合成型。这种多孔材料的气孔率较低，一般为 20% ~ 30%。

高正亚等人用颗粒堆积法制备了多孔 Al_2O_3 陶瓷，其简单制备步骤为：用经过分级的特定粒度 $\alpha - Al_2O_3$ 粉作集料，以 $SiO_2 - Al_2O_3 - R_2O - RO$ 为粘结剂，按一定配比进行充分均一的湿式混磨，经干燥、成型，在指定条件下烧成，随后自然冷却。

实验分别研究了集料颗粒度、颗粒级配、粘结剂添加量、烧成温度诸因素对 Al_2O_3 多孔瓷成孔性能的影响。经过严格的实验分析，结果表明：等径球体堆积情况下，气孔率仅与堆积方式有关，而与颗粒大小无关；集料颗粒分布愈窄，烧成后的多孔体孔径愈均匀，气孔率愈高；同样在原料颗粒、烧成温度确定的前提下，增加粘结剂量，气孔率大幅度下降，硬度、强度则明显提高。

实验重点研究了烧成温度对多孔瓷性能的影响。Al_2O_3 微孔陶瓷烧成温度应选在高于粘结剂熔融、低于烧结的温度之间。实验中选用平均粒径在 $6\mu m$ 的集料，查找相图确定烧成温度点在 $1300 \sim 1550℃$ 之间。对在不同烧成温度下的样品测其气孔率、孔径、硬度，结果表明：随着烧成温度的提高，孔径、气孔率开始缓慢变小，接近 $1500℃$ 时，迅速降低；本实验合适的烧成温度应选在 $1420℃$ 附近。

表 3 - 4 是不同粉料、不同粒径以不同的比例堆积形成气孔的实验结果。从中我们可以看到，不同的颗粒级配所形成的多孔陶瓷气孔率可以从百分之十几到百分之三十多，变化较大。

表 3 - 4　不同级配配方及气孔率

配方编号	不同粒径（μm）SiC 的含量						粒径为 $14\mu m$ Si 粉含量	气孔率（%）
	0.44	2	4.84	7.21	319	400		
1#				25	45		30	31.49
2#				30	45		25	29.86
3#				25	50		25	29.10
4#				25	55		20	30.55
5#				20	55		25	28.72
6#				20	60		20	30.49
7#		20				50	30	23.24
8#		30				50	25	25.75
9#		20				55	25	24.57
10#		20				60	20	24.53
11#		25				55	20	25.71
12#		20			55		25	26.87
13#		30			50		20	26.96
14#	20				55		25	23.68
15#	25				50		25	25.88
16#			20		55		25	29.60
17#			30		50		20	26.74
18#			25		50		25	29.89
19#			20		50		30	28.77
20#			25		55		20	29.38
21#	25				55		20	24.15
22#	20					55	25	19.96
23#	25					50	25	22.44
24#			20			55	25	24.93
25#			25			50	25	25.31

多孔陶瓷颗粒堆积工艺具有以下优点：制成的多孔 Al_2O_3 陶瓷孔径均匀，且不易变形，过滤质量稳定，强度较高；介质无污染，没有溶出物，可实现恶劣环境下过滤（如高温、腐蚀环境）。

为了提高气孔率，常常结合其他方法，如在集料中加入成孔剂（porous former）、发泡剂等。此外，可以通过粉体粒度配比和成孔剂等控制孔径及其他性能。这样制得的多孔陶瓷气孔率可达 75% 左右，孔径可在 μm 与 mm 之间。

3.2.2 添加气体发泡剂形成多孔结构

3.2.2.1 发泡剂造孔及其特点

该工艺是向陶瓷组分中添加有机或无机化学物质，在加热处理时形成挥发性气体，从而产生泡沫，经干燥和烧成后制得多孔生物陶瓷。

可以在制备好的料浆中加入发泡剂，如碳酸盐、硫酸盐、氢氧化钙和酸等，发泡剂可以通过化学反应等能够产生大量细小气泡；或者在粉料中加入发泡剂，当成型后的粉料烧结时，发泡剂通过在熔融体内产生放气反应得到多孔结构陶瓷。

发泡剂法制备的多孔陶瓷气孔率较高，发泡气体率可达 95% 以上。与泡沫浸渍工艺相比，更容易控制制品的形状、成分和密度，并且可制备各种孔径大小和形状的多孔陶瓷，特别适于生产闭气孔的陶瓷制品，多年来一直引起研究者的浓厚兴趣。

但发泡法同样也存在一定的缺点，首先采用这种方法制备多孔陶瓷的工艺较为复杂，其次是整个制备工艺过程不能进行精确的量化控制，许多情况需要靠经验来调节，从而导致产品的性能规格不一致。

3.2.2.2 高温发泡原理

玻璃质原料在加热软化或熔融冷却时，具有很高的黏度，若在此阶段体系内有气体产生，则会使黏流体发生膨胀，冷却固化后便形成微孔结构。

泡沫玻璃微孔结构的形成关键在于玻璃基料的黏度变化与发泡剂放气速度之间的协调。为了取得大量、均匀、细小的微孔，就需要发泡剂的放气温度恰好位于玻璃的软化温度区间内，放气数量应能即保证产生足够的气体压力，以克服玻璃软化体的黏滞阻力，又不致于使气泡破裂、合并或逸出。只有软化体与发泡剂之间的温度、压力度取得相对平衡时，才可获得良好的发气效果。这些条件均需要合理的工艺控制取得。

发泡气体的压力主要由发泡剂的数量决定，在放气温度区间内发泡剂的数量越多，产生的压强越高，有利于形成气泡。过小的气体压力产生的气泡将变小，最终溶解于玻璃体中。

但要注意，多孔陶瓷内的玻璃体表面张力适当的降低，有利于微孔结构的形成，但黏度要较高，否则气泡会过分长大、合并，甚至逸出。

一般而言，碱金属和碱土金属氧化物能够降低表面张力，但同时降低黏度；二氧化硅具有较小的表面张力和较高的黏度；而氧化铝虽然黏度较高，但表面张力也较大。

3.2.2.3 常用发泡剂的发泡机理及发泡温度

各种发泡剂具有不同的发泡温度，此温度一般为一定的范围，当发泡剂细度减小时，发泡温度将降低。常用的发泡剂放气机理和发泡温度见表 3-5。

表 3 – 5　常用发泡剂的发泡温度区间

发 泡 剂	放 气 原 理	放气温度区间（℃）
黏土矿物	脱除结晶水	560 ~ 780
火山玻璃	脱除化学结合水	350 ~ 750
纯　碱	$Na_2CO_3 \rightarrow Na_2O + CO_2$	849 ~ 852
	$Na_2CO_3 + SiO_2 \rightarrow Na_2SiO_3 + CO_2$	700 ~ 900
石灰石	$CaCO_3 \rightarrow CaO + CO_2$	800 ~ 900
	$CaCO_3 + SiO_2 \rightarrow CaSiO_3 + CO_2$	600 ~ 920
菱铁矿	$FeCO_3 \rightarrow FeO + CO_2$	850 ~ 950
菱镁矿	$MgCO_3 \rightarrow MgO + CO_2$	600 ~ 650
	$MgCO_3 + SiO_2 \rightarrow MgSiO_3 + CO_2$	450 ~ 700
白云石	$MgCa\,(CO_3)_2 \rightarrow MgO + CaO + CO_2$	700 ~ 950
硫酸钠	$Na_2SO_4 \rightarrow Na_2O + SO_3$	1200 ~ 1350
硬石膏	$CaSO_4 \rightarrow CaO + SO_3$	1200 ~ 1350
软锰矿	$4MnO_2 + C \rightarrow 4MnO + O_2 + CO_2$	1000 ~ 1200
赤铁矿	$4Fe_2O_3 + C \rightarrow 8FeO + O_2 + CO_2$	1000 ~ 1350
碳　黑	$C + SO_3 \rightarrow S^{2-} + O_2 + CO_2$	500 ~ 850
碳化硅	$SiC + 2O_2 \rightarrow SiO_2 + CO_2$	800 ~ 1140
白云母	脱水膨胀	850 ~ 890
黑云母	脱水收缩	1075 ~ 1150

3.2.2.4　发泡剂造孔的制备工艺

　　高温下发泡的制备工艺将在第 5 章具体介绍，读者可参阅 5.3.3 小节中的内容，本小节介绍的是低温化学反应发泡的制备工艺。

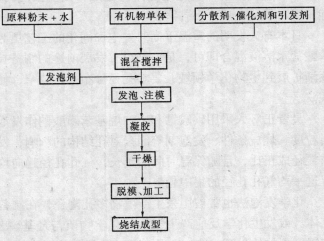

图 3 – 4　添加发泡剂方法生产泡沫
陶瓷的制备工艺流程图

　　添加发泡剂准备多孔陶瓷产生的泡沫可以利用有机物单体的原位聚合反应。原料粉末的粒度一般小于 $3\mu m$，以利于形成稳定浆料，然后与含有有机物单体、分散剂、催化剂和引发剂的蒸馏水混合搅拌。搅拌速度要高，以消除团聚现象。向搅拌均匀的浆料内加入发泡剂，用量取决于浆料的黏度和泡沫的密度，一般泡沫体积增大 2 ~ 7 倍。发生聚合反应的时间要考虑有充足的浇注时间。发生交联聚合反应后，形成强度较高的三维骨架结构，干燥脱模后可以进行机械加工，最后烧结成型。图 3 – 4 为典型的用添加发泡剂的方法，生产泡沫陶瓷材料的制备工艺。

3.2.2.5　发泡剂造孔的各种制备实例

　　在以下的制备实例中，读者可以体会到，众多研制者应用不同的发泡剂，来制备适用于不同场合的多孔陶瓷。各种不同的制备实例说明了添加发泡剂制备多孔陶瓷应用的广泛性。

　　1973 年有文献报道用碳化钙、氢氧化钙、硫酸铝和双氧水作发泡剂，第一次使用发泡工艺，该法首先将经过预处理的球形黏土颗粒放在模子中，在 900～1000℃氧化气氛下加热，在压力作用下使黏土颗粒相互粘结，当足够的热量传到黏土颗粒内部时，材料发泡充满整个模子，冷却后即得多孔陶瓷材料。

很多人采用硫化物和硫酸盐混合作发泡剂，与黏土质材料混合，不需预处理，直接加热发泡，制成了各向同性的多孔陶瓷。这种发泡剂气体放出速度缓慢，有较大的发泡温度区间和较长的发泡时间，通过改变硫酸盐与硫化物的比例和总的发泡剂用量来调整发泡速度，可以控制制品的性能。

也有人采用泡沫法制备了 Al_2O_3 泡沫陶瓷，产品密度范围为 5%～40% 理论密度。开发了三个系列 10%、20% 和 30% 理论密度的泡沫陶瓷，抗压强度分别为 3MPa、25MPa 和 81MPa，孔隙尺寸分别为 300～400μm、50～100μm 和 20～50μm。

1988 年国外有人利用 SiC、Si_3N_4、BN、碳黑和碳酸盐为发泡剂，精确控制熔点和熔体黏度，并申请制造了 $SiO_2 - Al_2O_3 - CaO$ 复相多孔陶瓷的专利。

伍德发明了一种独特的发泡工艺，同时进行聚氨酯泡沫的制备与陶瓷浆料的发泡，结果使陶瓷颗粒均匀分布于有机泡沫中。后来一些专利在这方面有所发展，主要为了控制有机聚合物的反应步骤。

其后有人发明了在室温、大气压下制造多孔陶瓷的方法。原料包括四个组分：第一组分由任何酸和磷酸盐组成；第二组分是陶瓷原料和碱金属硅酸盐；第三组分是金属发泡剂与酸反应产生氢气；第四组分是泡沫稳定剂，促使发泡均匀。这四种组分一经混合，混合物发泡，同时硬化，成为多孔陶瓷。

日本有人发明的室温下同时发泡和固化的工艺更为简单，只需将多价金属碳酸盐与金属磷酸盐水溶液混合即可，是一种很有发展前途的制备技术。近几年来，由于多孔陶瓷的应用逐渐扩展到生物化学领域，要求孔径分布范围狭窄，使可控多孔陶瓷的研究得到进一步的重视。

吴皆正等人采用碳酸钙和十二烷基苯磺酸钠作发泡剂，以廉价的硅砂为原料，研究了原料粒度、烧成条件、发泡剂等因素对孔结构的影响，发现多孔陶瓷的平均气孔孔径与平均集料粒径成正比，且随保温时间的延长，气孔孔径趋向均一，另外，增加粘结剂用量也有利于促进平均气孔孔径的集中趋势。

化学发泡法也常被用来生产生物多孔陶瓷，在制备过程中，将在较高温度能够分解产生气体，或发生化学反应产生气体的化学物质与羟基磷灰石（HA）粉体浆料混合成型，在一定温度下加热处理发泡，再烧结产生大孔陶瓷。对发泡剂的要求是发泡剂的残留物不影响陶瓷的性能和组成，或残留物经简单的水洗可以除去。常用的发泡剂是过氧化氢（H_2O_2），利用 H_2O_2 分解产生气体而形成多孔 HA，以聚乙烯醇等水溶性聚合物为粘结剂。

例如，将含 2% 聚乙烯醇与 4% 过氧化氢的水溶液与羟基磷灰石粉末混合，制成浆料，以缓慢的速度升温至 80℃并保温 4h，使过氧化氢分解，经低温预烧和高温烧结，制得孔洞贯通性良好的多孔羟基磷灰石陶瓷。以聚乙烯醇和丙烯酸为粘结剂，双氧水为发泡剂，与化学合成的磷酸三钙粉末混合成浆料，经超声脱气，铸模，烘干，烧结，同样也可以获得贯通性良好的大孔磷酸三钙陶瓷。

3.2.2.6　发泡法生产多孔陶瓷的分析（以泡沫玻璃为例）

发泡法已经在多孔陶瓷的制备生产中较广泛地实际应用。具体生产工艺将在 6.2.2 中介绍。以下通过发泡法制备泡沫玻璃的生产技术分析实例，为试验结果很理想的多孔陶瓷推向市场提供一定的参考。

泡沫玻璃生产技术已经很成熟，国内外有多项专利，在工业型试验生产的泡沫玻璃各方面的性能很好，达到生产产品的标准。因此，该技术已具备了工业化生产推广的条件，放大工业型试验成果，但还需对工业化生产的要素进行分析。

（1）原、辅材料来源

泡沫玻璃是一种生产成本低而技术附加值高的产品。生产泡沫玻璃的原、辅材料的95%以上是碎玻璃。碎玻璃来源非常广泛，玻璃厂家每年就有大约 20% 的下脚料——废弃玻璃急待处理。还有报废汽车的玻璃、建筑工程中的废弃玻璃等都可成为泡沫玻璃生产的原材料。碎玻璃不仅价格便宜，而且每吨碎玻璃可以生产大约 $5m^3$ 的泡沫玻璃毛坯，年产 1.2 万 m^3 泡沫玻璃毛坯只需 2400t 左右的碎玻璃。生产泡沫玻璃的辅料为高岭土和发泡剂及添加剂，高岭土为一种天然岩石，全国各地都有生产。发泡剂和添加剂是几种化学物质按一定的比例混合而成，化学物质在市场上易购。因此，生产泡沫玻璃原、辅材料充足，消耗量小，利用率高。

（2）动力来源

泡沫玻璃生产需 30kVA 的电力和以燃气为燃料。30kVA 的电力需求不会给现有的供电系统造成困难；燃气可以是天然气或者煤气，以天然气为宜。因此，厂址应选择具有燃气条件的地方。

（3）设备及价格

生产泡沫玻璃所需设备包括发泡窑（150 万元）、退火窑（85 万元）、粗磨机（5 万元）、细磨机（20 万元）、切割加工设备（20 万元）、其他加工、电力辅助等设备（58 万元）、耐热钢模具（62 万元）、导热系数测定仪（4.5 万元）、吸声系数测定仪（9.5 万元）、体积密度测定仪（1 万元）、贯通气孔测定仪（3 万元）等，总共合计 418 万元。其中，发泡窑和退火窑由技术持有方有偿提供，或者由技术持有方提供设计图纸，投资者按图纸加工生产均可；耐热钢模具因需耐 800℃ 左右的高温，因此需要耐热钢板制作。目前，大部分模具厂可以采用从日本进口的耐热钢板加工生产所需模具，其他设备均为通用性设备。

（4）工艺流程

正因为该技术集成了多种专利技术和成熟的高新技术，在工业型试验中采用废弃碎玻璃及化学药品为原料，经 6L×3L 球磨机粉碎后，装入美国康宁公司标准尺寸的耐热钢模具中（450mm×600mm×200mm），置入全自动控制的燃气明焰梭式窑内发泡、退火。在改善作业条件和不降低成品率的情况下，拟采用"一步法"生产泡沫玻璃。该工艺过程已成功地应用于卫生陶瓷生产领域和冶金行业。

（5）主要生产技术指标

炉内气氛应能在氧化气氛至弱还原气氛之间连续可调，且稳定不变；

能按生产工艺要求精确控温，控温精度为（±1~2）℃；

炉内横断面的温差 < ±10℃；

污染物排放量低：$NO_x \leqslant 60ppm$，$SO_x \leqslant 40ppm$；

燃耗：0.7kg 液化石油气/kg 合格产品（或 100m^3 天然气/m^3 毛坯）；

合格率：85%左右。

3.2.3 添加造孔剂造孔工艺

3.2.3.1 造孔剂成孔法及其特点

造孔剂又常被称为增孔剂或成孔剂（porous former）等，是指既能在坯体内占有一定体积，烧成、加工后又能够除去，使其占据的体积成为气孔的物质。如碳粒、碳粉、纤维、木屑等烧成时可以烧去的物质，又如难熔化易溶解的无机盐类也可作为成孔剂，它们能在烧结后的溶剂侵蚀作用下除去。通过在原料中添加造孔剂而成孔，是一种常用的制备多孔陶瓷的方法。

在陶瓷粗粒粘结、堆积可形成多孔结构的气孔率低，而采用在原料中加入造孔剂可以大大提高气孔率，这是本方法的一个特点。

虽然在普通的陶瓷工艺中，采用调整烧结温度和时间的方法，可以控制烧结制品的气孔率和强度，但对于多孔陶瓷，烧结温度太高会使部分气孔封闭或消失；烧结温度太低，则制品的强度低，无法兼顾气孔率和强度，而采用添加成孔剂的方法则可以避免这种缺点，使烧结制品既具有高的气孔率，又具有很好的强度。这是本方法的第二个特点。

添加造孔剂法制备多孔陶瓷的工艺流程与普通的陶瓷工艺流程相似，这种工艺方法的关键在于造孔剂种类和用量的选择，以及造孔剂的大小。这种方法可以通过调节造孔剂的多少及颗粒的大小、形状及分布来控制孔的大小、形状及分布，因而简单易行。这是第三个特点。

3.2.3.2 造孔剂种类

造孔剂加入的目的在于促使气孔率增加，它必须满足下列三个要求：在加热过程中易于排除；排除后在基体中无有害残留物；不与基体发生有害的反应。

造孔剂的种类有无机和有机两类。无机造孔剂有碳酸铵、碳酸氢铵、氯化铵等高温可分解盐类，以及其他可分解化合物如 Si_3N_4，或无机碳，如煤粉、碳粉等。有机造孔剂主要是一些天然纤维、高分子聚合物和有机酸等，如锯末、萘、淀粉及聚乙烯醇、尿素、甲基丙烯酸甲酯、聚氯乙烯、聚苯乙烯等。

上述造孔剂均在远低于基体陶瓷烧结温度下分解或挥发，由于是在较低温度下形成孔，因此很可能有一部分、特别是较小的孔，会在以后的高温烧结时封闭，造成透过性能的降低。

采用另一类型的透孔剂，可以克服这些缺点。这种类型造孔剂的特点是：造孔剂在基体陶瓷烧结温度下不被排除，基体烧成后，用水、酸或碱溶液浸出造孔剂而成为多孔陶瓷。这类造孔剂包括熔点较高而又可溶于水、酸或碱溶液的各种无机盐或其他化合物，要求在陶瓷烧结温度下不融化、不分解、不烧结、不与基体陶瓷反应。

这类造孔剂特别适用于玻璃质较多的多孔陶瓷或多孔玻璃的制造。例如，美国专利 US 4588540 报道了用 Na_2SO_4、$CaSO_4$、$NaCl$、$CaCl_2$ 等作造孔剂，制造多孔玻璃。而日本专利用 60%的经过 Y_2O_3 稳定后的 ZrO_2 与 40%的 Y_2O_3 混合，在 1150℃烧结后，浸在 30wt%的热盐酸中 5h，也制成了多孔的 ZrO_2 陶瓷。

3.2.3.3　造孔剂的用量

有人系统研究了造孔剂添加量对制备多孔 Al_2O_3 陶瓷的影响，发现造孔剂添加量不同，不仅直接影响最终多孔陶瓷的气孔率，而且随造孔剂添加量的增加，多孔 Al_2O_3 的平均孔径和最大孔径都将增大，同时孔径分布变宽。因此也提高了其透气系数，但对其烧结活化能并无影响。并且认为多孔 Al_2O_3 陶瓷的大部分力学性能更多地依赖于烧结温度，而对气孔率的依赖性随烧结温度的提高而减小。

3.2.3.4　造孔剂的形状大小

造孔剂颗粒的大小和形状决定了多孔陶瓷气孔的大小和形状。龚森蔚采用聚甲基丙烯酸甲酯作为造孔剂，制备了孔径可控的羟基磷灰石复相陶瓷。

造孔剂的粒径对于多孔陶瓷的气孔率和孔径大小及分布略有影响，加入粒径较小的造孔剂，其气孔率略大于加入粒径较大的造孔剂的气孔率，且孔径分布变窄。这是因为相同质量的造孔剂，粒径越小，比表面积越大，粒子数越多，在与粉粒混合时，相对混合均匀程度和相对的表观体积大的缘故。

3.2.3.5　造孔剂与原料的混合

为使多孔陶瓷制品的气孔分布均匀，混料的均匀性非常重要。一般造孔剂的密度小于陶瓷原料的密度，另外它们的粒度大小往往不同，因此，难以使其很均匀地混合。研究人员在这方面作了许多努力。

有文献报道了采用两种不同的混料方法解决了上述问题。如果陶瓷粉末很细，而造孔剂颗粒较粗或造孔剂溶于粘结剂中，可以将陶瓷粉末与粘结剂混合造粒后，再与造孔剂混合。另一种方法是将造孔剂和陶瓷粉末分别制成悬浊液，再将两种料浆按一定比例喷雾干燥混合。而日本专利则采用将造孔剂微粒与 $ZrCl_4$ 和稳定剂 YCl_3 水溶液充分混合，加氨水共沉淀，得到一种胶状物质，从而使造孔剂分布均匀。

3.2.3.6　制备实例

造孔剂成孔法应用相当广泛，以下制备实例说明了可采用不同的造孔剂、不同的原料、不同的成型方法，来制备适用于不同应用场合的多孔陶瓷。

彭长琪等人采用粉石英作集料，玻璃粉和膨润土为粘结剂，石蜡、碳酸钙和碳黑粉为成孔剂调节孔隙率，干压成型，1200℃烧结，制备多孔陶瓷。烧结体孔隙率 35% ~ 45%，孔径 5 ~ 30μm，可用于液体和气体过滤。

王连星等人以刚玉为集料，20% 碳粉为成孔剂，注浆成型，1120 ~ 1170℃烧结，制备孔隙率 50% ~ 56% 的多孔陶瓷，系列孔径 20 ~ 450μm，抗弯强度大于 20MPa。结果表明，增大集料粒径，分散集料粒径分布，提高烧结温度，会减小孔隙率。延长保温时间对孔隙率影响不明显，却可以提高强度。低熔点粘结剂的加入可以提高强度，却降低气孔率和化学稳定性。

何宜柱等人采用莫来石和铁粉为集料，硅酸乙酯为粘结剂，粉浆浇注成型，制备孔隙率为 35% 左右的多孔陶瓷 – 金属复合材料。孔隙率主要靠硅酸乙酯含量调节，粘结剂含量一定时，随莫来石相对含量增大，孔隙率增大。抗压强度最高值出现在铁粉含量 60% 时，为 60MPa。

H·亚伯等人以莫来石为集料，碳粉和塑料球为成孔剂，甲基纤维素为粘结剂，注入石膏模内，干燥烧结。孔隙率 55% ~ 70%，气孔分两组，小气孔尺寸为 0.06 ~ 0.5μm，大气孔

尺寸为 $3 \sim 7\mu m$。

有人采用 $\alpha - Al_2O_3$ 为集料，碳粉为成孔剂，凝胶浇注工艺成型。烧结体孔隙率 40% ~ 50%，平均孔径 $2 \sim 5\mu m$。对比粉浆浇注工艺，凝胶浇注工艺具有以下特点：固体含量可以加大，因而可以使用大颗粒；可以控制浇注和固化过程；干燥和烧结收缩小；坯体强度大，可以加工。另一种方法是采用 $\alpha - Al_2O_3$ 为集料，纤维素为成孔剂，挤出成型，孔隙率 56.2% ~ 49.3%，平均孔径 $2 \sim 5\mu m$，抗弯强度 55 ~ 76MPa。

斯蒂芬·F·科尔宾等人采用流延法制备 Y_2O_3 强化 ZrO_2 多孔陶瓷（YSZ），成孔剂采用淀粉、碳粉和聚乙烯颗粒，结果表明 $80\mu m$ 碳粉是最有效的成孔剂，可以产生孔隙率 20% ~ 80% 完全开放气孔结构，而无额外的烧结收缩。

羟基磷灰石粉末与甲基纤维素粉末混合后，再与去离子水混合成浆料，经超声振动脱气，在烘箱中 $50 \sim 90℃$ 下慢慢地烘干，然后以 $0.5℃/min$ 的速度升温至 $250℃$，再以 $3℃/min$ 的速度升温到 $1250℃$，保温 3h，随炉冷却到室温。可获得孔隙度 60% ~ 90%，孔径 100 ~ $250\mu m$，互通性良好的多孔羟基磷灰石陶瓷。羟基磷灰石粉末与聚乙烯醇缩丁醛颗粒混合压制成型，经脱碳，烧结，可以获得具有力学强度良好和孔径、孔隙度可控的大孔羟基磷灰石陶瓷。洗后 $100℃$ 干燥，获得的羟基磷灰石粉末粒径 $0.6 \sim 0.7\mu m$。为了使产物的结晶形态更好和便于分离，提高反应的温度或反应后加热煮沸悬浮液，可以促使晶体长大。

在 SiC 多孔陶瓷过滤材料的研制中，选用 SiC 作为集料，活性碳粉作为成孔剂，采用注浆成型方法成型，氧化气氛中常压烧结。所制备出的 SiC 多孔陶瓷过滤材料具有优良的使用性能。即：气孔率高（大于 60%），过滤效果优良，过滤过程中压力损失较小，过滤效率高，使用寿命长；气孔率大使气孔的表面积大，与高温烟尘或污水的接触面积大，过滤净化的效果增加，节约污染流体的净化处理成本。强度大，可以承受较大的压力差，具有优良的耐腐蚀、耐冲蚀性，使用可靠性高、安全性高。孔径分布理想，使得 95% 以上的高温粉尘颗粒都可以一次过滤清除。承受较高压力差，气孔形状呈立体网状贯通结构，可以大大增加固相颗粒在过滤材料内部的行程，显著提高一次净化率。网状结构分布的气孔，可以有效避免固相颗粒在体内的积聚，从而减少清洗维护次数，同时，可以减轻清洗反吹的阻力，便于清洗。导热性能优良，热膨胀系数小，因此，该陶瓷过滤材料可以应用于 1350℃ 以下的高温烟尘净化和在 -40° 极限温度下工作而不会损坏。该产品还可以作熔融金属或热气体的过滤器，医学临床的病菌等微生物过滤，超滤分离血清蛋白；化学反应过程的过滤膜；催化剂或酶的载体等。

3.2.4　本身含有气孔的配料

通过在配料中直接添加含有气孔的配料是一种非常简捷的制备多孔陶瓷的方法。常用来制备多孔陶瓷的本身具有丰富孔隙的原料有：陶粒、珍珠岩、粉煤灰、烟尘、飞灰（微孔 SiO_2 粉末）、硅藻土、硅酸钙、多孔硅质岩、轻质蛋白石、多孔凝灰岩等等。应用时通常还可采用另外的造孔方法，制备出既充分利用了这些配料中的孔隙结构，同时也包含了其他需要的孔隙结构。

3.2.4.1　硅藻土的特点及应用

硅藻土主要由古代硅藻和一部分放射虫类的硅质遗体等组成，是一种生物成因的硅质沉积岩，在此岩石中常可见到硅藻、海绵骨针及放射虫等残骸，主要成分为无定形 SiO_2，具有大量微孔。

优质硅藻土呈白色，SiO_2 含量可达 90%～98%，一般的硅藻土常含有黏土、火山灰、有机物及非溶性物质，其颜色呈灰白、灰蓝、棕黑及浅黄色、深绿色，SiO_2 含量为 70%～90%，属泥质结构，风化后呈页状构造。

由于硅藻土的孔隙率很大，所以对液体的吸附能力很强，一般能吸收等于其本身重量 1.5～4.0 倍的水。

由于硅藻土的种类繁多和多孔性，硅藻土制品具有其他过滤介质所没有的过滤性能与吸附性质。

硅藻土在低温煅烧时孔结构保持完好，因此以硅藻土为基质，采用低温烧结和加入添加剂的方法，使原有气孔保留下来而形成多孔陶瓷，采用这种方法可以制得孔径非常小，分布均匀，成本低的多孔陶瓷。

硅藻土原料制品按照不同的生产工艺分为以下三类：

（1）干燥品。将硅藻土原料经 100～300℃烘干，高压气流粉碎去杂质提纯后，分级而成的产品，颜色呈灰白色、浅黄色。

（2）焙烧品。将硅藻土原料精选后，经 700～900℃高温焙烧，高压气流粉碎，分级而成的产品，颜色呈橘黄色、红褐色。

（3）助熔焙烧品。将硅藻土原料精选后，加入适量的助熔剂，经 900～1200℃的高温焙烧，粉碎，分级而成的产品，颜色呈粉白色、白色。

由于硅藻土密度小，孔隙大，吸附性强，对声、热、电的传导性极低，除溶于氢氟酸外不溶于其他酸类，它具有隔音、隔热、耐酸、吸附、漂白、助滤等功能，用途十分广泛。目前主要用途有以下几方面：

（1）绝热保温材料。这是当前国内硅藻土的主要用途之一，已成功地应用于各种热工设备和管道的保温方面。采用硅藻土保温材料可以减少热损失，降低能耗，减薄保温厚度，降低工程造价和提高生产效率，优点十分显著。

（2）过滤材料。由于硅藻土物理化学性能稳定，无毒性，能形成高度渗透性的过滤层，故能截留各种杂质微粒使滤液达到高度澄清。硅藻土助滤剂被广泛应用于糖浆、蜂蜜、啤酒、果露等各种饮料以及动植物油脂、石油、化纤溶液、生物制药、城市用水等工业领域。它具有其他助滤剂所没有的优点，可以提高过滤速度和澄清度，减少滤液损耗，降低成本。

（3）工业填料。由于硅藻土结构坚固，精土（指用酸处理后的硅藻土）色白，无毒性，因此是橡胶、塑料、油漆、制皂、制药等工业应用的一种优良填充粉料，其能改变产品热稳定性、弹性、分散性，提高耐磨强度及耐酸品质。

（4）其他。硅藻土还可作为催化剂载体、水泥混合材料、耐磨料、吸附剂、阻燃剂及涂料等。

诸爱珍用硅藻土研制了多孔陶瓷，其配方如表 3-6 所示。

具体的制备工艺过程为：

表 3-6　实验配方（质量%）

硅藻土	造孔剂	轻质碳酸镁和结合剂
70	0	30
66	5	29
64	10	26
62	15	23
60	20	20

配料→烘干→球磨→烘干→拌蜡→热压铸成型→排蜡烧成→测试→成品

采用热压铸成型工艺，在排蜡过程中，蜡的挥发会留下大量的气孔，这样可大大提高制品的气孔率，采用一次烧成的方法，即排蜡时直接烧成，这样可简化工艺，降低成本，烧成温度为 1000～1100℃，保温 2h。

3.2.4.2　粉煤灰的特点及应用

不同的烧成设备、不同的燃料所产生的粉煤灰的主要成分结构也不同。如某火力发电厂的粉煤灰，其化学成分包含有 SiO_2，Al_2O_3，Fe_2O_3，CaO，MgO 及 K_2O 等。粉煤灰漂珠是一种多孔硅铝氧玻璃体，在形成过程中，有部分因气体逸出而形成的开放性空穴，表面呈蜂窝状结构；有部分因气体未逸出而形成封闭状孔穴，内部也呈蜂窝状，以此类孔穴居多。

粉煤灰利用它的活性来制造建筑材料或混凝土的掺合料、水泥掺合料，可以生产加气混凝土粉煤灰砌砖、粉煤灰道砖和粉煤灰砖等，更可以利用粉煤灰经高温膨化制造陶粒。在陶瓷行业可作为主要原料生产高承重环保地砖、广场砖、釉面砖等。

粉煤灰砖生产方法主要有三种：烧结砖、蒸养（蒸压）砖及双免（免烧、免蒸）砖。烧结砖是以塑性指数高的黏土为主要原料，掺入 30%～50%粉煤灰，经搅拌、成型、干燥，经窑炉烧制成砖，其与普通红砖生产工艺基本相同。优点：技术较成熟，可生产强度等级较高的砖且质量较稳定。缺点：还需要黏土，投资大，烧成中消耗能源，而且烧成中还会产生废气污染环境。

蒸养（蒸压）砖以粉煤灰为主要原料（65%～85%），加入适量石灰石膏等无机胶结剂和微量激发剂，经搅拌，压制成型（常压或高压下）蒸汽养护而制成砖。优点：砖的强度、收缩性较好，生产周期短，但设备投资大，高压操作较危险而且需要蒸汽养护。由于砖中常存在未反应完的 $Ca(OH)_2$，故砖的耐水、耐酸、耐热性能较差，限定了使用环境。

双免砖以粉煤灰为主要原料，加入适量的水泥、石膏集料等，经搅拌压制成型后在潮湿环境下自然养护而成。其砖的强度可优于红砖强度，投资少，粉煤灰掺量大（最大可达 80%以上），节能环保。

3.2.4.3　粉煤灰漂珠制备高孔隙率多孔陶瓷滤料

夏光华等人利用粉煤灰漂珠制备了高孔隙率多孔陶瓷滤料。集料采用自选的电厂粉煤灰漂珠。粘结剂有三类：一类是羧甲基纤维素与硅溶胶；二类是长石、方解石、废石膏等矿化剂；三类是黏土；造孔剂采用市售小米或聚苯乙烯颗粒、碳粉等。

在制备过程中，通过物理化学作用打开粉煤灰漂珠中的封闭孔穴提高其孔隙率及比表面积，即通过处理后漂珠会生成大量新的微细小孔形成表面缺陷，使其总的比表面积大大增加，从而改善并提高多孔陶瓷滤料的过滤、吸附性能。

其优选出的高孔隙率多孔陶瓷滤料配方为：漂珠 60%～75%，黏土 10%～15%，粘结剂 20%～30%，添加剂 2%～3%，造孔剂20%～25%（v/v）。

将上述配料混合球磨后制成具有一定塑性的泥料，混练成型待用。陶瓷滤料呈球形颗粒，粒径 5～10mm 左右。制备工艺流程如图 3－5 所示。

将成型后的样品置于干燥箱内 70℃恒温干燥 12h，然后调至 110℃继续恒温干燥直至完全烘干。采用以下烧成制度：烧成温度为 1250℃，烧成时间为 15～16h。在 150～300℃、850～1000℃温度区间升温速率要缓慢。

最后制得的样品内部的微孔由两部分构成，其中大气孔为碳粉燃尽或矿化剂分解所致，孔径大约 $100\mu m$；小孔则由大量的漂珠颗粒本身的孔隙及堆积形成，约 $1\sim50\mu m$。另一类孔洞为肉眼可见，系小米或聚苯乙烯颗粒造孔剂挥发所致，孔径大约 $0.2\sim1mm$，这种发达的孔径分布有利于达到净化过滤的目的。

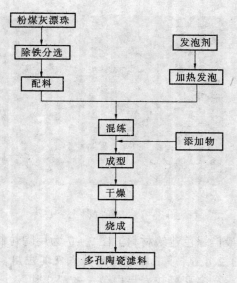

图 3 – 5　粉煤灰制备多孔
陶瓷的工艺流程

3.2.4.4　用烟尘（Fly ash）制造的多孔陶瓷吸音材料

东芝陶瓷公司开发了一种多孔陶瓷吸音材料，它由废弃的无机烟尘，如热电站产生的烟尘制造，其主要成分为二氧化硅。这种具有微米级超细微孔的二氧化硅通过吸收声能转化为热能削弱声音的传播。制备这种陶瓷时，混合时在烟尘中加入一种特殊的添加剂，然后进行焙烧和固化，在烧成过程中形成多孔材料。对声波的吸收，400Hz 范围为 30.7dB，1000Hz 时为 42.9dB。材料还具有轻、隔热和好的耐气候性能。公司计划将光触媒（如二氧化钛）引入材料中，可实现对大气中氮氧化物的分解，对环保有重要意义。这种吸音材料可用来建造高速公路和铁路沿线的减声屏障墙。

3.2.4.5　陶粒及其应用

陶粒的发现可追溯至 1885 年，但实际上是 S. J. 海德（S. J. Hayde）于 1918 年才研制出来，是用回转窑生产陶粒，其原理非常有价值，故该技术迄今仍被广泛应用。陶粒是在高温下制成的，由某些特种性质的黏土在高温下熔化而释放出气体，产生膨胀，其表面由于玻璃化而形成一层外皮，冷却后就形成了一种轻质、坚硬、具有明显蜂窝状结构的产品，其颗粒密度一般在 $750\sim1200kg/m^3$。用回转窑生产的陶粒形状一般呈圆形，其内部具有黑色的蜂窝状结构，外皮呈栗红色，如图 3 – 6 所示。

图 3 – 6　陶粒

陶粒有黏土陶粒、粉煤灰陶粒、页岩陶粒等，粉煤灰陶瓷的原材料为火力发电厂的废渣；黏土质陶瓷的原材料可以是各种各样的污泥、污水厂处理出来的污泥、陶瓷厂的废料等；页岩陶粒原料可以是石灰石矿、油页岩矿等废弃的黑页岩或紫页岩等，故陶粒的生产可以说是变废为宝、废物利用的绿色建材。

由于陶粒是利用工业废渣、废料或废弃的矿物废料、劣质页岩为原料，掺加少量粘结剂、附加剂、添加剂等，经过混合、成球高温烧结等传统工艺过程而制成的人造轻集

图 3-7　陶粒混凝土空心砖

料，其具有表观密度轻、强度高、导热性低、耐火度高、保温防冻、抗腐蚀、抗冲击、抗震、耐磨和无放射性等特点。其在窑炉的保温、地铁等场合的吸音除噪有非常广泛的应用前景，另外，在建筑工业上的应用也非常广泛，例如，可以利用粉煤灰陶粒配制高强度轻质混凝土、陶粒空心砌砖、素陶粒混凝土、钢筋陶粒混凝土、预应力陶粒混凝土，可以做保温隔热板条、地面砖、护堤植草砖、民用砖瓦、高层大开间住宅楼承重或充填砌砖，以及在桥梁、公路输送管道保温、电缆杆等使用均有良好效果，特别是取代黏土砖的最佳绿色建筑材料。图 3-7 为用陶粒制造的混凝土空心砖。

3.2.4.6　多孔凝灰岩的特点及其应用

多孔凝灰岩呈白色、疏松土块状，物相主要为火山玻屑，含少量或微量石英、黑云母、斜长石、沸石及黏土等。

多孔凝灰岩的化学成分主要为 SiO_2，Al_2O_3，K_2O 等，次要成分为 CaO，MgO，TiO_2，Na_2O，Fe_2O_3 等。SiO_2 变化范围为 69% ~ 71%，属中酸性岩类；Al_2O_3 为 13.13% ~ 13.44%；Al_2O_3/SiO_2 为 0.18 ~ 0.19，属铝过饱和类型；$K_2O + Na_2O$ 为 5.38% ~ 5.90%；Fe_2O_3 为 0.62% ~ 1.25%，FeO 为 0.52% ~ 0.58%；灼失量平均为 7.16%。

多孔凝灰岩具有疏松、轻质多孔等特征，其孔隙主要有粒间孔隙和火山玻屑的自生孔隙。前者除了常见的粒间堆积形成外，在岩石中还可见到一种独特的网络状孔隙结构。后者主要有两种成因类型：一种为火山气孔，属原生孔隙；另一种为淋滤风化作用成因，属后生孔隙。火山气孔形态较为规则，多呈空心球体或椭球状等结构，空心球体或椭球体受到破坏后则孔洞出露。淋滤风化作用成因的孔隙，以不规则柱状和颗粒表面的蜂窝状、网格状孔隙居多，部分为侵蚀凹坑状。孔隙常见存在于不规则柱状体的内部，形成独特的内腔不规则的长柱状孔道结构。总的来说，岩石以淋滤孔为主，多开孔，孔径范围为 0.04 ~ 20.0μm，中孔为 0.38μm，孔体积平均为 0.50cm^3/g，孔隙度为 46.14% ~ 67.49%。

在孔径方面，硅藻土的孔径最小，孔径分布较窄为 0.05 ~ 0.80μm，多孔硅质岩的孔径最大，孔径分布较宽为 0.5 ~ 500μm，轻质蛋白石的孔径较小，孔径分布范围最窄为 0.1 ~ 3.0μm，而多孔凝灰岩孔径小，孔径分布较为适中。

形状方面，多孔凝灰岩的孔隙为圆窝状及不规则柱状等；硅藻土的孔隙最为规则，多呈对称排布；多孔硅质岩的孔隙为圆窝形（湖北义和）和菱形（南京湖山）等；而轻质蛋白石的孔隙则为蛋白石表面毛刺之间的空隙和粒间不规则状的微孔。可见，与其他微米孔级多孔非金属矿相比，多孔凝灰岩具有孔隙形状多样，孔径适中，孔隙率大等特征。这种孔隙特征不仅使多孔凝灰岩在固-液分离过程中具有较好的助滤和吸附性能，而且具有较好的保温隔热等物化性能。

微米孔级多孔非金属矿通常具有较好的助滤、吸附和保温隔热等性能，是制取吸附剂、包裹剂、催化剂、催化剂载体、保温隔热材料、助滤剂等上好原料。有研制者针对微米孔级多孔非金属矿的这种适用性，结合多孔凝灰岩孔隙特性，在解决原料煅烧、孔径优化、强度改善和粒级配比等技术难题的基础上，研制出了各种技术指标均符合国家标准（QB/T 2088—1995）的不同型号和系列（NZF100～NZF1200）的凝灰岩助滤剂。在试验装置、滤液、助滤剂用量及其渗透率等试验条件相同或相近的情况下，啤酒过滤试验结果达到美国赛力特 Celite 硅藻土助滤剂的效果（见表3-7）。试验条件为过滤设备：板框过滤机（小试）；发酵液：长沙白沙啤酒厂生产，新鲜、极混浊；过滤前酵母数（个）：17×10^6。随着研究地深入，多孔凝灰岩在建材、化工、食品、环保等行业和领域将大有作为。

表3-7　啤酒过滤实验结果

助　滤　剂	助滤剂主要原料	滤液浊度（EBC）
Celite（r）STD	长白硅藻土	0.31
NZF100	多孔凝灰岩	0.24

3.2.5　盐析法工艺

是通过把食盐和生物陶瓷粉及粘结剂混合在一起，然后成形烧结得含均匀分布食盐的生物陶瓷块，再放在沸水里溶去食盐从而得到多孔生物陶瓷。该方法工艺比较简单，但是由于孤立或深层的食盐颗粒难以溶出，保留在多孔陶瓷内很可能为其应用造成隐患，故不适合制备闭气孔或大块体多孔陶瓷。

3.3　成型工艺中的造孔技术

3.3.1　挤压成型造孔

3.3.1.1　挤压成型造孔法及其特点

挤压成型造孔法是通过模具将可塑性料挤压成型，再烧制成多孔陶瓷的方法。形成的孔通常有几个毫米大，而且是直线连通的，常见的孔外形有正方形、三角形、六边形等。因类似蜂窝结构，也称为蜂窝陶瓷。采用这种方法成型的陶瓷一般比表面积较小，可在其表面涂覆其他材料以增加表面积。

其典型的工艺流程为：粉体原料＋水＋有机添加剂→研磨→陈腐→挤压成型→干燥→烧结。

该类工艺的优点在于可以根据需要对孔形状和孔大小进行精确设计，蜂窝尺寸、形状、间壁厚度、孔隙率等均匀性优良，适宜大批量生产。其缺点是不能形成复杂孔道结构和孔尺寸很小的材料，同时对挤出物料的塑性有较高要求。

3.3.1.2　挤压成型蜂窝陶瓷的研制

挤压成型蜂窝陶瓷的制备工艺将在本书第7章7.5.4节中详细介绍，本小节将介绍挤出成型蜂窝陶瓷气孔密度分布的改进。

高正亚针对柴油发动蜂窝陶瓷过滤器在回收处理过程中易破坏这一问题，提出了在原过滤间壁外加涂带催化剂的多孔陶瓷涂层方法，改进挤出成型蜂窝陶瓷过滤间壁气孔密度的分布。

（1）生产工艺

精选细粉状滑石、高岭土、氧化铝等，以形成抗热震性优良的堇青石原料，按照一定比例组成生料混合物，将配制好的生料加水进行搅拌和混合。

在搅拌好的生料中加入成型助剂和成孔剂，进行生料塑炼处理，使之容易挤出。然后用挤出机将塑炼好的混合生料挤出成蜂窝结构陶瓷坯体。在本实验中，蜂窝结构的通道截面形状首选六角形、矩形和环形，孔密度范围为 $8 \sim 47$ 个/cm^2，间壁厚度则在 $0.25 \sim 0.76mm$ 之间。

将成型完好的蜂窝坯体干燥后，在蜂窝坯体出口端涂覆一定长度的多孔陶瓷层，考虑到热膨胀等因素，涂层材质首选与坯体一致的以堇青石为主体的配有稀有元素为催化剂的材料。再次干燥后按照拟定的烧成制度烧制堇青石蜂窝陶瓷产品。产品冷却后，将烧成的堇青石蜂窝陶瓷进行必要的水处理工艺，进一步增强抗热震等性能。

（2）具体实验

按照生产工艺制备直径为 144mm，总长度为 152mm，蜂窝过滤间壁厚度为 0.3mm，蜂窝密度为 31 个/cm^2 的堇青石蜂窝结构陶瓷坯体和相应的对比实验陶瓷坯体。

按照生产工艺分别在堇青石蜂窝陶瓷坯体和相应的对比实验陶瓷坯体上，涂覆不同长度的多孔陶瓷层，干燥后烧制成堇青石蜂窝陶瓷过滤器，并且进行必要的处理工艺，制成陶瓷过滤器成品。最后进行废气过滤测试和过滤器回收处理实验（为了定量分析过滤器收集烟灰颗粒后在回收处理实验中产生的实验结果，烟气颗粒的收集量定为20g），并记录烟灰颗粒燃烧过程中，蜂窝陶瓷过滤器内的最高温度及过滤器的毁坏情况等相关数据。

整个实验结论是挤出成型制备堇青石蜂窝陶瓷的过程中，过滤间壁必须进行多孔陶瓷涂层工艺；多孔陶瓷涂层的组成成分中至少含部分 $\gamma - Al_2O_3$ 等耐热性材料；多孔陶瓷涂层长度一般为堇青石蜂窝陶瓷总长度的 $1/5 \sim 4/5$。涂层长度过长或过短都会影响蜂窝陶瓷的实际使用性能，而当涂层长度为蜂窝陶瓷总长度的 $2/5 \sim 3/5$ 时，堇青石蜂窝陶瓷的实际使用性能最佳。

3.3.1.3 挤压成型多孔砖、空心砖

多孔砖、空心砖在新型建筑墙体材料中占有非常重要的地位，具有许多独特的优点，它节土节能，保温隔热，质轻高强，深受建筑建材业人士的欢迎。发展多孔砖、空心砖产品最有效的途径就是建造自动化程度较高的生产线，采用先进的工艺与装备，高起点、大规模。本小节介绍自动化挤压成型生产空心砖的工艺，供读者参考。

多孔砖生产工艺流程如下：

原料采掘→料场→陈化均化→料库→箱式给料机→一级对辊→二级对辊→双轴搅拌机（加水）→双级真空挤泥机→切条→切坯→码坯机→入干燥窑烘干→半成品检验→入隧道窑焙烧→出窑卸车→检验、分级堆放。

（1）原料处理

多孔砖、空心砖产品壁肋较薄，较小的石子或植物根茎出现在壁肋表面，也可表现为较大的应力集中，在干燥焙烧过程中产生开裂变形，影响产品外观质量和内在质量。有时由于裂纹扩展，大大降低了制品强度，在焙烧过程中引起倒窑事故。

因此，薄壁产品对原料净化提出了更高的要求，硬质杂质的颗粒尺寸应小于最薄壁肋的

1/3，对于杂草等植物根茎，应尽量除去，以免在切条、切坯、干燥和焙烧过程中造成各种缺陷。杂质较多时，需配置除石机或除草机进行净化处理，杂质较少时也可进行人工拣选。

（2）塑性调整

砖瓦生产对泥料塑性有一定要求，塑性过低不易成型，影响湿坯强度，塑性过高则给工艺处理带来困难，坯体在干燥焙烧过程中易变形开裂。对于自动化程度高的生产线而言，挤泥机挤出功率大（320kW），泥条致密度高，塑性指数可控制在稍低的范围，一般为 7～9。

调整塑性的工艺措施主要有：

1）调整配料，改变塑性料和瘠性料的配比，对单一原料添加增塑剂或瘦化剂；

2）控制原料粉碎粒度和颗粒级配，需提高塑性时增大细度或增加细颗粒数量，降低塑性时降低细度或增加粗颗粒数量；

3）掺加熟料，可降低塑性，熟料又可在坯体中起集料作用，增强泥料结合性，便于坯体干燥排水，减少开裂变形，提高制品强度；

4）内燃掺配，这样一方面可充分利用废弃燃烧物，另一方面可促进坯体焙烧，同时在一定程度上调整泥料塑性，改善泥料工艺性能；

5）采取其他工艺措施，如风化、陈化、强力搅拌等均可提高泥料塑性，对江河塘湖淤泥可采取脱水等措施进行瘦化处理等。

（3）内燃掺配

确定内燃比例，除考虑一般的内燃掺配原则外，还要考虑大型生产线自动码坯操作的特点及隧道窑结构特点、操作方法和具体的烧成制度。要求机械手码坯使码窑形式受到一定限制，特别是对多孔砖、空心砖等新型墙材产品，码坯形式与干燥焙烧操作往往不能达到最佳配合，影响干燥介质、火焰和热烟气的合理分布，在焙烧过程中易造成坯体内燃烧不完全，出现烟薰、黑心、压花等缺陷，因此，计算内燃掺配量时要留有一定余地。

（4）成型

空心砖、多孔砖湿坯强度较低，而自动码坯又要求坯体有较高强度，解决的办法是降低成型水分，自动化控制生产线上挤泥机挤出功率大，成型水分可降至 14%～16%，但要注意保持成型水分稳定，以免含水率波动影响自动码坯操作。砖瓦生产是一个相对比较开放的系统，影响因素很多，给自动控制带来很大困难，而现代化生产体系又必须向这个方向发展，其中，成型又是自动化控制的中心环节，而每一种外界因素都会影响成型自动化的顺利进行，在生产过程中需充分考虑，反复调试。

敏感元件的设置和信号的传输应能具有较强的适应性和抗干扰性，各部运作要协调连贯，准确到位，干净利索，尤其是机械手的动作，更需灵活可靠，减少失误。另外，大功率挤泥机的泥箱容量大，因此需要与之相匹配的抽真空设备，以免因真空度不足影响泥条致密度，影响半成品质量。大功率挤泥机泥缸直径大，出口锥度大，压缩比大，易造成泥条发热、返泥、分层等现象，应引起足够重视，要搞好出泥口润滑，合理设计模具，减少挤出阻力，保持制品各部位均匀挤出；搞好泥缸及出泥口等部位冷却，泥条挤出后，由于温度高，表面蒸发速度快，易引起制品开裂，因此应采取适时盖护，增加环境空气湿度等措施，控制外扩散速度。

（5）自动码坯机组控制

自动码坯机组包括切条机、切坯机、分坯机、码坯机械手、半成品传输系统、液压机及液压传动系统、自动控制系统。

自动码坯机组的运作要准确、协调、连贯、灵活，否则，将达不到快速高效省工省力的目的。自动控制部分的信号传输系统要注意加强抗干扰设计，避免因蒸汽、光线、粉尘等因素影响信号传输，导致动作错误。该机组的核心部分是液压传动系统，关键程序是码坯机机械手的操作。

（6）晾坯、干燥、装窑车操作

干燥是多孔砖、空心砖生产中的关键工序之一，在未能建立适宜的干燥制度的情况下，砖坯进干燥窑前要进行晾护，稳妥的干燥工艺过程是：

码架→盖护→停坯→晾坯→检查剔除→隧道干燥→半成品检验→码窑车。

在这个过程中，一方面制品对干燥速度、干燥方式比较敏感，易出现缺陷，干燥废品必须剔除；另一方面，干燥前后制品的承载能力不同，焙烧与干燥过程中传质传热的特点和工艺要求不同，使得制品在干燥和焙烧时的码架形式和高度都有差别，因此，坯体在窑车上要经过几次翻倒。如何减少翻倒次数，如何提高机械化程度，对于减轻劳动强度，提高劳动生产率，加快干燥速度，减少干燥废品，提高半成品质量都是很重要的。

（7）焙烧操作

采用机械化自动煤粉喷射工艺，工艺过程为：

原煤→喂料仓→螺旋输送→粉煤机→一级螺旋输送→二级螺旋输送→螺旋分料机→中间煤粉仓→螺旋喂料（助燃风）→火眼喷射→焙烧。

（8）把好码烧关

"七分码，三分烧"对隧道窑烧成及机械喷煤粉自动控制更是如此，坯体码放应有利于烟气流动和均匀传热，避免热烟气局部聚集或阻滞，一般采取顺孔码，即孔洞方向与烟气流动方向一致，不码横带，注意坯垛稳定性，并尽量以耐压面承压，可在窑车顶部平压码坯，根据隧道窑结构、火眼配置、焙烧特点和工艺要求等确定窑车上下边中各部位制品的疏密程度。

在以上生产工艺中只有掌握好技术关键才能生产出优质产品。

3.3.2 模板法制备多孔陶瓷（有机泡沫浸渍成型法）

1963 年有人发明了模板法，也称为利用前驱体法、多孔靠模制备多孔陶瓷的方法。其原理是利用可燃尽的多孔载体（如泡沫塑料）吸附陶瓷料浆，干燥后在高温下烧尽载体材料而形成空隙结构。这种方法制备的泡沫陶瓷是目前主要的多孔陶瓷之一。

3.3.2.1 有机泡沫浸渍成型法及其优缺点

经常被使用的模板（前驱体）为有机泡沫，所以这种方法常被称为有机泡沫浸渍法。

利用有机泡沫制备多孔陶瓷一般采用下述 3 种途径：（1）将陶瓷浆料附着在有机聚合物泡沫的表面上形成涂层后干燥烧成；（2）将溶胶 - 凝胶或胶体溶液涂覆在聚合物泡沫的表面上形成涂层，然后干燥烧成；（3）热解聚合物泡沫，然后利用化学气相渗透技术（CVI）使浆料渗透到已经碳化了的泡沫网络结构而形成。就利用聚合物泡沫制备的泡沫陶瓷来说，在每一个支撑柱的中心都会留下一个空洞或碳富集层，这是由于聚合物泡沫烧除时碳残留所致。该缺陷的性质是影响泡沫陶瓷机械强度的关键因素。

该工艺适于制备高气孔率、开口气孔的多孔陶瓷。制备出的陶瓷具有气孔分布均匀、成本低廉、工艺过程简单、适于工业化大生产等优点。是制备高气孔率（70% ~ 90%）多孔陶瓷的一种有效工艺，并且此类多孔陶瓷具有开孔三维网状骨架结构，且气孔是相互贯通的。这种特殊结构使其作为过滤材料具有以下显著的优点：

（1）通过流体时，压力损失小；

（2）表面积大和流体接触效率高；

（3）重量轻。该类多孔陶瓷被用于流体过滤尤其是熔融金属过滤，与传统的使用陶瓷颗粒烧结体、玻璃纤维布相比，不但操作简单、节省能源、成本低，而且过滤效率较高。

除了用于熔融金属等流体过滤外，它还可用作高温烟气的处理、催化剂载体、固体热交换器和电极材料等。该工艺特别适合制备孔径为 $100\mu m$ ~ 5mm 的高气孔率网眼陶瓷，而且工艺简单，从而成为一种非常重要的制备工艺，成为多孔陶瓷研究领域中的热点之一。

近几年来，在此工艺基础上发展了一种二次涂覆挂浆工艺，不仅大大改善了网眼多孔陶瓷的力学性能、可靠性，而且孔径大小可以适应调节。还有利用陶瓷聚合物先驱体（如聚硅烷）的溶液或将第二相陶瓷粉末分散在先驱体溶液中得到的悬浮体来涂覆网眼有机体泡沫，然后对成型体在氮气气氛保护中进行热处理而获得网眼 SiC、SiC - Si_3N_4，其气孔率可达 85% ~ 96%，抗压强度为 1.1 ~ 1.6MPa。

但也存在较大的缺点：首先，制备出的多孔陶瓷结构受泡沫塑料的结构影响很大。虽然海绵或泡沫本身的结构比较好，但采用泡沫浸渍法制备出的多孔陶瓷结构却是泡沫的一次反型；其次，制备过程中泡沫塑料的强度和弹性对多孔陶瓷的结构和性能有很大的影响，如果泡沫材料的强度比较低或弹性小，那么多孔陶瓷材料的强度和结构均匀性就会显著降低；另外，用有机泡沫材料作中间体，易产生烧结残留物，泡沫在烧结过程中变为有害气体，对环境造成污染。

3.3.2.2 有机泡沫浸渍成型法的制备工艺

其一般的制备工艺如下：

有机靠模→加工成制品形状→原料→调浆→浸涂料浆→除去残余成分→烧结→检测→多孔陶瓷。

（1）有机泡沫的选择与处理

选择有机泡沫首先要考虑的是：

1）孔径大小，因为泡沫孔径的大小决定了最后制品的孔径尺寸；

2）要选择浆料在聚合物表面上容易粘附的聚合物，如聚氨基甲酸乙酯；

3）具有低的软化温度，且在烧成过程中产生的应力最小，不会使泡沫陶瓷在烧成前开裂；

4）泡沫的恢复力要足够大；

5）气化温度要低于陶瓷的烧结温度。

满足以上条件的有机泡沫材料有聚氨基甲酸乙酯、纤维素、聚氯乙烯和聚苯乙烯等，其中聚氨基甲酸乙酯由于具有低的软化温度，特别适于这种场合。因为当加热分解有机泡沫时，聚氨基甲酸乙酯已软化，烧掉它时不产生任何应力，保证了未烧结陶瓷体不会破裂。

由于开孔有机泡沫塑料的孔尺寸决定了多孔陶瓷的孔尺寸（通常为 2 ~ 25 孔/cm 长），所以应根据制品对气孔大小、气孔率高低来选择合适的有机泡沫塑料。

如果有机泡沫塑料网络间膜多，在浸渍时网络间膜上留多余浆料，导致制品堵孔。因此，对于有较多网络间膜的有机泡沫塑料应采取预先处理以除去网络间膜。其方法可以是将有机泡沫塑料浸入 10% ~ 20% 浓度的氢氧化钠溶液中，在 40 ~ 60℃ 温度下水解处理 2 ~ 6h，然后，反复揉搓并用清水冲洗干净，晾干备用。

(2) 陶瓷浆料的制备

浆料的基本组成是陶瓷颗粒、水和添加剂。陶瓷颗粒的成分选择取决于多孔陶瓷制品的具体用途。一般浆料应满足以下要求：

1）颗粒的大小一般应小于 100μm，最好小于 45μm；

2）水的用量为 10% ~ 40%；

3）浆料密度：1.8 ~ 2.2g/cm^3；

4）较好的触变性。

高性能的浆料不仅有利于成型，而且对保证制品的性能起重要作用。

为了获得较适合浸渍成型的浆料，必须加入一定量的添加剂，添加剂一般由粘结剂、流变化剂、分散剂、表面活性剂、反泡沫剂、絮凝剂组成。

粘结剂主要用来提高干坯的强度，防止在有机泡沫气化过程中倒塌。最常用的有硅酸盐、磷酸盐、硼酸盐等及胶化的 Al(OH)$_3$ 和 SiO$_2$ 胶体。此外，还可以使用有机粘结剂，也可应用超临界干燥法代替粘结剂制备结构完整、无坍塌的高多孔度多孔硅。

流变化剂则用来提高浆料的触变性，以便浸渍时使浆料在进入泡沫，并均匀地涂在泡沫网上后有足够的黏度保持在泡沫中。流变化剂主要是一些天然的黏土，用量一般为 0.1% ~ 1.5%。

分散剂，为了提高浆料的固含量，无论是水基体系还是非水基体系均需加入分散剂。分散剂可以提高浆料的稳定性，阻止颗粒再团聚，进而提高浆料的固含量。对于不同的粉料体系，分散剂的效果一般不同。对 Al$_2$O$_3$ 粉体来说，非水体系中 TritonX 100、Solspers 3000、Aerosol AY 是良好的分散剂，而 Al$_2$O$_3$ 的水基体系中，只有 Darvanc（25% 的聚甲基丙烯酸铵）具有良好的分散效果。对于 SiC 的水基体系，采用聚乙烯亚胺（PEI）作分散剂比较理想。总之，选择合适的分散剂是提高浆料固相含量的一条重要途径。

表面活性剂，陶瓷浆料如为水基浆料，如果有机泡沫与浆料之间的润湿性差，在浸渍浆料时，就会出现泡沫结构的交叉部分附着较厚的浆料，而在结构的桥部和棱线部分浆料附着很薄的现象。这种情况严重时会导致烧结过程中坯体开裂，使多孔陶瓷的强度明显降低。因此，通常采用添加表面活性剂的方法以改善陶瓷浆料与有机泡沫体之间的附着性来解决此问题，如添加 SurfynolTG、PEI 等，添加量一般为 0.005% ~ 1.0%。

反泡沫剂的加入是为了防止浆料在浸渍和挤出多余浆料的过程中起泡而影响制品的性能，多用低分子量的醇、硅酮或树脂等。

絮凝剂则用于改善浆料与有机泡沫之间的粘结性，主要有聚乙二胺等。

(3) 浸渍及多余浆料的移去

有机泡沫浸渍浆料的目的是挤压泡沫使泡沫中的空气排出，把泡沫浸入浆料中，多次重复该过程，直至达到所要求的密度。

泡沫浸上浆料后，下一步是去掉多余的浆料，最简单的方法是用两块木板挤压浸渍了浆料的泡沫，但大批量生产则可用离心机或滚轧机等设备来完成。

（4）干燥与烧成

经挤出多余浆料所获得的多孔素坯需进行干燥，可采用阴干、烘干或微波炉干燥。水分在 1.0% 以下，即可入窑烧成。为了缩短生产周期，一般要求制定合理的干燥制度。

在烧成过程中，有两个重要阶段，即低温阶段和高温阶段。

在低温阶段，应缓慢升温使有机泡沫体缓慢而充分地挥发而排除，升温制度应根据有机泡沫体的热重分析曲线来制定。在此阶段，如果升温过快，会因有机物剧烈氧化而在短时间内产生大量气体而造成坯体开裂和粉化现象。值得注意的是此阶段多采用氧化气氛让有机物通过氧化途径而排除。对于较大制品，为了防止坯体在烧成过程中开裂，可以通过调节浆料配方优化浆料性能，增加浆料在有机泡沫网体上的厚度来解决。对于选择合适的粘结剂来提高坯体的高温烧结强度是非常重要的。

烧成温度范围一般为 1000～1700℃。由于坯体是高气孔率材料，烧成温差较大，有时会碰到制品烧不透的问题，对于此类问题一般可以通过延长保温时间（1～5h）以及采用适当的垫板，以加大受热面的方式来解决。在制定烧成制度中，既要考虑制品的烧结性能，又要考虑到烧成周期的经济性特别是工艺的产业化问题。

3.3.2.3　合成有序多孔结构的模板类型

借助模板以制备结构与形态有序无机材料的方法是一种生物模拟材料的合成方法，有研究人员对其做了比较详细的介绍。

与传统微孔分子筛的合成相比，介孔分子筛在起初的合成条件与之不同的只有模板剂，即以表面活性剂分子团为模板，而不是利用单分子作为模板，从而使材料结构的可调性大大增加。因而在以后新结构分子筛的探索中，对新型模板剂及其作用机理的研究一直处于核心地位。各种新型模板剂以及形成各种有序结构的方法的采用大大地丰富了分子筛的类型，并对分子筛形成机理的诠释产生了广泛影响。

可用于模板的主要有各种类型的表面活性剂、嵌段共聚物、非表面活性剂有机小分子、微乳液、乳液液滴及聚合物微球形成的胶体晶体等，其中后两种模板较多用于大孔分子筛的制备。

（1）表面活性剂模板

表面活性剂在合适的条件下会自动形成超分子阵列——液晶结构。

离子性模板剂分子与无机物离子间靠静电匹配作用，因而在孔结构形成之后，模板剂分子仍与无机物间以离子键相连，难以被脱除和回收。早期的这类模板剂使用煅烧的方法除去，改进的方法可采用离子交换、溶剂萃取等方法去除，避免了煅烧时产生有害气体。

中性模板剂与无机物间仅靠氢键的作用，因此用溶剂萃取的方法就很容易被除去。与静电匹配途径相比，合成的中孔分子筛具有较厚的孔壁，提高了产物孔骨架结构的热稳定性以及水热稳定性。这类中性模板剂主要有中性的长链伯胺、双子胺、烷基磷酸酯以及聚氧乙烯醚（PEO）非离子表面活性剂。其中利用双子胺为模板导向剂可得到三维六边结构的笼状介孔材料，而以 PEO 为模板剂可得到"螺纹"状孔道三维立体交叉排列介孔材料，具有潜在的应用价值。

(2) 嵌段共聚物模板

含亲水基和疏水基的嵌段共聚物作为模板剂，可明显提高介孔材料的水热稳定性，且可以有效地调控介孔材料的结构与性能。这类模板剂聚烷氧类嵌段共聚物，如聚环氧乙烯醚 – 聚环氧丙烯醚 – 聚环氧乙烯醚（EPE）。利用这类模板剂合成出的氧化硅分子筛不但孔径可调，而且材料的形态也可控制，如可形成纤维状、面包圈状、香肠状和球形介孔材料。

(3) 有机小分子模板

1998 年，有人首次以葡萄糖、麦芽糖和酒石酸衍生物等非表面活性剂有机分子为模板，制备出比表面积较高，孔径可调且分布较窄的介孔二氧化硅分子筛。又有人以 2，2 – 二羟甲基丙酸、甘油和季戊四醇为模板，制备出比表面积较高、孔径均一的二氧化钛介孔分子筛。该有机小分子模板被认为仍是中性模板机理。这类模板具有廉价易得、易于除去的优点。

(4) 细菌模板

干燥的非矿化的细菌线如：由多束细菌线排列组成的超分子结构，在水中溶胀后，其长度可增加 14 倍，宽度可增加 12 倍，且结构规整性不变。这种溶胀后的含水"线"在空气中干燥后又缩至原来的尺寸。利用这种可逆的溶胀性结合溶胶 – 凝胶法使渗入细菌线周围间隙的无机物前体液固化，然后高温煅烧除去该细菌有机物，则形成超大介孔的无机物纤维，通过选择适当的溶胀液，还可制成有等级结构的含纳米介孔的大孔状无机物纤维。

(5) 微乳液模板

以微乳液作为模板，可制得新型的介孔材料。微乳液组成不同，形成的介孔材料的差异也较大。用双连续的微乳液作为模板，可制得细胞状的多孔碳酸钙，孔的大小可以根据微乳液中油的含量进行调节，其孔壁为文石结构；而以盐酸水溶液，三嵌段共聚物 EO – PO – EO（P123）、1，3，5 – 三甲苯（TMB）、NH_4F（必要时加入）等组成的微乳液作为模板，可使正硅酸乙酯水解，得到微结构细胞状泡沫介孔材料，这是一类新的类似气凝胶的多孔材料，且具有三维连续、超大介孔的特点。

(6) 乳液模板

由于无机氧化物易于水解，用非水乳液模板可制备出 50～1000nm 的大孔分子筛。如将异辛烷"油"分散于极性的甲酰胺中，以对称的三嵌段共聚物 $EOn – POm – EOn$ 作为稳定剂，制成不含水的乳液液滴，用均化器分散成粒径均一的单分散乳胶粒，以此作为模板，采用改进的溶胶 – 凝胶法，可制得 50nm 以上的较大孔且孔径分布窄的 TiO_2、SiO_2、ZrO_2 等多孔材料。该乳液模板即油滴易于变形，这样使其周围的无机物能经受孔的收缩，防止凝胶在老化和干燥过程中孔的塌陷，而且该油滴模板很容易通过蒸发或萃取的方法除去。

(7) 单分散聚合物颗粒模板

1997 年，有人用聚苯乙烯胶乳粒子形成的胶体晶体作为模板，制备了有序多孔二氧化硅。他们提出的这种方法成为今天制备有序大孔材料工艺的雏形。以单分散的聚合物颗粒为模板，制备大孔径的三维高度有序排列多孔结构的方法简单、快捷，不需要表面活性剂，其孔径的大小可通过单分散颗粒的平均粒径来调节；而且该方法可用来制备多种氧化物的三维有序孔结构，该氧化物的前驱液不需要预处理，仅用溶胶 – 凝胶法就可进行。如果将胶体晶体模板技术与前面介绍的表面活性剂模板导向剂结合，还可制得多级孔分布的介孔/大孔、微孔/大孔分子筛。这种多级孔道材料体系能同时提供不同大小的孔道，特别有利于传质过程，以其制成的分子筛膜可直接进行细胞/DNA 的分离。

3.3.2.4　模板法合成有序多孔材料的技术

有序多孔无机材料的形成主要是其无机物前驱体在模板剂的作用下，借助有机超分子/无机物的界面作用，形成具有一定结构和形貌的无机材料。有时则需根据需要加入催化剂或助剂（如共溶剂等）。其形成过程主要有水热或溶剂热合成法和酸性室温合成法，以及溶胶－凝胶法。然后除去溶剂，经煅烧或化学处理除去模板剂，得到多孔材料。

（1）水热、溶剂热合成法

水热法是指高温高压下在水（水溶液）或溶剂、蒸汽等流体中进行的有关化学反应。通过在特制的密闭反应容器（高压釜）里，采用水溶液或其他溶剂作为反应介质，对容器加热，使水或溶剂蒸发后自身创造一个高温、高压反应环境，使得通常难溶或不溶的物质溶解并重结晶。

（2）室温酸法合成

1994 年，有人首次用于合成 M41S 时完全相同的阳离子表面活性剂作为模板，在强酸性（HCl）介质中，室温合成出了介孔 MCM－41 分子筛。在酸性介质中，表面活性剂（S）与无机物（I）之间主要通过 $S^+X^-I^+$ 途径和 S^0I^0 途径进行，其模板剂的去除比 S^+I^- 途径相对容易得多。由于可用于酸法合成的模板剂种类较多，几乎包括各种类型的模板剂。

（3）溶胶－凝胶法（Sol－Gel）

由于表面活性剂、乳胶粒和单分散的聚合物微球等在溶剂中会形成一定形态的超分子阵列，人们就利用该超结构作为模板，在溶剂中加入无机物前驱体，使其进行溶胶－凝胶反应，制备多孔材料。

利用溶胶－凝胶旋涂法将含氧化硅、表面活性剂、溶剂的硅溶胶在多孔玻璃基质上制备出一维孔道、六边形物相的透明介孔分子筛薄膜。而利用溶胶－凝胶浸涂法可在固体基质上形成连续的三维孔道、立方和六边形物相的介孔分子筛薄膜。

超临界技术的发展，使得人们可利用气溶胶法富集硅胶溶液，形成形态可裁剪的介孔材料。

利用溶胶－凝胶法借助乳液或聚合物微球为模板，是制备有序大孔材料较多采用的方法。该法的一般过程为：

首先，乳胶粒或聚合物微球自组织地或在特殊条件下聚集排列成某种三维有序的晶态结构，即胶体晶体。

然后，无机氧化物的前驱液通过毛细作用力渗透在胶体晶体的空隙中，溶胶－凝胶反应后，干燥，以除去溶剂，该渗透、溶胶－凝胶反应、干燥过程可重复多次，以保证胶体晶体的空隙被填充完全。

最后，用高温焙烧或溶剂萃取除去聚合物颗粒，剩下与胶体晶体结构呈反演的有序大孔材料。

该三维有序孔的孔径大小可通过模板剂颗粒粒径的大小来调节。

有序多孔分子筛的研究及制备在近几年得到了很大的发展。人们已经基本实现了对其孔径、壁厚及部分形貌的控制，并对分子筛的功能及其应用做了许多努力。

实现分子筛应用的关键是提高其热稳定性以及水热稳定性，并且在分子筛的制备时尽可能减少其中模板剂与无机骨架之间的相互作用，以使模板剂在任务完成后容易被脱除，从而实现开放的孔道结构。

因此，新的合成路线，如化学气相沉积（CVD）、加入辅助矿化剂、微乳合成、极浓、极稀、低 pH 值下合成方法的探索，是合成分子筛的重要研究内容。功能化、大孔径、多维交叉、复杂孔道分子筛的合成仍是分子筛研究的热点之一。

分子筛功能化主要有通过分子印刻技术或者直接加入含有机官能团的前驱体实现的分子筛骨架的功能化，和将功能性物质装入分子筛孔道实现的孔道功能化。利用分子筛宽敞的孔道，在孔道进行纳米组装和超分子组装以制备新型功能材料，用于能源（储能）、信息（光电材料）、生命科学（生物芯片）等是分子筛功能化应用的典型。

利用模板进行自组装反应，以进行材料设计与剪裁的成功与否，在很大程度上取决于人们对材料合成机理的认识程度。各种模板剂与不同无机物之间在不同条件下的相互作用形式及机理还亟待系统、深入地研究和完善。可以相信，人们通过实践总结和计算化学的结合，能够像设计建筑物那样设计各种结构与功能化的多孔分子筛材料，然后合成，用于实际需要。

3.3.3 溶胶－凝胶法

3.3.3.1 溶胶－凝胶法及其特点

溶胶－凝胶过程约起源于 20 世纪 30 年代末。Geffeken 等人用来制备单一氧化物涂层，此后便大量用来制备单一或复合氧化物薄膜或各种涂层，并已商品化。20 世纪 70 年代，人们开始用醇盐抑制水解来制备各种透明凝胶，这可能就是用溶胶－凝胶方法制备陶瓷膜的初始。近年研究得比较多的陶瓷膜主要有：$\gamma - Al_2O_3$ 膜、TiO_2 膜、SiO_2 膜、ZrO_2 膜和 CeO_2 膜以及其二元复合膜，如 $Al_2O_3 - TiO_2$ 膜、$Al_2O_3 - CeO_2$ 膜等。

利用溶胶－凝胶法制备微孔陶瓷材料已引起了国内外众多科学家的重视。这种方法是利用溶胶在凝胶化的过程中，胶体离子间相互联接形成了空间网状结构，在网状孔隙中充满了溶液，这些溶液会在干燥、烧成过程中蒸发掉，留下许多小孔，这些小孔大多为纳米级，形成了微孔陶瓷材料。这是前述方法难以做到的，实际上这是目前最受人们重视的一个领域。溶胶－凝胶法主要用来制备微孔陶瓷材料，特别是微孔陶瓷薄膜。溶胶－凝胶法和其他手段相结合是制备高规整度、亚微米尺度多孔材料的方法。例如：①以均一半径的粒子为模板并结合溶胶－凝胶法，②以表面活性剂为模板并结合溶胶－凝胶法，③以特殊结构的化合物为模板并结合溶胶－凝胶法。

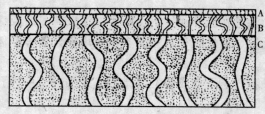

图 3-8　负载膜结构图
A—分离膜；B—中间层；C—多孔支撑体

3.3.3.2 溶胶－凝胶法的制备工艺（以陶瓷膜为例）

陶瓷膜的制备主要有四种方法：化学浸蚀（如玻璃膜酸洗制氧化硅膜），固体小颗粒烧结或沉积，阳极氧化（如氧化铝膜）和溶胶－凝胶方法。同前三种方法相比，溶胶－凝胶过程对孔大小较易进行控制，而且孔分布比较集中，因此是最重要的方法。

陶瓷膜分为负载膜（见图3－8）与非负载膜两种，因此用溶胶－凝胶方法制备多孔陶瓷膜也有两个途径，其过程示意如图3－9。

溶胶的性质不但在一定程度上控制着膜的孔结构，而且就负载型膜而言对凝胶薄层的形成也相当重要。溶胶中胶团的大小及其分布同膜中颗粒大小及其分布直接相关，而颗粒的大小及其分布直接影响着膜的孔径大小及其分布。

由溶胶到凝胶，非负载型膜是通过液体的蒸发而形成，而负载型膜则是由多孔载膜的毛细管作用（即浸吸过程 dipping）来完成。只有在溶胶的黏度和粒度比较合适的情况下，凝胶才能形成。一般认为，溶胶的黏度和粒度除了与胶的种类和浓度有关外，主要是由用作胶溶剂或水解抑制剂的酸的种类和用量来决定，故溶胶的 pH 值的控制十分关键。常用的酸有 HNO_3、HCl 和 $HClO_4$。

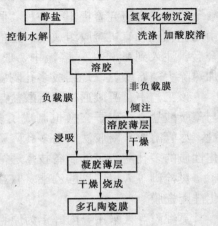

图3－9　溶胶－凝胶法制备多孔陶瓷膜的工艺流程图

制备过程中溶胶的形成和凝胶的干燥与烧成是较为关键的步骤。在干燥和烧成过程中，由于张力的存在，膜表面会产生裂缝，有时还会出现针孔，这就使得膜的制成变得十分困难，条件也就相当苛刻。首先，干燥温度不能太高，而且要在一定湿度的空气中进行，这样液体才会缓慢而均匀地挥发出来，不致于破坏膜的连续性；其次，烧成时升温速度必须比较慢，使得整个膜均匀受热，温和地进行脱水。

即使在如此苛刻的条件下，膜的合成并不总是成功的，人们不得不另辟蹊径，即加入某些有机物，如纤维素、聚乙烯醇、聚乙二醇或丙三醇等，这样就可以大大提高制备的成功率，烧成时也可以较快的速度升温。这些有机物的作用还不十分清楚，可能是作为添加剂改变了溶胶的黏度、水保留性等性质，也可能是作为增塑剂减少了干燥时收缩过程的张力，从而避免了裂缝的出现。

膜的缺陷（如裂缝、针孔）也可以通过多次浸吸来消除，而多次浸吸也是增加膜厚度的主要方法。尽管膜厚度与浸吸时间的平方根成正比，但一次浸吸太厚极易导致膜上裂缝的出现。

3.3.3.3　溶胶－凝胶法制备多孔陶瓷

国外有人曾先后研究过用铝醇盐水解制备多孔 Al_2O_3 薄膜的方法。而有人采用溶胶－凝胶法也成功制备了多孔 SiO_2 材料。具体作法是：将可溶性硅酸钾（钠）与胶体 SiO_2 混合后，倒入水中水解，使之成为凝胶，洗去碱金属，烧结成多孔 SiO_2 材料。并发现凝胶的结构和硅酸盐与胶体的比例有关，可以通过调节烧结温度来改变多孔 SiO_2 材料的结构、气孔率和孔径大小。

福克斯等人用有机硅凝胶 $(RSiO1.5)_n$（R 代表碳氢基团），在惰性气氛下热分解的方法制取高比表面的多孔 SiC 陶瓷。在制取过程中，可选择性地移去碳或硅来控制最后制品中碳与硅的含量、比表面、孔径及孔径分布。如果有机硅在氧化性气氛下热分解，则得到的是

SiO_2 多孔材料。

1992 年，有人以 $Ti[OCH(CH_3)_2]_4$ 和 $CeCl_3 \cdot 7H_2O$ 为原料，用溶胶 – 凝胶法制备了 TiO_2 – CeO_2 复合材料多孔陶瓷，标志着溶胶 – 凝胶法和应用已不仅仅局限在制备单质多孔材料。

最近，有研究者提出了一种"假凝胶"的方法制备多孔陶瓷。所谓"假凝胶"实际上是由陶瓷颗粒和有机凝胶组成的。他们把 Al_2O_3 与藻朊酸氨溶液和聚羧酸氨（分散剂）均匀混合后，注入到 $Al_2(SO_4)_3$ 溶液中，成为凝胶物质，陶瓷颗粒均匀地分散其中，清洗干燥后，加热除去藻朊酸氨，烧结成多孔陶瓷。

该工艺中，凝胶通过藻朊酸盐与多价金属离子或 H^+ 进行离子交换而产生。有人用盐酸与藻朊酸盐进行离子交换也制成了多孔陶瓷，并认为控制酸的浓度和藻朊酸氨的浓度是关键。尽管溶胶 – 凝胶法制备多孔陶瓷的原理比较清楚，但对具有不同孔径、形状与厚度等理化性质的多孔陶瓷膜的制备技术还需进一步研究。

樊栓狮等人以正硅酸乙酯（TEOS）为原料，采用溶胶 – 凝胶技术制备 3nm 孔径的二氧化硅陶瓷膜。

奚红霞等人采用异丙醇铝为原料，用 Sol – Gel 技术制备稳定性好、无针孔、无缺陷的 γ – Al_2O_3 中孔膜，最可几孔径 8nm。

有人利用铝的化合物，例如 $AlCl_3$ 的水解反应制备一水软铝石（勃姆石）纤维，纤维尺寸可以通过水解条件来控制，然后用 Al_2O_3 基体涂覆形成薄膜。基体孔隙尺寸 $2\mu m$，薄膜孔隙尺寸 $0.2\mu m$。

有人采用 Sol – Gel 技术制备 ZrO_2 薄膜，利用干燥氧化锆前驱体凝胶颗粒，加水形成溶胶，涂覆于管状陶瓷支撑体上，只要厚度低于几十微米，就可以得到无裂纹薄膜，孔径约 4nm。

3.3.3.4 多孔 SiO_2 凝胶玻璃的制备及孔径控制

王飒飒等人用溶胶 – 凝胶法制备了多孔 SiO_2 凝胶玻璃。其制备步骤如下：

将正硅酸乙酯（TEOS）、水、乙醇、酸按摩尔比 $1 : 4 : 4 : x$（$x = 0.0006 \sim 0.1$）混合，搅拌 30 min 后加入水和乙醇使其充分水解，再加入氨水调整 pH 值，搅拌数分钟后，盛入密闭容器中自然干燥，经热处理后（500℃以上）即得到多孔 SiO_2 凝胶玻璃。

在制备过程中，研究了下面控制孔径的方法。

氨水催化，发生 OH^- 的亲核反应，pH 值增加，孔径增大，凝胶玻璃为球形颗粒。

盐酸、硝酸催化发生 H^+ 亲电反应，氢氟酸催化发生 F^- 亲核反应。

硝酸催化，得到的孔径最小；盐酸催化孔径较小，在 pH = 2.8 附近比表面积最小，孔体积最小，孔径最大，形成不规则链状凝胶颗粒。氢氟酸催化孔径最大，且随 F^- 浓度的增加，SiO_2 胶体颗粒由不规则的链状向球形过渡，孔形状由细颈广体向管状过渡，孔径随 F^- 浓度的增加而增大。

3.3.4 利用纤维构架成多孔结构

3.3.4.1 纤维构架成型方法

用纤维来成型多孔陶瓷主要利用纤维的纺织特性或纤细形态，而相互架构成三维孔洞的一种成型方法。这种方法可分为两类。

（1）有序编织法。所用原料为长纤维，将纤维织成布（纸），叠成多孔材料，或者直接利用三维编织技术将纤维编织成多孔材料。

三维编织技术是国外 20 世纪 80 年代初（严格说来是 60 年代末期，只不过在 20 世纪 80 年代以前研究进展缓慢）发展起来的新型技术，是用来制造复合材料预制件的新兴工艺。用三维编织的多孔材料的气孔率、孔径、气孔排列及形状是高度可控的，并能够制备成形状复杂的复合材料（如图 3 - 10、图 3 - 11 所示），这是许多多孔陶瓷成型方法中所不能比拟的优点。三维编织可以为飞机、导弹"编织衣服"，三维编织的复合材料，具有质轻、不分层、高比强度、高比模量、基体损伤不易扩展、高抗冲击性能以及耐烧蚀、抗高温等独特的优点，是航天航空等领域急需的材料。

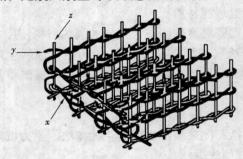

图 3 - 10　三维织物立体图　　　　图 3 - 11　三维编织/RTM 复合材料

但它目前受两个条件的限制：一是目前陶瓷长纤维大部分还只是处于研究阶段，成熟的、可纺性能好的产品还很昂贵，这限制了这种方法的应用；二是它的成型高度依赖于三维编织机的性能，三维编织机制造技术水平要求很高，价格也很贵，美国里巴公司生产的三维针织机价格在 50～100 万美元，可以把不同的纤维甚至短纤维毡叠合在一起。目前国内有报道天津工业大学研制成功，但离实用化还较远，这也限制了它的普及化。

虽然如此，三维编织技术还是以不可比拟的技术，从航空航天业逐步向汽车、武器装备、医疗及体育用品以及骨修复等领域发展。可以预计，三维编织技术将成为纤维多孔陶瓷最有前途的制备方法。

（2）无序堆积或填充法

所用原料一般为短纤维及粘结剂，将纤维以一定的方法堆积或填充，同时施以粘结剂，由于纤维的细长结构而互相架桥，可形成相对均匀的气孔且气孔率很高的三维网络结构。高温烧结固化就得到了气孔率很高的多孔陶瓷，这种多孔陶瓷的气孔率可高达 85% 以上。如在航天器上所使用的热保护系统是一种由缠结在一起的耐高温纤维制成的多孔材料，所采用的粘结剂为硅胶水溶液。

也有的不用粘结剂，而是直接依靠纤维之间在高温下、在接触点处发生固相传质（或出现少许液相），这样粘结在一起而制成纤维多孔陶瓷。显然，要使其粘结牢固，必须是在高温下，且还要保温足够的时间。在高温保温时，陶瓷纤维很容易析晶（或本身的纳米晶相）并长大，破坏纤维内部的结构特点，引起纤维性能的质变。这种质变的直观表现为纤维加热收缩加大，失去弹性，直至纤维的粉化、折断。这是我们所不愿看到的结果，也严重影响了制成纤维多孔陶瓷产品的质量，所以不用粘结剂并不可取。

也可以将两类方法结合而生产出具有优良性能的多孔材料。如日本 3M 公司生产的 OX－CCF 型高温气体收尘器，里外两层采用长纤维编织，以加强过滤体的韧性及强度，中间层用短纤维填充作过滤体，此收尘器不仅强度高、耐化学腐蚀性好，而且收尘效率达 99.99% 以上。

3.3.4.2 纤维构架成型的特点及应用

纤维网状结构多孔陶瓷材料通常是一种高孔隙陶瓷材料，其结构孔隙率可达 90% 以上，且绝大多数为开口气孔，而一般多孔陶瓷材料的孔隙率最高也只是 50% 左右。以陶瓷纤维为主要原料制成的高孔隙网状结构陶瓷材料具有优良的隔热性能、抗热震性能、过滤性能及质量轻等优点，目前被广泛用作高温隔热材料及高温过滤材料。

如美国已把陶瓷纤维制成的纤维网状结构多孔陶瓷材料作为航天飞机的隔热材料使用。

又如德国 Schμmacher 公司以碳化硅、硅酸铝纤维（纤维直径 $2\sim3\mu m$）为主要原料生产的 Cerafil12H10 系列陶瓷纤维复合过滤材料，其空隙率高达 90% 以上，被广泛用作高温下热气体过滤材料等。

3.3.4.3 纤维构架成型的制备工艺

纤维网状结构的多孔陶瓷材料制备工艺通常包括：泥浆浸渍法，真空抽滤法，重力沉降法，化学气相渗积法（CVI）和连续陶瓷纤维缠绕成型法等。

相比之下，真空抽滤成型工艺作为陶瓷纤维制品常用的成型技术，它用于陶瓷纤维复合材料的成型具有以下特点：

（1）成型设备简单，成型速度快；

（2）可在较低的纤维浓度下成型，低浓度的料浆有利于纤维的充分分散；

（3）通过控制成型料浆浓度、抽滤压力及抽滤时间可很容易控制膜层的厚度；

（4）通过提高成型真空度，可以实现成型半成品的快速干燥。

一般来说，多孔陶瓷材料的真空抽滤成型工艺分内模吸滤、外模吸滤、单面吸滤、双面吸滤及多面吸滤 5 种，经常采用的是内模吸滤。采用的抽滤系统包括真空泵系统、管路系统、料浆搅拌系统、储液罐及抽滤模具（陶瓷支撑体）等，其工艺过程如图 3－12 所示。

从图 3－12 可以看出，首先将配制好、且分散均匀的陶瓷纤维料浆（包括陶瓷纤维、陶瓷集料、陶瓷结合剂、分散剂、有机添加剂）放入成型槽中，用经表面处理的多孔模

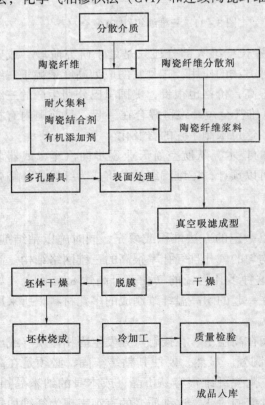

图 3－12　纤维质多孔陶瓷材料的抽滤成型工艺流程

型浸入料浆槽，接入真空系统，利用真空泵形成的负压使料浆吸附在多孔模型的外表面，形成一定厚度的坯体。

坯体的厚度由料浆浓度、黏度、抽滤压力、抽气量及抽滤时间来控制，坯体的空隙率则是通过控制坯体的工艺配方及抽滤压力等来控制。最后，将成型的坯体脱模，干燥，烧成，冷加工，质量检测，成品入库。

目前采用真空抽滤成型工艺制备的纤维网络结构的多孔陶瓷材料有两种：一种是自支撑的纤维质多孔陶瓷材料，这种材料由耐火陶瓷纤维、高温无机结合剂、有机粘结剂等组成。采用真空抽滤成型工艺成型，其材料的孔隙率主要通过控制耐火陶瓷纤维材料的加入量来控制，控制不同的成型工艺参数，材料的开口孔隙率可控制在 70% ~ 95%。

如前面提到的德国 Schμmacher 公司就是采用真空抽滤工艺成型生产的 Cer afil12H10 陶瓷纤维复合过滤材料，其空隙率高达 90% 以上，可以在 950℃ 高温下长期使用，其透气阻力仅为一般陶瓷过滤器的 1/3 ~ 1/2。法国 GMBH 公司采用该成型方法生产的 KE85 系列纤维质多孔陶瓷材料，其开口孔隙率可以达到 85% 以上，被广泛用作热气体过滤材料。

另一种是，为了克服自支撑的纤维网状多孔陶瓷材料强度低的缺点，目前研制的纤维质多孔陶瓷材料。这种材料基本上是以多孔陶瓷作支撑体的一种陶瓷纤维复合膜式结构，其成型方法类似于自支撑的陶瓷纤维多孔材料，只是以多孔陶瓷支撑体代替传统的多孔模型，相对于前者，后者强度可有很大程度提高。采用真空成型法生产的纤维质多孔陶瓷材料与其他材料的空隙度对比见表 3 - 8。

表 3 - 8　纤维网状结构的多孔陶瓷材料性能

结　构	气孔率（%）	结　构	气孔率（%）
颗粒烧结	40 ~ 60	纤维结构	80 ~ 90
纤维编织	35 ~ 55	陶瓷纤维膜	50 ~ 80

3.3.4.4　纤维构架制备多孔陶瓷实例

（1）陶瓷纤维的选择

陶瓷纤维可以分为两大类：氧化物陶瓷纤维与非氧化物陶瓷纤维。

非氧化物纤维，如 SiC 纤维，因为在高温时很容易被氧化，不适合用作高温材料，一般用作复合材料。所以在研制高温过滤除尘用的多孔陶瓷中，不选择非氧化物陶瓷纤维。

氧化物陶瓷纤维主要是指 Al_2O_3 – SiO_2 系陶瓷纤维。

这类纤维作为保温、隔热、耐火材料已经在各种窑炉中大量使用，在国内外都有大量生产，价格便宜，并有着充足的矿物资源。

陶瓷纤维的主要性能参数有：

直径：2 ~ 20μm；

化学成分中 Al_2O_3 为 45% ~ 97%；

最高使用温度：1100 ~ 1500℃；

密度：2.6 ~ 3.92g/cm^3；

单丝抗拉强度：1200 ~ 3000MPa；

弹性模量：120 ~ 414GPa。

陶瓷纤维具有优良的基础性能，是理想的基材材料，所以也被用作轻金属（例如铝）基复合材料的加强材料。

$Al_2O_3 - SiO_2$ 系列纤维一般随 Al_2O_3 含量的增加，使用温度也升高（如表 3 – 9 所示）。

表 3 – 9　某厂生产的陶瓷纤维

性　能		OSM – BG	OSM – LG	OSM – HG	OSM – PMF	OSM – HPMF
分类温度（℃）		1260	1260	1400	1600	1600
平均纤维直径（μm）		3.0	2.6	2.8	2.5	2.5
化学组成（%）	Al_2O_3	35	41.5	53	73.83	95
	$Al_2O_3 + SiO_2$	85	96.8	99	99.6	99.8
	Fe_2O_3	< 1.0	0.2	0.2	0.073	< 0.5

图 3 – 13　Nextel 720 纤维在 1400℃
下保温 4d 后的显微结构照片

$Al_2O_3 - SiO_2$ 系列纤维从纤维内部的结晶状态上可分为玻璃态和多晶态纤维两大类。

玻璃态纤维的制备采用高温熔融法，由于高温熔融体在几秒钟内就形成固体，其冷却速度远大于物体微观组织内原子的扩散速度，因此晶格排列与形成的过程没能够进行，这样在物体内就形成了一种非稳定结构——玻璃态。这种介稳定态的物体，在高温下就会向稳定态转变，即向晶体结构状态转变；随后，晶体逐渐长大（如图 3 – 13 所示）。所以，其使用温度也就受到限制。玻璃态耐火纤维基本上分为三种：普通硅酸铝纤维，高铝（硅酸铝）纤维和含锆（硅酸铝）纤维。

多晶耐火纤维在制备工艺上，采用的是预先结晶方法，再加上提高了三氧化二铝的含量，所以使用温度大大提高。多晶态耐火纤维也分为两种：多晶氧化铝纤维和多晶莫来石纤维（PMF）。

莫来石具有良好的热性能和物理化学性能，如熔点高、膨胀小、抗热震性好、真密度低、抗蠕变性高以及化学稳定性好等。PMF 作为耐热隔热材料的性能很优越，如比热：1.024GJ/kg·K，导热率：1000℃下为 0.226W/（m·℃）、1300℃为 0.337W/（m·℃）、1200℃为 0.295W/（m·℃）、1400℃为 0.387W/（m·℃），变化不大；线收缩率（1500℃×6h）< 1%。

氧化铝纤维在市场上仍旧没有成熟的国内产品，国外进口产品昂贵，且膨胀系数比莫来石大。综合以上分析，从经济、实用的角度考虑，选择了多晶莫来石纤维为原料。

（2）莫来石纤维的预处理

在多晶莫来石纤维生产的过程中，往往会产生少量渣球（如图 3 – 14 所示），而且用作耐火、隔热材料的纤维也允许一定含量的渣球存在。但是，对于制备纤维多孔陶瓷来说，渣球的存在将

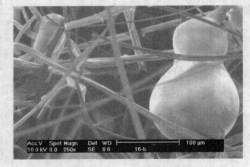

图 3 – 14　多晶莫来石纤维中的渣球

会极大地影响纤维多孔陶瓷的孔洞架状结构的形状及其稳定性，进而影响产品的渗透性能，热学、力学性能等。为了提高产品的性能，就必须对多晶莫来石纤维进行预处理，即进行除渣。

除渣方法采用水力除渣法，其基本原理是：大小颗粒具有不同的比表面积，同样的重量下，小颗粒具有较大的表面积，这样收到流体即水分子的碰撞机会多，宏观表现为受到与流体相同方向的力大。这样大小颗粒就在流体中表现出不同的沉降速度。利用渣球与细纤维在搅拌流动的水中具有不同的沉降行为，通过调节搅拌速度，使渣球下沉，细纤维随着水的搅动悬浮而流走，从而达到除渣的目的。

参照图 3-15 自制一套除渣设备，可适当简化。

其中，电动搅拌机为上海标本模型厂 JB90D 型强力电动搅拌机，其余设备自制。其中要注意的两点就是：①过滤前需将纤维充分分散开，如果不好分散，可加入适当的季胺盐型阳离子表面活性剂；②如果纤维中含有粘结剂，需将纤维试样在 550℃ 下保温至少 30min，以将粘结剂除尽。

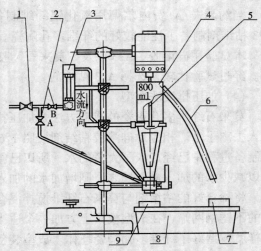

图 3-15　除渣装置示意图

1—水源总开关；2—水源分开关；3—玻璃转子流量计；4—分离器；5—电动搅拌机；6—溢流口；7—纤维收集器；8—水槽；9—渣球收集器

去除渣球的直径大小由搅拌机的转速和水流速度确定，在搅拌机转速较慢，水流速度也较慢时，可以将较小直径的渣球除去。

将除渣的纤维待水滤尽后，放入烘箱中干燥，用作下一步制备料浆的原料。

(3) 粘结剂的选择与研制

粘结剂广泛地用在陶瓷生产领域，粘结剂分为有机粘结剂和无机粘结剂两类或者两者的混合。有机粘结剂用在陶瓷工艺中，主要是用来增加坯体的强度；而无机粘结剂将影响着烧结后陶瓷产品的性能。与制备普通陶瓷产品不同，普通陶瓷制品制备时，有时不需要特意去添加粘结剂，而是借助于本身材质的部分熔融或固相传质而起粘结作用，所以对粘结剂的研究并不是很重视。然而，在纤维质多孔陶瓷中，纤维之间要架构成孔洞，需要在接触点用粘结剂连接。在任何的情况下，粘结剂粘结的牢固程度对于充分发挥基材——陶瓷纤维的优良性能，对产品的最终使用性能起着决定性的作用。

无机粘结剂按化学成分可分为：硅酸盐、磷酸盐、氧化物、硫酸盐、硼酸盐类等多种。无机粘结剂中的在高温下分解或熔融（如硫酸盐类、硅酸钠类等）的，将极大降低粘结材料的高温性能，也不适合。纤维形态纤细，直径只有几微米到十几微米，所以凡是粘结剂颗粒度大的，因为不能较顺利进入细小纤维的接触点的粘结剂，也不能用作纤维粘结剂。从形态上来说，液体或胶体状态的粘结剂可以较好地满足这样的使用要求。所以，合适的粘结剂有磷酸盐溶液、氧化铝、氧化硅等胶体。

有关纤维的粘结剂方面所进行的研究却并不多。这方面有文献作了较全面的论述，用于纤维粘结剂的主要有硅溶胶、氧化铝胶体以及磷酸盐粘结剂。他们还对磷酸铝类粘结剂用于粘结 SiC 纤维进行了较深入的研究。结果表明，当 P/Al 为 23 时的粘结剂（简称为 A23 粘结剂）具有较好的性能。

当约瑟夫·A·费内尔德用氧化铝纤维制备高温过滤器时，直接引用了上述成果，即用 A23 粘结剂制备了性能较好的纤维多孔陶瓷。

本试验用硅溶胶、A23 以及"莫来石"胶体作粘结剂，对莫来石纤维的粘结进行比较研究。经过试验比较，选择 A23 粘结剂。

（4）加压排液法成型

莫来石纤维多孔陶瓷的成型方法是加压排液法。将制备的 A23 粘结剂按照 1:15 的比例加入去离子水。相应地硅溶胶粘结剂按照 1:6 的比例加入去离子水，制备的莫来石胶粘结剂因制备过程中已经加入了大量的水，所以已经不需要再加入水。如果要增加粘结剂含量，则可以减少水的加入量；反之，则增加水的加入量。

将稀释好的粘结剂与莫来石纤维搅拌混合均匀，倒入自制的成型模具中，模具下是 200 目的不锈钢网筛，在成型模具上方加一个适当的气压，使多余的粘结剂溶液从网筛下排出，这样就成型好了纤维多孔陶瓷坯体。成型装备如图 3-16 所示。

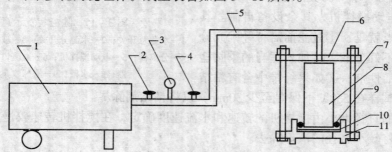

图 3-16　成型纤维多孔材料的装置示意图

1—空气压缩机；2—调压阀；3—压力表；4—阀门；5—压缩空气导管；6—上盖；
7—连接螺杆；8—桶体；9—密封圈；10—过滤筛网；11—底座

（5）干燥

纤维多孔陶瓷的干燥是个令人头痛的问题。因为成型纤维多孔陶瓷的需要，粘结剂必须为液相（溶液或胶体），然而液相的粘结剂往往会在干燥阶段，随着纤维多孔陶瓷表面液体的蒸发，内部液体向表面迁移，粘结剂也就随着这种迁移过程而被带走，如果遇到阻力就聚积（如较密实的纤维处），没有的话就迁移到多孔陶瓷的表面上来。

有人曾加入有机粘结剂（如阳离子淀粉），利用有机粘结剂的低温下的粘结性能，来"固定"无机的高温粘结剂，不使之迁移。但是，这一般只适应胶体颗粒的粘结剂，并且胶体颗粒本身进入细小纤维的待粘结点就比较困难，在加上有机粘结剂以及有机粘结剂在高温下的挥发，虽然可以使粘结剂较少得迁移，但反而影响了粘结剂对纤维的粘结效果。

在干燥工艺方面的改进有采取微波干燥法，然而液体蒸发主要还是在表面进行的。这对于迁移现象也不能减少多少，但是却引起了区域热点，引起了粘结剂分布的不均匀以及纤维的择优定向问题。

　　约瑟夫·A·费内尔德等人制备氧化铝纤维多孔陶瓷时，采用的是"快速干燥法"。即将成型好了的纤维多孔陶瓷放入预先加热成 300℃ 的炉子中，并且以 20℃/min 的速度快速升温至 800℃。据介绍，这种方法大大减少了干燥时间，有助于不给充足的迁移时间而达到防止粘结剂迁移的目的。但是由于许多液体粘结剂在低温下粘结性能并不很好，仍旧会随着液体的快速迁移也快速迁移，另据试验观察，这种方法对于液体粘结剂来说效果不明显；然而这种方法可以减少工艺步骤，降低生产成本。

　　如果采用在低温下真空干燥，在一定的真空度下，由于纤维多孔陶瓷坯体内部孔洞的贯通性，将使得坯体内部的蒸汽分压也降低，从而水分可以在内部与表面同时蒸发，不考虑毛细管力的情况下，内外的蒸发速度将一致，从而避免了水分向表面的迁移。在不加热时，内外温度大致一样，蒸发快的地方温度反而下降得快，从而自动的蒸发速度下降，这对于内外蒸发的均匀性也很有好处。或许这是很实用的干燥方法。

　　从理论上来说，如果采用超临界干燥法将消除液相与气相的界面，从而也就不存在着液相迁移的问题，这或许是解决粘结剂迁移问题的最理想的办法。

　　(6) 烧结

　　纤维多孔陶瓷是在天津实验电炉厂生产的 RJX－8－3 型高温电阻炉烧成，升温速度大约为 10℃/min，烧结温度为 1250℃，在最高温度时保温 2h；冷却采用关闭加热电源，炉门继续保持关闭状态下自然冷却至 80℃ 左右，取出样品。制备好的样品用显微镜观察，具有很好的孔洞结构（如图 3－17 所示）。

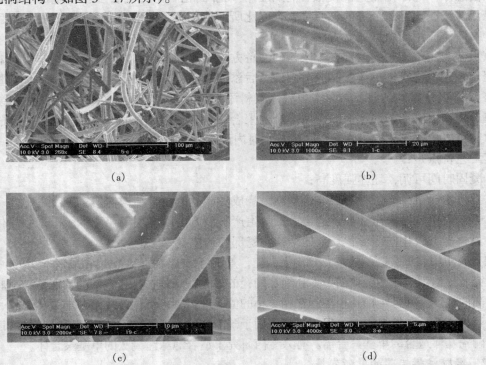

(a)　　　　　　　　　　　　　　(b)

(c)　　　　　　　　　　　　　　(d)

图 3－17　用 A23 粘结剂制备的纤维多孔材料纤维架状结构孔洞的 SEM 照片

(a) 250×；(b) 1000×；(c) 2000×；(d) 4000×

3.3.4.5 有机纤维制备多孔陶瓷

张国军等人通过把棉线浸渍到浆料中，制备了单向排列多孔绝热陶瓷。具体过程是把微米级的棉线浸渍到粉末浆料中，当棉线表面涂有浆料后进行缠绕制成待加工块体；随后烧结燃尽的棉线获得单向排列的多孔陶瓷体，通过使用不同直径的棉线可以获得不同大小的孔隙，改变浆料的浓度可以获得不同的孔密度。该方法制得的氧化铝多孔绝热陶瓷其弯曲强度可达（155 ± 20）MPa。而用传统方法，如热压法，制得的多孔绝热陶瓷弯曲强度只有80MPa。该方法还可以用于制备 Si_3N_4 或 SiC 陶瓷。

3.3.5 凝胶注模工艺

3.3.5.1 凝胶注模工艺及其特点

与传统注浆成型依靠石膏模吸浆的原理不同，新的胶态成型技术——陶瓷浆料快速原位凝固成型，是通过浆料内部少量添加剂的化学反应形成大分子网络结构或陶瓷颗粒网络结构，以使浇入非孔模具内的陶瓷浆料原位凝固成陶瓷坯体。

该成型方法是 20 世纪 90 年代迅速发展起来的近净尺寸陶瓷成型新技术。陶瓷浆料原位凝固成型技术主要包括：凝胶注模成型、直接凝固成型、温度诱导絮凝成型、高分子凝胶注模成型等。其中，凝胶注模成型得到最广泛的应用。

凝胶注模成型方法（Gel Casting）最早由美国橡树岭国家实验室研制成功，Gel Casting 工艺可以使悬浮体泡沫化而且能使液体泡沫原位聚合固化。作为制备多孔陶瓷的一种新型方法，悬浮体泡沫化是最经济的；原位聚合固化所形成的素坯具有内部网状结构且强度较高，是一种被广泛应用的新型成型方法。

该工艺与注浆工艺的区别在于浆料的制备方法不同，其他工艺过程基本一样。浆料的制备过程，首先是将有机单体配制成溶液，然后添加陶瓷粉体球磨混合，浆料的固体含量一般为 55%（体积分数）以上。混合均匀后，浆料添加引发剂和催化剂后再混合均匀。浆料中的有机单体在引发剂和催化剂的作用下产生聚合反应，使浆料凝固。凝固后的坯体强度高，凝固时间可以根据工艺要求在 10min 至几小时内调整。

其工艺特点是：

①凝固时间可调，坯体强度高；

②有机物含量少，浆料的固体含量高，烧成后制品的显微结构均匀；

③工艺简单、可操作性强，适合大批量生产。该方法已应用于亚微米、微米级粉体的氧化铝、氮化硅、碳化硅等形状复杂的结构陶瓷部件的成型。

如有人使用该工艺制备的多孔氧化铝陶瓷，其抗弯强度高达 26MPa，孔隙率高达 90%。国外有研究者提出用泡沫注凝法制备多孔绝热陶瓷的最大特点是在高孔隙率的情况下，材料仍具有足够高的强度，并且可把孔径控制在相对小的值。通过掺入氧化锆纤维等增强相材料，可明显提高其机械性能和抗热震性。但该法仅适用于既能快速方便凝胶，又能使所得胶体足以维持泡沫化陶瓷基体适合的单基聚合体。有人专门研究了适合泡沫注凝法的单基聚合体。

3.3.5.2 凝胶注模工艺的最新发展

近年来，该技术又获得新的发展，主要有以下几个方面：

（1）不使用氮气保护，而采用化学方法可防止凝胶注模过程中因氧阻聚而导致与空气接触部分的坯体表面起皮、开裂现象。

凝胶注模成型在空气环境下制备陶瓷坯体时，干燥后的坯体表层总发现有裂纹和起皮现象。这是因为空气中的氧阻碍了坯体表层中单体聚合所致。科研人员采用在氮气或氩气保护条件下进行聚合来避免缺陷发生，但这在工业应用上有极大的不便。

采用化学方法可以从根本上解决表面起皮、开裂问题。该方法是在陶瓷浆料的组成中引入一个新的组分——非离子水溶性分子，如聚乙烯吡咯烷酮、聚丙烯酰胺、聚氧化乙烯等来达到目的。

例如，在固相体积含量为 50vol％的氧化铝粉与溶解有水溶性高分子预混液的料浆球磨 24h 后，加入一定量的引发剂和催化剂，在一定温度下，料浆固化可得到强度和韧性较好的陶瓷坯体，经干燥后，表面无任何起皮或开裂现象发生。但研究发现，不同水溶性高分子加入后，对坯体干燥强度影响有所不同。

（2）凝胶注模可应用于几十微米到毫米级的粗颗粒体系的陶瓷和耐火材料制品的成型。

近年来，凝胶注模成型技术从超细粉精细陶瓷成型转向粒径分布宽的各种无机非金属材料的粗粉料的成型，如大尺寸石英陶瓷辊棒制备等等。

科研人员对重结晶碳化硅粉体粒径：$10 \sim 400\mu m$、氮化硅结合碳化硅、碳化硅（粒径 1mm）两种材料进行了深入研究。以上两种粉体粒径分布宽，堆积密度高，在一定 pH 值和表面活性剂条件下，可制备出固相体积高达 70vol％以上流动性较好的浆料。粒径分布窄的超细粉陶瓷悬浮体的固相含量一般低于 60vol％。

高固相含量浆料的制备对粗颗粒体系的陶瓷或耐火材料的凝胶注模成型是非常重要的。这是因为浆料中固相含量足够高时，可避免或减缓浆料中粗颗粒的沉降；另外，也有利于提高素坯和产品的密度。

通过对重结晶碳化硅浆料固相含量不同时的沉降情况的观测发现，当固相体积含量低于 40vol％时，由于悬浮体溶液较稀，粒子间的相互作用力较小，粗颗粒粒子靠自身重力下降，在粗粒子层与细粒子悬浮之间形成明显界面。随静置时间的增加，底部的沉降层逐渐升高，界面向上移动。由于碳化硅粒径分布较宽，沉降层的粒子浓度大小不同，静置时间较长时悬浮粒子基本沉降完全，达到明显分层，在最顶部出现一层清液。

当固相体积含量高于 50vol％时，粗细粒子相互拉动，在 1h 内就开始形成絮凝沉降，但与固相体积低于 40vol％的浆料不同的是，沉降悬浮层与清液形成的界面下移。

当固相体积含量为 70vol％时，粒子间相互紧靠，作用力加强以致削弱了单个粒子的重力，使粗、细碳化硅颗粒间能达到均一稳定的分散，在 36h 的静置时间内悬浮粒子都没有发生明显的沉降。因此，70vol％的浓悬浮体稳定性和流动性完全能满足凝胶注模成型所需时间内的注模成型。

（3）凝胶注模成型法与流延成型结合发展起来一种新的水基凝胶流延成型方法。

流延成型是制备陶瓷基板和层片状陶瓷材料最有效的方法，但该工艺采用有机溶剂浆料，大多都有一定毒性和刺激性，给人们的健康和环境带来不利影响。

近年来，科研人员致力于水基浆料的流延成型研究，而依靠水溶性粘结剂来结合陶瓷颗粒，却有流延成坯时间长，坯片强度和柔韧性低的弊端。

水基凝胶流延成型弥补了有机浆料和水基浆料流延成型的不足，它是将单体聚合反应与流延成型方法相结合的一种新方法。该工艺是在水基单位溶液中加入增塑剂、表面活性剂、消泡剂，然后加入陶瓷粉末球磨分散，出磨的浆粒真空除泡，再加入引发剂和催化剂混匀，浆料即可倒入流延机上的料斗，流延出来的浆料在加热条件下于 5～20min 内完成单体的聚合反应，从而获得具有一定强度和柔韧性的坯片。采用该工艺可制备 0.1～1mm 厚的各种陶瓷基片。

水基凝胶流延成型工艺具有毒性小、成本低、坯体密度高的优点，具有良好的应用发展前景。

3.3.5.3 水基凝胶注模成型法制备多孔陶瓷

陈晓明等人用水基凝胶注模成型法制备了多孔陶瓷，其工艺按如下步骤实现：

（1）配制好含有有机单体、交联剂、引发剂、分散剂以及陶瓷粉料的比较稳定的悬浮液；

（2）在上述浆料中加入相对于上述悬浮液体积分数为 50%～80%，经过表面处理的造孔剂，加压使造孔剂相互接触并能够均匀分布于悬浮液中；

（3）加入相对于陶瓷粉体的质量分数为 0.1%～0.3% 的催化剂并缓慢升温到 60～80℃，并保持恒温 30min 以上，即得到固化的坯体；

（4）将坯体脱模、干燥，并烧结即可。

其中分散剂为聚丙烯酸铵或聚甲基丙烯酸铵或羧甲基纤维素钠等阴离子表面活性剂；表面处理的造孔剂为加入有机溶剂，如无水乙醇；造孔剂为聚苯乙烯泡沫微球、聚乙烯泡沫微球、聚氨酯微球等；加压为 0.4MPa 左右的压力；有机单体为丙烯酰胺 AM 或甲基丙烯酰胺 MAM 或乙烯基吡咯酮 NVP 或甲基聚乙二醇单甲基丙烯酯 MPEGMA；所述的交联剂为亚甲基双丙烯酰胺 MBAM；所述的引发剂为过硫酸铵；催化剂为 N，N，N，N－四甲基乙二胺；有机单体和交联剂必须是水溶性的，有机单体能溶的质量分数至少是 20%，交联剂能溶的质量分数至少是 2%。

3.3.6 机械搅拌法

机械搅拌法是用机械搅拌的方法产生气泡，再烧结成多孔陶瓷的方法。

一般需要在料浆中加入起泡剂，当溶胶或悬浮液的黏度达到一定程度时，机械的搅拌将产生气泡，仔细地控制这个过程可以得到稳定的泡沫，这是生活中的常识，也可用于多孔陶瓷的制造。在这种工艺中，如何使泡沫稳定是最重要的。

如有人在 SiO_2 溶胶（含有 40% 的氧化硅，0.41% 苏打）中加入氟里昂（起泡剂）、表面活性剂和甲醇混合，将溶液在 30℃下陈放 20～40min，当溶胶黏度上升到一定程度时，开始搅拌溶胶而发泡，发泡时间约 1min，然后在严格条件下存放一段时间，再在 1000～1100℃烧结。然后经过水浴陈放、搅拌起泡、加热烧成等步骤，便制得氧化硅多孔陶瓷。注意在发泡过程中调整溶液 pH 值至 5.2～6.0，使黏度急剧上升而保持泡沫稳定。

也有人以层状硅酸盐为原料，添加粘结剂、发泡剂和填料等添加剂制成悬浮液，经搅拌发泡制成湿泡沫材料，稳定的湿泡沫结构在 5～6h 内不会破坏，不会减少体积，湿泡沫的密度将决定最终制品的气孔大小，硅酸盐的用量为 15%～60%，湿泡沫干燥在 1000℃下烧结后，制得的多孔陶瓷平均孔径小于 60%，孔径小于 50μm，气孔均匀，抗压强度为 1.4MPa 的多孔材料。硅酸盐之所以使用层状硅酸盐，如高岭土，硅石或蒙脱石等，是因为有利于搅拌时构架成孔。

3.3.7　热压法

一般来说，多孔陶瓷的机械强度随气孔率的增加而降低，为了制得高气孔率、高强度的多孔陶瓷。一些学者提出 HIP（hot isostatic pressing）方法，即在高温高压的条件下烧结多孔坯体，在烧结过程中，压力的存在阻止了坯体的收缩，促进了颗粒之间熔融架桥。减少了微裂纹和闭气孔的产生，提高了制品的机械强度。如国外有研究者应用 HIP 方法制得了抗弯强度达到 200MPa 的 Al_2O_3 多孔陶瓷。

3.3.8　水热 - 热静压工艺

水热 - 热静压制备工艺是通过水作为压力传递介质来制备多孔陶瓷的方法。其简单制备步骤为：硅凝胶和 10% 的水混合，置于高压釜中，压力为 10 ~ 50MPa，温度为 300℃。通过水蒸气的挥发而制成多孔陶瓷。

水热 - 热静压工艺中，反应时间一般为 10 ~ 180 min，在 25MPa 下处理 60min，可制得的多孔陶瓷材料体积密度为 0.88g/cm³，孔体积为 0.59cm³/g，孔尺寸分布范围为 30 ~ 50nm，抗压强度高达 80MPa。

多孔陶瓷水热 - 热静压工艺具有以下优点：制得的多孔陶瓷材料抗压强度高，性能稳定，多孔材料孔径分布范围广。

3.3.9　部分梯度孔隙材料的成型

3.3.9.1　过滤成型梯度孔隙材料

岩田政司等人制备具有孔隙梯度分布的羟基磷灰石材料，梯度形成原理如图 3 - 18 所示，首先将组分 A（陶瓷浆料）与组分 B（碳粉浆料）混合，随着过滤后沉积的滤饼的增厚，不断加入组分 B，形成梯度成分的滤饼，然后干燥烧除碳粉，得到变孔隙度陶瓷材料。这种成型方法可用来制造人造骨或人造齿根。

3.3.9.2　累托石和高岭土制备孔梯度多孔陶瓷

张芳等人对累托石和高岭土制备孔梯度多孔陶瓷进行了制备并比较，其制备过程如下：

（1）原料的制备

集料的制备采用如图 3 - 19 所示的工艺。其中，球磨时间为 50min，干燥温度为 105℃，干燥时间 24h，造粒制成为 0.45mm、0.175mm 和 0.074mm 三个级别的粒度，陈腐时间为 24h。

成孔剂选用煤粉，采用如下工艺制备。

煤粉→湿磨 50min→在 105℃电干燥箱中干燥 24h→制成与集料相匹配的三个级别粒度的料→备用。

（2）配料

将制备好的具有相同粒度的集料与成孔剂按比例（样品的配方如表 3 - 10 所示）配料。

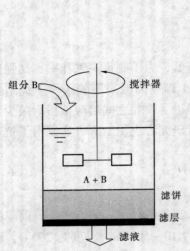

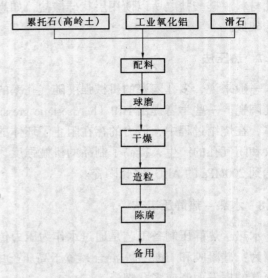

图 3-18　梯度成分过滤成型工艺　　　　图 3-19　集料制备工艺

表 3-10　成孔剂与集料的配比

成　分	集　料	成孔剂	成　分	集　料	成孔剂
1 号	83.3	16.7	4 号	66.7	33.3
2 号	76.9	23.1	5 号	62.5	37.5
3 号	71.4	28.6			

（3）混料

采用添加成孔剂压制成型法制备孔梯度多孔陶瓷的工艺流程与普通的陶瓷工艺流程相似，这种方法的关键在于混料和烧结，为使多孔陶瓷制品的气孔分布均匀，混料的均匀性非常重要。

采用的成孔剂为煤粉，其密度小于陶瓷原料的密度，因此难以使其很均匀混合，可以采用两种不同的混料方法解决上述问题。方法一，如果陶瓷原料粉末很细，而成孔剂颗粒较粗或成孔剂溶于粘结剂中，可将陶瓷原料粉末与粘结剂混合造粒后，再与成孔剂混合；方法二，将成孔剂和陶瓷粉末按一定比例混合制成料浆，然后喷雾干燥。

由于制得的制品的孔具有梯度，要求所用的成孔剂和集料具有不同的粒度，为使粒度相同的成孔剂和集料分别充分混匀，对于粒度小的累托石配方的料采用第二种方法将料混匀。对于粒度大的累托石配方的原料，由于所用的累托石原料具有较高的结合性，不需加入粘结剂就能压制出有一定强度的坯体，因此，只需将成孔剂与陶瓷原料粉末充分混匀即可，这样，在混料过程中就不会破坏成孔剂的粒度。对于高岭土配方的原料，加入质量分数为 7%~8% 的粘结剂，采用第一种方法充分混匀即可。

（4）压制成型

称取适量相同重量的不同粒度的原料按粒度从大到小的顺序一层一层地平铺在模具中，施加 30kN 压力压制成型。

（5）干燥、烧成

干燥 24h 后，在 1220℃下烧成。

多孔陶瓷的烧成制度主要取决于原料、成孔剂及最后制品所需的性能。在 100～700℃之间将发生坯体中水分蒸发和成孔剂氧化燃烧。所以确定烧成制度的关键是，在此温度范围内要慢速升温和适当保温，一方面使水分充分蒸发和使成孔剂充分燃烧，另一方面使水蒸气和燃烧产生的气体从坯体中逐步挥发出去。

（6）结果

两种集料都制得具有呈连续变化的孔梯度分布多孔陶瓷（如图 3-20 所示），且随着成孔剂含量的提高，显气孔率增加，强度和体积密度均降低。

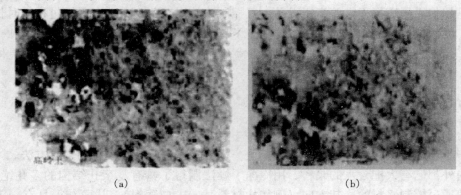

（a）　　　　　　　　　　　　　（b）

图 3-20　2 号样品断面 SEM 形貌图（1220℃，1h）
（a）高岭土配方（500×）；（b）累托石配方（500×）

3.4　干燥工艺中的造孔技术

在干燥过程中，随着可挥发性物质挥发出去，常常不可避免地造成物料团聚，以及孔隙大量减少，坯体收缩等结果。如果能够保持坯体的形状和内部结构不变，那么挥发出去后留下的空间刚好就是构成了孔洞。超临界干燥与升华干燥（冷冻干燥）就是两种这样的干燥方法。

3.4.1　超临界干燥

超临界干燥技术是在干燥介质临界温度和临界压力条件下进行的干燥，它可以避免物料在干燥过程中收缩和碎裂，从而保持物料原有的结构与状态，防止物料颗粒的团聚，这对于多孔陶瓷的制备具有特殊的意义。

气凝胶的制备通常由溶胶-凝胶过程和超临界干燥处理构成。

在溶胶-凝胶过程中，通过控制溶液的水解与缩聚反应条件，在溶胶内形成不同结构的纳米团簇，团簇之间的相互粘连形成凝胶体，而在凝胶体的固态骨架周围则充满化学反应后剩余的液态试剂。

为了防止凝胶干燥过程中微空洞内的表面张力导致材料结构的破坏，采用超临界干燥工艺处理，把凝胶置于压力容器内升温加压，使凝胶内的液体发生相变成超临界态的流体，气液界面消失，表面张力不复存在，此时将这种超临界流体从压力容器中释放，即可得到多孔、无序、具有纳米量级连续网络结构的低密度气凝胶材料。

气凝胶内含有大量的空气，典型的空洞线度在 $1 \sim 100nm$ 范围，气孔率在 80% 以上，是一种具有纳米结构的多孔材料，在力学、声学、热学、光学等诸方面均显示其独特性质。它们明显不同于孔洞结构在微米和毫米量级的多孔材料，其纤细的纳米结构使得材料的热导率极低，具有极大的比表面积，对光、声的放射均比传统的多孔材料小得多，所有这些不仅使得该材料在基础研究中引起人们的兴趣，而且在许多领域蕴藏着广泛的应用前景。

但是超临界干燥过程需要高压设备，且控制条件比较苛刻，整个干燥过程耗时长，制备效率低，因而气凝胶的制备成本昂贵，限制了块状气凝胶的大规模推广应用。

对于超临界的机理、制备工艺将在第 5 章中绝热及超绝热多孔陶瓷中介绍，具体内容可参阅 5.5 节。

3.4.2　升华干燥工艺

3.4.2.1　升华干燥及其特点

升华干燥也常被称为冷冻干燥工艺，是一种比较先进的制备多孔陶瓷的方法。

国内外都已有人把含水的浆料，用冷冻干燥法制得了具有复杂孔结构的多孔绝热陶瓷。这种方法通过控制浆料的冷却方向（例如从材料某一方向降温），从而获得具有一定宏观孔隙的实体，在低压条件下进行干燥处理，此时发生冰的升华现象；再将所得生坯进行烧结。在烧结过程中保留了冰升华留下的孔隙，通过以上工序制得的多孔材料体内具有定向排列的宏观开孔，而且在相邻开孔的壁内含有微孔。通过控制起始料浆浓度和烧结时间可以控制孔的结构。用这种方法制备的多孔绝热陶瓷收缩率小、烧结过程容易控制、孔密度可控范围大、具有相对好的机械特性和环境适应性。

这种类型的多孔陶瓷由于具有很高的渗透性和很大的表面积可被用于许多领域，如用于环境净化和资源再利用的颗粒过滤器、气体或化学传感器、生物反应器以及催化剂或吸收剂用支撑材料等。

3.4.2.2　升华干燥制备多孔陶瓷

升华干燥制备多孔陶瓷的具体制备方法如下：氧化铝粉末与少量的分散剂在蒸馏水中混合，并且球磨约 20h。按上述方法制备料浆浓度分别为 $33.3vol\%$ 和 $40.0vol\%$ 的两种浆料；然后，将浆料放入真空搅拌机中搅拌以排出其中的空气；最后，将浆料倒入柱形容器中，而且仅仅将容器底部浸入冷冻池的冷冻剂中，实验装置如图 3 - 21 所示。

该容器由两部分组成：容器底部由热传导率很高的金属做成，容器侧面由树脂或含氟树脂做成。

冷却到 - 50℃ 的酒精被用作冷冻剂。容器

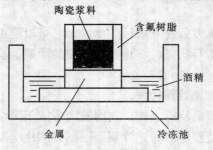

图 3 - 21　实验装置图

顶部是敞开的，以便泥浆的上表面暴露在室温下的大气中。这样可使得冰在垂直方向的生长为宏观生长，宏观生长的冰中又形成了显微的树枝状的冰。

当浆料彻底冷冻以后，将容器放入干燥器皿中，在低压下干燥约 1d 时间。

将样品从容器中小心地取出，形成的坯体放入氧化铝坩埚内于空气中烧成，烧成时间为 2h，烧成温度分别为 1400℃和 1550℃。

通过采用单方向的冷冻水基陶瓷浆料和在低压下将冰升华的工艺，合成了既含有宏观孔又含有显微孔的独特结构的多孔氧化铝陶瓷（如图 3－22）。孔结构可通过选择泥浆的起始浓度和烧成温度来控制。由于该制备工艺可应用于其他材料领域而且无环境污染，因而具有广阔的发展前途。

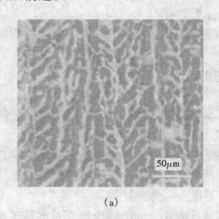
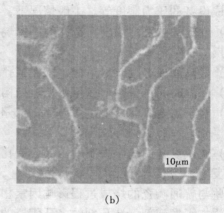

（a）　　　　　　　　　　　　　　　　　　（b）

图 3－22　平行于宏观冰生长方向横截面的 SEM 图

3.4.2.3　冷冻干燥法生产直通型多孔 Si_3N_4

在 Si_3N_4 粉（其中 α 相含量 > 95%，平均粒径为 $0.55\mu m$，比表面积为 $6.6m^2/g$）中加入 5% 的 Y_2O_3 和 2% 的 Al_2O_3，用尼龙球和蒸馏水球磨 20h。加少量分散剂，配成固相含量为 20%～30%（体积分数）的泥浆。经真空脱气后放入底为金属、壁为氟碳聚合物的圆筒形容器中，将其底部浸入 -80～-50℃的乙醇中进行冷冻，当泥料全部结冰后连容器一起放入真空容器内进行冷冻干燥。将试样置于石墨坩埚中，在 0.8MPa 的 N_2 气氛中于 1700～1850℃烧成 2h，升温速率为 10℃/min。

结果表明，烧成后的多孔 Si_3N_4 的气孔率高达 50% 以上，其气孔率主要受固相含量的影响，受烧成温度的影响较小，几乎不受冷冻温度的影响；试样的孔隙结构独特，为扁平的圆形通道状，独立而均匀地分布在 Si_3N_4 基质中，孔隙的方向与冷冻时冰柱的生长方向一致；孔隙内壁上生长出许多纤维状的 Si_3N_4 晶粒，这是由于 $SiO_2 - Y_2O_3 - Al_2O_3$ 液相中的 SiO_2 呈 SiO 挥发后凝固在 Si_3N_4 所形成的。

研究者认为，由于这种多孔陶瓷具有独特的孔隙结构，在诸如分离用过滤器、触媒或吸收剂用载体等领域都可能具有广泛的用途；尤其是这种制造方法，对改善环境的亲和性以及各种材料的适应性，是一种很有用的方法。

3.5 烧成工艺中的造孔技术

3.5.1 烧成对孔隙结构的影响因素

在多孔陶瓷的烧成过程中，除了要达到烧制产品的目的外，要注意的问题主要有两个：一是烧成过程中不要影响在成型、干燥过程中所形成的孔隙结构，但可以进一步改进其孔隙结构；二是使原料配料中所添加的高温发泡剂、造孔剂等按照预先设计的反应生成气体形成孔隙结构，并保留好或进一步改善这些孔隙结构。

影响多孔陶瓷孔隙结构的烧成因素有：升温速度、最高烧成温度、保温时间、烧成气氛、烧成设备的压力制度等。一般情况下，需要注意的有：

（1）发泡剂的发泡温度、造孔剂的燃烧温度前后升温应慢，最好有一定的保温时间，以便充分反应；

（2）最高烧成温度应尽量低，以保留孔隙结构；

（3）保温时间尽量短，以保留孔隙结构；

（4）对于需要氧化反应的发泡剂、造孔剂，要保证在其反应温度区间有充足的助燃空气；

（5）烧成设备内的压力制度要保证造孔剂燃烧生成的废气顺畅排出，以免影响造孔剂的进一步反应。

这些与普通陶瓷的烧成过程影响因素相同，不再一一详细述说。

在添加了发泡剂、造孔剂的多孔陶瓷的烧成中，最复杂的烧成应该算是泡沫玻璃的烧成了。通过对泡沫玻璃的烧成的掌握了解，读者可以根据自己研制多孔陶瓷的具体情况，确定烧成制度。

3.5.2 泡沫玻璃的烧成技术

要制备比较好的孔隙结构的泡沫玻璃的烧成包括预热、烧结、发泡、冷却、退火、再冷却等一个完整的过程。

预热的目的主要是消除坯体内外的温度差，防止表层玻璃粉的过早熔融和表面碳粉的氧化，以便于均匀发泡。由于料粉的导热性能差，因此，预热时间不能过短，一般从室温到400℃，在各种原材料尚无产生任何化学变化的情况下，至少需要 30min 的加热时间，也可以加速加热，但需要一个较长的保温时间。

预热后的坯体，必须迅速加热至烧结温度，将坯体烧结，以免部分已形成的气体在液相尚无形成时逸散。烧结温度可以通过差热分析确定，一般为 700~750℃。

烧结后的坯体，应以 ≥10℃/min 的升温速度迅速加热到发泡温度，在此阶段，保温停留约 25~30min，使其发泡膨胀。具体的发泡温度和发泡时间，依原料配比、料层厚度、发泡剂用量等条件的不同而有所差异，需根据发泡试验预先确定。

发泡结束后，应迅速降温冷却至 580℃以下，目的是将已形成的微孔结构固定下来。

由于冷却过程中，玻璃体内会产生应力，为了消除内应力，需进行退火处理。退火处理的方式有两种：一种是将发泡体冷却至玻璃转变温度以下，然后，再推入退火炉加热到玻璃转变温度以上，缓慢冷却至室温；另一种是将发泡体冷却至玻璃转变温度附近，保温一段时间，然后再缓慢冷却至室温。

3.5.3 自蔓延高温合成（SHS）工艺

3.5.3.1 自蔓延高温合成工艺及其特点

自蔓延高温合成（Self Propagating High Temperature Synthesis，即 SHS）又称为燃烧合成（Combustion Synthesis）法，是一种很有特色的制取多孔材料的新方法。用燃烧合成技术制备多孔材料的主要过程是放热反应，化学反应释放出来的热量维持反应的自我进行，合成新物质的同时获得了所期望的多孔材料，包括具有一定形状的多孔材料。燃烧合成过程总是伴随着烧结现象，烧结体的孔隙度很高，可以达到50%左右，甚至更高。其反应过程如图3-23所示。

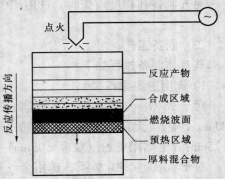

图3-23 SHS过程示意图

SHS与常规方法相比主要有以下特点和优势：

（1）合成反应过程迅速，一般在几秒或几十秒内完成，节省时间；

（2）除启动反应所需极少量的能源外，材料合成靠自身反应放出的热量进行，不需要外部热量的加入，因而能大量节省能源；

（3）由于在合成反应过程中，原料中的有害杂质能挥发逸出，所以产品纯度易于提高；

（4）实用性大，适于制造各类无机材料，如各类陶瓷、金属间化合物等；

（5）设备和工艺相对简单，投资小；

（6）燃烧反应过程中产生高的温度梯度和冷却速度，能够生成新的非平衡相和亚稳相；

（7）利用反应物本身的化学能，辅以其他手段，可以使合成和致密化同步完成。

SHS存在的不足之处是反应速率难以控制，试样的烧结尺寸也难以控制。

利用燃烧合成法制备多孔陶瓷已有一些报道，目前这项研究工作俄罗斯结构宏观动力研究所托木斯克分部做得比较多，并已能制成产品。张小明等人制备出具有高孔隙度的 TiNi 形状记忆合金，孔隙度高达51%，最大孔径为 $150\mu m$，相对透气系数为 $1750m^3/$（h·kPa·m^2），具有较好的孔洞连通性和透过性能。

3.5.3.2 自蔓延高温合成 Al_2O_3 基多孔陶瓷

苏娟等人通过研究，已能在实验室制备孔径尺寸为 $1\sim500\mu m$、显气孔率大于50%、压缩强度为10MPa左右的管状、柱状等 Al_2O_3 基多孔陶瓷制品。

（1）反应机理

自蔓延高温合成 Al_2O_3 基多孔陶瓷的反应机理为 $Al_2O_3 - TiC$ 和 $Al_2O_3 - TiB_2$ 这两种体系的反应，都是利用铝热反应进行的。其中 $Al_2O_3 - TiC$ 体系按下列反应式进行：

$$(3 + x)TiO_2 + 3C + (4 + 4/3x)\,Al \longrightarrow 3TiC + (2 + 2/3x)\,Al_2O_3 + xTi \qquad (3-1)$$

$$(3 + y)SiO_2 + 3C + (4 + 4/3y)\,Al \longrightarrow 3SiC + (2 + 2/3y)\,Al_2O_3 + ySi \qquad (3-2)$$

$$Fe_2O_3 + 2Al \longrightarrow 2Fe + Al_2O_3 \tag{3-3}$$

$$\alpha Ti + \beta Al + \delta Si + \xi Fe \longrightarrow Ti_\alpha Al_\beta Si_\delta Fe_\xi \tag{3-4}$$

$Al_2O_3 - TiB_2$ 体系按下列反应式进行：

$$3TiO_2 + 2B_2O_3 + 10Al \longrightarrow 3TiB_2 + 5Al_2O_3 \tag{3-5}$$

另外制备孔梯度陶瓷时，选用 TiC 体系按下列反应式进行：

$$Ti + C \longrightarrow TiC \tag{3-6}$$

（2）制备工艺

其具体制备过程如下：

1）选用主要原料

对于 $Al_2O_3 - TiC$ 体系，选用金红石型二氧化钛（粒度 $< 45\mu m$）、工业铝粉（粒度为 $45 \sim 180\mu m$ 不等）、无定形炭黑或石墨粉（平均粒径 $1\mu m$）、石英砂（粒度 $< 75\mu m$）、铁红（粒度 $< 75\mu m$）、电熔刚玉粉（粒度 $< 75\mu m$）等。

对于 $Al_2O_3 - TiB_2$ 体系，选用金红石型二氧化钛（粒度 $< 45\mu m$）、硼酐（粒度 $< 180\mu m$）、工业铝粉（粒度 $45 \sim 180\mu m$ 不等）、电熔刚玉粉（粒度 $< 75\mu m$）等。

2）配料

配料时，$Al_2O_3 - TiC$ 体系按式（3-1）~（3-4）中的反应物以一定比例混合；$Al_2O_3 - TiB_2$ 体系按式（3-5）中的反应物以化学计量比混合。这两个体系中均添加了一定量的 Al_2O_3 作稀释剂，然后以 1:1 的球料比在球磨机中混合 6h，即得燃烧合成多孔陶瓷的反应物料。

3）成型

将反应物装入 $\phi 40mm \times 10mm \times 100mm$ 管状、$\phi (20 \sim 50) mm \times (20 \sim 50) mm$ 柱状等形状的钢质模具中，$Al_2O_3 - TiC$ 体系通过振动，$Al_2O_3 - TiB_2$ 体系通过压制或振动，获得所需密度的生坯，通过钨丝圈在空气中、室温下引燃生坯，使坯料逐层燃烧，从而获得均匀的多孔陶瓷制品。孔梯度多孔陶瓷的制备通常是通过布料时有序地改变反应物料的化学组成，使产物中不同区域产生不同尺寸的孔洞。制备的梯度多孔陶瓷如图 3-24 所示。

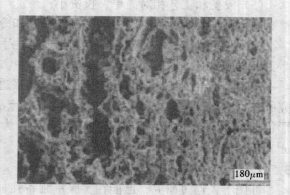

图 3-24　梯度多孔陶瓷的形貌

3.5.3.3　SHS 法制备钛基复合材料用的 TiC 颗粒

张小明等人用 SHS 法制备了钛基复合材料用的 TiC 颗粒。

实验原料使用气体雾化钛粉、铝粉和碳粉。将上述粉末按照 Ti:C:Al = 64:16:20 的质量比混合均匀（其中 Ti，C 元素的原子比为 1:1），压成块，放在石墨坩埚内，于加热炉中高温点燃压块，使之产生自蔓延高温合成过程，反应生成 TiC 颗粒。将上述过程中的反应物在引燃后的不同时间里,分别取出快速冷却淬熄,得到分析样品。

3.5.3.4　离心自蔓延高温合成多孔陶瓷衬管

周美玲等人制备了一种多孔陶瓷衬管,其表层为致密层,与过渡层相临的里层则为多孔层。它在隔热、隔音、韧性和结合强度上均优于现有的致密的 Al_2O_3 陶瓷衬管。

采用的是一种离心自蔓延高温合成方法,其制造步骤如下:

(1)把金属管或内腔为圆柱形的容器的开口处用环状石墨堵头堵住,再用纸板或类似的易燃材料把石墨堵头内孔封闭;

(2)把作为氧化剂的 Fe_2O_3 或 Fe_2O_3 + 一定量的 CrO_3 粉末、作为还原剂的 Al 粉和 Zr 粉按照化学方程式的摩尔比配粉,再加入适量(小于或等于氧化和还原剂总量的 15%)的作为添加剂的 ZrO_2、Al_2O_3、Y_2O_3 粉末,混合均匀,然后倒入上述管材或容器中并把其另一端开口处也按前法用环形石墨堵头和纸片或类似的易燃物封闭;

(3)把上述两头封闭的管材或容器装入卧式离心设备上使之沿轴心旋转;

(4)烧去纸片并点燃其内部的粉末反应物使其自蔓延至整个圆柱形内腔表面直至反应结束,待降温、停机后取下试样缓冷至室温,则即可得到多孔陶瓷衬管。

3.5.4　脉冲电流烧结

脉冲电流烧结有时称之为"电火花烧结"或者"等离子活化烧结",这是一种使电流通过试样制备金属、陶瓷和有机物的新方法。通过控制压力、温度和直流电脉冲能够制备出多孔材料。脉冲电流烧结的烧结时间短、升温快是制备多孔材料的两大优点。另外它还可以制备含有加热易分解的介稳材料和化合物等新型多孔材料。脉冲电流烧结的烧结机制目前还不太清楚,用该法制备的多孔材料的性能也没有得到广泛研究。

3.5.5　微波加热工艺

多孔陶瓷微波加热(Microwave heating)工艺是指依靠物体吸收微波能转换成热能、自身整体,同时升至一定温度蒸发水分并制成多孔陶瓷。

微波是指波长在 1m 到 1mm 之间的电磁波,微波烧结陶瓷的可行性最早由加拿大的研究者于 1968 年提出,但直到 20 世纪 90 年代才迅速发展成为一种超高速烧结技术。

微波烧结模式完全不同于常规烧结法(如图 3－25 所示),它具有普通烧结无法比拟的特点:①利用材料介电损耗发热,只有试件处于高温,炉体为冷态,既不需加热元件也不需

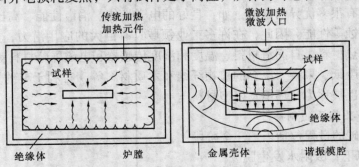

图 3－25　传统加热和微波加热模式对比

绝热材料，结构简单，制造使用维修方便；②快速加热烧结，如 Al_2O_3 在 15min 内可烧结致密；③体积性加热，温度均匀不存在热应力，有利于复杂形状大部件烧结；④高效节能；⑤无热源污染；⑥可改进材料的微观结构和宏观性能。

微波加热制备多孔陶瓷的制备工艺为：25%（质量百分比，下同）的玻璃珠（30～130μm），2%的金属微珠（400～600μm）和73%的有机粘合剂充分均匀混合制成坯体，在微波炉中加热 5～30min，即可制得泡沫多孔陶瓷材料。

在多孔陶瓷微波加热工艺中，可添加一定量的纤维来改善多孔材料的强度，同时，为提高微波吸收能力，还可添加微波耦合剂，如甘油等。

微波加热制备多孔陶瓷的关键是选择适当的有机粘合剂。通过实验发现，粘合剂应满足以下条件：在常温下具有一定的黏度，而在一定的温度（如水沸点以下）出现凝固并且有一定的弹性。具体制备工艺可参见 6.2.4。

多孔陶瓷微波加热工艺具有以下优点：

（1）加热均匀。微波加热是一种体加热工艺，在加热过程中材料内部的温度梯度很小或几乎没有，因而材料内部热应力可以减少到最低，即使在很高的升温速率下也很少造成多孔材料的开裂。

（2）加热速度极快。在微波电磁能的作用下，材料内部扩散系数提高，加上微波加热是材料内部整体同时加热，不受体积的影响，因此升温速度极快，一般升温速度可达 500℃/min 以上。

（3）改进多孔陶瓷的微观结构和宏观性能。由于微波加热的速度特别快，时间特别短，从而避免了微波处理材料过程中晶粒的长大，可以获得具有高强度和高韧性的超细晶粒结构。

3.6 其他的造孔工艺技术

3.6.1 热解法制备木材多孔陶瓷

3.6.1.1 木材多孔陶瓷及其性能

木材陶瓷是一种具有连续孔结构的新型碳材料，通常是由浸渍了热固性树脂或液化木材的木质材料在 300～2800℃高温下真空碳化制成的，并且遗传了原木质材料的结构，如图 3-26 所示。

木材陶瓷具有很多优异的性能，如：良好的电学性能、消声性能、高比表面积，以及耐热、耐磨和耐腐蚀等性能。因此，在许多工业领域具有巨大的应用潜力，如：用作吸附剂、催化剂载体、隔热材料、自润滑材料、温度和湿度传感器和电磁屏蔽材料等。木材陶瓷原料来源广泛，如：废纸、果渣、废弃的植物纤维和木质材料等，有利于节约资源和保护环境。因此，木质陶瓷也被称为"环境友好型材料"。

3.6.1.2 木材多孔陶瓷的制备

木粉转变为碳的过程包括以下几个阶段：

（1）150℃以下，吸附水发生脱吸；

（2）150～240℃，纤维素结构裂解生成的水挥发；

（3）240～400℃，纤维素链及其环中的 C—O 和 C—C 键断裂，碳氢结构开始形成；

（4）400℃以上，芳环结构开始形成，500℃以上逐渐深化；

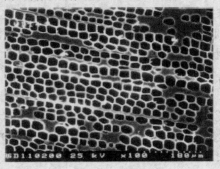

(a)

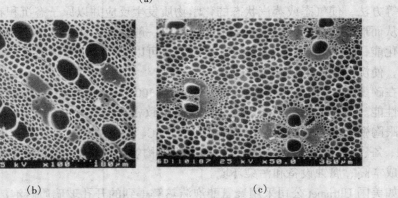

(b)　　　　　　　　　　　　　　　(c)

图 3 - 26　木材多孔陶瓷显微照片

(a) 松木；(b) 白桦木；(c) 竹子

（5）在 400～800℃范围内，发生芳香化反应，碳网络收缩，同时由于大量热解气体的挥发，留下大量孔隙；

（6）在 800℃时，热降解和结构重排反应基本完成，留下碳骨架。

木粉的理论碳含量约为 50%，远大于一般研制中的残碳率，这是因为木粉在热解过程中产生了大量挥发物，如：H_2O、CO_2 和碳氢化合物小分子等。

经过热解，木粉生成无定形的软碳，酚醛树脂类生成具有类似石墨结构的玻璃态的硬碳，大量热解气体的挥发留下了许多孔洞。因此，木材陶瓷可以看作由无定形碳和玻璃态碳组成的多孔碳复合材料。

如美国 Ultramet 公司采用聚氨酯泡沫提供泡沫结构，这种材料价格便宜、供货充足，并且孔隙尺寸可调；聚氨酯泡沫渗有机树脂，然后热解得到开孔玻璃质碳泡沫，这种碳泡沫质地坚硬，可以加工成所需任意形状。

又如将 $250\mu m$ 的椴木木粉和酚醛树脂以一定的质量比混合均匀，在 50℃下干燥和固化 24h 后压制成型，然后在 60～80℃下进一步固化 2～4d，最后在真空炉中在预定温度下碳化 2～4h，升温速度小于 10℃/min，这样就制成了木材陶瓷。

3.6.1.3 热解法制备其他碳多孔材料

如有文献报道通过烧结氯化钠，渗入聚碳酸酯，固化后热解形成碳的泡沫体。又如美国Ultramet 公司采用聚氨酯泡沫提供泡沫结构，这种材料价格便宜、供货充足，并且孔隙尺寸可调；聚氨酯泡沫渗有机树脂，然后热解得到开孔玻璃质碳泡沫，这种碳多孔材料质地坚硬，可以加工成所需任意形状。

3.6.2 化学气相渗透或沉积（CVI、CVD）制备多孔陶瓷

CVI、CVD 制备多孔陶瓷的方法，一般利用热解法制备的木材多孔陶瓷或者其他的碳多孔材料，然后通过化学气相渗透（CVI）或化学气相沉积（CVD）工艺将陶瓷原料渗涂到网眼碳骨架上，因而制备成多孔陶瓷材料。

化学气相沉积（Chemical Vapor Deposition，简称 CVD）是利用加热、等离子体激励或光辐射等方法，使气态或蒸汽状态的化学物质发生反应并以原子态沉积在置于适当位置的衬底上，从而形成所需要的固态或涂层的过程。一般地说，化学气相沉积可以采用加热的方法获取活化能，这需要在较高的温度下进行；也可以采用等离子体激发或激光辐射的方法获取活化能，使沉积在较低的温度下进行。

在碳多孔材料上的涂层厚度一般为 $10 \sim 1000 \mu m$，通过控制涂层厚度可控制制品的孔结构和性能。通过控制工艺条件可使涂层高度致密，晶粒尺寸为 $1 \sim 5 \mu m$，从而获得强度较高的网眼陶瓷。涂层材料可以是化合物，如 SiC、TiC、TiB_2、ZrB_2、Al_2O_3 等，也可以是金属，如 Al、Zr、Ni、Ti 等。该工艺的优点是孔结构容易控制、制品强度高，但缺点是生产周期长、成本高、腐蚀设备和污染环境。

如美国 Ultramet 公司采用聚氨酯泡沫热解得到的开孔玻璃质碳泡沫，通过 CVD/CVI 工艺沉积各种物质，包括 Si 和 SiC。

3.6.3 原位反应法制备 SiC 多孔陶瓷

此方法包括 CVD、CVI 法，即可以利用 CVD、CVI 将硅渗入碳多孔材料中而进行原位反应制备 SiC 多孔陶瓷。

3.6.1 节中热解法制备的木材陶瓷（或碳多孔材料）往往是强度低、可靠性差等，极大地限制了其应用范围。为克服这些缺点，已有一些改进措施。

有人通过对木材加压使弯曲强度提高 50%。也有人通过向木材陶瓷中渗入 Mg 合金可以使弯曲强度、压缩强度和弹性模量提高 $3 \sim 8$ 倍。还有研究者通过向碳骨架中熔融渗 Si 制备致密 Si/SiC 复合材料使力学性能得到了显著提高。这些方法可以改善力学性能，但造成了孔隙率的急剧下降，达不到充分利用木材结构的目的，然而，新型木材衍生陶瓷的研制要求尽可能在各个层次上保持木材的原始结构。

在木材多孔陶瓷（碳多孔材料）中通过原位反应，生成 SiC 多孔陶瓷，这样既可以保留木材多孔陶瓷（碳多孔材料）的孔隙结构，又可以改善其性能。下面是一些研究者进行研制的例子。

如有人利用木材碳化得到多孔碳，然后硅化形成多孔 SiC。

又如有人利用植物材质（木材、竹子等）的天然多孔组织，将其在 $800 \sim 1000 \, ^\circ\!C$ 下和惰

性气体环境中热解碳化得到与木材多孔结构几乎完全相同的碳预制体。然后以碳预制体为模板，1600℃时液态硅蒸发形成的硅蒸汽渗入模板与碳化合形成多孔碳化硅陶瓷。该工艺过程简单，成本低廉，但制品的孔结构主要取决于材质本身的组织，可设计性较差，同时 SiC 的转化率相对较低。

还有人把木材浸渍在真空中，渗入树脂之后，在 1200℃左右热解，冷却后得到具有一定空隙率的木材陶瓷，再进一步硅化，原位反应制备 SiC 多孔陶瓷。

碳的泡沫体与硅化的方法可以多种多样，常用的有以下几种：

3.6.3.1　液相 Si 渗入法原位反应

钱军民等人在实验中以椴木木粉、酚醛树脂和 Si 粉为原料，利用低温碳化和高温原位反应烧结工艺制成了具有椴木粉微观结构的多孔 SiC 陶瓷。制备多孔 SiC 时，将 $250\mu m$ 的 Si 粉按一定比例混入制成的木材陶瓷，在 1450～1600℃、Ar 气氛下烧结 0.5～2h，然后在 1700℃下排 Si 0.5～2h，随炉冷却。

高温下，反应机理可能有以下两种：即固液反应和固气反应，反应式如下：

$$C_{bio} + Si\ (l) \longrightarrow \beta - SiC \tag{3-7}$$

$$C_{bio} + Si\ (g) \longrightarrow \beta - SiC \tag{3-8}$$

生成多孔 SiC 的反应过程如下：首先木粉和酚醛树脂碳化生成木材陶瓷，在高温下固相 Si 熔融，由于 Si 在玻璃态碳和石墨上的润湿角分别为 50° 和 10°，具有很好的润湿性。因此，毛细作用迫使液相 Si 通过碳颗粒中的管状孔道向其内部渗入，同时与接触到的碳发生反应生成 $\beta - SiC$。由于液相 Si 在孔道内的传输速率比 Si 与碳之间的反应速率大 5 个数量级，因而可以认为体系中各部位的 Si 和碳之间的反应是同时开始的，随着反应的进行，生成的 $\beta - SiC$ 层厚度不断增加。

乔冠军等人用三种天然的松木、白桦木、竹子，首先在 120℃下慢慢烘干，在氮气保护下于 900℃烧制成木材多孔陶瓷，再和 1～5mm 粒径工业硅粉混合，在真空炉内 1600℃一起加热，保温 30min，制备成 SiC 多孔陶瓷。如图 3－27 所示。

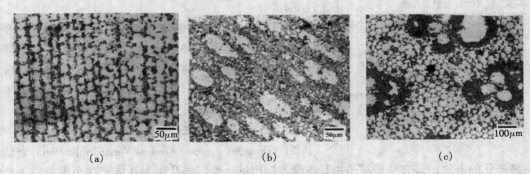

(a)　　　　　　　　　(b)　　　　　　　　　(c)

图 3－27　SiC 多孔陶瓷光学显微照片
(a) 松木；(b) 白桦木；(c) 竹子

3.6.3.2　气相反应渗入法制备多孔 SiC

钱军民等人用气相反应渗入法制备多孔 SiC。

(1) 多孔 SiC 的制备

椴木（西安木材公司）经成型后在 110℃ 干燥 2d，在石墨电阻炉中于 1200℃ 真空碳化 4h，制成多孔生物碳模板（木炭）。

在电阻炉中进行气相 SiO 向木炭中的反应性渗入实验，电炉充 Ar 气保护，温度为 1500～1700℃，时间为 0.5～8h。置于木炭试样下方石墨坩埚中的摩尔比为 1:1 的 Si 和 SiO₂ 的混合物产生气相 SiO。反应性渗入法生成的产物即为多孔 SiC 试样。

（2）气相 SiO 在木炭中的渗入反应机理

气相 SiO 能否扩散并顺利进入木炭中是采用该方法制备木材结构 SiC 陶瓷的关键。气相 SiO 的扩散受木炭管状孔孔径大小的制约，只有足够大的孔径才能在理想的时间范围内实现气相 SiO 的渗入及其与碳的反应。

国外有研究者通过实验得出：在 1400～1600℃ 的温度范围内，向木炭中渗入气相媒质的最小孔径为 1μm，只有大于该孔径的孔道才能实现气相媒质向木炭中的有效传输。从椴木木炭的 SEM 照片可以清楚地看出：其管状孔的孔径是足够大的。气相 SiO 由反应（3－9）生成，生成的 SiO 通过连续管状孔渗入木炭后，与孔道壁表面的碳反应生成 β－SiC，其反应式为：

$$SiO_2 + Si \longrightarrow SiO \qquad (3-9)$$
$$C + SiO \longrightarrow \beta - SiC + CO \qquad (3-10)$$

SiC 的异相成核和生长形成了连续的 SiC 层。初始 SiC 层的形成是非常快的，一旦形成，就会对气相 SiO 和碳质骨架起到分隔作用，对反应有阻碍作用。SiC 层的进一步生长是由于气相 SiO 扩散并通过 SiC 层到达 SiC/C 界面处，使 SiO 与 C 之间的反应得以继续。通常，在木炭转变为 SiC 的过程中，体积会增大并形成许多微孔。

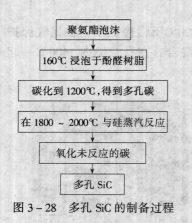

图 3－28　多孔 SiC 的制备过程

在反应初期，组成孔骨架的 SiC 具有较高的气孔率，这些孔道为气相 SiO 的扩散提供了新的通道，但由于 SiO 在 SiC 层的扩散系数很小，会造成反应速率下降。因此，气相 SiO 通过 SiC 层的扩散是物质传输机理和生成 SiC 反应的控制步骤。

有文献报道了直接使硅气体与多孔碳反应制备的开孔 SiC 材料，制备过程如图 3－28 所示。该法能够在保持多孔碳外形的基础上获得 SiC，并且在去掉多余的碳之后能够保持孔隙的真空状态，该多孔 SiC 材料密度轻，块体密度达 0.0779～0.1243g/cm³。

3.6.3.3　PCVI 法原位反应

PCVI（Pressure－pulse Chemical Vapor Infiltration）方法是另一种硅化的方法，该方法最早是由日本学者提出的。他以多孔碳为基体，在高温条件下，将 $SiCl_4 - CH_4 - H_2$ 以脉冲的形式通入多孔体中，$SiCl_4$ 与 CH_4 反应生成 SiC，产物附着在多孔碳上，经过 $2 \times 10^4 \sim 4 \times 10^4$ 次的脉冲，SiC－C 多孔陶瓷便生成了。为了提高多孔体的高温抗氧化性能，把 SiC－C 多孔体在氧化气氛中加热。使碳反应失去，留下多孔 SiC，为了进一步提高 SiC 的强度，又进行了第二次 PCVI 过程，最后制得了抗弯强度为 18～25MPa 的 SiC 多孔陶瓷。在研究中发现，随着 PCVI 次数的增加，气孔直径减小，材料的机械强度提高。

3.6.4　利用分子键构成气孔

利用 Si、Al、C 的多配位性与其他原子（离子）键合，构成具有特殊的三维孔洞的分子。因为是分子本身所构成的孔洞，因而其孔径一般为零点几个纳米。像沸石、柱状磷酸锌等都是这类材料。合成这类分子的方法一般有离子交换法、原位还原法等。

（1）离子交换法

如层状硅酸钠晶体与十八烷基三甲基溴化铵在水中充分混合，硅酸盐层间的阳离了与铵盐阳离子将自发地进行交换，由于铵盐离子体积较大，硅酸盐的片层结构会因铵盐的引入而发生弯曲变形。弯曲的片层之间发生缩聚，将有机物包围在片层当中，经高温烧结除去有机物，即形成多孔 SiO_2 材料。

又如：多孔黏土材料是基于黏土矿物的层间化学活性，通过离子交换的方式把一些化合物引入其层间域，并交替形成分子级别的支柱，而制成的一类孔径大、分布规则的新型分子水平的纳米复合材料。

（2）原位还原法

美国研究者将蒙脱石层间的 Cu^{2+}、Ni^{2+} 离子还原为 Cu、Ni，这些金属原子聚集成簇，将层间距扩大为 $40\sim50nm$，形成层状多孔材料。目前，人们正在研究这种多孔材料的稳定性和比表面积问题，并期望将其应用于催化或吸附系统中。

3.6.5　阳极氧化法

阳极氧化法指的是在铝的表面原位生长制备氧化铝膜的一种方法。

通过阳极氧化制备的多孔状氧化铝膜可获得长度为 $5\mu m$ 有序排列的孔通道，其堡垒层是六角晶胞结构，膜层是六角柱状膜孔结构。可用于制备分离膜、超微网、电发光元件、氧化铝传感器、过滤器和催化载体等，此外还是一种理想的防护装饰性膜层。

铝阳极氧化膜中孔洞的形成及发展除了受电解液、环境温度等的影响之外，与电流密度、氧化时间还有密切的关系。电流密度过小，膜层中无孔洞产生。当电流密度增大到一定程度，电解液可进入氧化膜内，对膜层浸蚀溶解，从而导致孔洞的产生，随着电流密度增大，生成的孔径也增大。随氧化时间延长，则会使膜层中本已存在的孔洞尺寸进一步增大，并相互合并，导致孔洞的数量下降。因此要制备多孔氧化铝膜，应根据所需的膜厚及孔径大小，相应控制好氧化时间、电流密度、电解液的浓度和溶液温度等。

3.6.6　相变造孔

有人用烧结煅造法制备了高强度多孔 Si_3N_4 陶瓷，他们利用相变原理，精确控制多孔微结构，大大提高了多孔 Si_3N_4 陶瓷的性能。其主要原理是将初始态主要为等轴晶粒的 α 相 Si_3N_4 陶瓷粉末，压成块体后均匀地提高温度，在 1850℃下保温加压，使晶粒发生相变，变成 β 相，晶粒长大、变长。在这一过程中，保持压力不变，以控制孔密度，这样将产生长条状的多孔晶粒结构，并具有很强的方向性。该方法制得的多孔陶瓷具有较高的断裂强度，很高的韧性，在保持孔隙率 24% 的情况下，其弯曲强度可达 778MPa。孔的存在有利于降低材料的质量，增加抗应力破坏和抗热震能力。

3.6.7 腐蚀法产生微孔、中孔

例如对石纤维的活化处理，许多无机非金属半透膜也曾用这种方法制备。

当单晶硅变为多孔状，可以在室温下发射强可见光。这是硅基发光材料研究中的一个重大突破。人们首次将硅的发光推向可见光。多孔硅是电化学腐蚀而成的。它的形貌是珊瑚状的多孔体。多孔硅的形成是利用电化学腐蚀，而电化学腐蚀过程受硅晶体的导电类型、电阻率和晶体完整性的影响。

为了用浸析法制取微孔材料，通常采用碱玻璃或硼铝硅酸盐玻璃和含玻璃相的陶瓷。用玻璃制取微孔材料的方法如下：熔制给定组成的玻璃，研磨并用所获粉体成型坯体，烧结和晶化，最后浸析。

日本专利（NO.426573）记述了用玻璃浸析法制取气体传感器生产用 TiO_2 基多孔陶瓷的工艺。用一定比例的 Na_2O、CaO、TiO_2、P_2O_5 和 SiO_2 氧化物混合物熔制玻璃，并于 700℃下使其结晶，再于 100℃下借助 1 当量盐溶液将结晶玻璃处理 10min。此时，浸出氧化钠和氧化钙，使得 $TiO_2 + SiO_2$ 氧化物的总量超过 95%。采用这一方法可以制取 $0.5 \sim 5\mu m$ 孔隙直径的微孔陶瓷。

有文献叙述了用浸析法制取多孔莫来石陶瓷的过程。这种多孔莫来石陶瓷，由添加过渡金属氧化物（TiO_2，Fe_2O_3，CuO，CoO 或 ZrO_2）的天然高岭土制成，经 $1300 \sim 1500$℃烧成后，在 153℃和 5 个大气压下用 5 当量的 NaOH 溶液浸析玻璃状基体。浸析速度随烧结温度的升高而下降。升高烧结温度可以加快针状莫来石晶体的发育，同时孔隙尺寸也随之增长，为 $500 \sim 5000$Å。

在添加造孔剂工艺中，也有用难熔化但易溶解的无机盐类作为成孔剂，它们能在烧结后用溶剂侵蚀作用下除去。

3.6.8 等离子喷涂工艺

多孔陶瓷电极在电化学领域中应用广泛，有人采用等离子喷涂工艺在电极基体上制备 La0.85Sr0.15MnO₃ 多孔涂层，成孔剂采用碳粉，孔隙率 25% ~ 40%，孔径约 $5\mu m$。

3.7 复合造孔工艺

以上介绍的各种造孔方法都有各自的优缺点，其制备的多孔陶瓷的孔径、气孔率、孔形状等都有所不同。因而适用于不同的应用场合。如表 3 – 11 比较了常用的几种工艺方法的特点及应用。

表 3 – 11 制取多孔陶瓷材料的常用工艺比较

成型方法	孔 径	气孔率（%）	优 点	缺 点	应用实例
添加造孔剂的方法	$10\mu m \sim 1mm$	0 ~ 50	采用不同的成型方法，可制得形状复杂的制品；可制取各种气孔结构的多孔制品	气孔分布均匀性差；不适合制取高气孔率的制品	一般过滤器；催化剂载体

续表 3 – 11

成型方法	孔　径	气孔率（%）	优　点	缺　点	应用实例
有机泡沫浸渍法	$100\mu m \sim 5mm$	70 ~ 90	能制取高气孔率的制品；试样强度好	不能制造小孔径闭气孔的制品；制品形状受限制 制品成分密度不易控制	金属熔体过滤器
发泡法	$10\mu m \sim 2mm$	40 ~ 90	特别适于制取闭气孔的制品，气孔率大，强度高	对原料的要求高工艺条件不易控制	轻质建材保温材料
溶胶 – 凝胶法	$2 \sim 100nm$	0 ~ 95	适于制取微孔陶瓷；适于制取薄膜材料；气孔分布均匀	原料受限制；生产率低；制品形状受限制	微孔分离膜
挤压成型	$\geqslant 1mm$	$\leqslant 70$	孔形状、尺寸高度均匀可控，易大量连续生产	很难制造小孔径制品	汽车尾气催化剂载体
颗粒堆积	$0.1\mu m \sim$ 几十 mm	20 ~ 30	容易加工成型，强度较高	气孔率较低	部分无机膜

如果将两种或两种以上的成孔工艺一起应用，将可以制备出具有更丰富孔隙结构的，具有综合优势的多孔陶瓷制品。以下介绍的是一些实际使用例子。

3.7.1　颗粒堆积与造孔剂、发泡剂的复合造孔

在添加造孔剂、发泡剂来制备多孔陶瓷时，实际上或多或少的利用了颗粒堆积法。这样制备的多孔陶瓷既有造孔剂或发泡剂所形成的气孔，又有颗粒堆积形成的孔洞。下面仅举一例说明。

王连星等人以刚玉为集料，20% 碳粉为成孔剂，注浆成型，1120 ~ 1170℃烧结，制备孔隙率 50% ~ 56% 的多孔陶瓷，系列孔径 20 ~ 450μm，抗弯强度大于 20MPa。结果表明，增大集料粒径，分散集料粒径分布，提高烧结温度，会减小孔隙率。延长保温时间对孔隙率影响不明显，却可以提高强度。低熔点粘结剂的加入可以提高强度，却降低了气孔率和化学稳定性。

在大量三维交叉网状孔道的内壁上，是由丰富的 Al_2O_3 颗粒堆积形成的微孔。其中较粗孔是由成孔剂成孔，较细孔是由颗粒堆积成孔。大量三维气孔使多孔材料具有很高的比表面积，起到净化过滤作用。

（1）配方

表 3 – 12 为刚玉多孔陶瓷原料组成的配方设计。其中，集料用煅烧过的 Al_2O_3 粉及标准刚玉砂。粘结剂用两种：一是长石、黏土和滑石低熔点物料；二是白云石、TiO_2、MnO_2 矿化剂。

表 3－12　刚玉多孔陶瓷配方

集　料	粘　结　剂		外　加　剂		
	低熔点物	矿化物	纯　碱	水玻璃	碳　粉
60%～80%	17.6%～40%	2.4%	0.2%	0.1%	10%～30%

（2）工艺流程

原料预处理→配料→球磨（6h）→料浆过筛→注浆成型→干燥→常压烧成→多孔陶瓷。

为了使成型顺利进行并获得高质量的坯体，一定要有合乎注浆要求的性能。

3.7.2　溶胶－凝胶与有机泡沫浸渍成型法复合造孔

资文华等人以正硅酸乙酯、铝粉、硼酸为主要原料，采用溶胶－凝胶和有机泡沫浸渍法的复合工艺制备网眼多孔 SiO_2 基复合陶瓷载体。烧结体中不仅有许多宏观孔，宏观孔及孔壁中还分布着大量微孔，其微孔、晶粒大小分布比较均匀，最可几晶粒大小为 $3.27\mu m$ 左右。

（1）浸渍前驱复合溶胶的制备

称取一定量的铝粉（分析纯）放入洗净的平底烧瓶中，加入适量催化剂，置于附有回流装置的磁力加热搅拌器上加热，并从回流装置的上口端缓慢滴加一定量的无水乙醇，经 4h 左右的缓慢反应生成乳白色糨糊状的铝纯盐，再将铝纯盐在强烈加热搅拌的 80℃ 蒸馏水中水解，获得透明的 AlOOH 溶胶；AlOOH 溶胶在一定的温度下经回流装置在 80℃ 以下分馏出适量的乙醇，配成 Al_2O_3 含量约为 19.23g/L 的 AlOOH 溶胶。

按一定比例将分析纯的正硅酸乙酯在磁力加热搅拌器上缓慢溶于乙醇，并加入适量盐酸作催化剂，待溶液均匀且升温至 74℃ 左右时，滴加一定量的蒸馏水和丙三醇，强烈搅拌 20～30min 制备成透明的 SiO_2 溶胶。

为了促进烧结，将硼酸制成 13.5% 的水溶液，然后再将制备好的 AlOOH 溶胶、硼酸水溶液按一定比例加入到正反应的 SiO_2 溶胶中，继续在停止加热和强烈搅拌的状态下使其均匀混合制备成透明的复合溶胶，作为浸渍前驱溶液。

（2）成型与烧结

选用软质聚氨酯海绵为有机泡沫体骨架，将其制成 $\phi50mm \times 50mm$ 的圆柱状，并分别用乙醇和蒸馏水浸泡洗涤，烘干后待用。成型采用自行设计的挤压离心装置对浸渍好的泡沫体缓慢挤压后，进行离心分离除去多余的复合溶胶，然后取出泡沫体置于 WP 700 型微波炉中温火干燥 1min，再按同样的工艺反复浸渍处理，达到所需的目的。

经浸渍成型的网眼坯体在室温下干燥 48h，再在 101A－1 型干燥箱中以 20℃/h 的升温速率干燥到 200℃，保温 3h。干燥好的坯体在 SRJX－4－13/4kW 电阻炉中以一定的升温速率至 1250～1280℃保温烧结，关炉后自然冷却。制备工艺流程如图 3－29 所示。

采用溶胶－凝胶和有机泡沫浸渍法的复合工艺，能制备宏观气孔有一定分布，且孔壁上由大量晶粒堆垛而成，微孔分布均匀的网眼 SiO_2 基多孔陶瓷载体。

成型工艺直接影响着烧结试样的结构及性能。挤压离心除去浸渍体中多余复合溶胶，能提高溶胶在聚氨酯泡沫中的均匀性，有效避免了烧制样品开裂的问题；微波干燥有利于提高干燥速率，制备密度均匀、规则的样品。

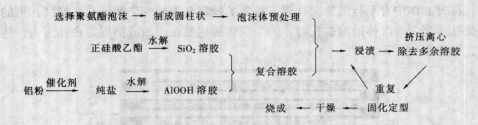

图 3-29　SiO_2 基多孔陶瓷制备工艺流程图

3.7.3　微孔梯度膜

由于性能与结构的特殊需要，多层梯度复合多孔材料（也有称不对称多层复合多孔材料）应运而生，因此也开发出综合利用各种制备技术的复合制备方法。例如可以先利用发泡工艺制备孔径较大的基底材料，再在上面用溶胶 - 凝胶工艺制备出各种微米孔径的梯度材料，从而制成担载微孔梯度膜。

例如先制备具有较粗孔隙的多孔陶瓷管，然后在多孔陶瓷管上用其他的方法成型陶瓷膜。

多孔陶瓷管的成型有许多方法，常用的有注浆成型、加压成型和塑性挤压成型法。传统的注浆成型操作简单，适宜制作形状复杂的各种制品，但对于制备薄壁的小空心高纯氧化铝制品存在一定局限性，即脱模困难，坯体易开裂。塑性挤压法适宜工业化连续生产管、棒状制品，但由于设备费用高，对于小批量生产或实验室制备在经济上显然是不合算的。

膜基管孔隙的形成是通过晶粒的架桥融合作用形成的，起始原料粒径的不同会造成制品孔径大小的差异。此外，原粒的粒度分布也会影响制品的孔隙率，因为细颗粒会填充到较粗颗粒的间隙之间，所以采用粒度分布宽的原料很难制得要求孔隙率的基管。

$\alpha - Al_2O_3$ 粉末（标号 $5\mu m$）与一定量的 PVA 溶液（0.5%）及黏度调节剂通过研磨调成稳定的悬浮液，陈化 2d 后注入自制的石膏模中，为保证壁厚采用多次注浆，倾出多余的浆料，4h 后脱外模干燥，再经低温熔出石蜡质模芯。注浆前，在外模工作面上垫上一层薄的易吸水透水的附加物，脱外模后，将其除去。全脱模后稍加修饰，即可得外观圆直的坯体。制备工艺如图 3-30 所示。

制备的载体管其内径 7mm，壁厚 1.5mm，管长 20cm，平均孔径 $1\mu m$，孔隙率达 43%。

然后可以在此多孔陶瓷管上制备陶瓷膜。如王黔平等人采用溶胶 - 凝胶法以异丙醇铝、正硅酸乙酯和氧氯化锆为原料，HNO_3 为催化剂，PVA 为成膜助剂，在多孔陶瓷管上制得了 $Al_2O_3 - ZrO_2 - SiO_2$ 复合薄膜。

3.7.4　壁流式蜂窝陶瓷过滤体

以壁流式蜂窝陶瓷作为过滤体的除尘装置，其除尘

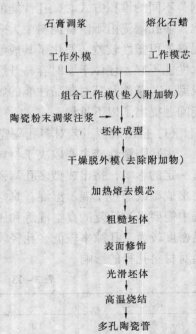

图 3-30　多孔陶瓷管的制备工艺

原理是，在过滤体中有平行的蜂窝孔道，相邻的蜂窝孔道两端交替堵孔，蜂窝孔道的蜂窝壁上均布微孔，当含尘气体通过微孔时，粉尘颗粒被拦截在表面或捕捉留在孔道内，达到除尘的目的，如图3-31所示。

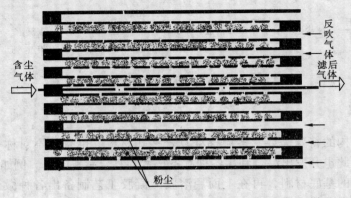

图3-31　壁流式蜂窝陶瓷过滤

在壁流式蜂窝陶瓷过滤体中有两种孔洞，一种是直通的孔道，一般有几个毫米大小，作为气流的通道而不参与过滤；另一种是蜂窝陶瓷壁上的微细孔，用来滤除粉尘。

毫无疑问，直通孔道可以很方便地由挤压法成型。而孔道壁上的微细孔则主要由颗粒堆积方法来形成。

挤出成型的壁流式蜂窝陶瓷，不仅要求泥料本身具有良好的颗粒级配，还要求制备的泥料具有较高的可塑性和延展性能。多孔陶瓷制品的孔隙大小主要是通过集料的颗粒堆积来控制，不同的堆积方式对微孔性能的影响较大。另外，同一般挤出成型的其他工业陶瓷制品相比，多孔陶瓷由于制备泥料中大多数为脊性集料，且颗粒较粗，泥料中塑性成分相对较少，泥料的可塑性较差，恶化了其成型性能。另外，挤出成型的多孔陶瓷坯体，由于塑性差、保水性能不好，坯体干燥时容易开裂，影响了产品的生产效率。针对上述问题，江培秋就挤出成型工艺条件及其对制品性能的影响，尤其是就如何改善坯料的性能来提高多孔陶瓷成型性能问题提出了以下见解。

（1）挤出成型工艺对多孔陶瓷性能的影响因素

多孔陶瓷性能主要取决于材料本身的原料组成及各部分的配比，但成型工艺对其性能也有一定的影响，挤出成型多孔陶瓷制品通常是由各原料配比后经过湿磨、榨泥、混练、真空挤出成型或通过干混、湿混、真空混练、真空挤出成型等系列工艺完成。泥料在挤出成型过程中需要经过反复的真空混练和压榨，泥料中颗粒相互排列均匀且较紧密，因此，成型后制品密度较大、孔隙率较低、孔径较小，如表3-13所示，为相同情况下挤出成型与热浇注成型对材料孔径的影响。

表3-13　不同成型工艺的多孔陶瓷材料孔径对比

成型工艺	最大孔径（μm）				
热浇注	110	80	60	40	30
挤出成型	65	40	35	25	18

可以看出，不同的成型工艺对相同配比的材料孔径影响较大，随着材料配方中集料粒度的增大，其影响更加明显，另外，挤出成型压力及真空度的增大，对材料的孔径也有影响。由于挤出成型工艺受材料集料粒度的影响较大，且不可能采用更大粒径的集料，因此该工艺成型的多孔陶瓷制品，其孔径相对较小（一般小于 $100\mu m$）。为了提高材料孔径，或者说为了制得孔径较大的多孔陶瓷制品，通常需要在坯料配方中加入大量的可烧失成孔助剂（木炭、塑料颗粒等）。

(2) 泥料性能对多孔陶瓷挤出成型工艺的影响

泥料所具有的良好的可塑性、延展性和保水性是多孔陶瓷坯体挤出成型的关键，泥料制备的目的在于把较粗的陶瓷集料在塑性剂的作用下，制备成可塑性较强的陶瓷泥料，达到稳定成型的目的。通常是泥料中集料越多、集料的颗粒越大，则泥料的塑性越差，挤出成型越困难。用于制备多孔陶瓷材料的泥料中，由于集料所占的质量分数较大（80%以上）、颗粒较粗（一般大于 $50\mu m$）而塑性黏土的质量分数较低（通常小于 10%），因此泥料的可塑性较差，挤出成型较困难。为制得高塑性的坯体泥料，通常在泥料制备过程中加入大量的有机塑化剂及成型助剂，以提高坯料的成型性能。

1) 黏土含量对泥料性能的影响

在挤出成型工艺泥料制备过程中，黏土是一种很好的塑化剂，可以有效地提高泥料的可塑性，便于成型。因此，在不影响制品性能的前提下，坯料配方中尽量引入高塑性黏土，如膨润土等。当然引入该塑性黏土，坯体在干燥时，由于水分的排除会产生较大收缩，容易引起坯体变形开裂。为了降低挤出成型坯体在干燥和烧成时的收缩，在保证挤出成型时所要求塑性的前提下，塑性黏土的加入量应尽量减少。

2) 有机塑化剂

受制品性能因素的限制，多孔陶瓷制品坯体工艺配方可引入的塑性黏土的含量通常较低，而集料粒径较大，制得的泥料塑性较差，不能满足挤出成型工艺的要求，需要加入有机塑化剂来提高坯料的成型性能。有机塑化剂的特点是与塑性黏土相比具有较强的塑化效果，特别是多种有机塑化剂复合可以优化陶瓷泥料的塑化性能，在挤出成型工艺中起到可塑性和保型性的作用。另外，在烧结过程中由于有机物分解挥发，在烧结体中不残留杂质，因此可用来制备高性能的多孔陶瓷制品。

3) 乳胶剂（emulsion）

乳胶剂实际是一种表面活性剂（Surfa Ctant），属于离子型表面活性剂，其分子链两端分别为亲油基和亲水基，在理想状态下应分布在有机塑性剂的外层，提高颗粒的流动性，减小模具与颗粒间的摩擦，避免泥料团回流，使坯体表面光滑。

另外，在泥料混练时部分乳胶剂进入颗粒表面，或与塑性剂混合也能起到提高颗粒的流动性的作用，但效果不如分布在塑性剂的外部效果明显。乳胶剂的加入可有效地提高坯体的成型性能、表面性能、干燥性能及减少有机增塑剂的加入量，常用的乳胶剂通常有聚丙烯酸、油酸、苯磺酸等。

4) 挤出成型多孔陶瓷制品的保形性

保形性是指挤出坯体从离开挤出模具瞬间起，经过运输、烘干、烧成等工艺过程，坯体保持原有形状的一种特性。

大多数薄壁及大口径的多孔陶瓷制品在挤出及干燥过程中，由于受到各种应力的影响，会产生各种各样的变形及开裂，从而影响产品的使用性能。因此，保形性的控制技术是挤出成型工艺的关键技术之一。

产品的保形性实际与颗粒紧密堆积的程度、颗粒形状的复杂性和颗粒间的粘结强度等因素有关。成型后的坯体在自身重力的作用下产生变形，实际是由于某一局部颗粒向同一方向产生滑移或位移所致，如果挤出成型坯体中颗粒与颗粒间紧密堆积，由于颗粒形状和取向较复杂，颗粒向同一方向产生滑移或位移需要克服较大的阻力，因此，提高挤出压力，促使颗粒与颗粒间紧密堆积，是提高坯体保形性的重要手段之一。颗粒间的紧密堆积需要较高的粘结强度来维持，因此通常选择黏度较高的 PVA 和纤维素类的有机粘结剂。但是粘结剂的加入量应尽量减少；反之会产生较强的弹性，降低坯体的保形性。

3.7.5　阳极氧化与超临界干燥结合制备多孔硅

郭国霖等人用阳极氧化与超临界干燥结合制备多孔硅。

多孔硅（PS）在室温下发射强可见光，这一发现在国际上引起极大关注，成为材料科学、半导体物理和化学以及信息科学领域研究的热点。最近三四年，国内外对 PS 制备工艺、影响 PS 发光的因素、PS 发光机制、PS 应用前景等方面进行了广泛地研究，但有一些基本问题，如离应用差距甚远、高多孔度 PS 微孔结构不稳定等，还待研发解决。

PS 微孔内溶剂蒸发过程中，由于毛细管张力的存在，造成微孔骨架受力不匀。强应力使 PS 骨架脆弱，甚至微孔结构坍塌，从而导致 PS 结构不稳定。对于高多孔度 PS，这种应力不匀造成的 MC 结构不稳定更为严重，虽能由阳极氧化制得高多孔度 PS，但过去仅能稳定存在于溶液中，在空气中自然干燥（AD）时，其微孔骨架将受毛细管张力而坍塌剥落。这种情形极大地限制了 PS 的应用及其发光机制的深入研究。如何制备不坍塌高多孔度 PS，已成为 PS 研究亟待解决的问题之一。

20 世纪 30 年代溶胶 – 凝胶法和超临界干燥（Supercritical Drying，SD）技术首次被应用制备出气凝胶（Aerogel），其孔隙率可达 $80\% \sim 99.8\%$。1985 年来，气凝胶材料引起科学与技术界的关注。

1994 年有人用超临界干燥（SD）法来处理阳极氧化后的硅片，成功地制得了高多孔度（ $> 90\%$ ）的 PS，并称其为硅气凝胶。此后国内外尚未见有关这方面的进一步研究报道。

郭国霖等人推广了 Canham 的工作，将阳极氧化与超临界相结合，系统地制备了不同晶向、不同多孔度的 PS，实验证实了 SD 法在制备 PS，特别是高多孔度 PS 的优势。

超临界干燥就是使处于临界温度以下的液体、升高温度和压力，让其避开气液平衡线，达到超临界状态，然后在超临界温度下降低压力，排放物质，实现干燥。选用 CO_2 作为超临界干燥的溶剂，先用 CO_2 置换 PS 微孔中的乙醇，然后实现 CO_2 的超临界状态，在超临界温度下除去 PS 微孔中的 CO_2，可得到无坍塌的多孔硅。

实验步骤如下：

首先将单晶硅片的阳极氧化。用电阻率为 $0.01 \sim 0.02\Omega \cdot cm$ 的 P 型〈100〉和〈111〉取向的单晶硅片，在 $HF : C_2H_5OH = 1 : 1.5$ 溶液中，电流密度为 $50mA/cm^2$ 的条件下，阳极氧化 5min，然后再进行 5min 化学溶解，制得 PS。为除去阳极氧化电解液在多孔硅中的残余，需用无水乙醇洗涤阳极氧化后刚取出的多孔硅数次，或将其在无水乙醇中浸泡 24h，备用。

迅速把经洗涤、浸泡的多孔硅转移到高压釜，在 (15.0 ± 0.5)℃恒温下充 CO_2 气体至 60×10^5Pa，使 CO_2 保持液态，置换多孔硅中的乙醇，交换速度约 $60mL/min$ CO_2 气体，流出的气体乙醇含量用气相色谱分析，当含量低于 10ppm 时，可认为置换完全。

然后加热升温至 CO_2 临界温度以上，升温速度 0.5℃$/min$，待温度达到 45℃，压力 110×10^5Pa 时，在此超临界状态下保持 2~3h，最后保持温度在 45℃下缓慢放气，直至压力降到 10^5Pa 为止，完成超临界干燥，打开高压釜，取出干燥的多孔硅。

最后的实验结果表明，阳极氧化与超临界干燥相结合可制备无明显应力、不坍塌的孔结构良好的多孔硅。这是迄今为止唯一能获得完整高多孔度 PS 材料的方法。

3.8　制备工艺对多孔陶瓷结构与性能的影响

多孔陶瓷的各种制备方法在前面已叙述，但是制备工艺对性能的影响讨论较少。而在陶瓷的生产过程中，制备工艺对多孔陶瓷性能影响很大，不同的制备工艺参数对不同材质的多孔陶瓷性能也相差很大，下面我们分别举 SiC、Al_2O_3、硅藻土基多孔陶瓷三个不同材质的例子说明各种制备工艺参数对多孔陶瓷性能的影响。

3.8.1　制备工艺对 SiC 多孔陶瓷的影响

3.8.1.1　SiC 多孔陶瓷的制备

氮化硅多孔陶瓷可用一般的反应烧结或常压烧结的方法就可制备。反应烧结氮化硅本身就是多孔体，一般开口气孔占总体积的 16%~19%，当密度在 $20~22 \times 10^3 kg/m^3$ 之间时，开口气孔占 30%~40%。

氮化硅多孔陶瓷的气孔率、孔径的调节与控制主要是通过粉料颗粒配比、成型密度和添加成孔剂的方法来实现。如葛伟萍等人用聚氨基甲酸乙酯作发泡剂，经浇注成型，制备了孔隙率达 40%~90% 的反应烧结氮化硅，也就是氮化硅多孔陶瓷。

3.8.1.2　烧成温度对 SiC 多孔陶瓷的影响

（1）烧成温度对 SiC 多孔陶瓷气孔率的影响

体气孔率与陶瓷体的密度成反比。不同烧成温度下 SiC 多孔陶瓷的显气孔率及坯体密度变化见表 3-14。结果表明，随着烧成温度的提高，SiC 多孔陶瓷的显气孔率逐渐下降，而体气孔率增加。

表 3-14　不同烧成温度下 SiC 多孔陶瓷的显气孔率和坯体密度变化

烧成温度（℃）	1160	1200	1240	1280	1320
显气孔率（%）	41.56	28.22	29.68	20.59	10.45
坯体密度（g/cm³）	1.251	0.934	1.142	0.904	0.564

（2）烧成温度对 SiC 多孔陶瓷强度的影响

实践经验表明，多孔陶瓷的强度受陶瓷体内气孔率的影响：

$$\sigma = \sigma_0 \exp(-nP)$$

（3-11）

式中 σ_0——致密样品的强度（理论强度）；

P——陶瓷体内气孔的体积分数（体气孔率）；

n——比例系数，与结合剂类型、高温熔融特性、晶界玻璃相与集料颗粒之间的界面结合状况等因素有关。

由式（3-11）可知，多孔陶瓷的强度随体内气孔率的升高而下降。根据表 3-14 中坯体密度的变化，多孔陶瓷体内的气孔体积分数随着烧成温度的升高而增大，因此，强度应当逐渐降低。但是，实际试验结果与理论不完全相符合：1160℃烧成时，尽管陶瓷体具有相对较高的密度，体气孔率较小，其强度却低于其他高温下烧成的样品；同时，1320℃烧成的样品尽管体气孔率最大，但其强度却显著高于低温烧结样品。

实际结果的这种异常变化主要与陶瓷结合剂性能有关。1160℃烧成时，由于结合剂仍呈固态，晶界相很少甚至不存在玻璃相，不能将集料颗粒粘结在一起而使其孤立分散在坯体内，因此强度较低；在 1320℃的高温下，集料 SiC 颗粒表面氧化，生成 SiO$_2$，而 SiO$_2$ 参与晶界玻璃相的液相反应，从而使 SiC 颗粒与晶界玻璃之间的局部界面结合强度显著提高，使强度出现异常增大。因此，提高烧成温度使 SiC 多孔陶瓷的强度降低，但在高于 SiC 氧化温度（>1300℃）时，因 SiC 颗粒表面局部界面结合强度的剧烈增大而使陶瓷体强度显著升高。

（3）烧成温度对 SiC 多孔陶瓷气孔形状等性能的影响

多孔陶瓷的气孔形状、孔径大小及分布直接影响其应用效果。1240℃烧成，样品表面的气孔尺寸分布不均匀，有较大气孔存在，最大气孔直径约 $32\mu m$，表面晶界玻璃相不明显，分布不均匀，不连续；1280℃烧成的样品开口气孔多呈圆形，尺寸分布较均匀，平均孔径约 $20\mu m$，存在大量结合剂熔融形成的晶界相，分布于 SiC 集料颗粒之间；1320℃烧成时，样品的晶界相完全呈玻璃态，表面气孔形状不规则，尺寸分布趋于不均匀。

3.8.1.3 氧化铝引入量对 SiC 多孔陶瓷性能的影响

如果在初始配料中与粘结剂同时引入可阻止材料裂纹发育的细散成分，则可使材料达到更佳的强化效果。作这种细散成分的是氧化铝，它与所用粘结剂相结合，可保障 SiC 颗粒之间强固键合。在进一步的研究过程中，分析了氧化铝的引入量对试样密度和强度的影响。在含碳化硅和烧结剂的配料中，分别引入了 10%、20% 和 30% 氧化铝。试样经 100MPa 压力成型，并于 1400℃烧成。表 3-15 列出了制得试样性能的测定结果。

表 3-15 氧化铝引入量对性能的影响

性 能 指 标	氧化铝含量（%）		
	10	20	30
密度（g/cm³）	2.06	2.23	2.15
开口气孔率（%）	35.6	30.2	32.8
抗弯强度（MPa）	32	31	29

当氧化铝含量由 10% 增加到 20% 时，材料明显致密化。进一步提高氧化铝含量时，效果不佳，强度降低，显然是因为所引入的添加剂量不足以使碳化硅和氧化铝颗粒完全结合。

在继续的试验中，采用了气孔率最高的氧化铝含量 10% 的配方试样。该试样经较高温度（1450℃），其开口气孔率因致密化而急剧下降（<233%）。

3.8.1.4　混料粒度对 SiC 多孔陶瓷性能的影响

为了研究混料的颗粒尺寸对多孔陶瓷强度的影响，分别使用了平均粒子尺寸为 $100\mu m$、$120\mu m$ 和 $630\mu m$ 的工业碳化硅粉（黑色 No.10 粉、绿色 No.12 粉和黑色 No.63 粉）。在 50MPa 压力下成型 No.1 配方试样，并在 1350℃ 和 1430℃ 下煅烧，正如所料，其强度依碳化硅颗粒尺寸的增大而有规律地降低。在 1430℃ 下，材料有所致密化，降低了气孔率，因此在进一步的研究中用 1350℃ 煅烧试样。在该温度下制得的多孔陶瓷的性能列于表 3-16 中。

表 3-16　多孔陶瓷的性能与混料粒子尺寸的关系

性　能　指　标	粒子尺寸（μm）		
	100	120	630
开口气孔率（%）	30	28	20
平均气孔尺寸（μm）	4	4 ~ 8	10 ~ 38
吸水率（%）	14	13	9
透气性（μm^2）	1.55	1.19	3.61
抗压强度（MPa）	102.1	115.6	35.8
抗弯强度（MPa）	29.6	34.0	15.5

粒子尺寸为 $100\mu m$ 的碳化硅试样具有较均匀的微孔结构。其余混料试样具有气孔尺寸分布极广的特点。

3.8.1.5　SiC 颗粒级配对制品性能的影响

将两种粒径的碳化硅按一定质量分数配合组成。当两种碳化硅颗粒粒径相差 $0 ~ 20\mu m$ 时，制品的电阻率从 $4.58\Omega\cdot m$ 下降至 $3.9\Omega\cdot m$，而制品的显气孔率从 33% 增加至 40%；颗粒粒径相差 $20 ~ 50\mu m$ 时，电阻率一直下降至最小值 $2.41\Omega\cdot m$，显气孔率在 40% 左右；两种粒径相差 $50 ~ 110\mu m$ 时，其电阻率和气孔率基本变化不大；颗粒粒径相差 $110 ~ 170\mu m$ 时，电阻率从 $2.41\Omega\cdot m$ 增加到 $3.9\Omega\cdot m$，而显气孔率逐渐减小。这是因为当颗粒粒径相差较小时，碳化硅颗粒之间呈等粒径球堆积状态，颗粒间隙小，素坯显气孔率低，在有限的烧结时间内，使注入的金属蒸气难以和相当厚度制品里的碳素完全反应，只能在表面生成一层较致密的碳化硅，从而阻挡了金属蒸气完全进入制品内部，使制品的显气孔率偏低，电阻率偏高，这一点也可从制品断面的"黑芯"（没有反应的碳素）现象得到印证。随着颗粒粒径相差变大，小颗粒不均匀充填于大颗粒之间，大、小颗粒接触渐为紧密，使制品具有稳定显气孔率，电阻率逐渐下降。当颗粒粒径相差 $110 ~ 170\mu m$ 时，小颗粒完全充填于大颗粒之间，大、小颗粒粒间接触点减少，形成较大的导电势垒而使制品的电阻率逐渐增大，显气孔率逐渐减小。

3.8.1.6　造孔剂对成品性能的影响

本试验初步选用 C 粉和尿素作为造孔剂，随着造孔剂加入量的增加，制品的气孔率呈线性增加；而制品的电阻率却表现为：造孔剂加入量在 $0 ~ 36\%$ 之间时，制品的电阻率受造孔剂加入量的影响很小；超过 36% 时，电阻率急剧增加。此外，造孔剂加入量过大，就很难保证制品的机械强度。这一方面是由于孔隙增加提高了材料的导电势垒，另一方面，实验中还发现，当造孔剂加入量大于 36% 时，烧成制品中会残留部分微裂纹，致使制品的电阻率急剧增加。

3.8.1.7 球磨和混合对陶瓷性能的影响

球磨的目的是使颗粒粉碎到一定粒度，在一些制造工艺中，存在许多导致颗粒团聚、聚集的机会。尤其是这些聚集的颗粒经过煅烧加热后就牢固地结合起来，因此要获得致密的烧结体，如不把结合牢固的团聚体进行球磨粉碎，就难以排除颗粒内部的气孔。这些结合牢固的团聚颗粒或致密的粗颗粒必须要长时间球磨才能粉碎。但是球磨使颗粒微粒化是有一定限度的，所以要真正获得微细颗粒，必须在原料制备阶段制备颗粒，这是十分重要的。这样，即使它们聚集起来，也能容易地把它们粉碎，制备理想的颗粒。

此外，球磨和混合不仅增加混合程度，而且具有改善烧结时粉末颗粒的接触性和致密性。

3.8.2 Al_2O_3 多孔陶瓷

3.8.2.1 造孔剂对气孔率及孔径分布的影响

添加具有代表性的有机造孔剂的试样在 1400℃下烧成后，随造孔剂加入量的增加，气孔率基本上呈直线上升。当加入量为 40wt% 时，气孔率可达 45% 以上，比未添加时增加了近一倍。这是因为随造孔剂加入量的增加，在试样烧成过程中留下的空隙增大所造成的。但是当造孔剂加入量超过 40wt% 时，由于试样在排除有机物的过程中，有机物挥发逸出的气体量较大，从而导致试样膨胀、破裂或成粉末状。

3.8.2.2 烧成温度对气孔率及孔径的影响

气孔率在烧成温度变化时，在添加碳粉 10wt% 和 30wt% 时，均显示了随烧成温度的升高，气孔率呈线性迅速下降。当为添加 20wt% 乙基纤维素时，随烧成温度的升高，试样的最可几孔径向孔径小的方向偏移。当试样在 1300℃烧成时，平均孔径为 5.6μm，当烧成温度提高到 1350℃时，平均孔径下降到 3.9μm。对于添加其他造孔剂的试样，也得到了与此相类似的结果。

添加造孔剂后，试样的孔径分布曲线的峰值均向孔径大的方向移动，即平均气孔孔径比未添加的试样要大，而且孔径分布范围也变宽，气孔孔径分布的均一性下降。造孔剂不同，所得到的平均孔径和孔径分布也不同。这是由于造孔剂的颗粒直径比 Al_2O_3 粉料的粒径大，并且颗粒大小不均一才导致了平均孔径增大和孔径分布范围变宽。

3.8.2.3 粉料粒径对气孔孔径的影响

在粒径为 1 ~ 10μm 和 0.1 ~ 1μm 的粉料中，添加了乙基纤维素和碳粉后分别制得多孔陶瓷，分别测得其气孔孔径，粒径为 0.1 ~ 1μm 的试样的最可几孔径为 0.1μm。而粒径为 1 ~ 10μm 的试样的最可几孔径为 0.58μm。

3.8.2.4 外加剂对 Al_2O_3 多孔陶瓷的影响

目前 Al_2O_3 多孔陶瓷的改性主要通过引入较少量的外加剂以达到不同性能要求。主要采用部分 ZrO_2 和 SiC 来增韧陶瓷，以提高其抗热冲击性能，通过引入 MgO 来降低其烧结温度，并控制其晶粒长大，从而提高材料强度，降低其热膨胀系数，提高其耐热冲击性能。

（1）氧化镁的影响

氧化镁是生产刚玉最重要的外加剂之一，它不仅能阻止晶体增长，而且也会影响烧结速度。据有关资料表明，MgO 的加入量即使少到 0.25%，也能在刚玉晶体表面生成尖晶石，阻止刚玉晶粒的长大。自 1957 年 Coble 发现微量氧化镁的作用后，人们对用氧化镁细化晶粒来降低 Al_2O_3 多孔陶瓷的烧结温度，增加材料强度，降低热膨胀系数，提高抗热冲击性能的作用进行着不断深入地研究。

（2）氧化锆的影响

ZrO_2 增韧陶瓷，主要由于 ZrO_2 是一种同质多晶晶体，具有单斜、四方和立方三种晶体结构，单斜晶体在 1000℃ 下存在，四方晶体在 1100℃ 以上存在，在陶瓷烧结的冷却过程中，由四方相转变为单斜相发生的体积膨胀使 ZrO_2 聚集体前端出现裂纹，裂纹的出现吸收能量，阻碍了大裂纹的扩散，从而使陶瓷强度和韧性得到提高，把 ZrO_2 这种特性运用到 Al_2O_3 多孔陶瓷中，取得较好效果，如，N. Clanssen 首先采用热压法制得了复合陶瓷，最大韧性达到纯 Al_2O_3 多孔陶瓷的两倍多。

（3）二氧化硅的影响

SiO_2 能与 Al_2O_3 及其他氧化物形成多元的低共熔物，因此 SiO_2 能降低烧结温度，强化烧结，是一种有效的外加剂。它与 MgO 一样，应以尽可能细的微粒形式加入，SiO_2 含量在 1% 以内的刚玉瓷，在 25～400℃ 范围内，介电性能没什么变化。但含 SiO_2 的瓷，其强度比含 MgO 的低，尤其在 1100℃ 的高温下，强度值相差 4 倍，硬度比含 MgO 的陶瓷低约 1/2，耐化学腐蚀性也较差，但 SiO_2 对金属和陶瓷表面层之间的反应具有重要意义，引入的 SiO_2 通过颗粒弥散机制，能达到进一步强化氧化铝多孔陶瓷的目的，使其能承受更大的热应力。

（4）碳化硅纤维的影响

自从 20 世纪 70 年代纤维增强的玻璃材料问世以来，通过纤维的引入来改善玻璃陶瓷的本质缺陷——脆性，已成为研究的热点。由于纤维的引入而使材料的韧性提高主要是通过负荷传递，裂纹偏析与分叉，裂纹尾流与纤维的分离，以及纤维拔出等机理。

3.8.3　硅藻土基多孔陶瓷

3.8.3.1　造孔剂的加入量对性能的影响

硅藻土本身的管状孔及管壁上的小孔绝大多数是微米级以下的微孔，作为过滤流体的多孔材料，流体经过时的流速，正比于材料的渗透率，而渗透率跟多孔材料的空隙率及孔径相关，因此提高材料开口气孔率及控制孔径（满足不同使用目的）是最重要的手段。不加造孔剂的硅藻土烧结体，其孔隙为硅藻土原始微孔及经烧结的颗粒堆积空隙，其最大孔径只有 $1.4\mu m$。随着造孔剂加入量从 10% 增加到 50%，最大孔径呈线性增加，最大达 $10.5\mu m$。造孔剂的颗粒尺寸远比硅藻土小，随着造孔剂量的增加，其颗粒相互接触的几率大大增加，当高温烧结时，它们以大量颗粒的聚集体状态被排除，其造成的孔径尺寸就增大，同时，大量的气孔相互连通的可能性也大大增加。

多孔陶瓷的最大孔径对制品的过滤精度影响最为显著。所谓过滤精度是多孔陶瓷能过滤掉的流体介质中最小固体杂质的粒径大小，单位为微米，由于多孔陶瓷孔道的迂回，加上流体介质在颗粒表面形成的拱桥效应、惯性冲撞如布朗运动的影响，因此其过滤精度比本身孔径高得多，如 $10\mu m$ 孔径的多孔陶瓷过滤元件，其过滤介质为流体时，过滤精度为 $1\mu m$；当过滤介质为气体时，过滤精度为 $0.5\mu m$。即对流体介质能过滤掉的杂质颗粒大小约为多孔陶瓷孔径的 1/5 到 1/10。而对于气体介质这个比例是 1/25 到 1/15。故本实验中当最大孔径为 10.5μm 时，多孔陶瓷的流体过滤精度应小于 2μm。制品在 900℃烧成，未达到完全烧结，造孔剂留下气孔未被排除，大部分形成连通的开口孔。当造孔剂的量为 40%时，显气孔率已接近 70%，这时最大孔径为 7.8μm。

3.8.3.2　造孔剂加入量对抗压强度的影响

造孔剂加入量增加，气孔率增大，而随着气孔率的增加，材料承受载荷的横截面积减少了，且大的连通孔也是应力集中的地方，该实验气孔率大于 50%，实验显示相对强度随气孔率增加而呈线性下降。

3.8.3.3　烧成温度对最大孔径、抗压强度的影响

在低于 900℃烧成温度下，制品未出现明显液相，最大孔径变化甚微，表 3－17 显示 30%造孔剂加入量，最大孔径从 800～900℃都在 6.0μm 左右，而显气孔率及表观密度的变化在 880℃到 950℃后则有明显变化，有可能是少量液相出现，导致烧结加速而引起的，这个变化也导致抗压强度的增加。

表 3－17　烧成温度对最大孔径、显气孔率、密度、抗压强度的影响（造孔剂加入量为 30%）

样　　品	烧成温度 （℃）	最大孔径 （mm）	显气孔率 （%）	密　度 （g/cm³）	抗压强度 （MPa）
1	800	6.1	64.80	0.841	5.35
2	850	6.0	64.61	0.838	5.60
3	900	5.9	65.89	0.804	5.80
4	950	5.7	60.22	0.949	6.00

多孔陶瓷制备技术已从初期的摸索阶段逐步进入了应用阶段，随着多孔陶瓷使用范围的不断扩大，制备方法多种多样，本章也很难列举全面。基本上用来生产陶瓷的方法都可以略加修改就用来生产多孔陶瓷，而且更多的在其他领域应用的方法也被用来制备多孔陶瓷。在众多的制备技术当中，如何选择合适的方法需要研制者综合各方面的实际情况认真考虑。

在多孔陶瓷制备中，人们对简化工艺、提高效率、降低成本的要求日益提高，近几年来新的制备技术不断被提出，都在努力朝着高孔率、结构均匀并可控、力学性能优良的方向发展。以使产品的使用性能达到最佳状态，从而提高其使用性能，扩展其应用范围。所以今后多孔陶瓷制备技术的发展方向有：

①各种制备技术对多孔陶瓷结构的精确控制技术，其中包括对影响孔径的大小、形状、分布等因素作系统分析，制备出孔结构高度可控的多孔陶瓷；

②学科间的交叉研究，诸如表面与胶体化学、有机化学、无机化学、生物化学、催化等众多学科与材料学的交叉，可以进一步完善、改进现有的制备技术，或者引用其他领域的技术方法而开创新的多孔陶瓷制备技术；

③合理处理气孔率与强度两者之间的关系。宏观上多孔陶瓷的强度随着气孔率的增大而减小。然而实际上，强度受到孔隙之间的固相强度控制，如具有三维通孔的木材多孔陶瓷，受到孔棱边的最小处的强度控制；纤维多孔陶瓷的强度受到纤维之间连接处的强度的影响，如颗粒成型的多孔陶瓷强度取决于集料颗粒间的连接颈部强度，这些都启示我们在设计多孔

陶瓷时，要满足气孔率和强度两方面的要求，尤其要主要其中固相的形态与连接关系；

④现有的制备方法中，那些需要昂贵设备、效率低的，将需要进一步改进或者被一些较简单实用、效率高的方法取代；

⑤制备的多孔陶瓷的孔结构由多孔陶瓷孔结构的表征技术进行描述，目前常用的 BET、SEM、压汞法和气体渗透实验等仍各有不足，缺乏全面表征的本领，表征技术的发展有利于制备技术的发展。

任何事物都是在向前发展的，相信以后将会出现更先进的、科学的以及实用的多孔陶瓷制备方法，能够对多孔陶瓷中至关重要的孔结构进行更精确的控制，以达到所需要的性能及使用目的。

第4章 多孔陶瓷孔结构的表征技术

多孔陶瓷的性能与用途主要取决于其孔洞的结构。多孔陶瓷的孔结构参数有气孔率（孔容积、孔密度）、孔径（孔道喉径）和孔径分布、孔比表面积、孔形状（包括孔外形、孔长度、孔曲率）等。

孔结构参数往往决定着多孔材料的性能及应用。如：闭口气孔结构的气孔率越高，气孔越小，其导热系数就越小，是用作绝热场合的良好材料；具有较窄孔径分布的，具有贯穿性孔洞的多孔陶瓷是用作分离、过滤的良好材料；等等。另外，孔结构还直接影响着材料的总比表面积、密度等性能参数。气孔率越大，孔直径越小，孔形状越复杂，其总比表面积越大，催化、吸附等性能越好。

因此，如何对孔洞结构进行合理的表征就显得非常重要。研制多孔陶瓷迫切需要根据实际情况选择孔结构的准确、简洁的孔表征技术。多孔陶瓷孔结构的表征方法包括：直接观测法、显微法（光学显微镜分析、扫描电子显微镜、透射电子显微镜等）、压汞法、液体排除法、气体吸附法、蒸汽渗透法、核磁共振法、小角度散射法、热孔计法、分形维数等。对各种多孔陶瓷孔结构表征方法综合论述、比较，能为我们选择合适的表征方法提供很好的依据。

本章将结合实际例子综合论述各种表征测试技术的测试原理、测试仪器设备与过程方法、各种方法的优缺点和测试范围。

4.1 直接观测法

直接观测法是指不需要复杂、专门的仪器设备，只需用较简单的工具，或凭着经验、感觉对多孔陶瓷的孔结构参数进行测量或估计的方法。这种方法简单、实用、效率高；可以对多孔陶瓷的气孔率、孔径及其分布进行准确或大致准确的测量。

4.1.1 经验法估计气孔率

有经验的工程师或研究者在进行多孔陶瓷材料的研制中，可以根据不同的材质，用手掂量一下，大致可以确定材料的密度、气孔率。这种方法比较适合于观测气孔尺寸大于几毫米的多孔陶瓷气孔率的估计，但因受不同的材质、试样的大小影响较大，而导致判断误差较大。对于闭口气孔的多孔陶瓷，还可以根据试样在水中的沉降（速度）来大致判断其密度、气孔率。另外，还可以用舌头舔，凭着舌头的感觉以及观察舔后水分向下渗透而表面干燥的时间，来确定气孔率，这种方法对于经验丰富的人可以达到相当的准确性。但要注意卫生，刚刚在较高温度下烧成好的，没有任何有害物质的产品应该没有问题。这种方法适合于较小尺寸（小于1mm）气孔的多孔陶瓷气孔率的估计。当然要更精确些，可以采用 4.1.2 和

4.1.3 中的简单测量方法。

4.1.2　称重计算法测气孔率

4.1.2.1　总气孔率的测量

其具体的步骤如下：

①选（切）取样品：注意选取有代表性的，不要破坏材料的原始孔隙结构，并切取出方便测量的形状，如长方体；

②仔细测量各个尺寸，每个尺寸至少要测量 3 个分隔位置，取平均值；

③根据具体的几何形状计算体积；

④在天平上称取样品的质量；

⑤根据如下公式计算样品的气孔率。

$$\theta = 1 - \frac{M}{V\rho_s} \qquad (4-1)$$

式中　θ——样品的总气孔率；

M——样品的质量；

V——样品的体积；

ρ_s——样品对应致密固体材质的密度。

根据式（4-1）可以看出，此方法测量的前提条件是需要事先知道样品对应致密固体材质的密度，有时候没有相关的数据或不方便测量而影响了其使用。另外，测试过程中的温度、湿度对测量结果有所影响，其影响主要体现在微孔，因为毛细孔对空气中水分的凝聚作业而产生的，所以，在测量时应注意控制温度、湿度在一定范围内。

4.1.2.2　显气孔率的测量

多孔材料中开口孔隙（与大气相通的气孔）的体积与材料总体积的百分比率称为显气孔率；材料的干燥质量与材料总体积之比为表观密度。当多孔陶瓷的气孔都是开口气孔时，测定的显气孔率即是其总的孔隙率。根据国家标准它们的计算公式如下：

$$q = \frac{m_2 - m_1}{m_2 - m_3} \times 100 \qquad (4-2)$$

$$D_v = \frac{m_1}{m_2 - m_3} \qquad (4-3)$$

式中　q——试样的显气孔率，%；

D_v——试样的表观密度；

m_1——试样的干燥质量；

m_2——饱和试样在空气中的质量；

m_3——饱和试样在水中的质量。

其中，饱和试样可用抽真空法或煮沸法来制备。

测量所用的仪器设备有：工业天平（最大称重 1kg，感量为 0.01g）、带有溢流管的容器、抽真空装置（剩余压力不大于 10mmHg）或供煮沸用的器皿、电热干燥器、干燥器。

测量试样的制备，其要求如下：

①从检验用制品上切取三块试样。注意试样的代表性。

②如管状制品应从中部取样一块，两端部各取样一块。板状制品应从中心部位取样一块，边缘部位取样两块。

③每块试样的体积不得小于 $10cm^3$。如果制品的体积小于 $10cm^3$ 时，则可用整件制品作为试样。

④试样必须有两个原制品主要表面（即垂直于制品使用时滤过方向的表面）。

⑤试样外观应平整，表面不得带有裂纹等破坏痕迹。

⑥试验前应刷去试样表面的灰尘和细碎颗粒，置于电热干燥箱中，在 100℃ 下烘干至恒重，然后取出置于干燥器中。

具体测量步骤如下：

（1）将干燥试样在天平上准确称重，精确至 0.01g。

（2）用抽真空法或煮沸法使试样孔隙完全被水饱和。

1）抽真空法：将试样放入干净烧杯并置于真空干燥器中，抽真空至剩余压力小于 10mmHg，保持 10min，然后打开真空干燥器上部所装漏斗的阀门，加入蒸馏水，直到试样完全淹没，关闭阀门，再抽气至试样上无气泡出现时即可停止。

2）煮沸法：将试样放在煮沸用器皿上，加入蒸馏水使试样完全被淹没，加热至沸腾后继续煮沸 2h，然后冷却到室温。煮沸时器皿部和试样间应垫以干净纱布，以防止煮沸时试样碰撞掉角。

（3）将上述饱和试样放入铜丝网篮，悬挂在带溢流管的注满蒸馏水的容器中，称量饱和试样在水中的质量，精确至 0.01g。

（4）从中取出饱和试样，用饱含水的多层纱布将试样表面过剩水分轻轻擦掉（注意不应吸出试样孔隙中的水），迅速称量饱和试样在空气中的质量，精确至 0.01g。

（5）结果计算，将所测数据代入式（4-2）计算显气孔率，结果保留三位有效数字。

三块试样测定结果的范围误差 $\leq 8\%$ $\left(即 \dfrac{最大值 - 最小值}{平均值} \times 100 \leq 8\%\right)$ 时，以它们的平均值作为试验结果。如果范围误差 $> 8\%$，则以实测结果报出。

4.1.3 断面图法分析气孔率、孔径及其分布

4.1.3.1 气孔率的断面测量分析法

在不破坏试样孔隙结构的前提下，制备好尽量平整的断面，如果是孔径比几毫米还大，可以直接测出断面的总面积 S_0 和其中包含孔隙的面积 S_p。如果孔隙小，可以通过（光学、电子）显微镜对两个面积进行观测，然后利用式（4-4）计算多孔陶瓷的气孔率。

$$\theta = \frac{S_0}{S_p} \tag{4-4}$$

此方法也比较简单，容易理解。但观测复杂边界图形的面积不易。如果显微镜分析时附有计算机图形图像分析系统，可以直接得到面积，不失为一种既快又好的方法。这种方法的准确性直接取决于制备的断面是否具有代表性。可以尽量取得较大的断面或者多取几个，计

算平均值来降低误差。

4.1.3.2　孔径及其分布的断面测量分析法

在不破坏试样孔隙结构的前提下，制备好尽量平整的断面，如果是孔径比几毫米还大，可以直接测出断面的规定长度内的气孔个数，由此计算平均弦长 L，再根据式（4-5），将其转化成孔洞的孔径 D。对于较小气孔的多孔陶瓷可以通过显微镜或投影仪读出断面上规定长度的气孔个数。在这里将所有的不规则气孔都视为圆形孔洞。

$$D = \frac{L}{0.616} \tag{4-5}$$

4.2　显微法

显微法就是对多孔陶瓷的孔洞结构采用光学显微镜、扫描电子显微镜或透射电子显微镜等对多孔陶瓷进行直接的观测分析。该方法是直接观测多孔陶瓷材料中肉眼无法分辨的气孔的非常有力的手段。

显微法的主要优点就是能直接提供全面的孔结构信息，不仅可以观察孔洞形状，还可根据放大倍数来直接测量气孔率、孔径及孔径分布。显微法观察的视野小，只能得到局部信息的特点，这个特点似乎是缺点，但同时也是优点，因为其他的孔洞分析测量技术得出的是经过一定的理论假设后计算的平均结果（且这种结果具有一定的失真性），无法对局部及细微处进行分析。由于以上优点（特点），使得显微法成为常用的，对多孔陶瓷孔结构进行观测的方法之一。

显微法的缺点是显微法是属于破坏性试验，需要对试样进行制样处理；对于透射电子显微镜制样较困难，孔的成像清晰度不高。

4.2.1　显微镜的选择

显微法中最简单的方法是取一点样品放到载片上，使用光学显微镜观察，此法简单快速，节约时间。

一般说来，很普通的显微镜就足够可以观测毫米级的孔洞了，放大倍数为上千倍的高级光学显微镜经过仔细调整，可以观测十几微米的孔洞结构。然而光学显微镜的放大率不过几千倍，其分辨率在理论上不能小于 $0.2\mu m$，这是因为受光波波长的局限，即可见光的波长不能小于 4000Å。从性能方面看，光学显微镜的景深也很短。为此，它促使人们去寻找更短波长的照明物质。

利用电子束对样品放大成像的电子显微镜，简称电镜。电镜的放大倍率可达百万，可分辨样品的最小细节为几埃（Å）量级。根据波动学说，运动着的电子可以看作是一种电子波。电子运动的速度越高，电子波的波长越短。例如受 200kV 高压加速的电子，其波长仅为 0.025Å。这表明电子是一种理想的新光源。此外，20 世纪 20～30 年代，证实了轴对称分布的电磁场具有能使电子束偏转、聚焦的作用，从而找到了相当于光学显微镜中的透镜——电子透镜。这就是具有高分辨率的电子显微镜产生的基础。

电子显微镜分为透射电镜和扫描电镜两大类。透射电镜具有极高的分辨率，但由于必须采用超薄样品［如厚度为几百甚至几十埃（Å）］，所以景深的问题不突出。扫描电镜则在这个意义上填补了两者的空隙，既有高分辨率，又有大景深。

透射电镜和扫描电镜都可以用于研究多孔材料结构。为了解内部细微形态结构、晶格、网格，分辨率要求高时原则上采用透射电镜，其分辨率可达到2Å的高水平。如想了解表面形貌的细微结构，尺寸较大，分辨率要求低，可用扫描电镜，它有很大景深，在放大倍数为1万倍时，有1μm景深，有很强的立体感，不仅能观察物质表面局部区域细微结构情况，还能在仪器轴向较大尺寸范围内观察各局部区域间的相互几何关系。

4.2.2 扫描电镜

4.2.2.1 扫描电镜的工作原理

扫描电子显微镜（SEM）的工作原理与电视机的扫描方式相似，都是把电子线照射于试样，利用从块状样品表面收集到的信号电子成像，相当于一种"反射式"显微镜。SEM利用二次电子信号，图像被称为二次电子图像，准确地反映着试样表面的形态（凹凸），其图像是具有立体感的图像。

从成像原理看，普通的光学显微镜和电子显微镜的成像过程是两个相继发生的衍射过程。当光或电子束打到被观察到的物体上时，首先产生一幅衍射图。它相当于对物体作一个傅里叶变换，然后光或电子束继续作用于那幅衍射图，并产生出一幅"衍射图"的衍射图，即对物体的傅里叶图变换再作一次傅里叶变换，回复到原来的物体的像，但图形得到了放大。

扫描电镜是一种观察表面微观世界的全能分析显微镜，它是用聚焦得非常细的高能电子束作为照明源，以光栅状扫描方式照射到试样表面上，并以入射电子与物质相互作用所产生的信息来成像，从而获得放大几倍到几十万倍放大像的一种大型电子光学仪器。图4-1为扫描电子显微镜的工作原理示意图。

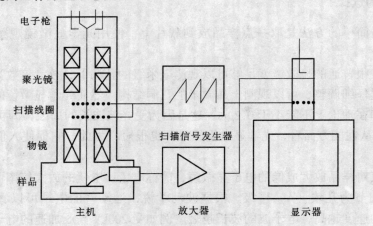

图4-1　扫描电子显微镜的工作原理图

由电子枪发出的电子束经栅极静电聚焦后成为直径为50mm的电光源。在2～30kV的加速电压下，经过2～3个电磁透镜所组成的电子光学系统，电子束会聚成孔径角较小，束斑为 5～10mm 的电子束，并在试样表面聚焦。在末级透镜上部有扫描线圈的作用下，电子束在试样表面作光栅状扫描。高能电子束与样品物质相互作用产生二次电子，背反射电子，X 射线等各种信息，通过接收和处理这些信息，就可以获得表征试样微观形貌的扫描电子像，或进行晶体学分析和成分分析。

扫描电镜由电子光学系统、信号收集及图像显示系统、真空系统、记录定标系统和数据处理系统组成。

4.2.2.2 扫描电镜的特点

SEM 的特点是固体试样表面结构图像有较大的聚焦深度。观察倍率的控制范围很广泛，可以从极低倍率（5 倍）到高倍率（～30 万倍）。孔径在 20nm～20μm 范围内的多孔陶瓷适于一般的 SEM 研究。和光学显微镜相比，扫描电子显微镜（SEM）可以看到更多的细节，晶体形貌、大小、均一程度、纯度等等这些细节是不能用光学显微镜观察到的。有时工艺条件和反应物的变化会影响晶体形貌和大小，这些变化是不能通过 X 射线衍射方法测得的，而这些信息可能帮助控制产物质量，也有助于理解反应机理等。和光学显微镜及透射电镜相比，扫描电镜具有以下特点：

①能够直接观察样品表面的结构，样品的尺寸可大至 120mm×80mm×50mm；

②样品制备过程简单，不用切成薄片；

③样品可以在样品室中作三度空间的平移和旋转，因此，可以从各种角度对样品进行观察；

④景深大、图像富有立体感。扫描电镜的景深较光学显微镜大几百倍，比透射电镜大几十倍；

⑤图像的放大范围广，分辨率也比较高。可放大十几倍到几十万倍，它基本上包括了从放大镜、光学显微镜直到透射电镜的放大范围。分辨率介于光学显微镜与透射电镜之间，可达 3nm；

⑥电子束对样品的损伤与污染程度较小；

⑦在观察形貌的同时，还可利用从样品发出的其他信号作微区成分分析。

4.2.2.3 样品的处理

在进行扫描电镜观察前，要对样品作相应的处理。扫描电镜样品制备的主要要求是：尽可能使样品的表面结构保存好，没有变形和污染，样品干燥并且有良好导电性能。

（1）取材

从要观察的试样中切取出具有代表性的样品，样品的观测表面积可达 8mm×8mm，厚度可达 5mm。

（2）样品的导电处理

多数多孔陶瓷材料表面不带电，导电性能也差。用扫描电镜观察时，当入射电子束打到样品上，会在样品表面产生电荷的积累，形成充电和放电效应，影响对图像的观察和拍照记录。因此在观察之前要对样品进行导电处理，使样品表面导电。常用的导电方法有金属镀膜法，该法是采用特殊装置将电阻率小的金属，如金、铂、钯等蒸发后覆盖在样品表面的方法。样品镀以金属膜后，不仅可以防止充电、放电效应，还可以减少电子束对样品的损伤作用，增加二次电子的产生率，获得良好的图像。

1) 真空镀膜法

真空镀膜法是利用真空镀膜仪进行的。其原理是在高真空状态下把所要喷镀的金属加热，当加热到熔点以上时，会蒸发成极细小的颗粒喷射到样品上，在样品表面形成一层金属膜，使样品导电。喷镀用的金属材料应选择熔点低、化学性能稳定、在高温下和钨不起作用、二次电子产生率高、膜本身没有结构的材料，现在一般选用金或碳。为了获得细的颗粒，还可用铂或金－钯、铂－钯合金。金属膜的厚度一般为 10～20nm，但真空镀膜法所形成的膜，金属颗粒较粗，膜不够均匀，操作较复杂、费时。

2) 离子溅射镀膜法

在低真空（0.1～0.011Torr）状态下，在阳极与阴极两个电极之间加上几百至上千伏的直流电压时，电极之间会产生辉光放电。在放电过程中，气体分子被电离成带正电的阳离子和带负电的电子，在电场的作用下，阳离子被加速跑向阴极，而电子被加速跑向阳极。如果阴极用金属作为靶电极，那么在阳离子冲击其表面时，就会将其表面的金属粒子打出，这种现象称为溅射。此时被溅射的金属粒子是中性的，即不受电场的作用，而靠重力作用下落。如果将样品置于下面，被溅射的金属粒子就会落到样品表面，形成一层金属膜，用这种方法给样品表面镀膜，称为离子溅射镀膜法，和真空镀膜法相比，离子溅射镀膜法具有以下优点：

①由于从阴极上飞溅出来的金属粒子的方向是不一致的，因而金属粒子能够进入到样品表面的缝隙和凹陷处，使样品表面均匀地镀上一层金属膜，对于表面凹凸不平的样品，也能形成很好的金属膜，且颗粒较细；

②受辐射热影响较小，对样品的损伤小；

③消耗金属少；

④所需真空度低，节省时间。

4.2.3 透射电镜

透射电镜（TEM）的工作原理和普通光学显微镜非常相似，其包括照明系统、成像系统和观察、照相室等。透射电镜是通过材料内部对电子的散射和干涉作用成像，一般给出薄片样品所有深度同时聚焦的投影像。

透射电镜能够相当清晰地显示晶体的局部结构。如高分辨率透射电镜（HRTEM）的分辨率可以达到 1Å 以下，可以在原子尺度直接观察多孔陶瓷的微细孔洞和结构。在对微孔、介孔材料的结构表征时，有着其他方法不可代替的重要位置。

透射电镜测试技术的缺点就是试样制备比较困难，试样的厚度很小（小于50nm），而且是破坏性的。

4.2.4 其他电子显微技术

几十年来，除了常见的扫描电镜、透射电镜外，还有许多类似的现代仪器问世，如场电子显微镜、场离子显微镜、低能电子衍射、光电子能谱、电子探针、扫描隧道显微镜、原子力显微镜等。这些技术各有各的特点，在材料的研制过程中起着重要的作用，但对于多孔陶瓷孔结构的表征几乎没有公开的报道。如果读者需要用到这方面的技术可以查阅相关的文献。

4.2.5 显微分析实例

通过用扫描电镜观察不同粘结剂制备的纤维多孔陶瓷，说明在多孔陶瓷材料的研制中，扫描电镜起着不可替代的重要作用。同时为读者研制各种多孔陶瓷起到抛砖引玉的作用。

纤维多孔陶瓷所用的粘结剂分别为硅溶胶、莫来石胶体和磷酸盐粘结剂。

4.2.5.1 硅溶胶作胶粘结剂制备的多孔陶瓷

用电子扫描电镜对用硅溶胶作粘结剂的纤维多孔材料进行观察，对其整体结构特征，纤维粘结点情况以及粘结剂较多时，孔洞被堵塞的微观结构现象分别进行描述和分析。

（1）用硅溶胶粘结的纤维多孔材料的整体结构特征

图4-2是用硅溶胶作粘结剂时，莫来石纤维多孔陶瓷的扫描电镜照片。从图中可以看出，用硅溶胶作粘结剂有如下特点：硅溶胶容易把莫来石纤维聚积成束（如图4-2中的e、g所示），或者聚积成团块状（如图4-2中d所示）；这样，容易造成纤维材料中有的地方很少纤维（如图中b处），甚至没有纤维（如图中h处）；同时，也容易造成纤维团块及纤维束之间不能很好的连接，存在着很大的裂缝（如图中f、i处）。这些都会影响纤维多孔材料的性能。更不利的是，导致周围有的纤维缺少粘结剂的粘结（如图中a、c处），而使莫来石纤维多孔材料的机械性能的急剧降低。

（2）用硅溶胶粘结的纤维多孔材料的粘结处 SEM 观察

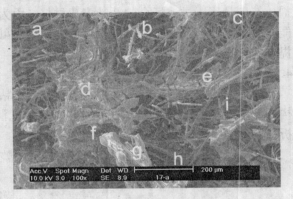

图4-2 用硅溶胶作胶粘结剂的莫来石纤维
多孔材料 SEM 照片（100×）

硅溶胶粘结剂与莫来石纤维的粘结情况如图4-3所示。在图中显示了如下粘结情况。

一是正好粘结。如图中b、l处的粘结，两根纤维为交叉靠近，硅溶胶粘结剂刚好位于纤维粘结点处将两根纤维粘结住。这是最理想的粘结情况，但是在图中较少见到。

二是过度粘结。这种情况在粘结剂含量多处出现很多，如图中a、c、d、e、f、g、h、i、j、p、q等处。过度粘结对于交叉形状的纤维，如图中a、c、f、g、h、i点所示，硅溶胶粘结剂不仅在纤维与纤维的接

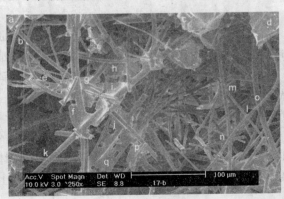

图4-3 用硅溶胶作胶粘结剂制备的纤维多孔材
料粘结点的扫描电镜照片（250×）

触点处，而且还容易向四周扩散；超出纤维接触点周围的粘结剂显然对粘结强度并没有多大的好处，反而有浪费粘结剂以及破坏孔洞结构之嫌。对于相互平行或近似平行的纤维，如果比较靠近的话，如图中 d、e、j、q、p 等处。两个平行纤维的间距小于 $20\sim30\mu m$ 时，则容易被粘结剂相互粘结连成膜。显然，这对于纤维多孔材料的性能也有不利的影响。

三是粘结不足。如图中 k、m、n、o 等处，由于纤维接触点缺乏粘结剂而造成了纤维的粘结不足。

从硅溶胶作粘结剂的纤维多孔陶瓷的显微结构照片来看，硅溶胶不是很适合用于作粘结剂，特别是用于过滤场合的纤维多孔材料，因为硅溶胶容易对孔洞起封堵作用，常常会使性能有所下降。但是，有时候这种封堵的效果也可能使得成型的纤维多孔材料的机械性能有所提高。

4.2.5.2　莫来石胶体粘结剂制备的多孔陶瓷

同样，用电子扫描电镜对用莫来石胶体作粘结剂的纤维多孔材料进行观察，对其整体结构特征，纤维粘结点情况以及粘结剂较多时孔洞被堵塞的微观结构现象分别进行描述和分析。

（1）用莫来石胶体粘结的纤维多孔材料的整体结构特征

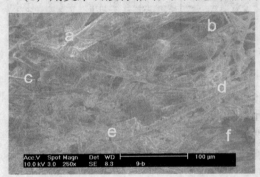

图 4-4　用莫来石胶体作粘结剂的莫来石
纤维多孔材料 SEM 照片（250×）

用硅溶胶粘结的纤维多孔材料的整体结构特征如图 4-4 所示。

从图 4-4 中可以看出，与硅溶胶作粘结剂时的情况有点类似，如也存在图 4-4 中 a、d、e 等处的粘结剂与纤维聚积的地方。但是，这种聚积不如硅溶胶作粘结剂时的纤维多孔材料这么厉害，相对来说，整体均匀度比硅溶胶作粘结剂的好。同样，也存在着粘结剂与纤维含量都较少的区域（图中 b、c、f 处所示），但程度也比硅溶胶作粘结剂时的减少程度轻多了。

还有一点与硅溶胶作粘结剂时不同的是，粘结剂聚在一起的形态两者差别较大。硅溶胶以片状、块状的团聚在一起，容易把相距近的纤维之间连接在一起，以及相互靠拢，而形成整体上的一大块粘结剂区域（参见图 4-2）；而莫来石胶体的聚积大多是沿着纤维的表面铺成膜，不易在整体上连接成大块结构（可参见图 4-5 的纤维表面）。

（2）用莫来石胶体粘结的纤维多孔材料的粘结处 SEM 观察

图 4-5 的扫描电镜照片显示了纤维粘结点的扫描电镜照片，从粘结情况来看，并排的纤维粘结得较好，而最上面的那根纤维与其他纤维相互交叉时，粘结效果较差。莫来石胶体粘结剂分布有些不均匀，在图中，下面的纤维有较多的莫来石胶体粘结剂，粘结得较好，上面的纤维缺少粘结剂，看不到被粘结的迹象。

在制备纤维多孔材料时，液体及胶体粘结剂分布不均匀，一直是需要解决的难题。从显微结构上看，粘结剂分布不均匀将直接影响纤维之间的粘结，这种结构上粘结不完善的纤维多孔材料，将对材料的机械性能、热学性能都有着不同程度的影响。

图 4-5　用莫来石胶粘结剂制备的莫来石
纤维多孔材料粘结点的扫描电镜照片
（2000×）

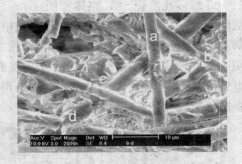

图 4-6　莫来石胶体粘结剂过量时，莫来
石纤维的粘结的扫描电镜照片
（2000×）

造成粘结剂分布不均匀性的主要原因是在干燥阶段，液体（或胶体）粘结剂将随着水分的迁移而一起迁移，如果遇到阻力（如被较密实处的纤维阻挡），那么很容易造成粘结剂聚积；没有遇到阻力则会迁移到试样的表面，形成外面有着硬硬的外壳，而里面则是因缺少粘结剂而是软纤维的现象。

图 4-6 显示了当粘结剂过量时，无论是几根纤维相互构架（图中 a 所示），还是断纤维（图中 c、d 所示），以及相隔较远的纤维（如图中 b 所示），都能很好地粘结在一起，多余的粘结剂易与纤维相结合，使纤维表面形成一层莫来石薄膜。这是由于莫来石胶体粘结剂颗粒带正电荷，而莫来石纤维表面带负电荷的原故。而硅溶胶粘结剂不易与莫来石纤维相结合，即使相当过量的硅溶胶粘结剂，粘结剂与纤维也结合得不紧密。

（3）用莫来石胶体粘结的纤维多孔材料的孔洞堵塞的 SEM 观察

在图 4-7 的白线的上面那部分区域，莫来石粘结剂聚积较严重，然而，还留有大量的孔洞（如图中 a、b、c、d、e 处所示）。主要原因是莫来石胶体粘结剂与纤维的结合性能良好，即使粘结剂含量过高，也是趋向于堆附在纤维表面，而不是去堵塞纤维之间的孔洞。

从以上的电子扫描电镜照片分析可以看出，莫来石胶体粘结剂与莫来石纤维的结合性能明显好于硅溶胶粘结剂，这是由于莫来石粘结剂的带电荷性与纤维相反，结构与纤维相同所致。这是两种粘结剂之间的最大的、最本质的差别，这种差别导致了成型的纤维多孔材料显微结构上的不同。

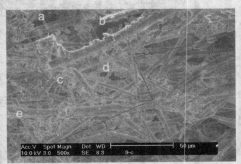

图 4-7　莫来石胶体粘结剂部分堵塞
纤维架状孔洞的 SEM 照片（500×）

4.2.5.3　磷酸盐粘结剂制备的多孔陶瓷

用电子扫描电镜对用磷酸盐作粘结剂的纤维多孔材料进行观察，对其整体结构特征、纤维粘结点情况、粘结剂较多时以及纤维多孔陶瓷断裂面的微观结构现象分别进行描述和分析。

（1）纤维多孔陶瓷 SEM 整体特征

从图 4－8 中不同放大倍数的电子扫描电镜照片可以看出，用磷酸盐作粘结剂完全避免了前两种粘结剂的粘结剂聚积的问题，纤维之间很好的构架成了整体结构均匀的纤维多孔陶瓷。图中很好地表现了用纤维构架形成的高孔隙率的架状结构，尤其是在高放大倍数的电子扫描电镜照片（d）上，除了纤维相互粘结形成的支架外，剩余的都是孔洞，这正是纤维多孔陶瓷能够达到相当高孔隙率的原因。

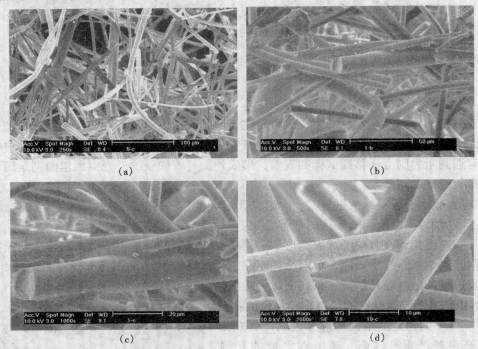

图 4－8　用磷酸盐粘结剂制备的纤维多孔材料纤维架状结构孔洞的 SEM 照片

(a) 250×；(b) 500×；(c) 1000×；(d) 2000×

在磷酸盐粘结剂含量较高时，是否会发生粘结剂相互粘结在一起的情况呢？图 4－9 给出了答案。

图 4－9　磷酸盐粘结剂含量过高时莫来石纤维多孔陶瓷的 SEM 照片（2000×）

从图 4-9 中可以看出，即使当磷酸盐粘结剂含量高时，在纤维的较密实处也没有形成粘结剂本身的相互粘结堆积，堵塞孔洞而影响性能。过量的磷酸盐粘结剂完全是均匀的粘附在纤维表面，使纤维表面形成一层厚厚的、类似"鱼鳞"状的磷酸盐粘结剂。

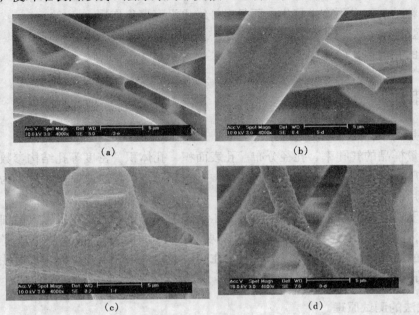

图 4-10　用磷酸盐粘结剂制备的莫来石纤维多孔陶瓷纤维粘结点的 SEM 照片

(a) 4000×；(b) 4000×；(c) 4000×；(d) 4000×

(2) 磷酸盐粘结剂制备的纤维多孔陶瓷粘结点的 SEM 分析

图 4-10 的电子扫描电镜照片显示了用磷酸盐粘结剂制备的莫来石纤维多孔陶瓷的纤维粘结点情况。图 (a)、图 (b) 为粘结剂正好将纤维相互粘结的情况，特别是在图 (b) 中，是将细小纤维粘结在粗纤维上，因为接触点的细小，对于胶体粘结剂来说，胶体颗粒很难进入其中，而磷酸盐粘结剂却可以很好的粘结。图 (c)、图 (d) 是粘结剂过多时粘结点的情况，从图 4-10 中可以看出，粘结剂并没有相互聚积堵塞孔洞，而是均匀的粘附在纤维的表面。

(3) 磷酸盐粘结剂制备的纤维多孔陶瓷纤维断裂处 SEM 分析

在图 4-11 中，从纤维 a、b、c、f 的断裂，以及细纤维 d 的断裂情况分析可以看出，所施加的力是近似垂直向下的（如图中白色箭头所示），从斜向上的纤维 e 的断裂情况可以看出，磷酸盐粘结剂对纤维的粘结强度很高，以至粘结好的纤维 e 断裂处不是在粘结点。

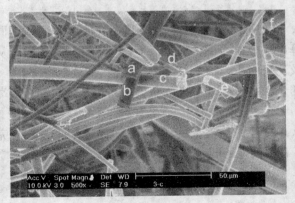

图 4-11　磷酸盐粘结剂制备的纤维多孔陶瓷中纤维断裂的 SEM 照片（500×）

综合以上所有的电子扫描电镜对不同的粘结剂制备的纤维多孔陶瓷的观察分析可以看出，对纤维的粘结效果，莫来石胶体粘结剂好于硅溶胶粘结剂，而磷酸盐粘结剂制备的纤维多孔陶瓷粘结效果最好。这种好的效果表现在如下三点：

①不仅粘结剂本身不产生聚集，而且对纤维也没有聚集作用；

②粘结强度高；

③形成的孔洞多，较均匀，气孔率高。

4.3 压汞法

压汞法是大中孔是常规测定的很好方法，可以测量样品的气孔率、孔径分布、孔表面积、孔体积、密度等孔结构参数。测量的孔径范围依据压力的不同可以从几纳米到几百微米。其对样品要求也简单，可以为圆柱形、球形、粉末、片、粒等形状。

在高压下用有毒的汞来做实验很明显是压汞法的一个缺点；要将汞压入微细孔洞中需要很大的压力，（如压入半径为 1.5nm 的孔中需要 400MPa 的压力），故该法不适宜测量微细孔洞，这是它的第二个缺点；其第三个缺点是在高压下，汞将进入开口的非贯通性孔，它无法区分贯通性孔与非贯通性孔。

4.3.1 压汞法的测试原理

压汞法又称为汞压（入）法，是通过测量施加不同压力时进入多孔材料中的汞的量来进行孔的表征。压汞法所施加的压力用来把汞压入孔中，进入固体孔中的孔体积增量所需的能量等于外力所做的功，即等于处于相同热力学条件下的汞－固界面下的表面自由能。所以对于圆柱形孔洞来说，其半径 r 为：

$$r = -(2\sigma\cos\theta)/P \qquad\qquad (4-6)$$

式中 σ——汞的表面张力；

      θ——汞与被测材料的接触角；

      P——所施加的压力。

从式（4-6）可以看出，当 P 增大时，能进入汞的孔的半径就减小。因此，测试不同压力下进入多孔材料中汞的量，就可以计算出相应压力下，大于某半径 r 的孔洞的体积，从而根据孔洞形状可以得出孔的尺寸分布以及比表面积。

因为汞对于待测试材料来说是不浸润的，$\theta > 90°$，即 $\cos\theta$ 为负值，所以式（4-6）右端为正值。

此方法由沃什伯恩（Washburn）开始于 1921 年，后被里特（Ritter）、德雷克（Drake）完成，近年由鲁塔尔（Rootare）整理并研究了有关误差的问题。

4.3.2 测试范围

压汞法最初是作为解决用吸附法所不能解决的大孔径（如大于 300Å）的测量而发展起来的。可是由于这种装置的压力可以达到相当高，从而可以测定到达吸附法所测的区间。

对多孔材料的孔径测定方面，压汞法测试范围可达 5 个数量级，其最小限度可以为几个纳米，压汞法可测的最大孔，对一般的高压汞压仪来说不超过 200μm，但近年来也出现了低压汞压仪，它所测的最大孔径可达 300μm。

由于压汞法可测范围宽，仪器已专门化，操作和数据处理不甚复杂，因而越来越普遍地采用压汞法研究多孔材料的性能。目前压汞法已成为研究多孔材料的重要手段之一。用它不仅可以测定孔径分布，而且也可以测定比表面积、孔隙度和密度，甚至孔道的形状分布和粉末的粒度等。下面就其测试原理分别加以叙述。

4.3.3 孔径分布的测定

根据式 (4-6)，即 $Pr = -(2\sigma\cos\theta)$，并以 $V_{开}$ 表示试样的开孔体积，以 dV 表示半径为 $r \sim (r + dr)$ 间的开孔体积，则按体积计的孔半径分布函数 $\Psi(r)$ 表示如下：

$$\Psi(r) = \frac{dV}{V_{开}\,dr} \tag{4-7}$$

由于式 (4-6) 中的 σ、θ 是常量，故有：$Pdr + rdP = 0$。

因此式 (4-7) 可写成：

$$\Psi(r) = -\frac{P}{rV_{开}}\frac{dV}{dP} \tag{4-8}$$

由于在仪器中直接测得的是半径大于 r 的孔隙体积，它可以用总的开孔体积 $V_{开}$ 与半径小于 r 的所有开孔体积 V 之差 $(V_{开} - V)$ 来表示。如果压入的汞量曲线以 $V_{开} - V$ 对 P 的函数标绘，那么曲线的斜率 $d(V_{开} - V)/dP = -dV/dP$ 即可由实验测定，这样把式 (4-8) 写作：

$$\Psi(r) = \frac{P}{rV_{开}}\frac{d(V_{开} - V)}{dP} \tag{4-9}$$

或者 $\quad \Psi(r) = -\frac{P}{2\sigma\cos\theta V_{开}}\frac{d(V_{开} - V)}{dP} \tag{4-10}$

上式右端各量为已知或可测，为求得 $\Psi(r)$，式 (4-9) 中的导数可用图解微分法得到。最后将 $\Psi(r)$ 值对相应的 r 点绘图，即得出孔半径分布曲线。

一般为方便起见，可将直接测得的数据绘在 $(V_{开} - V)/V_{开}$ 与 P (或直径 d) 的孔体积累积变化图 (如图 4-12) 上，并将 P 轴附以相应的 d 值。这样在图上可根据需要取若干个 Δd 区间，找出对应各区间的 $\Delta(V_{开} - V)/V_{开}$ 增量，列出孔径分布表 (如表 4-1)。

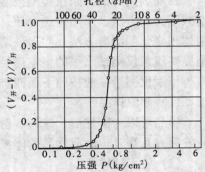

图 4-12　某过滤器孔径分布累积曲线

表 4-1　某过滤器的孔径分布

孔径 (μm)	分布值 (%)	孔径 (μm)	分布值 (%)
>50	2.1	30~20	68.6
50~40	2.5	20~10	11.4
40~30	14.1	<10	1.3

4.3.4 比表面积的测定

用压汞法测定多孔体的开孔表面积 (或粉末表面积) 是依据下面的原理。

为了使汞浸入不浸润的孔隙中，必须用外力对它作功，假设毛细管孔道为圆柱体，对于孔径为（r，$r-dr$）的毛细管，相应以（$P+dP$）的压力使汞充满此区间的孔径中。这时在外力的作用下，压入多孔体中的汞体积增量为 dV，其压力所作的功为（$P+dP$）$dV = PdV + dPdV \approx PdV$，而这个功恰为克服由张力所产生的阻力所作的功：$2\pi r\sigma\cos\theta L$，$L$ 为对应孔半径（r，$r-dr$）区间内所有孔道的总长。因为孔比表面积增量为 $dS = 2\pi rL$，所以有：$dS\sigma\cos\theta = PdV$。

积分得到总面积为：

$$S = \frac{1}{\sigma\cos\theta}\int_0^{V_{max}} PdV \qquad\qquad (4-11)$$

此式即为压汞法计算表面积的公式。将对应的 σ、θ、测量得到的 $P-V$ 关系曲线和 V_{max} 值代入，即可得到孔表面积。

4.3.5 气孔率的测定

此方法是测出压入试样的开孔隙中这部分汞的体积，即为试样的开孔体积，从而得出气孔率。但应指出，由于操作时不易控制准确，兼之又与汞的操作相联系，因此用压汞法测定气孔率并不常使用。

4.3.6 压汞法的测试步骤

目前国内外的压汞仪类型很多，结构各异，但其主要差别有两点：一是工作压力，包括增减压力的方法，所用传递介质，最高工作压力，压力计量方法以及工作的连续性等；二是汞体积变化的测量方法。而保证增、减压力的连续性和使用高精度计量方法计量微量汞体积是提高压汞仪测试水平的根本途径。

压汞仪测量一般按照下面四步进行实验：

（1）制取样品

样品可以为圆柱形、球形、粉末、片、粒等形状。因为标准样品管的样品室体积较小，一般只有几毫升，故取样品的体积需更小。

（2）放入试样

实验时将试样置于膨胀计中，并放入充汞装置里，在真空条件下（根据不同的准确度要求，真空度可用 $10^{-2} \sim 10^{-4}$mmHg）向膨胀计充汞，使试样外部为汞所包围。

（3）汞加压，使汞逐渐地充满到小孔中，直至达到饱和，从而获得压入量与压力关系曲线。

压入多孔体中的汞体积是以与试样部分相连结的膨胀计毛细管里汞柱的高度变化来表示的。测定方法有：

1）直接用测高仪读出高差，求得体积的累积变化量；

2）通过电桥测定在膨胀计毛细管中的细金属丝的电阻，来求出汞的体积变化；

3）在毛细管内外之间加上高频电压测其电容；

4）在毛细管中插入电极触点。

对汞所施加的附加压强，在低于大气压强时，可向充汞装置中导入大气，从而使膨胀计中的汞获得可测大于 $7.5\mu m$ 以上的孔半径所需的压强。但是由于装置结构必然具有一定的汞头压力，所以最大孔径的测定是有限度的。一般为 $100 \sim 200 \mu m$，对于特殊设计的可达 $300 \mu m$。

为了使汞充入半径小于 $7.5 \mu m$ 的孔，必须对汞施加高压。高压的获得一般是通过液压装置实现的，它主要包括液压泵、电磁阀、压力倍增器、高压缸、控制阀、压力表（或控制记录系统）及安全装置等。

所需高压在百余大气压下，可以用更简易的方法，例如使用压缩氮气或手摇压力泵等获得。

（4）处理数据，修正实测的表压，求解其孔径分布

在处理数据时，须将实测的表压进行修正。因为不管什么样的膨胀计，由于充汞和汞在浸入试样孔隙的过程中，膨胀计毛细管里的汞柱高都在发生变化，因此由于汞的自重而带来的压力修正也随之变化，这个修正就是所谓汞头压力修正；另外由于装置和汞在高压下体积要发生一定的变化，因此要对膨胀计上的体积读数进行修正，其修正值可由膨胀计的空白试验得到。

4.3.7　压汞法的测试误差问题

压汞法测定多孔材料的孔径及其分布，之所以获得越来越广泛的应用，除其他原因之外，其中比较重要的一点，就是它测量的重复性较好，这已经得到大量的实验数据证实。但是在测试过程当中仍然有误差存在，其主要原因有如下几点：

（1）在压汞法中，假设孔的横断面为圆形截面，这与真实截面间的差别是产生误差的主要来源。

（2）液体和固体之间正确的浸润角数据的测得是比较困难的，而且在具体的测试条件下，由于材料的吸湿浸润角也可能偏高，因此 θ 值的偏差对测定结果会带来影响。θ 值的不准确而带来的误差估计可以通过对式（4-11）微分得到。

（3）汞的表面张力系数变化，也会对孔径的测定带来影响。纯度、清洁程度和温度等都会使表面张力系数改变，因此在严格的情况下对膨胀计要进行恒温。

（4）在压汞法常规测定的情况下，它所表征的孔径，往往是孔隙开口处的大小，因此测得的孔径分布量将比真实的分布向小的方向移动。这个差别的大小可以用汞压入的滞后曲线来判断，并且可以应用试样的这种滞后曲线来测定具有不同形状的孔径分布。

（5）由于压汞法还基于这样的假定，即在高压下固体的结构不变，这与实际情况往往因具体的材料而有某些距离。

（6）在对汞施压的过程中，膨胀计中白金丝的比电阻也会发生变化，这往往要以空白实验加以修正。同时由于汞受压而挤入孔隙的过程中，在时间上有个滞后，因此作业时要给予一定的时间。

（7）为了得到正确的实验结果，试样必须首先进行清洗等预处理。为了获得较高的精确度，在膨胀计充汞前，采用比较高的真空度排气也是必要的，残余气体的影响不仅与真空度有关，也与充汞装置的容积有关。

4.3.8　压汞法的测试实例

用仪器为 Micromeritics 9320 压汞仪，测量纤维多孔陶瓷样品的孔径分布。

具体的测试参数为：汞表面张力：485.0dyn/cm；汞的前进接触角：130.0°；汞的后退接触角：130.0°；汞密度：13.5335g/mL。低压阶段：汞注入压力：0.7347psia；最后的低压点：23.6544psai。高压阶段：运行类型：自动（AUTOMATIC）；运行方式：平衡（EQUILIBRATED）；平衡稳定时间：10s；整个试验过程的汞压范围：0.00～30000.00psia。

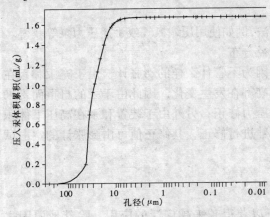

图 4-13　压汞法：纤维多孔陶瓷的
孔径与压入汞体积累积的关系

以下是用磷酸盐粘结剂制备的纤维多孔陶瓷的测试结果。

图 4-13 是用压汞法测试磷酸盐粘结剂制备的纤维多孔陶瓷的孔径与压入汞体积累积的关系。

从图 4-13 中以及测试所给出的数据可以看出，孔径为 42.5661μm 时，汞开始注入样品中，此时汞压为 4.25psia，每克样品中注入汞的体积为：0.1954mL/g。孔径为 29.3848～35.1157μm 时，每克样品中注入汞的体积为：0.9184～0.6921mL/g；最大注入体积的一半：0.8376mL/g 位于其中。当孔径为 2.2649μm 时，每克样品中注入汞的体积为：1.6743mL/g；几乎达到了最大注入体积。当孔径为 1.2110μm 时，每克样品中注入汞的体积为：1.6752mL/g；达到最大注入体积，此时汞压为 149.35psia。再增大汞压，直至 30000psia，没有汞再注入。

以上分析说明，用磷酸盐粘结剂制备的纤维多孔陶瓷的孔径范围是：1.2110～42.5661μm；按体积法计算孔径中值，即在 0.8376mL/g 时的孔径，应用中间插值法可得出为 31.5538μm。

图 4-14 与图 4-15 分别给出了孔径与体积增量以及微分的关系，从图中可以看出，大部分孔位于 31.5538μm 附近，说明孔径很均匀。

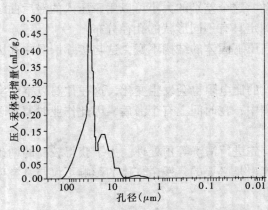

图 4-14　压汞法：纤维多孔陶瓷孔径
与压入汞体积增量的关系

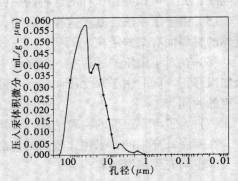

图 4-15　压汞法：纤维多孔陶瓷
孔径与压入汞体积微分的关系

4.4　气体吸附法

气体吸附法的最佳测试范围是 0.1～10nm，因此最适合微孔、介孔材料的测试，是孔表征技术中用得最为广泛的一种测试方法。根据气体吸附－脱附的等温线的形状以及不同吸附质的吸附量变化，还能进一步提供孔的形状等方面的结构信息。该法的不足之处是测试周期较长，不能测量闭孔，影响测试精度的因素较多。

4.4.1　测量原理

该法依据气体在固体表面的吸附以及不同气体压力下，气体在毛细管中凝聚的原理，来测试材料的比表面积和孔尺寸分布。具体关系式是 BET 方程和开尔芬（Kelvin）方程。BET 方程如下：

$$\frac{p/p_0}{n(1 - p/p_0)} = \frac{1}{n_m c} + \frac{c - 1}{n_m c}(p/p_0) \tag{4 - 12}$$

式中　n，n_m——单位吸附剂上的吸附量和单层吸附容量；

　　　p，p_0——吸附气相的压力和饱和蒸气压；

　　　　c——对确定的吸附体系可视为常量。

测不同压力下的吸附量 n，即可通过求得的 n_m 计算材料的比表面积。

开尔芬（Kelvin）方程如下：

$$\ln p/p_0 = \frac{-2\gamma V_L}{RT} \frac{1}{r_m} \tag{4 - 13}$$

式中　p_0，γ，V_L——液体吸附质在半径无穷大的饱和蒸气压、表面张力和摩尔体积；

　　　r_m——液珠曲率半径；

　　　R，T——普适气体常数和绝对温度。

式（4－13）表明在一定的分压力 P 下，在小于 r_m 曲率半径的孔中的气相开始凝聚为液相，因此在测量不同分压下多孔材料的气体吸附量，可得到多孔材料的孔尺寸分布。

4.4.2　测量吸附平衡等温线的主要方法

4.4.2.1　重量法

把试验样品放到微量天平上，首先样品需要通过真空或高温处理，进行脱气（空气、水等），然后将样品暴露在吸附质的气氛中，在恒定的温度下改变吸附质的压力（从小到大，然后再从大到小，或是根据需要按一定程序变化），并跟踪样品的重量变化，从而得到吸附－脱附平衡等温线。

4.4.2.2　量压法

试验样品被放在一个已知体积的封闭的恒温系统中，根据压力的变化来推算吸附量，一般从真空开始，升压到一个大气压，然后降低压力到较低的压力（并不是开始压力，主要是因为难以脱附最后的部分），每次通过定量的加入或抽出吸附质气体，当达到吸附－脱附平衡之后，记录样品在此平衡压力下的吸附量，从而得到吸附和脱附过程的平衡等温线。实际上，量压法只有在低温（多为液氮温度）下才能得到比较精确的结果。

自动化的 BET 系统：这样的系统（如 Omnisorb 系统）也可以用来测量材料的吸附能力。方法是利用惰性的载体（如氮气）带入一定浓度的吸附质通过吸附剂，测量透过曲线，从而得到吸附量。

不论哪种方法，只有严格地控制实验条件（温度、浓度、气体浓度等），仔细操作（样品的制备处理，仪器经过校正并稳定运行等），才能得到可靠的数据。

4.4.3 测试

（1）样品准备

测量之前，完全除去样品中的可挥发物质（有机模板剂、水、空气等），如通过加热除去模板剂，要有足够的空气（或氧气）在足够高的温度下并保证足够长的加热时间，此过程通常在高温炉中完成。

（2）选择吸附质

虽然在原则上几乎任何普通的小分子都可作为探针吸附质，但在实践中（尤其是使用商品化的仪器），重量法和量压法通常只选择那些易于操作的气体：Ar、O_2 或 N_2。其他气体只用于研究吸附剂的特殊性质或满足应用需要。与氮气相比，低蒸气压的 Kr（2.5Torr[*]，液氮温度）更适于测量低于表面的材料。常用的气体（例如 Ar、O_2 和 N_2）不能进入六元环，因此这些吸附质不能用于测量超微孔材料（如方钠石、方沸石）。

尽管 N_2 是 BET 表面积测量的最常用的探针分子，但它不是测量沸石孔体积的最好选择，原因是由于氮气为双原子分子，具有扁长的形状和较强的四极矩，导致等温线经常显示出复杂的变化。因此，惰性的球形 Ar 较为理想，并且 Ar 分子的大小与氮气很相似。例如，NaY 沸石和 ZSM－5 的氮气吸附等温线（77K）发生突跃（相对压力约为 3×10^{-3}）的比压几乎相同，而 Ar 吸附等温线（87.5K）则有明显的差别（Na－ZSM－5：相对压力 2×10^{-4}；Na_{-Y}：相对压力 1×10^{-3}）。

当使用沸点较高的吸附质时，要注意在测量过程中不能在样品表面或外部发生凝聚现象。

水是一个很小的分子，由于它的强偶极矩，能非常强烈的吸附在富铝沸石上。用水测得的孔体积常常高于使用 Ar、O_2 和 N_2 测得的值，比较这个差别，会得到额外的结构信息。

4.5 排除法

排除法可以对多孔材料进行"原位"测定，即可以直接得到成品或半成品的贯通性孔的孔径分布，是一种对贯通性孔洞测试非常有效的测试方法。另外排除法还可以检测非多孔材料的缺陷尺寸。因此对于制造工艺的改进和渗透分离性能的预测有着积极的指导意义。

排除法早在 1980 年就被定为 ASTM 标准，美国 Coulter 公司制造的 Coulter 孔径分布测定仪（如图 4－16 所示）就是依据这一方法建立的。Coulter 孔径分布测定仪的开发成功，导致

---

* 1Torr = 133.329Pa。

了 ASTM 标准在 1989 年修改时直接确定为以 Coulter 孔径分布测定仪为测试仪器，并且在 1999 年被再次得到确认。

4.5.1　排除法的分类

排除法按渗透剂的相不同分为两类，当渗透剂为气体时，为气体－液体排除法（Gas－Liquid Displacement Porometry，GLDP，即气体泡压法，有人简称之为液体排除法）。当渗透剂为液体时，称为液体－液体排除法（Liquid－Liquid Displace ment Porometry，LLDP，有人称之为液液排除法）。

图 4－16　Coulter 孔径分布测定仪

气体泡压法针对微米孔是一种十分有效和方便的检测手段，其装置简单、操作方便，还可以检测膜的最大孔径或缺陷尺寸，故常用于检测商品膜（如微滤膜）的产品质量。但气体泡压法测定膜的孔径分布在理论和测定技术两方面有待于进一步完善。这是由于气体在微孔中的渗透机理十分复杂，目前还难以直接建立孔径分布与气体渗透性的数学关系。作为渗透介质的气相和浸润剂的液相之间的界面张力往往较大，在测定较小的孔径时所需的压差较高。另外，测定过程中还难以避免浸润剂随渗透剂的蒸发携带，尤其是当气体流量较大时，如在压差与流量曲线的拐点处，蒸发携带比较严重，导致测定结果的失真。

以液体为渗透剂的液－液排除法，在一定程度上可以克服气体泡压法的上述缺点。液体的渗透通量较小，浸润剂和渗透剂互不相溶，故溶解携带的影响较小。液体在孔中的流动理论也相对成熟，可由传递方程直接导出孔径分布函数表达式。此外，液体间的界面张力范围较宽，因此可以降低测定压差、拓宽孔径的测定范围。

4.5.2　排除法测定孔径分布的原理

排除法利用毛细管作用原理测定膜的孔径，浸润剂表面张力影响所测孔径的大小。由毛细管作用原理可知，当半径 r 的毛细管为表面张力 σ 的液体 A 润湿时，毛细管液相压力 P_2 与流体 B 压力 P_1 达到静力学平衡时（如图 4－17），P_2 与 P_1 的关系可由拉普拉斯方程如下：

$$\Delta P = P_2 - P_1 = 2\sigma\cos\theta/r \qquad (4-14)$$

式中　θ——接触角。

当孔两端的压差大于 $2\sigma\cos\theta/r$ 时，毛细管内的液体就会被移走，排除法就是根据这一原理测定多孔材料孔径的。

在实际测定过程中，用已知表面张力的液体充分润湿多孔材料孔洞（用抽真空法或煮沸法），固定多孔材料一端的压力，另一端用液体或者压缩空气、氮气产生压差。当压差增大到一定值时，多孔材料上的最

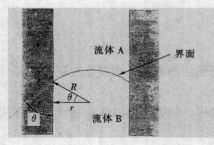

图 4－17　毛细管作用示意图

大孔首先被打开，而后小孔依次打开，利用式（4－14）计算孔径。同时测定反映开孔数的湿多孔材料气体流量 F_w。当多孔材料上的所有孔被打开时，减压测定此时"干多孔材料"气体流量 F_D。

与使用液体为流动介质的排除法不同，排除法的气体流动介质在多孔材料微孔中，不仅以层流方式透过，还存在分子流，即努森（Knudsen）流。

因此为得到多孔材料孔径分布函数，除了需假设：圆柱形孔，接触角为零外；还需假设：湿多孔材料的气体流量与被打开孔的面积成正比。因此湿多孔材料与"干多孔材料"流量比（ R ）反映为被打开孔面积的分率：

$$R(r) = \frac{F_w(r)}{F_D(r)} \times 100\% \qquad (4-15)$$

将 $R(r)$ 对孔径微分得到孔径分布函数 $f(r)$：

$$f(r) = \frac{d(R(r))}{dr} \qquad (4-16)$$

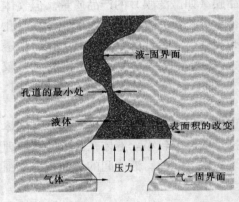

图 4－18　孔径沿着孔长度方向变化
和最小孔径处的示意图

多孔材料待测样品装入样品室前，用抽真空方法或煮沸法充分浸润多孔材料孔洞。氮气经减压缓冲后进入多孔材料内侧，外侧经气液分离器和气泡检测器或流量计与大气相通。出现第一个气泡时对应着多孔材料上的最大孔径。不断增大气体压力，多孔材料上的孔由大到小依次被打开，平衡后测定湿多孔材料的气体流量。

当多孔材料上的孔全部打开时，降低压力测定干多孔材料的气体流量，利用式（4－14）～（4－16）分别计算湿干多孔材料流量比 $R(r)$ 和孔径分布函数 $f(r)$。

实际孔洞形状是很复杂的，如图 4－18 所示的孔洞，孔道直径是一个随着孔道位置不同而变化的值，此时测量所得的孔径就应该是在孔道的最小处（constricted part of pore）的孔径，其半径在地质研究工作中常被称为"喉道半径"（throat radius）。

4.5.3　测试实例

4.5.3.1　测试仪器设备

自制一套测量设备，如图 4－19 所示。测量比较不同粘结剂制备纤维多孔陶瓷的孔径分布，并且与压汞法的测试结果进行对比研究。

需要注意的是，U 型管压力计的测量口尽量接近测试样品的表面，以便准确测量试样两边的压力降。

测试前首先检查仪器设备的气密性，然后，将干燥至衡重的待测试样放入样品室中，并注意密封好；调节减压阀，使压力慢慢升高，记录图 4－19 中流量计和 U 型管压力计的读数。将试样取出，用煮沸法将试样用水浸润，放入冷水中冷却后，同前面的步骤一样，记录

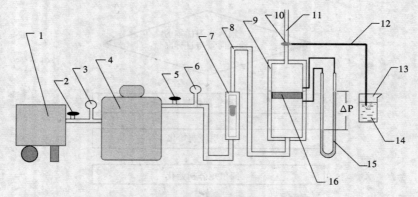

图 4 – 19　液体排除法测试设备示意图

1—空气压缩机；2—调压阀 – 1；3—压力表 – 1；4—储气罐；5—调压阀 – 2；

6—压力表 – 2；7—流量计；8—空气导管；9—样品室；10—三通阀；11—排空管；

12—空气软管；13—烧杯；14—水；15—U 型管压力计；16—测试样品

下湿试样的压力与流量的曲线。

4.5.3.2　数据处理

对干燥试样的压力降 – 流量关系，因为是一直线，可以用最小二乘法回归而得。但是，对于湿试样的压力降 – 流量曲线，因为限于设备的测量范围，有限的记录点并不能反应曲线的全貌。湿试样的压力 – 流量曲线处理不当的话将极大的影响试验结果，甚至使结果不可信。如果用传统的方法在坐标纸上作图处理显然还会带来更大的误差。

应用计算机处理是现代处理各种数据最常用、最有效的方法，对于通过有限个点来确定一条曲线通常可以用多项式回归法、样条插值法等，但最近兴起的人工神经网络 BP 模型具有比前两者更强大的模拟非线性关系的能力，理论上已经证明了 BP 神经网络可以模拟任何非线性函数。

在 Matlab 中的神经网络工具箱中，提供了大量的神经网络常用函数，这是非常有力的工具，可以很直观的、方便的利用它进行分析、计算，大大节省时间和精力。本研究将借助此工具，来进行湿试样的压力降 – 流量曲线的拟合。

用 Matlab 语言对湿试样的压力降 – 流量曲线拟合的过程进行编程，程序框图如图 4 – 20 所示。

在程序中选择 BP 优化算法，可以较快达到训练效果，优化 BP 算法的函数为 trainlm( )，其使用格式为：

$$[w_1, b_1, w_2, b_2, e_p, t_r] = \text{trainlm}(w_1, b_1, 'tansig', w_2, b_2, 'purelin', p, t, t_p);$$

其中　w_1——中间层神经元的权值向量；

　　　b_1——中间层神经元的阈值向量；

　　　w_2——输出层神经元的权值向量；

　　　b_2——输出层神经元的阈值向量；

　　　e_p——训练步数；

　　　t_r——训练误差；

图 4 - 20　BP 网络对湿试样压力 - 流量曲线的拟合的程序框图

　　tansig——输入层函数；

　　purelin——输出层函数；

　　　　p——输入向量；

　　　　t——输出目标向量；

　　　　t_p——训练控制参数的集合，包括显示频率、最大学习步数等。

　　各参数的设置如下：

　　学习速率经过实验取为 0.01；

　　误差允许值设定为 0.0002；

　　网络为三层结构；

　　进行曲线拟合显然输入层神经元、输出层神经元都为一个。

　　隐层神经元数目在训练过程中进行调整，以达到最佳训练效果。当隐层神经元数目 s1 改变时，其拟合的曲线以及误差下降曲线如图 4 - 21 所示。

　　从图 4 - 21 中，可以明显看出，当隐层神经元数目不同时对曲线拟合的影响。当 $s_1 = 1$，3 时，在（a）和（c）中，明显有拟合不足的现象，误差下降曲线（b）、（d）也都没有到达误差允许值 0.0002（图中虚线处）；当 $s_1 = 4$ 时，拟合曲线（e）效果较好，且误差经过 60 次训练后，小于 0.0002；当 $s_1 = 8$ 时，虽然误差曲线下降得很快，在训练次数为 8 次时就小于误差允许值，但曲线出现了过度拟合的现象（如图中（g）所示）。

　　所以在本次试验研究当中，当隐层神经元数目 s_1 在 4 ~ 6 时效果较好。

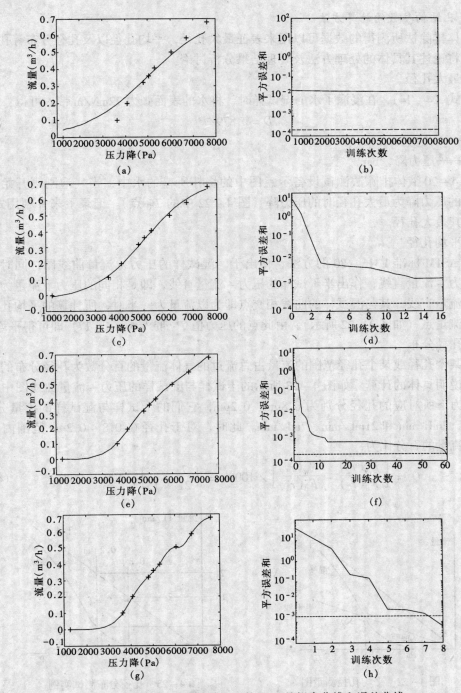

图 4-21　具有不同隐层神经元数目 s1 的拟合曲线和误差曲线

(a) 拟合曲线（$s_1 = 1$）；(b) 误差曲线（$s_1 = 1$）；(c) 拟合曲线（$s_1 = 3$）；

(d) 误差曲线（$s_1 = 3$）；(e) 拟合曲线（$s_1 = 4$）；(f) 误差曲线（$s_1 = 4$）；

(g) 拟合曲线（$s_1 = 8$）；(h) 误差曲线（$s_1 = 8$）

4.5.3.3 孔结构参数的计算方法

用液体排除法所测得的数据可以用来表征最大孔径，平均孔径以及孔径分布等孔结构参数。下面将论述其具体的处理方法及处理结果分析讨论。

（1）最大孔径

根据式（4-14），在浸润了水的湿试样时，将水的表面张力72mN/m带入可得：

$$D = 2.879/P \tag{4-17}$$

式中 D——孔径，μm；

$\quad\quad\ P$——压力降，bar。

在图4-20液体排除法测试设备示意图中的烧杯所盛的水中，当气泡刚刚开始冒出来时，此时的压力降为最大孔径时的压力降（图4-22中的P_0点）。记录下来并利用式（4-17）计算其最大孔径。

（2）平均孔径

采用ASTM标准F316-80的方法，作出干、湿试样的压力-流量曲线图；同时，由干试样的压力-流量直线，作出半干试样的压力-流量直线，即是相同的压力下流量为一半时的压力-流量直线，其与湿试样的曲线相交点即为以流量为一半时，所计算的平均孔径所在的压力与流量点（如图4-22所示）。由此点的压力值P_1带入式（4-17）即可得平均孔径。

（3）孔径分布

以在某个孔径或某个孔径范围的流量占总流过的气体流量的百分数为孔径分布的表征。

举例说明具体的计算。如图4-23所示的干试样与湿试样的压力-流量曲线图中，在两个不同压力下所对应的孔径分别为0.8μm、0.2μm，它们的干试样与湿试样的流量分别为：15mL/min、2mL/min和21mL/min、7mL/min。此时，对于孔径在0.8~0.2μm范围内，气体流量占总流量的百分比为：

$$Q = \left[\frac{F_w(r_2)}{F_d(r_2)} - \frac{F_w(r_1)}{F_d(r_1)}\right] \times 100\% = \left[\frac{7}{21} - \frac{2}{15}\right] \times 100 = 20\% \tag{4-18}$$

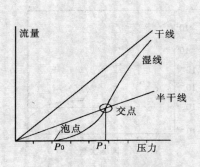

图4-22　平均孔径测量图

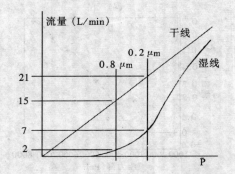

图4-23　孔径分布测试实例

即孔径在0.8~0.2μm之间的孔洞有20%的气体流过。如果孔径的范围取得十分小，为微分dr时，即与式（4-15）、（4-16）的相同。

为避免人工作图、计算带来的偏差，所有以上的计算步骤用计算机处理，用Matlab编程，程序框图如图4-24所示。

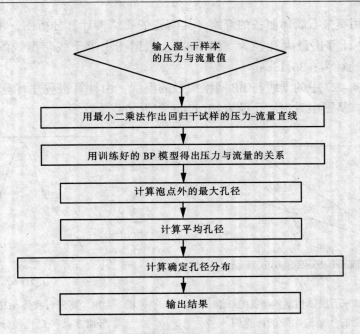

图 4 – 24　孔结构表征的计算程序框图

4.5.3.4　测试结果的计算分析

　　对用三种不同粘结剂制备的莫来石纤维多孔陶瓷用上述自制的设备及计算方法，测定的结果计算分析如下。

　　图 4 – 25 是用酸性磷酸盐粘结剂 A23 制备的纤维多孔陶瓷的孔结构计算分析图，依据图中的 P_0 处（泡点）的压力，用编制好的计算机程序可以计算得出最大孔径为：$46.17\mu m$，依据图中半干线与湿线的交点 P_1 处的压力，用计算机程序可以计算出平均孔径为：$19.01\mu m$。

　　依据线性回归的干线以及 BP 网络拟合的湿线，利用式（4 – 18），用前面编制好的计算机程序，可以计算并输出孔径分布图（如图 4 – 26 所示），从图中可以看出，主要孔洞分布在孔径为 $21.28\mu m$ 附近。

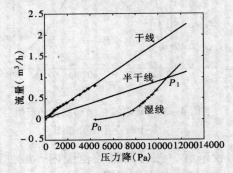

图 4 – 25　A23 粘结剂制备的纤维
多孔陶瓷的孔结构参数的计算图

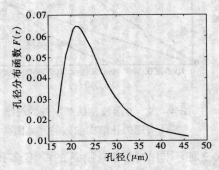

图 4 – 26　A23 粘结剂制备的纤维
多孔陶瓷孔径分布图

图 4-27 是用莫来石胶体制备的纤维多孔陶瓷的孔结构计算分析图，依据图中的 P_0 处（泡点）的压力，计算出最大孔径为：53.09μm，依据图中半干线与湿线的交点 P_1 处的压力，计算出平均孔径为：36.13μm。

同样，由图 4-27 中的干线与 BP 网络拟合的湿线，由计算机程序计算输出孔径分布图如图 4-28 所示。从图中看出，孔径为 41.12μm 附近的数量较多。

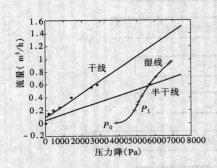

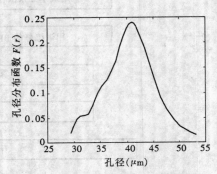

图 4-27　莫来石胶体粘结剂制备的纤维
多孔陶瓷的孔结构参数的计算图

图 4-28　莫来石胶体粘结剂制备的
纤维多孔陶瓷孔径分布图

图 4-29 是用硅溶胶制备纤维多孔陶瓷的孔结构计算分析图，依据图中的 P_0 处（泡点）的压力，计算出最大孔径为：58.28μm，依据图中半干线与湿线的交点 P_1 处的压力，计算出平均孔径为：22.91μm。

图 4-30 是硅溶胶粘结剂制备的纤维多孔陶瓷的孔径分布图，从图中可以看出，孔径分布范围较宽，存在着两个较高的点为：39.56μm、26.13μm。

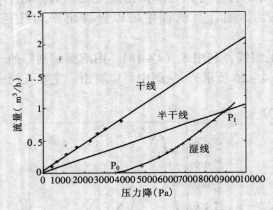

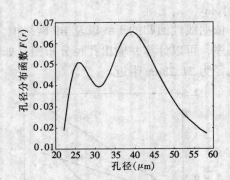

图 4-29　硅溶胶粘结剂制备的纤维
多孔陶瓷的孔结构参数的计算图

图 4-30　硅溶胶粘结剂制备的纤维
多孔陶瓷孔径分布图

从三种不同的粘结剂制备的纤维多孔陶瓷比较来看，在可测量的范围内，酸性磷酸盐 A23 粘结剂制备的样品孔径分布最窄，且最大孔径和平均孔径都比后两者小，这表明，其孔径均匀性好。而硅溶胶制备的样品孔径分布较宽，反应了其孔的结构不如前两者均匀。

4.6　蒸汽渗透法

蒸汽渗透法最早在 1989 年提出，后来经多位学者的发展，蒸汽渗透法主要适用于无机超滤复合膜或非对称膜及改性膜孔径分布的测定研究。

然而在上述的测定中，由于通过改变汽相的组成，控制不同的冷凝条件，因此须在真空下操作或使用气相色谱仪或氧电极测定蒸汽含量，装置比较复杂、操作不便也影响了测定的准确性。

后来，有人改进为直接改变膜的温度，来控制蒸汽在膜孔中的冷凝，实现对膜孔径及其分布的测定。现用改进的方法，测定了 $\gamma - Al_2O_3$ 非对称超滤膜分离层的孔径分布，研究了测定的重复性和冷凝介质的影响。

4.6.1　基本原理

其基本原理类似于 BET 气体吸附法与液体排除法的综合。当易凝蒸汽与多孔介质接触，相对蒸汽压由 0 增加到 1 的过程中，在介质的表面和孔中将依次出现单层吸附、多层吸附和毛细管冷凝。多层吸附层、"t 层"大小是相对蒸汽压和温度的函数。毛细管冷凝可用开尔芬（Kelvin）方程如下：

$$\ln(P_r) = \frac{n\sigma V\cos\theta}{r_k RT} \tag{4 - 19}$$

式中　P_r——易凝蒸汽的相对蒸汽压；$P_r = P_t/P_0$，P_0 毛细管蒸汽压，Pa；P_t 汽液平衡蒸汽压，Pa；

　　　n——过程参数；

　　　σ——气 - 液表面张力，N/m；

　　　V——冷凝液相摩尔体积，m^3/mol；

　　　θ——液 - 固接触角，°；

　　　r_k——Kelvin 半径，m，即毛细管内汽 - 液曲面半径；

　　　R——气体常数，J/(mol·K)；

　　　T——多孔介质的绝对温度，K。

对于相对蒸汽压 P_r，蒸汽将在小于 r_k 的孔内冷凝；P_r 增大到 1，所有孔内都发生毛细冷凝。在相对蒸汽压由 1 逐渐减小到 0 的脱附过程中，冷凝液相首先由最大孔内蒸发脱附出来，小孔依次被打开，当 P_r 减小为 0 时，所有的孔被打开。根据吸附 - 脱附理论，脱附过程 $n = 2$，$\theta = 0$，开尔芬（Kelvin）方程可简化为：

$$\ln(P_r) = -\frac{2\sigma V}{r_k RT} \tag{4 - 20}$$

由于多层吸附的存在，实际的孔半径与开尔芬（Kelvin）半径并不相等。对于圆柱形孔，实际孔半径（r）与开尔芬（Kelvin）半径（r_k）存在以下关系：

$$r = r_k + t \tag{4 - 21}$$

t 为孔表面上的 "t" 层（吸附层）厚度，通常对于小分子 $t = 0.5 \sim 0.7nm$。实际孔径（d）

149

与开尔芬（Kelvin）半径的关系为：

$$d = 2r_k + 2t \qquad (4-22)$$

因此，利用毛细冷凝机理测定孔径分布时，可用式（4-22）计算孔径大小。

在实际测定过程中，易凝蒸汽与非凝气体一起流过膜面，并部分渗透过膜。在 P_r 增大的吸附过程中，小于开尔芬（Kelvin）半径的孔被冷凝的液相所阻塞，P_r 为 1，膜上所有的孔被阻塞；同时，非凝气体的渗透通量不断减小直至为零。测定孔径分布利用脱附过程，这时逐步降低相对蒸汽压，孔由大到小依次打开，非凝气体的渗透通量不断增大。

由非凝气体的渗透通量与 P_r 的关系，就可得到膜的孔径分布。由此可见，在测定过程中，易凝蒸汽起着汽液相转变开关膜孔的作用，而非凝气体起着示踪膜孔的量的作用。

4.6.2 实验条件选择

利用毛细管冷凝机理测定孔径分布，要求首先达到静力学平衡；对易凝蒸汽要求是：液相有高的蒸发速度，汽相有良好的润湿性能，是尽可能小的球形分子。CCl_4 符合上述条件，但考虑到 CCl_4 有一定的毒性，目前更趋向使用无毒的环己烷。非凝气体一般使用 N_2、He 或 O_2。

由于使用了混合气体，为降低膜的分离效应影响，需尽可能地减小膜两侧的压差，一般控制压差在 1.9998kPa 以内。另外为确保膜孔内毛细冷凝的静力学平衡，膜两侧应无明显的蒸汽压差，须控制混合气体中蒸汽含量在 5% ~ 10%。

蒸汽渗透法通过测定不同相对蒸汽压（$P_r = P_0/P_t$）对应的非凝气体的渗透通量，从而得到 Kelvin 孔径，进一步得到孔径分布函数。改变测量过程中的自变量 P_r，可以改变 P_t，也可以改变 P_0。前者恒定膜温度，改变汽相组成，一般都采用这种方法测定膜的孔径分布；后者保持汽相组成不变，只改变膜的温度，因此不需气相色谱仪等分析手段，装置比较简单。

4.6.3 孔径分布函数的求取

根据气体扩散机理，当复合膜或非对称膜分离层孔径足够小，非凝气体（N_2、He 或 O_2）以分子扩散方式透过膜，这时 N_2 的渗透性 $j(r)$ 与膜孔径等结构参数的关系如下：

$$j(r) = \frac{ND_k}{RT\tau l} \qquad (4-23)$$

式中　N——单位膜面积上孔径为 r 的孔个数，$1/m^2$；

　　　τ——孔曲率；

　　　l——膜的厚度，m；

　　　D_k——Knudsen 扩散系数，m^2/s；

　　　$j(r)$——膜的渗透性，$mol/(m^2 \cdot s \cdot Pa)$。

$$D_k = \frac{2}{3} r \sqrt{\frac{8RT}{\pi M}} \qquad (4-24)$$

式中　M——非凝气体的摩尔质量，kg/mol。

定义孔径分布函数 $f(r)$ 为孔径在 r 到 $(r + \delta r)$ 范围内单位面积上孔的个数：

$$f(r) = \frac{N}{A\delta r} \tag{4-25}$$

式中　A——膜的有效渗透面积，m^2。

在脱附测定过程中，非凝气体渗透性 $J(r)$：

$$J(r) = \int_r^\infty \frac{2r}{3RTl\tau}\sqrt{\frac{8RT}{M\pi}}Af(r)\delta r \tag{4-26}$$

当膜的温度由 T 增大到 $(T+\delta T)$ 时，打开的孔径由 r 变化到 $(r+\delta r)$，相应渗透性的变化量为：

$$J(r+\delta r) - J(r) = \int_{r+\delta r}^\infty \frac{2r}{3RTl\tau}\sqrt{\frac{8RT}{\pi M}}Af(r)\delta r - \int_r^\infty \frac{2r}{3RTl\tau}\sqrt{\frac{8RT}{\pi M}}Af(r)\delta r \tag{4-27}$$

$$= -\int_r^{r+\delta r} \frac{2r}{3RTl\tau}\sqrt{\frac{8RT}{\pi M}}Af(r)\delta r \tag{4-28}$$

当 $\delta r \to 0$ 时，

$$f(r) = -\frac{2l\tau}{2rA}\sqrt{\frac{\pi MRT}{8}}\frac{\mathrm{d}J}{\mathrm{d}r} \tag{4-29}$$

实验测定 J 与 T 的关系，利用式（4-20）和式（4-29）即可得到非对称或复合膜分离层活性孔的分布函数。

4.6.4　测试实验装置

根据前面介绍的测定原理，建立如图 4-31 所示的实验测定装置。N_2 作为非凝气体，经减压、稳压、干燥后，依次进入两级蒸发器，得到饱和的环己烷混合气体。混合气体流过膜面，一部分放空，一部分在微压差的作用下透过膜；透过物经冷阱分离环己烷后，用皂泡流量计测定 N_2 的渗透通量。当膜和第二级蒸发器的温度相等，并达吸附平衡时，N_2 的渗透通量降为零。逐步升高膜的温度，开始脱附测定过程，测定达平衡后膜的温度和 N_2 通量，利用前面的关系可以得到分离层中活性孔孔径分布。

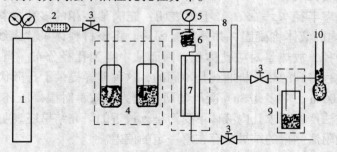

图 4-31　孔径分布测定装置示意图

1—气瓶；2—干燥器；3—调压阀；4—蒸发器；5—压力表；
6—预热管；7—膜及渗透器；8—差压计；9—冷阱；10—皂泡流量计

4.7　小角度散射法

小角度散射法是基于孔对 X 光、中子束等射线的散射原理来对孔进行表征的方法。现以小角 X 射线散射来说明。在这种方法的测量中，首先得到散射光强 I 与散射矢量 q 的实测曲线。根据 Porod 定理求得 Porod 常数，Porod 定理如下：

$$I(q) = pq^{-4} + B \qquad (4-30)$$

式中　p——Porod 常数；

　　　B——与材料有关的常数。

p 的表达式如下：

$$p = 2\pi(\triangle\rho)^2 S/V \qquad (4-31)$$

$\triangle\rho$ 是 X 光在材料实体和孔中散射长度密度（scattering length density）之差，S/V 是单位体积的散射表面，由此即可得到孔结构。此法的最佳测试范围是 1~100nm。此法测试速度快，一次测量可得到孔径分布。但由于中孔测试范围还不够宽，散射结构和孔结构的对应关系还存在着较多的不确定性，尽管该法在 SiO_2 孔结构的中有所应用，但远不及气体吸附法用得广泛。

4.8　热孔计法（thermoporometry）

热孔计法是基于多孔材料孔内液体固化的热效应，进行孔径分布及孔尺寸的表征。根据物理化学原理，高度分散的纯物质的三相点取决于不同相界面的曲率半径。当多孔物体饱和地充满液态物质，液 – 气界面变为平面，三相点仅取决于液 – 固界面的曲率 C_{ls}：

$$T = T_0 - \int_0^{\gamma_{ls}C_{ls}} \frac{V_1}{\triangle S_F}\mathrm{d}(\gamma_{ls}C_{ls}) \qquad (4-32)$$

式中　T_0——界面均为平面时的三相点温度；

　　　γ_{ls}——液 – 固界面的表面张力；

　　　V_1——液相的比容；

　　　$\triangle S_F$——物质熔化熵。

液 – 固界面曲率半径 $R_n = 2/C_{ls}$。上式表明：充满某液相的多孔材料在一定的温度下，半径小于 R_n 的孔内的液体将凝固，并释放凝固热。将该材料体系置入线性降温的环境中，放热时间对应孔半径，放热量对应孔体积，因而从中得到孔径分布。当材料中含非球型孔时，降温与升温过程得到的热分析曲线是不同的，这种差异提供了孔形状的信息。该法最佳测试范围是：1~100nm，对多孔 SiO_2 凝胶的研究较为有效，对湿凝胶还能提供部分闭孔的信息。这种测试方法严格要求孔内液体不受污染。最近的研究结果还表明：由于测试原理的不同，它与气体吸附法测得的结果也存在着一定的偏差。

另外，由于孔的大小、形状不同，开孔闭孔所占的比例不同，在高温热处理中多孔 SiO_2 将表现出不同的动力学行为，在致密化过程中收缩的情形是不同的；多孔 SiO_2 的导热率也与孔结构有着密切的关系，依据这些关系也很有希望发展出新的孔结构表征技术。

4.9　核磁共振法

此法是通过测量孔中流体受表面影响而增强的自旋 – 点阵 NMR 弛豫，获得孔尺寸及表面积信息。

　　一般极接近孔表面（＜0.5nm）的流体要比普通状态下的流体具有更高速率的自旋－点阵弛豫（T_1）和自旋－自旋弛豫（T_2）。此时在孔内存在两种流体相，一种是处于孔壁附近受孔表面影响的流体相 A，另一种是离孔壁较远的几乎不受孔表面影响的流体相 B。当流体相 A 与流体相 B 之间的扩散速度快于弛豫时间时，可观察到加权后孔内流体的弛豫时间正好是孔体积与比表面积之比的函数，从而可以获得孔结构的信息。该法最佳测试范围是 1～100nm，属于非介入性测量，具有较好的准确性。将该法与 NMR 成像技术结合起来，可得到孔隙率与孔尺寸的空间分布状况。

4.10　分形维数法

4.10.1　分形与孔结构

　　分形（Fractal），起源于对"病态几何"的研究，可追溯到 19 世纪末，但分形和物理现象的关系是不久前才为曼德布罗特（Mandelbrot.B.B）所提出。分形理论提出后，便吸引许多科学领域的研究者进行工作，以利用分形这一工具来探索无序现象的内部所隐含的某种规律和物理机制。

　　不规则表面形态在自然界中随处可见，从微观原子世界到巨大的山峰都存在着复杂而不规则的表面结构，如何用几何的特性描述，又如何解析这些表面形态的存在对于材料的研究都具有重要意义，分形几何在这一方面起到重要作用。有研究者将表面分形归成三类（见图 4－32）。

　　致密的物体具有分形的表面叫表面分形；物体本身是分形，它的表面也是分形，叫质量分形；一致密物体内存在具有分形结构的针孔和孔径叫孔分形，通常质量分形和孔分形归属于自相似分形，而表面分形是自仿射分形。

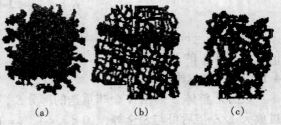

图 4－32　三种不同的分形
(a) 表面分形；(b) 质量分形；(c) 孔分形

　　在用液体排除法和压汞法等对孔径及其分布进行表征时，都假设了孔洞的形状为圆柱形直通孔。然而实际孔洞形状是相当复杂的，为高度无序状态，在某些极端情况下，达到接近混沌状态，以至于无法用传统的欧几里德几何参数来进行叙述。在已采用的叙述这种复杂形状的大量方法中，分形分析最引人注目。

　　在分形几何学中，欧几里德标准圆形、矩形的分形维数为 1，具有分形结构特征的孔洞，用分形维数可以很方便直观地表述孔洞结构的形状与圆形或矩形的差异，测出的孔洞结构分形维数偏离 1 越大表明其偏离标准的圆形、矩形越大，表明它的不规则度、孔的表面粗糙度、或孔之间的相交程度等越大，所以这是一种很好对孔的结构形状进行表征的方法。

　　分形结构的表征可以很好地弥补以上大多数表征方法中，对孔洞结构所作的圆柱形直通道的假设。它与液体排除法、压汞法等联合，将使材料的孔结构表征得更全面。

4.10.2 分形维数的几种定义方法

4.10.2.1 Hausdorff 维数 D_H

设一个整体 U 划分为 N 个大小和形态完全相同的小图形，每一个小图形的线度是原图形的 r 倍，则 Hausdorff 维数为：

$$D_H = \lim \frac{\ln N(r)}{\ln(1/r)} \ (r \rightarrow 0) \tag{4-33}$$

其中 $N(r)$ 表示整体所包含的小图形的个数。

若把一个几何对象的线度放大 L 倍，放大几何体是原来几何体的 K 倍，则该对象的维数是：

$$D_H = \frac{\ln k}{\ln L} \tag{4-34}$$

4.10.2.2 Lyapunov 维数 D_L

Lyapunov 维数是利用 Lyapunov 指数来定义的。考虑 N 维空间在某个时刻 t，两个点在方向为 i 的轴上相隔的距离为 $L_i(t)$，经过时间 τ 后，这两个点的距离为 $L_i(i + \tau)$，那么 Lyapunov 指数为：

$$\lambda_i = \frac{1}{\tau} \log \frac{L_i(t + \tau)}{L_i(t)}, \ i = 1, 2, \cdots, N \tag{4-35}$$

若 $\lambda_i > 0$（或 $\lambda_i < 0$），表示这两个点沿轴 i 方向按指数函数逐渐离开（或接近），这时 Lyapunov 分形维数为：

$$D_L = j - \frac{\lambda_1 + \lambda_2 + \cdots + \lambda_j}{\lambda_j} \tag{4-36}$$

其中，$j = \min \{n | \Sigma \lambda_j < 0, \ j = 1, 2 \cdots, n\}$，即，$j$ 表示 $\lambda_1 + \lambda_2 + \cdots + \lambda_j$ 之和为负值时的最后一个 λ 的下标值。

4.10.2.3 相似维数 D_S

设分形整体 S 是由 N 个非重迭的部分 S_i，$i = 1, 2, \cdots, N$ 组成的，如果每一部分 S_i 经过放大 $1/r_i$ 倍后可与 S 全等，$(0 < r_i < 1, \ i = 1, 2, \cdots, N)$ 且 $r_i = r$，则相似维数为：

$$D_S = \frac{\ln N}{\ln(1/r)} \tag{4-37}$$

如果 r_i，$i = 1, 2, \cdots, N$ 不全等，则定义：

$$\sum_{i=1}^{N} r_i^{D_S} = 1 \tag{4-38}$$

4.10.2.4 容量维数 D_C

假设考虑的图形是 n 维欧式空间 R^n 中的有限集合，用半径为 δ 的球填入该图形，若 $N(\delta)$ 是球的个数最小值，则容量维数为：

$$D_C = \lim \frac{\ln N(\delta)}{\ln(1/\delta)} (\delta \rightarrow 0) \tag{4-39}$$

4.10.2.5 信息维数 D_i

若考虑在 Hausdorff 维数中每个覆盖 U 中所含分形集元素的多少，并设 P_i 表示分形集的

元素属于覆盖 U 中的概率，则信息维数为：

$$D_i = \lim \frac{\sum_{i=1}^{N} p_i \ln p_i}{\ln \varepsilon} (\varepsilon \to 0) \tag{4-40}$$

在等概率 $P_i = 1/\delta$（ε）的情况下，$D_i = D_H$，即信息维数等于 Hausdorff 维数。

4.10.2.6　计盒维数 D_b

设 $A \in H$（R^m），其中 R^m 是欧氏空间，用边长为 $1/2^n$ 的封闭正方盒子覆盖 A，若 N_n（A）表示 A 中包含的盒子数，则计盒维数为：

$$D_b = \lim \frac{\ln N_n(A)}{\ln(2^n)} (n \to 0) \tag{4-41}$$

4.10.2.7　关联维数 D_g

若分形中的划分尺度为 δ，某两点之间的关联函数为 C（δ），则关联维数为：

$$D_g = \lim \frac{\ln c(\delta)}{\ln(\delta)} (\delta \to 0) \tag{4-42}$$

其中：$C(\delta) = \frac{1}{N^2} \sum_{i}^{N} \sum_{j}^{N} H(\delta - d_{ij}) d_{ij}$ 为 i、j 两点的欧氏距离，H 为海维西特（Heaviside）函数。

除上述定义的几种分形维数外，还有模糊维数、布里格维数、广义维数、微分维数、分配维数、质量维数、填充维数等。

4.10.3　分形维数的测定

分形维数的测定主要是通过实验的方法对分形图形或分形现象进行测量。根据测定对象的不同和采用手段的不同，常用测定分形维数的方法有以下几种。

4.10.3.1　改变观察尺度求维数

该方法是用圆、球、线段、正方形、立方体等具有特征长度的基本图形去近似分形图形。设 r 是基本图形的基准量，用 r 去近似分形图形，测得总数记为 N（r）。当 r 取不同值时，可测得不同的 N（r）值，这时有 N（r）$\propto r^{-D}$ 成立，则 D 就是该分形图形的维数。尤其当 r 取值越小，测得的 D 值越精确。计算 D 的公式见式（4-43）。用此方法可求复杂形状海岸线的维数、复杂工程或三维图形的分形维数等。

4.10.3.2　根据测度关系求维数

该方法是利用分形具有非整数维数的测定来定义维数的。设长度为 L，面积为 S，体积为 V，D 是分形图形被测度量 X 的维数，若把 L 扩大 K 倍，那么 $S^{\frac{1}{2}}$、$V^{\frac{1}{3}}$、$X^{\frac{1}{D}}$ 也都扩大 K 倍，这时有：$L \propto S^{\frac{1}{2}} \propto V^{\frac{1}{3}} \propto X^{\frac{1}{D}}$ 成立。该式子表明对不同分形图形可分别用尽可能小的单位长度、单位面积或单位体积对分形图形进行分割，以近似分形图形。该方法与改变观察尺度求维数的方法不同的是，一旦所选的单位长度、单位面积或单位体积的量确定后就不可以改变。因此，要提高分形维数的测量精度应尽可能减小这些量的单位。

4.10.3.3　用分布函数求维数

该方法是通过观察某个对象的分布函数来求维数。设 r 是观察尺度，P（r）是大于

（或小于）r 的观察对象的存在几率，若观察对象的分布密度记为 $P(S)$，则有 $P(r) = \int_r^\infty P(S)\mathrm{d}s$。若考虑变换比例尺 $r \rightarrow \lambda r$，而分布类型不变，则有对任意 $\lambda > 0$，$P(r) \propto P(\lambda r)$ 成立。能满足该式的函数类型只限于幂型，即 $P(r) \propto r^{-D}$，这个 D 就是所求的分形维数。D 的计算式为：

$$D = \frac{\ln P(r)}{\ln(1/r)} \tag{4-43}$$

4.10.3.4　用相关函数求维数

该方法是用基本的统计量之一的相关函数来求分形维数。设空间随机分布的某量在坐标 x 处的密度为 $P(x)$，则相关函数 $C(r)$ 可定义为：$C(r) = \mathrm{AVE}(P(x)P(x+r))$，其中 AVE（　）表示平均，$r$ 表示两点距离。一般作为相关函数 $C(r)$ 的函数类型有指数型 e^{-r/r_0} 和高斯型 e^{-r^2/r_0^2}，但由于他们存在特征距离 r_0，故它们不是分形。当相关函数为幂型时，由于不存在特征长度，则分布为分形，此时有：$C(r) \propto r^{-\alpha}$，α 为幂指数。它与分形维数 D 的关系为：$\alpha = d - D$，d 是欧氏空间维数。

4.10.3.5　用频谱求维数

该方法是通过观测随机变量的频谱来求维数的。从频谱观点来看，改变观察尺度就是改变截止频率 f_c，即更细小的振动成分舍去的界限频率，如果某个变动是分形，那么即使变换截止频率 f_c 也不会改变频谱的形状，即变换观测尺度，其波谱形状也不会改变。具有这种性质的频谱 $S(f)$ 只限于幂型：$S(F) \propto f^{-\beta}$，其中 β 与分形维数的关系为：$\beta = c - aD$，其中 c 和 a 是常数。随着频谱曲线图的不同，c 和 a 常数值是不同的。

在分析研究中，之所以对分形维数有很多定义是因为要找到对任何事物都适用的定义并不容易。由于测定维数的对象不同，就某一分形维数的定义而言，有些对象适用，而另一些就可能完全不适用，因而对不同定义的维数使用不同的名称把它们区分开。为了便于表示，通常把非整数值的维数统称为分形维数。

另外，在对实际分形进行测量时，常存在测量的分型维数值随码尺而改变的问题，即同一分形体由于选取的尺码的不同，会得到不同的分形维数值。分形维数不确定性的产生原因是由于：①在分形维数的定义中，要求码尺趋于极限，这在测量中是很难实现的；②实际分形体的结构层次是有限的，在无限层次分形体公式作用下，就可能产生分形维数的不确定性。所以，测量码尺 ε 存在一个合理的取值范围。当 $\varepsilon_{max} \geqslant \varepsilon \geqslant \varepsilon_0$ 时，测得的有限层次分形体的分形维数是一个确定值。其中 ε_0 是下临界点，ε_{max} 是上临界点；当 $\varepsilon < \varepsilon_0$，或 $\varepsilon > \varepsilon_{max}$ 时，测得的分形维数 $D' < D$，而且 D' 是不确定的。因此，尺码的取值范围不是任意的。

分形维数的定义和测量都是在分形理论不断得到应用的前提下得到发展的。随着分形理论的广泛应用，必将要求对很多复杂的分形现象提出解决其分形维数的定义和测量方法，例如智能系统知识表示及其分形维数的计算等诸多问题。

4.10.4　无机微孔膜分形性及分形维数的测定

4.10.4.1　无机膜的分形性

无机膜作为一种新型的分离催化材料，正日益受到重视，由颗粒固态烧结的 $\alpha - Al_2O_3$

陶瓷膜它的孔结构表面非常复杂，在这种膜材料内，膜孔互相交联，四通八达，小孔连大孔，大孔中有小孔，它的三维结构是典型的无序状态。图 4-33 是 $\alpha - Al_2O_3$ 陶瓷膜的 CLSM 图，从图中可以看到孔是高度交联的无序状态。图 4-34 是部分孔内表面粗糙程度的拓扑图（由 CLSM 测定），测量出的孔内表面是一种高度的不规则，图 4-35 是膜表面在同一剖断面方向的高低扫描曲线，可以看到这种膜表面的高低分布是一种随机的分布，再仔细看看这条扫描线的每一种细部，经放大后，仍具有一种高低变化，见图 4-36。

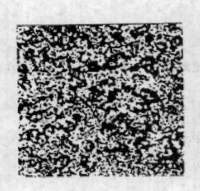

图 4-33　基质管膜的
CLSM 扫描照片

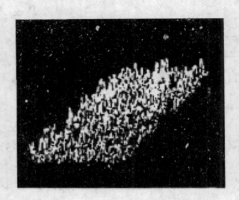

图 4-34　膜孔内表面粗
糙程度的拓扑图

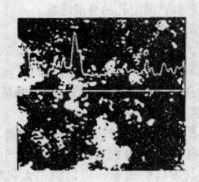

图 4-35　在同一切面上膜
孔表面高低扫描图（CLSM）

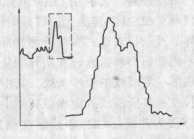

图 4-36　膜表面高低扫描线
部分放大图

总而言之，在三维的的欧几里德空间里，无机陶瓷膜具有非常复杂的孔结构及表面结构，它难以用欧几里德几何来描述。然而，无机膜这种结构，在统计意义上具有一定的标度性，及自相似性，它的表面还具有一定的自放射性，因而在统计上遵从分形规律。

无机膜的孔结构在欧几里德三维空间里是难以衡量及表述的，而分形论恰恰是研究这种无规律状态的几何，它为我们提供了定量描述这种复杂结构的工具——分形维数。分形维数 D_r 反映了无机膜孔结构及表面形态的无序程度，可以作为表征膜结构的一个新的重要参数，分形维数的测定将成为我们考察制膜工艺及衡量膜性能的标准之一，因而具有一定的指导意义。

4.10.4.2 分形维数的测量原理

由于自然界的分形是一种随机的分形，它不同于一些规则的分形，因此无法用数学推导出分形维数来。目前在材料分维测定中，典型的测定原理有小岛法。

在分形经典著作《自然界的分形几何》中指出，长度和面积关系可以用来估算一图域的分形界的分维，1984 年，有人提出了小岛法解决马氏体钢冲击断口的分维测量。

在欧氏几何中，对如三角形、正方形和圆形等规则几何图形，有如下的关系：

$$P \propto A^{\frac{1}{2}} \tag{4-44}$$

式中　P——图形的周长；

　　　A——面积。

对于自然界中的海岛，材料中的微结构等不规则图形，曼得布特罗认为存在如下关系式：

$$P^{\frac{1}{D_f}} \propto A^{\frac{i}{2}} \tag{4-45}$$

D_f 是不规则图形边界线的分维，由（4-45）式得：

$$\log P = C + \frac{D_f}{2} \log A \tag{4-46}$$

由此可知，$D_f/2$ 为 $\log P - \log A$ 图中直线的斜率，分维值 D_f 为斜率的 2 倍。

4.10.4.3 CLSM 共焦激光扫描显微镜测定无机膜分形维数 D_f

基于小岛法原理，可利用 CLSM 共焦激光扫描显微镜测定孔的分形维数。

（1）仪器：CLSM 共焦激光扫描显微镜，美国 WILD LEITZ 公司产品。

（2）样品及制样方法：实验所测样品为 $\alpha - Al_2O_3$ 微孔陶瓷膜，观察表面常采取膜的断面，样品不需要研磨和抛光，利用分别从光学平面和断口表面反射的光波进行干涉而形成表征断面微观形貌等高线的干涉条纹。其中封闭的等高线可视为小岛的海岸线，测量这种封闭等高线的长度及其所围成的面积可利用小岛法原理求出分维 D_f。

这种方法为非破坏性和非接触性测量，测量精度高，速度快，避免了切割、研磨和抛光等繁琐工艺处理及对表面形貌人为破坏的影响。CLSM 能测出样品表面凸凹的等高线（见图 4-37、4-38）。通过测定这些等高线长度及围成的面积，可以测出无机膜孔的分维数值。

（3）分形维数的计算：由公式（4-46）知，$\log P$ 与 $\log A$ 是一条直线关系。

通过测定一系列的等高线周长及围成的面积，可利用线形回归程序计算分形维数：

$$D_f = 2 \frac{\sum\limits_{i=1}^{n} \log A_i \log P_i - \frac{1}{n} \sum\limits_{i=1}^{n} \log A_i \sum\limits_{i=1}^{n} \log P_i}{\sum\limits_{i=1}^{n} (\log A_i)^2 - \frac{1}{n} (\sum\limits_{i=1}^{n} \log A_i)^2} \tag{4-47}$$

图 4-39、4-40 分别是样品 KER1 和 KER2 等高线分形岛的周长和面积对数关系图，从图中可以看到 $\log P$ 与 $\log A$ 几乎是一条直线。由直线斜率可以求出 KER1，KER2 样品的分形维数分别为 $D_f (1) = 2.23$，$D_f (2) = 1.98$。

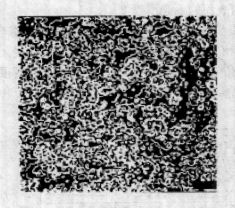

图 4-37　样品 KER2 表面的等高线图

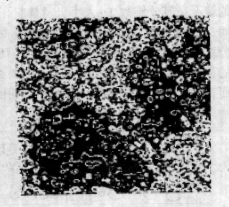

图 4-38　样品 KER1 表面的等高线图

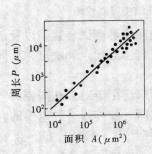

图 4-39　样品 KER1 的
$\log P - \log A$ 关系图

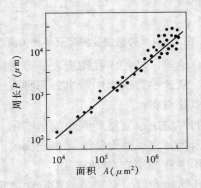

图 4-40　样品 KER2 的
$\log P - \log A$ 关系图

（4）无机膜分形维数的物理意义：分形维数作为几何学的一个重要概念，用于描述欧几里德空间难以描述的几何体，它成为研究无序状态的一个定量参数。无机膜空间是难以描述的几何体，所以分形维数成为研究无机膜的一个定量参数。无机膜分形维数 D_f 自然也成为描述无机膜复杂的孔结构参数，然而它到底描述了无机膜孔结构的哪些性质，具有哪些物理意义？

为了分析这些问题，先假设理想膜孔模型：膜孔在膜内是互相平行，并垂直于膜表面；膜孔的任一垂直截面都是规则的几何图形，如圆形；膜孔互相不联通；孔内表面处处光滑。

具备上面四个条件的膜，称为理想膜孔模型，其 CLSM 等高线图为标准的圆形，分形维数为 1。

在图 4-41 中，列出了理想模型及各种偏离理想模型的孔结构 CLSM 等高线图。偏离理想模型的孔结构等高线都具有一定的不规则性，例如情况 2 的孔不圆度，其等高线围成的小岛的面积在与理想模型的小岛具有等同面积的时候，等高线周长比理想模型的要长，由 $\log P = C + D_f/2\log A$ 可知，$D_f > 1$，膜孔的不圆度越大，等高线周长就越大，因而测定的 D_f 也越大，由此可见 D_f 的大小，反映出了膜孔不圆度的大小，对于情况 3、4 分析也知 D_f 越大，膜的交联程度也越大，对于情况 5 表明膜孔内表面粗糙程度，它反映了偏离理想膜孔内

159

光滑面的情况，其分维数 D_f 大小也衡量膜孔内表面的不光滑程度。

然而，试验测量中，CLSM 测定实际样品是上面四种偏离理想模型的情况的综合表现，无法从分维值 D_f 区分哪一种情况占主要，只能说明综合偏离模型的程度，D_f 越大，偏离理想模型的程度便越大，要么孔非常不圆；要么孔内表明非常不光滑；要么交联程度很大。

总而言之，测定膜分维 D_f 反映出了膜孔结构的不圆度，内表面不光滑度及交联度三个重要的物理量。

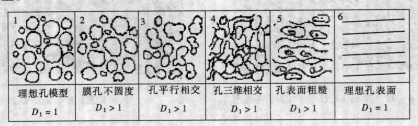

1	2	3	4	5	6
理想孔模型	膜孔不圆度	孔平行相交	孔三维相交	孔表面粗糙	理想孔表面
$D_1 = 1$	$D_1 > 1$	$D_1 > 1$	$D_1 > 1$	$D_1 > 1$	$D_1 = 1$

图 4-41　理想膜孔模型及各种偏离理想模型的孔结构等高线图

以上综合论述了各种多孔陶瓷表征方法的测试原理和仪器测试装置，以及部分表征方法的测试实例。从这些方法当中看出，每种表征方法都有自己的优点和缺点，不同的表征方法适应不同的多孔材料。

在常用的方法中，直接观测法简单实用、效率高而广泛用于对多孔陶瓷的气孔率进行测量。显微法因为其直观性及能够提供全面的孔结构信息而一般作为一种重要的表征手段。压汞法是大中孔中常规测定的好方法，可以测量样品的气孔率、孔径分布、孔表面积、孔体积、密度等孔结构参数。采用液体排除法测定过滤陶瓷（如多孔陶瓷膜）的孔径分布，具有操作稳定、测定结果重复可靠的优点。该方法的可测定孔径范围，微滤、超滤膜的孔径分布。与其他方法相比，液体排除法能够测定过滤陶瓷"活性孔"的分布。因为其对多孔材料通孔孔径测量的简单有效性而在过滤材料的分析表征中应用较普遍，并作为测量多孔陶瓷孔道直径的国家标准。气体吸附法除了能测试多孔材料的孔尺寸分布外，还能进一步得到孔形状方面的信息，但该法在测试过程中，周期过长，不能测量闭孔，以及影响测试精度因素较多。

分形维数法可以很方便直观地表述孔洞结构的形状与圆形或矩形的差异，分形维数偏离1越大，表明其偏离标准的圆形、矩形越大，表明它的不规则度、孔的表面粗糙度、或孔之间的相交程度等越大，所以这是一种很好对孔形状进行表征的方法。

在所有表征方法中，要全面表征出多孔陶瓷中孔结构参数，没有一种方法是可以做到的。因此，一般对多孔材料的研究来说，如果要全面了解多孔材料的内部孔结构，需要同时用几种方法结合起来进行表征。

第5章 绝热及超绝热多孔陶瓷

在多孔陶瓷的内部分布着大量的气孔，由于空气的导热系数远低于一般的固体物质，多孔陶瓷所具有的多孔结构尤其是内部封闭的孔洞，可以大大降低材料的导热系数，而且陶瓷本身的材质能够承受高温，因而这一类多孔陶瓷用作具有优良隔热性能的绝热材料。

本章将综合论述多孔绝热陶瓷、超绝热多孔陶瓷材料（纳米孔超级绝热材料、真空超级绝热材料）的绝热机理、制备方法、工艺、设备以及绝热及超级绝热材料的应用等。最后将就目前我国绝热材料存在的主要问题及原因，指出我国绝热材料及其技术的主要发展方向。

5.1 绝热材料的分类

绝热材料的应用对于节约能源具有很重要的意义。绝热材料已经广泛应用于工业、农业以及日常生活中。绝热材料的种类繁多，按照不同的分类方法可以分成不同的类型。如根据绝热材料的化学组成，可分为无机、有机、复合三大类型，如表5-1所示。

表5-1 绝热材料的成分类型

大　类	类	亚　类	举　例
无机绝热材料	金　属	黑色金属	不锈钢钢板
		有色金属	铝　箔
	非金属	天然矿物	浮石、火山渣、硅藻土…
		加工矿物	膨胀珍珠岩、炭化石灰
		合成材料	微孔碳酸钙、微孔铝酸钙、岩棉、矿棉
		工业废渣	膨胀矿渣、炉渣、粉煤灰
有机绝热材料	动植物		软木、纸、木屑、刨花
	矿　物		泡沫沥青
	合成高分子		泡沫聚苯乙烯
复合绝热材料	金属与无机非金属		镀膜玻璃
	金属与有机材料		铝塑反射板
	有机与无机非金属		吸热涂层玻璃板

表5-2 绝热材料的结构类型

大　类	类	举　例
纤维状	天　然	石棉与石棉制品、植物纤维、动物纤维
	人　造	岩棉与岩棉制品、矿渣及其制品、玻璃棉
散粒状	天　然	浮石、火山渣、硅藻土
	人　造	膨胀珍珠岩及其制品、防水隔热粉
微孔状	天　然	硅藻土、沸石岩
	人　造	加气混凝土、泡沫水泥
层　状	天　然	木　板
	人　造	塑料板、中空玻璃

根据绝热材料的结构，可分为纤维状、散粒状、微孔状、层状等，见表 5－2。按照绝热材料的生产工艺，可分为加工型、合成型和复合型三大类，具体的分类见表 5－3。此外，还有根据材料形状分类，如板、毡、被、带、条、棉、管、瓦等。

绝热多孔陶瓷一般指用于高温窑炉或高温设备的内衬、绝热层等部位，以最大限度地阻止热流传递和减少热损失的所有无机材料。绝热多孔陶瓷属于表 5－1 中绝热材料的无机材料的一类，从表 5－2 可以看出，其可以为第二种分类方法中的任何类型，表 5－3 中显示绝热多孔陶瓷也可以加工、合成或者复合而成。

表 5－3　绝热材料的工艺类型

类	亚类	举例
加工型	破碎选别型	风选石棉、浮石
	烧胀型	膨胀珍珠岩
	烧结型	粉煤灰陶型
	烧失型	硅藻土砖
	胶结型	水泥、石膏、水玻璃
	分散型	泡沫制品
合成型	熔制型	岩棉、矿棉
	烧结型	烧结微孔玻璃
	胶凝型	泡沫水泥
	交联型	各种泡沫塑料
复合型	混合型	硅酸盐保温涂料
	复层型	蜂窝夹心板
	拼装型	中空玻璃

5.2　多孔绝热陶瓷中的热传导

高温设备的热流通过围护结构向外传递，最终散发到大气或大地中，为热损失的主要方式。因此这类设备中的绝热材料很重要，其热性能的好坏决定了设备的节能。要了解多孔绝热陶瓷，首先要了解绝热材料热传导的基本原理。

5.2.1　热传导的基本原理

传热是指热量从高温区向低温区的自发流动，是一种由于温差而引起的能量转移现象。自然界中，无论在一种介质的内部，还是在两种、多种介质之间，只要有温度差的存在，就会出现传热的过程。

导热是依靠物体内分子、原子、自由电子等微观粒子的热运动，在宏观上物体各部分无相对位移的热传递现象。其热流量符合傅立叶定律：热流量与热流方向上的温度梯度和垂直热流方向的截面积之积成正比。即：

$$Q = \frac{\Delta Q}{\Delta t} = -\lambda \operatorname{grad} TS = -\lambda S \frac{dT}{dX} \qquad (5-1)$$

式中　Q——热流量，W；

　　Δt——传热时间，s；

　　T——温度，℃；

　　S——传热面积，m^2；

　　X——传热距离，m；

$\operatorname{grad} T$——两等温面之间的温度差 ΔT 与其法线上的距离 ΔX 之比值的极限，称为温度梯度，它是一个向量，正向朝着温度升高的方向。负号表示传热方向为从高温到低温；

λ——导热系数，W/（m·K）。

对流是依靠流体分子的随机运动和流体整体的宏观运动，将热量从一处传递到另外一处的现象。主要发生在液体和气体中，但在多孔性的固体绝热材料中，空隙内的气体也会发生对流传热。故多孔陶瓷中也会出现对流的传热现象。对流传热公式表达为：

$$Q = mC_p(T_1 - T_2) = mC_p\Delta T \qquad (5-2)$$

式中　C_p——流体的等压比热容，kJ/（kg·K）。

热辐射是依靠物体表面对外发射电磁波而传递热量的现象。任何物体，只要其温度大于绝对温度 0K，都会对外辐射能量，并且不需要任何的介质。物体的辐射能力跟物体本身温度的高低成正比，当两物体存在温度差时，由于辐射能力的差异，高温物体辐射给低温物体的能量大于低温物体辐射给高温物体的能量，其总结果为热量从高温物体传给低温物体。

根据斯帝芬 – 波尔兹曼定律，黑体的辐射换热量：

$$Q = S\sigma_b T^4 \qquad (5-3)$$

式中　Q——热流量，W；

　　　T——绝对温度，K；

　　　S——传热面积，m^2；

　　　σ_b——黑体辐射常数，5.67×10^{-8}，W/（m^2·K^4）。

5.2.2　绝热多孔陶瓷中热传导的基本原理

普通绝热多孔陶瓷中的热传导有分子振动热传导（固体热传导）、对流和辐射三种方式。由于固态物质的密度一般大于相同成分的液态物质和气态物质的密度，因此，固态物质的分子振动热传导能力一般大于相同成分的液态和气态物质（水除外）。对流是液体和气体实现热传导的主要方式。大部分非透明固体物质对热辐射的直接传导能力都非常低，因此都能很好地阻止热辐射的直接传导。透明度极高的物质（包括固体、气体、液体）也很少吸收热辐射的能量，而是允许光波从本身穿过继续向前传递。当热辐射的电磁波照射到透明固体的微小颗粒时，由于颗粒表面不平滑并有极大的曲率，光波发生"散射"。通过"散射"进入材料内部的光，经过多次循环"散射"后最终被材料吸收，转变为热能。热辐射（电磁波）虽然不能穿过非透明介质直接传播，但接受了热辐射的质点，由于本身温度升高，热辐射量增加，从而将能量以辐射的方式传给相邻的质点，实现"接力式"辐射传热。常见的绝热材料大部分具有这种特点。真空状态虽然能使分子振动热传导和对流热传导两种热传导的方式完全消失，但对于阻止热辐射的传导却无能为力。空气相对于固体来说密度极小，同时又是透明介质，因此对热辐射电磁波的阻隔作用非常小。换句话说，热辐射穿过被空气所占据的空间时，其能量损失非常小。因此，热辐射的阻隔必需依靠固体界面来实现。对于透明、半透明固体来说，在热辐射传播的路径上，界面的数量越多，其对热辐射的阻隔作用就越强。

多孔陶瓷的隔热性能越来越引起广大学者的注意，有关多孔陶瓷热导率的研究也越来越细致。迈克尔等人研究了多孔陶瓷材料热导率与气体压力和温度的相关性。他们建立了计算多孔陶瓷有效热导率的方法，并用碎片模型讨论了影响材料热导率的因素，认为影响热导率的重要结构参数是晶粒间的接触面积、体密度、宏观和微观裂纹及多孔晶界。艾丽娜等人研究了难熔粒子（Al_2O_3、SiO_2、Y_2O_3、MgO 等）填充层的热导率，他们针对不同的难熔粒子，在一定温度范围内，给出了计算热导率 λ 的多项式：$\lambda = A + B\theta + C\theta^2 + D\theta^3$，其中 $\theta = T/T_0$，$T_0 = 1000K$，A、B、C、D 为不同难熔粒子的相关系数；并认为填充层的有效热导率依赖于晶粒大小和表面积。对于可重复使用航天器来讲，质量更轻、隔热性能更好、更耐高温的热防护系统（TPS）是各国航天领域追求的目标。介于多孔陶瓷密度小、耐高温、隔热性能好的特点，它已经在航天领域受到了重视。在传统的纤维隔热材料上，涂敷具有很好吸收红外线性能的多孔陶瓷薄膜，能够有效降低纤维隔热材料的热导率。另外孔隙率高达 90% 的高温可重复使用的表面隔热（HRSI）瓦，已经应用于可重复使用航天器中。王华仁研究了经溶胶 – 凝胶后处理之热障涂层的热传导行为特性的相关部分，热障涂层（TBCs）对于航空航天和汽车工业非常重要，这是因为设备的温度进一步升高，以及应用于各种腐蚀性环境。

5.2.3 影响绝热多孔陶瓷导热系数的因素

多孔陶瓷具有较好的隔热性能。就多孔陶瓷本身来讲，材料的种类、密度、微孔结构都是影响材料热导率的因素。在这些因素中，我们重点考察其多孔结构对导热系数的影响，也就是气孔率、气孔尺寸的影响，以及与气孔结构密切相关的密度的影响。

5.2.3.1 气孔率的影响

多孔陶瓷的性能很多，孔隙是影响多孔陶瓷性能的关键因素，多孔质隔热材料有效热导率可用下式表示：

$$K_e = (1 - P)K_s + PK_g + 4d\sigma T^3 \qquad (5-4)$$

式中 K_e——有效热导率；

      P——孔隙率；

      K_s——固相热导率；

      K_g——气相热导率；

      d——孔径；

      σ——波尔兹曼常数；

      T——平均热力学温度。

从式（5-4）可以看出，影响热导率的主要因素除了平均使用温度影响较大（呈三次方变化）以外，材料的固相和气相热导率也是重要的影响因素。由于气体的热导率远小于固体的热导率，所以对多孔质材料来讲，孔隙率 P 越大，孔隙越小，材料的隔热性能越好。气凝胶就是这样一类具有微米、纳米级孔隙、连续通孔并有较低热导率的材料，其常温常压下热导率小于 0.014W/（m·K）。气凝胶由于孔径远小于气体传导的平均自由程，大大减小了气体传导率，因此具有较低的热导率。L. W. Hrubesh 等人用溶胶 – 凝胶法制备了气凝胶薄膜，用多种沉积方法沉积在基体表面，气凝胶孔隙率可达 80% ~ 98%，并研究了气凝胶在光、热、声、电子等方面的性能，说明了气凝胶在多种应用领域的应用前景。王珏等人同样也制得了硅石气凝胶，并用 TiO_2 粉末作为遮光剂降低气凝胶的辐射热导率，掺入玻璃纤维增加气凝胶的热稳定性和力学性能。

5.2.3.2 密度的影响

由于所有致密固体的导热系数均高于静止空气的导热系数，因此在常温下一般绝热材料的导热系数随着单位体积内固体物质含量的减少而降低，即密度越小，导热系数越低。然而实际情况并非总是如此，据有关资料报道的气凝胶与聚氨酯随密度变化，热导率变化的情况，他们都有一个最佳的相对密度，在此密度下，导热率最小。密度如果增大或者减小都会导致热导率的增大。

这是因为，在一般绝热材料常见的气孔尺寸范围内（1 微米至数毫米），随着密度的下降气相体积增大，固相体积减少。这很可能导致在单位长度的气相中的固体界面数会减少，气孔平均尺寸会增大，气孔的数量增多，这些都会增加气孔内空气的对流传热和辐射传热，因而导热系数增大。这种现象对于纤维质保温材料来说尤为明显。随着温度的升高辐射传热在整个热传导中所占的比例会越来越大，因此同样材质的保温材料其单位体积密度越低，随着温度的升高其导热系数增长得越快。因此要想使某种材料具有最低的导热系数，并不是体积密度越小越好，而是对应于某一特定的使用温度，每一种保温材料都有一个最佳的体积密度。在该特定温度下，过高或过低的体积密度都会使导热系数增加。

图 5－1 给出了一般的绝热材料在不同使用温度下的平均最佳气孔率。

某种材料的最佳体积密度可以根据图 5－1，按图解法以式（5－5）进行初步估计。

$$D_b = D_r(1 - P) \qquad (5-5)$$

式中　D_b——最佳体积密度；

$\qquad D_r$——材料的理论密度；

$\qquad P$——材料在某一特定温度的最佳气孔率。

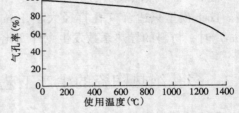

图 5－1　绝缘材料在不同使用
温度下的平均最佳气孔率

5.2.3.3　气孔尺寸的影响

从式（5－5）中可以看出，当某种特定的绝热材料其体积密度不变时，气孔率也是恒定的。在这种情况下，某一特定温度下的导热系数主要取决于材料内部的气孔尺寸、气孔形状及相互之间的连通情况。从热传导的三种方式来分析，当某种材料的体积密度不变时，其气孔率和单位体积内所含的固体物质的总量也就成了定值。在这种情况下，以固体分子振动方式进行热传导的导热率在某一温度下也就成了定值，而气孔形状、气孔尺寸及连通情况也就成了影响绝热材料在某一特定温度下导热系数的主要因素。当材料的孔隙率（或体积密度）确定之后，气孔尺寸的变小意味着气孔数量的增多。这一变化会带来两个方面的主要影响：①气孔尺寸的变小减少了空气对流的幅度，使对流传热的效率降低；②气孔数量的增多势必导致材料内部气孔壁表面积总量的增加，最明显的表现为在一定厚度内气孔壁数量的增加，即增加了固体反射面，从而使辐射传热的效率降低。因此，在保持材料孔隙率不变的情况下，减小气孔尺寸会使材料的导热系数下降。这种下降在较高温度下会表现得更为明显。

图 5－2 给出了某种加气硅酸钙保温材料的导热系数随气孔尺寸的变化情况，该试验材料的体积密度恒定在 0.3g/cm³。

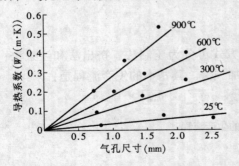

图 5－2　加气硅酸钙保温材料
导热系数与气孔尺寸的关系

从图 5-2 可以看出，当温度接近于室温时，随着气孔尺寸的增大，材料的导热系数略有增加，但变化不大；而在高温状态下，材料的导热系数随气孔尺寸的增大，导热系数快速增大。如气孔尺寸为 0.2mm 时，材料 900℃ 的导热系数为 0.15W/（m·K）；而当气孔尺寸为 2.5mm 时，材料 900℃ 的导热系数为 0.53W/（m·K），是前者的 3 倍以上。图 5-2 中根据 Loeb 模型计算分别代表了四个不同温度的理论曲线，Loeb 模型的理论曲线可按式（5-6）计算

$$\lambda = 4rd\delta\varepsilon T^3 \tag{5-6}$$

式中　λ——导热系数；

　　　r——气孔形状因子；

　　　d——气孔直径；

　　　δ——辐射常数；

　　　ε——辐射总量；

　　　T——绝对温度。

图 5-2 中黑点表示的是各个温度下的实测值。可以看出，实际测量值基本符合 Loeb 模型。Loeb 模型只适合气孔直径大于 $1\mu m$ 的绝热材料，而当气孔直径在纳米范围内（小于 $1\mu m$）时，材料的导热系数发生意外变化，不再符合 Loeb 模型。

5.3　多孔绝热陶瓷的生产工艺

随着多孔绝热陶瓷制备方法的逐渐成熟和控制孔隙方法的不断改进，多孔绝热陶瓷独特的性质越来越受到人们的重视，并已经在不同领域得到应用。多孔绝热陶瓷传统的制备方法大体有如下几种：添加造孔剂法、有机泡沫浸渍法、发泡法、溶胶-凝胶法等。这些方法已经在第 2 章中叙述过。

多孔绝热陶瓷随着其种类的不同，制备工艺也千差万别，每种绝热陶瓷又可以用不同的制备方法，在本书中不可能将所有的多孔绝热陶瓷的生产工艺都介绍，只选择性地介绍了耐火黏土和硅藻土质绝热材料、硅酸钙绝热陶瓷、泡沫玻璃（陶瓷）、陶瓷纤维绝热材料的制备工艺，而在陶瓷纤维的众多产品的不同工艺中，只选择了传统的硅酸铝纤维干法针刺毯生产工艺以及新型的纤维纸生产工艺。

5.3.1　耐火黏土和硅藻土绝热材料的生产工艺

用硅藻土和耐火黏土生产绝热材料，根据其成型方式可分为压制法、挤出法和注浆法；根据孔隙的形成机理，可分为烧失法、泡沫法和化学加气法。其基本的生产流程是：

$$\boxed{泥料泥浆制备} \rightarrow \boxed{成型} \rightarrow \boxed{干燥} \rightarrow \boxed{烧成} \rightarrow \boxed{修正} \rightarrow \boxed{成品}$$

图 5-3　耐火黏土绝热材料的生产流程

（1）泥料与泥浆配料

用于烧失法压力成型或挤出成型的泥料，系由硅藻土或耐火黏土，混入一定比例的可燃性添加物，加水搅拌而成。

可燃性添加物的加入，一方面可以提高泥料的可塑性和生坯强度，另一方面在高温烧成时，由于可燃物的燃烧，不仅有利于降低烧成温度，缩短烧成时间，而且烧失后所遗留下的空间成为微孔，增加了材料的绝热性能。可燃性添加物通常用锯末、木炭或无烟煤，但也可以使用像蔗渣、稻壳、麦糠等农业副产物碎粒，或用废聚苯乙烯泡沫塑料粒等生活废料。

为了进一步提高制品的绝热性，降低干燥与烧成收缩，有时还需要加入少量黏土熟料、膨胀珍珠岩、膨胀蛭石等作集料。

为了提高生坯强度，可加入适量纸浆废液、纤维素醚、榨糖废液等增黏剂。

其常见配方为：硅藻土或耐火黏土 65% ~ 70%，可燃物 30% ~ 35%，其他添加物视情况而定，一般集料用量不超过泥料质量的 15% ~ 25%，增黏剂用量≤5%。

用于注浆法的泥浆，一般用可塑性较强的软质黏土、高岭土或工业氧化铝与黏土熟料或硅藻土粉一起加水拌合而成。其常用配方是：硅藻土或黏土熟料 85% ~ 90%，可塑性生料 10% ~ 15%，其他添加物依制品要求而定。

(2) 陈腐与练泥

为了排除泥料中的空气，提高泥料的可塑性，防止因泥料水分不均造成干燥变形，泥料拌水以后，不能立即成型，而应当在保持适宜温度和湿度的条件下陈化一段时间，这一过程称为陈腐或练泥。在此过程中，水分在毛细管力的作用下，向颗粒内部渗透，逐渐趋于均匀，有机物在细菌的作用下发生腐烂，产生有机酸，使泥料的可塑性进一步提高。陈腐的最佳条件温度为 30℃左右，相对湿度为 80%以上，时间不少于 1 周。陈腐后的泥料，还需在轮碾机或练泥机内进行充分混练，以使得成分与结构更加均匀，有条件时，可通入蒸汽进行混练，效果更佳。

注浆成型的料浆，可采用干粉加水拌合而成，也可采用湿式球磨机磨料，在注模之前，亦应在储浆池内存放一昼夜。

(3) 成型

烧失法成孔的泥坯，可采用压力机加压成型或用真空挤泥机挤出成型。

泡沫法的料浆制备与成型工序为：

1) 制备泡沫剂

泡沫剂是一种表面活性剂，当溶于水中时，将极大地降低水的表面张力，因此，含有泡沫剂的水溶液，当受到强力搅拌时，会形成大量的微细气泡，由于水的表面张力降低，泡壁处形成一层坚固的吸附层，使得气泡稳固，空气不能散失。

能够作为泡沫剂的表面活性剂很多，如烷基苯磺酸盐、烷基氨磺酸盐类阴离子表面活性剂、季铵盐型阳离子表面活性剂、氨基酸型两性表面活性剂、脂肪酸多元醇类非离子表面活性剂等。

但基于成本及气泡稳定性的考虑，绝热材料生产时，多采用松香胶泡沫剂，其制备方法如下：

先按 170g 氢氧化钠和 1L 水的比例配成碱液，加热至 95 ~ 100℃，然后徐徐将已破碎的松香粉加入碱液，边加入边搅拌，温度维持在 90 ~ 95℃，直到松香全部溶解，变成半透明的棕红色液体为止，称为松香皂，冷却备用；再将明胶加入 5 倍体积的温水浸泡一昼夜，化成胶液。按松香皂:胶液 = 1 ~ 1.5:1 的比例混合，即成泡沫剂浓缩液。

2）泥浆制备

按硅藻土或黏土熟料:塑性黏土生料或其他粘结剂 = 80:20 的比例，加水调制成泥浆。

3）泡沫泥浆的制备

先将浓缩泡沫剂用 10 倍的温水进行稀释，然后溶入稀释液 16 倍的水中制成泡沫剂水溶液，投入高速搅拌机中打成泡沫。然后，按泥浆:泡沫 = 1 ~ 0.75:1 的比例，混合搅拌成表观密度为 0.4 ~ 0.8g/cm^3 的泡沫泥浆。

4）成型

将泡沫剂、泥浆倒入金属模具内，连同模具一起送入干燥室干燥后脱模即成生坯。

化学加气注浆料的成型方法是：按硅藻土或黏土熟料 86%、塑性黏土或其他粘结剂 5.6%、白云石粉 2.8%、半水石膏 5.6%、硫酸（体积质量 1.008 ~ 1.024）4.5%、水为干物料重 30% ~ 35% 的比例，先将水和硫酸注入搅拌机，再将干物料依次倒入，混合搅拌 15 ~ 20s,然后将泥浆注入可拆卸的模具内，使泥浆厚度约为模具高度的 1/2，大约经过 10 ~ 15min,料浆发气完毕，逐渐凝固，即可拆除模具，送干燥室烘干。

（4）干燥

干燥的目的主要是排除坯体内多余的水分，使生坯含水率控制在 10% 以内，以防止焙烧时因水分的大量蒸发导致产品胀裂。

烘干过程中的操作制度，对于制品的质量有着重要影响。在干燥阶段，随着坯体内间隙水、薄膜水、吸附水的蒸发，体积将发生收缩，尤其是干燥初期，由于水分的内、外扩散尚未平衡，如果干燥速度过快，会出现较严重的表面裂纹和扭曲变形。对于含有孔隙的泥坯，由于本身传热能力低，坯体内部的升温速度较慢，因此，尤其应当注意控制早期的升温速度。

干燥工艺可采用自然干燥或人工干燥。实践表明，对于轻质绝热材料这样的强度较低的坯体，最好采用室内一次阴干的办法，尽量避免多次码架。人工干燥时，宜采用来自窑炉预热带的湿热空气，用循环风式隧道干燥器干燥。

干燥风速应根据制品尺寸与含水情况，通过试验进行调整，制定出正确的干燥制度，包括行车速度、风温、风速及循环风压等。

（5）烧成

烧成是制品生产的关键环节，正确地选择窑炉类型、码窑方式、热工制度，对于提高产品质量和生产效率至关重要。对于不同坯体结构的制品，宜选择不同的窑炉类型。

5.3.2 微孔硅酸钙绝热制品的生产工艺

微孔硅酸钙是一种新型微孔状绝热材料，质量轻、导热系数小、使用温度较高，可广泛用于各种热工设备、管道及建筑围护结构的绝热保温。

（1）原材料及其技术要求

微孔硅酸钙是以含 SiO_2 的酸性材料与含 CaO 的碱性材料进行水化合成而得到的一种水化硅酸钙质材料，按照水化硅酸钙的结晶结构，可以分为托贝莫来石型和硬硅钙石型，前者的化学式为 $5CaO \cdot 6SiO_2 \cdot 5H_2O$，耐热温度为 650℃；后者的化学式为 $6CaO。6SiO_2 \cdot 5H_2O$，耐热温度 1000℃。

托贝莫来石型微孔硅酸钙的原材料为：

硅质材料：多采用硅藻土，也可以使用 SiO_2 含量较高的其他材料，如石英粉、玻璃粉、蛋白土、沸石、硅灰、粉煤灰、稻壳灰等。要求 SiO_2 含量越高越好，至少不低于 65%，细度不小于 180 目。表观密度较小、活性较高的原料，有利于工艺的简化和制品性能的获得。

钙质材料：最好使用消石灰浆，也可用电石渣、水泥等。要求 CaO 含量 >80%，$MgO \leqslant 5\%$。

增强纤维：过去多使用石棉纤维，现在多使用耐碱玻璃纤维、有机纤维、纸浆纤维、亚麻或云母片、蛭石片等。纤维长度以 5~10cm 为宜。

反应助剂：多使用水玻璃，以帮助 SiO_2 的溶解和加快反应速度。要求其模数为 2.4~3.3，密度 1.3~1.4g/cm³，波美度 *40°Be′，Na_2O 含量 $\geqslant 8\%$。

水：一般饮用水。

硬硅钙石型微孔硅酸钙的硅质原料一般采用高纯的石英粉，细度不小于 325 目，要求 SiO_2 含量 >98%，其他原材料与托贝莫来石型相同。

（2）生产工艺

1）原材料配合比

根据产品类型及生产工艺不同，在物料配比上虽略有区别，但主要是控制如下配比参数：

C/S 比（CaO 与 SiO_2 的摩尔数比值）：一般托贝莫来石型应控制在 0.6~1.0，最好为 0.85，硬硅钙石型应严格控制在 0.96 左右。

增强材料用量占硅钙材料总量的 3%~10%，当采用抄取成型制取高强度硅钙板时，纤维用量可达 30%。

水玻璃用量为硅钙材料的 5%~10%。

水料比为 6~10 或更大一些。

2）工艺流程及控制参数

微孔硅酸钙绝热制品的生产工艺，有静态法和动态法两种方式，按照成型方式，又有烧注成型、压滤成型、抄取成型之分。

静态法的生产工艺流程如图 5-4。

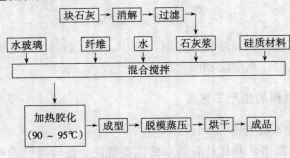

图 5-4　静态法的生产工艺流程

首先将石灰块加水消解，用 30、50、100 目筛子进行三道过滤，制成无残渣的石灰乳，

---

* 波美度（°Be′）是表示溶液浓度的一种方法。把波美密度计浸入所测溶液中，得到的度数称为波美度。因其数值较大，读数方便，在生产中使用广泛。

化验其有效 CaO 含量。然后，将纤维材料加水进行高速搅拌，打成纤维浆，使纤维束充分松解，按设计比例将各物料加入搅拌机制成稀料浆，将料浆倒入加热容器中，在 90~95℃ 的条件下保持 8~10h，使料浆发生胶化，生成无定形的水化硅酸钙溶胶。再注入成型模具中进行压滤成型，压制后的坯体厚度依设计表观密度而定，如生产纤维含量较高的高强硅酸钙板时，可采用多孔网带或网轮，进行抄取成型、真空吸滤。成型好的坯体，脱模后撒布隔离粉码垛，送入蒸压釜，在 175~200℃ 的条件下蒸压养护 8~24h，使之硬化，出釜后再进行烘干即得产品。

动态法跟静态法差不多，但与静态法的主要区别在于，料浆胶化是在 175~220℃ 的饱和蒸汽中进行的，在胶化过程中，边加热边搅拌，大约经过 8~10h，初期形成的水化硅酸钙溶胶发生结晶，逐渐形成具有针刺状晶型的托贝莫来石，直接进行压滤成型、烘干即得产品。

5.3.3 泡沫玻璃和泡沫陶瓷的生产工艺

泡沫玻璃是以天然玻璃或人工玻璃废料为主要原料制成的一种内部多孔的块状绝热材料，泡沫陶瓷是以瓷土与废玻璃为原料制成的一种多孔块状绝热材料。两者的生产工艺与产品性能基本相似，可以认为泡沫玻璃是一种特殊的泡沫陶瓷。

按照泡沫玻璃制品的生产原理，可将泡沫玻璃的生产工艺分为烧结法和熔制法。

烧结法是目前采用最多的泡沫玻璃制品的生产方式，其工艺原理是先将废玻璃或掺入一定量天然玻璃或工业废渣玻璃的玻璃质原料磨成细粉，混入发泡剂和少量助剂，置于模具中，然后推入烧结炉内进行烧结发泡，发泡后迅速冷却，再经退火制成产品，其生产工艺流程如图 5-5。

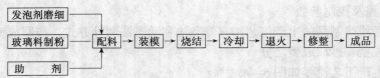

图 5-5 泡沫玻璃制品的工艺流程

熔制法是采用玻璃原料，经熔化、发泡、冷却、退火而制成泡沫玻璃。按照泡沫的形成方式，其可以分为充气法、真空法和回火法。

5.3.4 陶瓷纤维绝热材料的生产工艺

5.3.4.1 陶瓷纤维种类及其特点

陶瓷纤维产品种类繁多，并且具有各自的优良特性。比较典型的有：

（1）陶瓷纤维针刺毯

采用电阻法熔融，甩丝成纤工艺生产的陶瓷长纤维，经针刺热定形强化工艺制成。甩丝纤维直径均匀，纤维长，渣球含量低，使其纤维交织程度、抗分层性能、抗风蚀性能、柔韧性及抗拉强度等性能均有全面、大幅度提高，从而提高了针刺毯的应用性能，减少材料的损耗。陶瓷纤维针刺毯不使用任何结合剂，确保该产品在各种工况下具有良好的可靠性与稳定性。

其技术特性：导热率与热容量低，具有优良的化学稳定性、热稳定性、抗拉强度与吸音性。

（2）陶瓷纤维棉

以合成料为原料，经电阻炉熔融，甩丝成纤工艺生产。陶瓷纤维棉是生产各种陶瓷纤维制品的基料，采用甩丝成纤工艺生产的纤维棉，具有纤维长、抗拉强度大、热稳定性能高的优点。是毯、模块和纺织品等制品的优质原料。

其技术特性：导热率与热容量低，具有优良的化学稳定性、热稳定性与吸音性，甩丝工艺纤维长，不含结合剂和腐蚀性物质。

（3）陶瓷纤维毡

以采用电阻法熔融，喷吹成纤工艺生产的陶瓷纤维作原料，用真空成型工艺制成。陶瓷纤维毡除具有对应散状陶瓷纤维棉的优良性能外，还具有良好的强度和弹性，是一种多功能的产品。

其技术特性：导热率与热容量低，具优良的化学稳定性、热稳定性、抗热震性、抗拉强度与吸音性，质地柔软，富有弹性。

（4）无机陶瓷纤维纸

运用湿法无机陶瓷纤维纸机械化连续生产线生产的无机陶瓷纤维纸，是以渣球含量极低的造纸用陶瓷纤维为原料，经打浆、除渣、配浆、长网成型、真空脱水、干燥、剪切、打卷等工序制成的质地优良的无机陶瓷纤维纸。

其技术特性：导热系数与热容量低，抗热震，具有优良的柔韧性电绝缘与隔音性能，抗撕裂，不含石棉，抗腐蚀，不与铝液作用，机械加工性能好，质地坚韧，耐压强度高。

（5）陶瓷纤维板

以低渣球含量的优质陶瓷纤维棉为原料，以无机结合剂为主体结合剂，采用真空成型工艺经干燥和机加工精制而成。陶瓷纤维板具有精确的几何尺寸。

其技术特性：导热率与热容量低，具有优良的抗风蚀、抗机械破坏和机加工性能，质地坚韧，耐压强度高。

陶瓷纤维优良特性使其应用范围不断扩大，更进一步促进了陶瓷纤维品种和陶瓷纤维生产工艺及装备的发展。除传统湿法和干法两种生产工艺之外，近年来发展了多种陶瓷纤维深加工工艺。生产出来了新型产品，如陶瓷纤维纺织品（纤维布、带、绳）；陶瓷纤维纸（厚度 $0.5 \sim 6.3 \mathrm{mm}$，不同性能的纤维纸）；陶瓷纤维不定形材料（纤维浇注料、喷涂料及涂抹料）等。

"电阻法喷吹成纤、针刺制毯"、"电阻法甩丝成纤、针刺制毯"仍是当今世界干法陶瓷纤维制品生产中两种有代表性的生产工艺和装备，其中，喷吹成纤工艺在水平喷吹工艺的基础上发展了立吹成纤工艺。在干法纤维制品方面，我国开发了"喷吹（或甩丝）成纤干法树脂制品"生产工艺和装备。

落后的手工制毯工艺已逐步被湿法真空吸滤和真空成型工艺所取代。我国自行开发的陶瓷纤维纸的湿法生产工艺和装备已实现工业化生产。

晶质纤维品种已构成 $95\% \mathrm{Al_2O_3}$、$80\% \mathrm{Al_2O_3}$、$72\% \mathrm{Al_2O_3}$ 等完整的多晶纤维系列。相应的

生产工艺和装备已进入成熟的工业化生产阶段，与之匹配的湿法混配纤维制品生产工艺和装备也日趋完善。

下面仅简单介绍一下传统的硅酸铝纤维干法针刺毯生产工艺以及新型的纤维纸生产工艺。

5.3.4.2 硅酸铝纤维干法针刺毯的生产工艺

陶瓷纤维针刺毯，根据其成纤方法的不同分为两种不同的生产工艺：电阻法喷吹（包括平吹和立吹两种工艺）成纤、干法针刺制毯工艺；电阻法甩丝成纤、干法针刺制毯工艺。其工艺流程如图5-6所示。

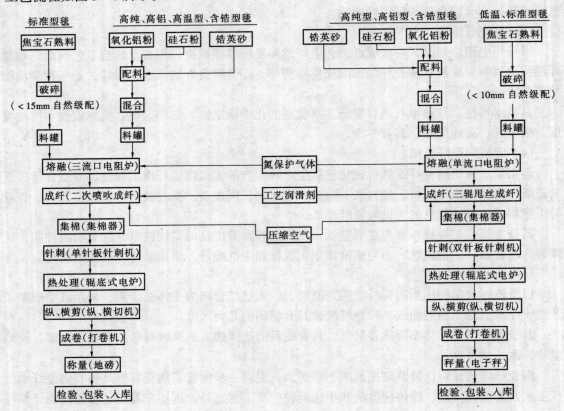

图5-6 硅酸铝纤维干法针刺毯工艺流程
(a) 电阻法喷吹成纤、干法针刺毯工艺；(b) 电阻法甩丝成纤、干法针刺毯工艺

两种生产工艺中，生产不同使用温度的针刺毯对原料就有不同的要求，原料的化学成分决定着制品的使用温度，使用温度越高要求碱金属、碱土金属元素含量越低，而氧化铝、二氧化硅及氧化锆等含量越高。

原料经过粉碎、配料、混合后，进入电阻炉中成纤；然后用集棉器收集，针刺，再热处理；最后剪切、成卷、称量包装完成整个工艺。

5.3.4.3 陶瓷纤维纸的生产工艺

陶瓷纤维纸是以陶瓷纤维为原料，采用包括打浆、除渣、配浆、抄纸、干燥、卷取、复卷切割、包装等工序的湿法造纸工艺制成；是一种发展迅速，具有高附加值的二次深加工制品。其具有如下特性：

①耐热、质轻、低导热率、抗热震；

②高强、柔韧、抗撕裂；

③优良的抗腐蚀性能，不与铝液作用；

④优良的电绝缘性能（高介电性）；

⑤易弯曲、成型、切割，具有优良的加工性能；

⑥表面平整、结构均匀、尺寸准确。

由于具有上述优良特性，使得其在各个工业领域中应用越来越广泛。其具体生产工艺如图 5-7 所示。

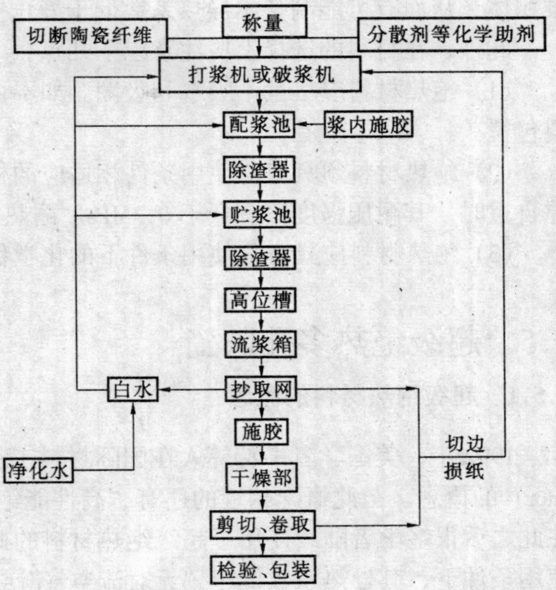

图 5-7　陶瓷纤维纸的生产工艺

5.4　绝热材料的优化设计

高温设备的热流通过围护结构向外传递，最终散发到大气或大地中，为热损失的主要方式。围护结构中材料的导热系数 λ 与设备的热损失成正比。绝热就是最大限度的阻抗热流的传递，因此，就要求绝热材料具有较小的导热系数、换热系数和辐射系数，因此绝热材料的优化设计应以隔热材料的 $\lambda \to 0$ 为最终追求目标。

由 5.2 节与 5.3 节的分析可知，我们进行产品优化设计有以下几点启示：

（1）对于纤维质绝热材料，在纤维结构（纤维直径、长短）基本确定之后，在用于绝热材料时，并不是越轻越好。对于每一个特定的使用温度都有一个最佳的体积密度。因为纤维质绝热材料的孔隙是由纤维堆积叠加而成的，随着体积密度的减小，气孔尺寸的增大，在高温使用时其导热系数会迅速增大。

（2）为了改进纤维质绝热材料的绝热性能，在生产纤维时应尽量降低纤维的直径。这是因为当体积密度相同时，细纤维的堆叠会产生更小的气孔尺寸，从而可以大幅度改变纤维质绝热材料在较高温度下的绝热性能。

（3）各种硬质、半硬质绝热材料的生产应使其气孔尺寸尽量小，气孔尽量呈规则的球形，以全封闭的微气孔结构绝热性能最好。

（4）当气孔尺寸和结构确定之后，每一种材料在特定的使用温度下都有一个最佳的体积密度，体积密度过小或过大都对其绝热性能产生不利影响。

（5）纳米级绝热材料已经从理论的可能性变为实际的可能性。广大保温材料工作者应奋起努力，为开发我国自己的纳米级绝热材料，并在工业领域和民用领域得到广泛应用而奋斗。

（6）由天然易分散纤维（如海泡石）进行超细分散，有可能得到直径小于 $0.1\mu m$ 的纤维堆积体，从而有可能制备出导热系数低于静止空气的绝热材料。

此外，在材料的选择上应注意以下几点：

（1）绝热材料应尽量不吸水和吸潮。如不可避免时，需对材料进行憎水处理或用防水材料包覆。

（2）绝热材料须具有与使用条件相适应的机械强度和耐热温度。当需要绝热材料能够支撑自重时，其耐压强度不宜低于 0.3MPa。耐热温度一般为自重下产生 2％变形时的温度。

（3）绝热材料应具有与使用条件下的化学稳定性和一定的耐久性。

5.5　超级绝热多孔陶瓷

5.5.1　超级绝热材料的概念

1992 年，美国学者亨特等人在国际材料工程大会上就提出了超级绝热材料（Supper insulator）的概念。与此概念相近的还有"高性能绝热材料（high performance insulating material）"，在此之后很多学者陆续使用了超级绝热材料的概念。一般认为超级绝热材料是指：在预定的使用条件下，其导热系数低于"无对流空气"导热系数的绝热材料。

对于绝热材料而言，（固体）热传导主要由绝热材料中的固体部分来完成；热对流则主要由绝热材料中的空气来完成；热辐射的传递不需要任何介质。因此要实现超级绝热材料的目的，一是要使材料的体积密度在保持足够的机械强度的同时，其体积密度要极端的小；二是要将空气的对流减弱到极限；三是要通过近于无穷多的界面和通过材料的改性使热辐射经反射、散射和吸收而降到最低。

目前，超级绝热材料主要有两种：一种是真空绝热材料，另一种就是纳米孔绝热材料。超级绝热材料已发展成为绝热材料大家庭中的重要成员。特别是近几年，国外超级绝热材料发展明显加快，已成为有关绝热技术国际研讨会上关注的重点之一。

5.5.2　真空绝热材料

5.5.2.1　真空绝热材料的性能

热水瓶的原理人们已经熟知 100 多年了：把一个双层玻璃管中的空气抽走后密封，生成一定的低压，就可以大大减少热交换，达到绝热的目的，要么让开水保暖，要么让冷饮保凉。这里面的学问其实很简单：绝热层中的气体分子越少，扩散掉的热能也就越少。真空甚至能完全隔绝热的扩散。

单纯的高真空绝热一般要求绝热空间压力在 1.33×10^{-3}Pa，这样就能消除对流传热和绝大部分的气体导热。热流主要是辐射热、固体构件导热以及少量剩余气体导热。此法虽然结构简单、重量轻、热容量小，但要获得和保持高真空状态比较困难。

真空多孔绝热，即在真空空间内填充多孔绝热材料，这样相对缩短了空间间壁的距离，因此无须很高的真空度（一般为 1 Pa），可使分子的平均自由程大于粉末间距，从而使空气的热传导几乎为零；因为气体被分割或封闭在无数微小空间之内，因此对流传热量比例很小。很多研究表明：当气孔直径小于 4mm 时，气体对流传热量小得可以忽略不计。同时，粉末在间壁中增加了对辐射反射和散射作用，减少了辐射热流，并且粉末固体接触引起固相导热量也不大。

从上述可知，真空多孔绝热与单纯高真空绝热相比，在真空度不高的前提下，前者辐射传热比后者小些。真空多孔绝热加上铝箔塑料薄片容器后，即可成真空隔热屏，而热流通过铝箔塑料薄片的热熔固部位对传导影响，相对钢铁构件或铝箔而言可忽略不计。

真空绝热材料的优良性能引起了国内外的广泛兴趣，国内在 20 世纪 90 年代就有很多学者开始研究。叶洪磐详细地研究了真空隔热屏机理性能，以及介绍了提高真空隔热屏隔热性能的途径：真空度、粉末密度、含湿量、粉末粒径、添加金属粉末以及粉末颜色的影响。张联英、张强实验测定了珠光砂（60～80 目）和岩棉两种材料在不同压力、不同温度和不同厚度下的表观导热系数。采用双热流模型给出数值求解结果，并采用渐近拟合的方法，求得了预测表观导热系数的半经验公式。

5.5.2.2　真空绝热材料的应用

在德国，近年来也越来越多地利用高科技技术生产节能建材，设计和推广节能房屋。真空绝热板便是最新的例子之一。真空绝热板可以在大大降低墙壁厚度的同时，还能保证最佳的保暖效果，因为真空材料的绝热性能，比普通的绝热材料要好 10 倍，因此可以相应地减少厚度。恰恰是在翻修旧房子的时候，这一点非常有意义，因为那里往往没有足够的地方，来安放普通规格的绝热材料。

非常受人喜爱的真空绝热材料是微孔型的硅酸。这种物质的化学成分就是简简单单的氧化硅，是半导体生产中，取纯单晶硅时的"副产品"。绝热板的核心部分，是由粉末挤压成型的、结构异常细密的硅酸，由一层特殊的所谓"金属化高阻膜"包着，以保持真空。在实际中当然不可能得到一个完全没有空气的空间。但因为绝热板里的气压已经非常小了，所以人们通常习惯把这种状态，称之为真空。在目前开发的系统中，绝热板内的空气压力已经降低到 0.1 至 0.01mbar，也就是正常气压的一万分之一到十万分之一。对绝热效果起决定性作用的，除了气压以外，还有绝热材料中孔隙的大小：孔隙越小，绝缘性能越好。因为绝热材料中，所剩气体分子可以行走的路程越短，它所能引起的热交换量，也就越小。这样一来，对小孔隙材料的真空度要求，也就可以相应地低一些。第一批使用真空绝热板，改善保暖性能的建筑已经完工。

纽伦堡一座受到文物保护的老建筑，就是其中一个著名的示范项目。这栋楼由于房顶露出墙面的部分较窄，所以，纽伦堡市的文物保护局规定，贴上墙面的绝热材料的厚度，最多不得超过 6cm。尽管规定如此苛刻，人们还是利用新式的真空绝热板，成功地达到了相当于一座绝热性能好、能源消耗低的现代节能房的水准。也就是说，翻修以后，墙壁的总传热系数，只有 0.2W/（m^2·℃）。纽伦堡使用的这种绝热板，其厚度仅为 1.5cm，远远小于文物保护局允许的 6cm。厚度变小，也正是这种新式绝热材料的经济优势。

松下制冷公司的"U–Vacua"高性能真空绝热材料，是公司创新产品之一，提供的绝热能力大约是公司以前传统的刚性聚氨酯泡沫的 10 倍，是以前真空绝热材料的 2 倍。U–Vacua用作热绝缘材料有广泛的用途，例如热敏壶和家用热绝缘材料。据估计，使用U–Vacua替换电冰箱中的传统的刚性聚氨酯泡沫绝缘材料，每年可以减少 300 万吨二氧化碳的排放。

5.5.3 纳米级绝热材料

众多的实验和理论推导一致表明，当气孔的直径小于 50nm 时，气孔内将不再有可以自由运动的空气分子，而是被吸附在气孔壁上。这样的气孔实际上相当于真空状态，在保持气孔小于 50nm 的前提下，尽量降低材料的体积密度，则可以使材料的分子振动热传导和对流热传导效率接近于 0。

另一方面，由于所有的微孔都小于 50nm，这样可以使材料内部有非常多的反射界面，当气孔尺寸变得更小时，这种界面的数量趋向于无穷多，从而使辐射热传导的效率也趋近于 0。因此，从理论上说存在着导热系数趋近于 0 的超级绝热材料，并且这种绝热材料随着温度的上升，其导热系数并不增大（或增大极小）。

在我国保温材料学术界，传统上一直认为，对于不抽真空的保温材料来说，静止空气的导热系数 $[0.026W/(m·K)]$ 就是保温材料导热系数的最低极限。

实际上，所谓静止空气是指没有对流作用的空气，而空气分子的运动除了对流运动之外还有布朗运动。静止空气导热主要是靠分子的这种布朗运动来实现的。而当材料中的气孔尺寸小于 50nm 时，所有的空气分子不但不能对流，而且也失去了布朗运动的能力，而处于与真空非常接近的状态。当材料的体积密度足够小时，就能够具有比静止空气更低的导热系数。

目前，已经得到实际应用的纳米级绝热材料是以气溶胶的方法制造的。气溶胶是液态溶胶中的水分被空气所代替而保持其孔隙结构不变。目前，在美国已经上市的气溶胶主要是 SiO_2 成分，其体积密度极小，是固体材料中最轻的，有"固体烟雾"之称。在其能够承受的温度范围内，导热系数极低，目前还不能够准确测定。但这种 SiO_2 气溶胶强度很低，还不能独立制成绝热材料。

美国航天飞机制造商用该材料与耐火纤维的复合品制成了绝热瓦，应用在航天飞机上取得了非常好的应用效果。目前，世界各国的科学家正致力于将该材料进行改进，以便在广大的工业领域和民用工程上进行应用。

5.5.3.1 纳米孔绝热材料的绝热机理

绝大部分绝热材料的传热主要由气体分子的热传导、气体的对流传热、固体材料的热传导、红外辐射传热四个部分构成。为了降低绝热材料的导热系数，就需从以上四个方面入手对材料进行设计改造。纳米孔绝热材料在这四个方面均有本质改善。

（1）在气体分子热传导的控制方面

根据分子运动及碰撞理论，气体热量的传递主要是通过高温侧较高速度的分子向低温侧的较低速度分子相互碰撞，逐级传递能量。为了有效阻止这一过程发生，可以设想在温度梯度方向上建立一系列固体薄壁屏障，并使屏障间的距离小于气体分子的平均自由程。这样，气体分子将直接与屏障发生弹性碰撞而保留自己的速度与能量，无法参与热传递。

通常，气体分子的平均自由程长度一般均在纳米级范围内，如，0℃时空气分子的平均自由程为 60nm，所以可以称之为纳米孔。纳米孔硅质绝热材料中的二氧化硅微粒构架成的微孔尺寸均小于这一临界尺寸，由此从本质上切断了气体分子的热传导。图 5-8 为一种理想的二氧化硅微粒构架模型。

（2）在气体对流传热方面

只要包围气体的微孔足够小，气体就无法进行对流传热。纳米级孔就可有效地控制气体的对流，通常温度愈高，微孔内的温度梯度愈陡，则阻断对流传热所需的临界孔径就愈小。

（3）固体材料的热传导方面

为了最大限度地降低固体材料的热传导，作为气体屏障的固体薄壁应尽量地薄。按直径 60nm 的薄壁球形作为理论计算模型，如果将固体体积百分比控制在 5%，那么，球形薄壁的厚度应控制在 2nm 左右。硅质气凝胶就基本接近于这一理论模型。而且值得一提的是，据测定，硅质气凝胶的固体热传导率比其在玻璃态时要低 2~3 个数量级，因此硅质气凝胶固体本身也具有极低的热传导。

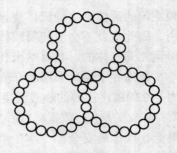

图 5-8　理想二氧化硅
微粒构架模型

（4）红外辐射传热

绝大多数传统绝热材料均对红外光具有良好的透明性。当冷、热面温差在 100℃ 以上时，则这种传热将占主导地位。而且，随着温度的升高，这种趋势将更为显著（根据玻耳兹曼定律，红外辐射传热量随温度的 4 次方增长）。因此绝大多数绝热材料的导热系数——温度曲线随着温度的升高，曲线斜率愈来愈陡。

对于硅质气凝胶，红外光与可见光的湮灭系数之比可达 100 以上，对光的折射率也接近于 1，因此，在常温下，硅质气凝胶具有较好的透光性，对红外光有较好的遮蔽作用，具有明显的透明绝热材料特点（透光而不透热）。遗憾的是，硅质气凝胶对高温近红外热辐射具有较好的透明性，所以为了降低材料的辐射传热，就需进行遮蔽红外辐射的改性。

综上所述，纳米孔硅质绝热材料独特的结构及性能，使其组成表观导热系数的四个分项导热系数的值均降到了很低的水平。所以，纳米孔硅质绝热材料在其使用温度范围内均具有优异的绝热性能。

5.5.3.2　纳米孔超级绝热材料的制备方法

（1）超临界干燥制备方法

超临界干燥技术是近年来发展起来的化工新技术。一般常用的干燥技术，如常温干燥、烘烤干燥等在干燥过程中常常不可避免地造成物料团聚，由此产生材料基础粒子变粗，比表面积急剧下降以及孔隙大量减少等结果，这对于纳米材料的获得以及高比表面积材料的制备极为不利。超临界干燥技术是在干燥介质临界温度和临界压力条件下进行的干燥，它可以避免物料在干燥过程中的收缩和碎裂，从而保持物料原有的结构与状态，防止初级纳米粒子的团聚，这对于各种纳米材料的制备有特殊的意义。

凝胶网络结构中存在着大量液体溶剂，液体在凝胶网络毛细孔中形成弯月面，产生的附加压力 $\Delta P = 2r\cos\theta/r$。随着毛细管孔隙的减小，附加压力可以很大。凝胶毛细管的孔隙尺寸一般在 1~100nm，如凝胶毛细管孔隙的半径为 20nm，当其充满着乙醇液体时，理论计算所承受的压力为 2.28MPa，这样强烈的毛细管收缩力会使粒子进一步接触、挤压、聚集和收缩，使凝胶网络结构坍塌。因此采用常规的干燥过程很难阻止凝胶的收缩和碎裂，最终只能得到碎裂的、干硬的多孔干凝胶。

在超临界状态下，气体和液体之间不再有界面存在，而是成为界于气体和液体之间的一种均匀的流体。这种流体逐渐从凝胶中排出，由于不存在气-液界面，也就不存在毛细作用，因此也就不会引起凝胶体的收缩和结构的破坏。直至全部流体都从凝胶体中排出，最后得到充满气体的、具有纳米孔结构的超轻气凝胶。

超临界干燥所采用的介质，目前有水、乙醇和液态 CO_2。水的临界温度是 $274.1℃$，压力是 $22MPa$；乙醇的临界温度是 $239℃$，压力是 $8.09MPa$；CO_2 的临界温度是 $31.0℃$，压力是 $7.37MPa$。从上述数据可以看出，采用液态 CO_2 作为超临界干燥的介质所要求的温度和压力最低，操作最安全。

另一方面，低温干燥使得的气凝胶基本上保持了醇凝胶的微观结构，为研究气凝胶的结构与性能之间的关系创造了条件，使这项技术更加接近于实用。因此，国内外目前大多采用液态 CO_2 作为超临界干燥的介质。采用液态 CO_2 进行超临界干燥一般采用醇化的凝胶。将醇化后的凝胶装入高压釜，然后将高压的 CO_2 气体在管路中冷却成液体后充入高压釜，充满后将高压釜缓慢升温，直至达到超临界压力；然后边缓慢升温边缓慢释放 CO_2 介质，直至釜内压力与外部大气压均衡。超临界干燥过程一般要持续 $3 \sim 7d$。在醇凝胶与液态 CO_2 中，凝胶孔隙中的乙醇逐渐溶于 CO_2，最后形成以 CO_2 为主的单一溶液体系。

（2）非超临界干燥制备方法

超临界干燥技术可以保证硅气凝胶在干燥过程中结构不被破坏，但超临界干燥过程需要高压设备且控制条件比较苛刻，整个干燥过程耗时长，制备效率低，因而气凝胶的制备成本昂贵，限制了块状气凝胶的大规模推广应用，因而常压及低于临界条件引起了广泛的重视。

常压及次临界干燥法制备气凝胶可大致分成两种情况：一种情况是将凝胶陈化之后，用表面张力小的液体置换凝胶中表面张力大的液体，然后在常压或次临界压力下分步干燥而得气凝胶；另一种情况是将陈化后的气凝胶进行烷基化处理，同时水被有机溶剂置换，然后常压下干燥。

沈军等采用相对廉价的多聚硅（E-40）为硅源，利用表面修饰、降低凝胶孔洞中液体的表面张力等技术，减小 SiO_2 凝胶在干燥过程中的收缩，成功地在常压下制备出了 SiO_2 气凝胶。这些气凝胶均是典型的纳米孔超级绝热材料，后者热导率略高，但避免了使用昂贵的超临界干燥技术，有利于气凝胶的大规模工业应用。

陈龙武等人通过 TEOS 的两步水解缩聚，并配合乙醇溶剂替换和 TEOS 乙醇溶液浸泡、老化，在表面张力比水小得多的乙醇分级干燥下实现了块状气凝胶的非超临界干燥制备，所得的 SiO_2 气凝胶具有一定的强度和较好的形态，其微观构造、粒径以及孔分布也完全一致。

甘礼华等人以硅溶胶为主要原料，通过硅溶胶体系的凝胶过程中加入了干燥控制化学添加剂（DOCA），通过凝胶过程和干燥过程的选择，采用非超临界干燥制备技术制备了块状硅气凝胶。这种干燥抑制剂的作用可以抑制凝胶颗粒生长，使凝胶网络的质点和网络间隙大小均匀，还可以增加凝胶骨架的强度，使之能更好地抵抗毛细管力的作用，从而避免干燥过程中由于应力不均匀而引起的收缩和开裂。所得的硅气凝胶密度约为 $200 \sim 400kg/m^3$，比表面积 $250 \sim 300m^2/g$，空隙率约为 91%，平均孔径 $11 \sim 20nm$。

蒲敏等人利用溶胶-凝胶法经室温超临界干燥技术，各原料的物质的量比为 TEOS：EtOH：$H_2O = 1:2:2$ 条件下，制备出硅气凝胶细粉，具有纳米尺度的多孔均匀结构，其原粒子直径和气孔直径均为纳米数量级。

Kwon 等人将 TiO_2 粉末掺入 SiO_2 溶胶中后，调节 pH 值，使其在 3～5min 内快速凝结，再用非超临界干燥的方法制得掺杂 TiO_2 粉末的 SiO_2 气凝胶。用这种方法得到的产品 TiO_2 以粉末颗粒的形式夹杂在 SiO_2 气凝胶中，其分布极不均匀。

王玉栋等人改善了这一工艺。将 TiO_2 醇溶胶和 SiO_2 醇溶胶混合，添加干燥控制化学添加剂（DCCA）甲酰胺，得到分散均匀的复合醇凝胶，再用独特的非超临界干燥工艺，在常压下制成块性和透明性好的 TiO_2/SiO_2 气凝胶。

如何使气凝胶的结构和品质进一步优化是非常令人关注的问题，特别是在非超临界干燥制备条件下，要使构成气凝胶网络的纳米微粒的粒径更趋一致，孔洞分布更加均匀，这种结构优化的气凝胶将使其纳米结构特性表现得更加明显。

为使 SiO_2 气凝胶适合于大规模工业应用，必须避免使用超临界干燥技术，以降低商业化成本。因此，许多研究者近年来致力于气凝胶的常压或者亚超临界干燥技术研究。

已经解决的技术是利用常压干燥技术制备出小颗粒的 SiO_2 气凝胶，但是所制得的气凝胶一般不如超临界干燥法所制得的气凝胶质量好，而且由于受溶剂置换过程中传质的限制，难以制备大块 SiO_2 气凝胶，同时在改性过程中如何解决环保问题和降低成本也直接影响了技术推广。如果能够突破 SiO_2 气凝胶的低成本干燥，将会使硅气凝胶作为超级绝热材料迅速商品化，并且可以得到广泛的应用。

5.5.3.3 纳米孔绝热材料的生产工艺

纳米孔硅质绝热材料是指主要成分为 SiO_2 的具有纳米孔结构的绝热材料。目前纳米孔绝热材料基本上是纳米孔硅质绝热材料。

目前，纳米孔硅质绝热材料的生产工艺主要是以硅质气凝胶为主导原料，而硅质气凝胶的制造工艺通常有两种：

（1）Kistler 法

该工艺采用的原料主要有 3 类：①硅质原料。主要引进二氧化硅成分。用于本工艺的典型硅质原料有：有机硅化合物（如正硅酸乙酯）、硅溶胶、水玻璃等。②溶剂性原料。主要是一些醇类溶剂（如乙醇等）。③凝胶催化剂。用于控制凝胶化时间（如一些无机酸）。首先将硅质原料与溶剂性原料充分混合，用无机酸作为凝胶催化剂调节凝胶时间。在完成凝胶化后，经过适当的陈化处理，再将该凝胶物质进行超临界干燥，即将硅凝胶加热到所含醇类物质的临界温度及压力，在无表面张力的超临界状态下进行干燥，以气相来代替原有的液相，最后获得具有开链结构及纳米孔径的硅质气凝胶。

（2）焚烧法

焚烧法具有更为简单的工艺，生产成本也更低。它采用的原料主要是一些有机硅化合物，如氯化硅等。有机硅化物的焚烧过程是在氢气氛保护下进行的。其焚烧过程的化学反应为：

$$SiCl_4 + 2H_2 + O_2 \longrightarrow SiO_2 + 4HCl$$

由此生成的 SiO_2 颗粒聚集成链状体，并通过氢键将其硅烷醇基团结合成立体网状结构。由于这种结合体本身对液态水很敏感，所以，当有水的作用时，这种结合易被支解，而使纳米孔结构塌陷。为了与 Kistler 法相区别，采用焚烧法获得的硅气凝胶称之为"硅灰"。上述工艺获得硅气凝胶或"硅灰"即可用作下一步制品成型工艺的原料。

纳米孔硅质绝热材料的成型工艺使用的原料有：硅质气凝胶、红外遮蔽剂及其他添加剂。将上述原料按一定比例混合，再经有关制品成型工艺即可获得最终成品。此外，纳米孔硅质绝热材料还可以采用以下的"一步法"制造工艺。首先将硅质原料与溶剂性原料按规定配方充分混合（期间可加入一定的水来调节浓度），然后将该混合物与红外遮蔽剂、增强剂按一定比例快速搅拌混合，在其均匀混合分散后，加入适量的催化剂来控制凝胶时间；再立即将此浆料倒入模具中，进行快速凝胶化，将此凝胶经适当的陈化后，放入有高压釜组成的超临界干燥装置内进行干燥处理；最后即获得纳米孔硅质绝热产品。该工艺实际上是 Kistler 法的延伸使用。

5.5.3.4 纳米孔硅质绝热材料的主要性能

（1）热工性能

1）使用温度范围：$-190 \sim 1050℃$

2）导热系数：$0.020W/（m \cdot K）$（$T_m = 0℃$）；$0.024W/（m \cdot K）$（$T_m = 200℃$）；$0.029W/（m \cdot K）$（$T_m = 400℃$）。

研究表明：随着使用温度的提高，纳米孔硅质绝热材料的绝热优势将更加明显。

3）红外光反射性：纳米孔硅质绝热产品对各种波长红外光的反射率见图 5-9。它显示了纳米孔硅质绝热产品几乎是一种完美的红外光反射器。

（2）加热线收缩率

加热线收缩率也是衡量绝热产品最高使用温度的重要指标。纳米孔硅质绝热产品的加热线收缩率在高温下达到稳定的时间相对很长。表 5-4 为某种纳米孔硅质绝热产品在 1000℃下各时间段的加热线收缩率。

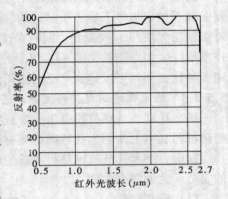

图 5-9　纳米孔绝热产品的红外光反射率

表 5-4　某种纳米孔硅质绝热产品的加热线收缩率（1000℃下）

恒温时间（h）	24	168	336	672	1008
加热线收缩率（%）	0.28	0.79	1.73	2.75	4.10

预计还要恒温大约 800h 后，这种纳米孔硅质绝热产品的加热线收缩率才能达到基本的稳定。

（3）电工性能

纳米孔硅质绝热材料的基本电性能主要取决于材料中的含水量，含水量愈大，则电阻愈低。据两个预埋在纳米孔硅质绝热块内相距 5mm 的电极测定，当湿含量为 1.5% 时，电阻为 $104M\Omega$；湿含量为 3.0% 时，电阻为 $100M\Omega$；湿含量为 6.0% 时，电阻为 $1M\Omega$。通常，纳米孔硅质绝热材料的湿含量低于 3%，因此具有很好的绝缘性。

（4）应力腐蚀效应

绝热材料在与奥氏体不锈钢高温接触使用时，应严格控制绝热材料中的氯离子含量，防止氯离子在不锈钢应力集中处富集而产生应力腐蚀破坏。如果，材料中同时含有游离的 Na 离子及 SiO_3 离子，那么在一定程度上将抵消部分氯离子的应力腐蚀效应。纳米孔硅质绝热材料本身含有一定量的 SiO_3 离子，因此发生应力腐蚀效应的可能性很低。尽管如此，在生产及使用过程中也应尽量避免氯离子的引入。

5.5.3.5　纳米超级硅绝热材料的功能化

（1）疏水型纳米超级硅绝热材料

一般 SiO_2 气凝胶通常是以正硅酸酯类、多聚硅烷或硅溶胶等有机硅源作为前驱体，通过溶胶－凝胶以及超临界干燥方法而制得。由于该法制备的 SiO_2 气凝胶孔洞内表面有大量的硅羟基存在，它能吸附空气中的水分，其结果使气凝胶开裂，隔热性能也有所降低。此外，SiO_2 气凝胶也不能与液态水直接接触，否则气凝胶材料的结构完全坍塌、粉化。SiO_2 气凝胶的亲水性能限制了它的广泛应用。

气凝胶的憎水功能主要体现在其表面的亲水基团被憎水基团取代，从而达到憎水的目的。

邓忠生等人以多聚硅氧烷（E－40）为硅源，通过溶胶－凝胶、表面修饰、超临界干燥等过程制备出疏水型 SiO_2 气凝胶。表面修饰剂为二甲基二乙氧基硅烷（DMMOS），疏水型气凝胶饱和水蒸汽吸附量由修饰前的 0.04wt% 降到 0.0012wt%，且与水不浸润。而孙骐等人研究了用三甲基氯硅烷为修饰剂制备疏水 SiO_2 气凝胶薄膜，该薄膜能使玻璃表面与水的接触角由 50° 提高到 125°，有明显的疏水效果。

P.B.Wagh 等人也在制备 SiO_2 气凝胶过程中采用三甲基氯硅烷修饰气凝胶表面，结果证明，经过修饰的硅凝胶有很好的疏水性，并且醇凝胶在超临界干燥的过程中收缩率为 3%，而没有经过三甲基氯硅烷修饰的硅气凝胶的收缩率为 5%。

为了最大限度地将 SiO_2 气凝胶表面的羟基基团取代，Rao 等人在气凝胶的制备过程中以丙三醇作为添加剂，获得了轻质、高光透性的块状气凝胶。干燥过程中收缩率为 6%，透光率大于 93%；而没有添加丙三醇的胶体收缩率大于 20%，且透光率小于 85%。所制备的硅气凝胶在水中浸泡三个月仅增重 6%，有良好的憎水效果。

同时，Rao 等人用甲基三甲氧基硅烷修饰硅气凝胶时，也达到同样的憎水效果。在 SiO_2 气凝胶的疏水改性的制备工艺中，大多数研究者采用甲基三甲氧基硅烷作为硅气凝胶材料的表面修饰剂。

日本的 H.Yokogawa 也用了四甲氧基硅烷作为硅源制备 SiO_2 气凝胶时，选择甲基三甲氧基硅烷作为表面修饰剂能够使凝胶中的羟基更好地被甲氧基取代，而且干燥过程中的胶体收缩率低于 3%，而且修饰后的 SiO_2 气凝胶保持了原有的透光率、密度及孔径分布。

（2）掺杂型及增强型纳米超级硅绝热材料

传统的绝热材料均对红外光具有良好的透过性。当冷热面温差在 100℃ 以上时，则这种传热将占主导地位，而且随着温度的提高，这种趋势更加明显。

对于硅质气凝胶，由于它纤细的纳米网络结构有效地限制了局域激发的传播，其固态热导率可比相应的玻璃态材料低 2～3 个数量级；又由于其孔洞尺度在几到几十纳米，比常压下气体分子的平均自由程小，微孔洞内的气体分子热传导受到抑制。硅气凝胶的折射率接近于 1，而且对红外和可见光的湮灭系数之比达 100 以上，能有效地透过太阳光，并阻止环境的红外热辐射，因此，硅气凝胶是一种理想的透明隔热材料。

但由于纯 SiO_2 气凝胶对于波段为 $3 \sim 8\mu m$ 的红外线是透过的，致使纯 SiO_2 气凝胶在高温条件下热导率急剧上升，从而限制了纯 SiO_2 气凝胶在高温条件下的应用。

为了提高气凝胶的隔热性能，通过掺杂的手段，可进一步降低硅气凝胶的辐射热传导，从而提高材料的隔热性能，常温下碳黑是一种较理想的添加剂。掺有 10% 碳黑的 SiO_2 气凝胶在常温常压下的热导率低达 $0.013W/(m \cdot K)$。但是碳黑在高温下易氧化，作为保温材料只能工作在 $300℃$ 以下。为了提高掺杂硅气凝胶作为保温材料的使用温度，人们尝试使用各种矿物质作为硅气凝胶的遮光剂，还研究了添加剂对硅气凝胶高温烧结特性的影响，结果表明：TiO_2 是一种很合适的遮光剂，而 Al_2O_3 的掺入能增加硅气凝胶的热稳定性。

王钰等人利用正硅酸甲酯（TMOS）为原料，以 TiO_2 及玻璃纤维作为掺杂剂，采用超临界干燥法制备出掺杂硅气凝胶。钛白粉能较均匀地分散在 SiO_2 中；掺杂 SiO_2 气凝胶的孔径大小分布在 $5 \sim 70nm$，峰值在 $20nm$。组成 SiO_2 网络的胶体颗粒为 $5 \sim 10nm$；随着掺杂量的增加，掺杂硅气凝胶的孔径分布峰变低，同时出现孔径为几个纳米的微孔。热学测试表明，掺杂量为 $20wt\%$、密度为 $260kg/m^3$ 的掺杂硅气凝胶在常压、$500℃$ 的总热导率仅为 $0.038W/(m \cdot K)$。而且掺杂 TiO_2 后进一步降低了材料的辐射热传导，同时增加了机械强度。

K. E. Parmenter 研究了硅气凝胶制备过程中纤维添加量与凝胶的硬度、抗压强度、拉伸与剪切力的关系。他发现了硬度与抗压强度在较宽的制备参数范围内有很好的对应关系，提高纤维含量可以降低收缩率和晶格矩阵密度。在给定的纤维添加量情况下，凝胶硬度、抗压强度及弹性模数随着晶格矩阵模数的增加而增加。

（3）SiO_2 气凝胶材料的增韧

硅气凝胶是一种密度极低的非晶态多孔材料，孔隙率最高可达 99.8%，比表面积则高至 $1000m^2/g$，其内部的界面现象对材料性能有很大的影响。与陶瓷材料强度的影响因素相同，孔隙率越高，则硅气凝胶的强度与韧性越低。

经过超临界干燥的硅气凝胶，在网络的气孔中仍会残留少量的水分，因此，在硅气凝胶的孔洞内会产生极大的表面张力和附加压力。若材料的气孔分布比较均匀，则网络粒子受到的附加压力可以相互抵消一部分，此时材料的力学性能最好。若材料中的气孔分布不均匀，且颗粒直径相差较大，网络上的粒子将产生近 $100MPa$ 的应力，这样材料一旦受到压力或者遇到震动，材料的结构容易破坏并导致碎裂。因此，控制制备工艺参数对硅气凝胶材料的增韧有重要的意义。

蒲敏等人对制备过程中参数控制对硅气凝胶的增韧作了研究。酸碱催化水解硅酸乙酯时 pH 控制在 $5 \sim 8$，老化时间为 $48 \sim 72h$ 可以减少凝胶内部裂纹的产生。而且溶胶制备醇凝胶时的水解温度、老化温度以及超临界干燥的温度控制对气凝胶的韧性及强度也有很大的影响。低温热处理基本上可以保持硅气凝胶原有的网络结构，同时提高强度和韧性。高温热处理可引起气凝胶的致密化，使强度和韧性都得到提高，但往往增加了体积密度。

SiO_2 气凝胶的网络结构是通过硅氧键连接而成的三维缩聚物，因为共价键力的作用决定了组成结构单元的固定性，也意味着材料的脆性。但若在网络中添加柔性材料就可能改善气凝胶材料的脆性，利用丙烯酸酯共聚物、聚氨酯、苯胺基树脂等有机物与硅酸乙酯共同水解，制备出有机 – 无机气凝胶杂化材料，是一种新的途径。

此外，有研究者在凝胶中加入甲酰胺类物质作为化学干燥控制剂，可以使凝胶在溶剂蒸发时内部比较均匀，孔径分布比较集中，这样可以消除一部分内应力，达到增韧的目的，采用此法可以制备出块状纳米孔气凝胶材料。

到目前为止，国内外报道的所有纳米孔绝热材料均是以 SiO_2 气凝胶作为纳米孔的载体。但是所有的超轻气凝胶都有强度低、韧性差的缺点，不能作为单独的块体材料用于保温工程，因此国内外所制成的具有实用价值的纳米孔绝热材料都要采用各种办法对 SiO_2 气凝胶进行增强、增韧。

一般所采用的材料有玻璃纤维、岩棉、硅酸铝纤维、高岭土、蒙脱土等作为增强材料。复合纳米孔绝热材料一般有两种制备方法：一种是在凝胶过程前加入增强或增韧材料；另一种是先制成纳米孔气凝胶的颗粒和粉料，然后再掺入增强纤维和粘结剂，经模压或浇注成型制成二次成型的复合体。这类复合体的导热系数一般要比单独块状纳米绝热材料高得多，其原因是因为在气凝胶的大小颗粒之间存在着大量的微米级或毫米级的孔隙，某些无机材料的添加也增大了材料的体积密度，也导致了导热系数的增大。

5.5.3.6　纳米孔硅质绝热材料的主要产品及其应用

为了满足各种应用需求，纳米孔硅质绝热产品形式的多样化、系列化也是近几年来纳米孔硅质绝热材料发展的一大特点。按照产品的性能特点，大致可分为 5 类：

（1）标准型。典型的标准型纳米孔硅质绝热产品价格适中，最高使用温度一般为950℃。

（2）高温型。在原料中加入一些能改善制品加热线收缩率的添加剂，就可得到由标准型改性而成的高温型纳米孔硅质绝热产品，其最高使用温度一般为 1025℃。

（3）防水型。由于硅质纳米孔结构具有亲水性，而且水的进入可直接导致绝热性能的恶化，因此，在一些可能与水接触的使用场合就需选用具有防水功能的纳米孔硅质绝热产品。

（4）高温防水型。高温防水型是通过对高温型纳米孔硅质绝热材料进行防水改性而获得的。

（5）优化型。优化型纳米孔硅质绝热产品的强度指标及使用温度均比标准型有所改进，其短时间使用温度可达 1200℃，长期使用温度达 1000℃。此外，由粉尘引起的矽肺危害也比其他产品明显降低。

此外，为了适应更多的应用场合，还开发了各具应用特色的纳米孔绝热产品，例如，用于柱面绝热的增强绝热带，用于曲面绝热的半硬增强绝热板以及各种形状的模制件等。纳米孔硅质绝热产品可以用多种机械方法进行加工，也可以用激光切割来获得更为精密的尺寸形状。在应用中，如果遇到只能用两块以上绝热产品才能覆盖绝热面的情况，应尽量采用两层或两层以上的绝热结构，并保证相邻的层内接缝相互错开，尽量避免"热桥"的产生。对于应用温度超过纳米孔硅质绝热产品规定温度的场合，可采用粘贴、喷涂等施工方法与陶瓷纤维等制品配合使用。

5.5.3.7　纳米超级硅绝热材料的发展方向

隔热保温材料是奥运工程中重要的建筑材料。传统的含石棉保温材料已经被禁止使用，目前我国建筑保温多采用聚苯乙烯泡沫塑料或矿棉、岩棉、玻璃棉等无机纤维质材料。近年来，国外超级绝热保温材料发展明显加快，由于整体纳米技术的发展，又激发起了人们对纳米孔超级绝热材料的重视，美国和欧洲各国的研究异常活跃，日本及韩国也进行了较多的开发。

由于制备块状纳米孔超级绝热材料存在一定困难，美国及欧洲一些科技人员采用 SiO_2 气凝胶的粉末或颗粒置于两块面板之间，制成夹芯状的绝热制品，虽然在降低导热系数方面比传统绝热材料有较大提高，但仍然达不到超级绝热材料的理想程度。

由块状透明的 SiO_2 气凝胶片材作芯层，上下各粘贴一层透明玻璃可以制成透光的纳米孔绝热材料，美国已经将它试用于太阳能集热器的面板。但这种制品对高温热辐射的阻隔作用较小，又因玻璃面板存在各种限制，因此不能用于高温状态下的隔热材料。

比较实用的纳米孔高温绝热材料是美国 NASA Ames 研究中心开发的硅酸铝耐火纤维——SiO_2 气凝胶复合块体材料。该材料以硅酸铝耐火纤维作为骨架，具有纳米孔结构的气凝胶填满耐火纤维骨架之间的孔隙。气凝胶前驱体在凝胶化刚刚开始还具有较好流动性时浇入耐火纤维，然后静置陈化，胶凝体强度不断增加，最后将复合体进行液态 CO_2 超临界干燥。

该材料比传统耐火纤维的导热系数降低 1 倍还多。但由于耐火纤维较粗，体积密度较大，它的导热系数仍不能达到超级绝热材料的理想程度。该材料已被用于制造美国航天飞机的隔热瓦，取得了良好的使用效果。从 1998 年起，硅酸铝耐火纤维已被欧盟列为二类致癌物质，因此各国科学家都在努力寻找新的解决途径。

北京首创纳米科技有限公司目前已基本掌握了硬硅钙石二次粒子的形成机理，制备亚微米直径的纤维状硬硅钙石晶体及超轻体积密度二次粒子的基本反应条件；正在进行直径在100nm 以下的硬硅钙石纤维状晶体及二次粒子的制备研究，同时进行可控纳米孔结构 SiO_2 气凝胶的制备研究。下一步的研究工作主要集中在硬硅钙石二次粒子与二氧化硅气凝胶的复合技术和低成本的干燥技术方面。

北京科技大学在该领域也进行了深入研究，目标是制备出纳米级硬硅钙石纤维晶体，形成二次粒子与 SiO_2 超轻气凝胶进行复合，并在降低辐射传热方面进行改性，从而制备出能在高温条件下工作、导热系数低于静止空气的纳米孔超级绝热材料。

为使 SiO_2 气凝胶适合大规模工业应用，必须避免使用超临界干燥技术，以降低商业成本。但是现有的非超临界技术对于制备出块体的 SiO_2 气凝胶仍有较大难度，同时在改性的过程中如何解决环保压力和降低成本也直接影响了技术推广。此外，目前用 SiO_2 气凝胶的增强技术得到的纳米超级绝热材料，或是简单的三层式复合或是颗粒复合，都不能使材料内部的孔隙全部或是绝大部分成为纳米级孔隙，因此明显使材料的绝热性能达不到超级绝热材料的理想性能。此外，纳米孔超级绝热材料在进行增强、增韧及憎水基团的表面修饰的同时，难以保证绝热材料性能。

纳米孔超级绝热材料已经从理论扩展到实用，它是随着世界整体纳米技术的发展而形成的新观念、新技术、新产品。其技术的不断成熟和生产成本的下降将带来绝热材料与绝热工程领域的一场革命。

5.6 绝热材料存在的问题及其发展

5.6.1 目前我国绝热材料存在的主要问题及原因

目前我国绝热材料的品种从分类来说与国外相差无几，技术水平差距不大，生产厂家也不少，但总体绝热水平，特别是应用技术与国外差距较大。分析其原因主要有：

（1）每一类绝热材料中的规格较国外少，有的质量差别很大，总体质量意识差。

（2）绝热结构比较单一，设计不尽合理；针对性差，造成有的散热损失太大，严重超标；有的使用寿命太短，热老化太快，结构耐久性差；有的使用不当，成本又太高。

（3）设计缺乏创新意识，对新结构及新材料了解不透，往往套用现有规范，不利于新材料及新结构的推广，整体水平难以提高。

（4）无序及不合理的竞争严重干扰了绝热材料的市场，偷工减料的不合格产品价格低，造成行业混乱；绝热工程质量低下，节能效益差。

（5）施工不规范。一方面缺乏必要的施工规范及操作规程，另一方面是有规范，但施工时执行不严格，加之有的施工队伍专业水平低，造成综合效益差。

（6）缺乏必要的绝热工程施工质量监督及工程验收制度；没有进行必要的、准确的绝热效果检测及节能效益评价制度。

5.6.2　绝热材料及其技术的主要发展方向

5.6.2.1　几种新型绝热材料结构

目前，较新型的绝热材料有复合泡塑隔热反射材料、薄层隔热反射涂料、无机隔热反射墙体涂料、薄层热隔断热屏蔽材料、快速固化憎水型硅酸盐复合绝热涂料及型材、不含氯氟烃耐温聚氨酯泡沫塑料、低热辐射传热材料及结构、无气喷涂耐火料、异型管件用隔热保温套等。下面介绍其中的几种：

（1）复合泡塑隔热反射材料

利用传热机理将高孔隙率的聚合物与热反射率高的反射材料复合在一起，构成的低辐射传热结构，绝热效果好、质轻、成本低、防水性能好、施工方便。如专利 ZL9821653.8《低热辐射传热绝热管》、美国 JTA 公司的 TRB 热辐射屏障绝热材料、韩国的铝箔气垫膜复合隔热材料，均是利用这一原理研制成的高效绝热结构。该类材料单层厚 3～4mm，用于建筑节能可反射 95％的辐射能。国外建材超级市场已有产品销售，大量用于天花板的隔热、低温管道或设备的绝热，也可与常规绝热结构复合使用，可减薄绝热层厚度，提高绝热效率；多层复合使用，可构成多层热隔断结构，效果更好。该材料的缺点是多孔材料耐温低，一般在80℃以下，不能直接用于中高温管线或设备的绝热。发展方向是研制耐高温的高孔隙率聚合物或蜂窝材料，作为高孔隙率材料与热反射材料复合，将有更加广阔的应用市场。

（2）薄层隔热反射涂料

选择耐候性好、韧性好、耐温较高、成膜性好的基料，加入轻质、孔隙率高、热绝缘系数大的绝热填料及反射率高、表面光洁的热反射填料，并辅以合适的分散剂、阻燃剂、流平剂、成膜助剂等，研制成的薄层隔热反射涂料的热反射率可达 85％以上，可用于成品油罐及低温容器的隔热保温，还可与多孔材料复合构成低辐射传热结构。因其防水好，韧性好，可集防水、隔热、外护于一体，简化施工工艺，降低成本。

（3）无机隔热反射墙体涂料

国内外涂料及涂层技术发展很快，并不断更新换代，无机建筑涂料，特别是无机隔热反射建筑涂料是发展方向之一。目前，德国 KEIM 矿牌涂料是最具代表性的全无机硅酸盐涂料。该涂料涂刷后能渗入墙体基面 0.5～2mm 深，与墙体的矿物质基底发生化合作用，能形成一层抗碱防酸的硅石，使涂层与墙体牢固地结合。加上该涂料与墙体同属于矿物基质，有相近的热胀冷缩系数，可避免涂层龟裂与剥落，耐候性好，使用寿命可达 10～15 年。该涂料防火阻燃、防尘自洁、无菌类及苔藓滋长、无挥发物、无毒环保、久不褪色、适用范围广。

（4）异型管件

用隔热保温套热力管道及设备有大量的异型管件，如阀门、法兰、三通、弯头需保温，有的还需定期保养。该类异型管件绝热施工十分麻烦，使用中也是易出问题的薄弱部位，有的散热损失太大，有的渗漏水，维修需拆掉和再次复原，费工费时。现有的阀门、法兰有的处于裸露状态，散热损失大；有的保温箱体积太大，操作麻烦。国外有专业化公司专门生产异型管件用隔热保温套，采用搭扣式或拉链式装拆，使用很方便。最近日本也研制出拆装方便的缝制型保温套，绝热性能好，耐温耐久，可反复使用。其内保温隔热材料可采用弹性高的离心玻璃棉毡等，内外包复材料采用耐温、耐磨、耐腐蚀的硅酮树脂玻璃布，用耐热玻璃纤维缝制，采用变径带固定夹具。该隔热保温套使用十分方便，节能环保效益高。

5.6.2.2　绝热材料及其技术主要发展方向

绝热材料及其技术主要发展方向是，积极开发新型绝热材料及技术，注重功能型、复合型产品的开发，充分利用传热机理，结合国情用好、用活各类绝热材料及结构，提高绝热效益。

（1）现有产品及技术的改进提高。提高产品性能，扩大品种规格，降低成本，以满足不同用户的需要。如聚氨酯泡沫塑料向无氟里昂发泡及提高耐温性方向发展；硅酸盐复合绝热涂料向快速固化、憎水、提高粘结强度、降低密度、负温施工、降低成本，用于建筑节能方向发展；复合硅酸盐制品向提高弹性及强度，提高耐温性、憎水方向发展；硅酸钙绝热材料向超轻全憎水发展；珍珠岩制品向轻质、整体防水，改善脆性、提高强度方向发展；玻璃棉、岩矿棉向复合制品及应用于建筑节能方向发展；硅酸铝纤维向干法、提高耐火度、降低高温下的收缩率及复合制品方向发展等。

（2）研制生产复合型多功能绝热材料及结构，提高绝热效率及综合效益。各种绝热材料各有特色，应扬长避短，如有机类绝热材料防水好，但不耐高温；无机类绝热材料耐高温，耐热老化，强度高，但吸水率高，复合使用则效果良好。纤维类绝热材料中硅酸铝纤维耐温高，岩矿棉耐温低，可复合使用，以降低成本；硬质无机绝热材料超轻憎水硅酸钙、憎水珍珠岩绝热性能好、抗振动、外观整洁，但对三通弯头需切削，加工麻烦，绝热涂料及复合硅酸盐型材施工随意性好，可在同一管线的不同部位选择性能相近的不同材料复合，效果更好。不同使用条件对绝热材料及结构会有一些特殊的要求，如高温、保冷、防水、防火、耐腐蚀、抗辐射、抗振动等，则要求使用多功能的绝热材料及结构。

（3）积极开发新型绝热材料及相关技术。如低辐射传热材料及结构，高效薄层隔热防腐一体化涂料，多层热遮断结构，真空绝热结构，隔热管托材料及结构，异型绝热，补口技术等的研制。有针对性地研制价廉适用的外护材料及施工工艺，提高整体节能效益，如复合隔热外护涂层、复合增强塑料布、仿金属材料等。

（4）大力发展建筑节能绝热材料及相关技术。国外建筑节能用绝热材料占绝热材料总量的密度大，如美国从 1987 年以来建筑用绝热材料占所有绝热材料的 81% 左右，特别是岩矿棉、玻璃棉、聚苯乙烯等用量大，天花板集隔热、隔音、装饰为一体，外墙喷涂聚合物绝热砂浆，有自然装饰效果。瑞典及芬兰等西欧国家 80% 以上的岩矿棉制品用于建筑节能。我国能源消耗中，建筑能耗大约占全国能源消耗总量的 1/4，而建筑用绝热材料仅占总量的 11% 左右，可见建筑节能潜力很大。有关部门已作出一系列规定，并有了相关的标准规范，不少城市开展了节能住宅推广工作，有力地促进了建筑节能技术的发展。借鉴国外的经验，如美国的 JOHNS MANVILLE 公司生产系列化超细玻璃棉毡，产品分为无贴面及有贴面（防水纸、铝箔、聚酯薄膜），并分别有不同密度、不同厚度的玻璃棉毡用于建筑节能；将美国基本按纬度高低从南到北分为 5 个区域，不同区域的建筑在不同的部位（楼顶或天花板、外墙、地板、地下室墙）使用不同热绝缘系数 $R11 \sim R38$，对应厚度 $8.9 \sim 26$cm 的玻璃棉毡，销售产品上标明热绝缘系数及其他参数，十分方便用户的选择。

（5）适当加大绝热层厚度并增加绝热投资。为最大限度地节约能源，国外许多国家在逐年加大保温层厚度，相继修改有关绝热标准及规范，如日本、美国、法国、英国，20 世纪 80 年代较 70 年代绝热层厚度有的加厚了 50%，对绝热费用的投入由原来一般占设备总费用的 2% 提高到 4% ~ 8%。采取这些措施大大提高了绝热效率，综合经济效益高。

（6）注重环保，利用"三废"开发绝热材料。环保越来越引起国家的重视，不少厂家的"三废"已成为阻碍企业发展的重要问题，而"三废"中有不少可以利用的成分，完全可以用来开发绝热材料，部分或全部替代某种原材料，可降低成本，改善环境，并可免征所得税。

（7）上档次、上规模是形成良性循环的关键。我国绝热产品重复建设较多，而且缺乏特色，档次上不去，缺乏竞争力，无序竞争互相压价，形成恶性循环。加入 WTO 后更应注重档次、规模、名牌效应及无形资产效益。

（8）有针对性地合理使用绝热材料，完善配套技术。目前我国绝热材料市场较混乱，没有发挥各自的特色，造成浪费。随市场经济的逐步规范化，效益是企业生存的根本，必然会更合理地使用绝热材料。厂家要扩大自身产品的使用范围，必须提高质量，完善配套技术。

（9）注重保冷材料及结构的开发研究，提高保冷工程的质量。可使用硬质憎水珍珠岩制品、高密度聚苯乙烯及聚乙烯泡沫塑料、薄层隔热涂料等，并开发新型复合结构及配套技术，可有效地降低成本，并提高保冷效率。

（10）逐步开发纳米、亚纳米绝热材料及涂层技术，也可用于改善现有绝热材料的性能。通过特定的均匀分散技术将其分散到特定载体中，该载体应是生产绝热材料所用的添加剂、外掺料、防水剂或其他助剂。此时的纳米、亚纳米材料则以涂层的形式包覆于绝热材料颗粒或纤维表面，以改善其强度、耐磨性、热绝缘系数、辐射反射性能、耐温性、憎水性等。根据不同绝缘材料所需改善的性能，有选择地添加不同品种的纳米涂层。

（11）多孔绝热及真空超级绝热陶瓷都具有卓越的性能，将两者结合起来，将在绝热材料领域里发挥越来越重要的作用。

第6章　多孔吸声隔音陶瓷

随着社会的发展和生活水平的不断提高，人们在工作、学习和生活中，对声环境的要求已经越来越高。噪声对人们的听力、睡眠、生理、心理及周围环境等方面造成很大影响和危害，而且还会加速建筑物、机械结构的老化，影响设备及仪表的精度和使用寿命。社会对吸声材料的需求量呈迅猛增长之势，也对吸声材料的性能提出了更高更多的要求。

为此，对地铁、高速公路两侧、大型公共场所、影剧院等贴近民生的高噪音场合进行有效的吸声隔音处理是必然的，使用吸声材料是一种有效的被动式吸声降噪方法。多孔吸声隔音陶瓷是一种新型的陶瓷材料，由于具有均匀分布的微孔或孔洞，孔隙率较高、体积密度小，具有发达的比表面积及其独特的物理表面特性，对声音有能量吸收或阻尼特性，加之陶瓷材料特有的耐高温、耐腐蚀、高的化学稳定性和尺寸稳定性，使多孔吸声隔音陶瓷应用越来越广泛。

目前用作吸声材料的多孔陶瓷有：①无机纤维吸音材料，如玻璃棉、矿物棉和岩棉等。这类材料不仅具有良好的吸声性能，而且具有质轻、不燃、不腐、不易老化、价格低廉等特性。②泡沫吸音材料，如吸声泡沫玻璃、吸声陶瓷、吸声泡沫混凝土等。③吸声建筑材料，如吸声粉刷、微孔吸声砖、陶瓷吸声板、珍珠岩吸声板等。

本章首先论述了吸声与隔音的声学方面的理论基础和多孔吸声隔音陶瓷的结构特征，由其独有的结构特征引出了多孔吸声隔音陶瓷的吸声隔音机理。重点介绍了多孔吸声隔音陶瓷制备方法以及列举了用相应方法制备多孔吸声隔音陶瓷的工艺。接着介绍了利用驻波管和混响室对吸声性能进行测试，并列举了一些多孔吸声隔音陶瓷的吸声性能测试结果。最后介绍各种多孔吸声隔音陶瓷材料的优缺点和在实际中的应用和今后的发展方向。

6.1　多孔陶瓷吸声隔音机理

6.1.1　声音

在介绍吸声隔音机理之前，让我们首先了解一下关于声音的基本知识。声音是指人耳所感受到的"弹性"介质中的振动或压力迅速而微小的起伏变化。

6.1.1.1　声音的频谱与噪声

对于人耳来说，只有频率为 20Hz ~ 20kHz 的声波才会引起声音的感觉。在房屋建筑中，频率为 100 ~ 1000Hz 的声音很重要，因为它们的波长范围相当于 3.4 ~ 0.034m，与建筑物内部的部件的尺度很相近。

从生理和心理等角度来说，凡是人们所不需要的一切声音，都称为噪声。但从物理学观点讲，噪声是指声强和频率的变化无规则或杂乱无章的声音。所以噪声的频率结构较复杂，但其主要频率是可以辨认的。噪声大多是连续谱，了解声音的频谱是很重要的，例如在噪声控制中，就要知道噪声的哪些频率成分比较突出，从而首先设法降低或消除这些突出的成分，才能有效地降低噪声；在音质的设计中，则可以尽量减少声源频谱的畸变，从而保证获得良好的音质。

6.1.1.2　声音的性质

声音在传播过程中遇到介质密度变化时，就会有声音的反射，反射的程度取决于介质密度改变的情况。当声音遇到不同介质的分界面时，除了反射外还会发生折射；当声音在传播过程中遇到障壁或建筑部件（如墙角、柱子等）时，如果这些障壁或部件的尺度比声音波长大，则其背后将会出现"声影"，也会出现声音绕过障壁边缘进入"声影"的现象，成为声衍射。声波进入声影区的程度与其波长和障壁的相对尺度有关。

衍射波的曲率是以障壁边缘为中心，进入"声影区"越深，声音就越弱，可以利用这种障壁来减少道路交通噪声的干扰。

材料的吸声效率是用它对某一频率的吸声系数测量。材料的吸声系数是指被吸收的声能（或没有被表面反射的部分）与入射声能之比，用 α 表示。

吸声材料的共同特点是将一部分声能转变为热能，从而使声波衰减；但实际上由声能转变为热能的物理过程却随材料的种类而有所不同，因此不同种类的吸声材料有不同的吸声频率特性和使用范围。

6.1.2　吸声与隔音的理论基础

惠更斯原理：声源的振动引起波动，波动的传播是由于介质中质点间的相互作用产生的。在连续介质中，任何一点的振动，都将直接引起邻近质点的振动。声波在空气中的传播满足其原理。

吸声是指声波传播到某一边界面时，一部分声能被边界面反射（或散射），一部分声能被边界面吸收。这里不考虑在媒质中传播时被媒质的吸收，这包括声波在边界材料内转化为热能，被消耗掉或是转化为振动能沿边界构造传递转移，或是直接透射到边界另一面空间。对于入射声波来说，除了反射到原来空间的反射（散射）声能外，其余能量都被看作被边界面吸收。

不透气的固体材料，对于空气中传播的声波都具有隔音效果，隔音效果的好坏最根本的一点是取决于材料单位面积的质量。若要显著地提高隔音能力，单靠增加隔层的质量，例如增加墙的厚度是不能行之有效的。解决的方法主要是采用双层乃至多层隔音结构。

6.1.3　多孔吸声隔音陶瓷的结构和吸声隔音机理

6.1.3.1　多孔吸声隔音陶瓷的结构特征

（1）材料内部具有大量微孔或间隙，而且孔隙细小且在材料内部均匀分布。

（2）材料内部的微孔是互相连通的，单独的气泡和密闭间隙的屏障起隔音作用。

（3）微孔向外敞开，使声波易于进入微孔内，不具有敞开微孔而仅有凹凸表面的陶瓷不会有好的吸声性能。

6.1.3.2　多孔陶瓷吸声隔音机理

多孔陶瓷材料具有吸声作用主要是：多孔陶瓷材料内部具有无数细微孔隙，孔隙间彼此贯通，且通过表面与外界相通，当声波入射到材料表面时，一部分在材料表面反射掉，另一部分则透入到材料内部向前传播。在传播过程中，引起孔隙的空气运动，与形成孔壁的固体筋络发生摩擦，由于黏滞性和热传导效应，将声能转变为热能而耗散掉。当声波在壁面反射后，经过材料回到其表面时，一部分声波透射到空气中，一部分又反射回材料内部，声波通过这种反复传播，使能量不断转换耗散，如此反复，直到平衡，由此使材料"吸收"了部分声能。作为吸声隔音材料的多孔陶瓷要求较小的孔径（20～150μm），相当高的气孔率（60%以上）及较高的机械强度。

可见，只有材料的孔隙在表面开口，孔孔相连，且孔隙深入材料内部，才能有效地吸收声能。材料内部有许多微小气孔，但气孔密闭，彼此不互相连通，当声波入射到材料表面时，很难进入到材料内部，所以不透气的固体材料，对于空气中传播的声波都有隔音效果，隔音效果的好坏最根本的一点是取决于材料单位面积的质量。因此对于单一材料（不是专门设计的复合材料）来说，吸声能力与隔音效果往往是不能兼顾的。好的隔音材料其吸声效果极差；反过来，如果拿吸声性能好的材料做隔音材料，也并非好的隔音材料。

6.1.4 影响吸声性能的因素

多孔吸声隔音陶瓷是一种人工合成的、体内具有大量彼此相通气孔的陶瓷材料。多孔吸声陶瓷的性能与以下因素有关：

（1）空气流阻的影响

多孔材料的吸声特性受空气黏性的影响最大。空气流阻，是指空气流稳定地流过材料时，材料两面的静压差和流速之比，用式（6－1）表示：

$$R = \frac{p_1 - p_2}{V} \tag{6－1}$$

式中　　　R——流阻，NS/m^3；

p_1、p_2——分别为材料两边的压强，N/m^2；

V——气流线速度，m/s；

单位厚度的流阻称为比流阻，用 r 表示，NS/m^4。

$$r = \frac{R}{D} \tag{6－2}$$

式中　　D——材料的厚度，m。

空气黏性越大，材料越厚、越密实、流阻就越大，说明透气性越差；若流阻过大，克服摩擦力、黏滞阻力从而使声能转化为热能的效率就很低，也就是吸声的效果很小。一定厚度的多孔材料，应存在最佳的空气流阻范围。

流阻对材料吸声特性为：当材料流阻降低时，其低频吸声系数很低，但到了某一中高频段后，吸声系数陡然增大；而高流阻材料与低流阻材料相比，高频吸声系数明显下降，低中频吸声系数有所提高。

当材料厚度不大时，比流阻越大，说明空气穿透量越小，吸声性能会下降；但若比流阻太小，声能因摩擦力、黏滞力而损耗的功率也将降低，吸声性能也会下降。当材料厚度充分大时，比流阻越小，吸声越大。所以，多孔材料存在一个最佳的流阻值，过高和过低的流阻值都无法使材料具有良好的吸声性能。通过控制材料的流阻可以调整材料的吸声特性。

（2）材料密度的影响

在实际工程中，测定材料的流阻及空隙率通常比较困难，可以通过材料的密度粗略估算其比流阻。

多孔材料的密度与纤维、筋络直径以及固体密度有密切关系，同一种纤维材料，密度越大，空隙率越小，比流阻越大。当厚度一定而增加密度时，一方面也可以提高中低频吸声系数，但比材料厚度所引起的吸声系数变化要小。在同样用料情况下，当厚度不限制时，多孔材料以松散为宜；另一方面在厚度一定的情况下，密度增加，则材料就密实，引起流阻增大，减少空气透过量，造成吸声系数下降。所以，材料密度也有一个最佳值。常用的玻璃棉的最佳密度范围为 $15 \sim 25 kg/m^3$，但同样密度，增加厚度并不改变比流阻，所以，吸声系数一般总是增大，但增至一定厚度时，吸声性能的改变就不明显了。

（3）孔隙率

孔隙率是指材料中的空气体积和材料总体积之比。这里的空气体积是指处于连通的气泡状态，并且是入射到材料中的声波所能引起运动的部分。多孔材料的孔隙率一般都在 70% 以上，多数达到 90% 以上。

（4）材料厚度

在理论上用流阻、孔隙率等来研究和确定材料的吸声特性，但因在实际工程中测量流阻比较困难，而同一种材料，密度越大，其孔隙率越小，流阻就越大；因此，对同一种材料，实际上以材料的厚度、密度等来控制其吸声特性。

同一种多孔材料，随着厚度的增加，中、低频范围的吸声系数会有所增加，并且吸声材料的有效频率范围也会扩大。这种性质是实际使用多孔材料重要条件。在设计上，通常按照中、低频范围所需要的吸声系数值选择材料厚度。

（5）材料背后的条件

对于厚度、密度一定的多孔材料，当其与坚实壁面之间留有空气层时，吸声系数会有所改变。由于在背后增加了空气层，在很宽的频率范围，使得同一种多孔材料的吸声系数增加。

增加材料厚度以增加低频吸声系数的方法，可以用在材料背后设置空气层的办法来代替。

（6）饰面的影响

大多数多孔材料往往需要依强度、保持清洁和建筑艺术处理等方面的要求进行表面处理，例如油漆作表面硬化层或以其他材料罩面。经过饰面处理的多孔吸声材料的吸声特性往往会发生变化，因此必须根据使用要求选择适当的饰面处理。

（7）声波的频率和入射条件

多孔材料的吸声系数随频率的提高而增大，常用厚度为 5cm 的成型多孔材料，对于中、高频有较大的吸声系数。垂直入射和斜入射都是比较特殊的条件，实际情况多为无规则入射。在测定材料的吸声系数时，驻波管法是用于对垂直入射的声波的测量，而混响室法是测量对无规则入射声波的吸收，比较符合实际（参见 6.3.2 吸声性能测试）。

（8）吸湿、吸水的影响

多孔材料吸水后，材料的间隙和小孔中的空气被水分所代替，使空隙率降低，从而导致吸声性能的改变。一般趋势是随含水率的增加，首先是降低了对高频声的吸声系数，继而逐步扩大其影响范围。

6.2　吸声材料的制备工艺

多孔吸声隔音陶瓷的首要特征是其多孔特性，其制备的首要关键与难点就是形成有利于吸声的多孔结构。本节将介绍多孔吸声隔音陶瓷的各种制备方法，并列举用相应方法制备的多孔吸声隔音陶瓷。其中将重点介绍用发泡法制备的几种多孔吸声隔音陶瓷。

6.2.1　有机前驱体浸渍法

6.2.1.1　有机前驱体浸渍法

有机前驱体浸渍法是指将处理好的有机前驱体（通常选用聚酸乙酯泡沫塑料）浸入预先制备好的陶瓷浆料中，反复多次，排除气体。使浆料充分浸润有机前驱体，然后将多余浆料排除，并反复滚压，以使浆料均匀附着在前驱体网状结构中的网丝上，再干燥烧成。其典型的工艺流程如图 6-1 所示。

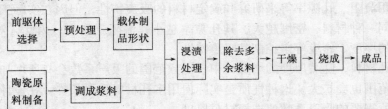

图 6-1　有机前驱体浸渍法工艺流程

6.2.1.2　用有机前驱体浸渍法制备吸声隔音泡沫陶瓷

吸声泡沫陶瓷是一种多孔吸声隔音陶瓷材料，其吸声原理如前所述。它是采用陶瓷原料，经有机前驱体浸渍法等相应工艺制备而成，具有大量从表到里的三维连通的网状小孔结构。当声波传入泡沫陶瓷内部后，引起孔隙中的空气振动，并与陶瓷筋络发生摩擦，由于黏滞作用，声波被转化为热能而消耗，从而达到吸声效果。它具有高强度、高硬度、防潮、抗腐、阻燃防火、耐高温、耐气候变化等特点，能在各种常规室外环境下使用，是一种全天候的吸声降噪材料。

（1）前驱体的选择和预处理

用于制备泡沫吸声陶瓷在有机前驱体要求其亲水性强、气孔均匀、弹性高、抗拉强度大、气孔率高且具有三维网架结构，挥发及焦化温度为 150~500℃，气孔为贯通性气孔，网络间膜尽量少。根据以上要求，目前多选用聚氨基甲酸乙酯泡沫塑料，泡沫吸声陶瓷制品的孔均匀性、气孔大小和气孔率的高低在很大程度上取决于有机前驱体。因此，根据吸声泡沫陶瓷对气孔大小和气孔率的要求选择相应的前驱体。前驱体具有高弹性和大抗拉强度，是便于在浸渍浆料时前驱体不会被撕裂，浸渍浆料后能够回弹，以免塌陷而造成堵孔影响使用性能。如果前驱体网络间膜较多，在浸渍时网络膜上会残留多余浆料，导致制品堵孔。对于有较多网络间膜的前驱体应采取预先处理，以除去网络间膜，在 $40 \sim 60℃$ 下水解处理 $2 \sim 6h$，然后反复揉搓并用清水冲洗前驱体，晾干备用。

（2）浆料制备

要求浆料除具备一般陶瓷浆料性能外，还需具有尽可能高的固相含量和较好的触变性。高的固相含量和黏着性可以保证陶瓷颗粒最大限度地附着在前驱体丝网上，从而能够提高最终制品的机械强度。同时要求浆料触变性较高，以便在浸渍浆料和排除多余浆料时，通过剪切作用降低黏稠度，提高浆料流动性，以便于成型；而在停止成型时，浆料稠度升高，流动性降低，附着在网丝上的陶瓷颗粒容易固化而定型，以免由于浆料流动造成坯体整体均匀性下降，甚至堵孔。

浆料的制备及其性能的调整在前驱体法制备吸声泡沫陶瓷的工艺中是至关重要的一项工作，也是较困难的。高性能的浆料不仅有利于成型，且对保证制品的性能起很大的作用。

（3）浆料浸渍过程

在前驱体上浸渍浆料，可采用常压吸附法、真空吸附法、机械滚压法及手工揉搓法，但无论采用哪种方法进行浸渍，均要求浆料浸渍均匀，使陶瓷颗粒充分附着在前驱体上，避免出现浸润不足，否则在烧成后会出现熔洞或塌陷。浸渍后用滚压或离心方法将多余的浆料排除，并反复揉搓均匀，以使陶瓷颗粒分布，防止堵孔。成型后的坯体密度在 $0.4 \sim 0.8 g/cm^3$ 范围内较为合适。

（4）烧成

烧成的关键是使有机前驱体排除，即在 $500℃$ 以下低温阶段，应采用慢速升温（升温速率控制在 $30 \sim 50℃/h$ 左右），使有机物缓慢而充分地挥发排除。若低温阶段升温过快，会造成开裂和粉化现象。对于较大制品，为防止坯体在烧成过程中开裂，可通过调节浆料配方以降低烧成收缩和适当选配无机粘结剂等方法来解决。通过选配不同的粘结剂可以保证坯体在不同的温度阶段均有足够的强度，吸声泡沫陶瓷的烧成制度如图 6－2 所示。

有机前驱体浸渍法的优点在于工艺简单、操作方便、无需复杂设备。此法已被国内外多数泡沫陶瓷的研制与生产者所采用。泡沫陶瓷制品的孔径大小及气孔的均匀性可通过选择有机前驱体来确定。但该方法的缺点是制品的性能受原材料——有机前驱体的影响较大，尤其是我国生产的聚氨基甲酸乙酯泡沫塑料无论在弹性、孔径均匀性及抗拉强度上，较国外都有很大差距。这在一定程度上影响了

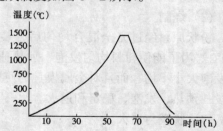

图 6－2　吸声隔音陶瓷的烧成制度

国内前驱体法生产吸声泡沫陶瓷的性能提高。另外该方法较适用于形状简单的制品（板状、柱状等），而难以用来成型复杂形状的制品。

吸声隔音泡沫陶瓷的出现克服了传统吸声材料在室外声环境应用中的不足，使得设计人员能够运用泡沫陶瓷改善局部地段的室外声环境，地下通道有望变安静。

6.2.1.3　吸声隔音泡沫陶瓷的其他制备方法

吸声隔音泡沫陶瓷还能通过以下几种制备方法来获得：①溶胶－凝胶工艺；②添加造孔剂工艺；③自蔓延高温合成工艺等。这些方法在第3章中已经较详细地介绍了。

6.2.2 发泡法

6.2.2.1 发泡法简介

在制备好的料浆中加入发泡剂,如碳酸盐和酸等,通过化学反应等能够产生大量细小气泡的物质,以及烧结时通过在熔融体内产生放气反应能得到多孔结构,这种发泡气体率可达95%以上。

6.2.2.2 用发泡法制备吸声泡沫玻璃

泡沫玻璃是多孔吸声隔音陶瓷的一种,吸声泡沫玻璃以玻璃粉为原料,加入发泡剂及其他掺加剂经高温焙烧而成的轻质块状材料,其孔隙率可达85%以上。按照材料内部气孔的形态可分为开孔和闭孔两种,闭孔泡沫玻璃作为隔热保温材料,开孔的作为吸声材料。

(1)原料

选用回收的废玻璃作基础原料,因废玻璃易得,且成分满足焙烧泡沫玻璃的要求,而且可减少环境污染,变废为宝。

发泡剂采用碳酸钙、碳酸镁、碳酸钾、碳酸钠之类的碳酸盐,只加发泡剂烧出的泡沫玻璃由于其壁厚、孔径不均、密度大、开口气孔率低等缺陷,因此还需加入一定量的外掺剂,以使其各项性能得以改善。

常用的外掺剂有硼砂、芒硝、沸石、水玻璃、明矾、硫酸钙、磷酸钠、氧化锑、氢氧化钠等,加入外掺剂后可降低熔体表面张力,改善制品的结构,同时还可降低发泡温度,使其各项性能得以改进。

(2)配料的制备

将碎玻璃先进行粗碎,然后与发泡剂、外掺剂充分均匀混合,要防止有机物或粉尘混入原料中,以免产生异常发泡现象,而导致产品质量下降,混合时还与混合方法、设备及混合强度有关。

(3)烧制

粉状原料经过完全混合均匀后,装入发泡模具中,在加热炉内加热,加热温度750~960℃。为了能使粉料均匀发泡,加热速度最好控制在一定范围内,如果升温速度太快,不仅发泡大小不均,而且对金属模的使用寿命亦有影响。泡沫玻璃的烧制工艺大致分为4个阶段:预热、发泡、稳定和退火。

(4)脱模与退火

为了防止玻璃与金属模具的粘结,事先应在金属模具的内壁涂刷一层脱模剂,这种脱模剂是采用硅酸铝粉、硅酸和水,按一定比例配合而成,整个退火时间比较长,退火时间根据配方而定,目的是使成品不开裂,不存在内应力。

(5)生产工艺流程

泡沫玻璃生产工艺流程如图6-3所示。

(6)发泡时间对吸声性能的影响

发泡时间的增加,有利于充分发泡,有利于开口气孔和连通孔的形成,发泡也较均匀;但是,时间也不宜过长,时间过长易造成制品内局部过烧,形成大孔洞,泡沫玻璃的内部结构遭到破坏,声阻降低,反而会降低吸声性能。因此一般时间控制在30~50min内。

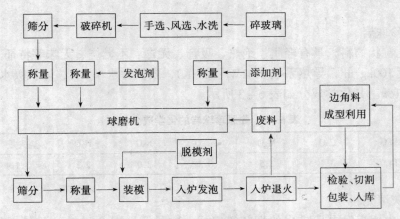

图6-3 泡沫玻璃生产工艺流程

（7）发泡温度对吸声性能的影响

发泡温度越高，越有利于泡壁变薄，开口气孔和连通孔也相应增加，吸声性能也相对较好。但温度也不宜过高，温度过高，也容易造成制品内局部过烧，形成大的孔洞，影响制品的均匀性和气泡结构及各项物理性能，结果导致了声阻降低，吸声性能也随之下降。因此，吸音泡沫玻璃的发泡温度控制在 $800 \sim 850 \, ℃$ 较为适宜。

6.2.2.3 发泡法制备地铁用多孔吸声隔音陶瓷

对于地铁用吸音材料声学设计和材料生产，国际上都在寻找和开发新型无纤维类吸音材料，无纤维环保型吸音材料将是未来吸音材料发展的趋势。故对地铁吸音材料生产及工程化应用的研究显得非常重要而且迫在眉睫。

（1）原材料

1）明矾石膨胀水泥

采用明矾石膨胀水泥作为胶凝材料，水泥在水化过程中生成大量的水化硫铝酸钙，使水泥石有适当的体积膨胀，能产生一定的自应力，以补偿混凝土在硬化过程中出现的体积收缩，提高自身的抗裂防渗能力。

2）陶粒

采用轻质陶粒产品，轻质陶粒是材料在高温下产生膨胀及气体释出，使其成为一种轻质、坚硬、具有明显蜂窝状的产品。其化学成分和技术性能如表6-1、表6-2所示。

表6-1 轻质陶粒的化学成分（%）

SiO_2	Al_2O_3	Fe_2O_3	CaO	MgO	烧失量	合 计
65.0	18.2	11.5	3.0	2.0	0.2	99.9

表6-2 陶粒的技术性能

规格 （mm）	堆积密度 （kg/m³）	1h吸水率 （%）	筒压强度 （MPa）	导热系数 ［W/（m·K）］
≤1.5	≤500	≤12.0	≤1.5	0.21
1.5～2.5	≤450	≤10.0	≤1.2	0.21

3）膨胀珍珠岩

白色多孔粒状物料，具有轻质、绝热、吸音、无毒、不燃烧、无味等特征。主要物理性能：堆积密度 $100kg/m^3$，导热系数 $0.41W/(m\cdot K)$，质量含水率 2%，体积吸水率高达 25%，吸湿率为 0.01%。其化学成分如表 6-3 所示。

表 6-3　膨胀珍珠岩的化学成分（%）

SiO_2	Al_2O_3	CaO	MgO	Na_2O	R_2O	H_2O	烧失量	总　和
70	14.7	3.4	1.5	0.2	2.0	2.2	3.1	97.1

4）粉煤灰填充料

粉煤灰是由燃煤发电厂排出的烟灰等组成，它是活性混合材料，含有一定的活性组分（主要是 SiO_2 和 Al_2O_3，活性组分越多，粉煤灰活性也越高），这些活性组分在常温下能与熟料水化析出的 $Ca(OH)_2$ 或 $CaSO_4$ 作用，生成具有胶凝性的稳定化合物，赋予多孔材料一定的强度，尤其对材料的后期强度有较大贡献。

5）发泡剂

发泡剂为市售的常用发泡剂，是一种能使泡沫浆液产生细小、均匀分布，且硬化后能保留微气泡的外加剂。

6）防水剂

防水剂为有机硅防水剂，将其和水按比例［质量比为 1:（7~9），体积比为 1:（9~11）］混合均匀，制成溶液，称为硅水。使用目的是降低硬化水泥－粉煤灰浆体的吸水率及提高早期强度。

（2）制备工艺

制作流程如下图 6-4 所示。

先在搅拌器中加入珍珠岩和防水剂的稀释液，边搅拌边加入引气剂；再加入水泥和细陶粒，搅拌，并在搅拌过程中徐徐加入所需的水；成型，养护，脱模，测试性能。

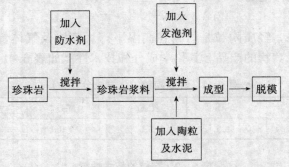

图 6-4　发泡法制备地铁多孔吸声隔音陶瓷流程

（3）影响性能的因素

1）膨胀水泥用量对试样性能的影响

试样的强度由水泥浆体、陶粒强度、水泥与陶粒的粘结力决定。水泥作为胶凝材料，其含量的高低直接影响到试样的强度、密度及粘结性能。因此，要得到质轻又有足够强度的试样，混合料中水泥用量一定要控制在合理范围内。

2）引气剂掺量对试样性能的影响

制备粉煤灰水泥多孔材料，发气是决定其质量好坏的重要因素，关键要使发气速度与稠化速度相适应。在大量发气阶段，料浆要缓慢稠化，并具有较好的流动性，使之发气顺畅和顺利膨胀；同时料浆应具有很好的保气能力，使气泡不能升浮溢出而悬浮于其间。

引气剂的掺量有一个最佳值。本实验发泡剂的加入量为 0.25% ~ 1.3%，加入适量发泡剂后，可以得到多气泡的浆液，且用水量也减少。在其他组分相同的情况下，加入发泡剂的量越多，发泡越好，密度越低，强度也越低；但若发泡剂掺量过多，会产生塌料。

3）水灰比对试样抗压强度的影响

水具有供水泥水化和拌合成型的双重作用，水灰比大时，容易拌合成型，但试样强度会由于水泥浆体致密度降低而下降，发气速度也会过快；水灰比过小又会使混合物和易性差，使拌合成型及发气困难。因此，适量降低水灰比有利于提高强度和发气效果。

4）陶粒颗粒大小对试样性能的影响

陶粒质轻、坚硬，用作集料，成本低，可以用来减少密度、增加强度。适当降低陶粒的粒度可在密度增加不多的情况下，达到提高强度的目的。

5）粉煤灰掺量对试样性能的影响

适量的粉煤灰可以达到节省水泥用量，进而降低成本的目的。掺灰量合适时，试样的后期强度仍能继续提高。但粉煤灰过多会使强度、密度下降，凝结硬化速度大大减缓。本实验为了增大吸音材料中的浆体含量，并相对保持吸音材料有较低的密度而使用了粉煤灰。

6）珍珠岩对试样性能的影响

珍珠岩具有轻质多孔的特性，可以降低密度，又可以降低成本。膨胀珍珠岩的体积吸水率达 25%，所以加入了防水剂，以减少吸水量。

6.2.2.4　发泡法制备吸声泡沫混凝土

本方法利用水泥、粉煤灰高强微珠、自制无机高分子热聚物发泡剂制备泡沫混凝土，具有较理想的吸声性能，而且产物具有流态混凝土的特征，便于现场大体积浇注。

（1）原料

试验采用普通硅酸盐水泥、电厂灰经干法分离后提取的硅铝质微珠（粒径 0.080 ~ 0.038mm，密度 1.92g/cm³，堆积密度 780kg/m³）、石英砂粉（粒径 0.01 ~ 0.1mm）、高炉水淬渣、自制无机高分子热聚物发泡剂（原始浓度为 20%，稀释配制使用浓度分别为 2%、3%、4%）、自行复合配制的塑化分散剂、自制的脂肪族稳泡剂、石灰（有效 CaO 含量 65.55%）、石膏（SO_3 含量 44.78%）以及高铝水泥。

（2）制备方法

实验室试件采用泡沫制备。加入塑化分散剂、稳泡剂水泥微珠预混均匀，制成均匀流态浆，浇注成型。

试件尺寸为 100mm × 100mm × 100mm，养护室温（26 ± 2）℃，8h 后拆模，室温放置。每天给试块喷雾化水一次，28d 后将试块放入 85℃ 干燥箱烘至恒重，测量其密度与强度。制作工艺过程见图 6 - 5。此种方法与铝粉发泡法相比，有随用随配、随时装车、可远距离泵送、现场浇注等特点。

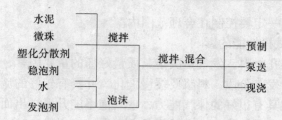

图 6-5　泡沫混凝土制备工艺

6.2.3　粒状树脂堆积法

有机泡沫浸渍法的缺点是不能制备小孔径闭气孔的制品，密度不易控制。发泡反应法的缺点是对原料要求高，工艺条件不易控制。

采用一种新的制备方法：将粒状树脂堆积起来，使陶瓷料浆流入粒状树脂所形成的空隙中，干燥成形；孔径可由粒状树脂的粒径来决定，该法所得吸声泡沫陶瓷的气孔率可达95%左右。工艺过程如图 6-6 所示。

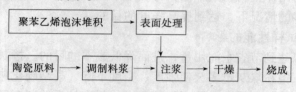

图 6-6　粒状树脂堆积工艺流程

（1）泡沫堆积对制品性能的影响

根据球体紧密堆积原理，选用等大的球粒子使其尽可能形成立方或六方密堆。各球粒子之间形成点接触，且接触处具有一定的粘结力，避免注浆时两球粒分离，其间形成薄膜，导致开口气孔率下降。由于显气孔率基本上取决于泡沫球粒的接触状况，因此使球粒密堆是关键，理想情况下每个球粒子周围应有 12 个点接触。

（2）温度制度对制品性能的影响

泡沫陶瓷是一种特殊的陶瓷制品，其温度制度也不同于一般陶瓷制品的温度制度。由于其基体是聚苯乙烯泡沫，该泡沫在 80～90℃会逐渐软化，使其内部发泡剂挥发掉。在此阶段升温速度一定要慢，否则发泡剂急剧膨胀导致坯体破裂。实验发现在此阶段升温速度最好控制在 0.5℃/min 以下，而聚苯乙烯碳化至烟气排出大约在 180～190℃，此阶段温度亦不能升得快。由于是排烟期，温升过快会导致大量的烟气排出，甚至内部产生燃烧现象，此时坯体强度低，受烟气冲击很容易造成坯体塌陷，最好在 300℃时保温一段时间，使烟气缓慢放出。

（3）添加剂对制品性能的影响

吸声泡沫陶瓷是气孔率很高的陶瓷制品，在低温时，基体泡沫就要挥发掉，产生大量空隙，这时坯体强度很低，难以承受载荷，必须加强坯体在低温时的强度，为此引入低温粘结剂来增强。高温时由于发生一系列物理化学变化，增强作用已经消失，而此时烧结还没有开始，坯体强度仍然较差，容易出问题，为此引入高温粘结剂如复合磷酸盐、硅胶等，低温高温粘结剂两者缺一不可。实验结果发现，复合磷酸盐作用效果比硅胶要好，但复合磷酸盐价格较高，粘结剂加入量在 1～5wt% 为适宜。基于粘结剂在烧成过程中起增强作用，但并不强，所以要加入纤维。由于针状纤维交叉成网络状结构，分布在坯体内部，使坯体的机械强度提高，同时抑制了裂纹扩展，使应力得以释放，避免了应力集中。实验发现，加入纤维后增强作用明显。但纤维的长度有限制，太短，增强效果不明显；太长，注浆困难，长度以不影响注浆为准。

6.2.4　微波加热制备工艺

6.2.4.1　微波加热制备工艺的特点

多孔陶瓷微波加热工艺是指依靠物体吸收微波转换成热能，自身整体同时升至一定温度，蒸发水分并制成多孔吸声隔音陶瓷。

6.2.4.2　微波加热制备多孔吸声隔音泡沫陶瓷

其简单制备工艺为：25%（质量百分比，下同）的玻璃珠（30～130μm），2% 的金属微珠（400～600μm）和 73% 的有机粘合剂充分均匀混合制成坯体，在微波炉中加热 5～30min，即可制得多孔吸声泡沫陶瓷。在多孔陶瓷微波加热工艺中，可添加一定量的纤维来改善多孔材料的强度。同时，为提高微波吸收能力，还可添加微波耦合剂，如甘油等。

微波加热制备多孔陶瓷的关键是选择适当的有机粘合剂。通过实验发现，粘合剂应满足以下条件：在常温下具有一定的黏度，而在一定的温度（如水沸点以下）出现凝固并且有一定的弹性。其工艺流程如图 6-7 所示。

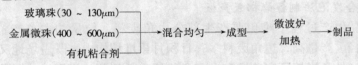

图 6-7　微波加热工艺流程

多孔吸声隔音陶瓷微波加热工艺具有以下优点：①加热均匀。微波加热是一种体加热工艺，在加热过程中材料内部的温度梯度很小或几乎没有，因而材料内部热应力可以减少到最低，即使在很高的升温速率下，也很少造成多孔材料的开裂。②加热速度极快。在微波电磁能的作用下，材料内部扩散系数提高，加上微波加热是材料内部整体同时加热不受体积的影响，因此温升速度极快，升温速度可达 500℃/min 以上。③改进多孔吸声隔音陶瓷的微观结构和宏观性能。由于微波加热的速度特快，时间特短，从而避免了微波处理材料过程中晶粒的长大，可以获得具有高强度和高韧性的超细晶粒结构。

6.2.5　冷冻干燥制备工艺

该工艺的特点是将陶瓷浆料进行冷冻，使溶剂从液相变成固相冰，在干燥过程中通过降压，使固相冰直接升华成气相而让溶剂排除，这样就留下了开口多孔结构，经烧结后可以得到多孔吸声隔音陶瓷。在冷冻过程中，冰在溶剂的形成方向可以实现单向控制，因此可以获得气孔呈定向排列的多孔结构。陶瓷浆料的冷冻装置可参见图 3-21。通过该工艺可以获得气孔率高于 60% 的多孔吸声隔音陶瓷制品，而且气孔率可以在较大范围内实现控制。水基浆料的使用形成了该工艺的一个最大优势就是与环境友好，因为其孔结构的形成是通过在冷冻干燥过程中冰的升华来完成的，其释放出来的是气态 H_2O，对环境不会造成任何污染。

6.2.6 湿法工艺和发泡工艺制备岩棉吸声板

6.2.6.1 湿法成型技术

湿法成型技术，如注浆成型、注射成型、流延成型、凝胶铸成型、直接凝固注模成型等。其成型方法的一个显著特征是以水或有机溶剂为介质，将陶瓷粉料分散其中，通过添加分散剂形成均匀稳定的悬浮体系，最后经不同的液体排出途径而使颗粒固化。这些成型方法以素坯密度高、气孔小，且气孔尺寸分布窄等多种优越性在工业中得到广泛应用。湿法成型中很关键的一步是稳定浆料的制备。陶瓷粉体的性质，如纯度、颗粒尺寸的大小及分布将通过粉体对添加剂的吸附，来影响浆料性质。所选用的添加剂，如表面活性剂、粘结剂等将显著改变浆料的流变性。流变性又是颗粒性能、浆料分散性、稳定性的集中体现。

利用各种湿法成型方法可以制备复杂形状的素坯，并使之最大限度地减少缺陷，从而控制制品的最终性能。湿法成型的关键步骤是稳定浆料的制备，利用静电或位阻稳定机理提高浆料的稳定性、可靠性。浆料本身的流变性是整个体系中各种组分及其相互作用的集中体现。较好的流变性有助于模具的填充、浆料内部的气孔排除，面对一些要求有较高固含量的湿法成型来说，高固含量与低黏度是一对矛盾。通过改变颗粒尺寸分布、对粉体表面进行改性等方法来满足实际要求。对浆料稳定理论的理解与发展，无疑对改善浆料的稳定性、流变性有很大的作用。

6.2.6.2 湿法结合发泡法制备岩棉吸声板

岩棉及其制品生产过程中难免要产生部分边角废料，数量约占总产量的 10% ~ 20%。由于该产品密度轻、产量高，边角废料多，日积月累堆积如山，既占场地又污染环境。如何处理岩棉下脚料，是各岩棉厂家普遍存在和亟待解决的问题，根据岩棉制品下脚料的物理特性，我们将边角料的疏解方式和疏解后的纤维强度分析，作为重要课题来研究，最终解决了生产工艺中的问题，用岩棉下脚料制作出高附加值的产品——高强岩棉装饰吸声板。

(1) 制备中的难点

经过分析，用岩棉下脚料制作岩棉装饰吸声板有以下三个难点：①下脚料是经过树脂固化的材料，疏解分散均匀比较困难；②被疏解后的纤维强度是否受到破碎；③纤维上残存的树脂和新配粘结剂的亲合性。

(2) 湿法吸声板的工艺选择

由于长网抄取法生产稳定，产量大、成本低，板坯密度便于掌握，上网后的坯料平整，纤维搭接性好，湿坯强度好，便于水分滤出和初压脱水均匀，因此选用长网抄取。

(3) 原料的疏解

岩棉下脚料主要是制作管壳和板时切下的边角，因制品是经过树脂固化后的，边角料在粘结剂的作用下，纤维具有一定的硬度和脆性，不便于分散疏解。首先采用了干法疏解法进行分散，由于粉尘大，操作环境恶劣，不易大批量生产，后来选择循环式水浴疏解法，经过对水轮速度和动力的调整，以及对浆料浓度的调整，比较理想地解决了下脚料的疏解分散问题，较好地完成了除渣难点。水轮外缘线速度 120m/min，浆料浓度 7% ~ 9%，打浆时间

3～5min，一次加料 150kg。

（4）粘结剂配制

根据国外有关资料介绍，根据带有树脂的下脚料特性，我们选择了半糊化淀粉为主要粘结剂，并配以乳化石蜡为防水剂以及防霉剂、发泡剂、表面活性剂、絮凝剂。为了使粘结剂更好吸附在纤维表面，我们还掺合一定量的无机粘结剂，利用阳离子对粘结剂的吸附作用，提高了粘结剂的利用率，提高了吸声板的耐火性，并解决了素板的强度问题。

（5）板坯抄取

板坯成型是在长网机上抄取完成的，它经过自然脱水，压滤脱水上板等工序，配制好的浆料由高位槽进入网前箱，再进行长网抄取，并将滤出的水重新送回浆料机，再重复利用，保证了残余粘结剂和化工原料的有效使用，降低了成本，生产中的长网速度为 3～6m/min。

（6）干燥

成型后的湿板坯含水率一般为 70%～80%，送入压机定型，二次压出 40%～50% 水分，这时水分一般在 30%～40% 左右，在蒸气压力 0.6～0.7MPa 下干燥周期为 50～60min，干燥后的含水率小于 3%。

（7）饰面加工

干燥后的板进行预切、喷胶，粘贴各种饰面，如 PVC 阻燃贴面、玻璃印花毡、发泡壁纸等，干燥后进行切边、包装。另外还可进行喷涂压花处理，装饰效果更为理想。

6.2.7　离心喷吹法制玻璃棉

6.2.7.1　离心喷吹法

离心喷吹法是对粉状玻璃原料进行熔化，然后借助离心力以及火焰喷吹的双重作用，将熔融玻璃直接制成玻璃棉。离心喷吹工艺能耗低、效率高、渣球含量少、技术经济效果好，故世界各国的玻璃棉生产厂家，现绝大多数均采用离心喷吹法。

6.2.7.2　离心喷吹法生产玻璃棉工艺

玻璃棉的生产工艺主要包括原料配制、玻璃熔化及玻璃棉成型等工序。离心玻璃棉制品的生产工艺流程图见图 6-8：

图 6-8　离心玻璃棉生产工艺流程图

（1）原料配制

玻璃棉用原料对铁元素的含量要求非常高。因此在配料之前，各种原料的制备过程中都必须采取严格的除铁措施。生产玻璃棉所需的原料有：石英砂、砂岩、长石、纯碱、芒硝、硼砂、碎玻璃。具体过程是：精选后的天然矿石原料先需经颚式破碎机破碎成 15～30mm 的中块，再用粉碎机粉碎到一定细度。砂岩等脆硬性物料，需先经煅烧，再进行破碎。

粉碎后的各种原料，须经筛分除去杂质及较粗部分，使其达到熔融所需的颗粒组成，以保证本全料能均匀混合并避免分层。不同原料的粒度要求不同，粒级的大小依原料的密度、在配合料中的用量以及所给定的熔化温度而定。一般要求硅砂粒度在 0.42～0.125mm，其他原料粒度在 0.84 ~ 0.074mm，碎玻璃粒度要求不超过 5mm。

根据配比，对过筛后的粉料进行称量，然后将已称量好的各种物料进行混合，混合是否均匀直接影响所熔制玻璃的质量。由于玻璃原料的粒度、密度以及其他物理性能之间的差异，故在混合过程中会同时产生分层。分层妨碍原料均匀混合，故该工序的技术关键是确定最佳混合时间，使混合均匀程度达到最佳。

（2）玻璃熔化

经混合后的物料送入熔化系统。玻璃熔窑包括天然气熔窑、电与天然气混合熔窑以及电熔窑三种类型。配合料从窑头料仓内通过电磁振动喂料器送入投料机料斗内，投料机将其连续不断地均匀铺撒在投料池内。投料池的宽度与熔窑相同。投料池中的配合料进入电熔窑熔化，融化后的玻璃液，经过通道从装在熔窑成型部的单孔白金漏板的孔洞流入离心器内。为保持玻璃液温度恒定，玻璃液通道上设有数对天然气燃烧器，同时白金漏板上也设有加热装置。

（3）玻璃棉成型

玻璃棉成型由离心器完成。离心器由耐高温合金材料制成，周壁上有许多小孔。离心器高速旋转，借助离心力迫使玻璃液通过这些小孔甩出成棉，开成一次纤维。熔窑通路上一般设有多个离心器。尚处于高温软化状态的一次纤维，在从离心器中被甩出的同时，还受到与离心器同心布置的环形燃烧喷嘴喷出的气流作用，被进一步牵伸成平均直径 5 ~ 7μm 二次纤维，即玻璃棉。玻璃棉经冷却成型，随即通过粘结剂喷嘴喷粘结剂，进入积棉室。被喷覆了粘结剂的玻璃棉均匀吸附在带有抽风装置的输送带上，输送带两侧有不停移动的侧板，挡住玻璃棉外溢，并防止在侧板上沉积。

粘结剂采用酚醛树脂，辅助原料为纸浆废液，另外加入部分油的乳液、染料、硫化铵、氨水和水，搅拌均匀备用。

6.2.8 摆锤法

6.2.8.1 摆锤法的特点

摆锤法的离心成纤较好地解决了多辊离心法生产吸声隔音纤维时，未造成适合牵伸的温度场、牵伸效果不理想、纤维容易成团、渣球分离不好等问题。

该法将离心与喷吹的牵伸作用联合，在保证流股黏度、温度、流量，离心辊布置、直径、转速及喷吹风的压力、风量、风带宽、方位等参数合理的条件下，再改善吸声隔音纤维的成型，它达到如下效果：

（1）牵伸运动是离心运动与喷吹气流生成的轴向运动的矢量合成，增加了对熔体流的牵伸作用，降低了纤维直径，增加了纤维长度。

（2）质量达到一定范围的渣球颗粒将飞越牵伸区，从而获得较好的渣球分离效果。

（3）克服了普通法离心机风环设计不合理造成的对各辊正在牵伸的熔体流的干扰，使纤维成团，重熔成渣球，而且被成团纤维裹入的现象明显减少。

由于这些效应的综合，摆锤法离心机能生产出高质量纤维。与此同时，为适应这种高质量的纤维流，摆锤法进一步革新了粘结剂施加技术：改革喷嘴，适当降低雾粒直径，增加喷嘴数量，减少每个喷嘴的粘结剂施入量，改变喷吹的压力与速度，使纤维中粘结剂分布更均化。

6.2.8.2 摆锤法制备吸声岩棉铺毡

普通法岩棉集棉、铺毡均在沉降输送机内完成。它由吹离系统、运动的集棉机输棉网带和集棉室风系统构成。在沉降输送机内要一次达到沿宽度均匀分布的、适合不同制品平米量要求的棉毡。沉降输送机内纤维大体上呈团状沉降，并通过负压风吸于网带表面或网带表面的棉层上。由于棉层的上表面应仍保持一定的负压方能达此目的，排风系统一般须造成较大负压；纤维基本层状排列，比较密实；加上纤维较短，渣滓球较多。这种方式不可能生产高弹性、低密度的制品。

摆锤法则将集棉与铺毡两个工序分开，集棉的作用在于分离渣球和形成低密度的薄棉层，而对平米量的均匀度没有严格要求。集棉室设置了立式三角形捕集带，带速很高。负压风主要是将喷吹和引射气流带走，且使薄棉层吸于捕集带上即可，这为制造低密度、高弹性制品创造了条件。

摆锤法的铺毡由摆动带与接受输送带完成。摆动带的作用是将集棉室铺集的低密度薄棉往复摆动，送在接受输送带上，接受输送带的输送运动与摆动相垂直。摆幅大小取决于制品宽度。输送带速度则按制品平米量的要求而另行调节。当制取平米量高的制品时甚至可重送十几层以上。接受输送带上设置自动称量装置，可严格控制制品的平米量。

由此可知摆锤铺毡法制取制品的密度－厚度（平米量）范围是相当宽的。棉层分布更为合理，无论是低密度薄棉层沿其宽度或长度方向上出现不均匀现象，均可保证制品密度－厚度（平米量）的长、宽两向均匀一致。

为了制取低密度、高弹性、高强度的制品，摆锤法生产线上还常常设有打褶机，可造成棉毡中纤维层有规律性地打褶，达到整体纤维接近三维分布，保证在较低密度下制取与普通法制备的高密度制品具有相同的强度。

摆锤法生产线平面应布置成"L"形。当在普通法岩棉生产线上进行摆锤法技术改造时，只要增加一个初棉层折转输送装置，可以使整条的摆锤改造线呈一条直线。

摆锤法是一种全新的岩棉生产线方式，这将对我国的吸声隔音材料的更新换代起到突出的作用。

多孔吸声隔音陶瓷的制备方法多种多样，各种制备方法的目的都是为了制得孔径在 $20\sim150\mu m$，气孔率大于 60% 及较高机械强度的吸声隔音陶瓷材料。随着现代科学技术的飞速发展及多孔吸声隔音陶瓷工艺制度的完善，吸声隔音陶瓷的花色和品种越来越多，以满足人们对吸声隔音陶瓷不断增长的需要，吸声隔音陶瓷材料的制备必向着工艺更简便、技术更创新、性能更高的方向发展。

6.3 吸声性能的测试

6.3.1 吸声性能的评价

6.3.1.1 吸声系数

吸声系数与声波的入射方向有关，如图 6-9 所示。按入射方向不同，可分为以下三种吸声系数：

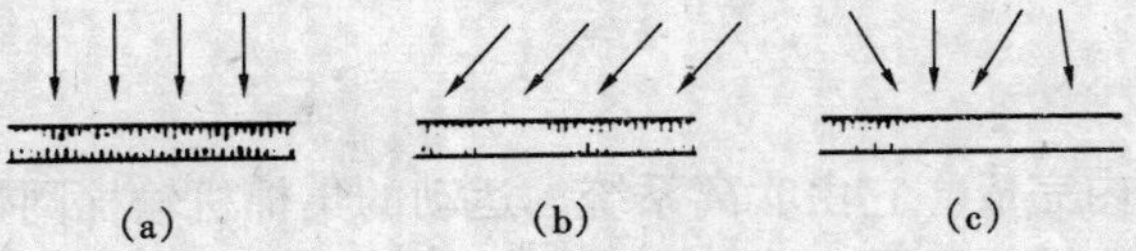

图 6-9　波的三种入射方式
(a) 垂直入射；(b) 斜入射；(c) 无规入射

（1）垂直入射吸声系数

入射声波与吸声材料表面垂直，用驻波管测试称为驻波管法吸声系数，用 α_0 表示。测量所需的试件较小，通常为直径 100mm 圆形试件。测试简便而精确，但是与实际应用的条件不一致。这种吸声系数用于消声器设计、吸声材料新产品的研制开发、产品吸声性能的相对比较以及进行材料吸声理论的研究。

（2）斜入射吸声系数

入射声波与吸声材料表面成 θ 角的吸声系数为斜入射吸声系数，用 α_1 表示。这种吸声系数仅作为理论研究，测量比较复杂，实用性小，目前尚无测试方法标准。

（3）无规入射吸声系数

声波的无规入射吸声材料表面，在混响室内测量所以又称为混响室吸声数，用 α_R 表示。为了保证吸声系数的测量精度和不同实验室测试结果进行比较，国际标准（ISO 标准）和国家标准要求混响室的体积 $V = 200m^3$ 左右，试件面积 $= 10m^2$ 左右。这种测量方法的吸声系数与实际使用的情况比较接近。在吸声降噪设计中，一般均选用无规入射吸声系数。

吸声材料和吸声结构的吸声性能好坏，主要用其吸声系数的高、低来表示，吸声系数是指声波在物体表面反射时，其能量被吸收的百分率，通常用符号 α 来表示，α 值越大，吸声性能就越好。其表达式为：

$$\alpha = \frac{E_0 - E_1}{E_0} = \frac{E_2 + E_3}{E_0} \tag{6-3}$$

式中　E_0——入射总声能；

　　　E_1——反射声能；

　　　E_2——被吸收的声能；

　　　E_3——透射声能。

6.3.1.2　降噪系数

我国混响室法吸声系数测量规范定的测试频率范围为 100～5000Hz，近 1/3 倍频程测量有 16 个频带，按一倍频程也有 6 个频带，数据太多，不便于吸声性能的比较。降噪系数是为了评定和比较吸声材料的等级，提出的一种简化实用的单值评价方法。它是取 250Hz、500Hz、1000Hz、2000Hz 四个倍频带吸声系数的平均值，用 NRC 表示，公式如下：

$$NRC = \frac{(\alpha_{250} + \alpha_{500} + \alpha_{1000} + \alpha_{2000})}{4} \tag{6-4}$$

多孔吸声隔音陶瓷是指吸声系数比较大的用于建筑装修等的陶瓷材料。多孔性吸声材料有一个基本吸声特性，即低频吸声差，高频吸声好。定性的吸声频率特性见图 6-10。

频率高到一定值附近，见图 6-10 中 f_0，吸声系数 α 达到最大值，频率继续增大时，吸声系数在高端有些波动。这个 f_0 的位置，大体上是 f_0 对应的波长为材料厚度 t 的 4 倍。

当材料厚度增加时，可以改善低频的吸声特性。图 6-10 中 t_2 大于 t_1，相同频率时，t_2 的吸声系数大于 t_1 的吸声系数。如果 $t_2 = 2t_1$，则相同吸声系数对应的频率大约为 $f_2 = 1/$

$2f_1$，即厚度增加一倍，低频吸声系数的频率特性向低频移一倍频程。但并非可以一直增加厚度来提高低频吸声系数，因为声波在材料的空隙中传播时有阻尼，使增加厚度来改善低频吸声受到限制。不同材料有不同的有效厚度。像玻璃棉一类好的吸声材料，一般用 5cm 左右的厚度，很少用到 10cm 以上。而像纤维板一类较密实的材料，其材料纤维间空隙非常小，声波传播的阻尼非常大，不仅吸声系数小，而且有效厚度也非常小。

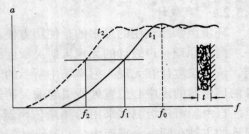

图 6-10　吸声频率特性

　　一般平板状吸声材料的低频吸声性能差是普遍规律。一种改进的方法是将整块的吸声材料切割成尖劈形状，当声波传播到尖劈状材料时从尖部到基部，空气与材料的比例逐渐变化，也即声阻抗逐渐变化，声波传播就超出平板状材料有效厚度的限制，达到材料的基部，从而可改善低频吸声性能。吸声频率特性仍与图 6-10 相似，最大吸声系数的频率 f_0 对应的波长大约为尖劈吸声结构长度 t 的 4 倍。例如，要使 100Hz 以上频率都有很高的吸声系数，吸声尖劈的长度约为 87cm 左右。当然这样的吸声结构一般不宜用于室内装修，主要用于声学实验室或特殊的噪声控制工程。

6.3.1.3　吸声性能等级的评定

　　对于室内音质设计和噪声控制所用的吸声材料，我国已制定进行吸声性能等级划分的国家标准 GB/T 16731—1997——建筑吸声产品吸声性能分级。标准规定采用降噪系数的大小评定材料的吸声性能等级。

　　评定材料吸声性能等级是采用试件实贴刚性壁面安装条件下测量的混响室法吸声系数，然后根据实测的 1/3 倍频带吸声系数，计算 250Hz、500Hz、1000Hz 和 2000Hz 四个倍频带实用吸声系数的算术平均值，即降噪系数 NRC 作为吸声材料吸声性能的单值评价量。材料吸声性能等级与其对应的降噪系数 NRC 见表 6-4 所示。

表 6-4　材料吸声性能等级划分

等　　级	降噪系数范围	等　　级	降噪系数范围
1	$NRC \geqslant 0.80$	3	$0.60 > NRC \geqslant 0.40$
2	$0.80 > NRC \geqslant 0.60$	4	$0.40 > NRC \geqslant 0.20$

6.3.2　吸声性能测试

　　多孔吸声隔音陶瓷的吸声系数是其吸声性能的重要参数，吸声系数是指被吸收的能量与声波原先传递给材料的全部能量的百分比。吸声系数与声音的频率和声音的入射方向有关，因此吸声系数是指一定频率的声音从各个方向入射的吸收平均值。本小节将介绍吸声系数的测试方法，以及例举用各吸声系测试方法所得到的多孔吸声隔音陶瓷的测试结果。

　　吸声系数与声波的入射方向有关，由于斜入射条件比较特殊，又无实用意义，因此测量材料的吸声系数一般只有两种方法，即正入射和无规入射吸声系数的测量。由于它们分别通过驻波管和混响室进行测量，因此又称为驻波管法吸声系数测量和混响室法吸声系数测量。

6.3.2.1 声级计

环境声学测试用的最多的是使用方便、便于携带的声级计。

测量原理：声级计的无规入射灵敏度级的定义为：对于某一频率或以该频率为中心的频带，该灵敏度计在无规入射声场中所示的时间平均声压级减去由同一声源产生的声波在声级计的传声器的声中心位置处所引起的，而该声级计不在时的时间平均声压级。

自由场声压级测试采用的测量传声器为 B/K 4133。测量要点为：①声源的主轴就与声级计的主轴在同一水平面内；②声级计的传声器的声中心应与转台的旋转中心重合；③消声室的自由场偏离就小于 ±1dB；④声级计离开声源的距离除满足远场条件外，要求声源以恒声功率辐射时，在任何测试频率，在距传声器 0.3m 的范围内，声压级随位置的变化小于 ±1dB；⑤在测量声级计主轴方向的声压级时，测量传声器的声中心位置应与声级计的传声器的声中心位置重合；⑥声级计的支撑系统应尽可能做到对声场的影响小，又不影响机械稳定性；⑦选择声源的声压级，在测试频率范围内，信噪比应不小于 20dB。

6.3.2.2 驻波管法吸声系数的测量

（1）驻波管法的实验原理

驻波管的测量，必须先后在声压极大和声压极小两处进行，然后作相对比较。一般应先将探测器移动到声压极大处进行调试，再把探测器移到声压极小处进行测量。在移动的过程中，声源的接收系数的实验条件，必须保持不变。

驻波管声压极大值与极小值间的相对比值，即驻波比，由相应接收信号的电压对比值来确定。

探测器的声学中心处在试件表面位置时，应把探测器的位置读数作为测量移动距离的起点。探测器声学中心移动到声压第一极小值处的位置读数，应为试件表面至声压第一极小的距离；该距离宜以声波半波长为单位来表示，相应值即为相位因子，可按下式计算：

$$b = \frac{2\xi_1}{\lambda} \tag{6-5}$$

式中　ξ_1——试件表面至第一极小的距离，m；

　　$\lambda/2$——声波半波长，m；

　　b——相位因子，为试件表面至声压第一极小的距离与声波半波长的相对比值。

对于给定的频率，宜按下式确定声波半波长：

$$\frac{\lambda}{2} = \frac{c}{2f} \tag{6-6}$$

式中　f——给定频率，Hz。

半波长也可以由测量两个相邻声压极小值间的距离来确定。

（2）吸声系数的测量

测量试件的吸声系数，应测量出各给定频率的驻波比或其倒数。吸声系数可根据下式计算：

$$a = \frac{4s}{(s+1)^2} \tag{6-7}$$

或

$$a = \frac{4n}{(1+n)^2} \tag{6-8}$$

式中　a——驻波系数；

　　　　s——驻波比，即声压极大值与极小值间的相对比值；

　　　　n——驻波比的倒数。

测量时，如直接读出的是声压极大值与极小值间声压级之差，则吸声系数可根据下式计算：

$$a = \frac{4 \times 10^{L/20}}{1 + 10^{L/20}} \tag{6-9}$$

式中　L——声压极大值与极小值间声压级之差，dB。

表 6-5　驻波管最低吸声系数

空管驻波比（dB）	45	40~44	35~39	30~34
最低吸声系数	0.04	0.07	0.12	0.20

在正常测量频率的范围内，驻波管装置能正常测量的最低吸声系数，可遵守表 6-5 规定。

在测量频率的范围内，驻波管的空管驻波比起伏较大时，可将频段细分，然后进行分段评价。

测量频率上限，应根据驻波管截面的形状和几何尺寸确定。在正常情况下，测量频率的上限，可按下式计算：

圆管：
$$f_1 = \frac{1.84c}{\pi D} \tag{6-10}$$

方管：
$$f_1 = \frac{c}{2D} \tag{6-11}$$

式中　f——正常测量频率上限，Hz；

　　　　c——空气中声速，m/s；

　　　　D——圆截面内径或方截面边长，m。

测量频率的下限，应根据驻波管测试段的有效长度确定。在正常测量情况下，应保证驻波管内至少有一个声压极大和声压极小，测量频率的下限，可按下式计算：

$$f_2 = \frac{c}{2l} \tag{6-12}$$

式中　f_2——正常测量频率下限，Hz；

　　　　l——驻波管有效测试长度，m。

(3) 驻波管法测量吸声泡沫陶瓷的吸声系数

试件为 500mm 厚，公称孔数为 30 的泡沫陶瓷各频带吸声系数见表 6-6（材料后留 10cm 空腔）。

表 6-6　驻波管测得吸声泡沫陶瓷各频带吸声系数

频率（Hz）	吸声系数	频率（Hz）	吸声系数
160	0.41	1000	0.68
250	0.83	2000	0.87
315	0.95	4000	0.85
500	0.55		

6.3.2.3 混响室法吸声系数测量

（1）实验仪器

UZ－3 型白噪音信号发生仪、NL6A 型带通滤波器、FDC－2A 型传声放大器、FDS－4 型功率放大器、NJ－1 型电平记录仪、话筒、音箱等。

（2）实验原理

当声波在媒质中传播时，媒质中某点的压强由原来没有声波存在时的 P_0 改变位 P，则 $P = P - P_0$，就称为该点的声压。

存在声压的空间称为声场，显然声压是声场空间和时间的函数。声场中某一瞬时的声压值称为瞬时压，在一定的时间间隔内瞬时声压对时间取方根值，即：

$$P_0 = \sqrt{\frac{1}{T}\int_0^T P^2 \mathrm{d}t} \tag{6-13}$$

称为有效声压，一般仪表测得值就是有效声压，所以习惯上所说的声压往往就是有效声压。单位时间内通过垂直于传播方向的单位面积的平均声能称为声强（也称为平均声能流密度）。可以证明声强与声压的平方成正比，二者都是表示声音强弱的物理量。

人们在日常生活中所接触的声音强弱的范围十分广泛。因此用对数标度来量度更为方便，同时人的耳朵对声音产生的主观响度感觉近似与声强的对数成正比。因此，在声学中普遍使用对数标度来量度声压和声强，称为声压级和声强级，其单位称为分贝，用 dB 表示，具体定义如下。

声压级定义为：待测声压的有效值 P_0 与参考声压 P_{vef} 比值，取常用对数再乘 20，用符号 SPL 表示，即

$$SPL = 20\log\frac{P_0}{P_{\mathrm{vef}}} \quad (\mathrm{dB}) \tag{6-14}$$

在空气中参考声压一般取 $2\times10^{-5}\mathrm{Pa}$，该值是人耳对 1000Hz 声音刚刚能觉察到它存在时的声压（称为可听阈）。

声强级定义为：待测声强 I 与参考声强 I_{vef} 的比值，取常用对数再乘 10，用符号 SIL 表示，即

$$SIL = 10\log\frac{I}{I_{\mathrm{vef}}} \quad (\mathrm{dB}) \tag{6-15}$$

在空气中参考声强一般取 $10^{-12}\mathrm{W/m^2}$，这一数值与参考声压 $2\times10^{-5}\mathrm{Pa}$ 相对应的声强。

可以证明声压级与声强级数值上近似相等。

房间中从声源发出声波在各个方向被壁面来回反射，并因壁面吸收而逐渐衰减的现象称为室内混响。它是有界空间的一个重要声学特征。我们引入混响时间的物理量来描述室内声强衰减的快慢度。它的定义为：在扩散声场中，当声源停止后，从初始的声压级降低 60dB 所需要的时间，用 T 表示。理论可以证明：

$$T = 55.2\frac{V}{vS\bar{a}} \tag{6-16}$$

式中　V——房间的体积；

　　　S——壁面的总面积；

$\overline{a}$——房间的平均吸声系数；

v——声速。

将 v 取 344m/s，代入式（6-16）可得

$$T = 0.161(\text{s/m}) \tag{6-17}$$

式（6-17）为赛宾公式，由此式可以在理论上估算出房间的混响时间。

（3）测量原理

本实验通过描述声压级衰减曲线，并由曲线斜率计算声压级下降 60dB 的时间而测得的混响时间。仪器联接方框如图 6-11 所示。

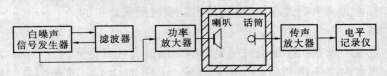

图 6-11　仪器联接方框图

白噪声信号发生器能产生白噪声信号。白噪声是一种具有连续而均匀的频谱，能量和对频率的绝对带宽的分布是均匀的无轨噪声。使用无轨噪声作声源，可以不用纯音（正弦信白噪音滤波），从而得到中心的频率分别为 125Hz、250Hz、500Hz、1000Hz、2000Hz、4000Hz 等 1/3 倍频程的频带信号，滤波后的信号又送回白噪声信号发生器，放大后再送到功率发大器，放大后送到喇叭，从而得到频率可以调节的声源。

话筒接收声音信号后将它转变电信号送入传声放大器放大。传声放大器同时可以作为精密声级计使用，指示出话筒处声压级的数值。放大后的信号送入电平记录仪，记录仪的记录笔在纵坐标上的位置随着声音信号的声压级而变化，通过记录纸的标度可以记录声压级衰减的分贝数，当记录纸匀速向前移动时，就将话筒处声压级随时间变化曲线描绘到记录纸上。当突然切断白噪声信号发声器的信号时，声源突然停止发声，记录仪在记录纸上描绘出声压级衰减曲线。

可以通过计算衰减曲线的斜率来求出混响时间，具体公式推导如下。

设衰减曲线与 x 轴负方向夹角为 θ，声压级下降 ΔSPL 时记录纸前进 Δx，下降 60dB 时记录纸前进为 $\Delta x'$，走纸速度为 v，混响时间为 T，则

$$\tan\theta = \frac{\Delta SPL}{\Delta x} = \frac{60}{\Delta x'} \tag{6-18}$$

又　$\Delta x' = vT$，所以：

$$\frac{\Delta SPL}{\Delta x} = \frac{60}{vT}$$

$$T = \frac{60\Delta x}{v\Delta SPL} \tag{6-19}$$

（6-19）式就是本实验测量混响时间的测量公式。适当选取记录纸的走纸速度 v，作衰减曲线的切线。测量下降 ΔSPL 的走纸长度 Δx，公共秩序公式即可算出 T。

混响时间 T 随声音频率变化。分别对各个频率进行多次测量，求平均值，然后列表或作曲线混响时间 T 随声音频率 v 变化。

（4）混响

声音在室内的增长：当声源在室内辐射声能时，声波即同时在室内开始传播。随着声源不断地供给能量，室内声能密度将会随着时间的增加而增加，这就是声音的增长过程。

声音在室内的稳定：当单位时间内被室内表面吸收的声能与声源供给的能量相等时，室内声能密度就不再增加，而处于稳定状态，这就是声音的稳定。一般情况下，经过 1～2s 声能密度即接近最大值（稳定）。

声音在室内的衰减：当声音达到稳定后，如果声源停止发声，室内接收点（墙面、地面、顶棚）上的声音不会马上消失，而有一个逐渐衰减过程。直到声首先消失，反射声继续下去。每反射一次，声能被吸收一部分。因此，室内的声能密度将逐渐下降，直至完全消失，这个衰减过程称为"混响过程"。混响是用混响时间来计量的。

（5）混响时间

混响室法测定吸声系数实际是通过测量混响时间进行计算得到的。

混响时间：当室内声场达到稳定，声源在室内停止发生后，残余的声能在室内往复反射。经表面材料吸收，其室内平均声能密度下降为原有数值的百万分之一所需的时间，或者说声音衰减 60dB 所经历的时间。用 $T60$ 表示，单位是 s。

人耳所能感觉到的声波的频率范围大约在 20～20000Hz。低于 20Hz 的声波，称为"次声波"；高于 20000Hz 的声波，称为"超声波"。人耳对声音大小的感觉，并不与声强或声压值成正比，而是近似地与它们的对数值成正比。因此，采用按对数方式分等分级，作声音大小的常用单位。

声压 P 是指某瞬时介质中的压强相对于无声波时压强的改变量，单位为 Pa。

声压级（分贝）就是声音的声压 P 与基准声压 P_0 之比的常用对数乘以 20，单位是 dB。即

$$L_p = 20\ln\frac{P}{P_0} \tag{6-20}$$

式中　　L_p——声压级，dB；

$\quad\quad P$——声音的声压，Pa；

$\quad\quad P_0$——基准声压，$P_0 = 2 \times 10^{-5}$Pa。

混响时间计算公式：

$$T = 0.16V/A \tag{6-21}$$

式中　　T——混响时间，s；

$\quad\quad V$——房间的体积，m³；

$\quad\quad A$——房间的吸声量，m²。

混响室法吸声系数是通过测量混响室未放测试材料的混响时间 T_{60-1} 和放入测试材料实测的混响时间 T_{60-2}，然后通过式（6-21）计算材料的吸声系数 α_R，得

$$\alpha_R = 0.161V(1/T_{60-1} - 1/T_{60-2})/S_m \tag{6-22}$$

式中　　V——混响室的体积，m³；

$\quad\quad S_m$——测试材料的面积，m²；

$\quad T_{60-1}$——混响室未放测试材料实测的混响时间，s；

T_{60-2}——混响室放入测试吸声体实测的混响时间，s。

对于非平面形状的空间吸声体，则用式（6 – 22）直接计算其单个吸声量，得

$$A_1 = 0.161V(1/T_{60-1} - 1/T_{60-2})/N \tag{6 – 23}$$

式中　A_1——单个吸声体的吸声量，m^2；

　　　N——测试吸声体的个数；

　　T_{60-1}——混响室未放测试材料实测的混响时间，s；

　　T_{60-2}——混响室未放测试材料实测的混响时间，s。

混响室法材料吸声系数的测量装置由声源（发声系统）、接收系统和混响室组成。

6.3.2.4　混响室法测试实例

（1）测定地铁多孔吸音陶瓷吸声系数

采用混响室法测定了地铁多孔吸音陶瓷某试样的吸声系数，结果如表 6 – 7 所示：

表 6 – 7　吸　声　系　数

频率（Hz）	125	250	500	1000	2000	4000
ASTME 761	0.20	0.60	0.75	0.85	0.90	0.90
某试样	0.06	0.34	0.74	0.97	0.93	0.74

由表 6 – 7 结果可看出，该试样部分高频率范围的吸声系数比 ASTME 761 所规定的还好，适用于地铁内的高频噪声环境，而低频段的吸声性能还有待改善。

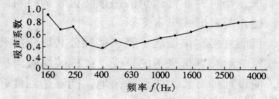

图 6 – 12　矿棉吸声板的吸声曲线

（2）混响室法测定矿棉吸声板吸声系数

矿棉吸声板属于多孔吸声结构材料，一般在中高频吸声系数大，低频吸声系数小。

图 6 – 12 是普通矿棉吸声板按照 GBJ 47—83《混响室法吸声系数测量规范》检测板后空气层厚度为 100mm 时的吸声曲线图。

6.4　各种多孔吸声隔音陶瓷

6.4.1　无机纤维吸音材料

无机纤维吸音材料，如玻璃棉、矿物棉和岩棉等。这类材料不仅具有良好的吸声性能，而且具有质轻、不燃、不腐、不易老化、价格低廉等特性，从而替代了天然纤维的吸声材料，在声学工程中获得了广泛的应用。但无机纤维吸声材料存在性脆易断、受潮后吸声性能急剧下降、质地松软需外加复杂的保护材料等缺点。

6.4.1.1　玻璃棉

玻璃棉、岩棉和矿物棉既是隔热材料，又是吸声材料，其中玻璃棉密度最轻，棉毡密度大致在 $10 \sim 20 kg/m^3$。当作为吸声材料使用时，通常在其表面需覆一层护面层，它应是透声的，并能起支撑吸声材料、防止纤维散落以及表面装饰作用。

由于玻璃是一种良好的吸声材料，所以在吸声领域和改善噪音污染方面得到应用。如现代化的音乐厅、会议厅、影视厅、卡拉 OK 厅以及家庭的练琴房，应用玻璃棉作吸地热异常隔音材料会取得理想效果。工艺方面的空压机房、风机房以及立交桥和高速公路的吸声屏障都可以用玻璃棉制品改善噪音影响。用玻璃棉可以做成吸声垫、吸声板，用于空调压缩机消声和中央空调系统风道的吸声内衬等。

6.4.1.2　矿棉装饰吸声板

矿棉装饰吸声板是以矿渣棉为主要原料，加入适量添加剂，经过配料、成型、烘干、切割、表面精加工和喷涂而成的高级室内装饰材料，主要用于墙面及顶棚装饰。矿棉装饰吸声板在我国出现的历史并不长，目前广泛应用于公共建筑，如商场、车站、写字楼等室内装饰，在家居装饰中也得到了越来越普遍的应用。随着生活水平的不断提高，在室内装饰时，人们追求的不仅仅是视觉效果，对听觉方面的要求也越来越高，期望达到理想的视听效果。矿棉装饰吸声板作为一种功能性的室内装饰材料，不仅具有良好的装饰性能，而且具有良好的吸声性和防火性，能够满足现代室内装饰对材料的要求，因而得到了广泛应用。矿棉装饰吸声板的特点如下：

（1）有良好的消防性能

防止火灾是现代公共建筑、高层建筑设计的首要问题。矿棉吸声板具有不燃性，满足防火要求，是一种非常理想的吊顶防火装饰材料。

（2）图案形式丰富多彩

目前许多宾馆饭店、写字楼和公共场所的天棚上装饰了各种浮雕和立体图案，以营造艺术气氛，给宾客带来美的享受。矿棉装饰吸声板具有多种花色图案及板边开槽形式，尺寸精确，使设计师有较大的选择余地，能够达到良好的装饰效果。

（3）良好的声学性能

使用矿棉装饰吸声板能够降低室内噪声，改善音质，营造舒适的工作和生活环境。

（4）节省能源

矿棉装饰吸声板的主要原材料矿棉是以无毒性矿物纤维和高炉的工业废料矿渣，经高速离心法或喷吹法制成。它有效利用了工业废物，有利于环境保护，而且具有优良的保温隔热功能，可以减少室内空气调节的电能消耗，节省能源。

（5）良好的安装加工性能

矿棉装饰吸声板具有跟木材相似的加工性能，可锯、可钉、可切、可刨，使得加工和安装非常方便快捷。

6.4.2　泡沫吸音材料

6.4.2.1　泡沫吸音材料的特点

泡沫吸音材料的特点有：①泡沫陶瓷具有质量轻、强度高、吸声性能好、经久耐用、安全可靠、结构形式灵活、施工安装简便等特点，吸声用泡沫陶瓷特别适合在高温、潮湿的环境下使用；②泡沫陶瓷具有比较稳定的力学性能，能在室外露天使用，常年经受风吹、日晒、雨淋，不会改变自身的网状结构和吸声性能，是一种理想的公路声屏障材料；③泡沫陶瓷吸声构件在公路交通噪声能量集中在 200～1000Hz，具有良好的吸声性能，能很好地吸收因反射而产生的混响声，使屏障内行车道区域声环境得到有效改善；④泡沫陶瓷性能/价格比高，经济和社会效益好，代表了新世纪吸声材料的发展方向，使我国的公路声屏障材料又增添了一优良品种，具有十分广阔的应用前景。

无机纤维吸音材料在稳定而且较好的室内环境中，能起到较好的吸声降噪效果，但在潮湿、灰大、气杂、管线多的地下汽车通道中却显得无能为力。地下汽车通道中一般空气潮湿，多孔材料受潮后，材料的间隙和小孔中的空气被水分所代替，使空隙率降低，从而导致吸声性能的改变。地下通道中空气粉尘含量较大，也易堵塞这些吸声材料的孔隙，降低其吸声性能。由于地下汽车通道中汽车尾气得不到充分而及时地抽排，大量的有机和无机废气充斥其中，并与水结合形成腐蚀性极强的液体，滞留在吸声材料的孔隙中，腐蚀着这些吸声材料，折损着它们的使用寿命。同时，城市地下汽车通道通常又与城市基础设施管廊结伴并行，大量的电力、电讯管线借助地下通道的牢固结构从中穿越，因而火灾也威胁着其中吸声材料的生存。另外高速行驶汽车的失控冲撞和人为的破坏还时刻考验着吸声材料的强度、硬度。所有这些不利的环境因素将这些传统的吸声材料挡在了汽车通道的建设之外。泡沫陶瓷的出现克服了传统吸声材料在室外声环境应用中的不足，使得设计人员能够运用泡沫陶瓷，改善局部地段的室外声环境。

泡沫陶瓷也是一种多孔材料，它采用陶瓷原料，经相应工艺制备而成，具有大量从表到里的三维连通的网状小孔结构。当声波传入泡沫陶瓷内部后，引起孔隙中的空气振动，并与陶瓷筋络发生摩擦，由于黏滞作用，声波被转化为热能而消耗，从而达到吸声效果。它具有高强度、高硬度、防潮、抗腐、阻燃防火、耐高温、耐气候变化等特点，能在各种常规室外环境下使用，是一种全天候的吸音降噪材料。

6.4.2.2　泡沫吸音材料的应用

在地下汽车通道中，泡沫陶瓷通常作为一种装饰面板使用，有利于它的批量生产、定型制作、现场安装和装后维护。其表面还可根据环境的需要采用配套涂料喷成各种颜色。

泡沫陶瓷吸声板可用作通道的内部吊顶。它们一般被分割成 1.2m² 以下，板后留有不小于 10cm 的声能消耗空腔。由于泡沫陶瓷是脆性材料，它按设计的规格制作出厂后应尽量少做现场切削调整，以免损伤整块板材的强度，也不能像普通装饰吊顶一样靠钢钉将其固定，必须使用配磁龙骨（如图 6-13）将其固定于通道顶部的吊杆下。水平纵横交错的龙骨及其上的板卡限制了泡沫陶瓷板上下左右移动。这里要特别注意配套龙骨的防腐处理，它将最终决定着整块吸音顶的使用寿命。湖北省武汉市洪山广场地下汽车通道就采用了这种吸声吊顶，3cm 厚的泡沫陶瓷被分隔成 600mm×600mm 的一个单元，通过彩钢龙骨联结成一个整体，吸音板后留有 30cm 的空腔。据测，其内部噪音只有 70～76dB（A），明显低于同类相近交通流量的城市地下汽车通道。

另外，泡沫陶瓷也可作为通道侧壁的装饰墙面。在使用基层处理剂清理了侧壁后，成品板材通道长度方向直接铺贴于通道侧壁上。为保证它们的吸声效果，板材至少要保证 3cm 厚。泡沫陶瓷吸

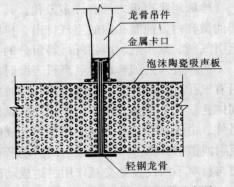

图 6-13　吊顶使用配套龙骨示意图

龙骨吊件
金属卡口
泡沫陶瓷吸声板
轻钢龙骨

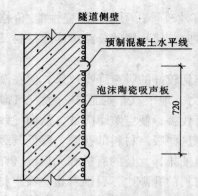

**图6-14 隧道侧壁铺装泡沫
陶瓷吸声板示意图**

音板粗糙、细密面有规律的表面肌理在通道的内部照明下，不会产生有碍交通行驶的眩光。同时，泡沫陶瓷良好的憎水性、抗冻性、耐酸性使得有关管理部门可随时冲洗打扫。山东省烟台市的东口隧道在距地面1.5m高度以上两侧壁铺满了4cm厚的泡沫陶瓷吸音板，如图（6-14），并沿车行方向每0.72m嵌入导引装饰线条，成功地将装饰美学与声环境治理结合起来，取得了良好的效果。

城市地下汽车通道的建设已是我国城市交通建设的一项重要内容。其中的声环境治理已成为建设中无法回避的技术问题。这个问题涉及了建筑、物理、材料、声学等多个专业领域，需要从多个角度来综合考虑。泡沫陶瓷的出现为我们解决城市地下汽车通道中的声环境问题提供了一条捷径，也为其他建设领域如：城市地铁、轻轨、立交桥、机场、公交站场等的声环境治理提供了一种新的吸声材料，它将在我国室外声环境治理中发挥重要作用。

6.4.3 吸声建筑材料

6.4.3.1 吸声粉刷

吸声粉刷作为替代传统内墙抹灰的新型建筑材料，除了具有速凝、早强、质轻、节能等诸多优点，由于石膏本身的性质及其凝结后会形成多孔结构，所以具有良好的吸声隔音性能。相对于传统材料而言，还具有一定的调节室内湿度的功能。粉刷石膏的大面积推广使用，将会促进墙体材料的发展，提高人们居住环境的舒适程度。

6.4.3.2 陶瓷吸声板

多孔陶瓷吸声板是一种有效防止噪声污染的吸声材料。由于它吸声性能好、机械强度高、耐水、耐火、耐候，可用作墙面及设备的吸声材料，适用于建筑、机械、交通等行业。陶瓷吸声板是在一定粒径的瓷质颗粒中混合釉料，振动加压，成型为 $300\sim500mm$、厚 $10\sim50mm$ 的板体，在约1300℃下烧结而成。影响多孔吸声材料的主要因素是流阻，这取决于孔隙率、孔径、孔隙的形状、板厚度等，陶瓷吸声板的流阻最佳值为 $2\times10^4\sim5\times10^5Ns/m^3$。

6.4.3.3 珍珠岩吸声板

珍珠岩吸声板内部有许多微孔，具有极强的吸水性，在搅拌浇注成型中，水会进入珍珠岩的微孔内，使微孔内的空气排出。排出的气体在水泥浆体内扩散，形成一些连通气孔，加上引气剂、减水剂、增强纤维等组分的共同作用，在材料内部形成大量连通气孔。

当声波入射到珍珠岩吸声板表面时，一部分声波在材料表面产生反射或散射，一部分则沿着气孔进入材料内部继续传播。声波在材料内部传播过程中，胁迫气孔中的空气运动，与固体孔壁产生摩擦，由于空气运动的黏滞性和热传导效应，使声能转换为热能而被消耗掉。另外，由于多孔材料内部的气孔为无规则连通气孔，声波进入材料后在气孔内壁迂回地产生反射或散射，部分声能又反射回声场所在空气中，其余的反射回材料内部引起孔壁振动。声波与材料不断反复地交互作用，达成动态平衡时，部分声能被材料所吸收。

由前所述，多孔陶瓷吸声隔音材料强度高，又由于其为刚性体，表面不需要保护层，结构相对简单；它没有有机纤维材料防火、防潮、防蛀性差的缺点；陶瓷吸声材料耐高温，且经久耐用；而且较金属吸声材料，其耐水性、耐候性、耐腐蚀性更好；相对其他吸声材料来说，陶瓷吸声隔音材料的生产工艺简单。

由于这些优点，陶瓷吸声材料可用于有水蒸气，有酸、碱腐蚀等场合；也可作为消声减噪器，用于机械设备，如发电机、空压机、冲床等噪音较大的设备；而利用其耐火性，耐侵蚀性，经久耐用，美观等特点，可用于建筑行业，如隧道、地铁、公路吸声屏障等场合。

多孔吸声隔音陶瓷的研究与开发已经受到人们的普遍重视，许多应用在技术上已经成为可能。特别是多孔吸声隔音陶瓷材料在环保方面的应用已初露锋芒，进一步的开发、应用和推广将带来无穷的环保效益和经济效益。

第7章 多孔陶瓷载体

多孔陶瓷是一种含有气孔的固体材料，一般来说，气孔在多孔陶瓷体中所占的体积分数在20%~95%。根据气孔的类型，可以分为开气孔和闭气孔两种。前者是指必须与外界环境相连的，彼此之间也可以相互贯通的气孔；而后者则是封闭在陶瓷载体内的孤立气孔。在不同的场合中它们分别有不同的用途，用作载体的是开口气孔，故本章所涉及到的多孔陶瓷是指开口气孔的多孔陶瓷。

由于多孔陶瓷具有高比表面积、耐热、耐腐蚀、易再生等特性，是用作各种物质载体很合适的材料。随着20世纪60年代科技飞速的发展，高性能、新材质材料的不断出现，多孔陶瓷载体得到了突飞猛进的发展，应用领域也在不断地拓展，已广泛用作：各种催化剂载体、汽车尾气催化剂载体、药物载体材料、固定化酶载体材料以及其他功能载体材料。

本章首先论述了催化剂与载体的相互作用，以及如何控制催化剂载体的物理性质。然后再分类并有所侧重地论述催化剂载体在汽车尾气净化以及细胞固定化等方面，多孔陶瓷载体以及其他功能载体的应用。在所有载体中，氧化铝材质的载体应用最广泛，本章论述了它的物化性质、孔隙结构及其控制、制备、成型等。汽车尾气催化剂载体论述的重点在制备工艺，而制备工艺中集中论述对蜂窝陶瓷的成品率影响最大的干燥工艺，从干燥原理着手分析干燥开裂的原因，而由此提出解决干燥开裂的方法。对于目前尚在研制的多孔陶瓷载体，如多孔陶瓷药物载体，本章只是介绍它目前的研究成果。

7.1 催化剂与载体的相互作用

7.1.1 多孔陶瓷与催化剂的结合

多孔陶瓷基体材料本身可以具有催化功能，也可以将目标反应匹配的催化剂与载体材料的表面结合，而后者更为常用。

催化剂可以通过浸渗法（impregnation）、沉淀法（precipitation-deposition）、离子交换法（ion-exchange）、溶胶-凝胶法（sol-gel methods）等方法与载体材料相结合，如表7-1所示。

表7-1 多孔陶瓷与催化剂结合方式及其用途

催化剂/膜	结合方式	应用
Pd/阳极	浸渗法	氢分离
Pt/高硅耐热玻璃	浸渗法	脱氢
Pd/γ-Al$_2$O$_3$	浸渗法	氢分离
Ni/γ-Al$_2$O$_3$	浸渗法	氢化反应
Pt/γ-Al$_2$O$_3$	离子交换法	氢化反应
Pt/γ-Al$_2$O$_3$	共沉淀法	氢化反应
金属/γ-Al$_2$O$_3$	溶胶-凝胶法	氢分离
Ru/SiO$_2$	溶胶-凝胶法	颗粒物氧化
Ni/γ-Al$_2$O$_3$	溶胶-凝胶法	甲醇分解

7.1.2　催化剂组分与载体间的反应

在很多情况下，催化剂组分与载体之间将发生固相反应。在通过加热将催化剂组分附着到载体上时，它们的颗粒粒度越小，彼此混合得越均匀，温度越高，它们的活性越高，都会比较容易导致固相反应的发生。例如，氧化铝载体与催化剂氧化镍在加热过程中，如果是新沉淀的 $\gamma - Al_2O_3$，在 400℃ 左右就与氧化镍的反应，而且非常迅速，而 $\alpha - Al_2O_3$ 的反应则慢得多，并且要求 600~800℃ 的温度范围。

另一个一般不是由催化剂专家而是由陶瓷生产者所考虑的，在成型多孔陶瓷载体时，习惯加入起助熔作用的某些低熔点氧化物，如碱金属氧化物。但必须考虑到低熔点氧化物，如钾、钠、锑、钯，一方面能够显著降低催化组分和载体的烧结温度或熔点，另一方面，使它们在较低的温度下就可能发生固相反应，和有害的烧结作用，失去或部分失去催化剂的活性。

以共沉淀方式使催化剂组分很均匀地分布在载体上时，需要它们充分混合，此时要注意具有很高活性的催化剂组分与载体共沉淀时，可能会反应而生成化合物，比如碱式铬酸盐。但如果其中有一种在制备的条件下是不溶的，则可以用这种方法。例如，氧化镍是催化组分，二氧化硅或氧化铝等载体材料与镍共沉淀。可能以氢氧化物、碳酸盐、草酸盐的形式共沉淀或与其他阴离子共沉淀，这些阴离子在一般情况下是不溶的，并且适宜作为催化剂组分。

水热反应也可引起催化组分与载体的相互作用。通常水热反应发生在水溶液中，可以用碱或酸来调整这种反应，以促使催化剂 – 载体复合物或化合物的生成。在这种情况下，可以把两者间的相互作用看成是转化成了氢氧化物，这种氢氧化物是两性的，它们彼此间有相互作用，碱性最小者充当酸，碱性最强者则起着阳离子的作用。

表 7 – 2　延缓和促进催化剂组分与载体相互作用的因素

延缓相互作用的因素	促进相互作用的因素
低温下制备和使用催化剂	高温下制备和使用催化剂
黏度大	各组分都是细颗粒
催化剂组分或载体的熔点高	各组分紧密结合
载体既不是酸性，也不是碱性	一种或多种组分是低熔点物质或者能够生成低共熔点的化合物
高纯度（没有低熔点的化合物、矿化剂或助熔剂，没有产生低共熔点化合物的组分）	延长处于相互作用条件下的时间
在高温加压条件下没有 H_2O 或 H_2^+、CO_2、Cl^-、SO_4^{2-} 等	在制备或使用环境中有助熔剂或矿化剂的存在，如：碱、碱式硫酸盐、磷酸盐、硼酸盐或包含 CO_2、Cl^-、SO_4^{2-} 的水热条件

显然，催化剂组分与载体间的相互作用是很复杂的。如果想要避免这类相互作用，可以采用反应活性最小的氧化物或碳酸盐作为载体材料。还要尽量避免助熔剂或有助于组分间相互作用的低熔点氧化物。在催化剂制备过程中。特别是在水热环境中或焙烧以及还原过程中应避免高温。

但要注意的是，催化剂组分与载体之间的相互作用，既有不利的一面，也有有利的一面。它可以使催化剂组分牢固地附着在载体上，某些相互作用可能还会增加催化剂组分的活性，催化效果更好。所以在表7-2给出的是"促进"或"延缓"这种相互作用的一些因素，而不使用"有利于"、"有害的因素"等类似的词句。

7.1.3 催化剂组分与载体晶型结构间的关系

载体晶型结构影响催化剂的催化性能，这是毫无疑问的，但这种影响关系可能是催化剂组分与载体之间最难捉摸的关系。

例如，有时难以解释为什么催化剂组分负载在不同晶型的氧化铝或二氧化硅上，其催化性能会有差别。当然，在许多情况下尚不能利用有效的表面分析技术来确定，来解释由于它们具有不同的晶格间距或晶型，而如何对催化剂性能产生影响。但可以得出的结论是：晶型结构因素是一种关键性的，并经常遇到的影响催化性能的因素。

7.1.4 蜂窝状载体和涂层

考虑到压降要小，在实际应用中经常采用蜂窝状结构的载体来负载催化剂组分。例如在汽车尾气净化或其他烟气的净化过程中，可以用氧化铝、堇青石、莫来石和其他非金属材料以及各种耐温金属制成蜂窝状载体。所有蜂窝状结构的表面通常是玻璃状的或相当平滑的，难以固定催化组分，因此需要在光滑的表面上涂上一层涂层。这类涂层不仅易于固定催化剂组分，而且由于有较大的表面积而使催化剂更加稳定，并能抵抗化学毒物剂如硫和卤素。这些物质在汽车尾气中是常见的。

涂层与蜂窝状基体相互作用的程度，主要取决于涂层涂到蜂窝体上之后的焙烧温度。催化剂组分与涂层相互作用的程度与本节前面所述及的条件（暴露的温度、分散状态、混合的均匀性以及粒子靠近的程度）密切相关。

一般可用的涂层有氧化铝胶体，氧化硅胶体以及其他胶体。要注意的一点是要求涂附的溶液-悬浮体必须足够稀。这样，当蜂窝状基体浸在里面，然后将其风干时，蜂窝体才能够保持开放结构而不致被涂层所封闭。

7.1.5 催化元素的离子进入载体晶格

一种虽不经常发生但令人苦恼的现象是，催化剂元素的离子进入到载体的晶格当中，如铂负载在氧化铝上时，如果该催化剂在较高的温度，如大约800℃下操作，金属离子将发生移动。由于它本身很小，因此它进入氧化铝的晶格并完全沉没在其中，不能发挥催化作用。烟气净化过程通常采用以氧化铝为载体的铂族金属催化剂，并且在很高的温度下使用，在这种情况下就可能发生上述现象。

解决此问题的一种办法是使氧化铝与一种氧化物反应，生成一种比氧化铝甚至比 α-Al_2O_3 更密实的单晶，如氧化铝与氧化镁反应形成能够负载贵金属的尖晶石。这样制得的催化剂与单独用氧化铝载体相比，可以在更高的温度下操作，对于废气处理过程，其他氧化物，如锰、镍、钴、铜或铈的氧化物，可能具有所要求的催化性能。这是由于它们都形成了比较密实的单晶，只有在极高的操作温度下金属元素才能进入其晶格。在高温下晶格变大，能够容纳小的金属离子。

上述活性组分离子在载体晶格中丢损的现象并不经常发生，通过用氧化物对载体进行适当的处理使其形成致密的晶格，就有可能避免或至少减小这种损失。

7.2　催化剂载体的物理性质及其控制

7.2.1　催化剂载体的物理性质

催化剂载体的物理性质包括：强度、密度、总孔容、孔径分布、孔径、粒度和颗粒形状等，对催化剂能否发挥正常的效能影响很大，必须要对这七种物理性质加以控制。这些性质都是彼此相关的，因此在设计催化剂载体时，为使催化剂的性能在实际运转的条件下达到最佳化，往往需要在综合平衡的情况下来确定载体的全部物理性质，有时可能需要降低某种物理性质。

在工业上选用某一负载着催化剂的载体时，一般第一个考虑的性质是它的强度。如果是在固定床中使用，它的强度必须使它能经受住气体或液体的流动，以及由于流动而出现的振动和冲击，如果用于浆液床体系或流化床体系，硬度也是一个必须考虑的因素。当负载催化剂的载体颗粒沿反应器壁或再生系统而移动时，载体颗粒之间的磨损，颗粒与反应器壁、管线、阀、泵或压缩机之间的磨损都要尽可能小。

第二要考虑的是催化剂载体的密度。负载催化剂的载体密度必须控制到工艺要求的最佳值。如果用于浆液床体系，其密度一定不要过大，否则将发生沉降，即使通过机械或气体搅拌也难以使它们保持悬浮状态。一般而言，在干燥情况下密度应保持在 $0.2 \sim 0.3 g/mL$。如果用于流化床，密度必须与流体流速相匹配。首先，催化剂载体必须是可流化的；其次，它的密度不能太低，否则它将作为粉尘而从反应区流出；另外，还要考虑催化剂载体的成本，很多催化剂载体的销售是以重量为基准计算的，人们总希望装满一个反应器时所需的重量最少，这样，尽可能降低密度就变得很重要。

催化剂载体第三要考虑的重要性质是表面积。气相操作时都想寻求尽可能大的表面积，对催化剂的这种一般性的看法有时可将人引入歧途，有时甚至是危险的。应该指出，如果气相反应中的反应物是大的或复杂的分子，高表面积可能是不利的，因为催化剂的表面积高其孔就必然小，大分子在小孔中的传质是困难的，而且速度很慢。在液相操作中介质的密度较大，因而需要较大的孔径，这就意味着表面积应比较低。一般谈到表面积高低时，低比表面积的范围是 $1 \sim 125 m^2/g$，高比表面积的范围是 $125 \sim 2000 m^2/g$，某些活性炭的比表面积高达 $2000 m^2/g$。当载体要借助催化剂或催化组分浸渍时，表面积也是需要考虑的一个重要因素。如果表面积很大，孔径很小，大部分孔将会因催化组分的浸入而被充满或被破坏。在这种情况下，显然需要采用低表面积、大孔径的载体。

对催化剂载体需要考虑的第四点是总孔容。总孔容也是至关重要的，因为它关系到催化材料（无论是载体与催化剂组分总体，还是载体本身）中可利用的活性表面积。在开发催化剂载体的过程中，总孔容可能是综合平衡各种性能后最后确定的性质，但它对催化剂载体的其他性质有明显影响，因而必然起着重要作用。

对于某一特定的催化剂来说，催化剂载体的孔径分布是第五个必须考虑的因素。如果所用的催化剂颗粒比较大或是球形的，催化剂载体必须有大的通道孔，以允许气体或液体容易传递到比较小的次级孔，因为催化反应一般主要是在次级孔中进行的。而当催化剂的颗粒很小时，如气相流化床中使用的催化剂，可能只有均匀的小孔，在这种情况下已不再需要大的通道孔，因为反应物进入孔中的深度能满足反应的要求。

催化剂载体的上述性质都是相互关联的。最终所得的催化剂必然体现了一种综合考虑的结果，它融合了上述所有因素，从而使在给定的操作条件下达到最佳效果。许多性能在使用的初期还不能调整到最佳值，如通常要在长期工业运转后才能确定催化剂载体的磨损性能和寿命。

图7-1用一个三角形简单表示了三种物理性质的相互关系。一个顶点是强度，另两点分别为孔径和孔容。这个图说明，随着强度的增加，孔容和孔径将减小；随着孔容的增加，孔径和强度也减小。这一点表面看来似乎有些反常，因为一般想像中孔容是直接与孔径对应的，但如果想到聚集的细砂粒能形成很高的孔容，但孔径却很小时，上述论点就变得很明显了。此外，随着总孔容的增加，颗粒强度将下降。

图7-2也是一个三角形，顶点是强度，第二点是孔容，第三点用密度代替了孔径。对图7-2变化关系的解释类似于图7-1。

对于一给定的新反应或新工艺，可根据图7-1和图7-2指出负载催化剂载体物理性质的粗略关系。例如，考虑一个流化床体及气相，综合平衡的结果，表示物理性质的点应接近孔径与孔容的最佳点。如果是一个强烈搅拌的浆液床体系，在不忽略孔径的情况下，综合平衡后的点应靠近代表强度的顶点。

图7-1　颗粒强度、
孔径和孔容的关系

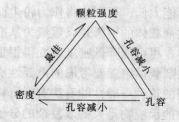

图7-2　颗粒强度、
密度和孔容的关系

孔径分布是至关重要的。某些情况下非常需要大孔，而另一些情况下却需要小孔。但就多数情况来说，需要适当分布的大孔和小孔。表面积和孔容需要是由小孔提供。小孔一般是指直径为60Å和小于60Å的孔，大孔一般是指直径为60～400Å的孔。

测定催化剂载体强度的方法很多。在简单的加压试验中，向一个活塞加压，活塞受到一个向下的力，压到颗粒的平面上，然后测定颗粒破碎时力的大小。有时压力加到颗粒的圆形面上。还可以取一定量的催化剂载体，放在选定目数的筛网上，将筛网放在一个机械振动装置中振动一定时间（一般是30min），根据出粉率可以确定催化剂载体颗粒的抗磨损性能。有时用球磨机测定磨损强度，有时反复使催化剂载体经一定距离落在一个硬的表面上，用此法测定催化剂载体的破碎情况。

孔容、孔径分布、表面积以及密度等物理性质可根据第2章和第4章提供的方法和仪器进行测定。

　　最后需要考虑的是催化剂载体的粒度与形状。在考虑较大的粒度时，涉及到用挤出成型的方法。挤出物最小的可以小到直径为 0.079cm（1/32in），但一般长度远远大于直径，粒度较大的挤出物一般是圆柱形和类似于通心粉的中空圆柱形。后者的外径和长度可达 2.54cm（1in），中间孔的直径约为 0.635～1.27cm。也可能不是一个孔而是多个孔，其结构与蜂窝多少有些类似。载体也可以做成马鞍形或星形，或者任何其他能想到的形状，目的是增加气-固相或气-液相的接触或降低反应的压降。

　　催化剂载体经常用的一种形状是圆柱形。这种圆柱形的直径与长度相等，直径的变化范围为 0.318～2.54cm。圆柱形也可设计成星形、有皱折外表面的、有凹槽的、或是中心有一个或多个孔的圆柱形。

　　有时由于受载体组成的限制，难以通过挤出成型或压片而使其具有足够的强度。在这种情况下，催化剂载体可以做成块状（用湿法加压成型或加入聚结剂使其硬化）。聚结剂可以是硅溶胶或其他胶体材料，或者是粘结剂，如硅酸钠。任何聚结剂或粘结剂对催化剂一般都有不利的影响，因此只有在各种造粒和成型方法都不适用的情况下才考虑采用。

　　一种很重要的、由于用到汽车尾气净化催化剂中而变得更加流行的载体材料是蜂窝状载体。生产这类载体可以采用多种不同的工艺。目前有几家公司在生产蜂窝状载体时，通常含有大量的难熔材料，允许操作温度超过 1000℃（在汽车尾气系统中偶尔会遇到这种情况），蜂窝体也可以做成圆柱体或椭圆柱体，直径从 1.27cm 到 15.24～20.32cm。蜂窝体中孔的大小通常是由单位表面上所开孔的数目决定的，大约每平方英寸可以开 50～900 个。由于蜂窝状载体必须再覆盖上一层催化组分，因此对孔的大小有一定限制，必须要能浸渍催化组分且又不为残留的催化组分封闭。孔径的上限受到流体压降的限制，此处存在一个综合平衡问题，一方面要保证有足够的催化表面，同时不能超过允许的压降，另外还要使蜂窝体浸渍催化组分后不出现堵塞。

　　蜂窝状载体一般是用陶瓷材料（氧化铝、莫来石、堇青石）制造的，也可以用金属薄板制造。用陶瓷材料制造的蜂窝体，一般先用高表面积的载体材料，如氧化铝、$Al_2O_3 - MgO$ 等涂上一层底层。经干燥和焙烧后在蜂窝体表面形成一个薄层，它具有很高的吸附能力和表面积。然后使催化组分固定在涂层上。对金属载体来说，可以用上述方法，但并不特别适用，因为涂在金属表面上的氧化物与金属本身热膨胀系数的不同将造成涂层剥落。如果金属表面上的氧化层是由自身氧化形成的，这种氧化物是金属表面的一部分，因此不会有剥落现象。一般可通过对金属表面的刻蚀或氧化，形成一个具有催化活性的覆盖层或产生一个能固定催化组分的支撑层。在金属氧化物表面可以进一步浸上常用的具有催化活性的金属，由于这种金属是覆盖在刻蚀或氧化的金属表面上的，因而它们附着得也很牢固。

7.2.2　载体物理性质的控制

　　控制催化剂载体的物理性质有各种不同的原因，如很多时候需要孔径控制在大孔范围，因为因积炭而造成的催化剂失活往往先从小孔开始，一旦在小孔中开始积炭，它将自动扩展到大孔。最后因有机物或其他沉积物在孔中造成物理堵塞而使催化剂失去活性。此时可用热处理的方法使小孔崩塌。

7.2.2.1 表面积的控制

表面积的控制与制备工艺密切相关，如对于用作载体材料的凝胶，一般在低温下用稀溶液沉淀也有利于形成高表面积。影响表面积的其他因素是沉淀速度和加料顺序（是将碱加到酸溶液中，还是将酸溶液加到碱性沉淀剂中）。加料顺序除了影响表面积外，还应考虑到：当将酸性催化剂组分溶液加到碱性沉淀剂中时，会有大量的碱被包藏在沉淀里，这对最后形成的催化剂可能是有害的。换言之，为了获得最佳的表面积和孔隙，有可能使不希望有的离子，如碱金属或硫酸根离子包藏在沉淀中，这些离子是很难脱除的，对最后的催化剂可能带来极其不利的影响。

控制孔径和表面积的其他方法包括用醇–水混合相或全用醇相代替水相。当对醇类介质中的沉淀进行干燥时，可减缓发生脱水收缩作用或结构聚结的倾向，从而形成高分散的粒状沉淀。从图7–1和图7–2可以推断，上述沉淀具有高表面积和高孔隙率。但是在这些性质提高的同时，强度和密度却下降了。

控制孔隙和表面积的另一种方法，是在真空系统中低温干燥，最好是在真空系统中冷冻干燥。这样做，强度和密度也是低的。这些因素在设计和生产时必须加以考虑。

7.2.2.2 孔容（孔隙率）的控制

控制孔容的方法与上述控制表面积的方法类似。对上述控制表面积的方法进行适当地修改，可用于控制孔隙率，这是控制孔隙率最常用的一种方法。另外还有一些其他方法。最重要并经常采用的一种是在浆液中加入某些可烧去的组分，或是在滤饼中混入这种组分。

较成熟的一种方法，是在浆液中加入一种结晶纤维素。这类纤维素的体积很小，它们被烧去以后，所保留的空穴的形状和大小相当于烧去前纤维素所占据的空间。显然，基于上述考虑，也可将某些其他分子加入到浆液或沉淀后的滤饼中。如有机胺、醇类、有机酸以及诸如妥尔油等混合物皆可作为孔容控制剂。此外，还有其他不太重要的方法，如加入锯末，棉绒纤维，各种类型的合成纤维像聚酰亚胺、聚酰胺、聚酯和聚丙烯酸等，也可以使用聚乙烯醇和聚乙烯或聚丙烯绒毛。

将可分解的组分（碳酸铵和硝酸铵）或可被萃取的组分（碳酸钙或其他酸溶性材料）在挤出成型前加到物料中，挤出成型后再从催化剂载体中除去，这些组分就形成了孔隙。加热到分解温度可除去可分解的材料。对于硝酸铵或碳酸铵，分解温度不超过200℃。用醋酸，硝酸，盐酸或其他适宜的酸，对最后得到的条状或片状产品进行处理，可将其中的碱式碳酸盐等酸溶性材料除去。还有更多的成孔方法，读者可参阅第3章的相关内容。

7.2.2.3 各种孔及孔径分布的控制方法

显然，对于颗粒状陶瓷材料，在成型时可以通过控制实际球粒的大小来获得特定的孔径。控制球粒大小的最简单方法是用采用胶体组分，如，用SiO_2、TiO_2、ZrO_2或其他可购得的不同大小的商品溶胶或胶体。许多催化材料可以以单层的方式涂在由胶体组成的球粒表面，当球粒表面形成单层（或多层）涂层时，它们的粒度达到30~40nm。有了涂层后的胶体球粒会发生聚集，这样，就得到了由胶体球粒的大小决定的特定孔径。用这种方法控制孔的大小是有条件的，取决于催化反应条件下胶体组分的适应性。在不适应的情况下，必须借助于控制孔径和粒度大小的方法。显然，将胶体的方法和控制沉淀的方法结合起来，可以获得不同的孔径分布和可预计的孔径。

进行适当的烧结处理，如合适的烧成温度，适当的保温时间可以控制其孔的大小。一般温度升高、保温时间延长，都将导致孔减小。

可以用不同的方法浸渍，从而得到不同类型的涂层或可控制的孔隙率。如对于硅藻土载体，它们来源于史前海洋中硅藻的含硅骨架。这些硅藻具有很特殊的骨架形状。这类先天性的多孔材料可以经多种方法涂上一层催化剂组分的沉淀，如镍、钴、铜和锌的氧化物的浆液型沉淀。

7.2.3　其他有关问题

7.2.3.1　水热处理及其效果

当催化剂水热处理时，其效果也能扩展到载体基质。如果基质本身受到母液或催化剂组分浸渍液中一种或多种离子的浸蚀，载体表面可能发生变化，如变成水合的、还原的、过氧化的，或者以某种其他方式再取向或破坏取向。若发生了上述情况，那么变化了的基质可能以多种不同方式与沉淀的催化剂组分发生相互作用。不仅其间距要发生变化，而且载体与催化剂组分间相互作用的程度也将随着改变。例如，当用二氧化硅作为载体，而且催化剂组分的溶液或沉淀后的浆液是高碱性介质时，将得到完全不同的结果。这时形成一种碱性硅酸盐，此盐进到溶液中并使全部沉淀重新取向。当碳酸镍在硅藻土（基本上是二氧化硅）上沉淀时，就会发生上述现象。若催化剂制备过程最后的 pH 在 $7.5 \sim 8$，硅藻土的二氧化硅将部分转化成硅凝胶。在沉淀之后的浆液进行老化时，硅凝胶将相当完全地渗入到碳酸镍沉淀中，从而形成类似于凝胶的碳酸镍 – 硅凝胶的混合物。最后的催化剂在催化活性上，与没进行水热（老化）处理的催化剂有显著差别。

水热处理所用载体可以选用氧化铝、二氧化硅或二氧化钛，但必须明确指出是何种晶相（如对 Al_2O_3 有 α、γ、η 等），否则对确保催化剂的性能或重复生产都是不够的。例如，有人希望重复制备某种催化剂，如果仅仅告诉他催化剂载体是氧化铝是远远不够的。若原来用的是 $\alpha - Al_2O_3$，重复制备用的氧化铝类型不同，最后制得的催化剂性能必然不同。因为 $\alpha - Al_2O_3$ 有很好的取向，因而会影响所负载的催化剂组分的取向。$\gamma - Al_2O_3$ 或 $\theta - Al_2O_3$ 各有其特有的取向特征，因而对沉淀物的影响各不相同，它们都有良好的反应活性，特别是在碱性溶液中能形成氢氧化物、水合物或铝酸盐时。

7.2.3.2　浸渍深度的控制

有两种基本方法可以控制催化剂组分渗入载体材料中的深度。由于催化剂组分一般要比载体材料贵，因此要求催化剂组分尽可能负载在载体的表面，但它的渗入深度不应小于催化反应过程中反应物渗入的深度。

为了达到预定的深度，一种常用的方法，首先确定载体本身吸收的液体量，如取 100g 载体浸泡在水中，然后除去载体表面的过量水进行称量。从上述操作可以得出每克载体所吸收水的重量（孔容）。据此信息可以确定浸泡载体的沉淀剂溶液的体积（刚好足够润湿载体而没有过量液体）。根据化学计量，将等于或略多于沉淀催化剂组分所需的沉淀剂溶解在一定量的水中，水量应略少于前边测定的载体的吸收量。然后用沉淀剂处理载体，干燥后沉淀剂沉积在载体表面和靠近表面处。

将一定量的催化剂组分的盐类溶解于水，水量也基本上等于载体的吸收量。

再将沉积了沉淀剂的载体浸泡在催化剂组分的溶液中，溶液的量要刚好足够润湿载体，而没有过剩的液体存在于载体表面或容器中。这种制备方法得到的催化剂组分涂层必然负载于载体的表面。

必须用洗涤的方法除去载体中可能存在的可溶性盐类，如碱金属或其他沉淀剂。为了进行洗涤，将催化剂浸泡在洗涤水中，洗涤水要将催化剂浸没，其深度至少是催化剂高度的 5 倍。搅动催化剂和液体以使盐类溶解，然后通过倾出上层清液而将盐类除去。洗涤操作重复进行，直到碱金属被充分脱除。也可以用一种可挥发的、能进行离子交换的盐（碳酸铵或碳酸氢铵）溶液，去交换不挥发的离子。

用上述方法制备的催化剂，其催化剂组分固定在载体的表层上。如果需要催化剂组分有较大的透入深度，载体用沉淀剂溶液浸渍之后，可以在控制一定温度和相对湿度的情况下，在湿气流（一般用空气）中缓慢干燥，这样就使已经扩散到载体中的催化剂，在距载体表面不同深度的地方干涸。通过温度和气流的湿度来控制沉淀剂的渗入深度。气流的湿度用蓄水器控制，气流通过蓄水器鼓泡而使其中的水蒸气达到饱和（图 7-3）。当载体中沉淀剂的位置固定之后，再加热到足够高的温度进行脱水，以达到进行下一步浸渍所要求的干燥程度。接下来将载体用催化剂组分的溶液浸渍，然后再进行洗涤或离子交换，或两者同时进行。

首先通过浸渍催化剂组分的方法，可以使催化剂组分均匀地沉积在整个载体中，这种浸渍程序刚好与上述使催化剂组分沉积在表层的程序相反。在这种情况下需要用氨来沉淀催化剂组分，可以将浸渍了催化剂组分的载体在仍然润湿的条件下放入一根密封的管中，从管子的一端引入气体并从另一端排出尾气（图 7-4）。管子一般放在一个对开的加热炉中或套管中，使湿催化剂的温度可以保持在 35～110℃。

将管子保持在预先确定的最佳温度下，使无水氨通过管子。无水氨被吸附在整个载体和催化剂组分上，从而使催化剂组分被沉淀，并均匀地固定在整个载体中。

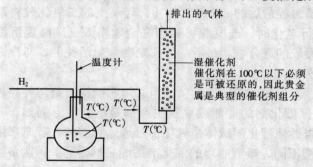

图 7-3　控制催化剂组分在载体中渗入深度的装置

（图中标注：排出的气体；温度计；H₂；T(℃)；湿催化剂　催化剂在100℃以下必须是可被还原的，因此贵金属是典型的催化剂组分）

除无水氨外，还可以通入含部分 CO_2 的气流，在这种情况下，催化剂组分将以碳酸盐或碱式碳酸盐的形式被沉淀，而不是氢氧化物沉淀。无论用何种沉淀剂，一旦催化剂组分由于沉淀而固定，就立即将催化剂的温度升到氢氧化物或氨络合物或碳酸盐的分解温度，从而使催化剂组分转化成氧化物（假定这是最后形态的话）。

上述两种制备方法比通常所用的浸泡、干燥和焙烧方法所需的时间略长一些，但其效果

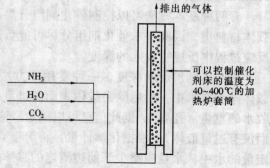

图 7-4　使催化剂组分在整个载体中达到均匀分布的装置

（图中标注：排出的气体；NH_3；H_2O；CO_2；可以控制催化剂床的温度为 40～400℃的加热套筒）

一般显著地优于比较简单的制备方法。

7.2.3.3　小孔载体中的液体催化剂

一般认为，催化材料不能是熔融态的，至少工业催化材料是这样。但用于 SO_2 氧化成 SO_3 的催化剂，是由五氧化二钒和焦硫酸钾的低共熔混合物组成的，其使用温度超过它的熔点，至少在多段转化器的上部都是如此。这类催化剂的载体一般采用小孔材料，如硅藻土，它是硅藻的化石骨架。硅藻的化石骨架本身是多孔的，当它们聚集在一起时形成大量孔隙。

在捏合机中将 50% 硅藻土、35% 硫酸钾（在催化剂制备过程中转变成焦硫酸钾）与 15% 偏钒酸铵（在催化剂制备过程中转变成 V_2O_5）进行混合，制成催化混合料。硅藻土构成母体，熔融的钒酸钾和焦硫酸钾分散在母体中。

硅藻土的比表面积只有 $4m^2/g$ 左右，有证据表明，当用胶体二氧化硅代替部分硅藻土时，由于二氧化硅具有高的表面积，而增加了小孔结构，此外催化剂活性也得到显著提高。胶体二氧化硅不仅提供了较高的表面积也增加了小孔结构。

苯氧化成顺丁烯二酸酐以及由各种初始原料氧化成邻苯二甲酸酐的反应，也都使用类似的催化剂。这三种氧化反应只是这类催化剂在工业应用中的一些例子。

如果要综合分析这类催化剂的制备，那么可以认为各种牌号的硅藻土是最好的惰性载体材料。硅藻土本身的性能可以通过混入高表面积的小孔材料，如胶体二氧化硅而得到改善。各种粒度的球形胶体二氧化硅是可以买到的。胶体二氧化硅可以有各种不同的表面积和不同的粒子间空隙。

7.3　氧化铝催化剂载体

7.3.1　氧化铝的特性与作用

7.3.1.1　氧化铝的特性

氧化铝包括了一种良好载体所有值得注意的特点，但也体现了选择一种载体所遇到的很多问题。氧化铝的特性可以概括成若干化学和物理特征，这些特征是它作为一个优良载体的标志。首先，它是两性的，这就意味着它在碱性介质中能像酸一样起反应而在酸性介质中能像碱一样起反应。氧化铝以阴离子形式存在的铝酸钠是大家所熟知的，同样，铝以阳离子形式存在的三氯化铝也是大家所熟知的。这些特征关系到氧化铝与氧化镁（碱）反应生成铝酸镁尖晶石，或氧化铝与氟硅酸盐（酸）反应生成刚玉。

氧化铝具有高熔点（略高于 2000℃），这也是作为催化剂载体所需要的特性。高熔点表明它是一种难熔氧化物，这样便具有使高分散的小颗粒催化材料（熔点一般比氧化铝低得多）彼此分离的性能，从而可以避免催化剂组分聚集或烧结。在上述情况下，氧化铝作为一种载体也起催化剂热稳定剂的作用。

以水合物形式存在的氧化铝也可能是体积庞大的凝胶，从而有可能生成高表面积、高孔隙、低密度的氧化物。上述含水的氢氧化物也可以被浆化，并悬浮在醇类如甲醇，乙醇或丙醇中而成为醇凝胶。在干燥过程中可以控制其孔径，所得氧化铝的密度有可能低于从水凝胶得到的氧化铝的密度。

氧化铝最惊人的性质是在很宽的温度范围内存在着过渡相。多数过渡相可以用尖晶石结构来描述，借助于其结构中存在的晶格缺陷，可以对这些过渡相加以区分。

氧化铝容易形成凝胶，并且硝酸铝在焙烧成氧化物时具有很强的凝聚效应，因此氧化铝或铝盐很易于挤出成型或造粒和成球。在这方面氧化铝并不是唯一的，但它们对于上述成型技术有极好的适应性，在一定程度上超过所有其他氧化物或氢氧化物。

由于氧化铝具有上述成胶与粘合的特点，可以将其研制成"成膜涂料"，涂在其他不可渗透材料，如金属或陶瓷的棒、板、管、蜂窝体的表面或其他光滑结构的表面上。

氧化铝形成凝胶的特点，还使它易于具有不同的孔隙率和孔结构。把可以从最后的产品中抽出或烧去的物质夹附在氧化铝中，经抽出或烧去而留下空穴，这种空穴实质上是一种控制了孔径的孔。这种孔径是可以改变的，其大小从纤维素结晶到直径相当大的纤维，甚至棉纤维。

氧化铝的能形成 $\alpha - Al_2O_3$，这是一种极硬的材料。它的硬度仅次于金刚石，因而具有两个特点，即在高温、高压下很稳定，并且极其耐磨，因此在反应器、泵、阀或管线中是一种良好的抗磨介质。

7.3.1.2 氧化铝的作用

在简单的单功能催化反应情况下，氧化铝并不直接参与催化过程，如汽车尾气净化催化剂即属此类。活性相是沉积在一个以 $\gamma - Al_2O_3$ 为涂层的堇青石蜂窝陶瓷上的贵金属构成的。

氧化铝的作用是稀释、支撑和分散贵金屑。在活性组分沉积量低于氧化铝载体吸附量的情况下，氧化铝还在晶粒宏观分布方面起作用。因此，适当选择金属母体和浸渍条件，有可能获得不同的浸渍曲线。载体的另一作用是使氧化铝表面处于亚稳态分散的金属小晶粒变得稳定，不易聚集和烧结。

此外，由于氧化铝内部具有孔隙，因而有利于反应物向活性中心扩散，以及产物离开活性中心。对受反应物扩散控制的催化反应，孔隙特征是很重要的。反应速度很快的催化过程即属此类，如在 V_2O_5/Al_2O_3 催化剂上氧化氮被氨选择性还原的过程。使用大孔隙氧化铝载体增加了反应物（NO_x 和 NH_3）的有效扩散系数，从而明显改善了催化剂的性能。在某些催化过程中，由于催化剂颗粒的外部孔隙被毒物（如汽车尾气净化催化剂被铅、磷和锌）或反应的中间产物（如加氢脱金属催化剂被钒和镍）部分堵塞而使催化剂失活。在这种情况下，最好使用具有适宜结构的大孔隙氧化铝载体。

最后，介绍一下单功能催化反应。在这类反应中，氧化铝载体可能诱发不希望发生的二次反应，因而影响活性组分的选择性。在 Pd/Al_2O_3 催化剂上用蒸汽裂解馏分，选择性地加氢和在 Cu/Al_2O_3 催化剂上用乙醇脱水成乙醛的反应皆属此类。前者选用一种结构为 γT，中等纯度、没有表面酸性的氧化铝为载体沉积活泼相（Pd），目的是为了避免乙炔聚合的平行反应。后者使用低比表面积、脱水活性很低的氧化铝体（$\alpha - Al_2O_3$）浸渍铜，目的是防止平行的乙醇脱水生成乙烯。

7.3.2 氧化铝的制备

获得氧化铝的方法，主要有四种生产催化剂载体的工艺过程（见图 7 - 5）。最简单的方法有：水合物快速煅烧、铝酸盐酸化、铝盐中和、醇化物水解。

7.3.2.1　拜耳法

谈到氧化铝而不涉及拜耳法是不可能的，因为大部分氧化铝和金属铝是通过该法提炼和加工而成的。铝土矿是铁与铝的氢氧化物的混合物。将其用碳酸钠溶解，除去固体杂质后以三水氧化物结晶，即三水铝矿分离出氧化铝。碱液经再生、浓缩后重复用于溶解过程。本工艺过程旨在得到一种易过滤（和易煅烧）的产物，这就解释了为什么上述水合物是直径大于 $20\mu m$ 的聚集体。除了夹杂钠以外，这种产品是相当纯的。上述水合物的主要用途是：

(1) 电冶（氧化铝和冰晶石）；

(2) 填充物（水合物）；

(3) 耐火材料和陶瓷（刚玉粉）；

(4) 硫酸盐（水处理）：

(5) 吸附剂和催化剂载体。

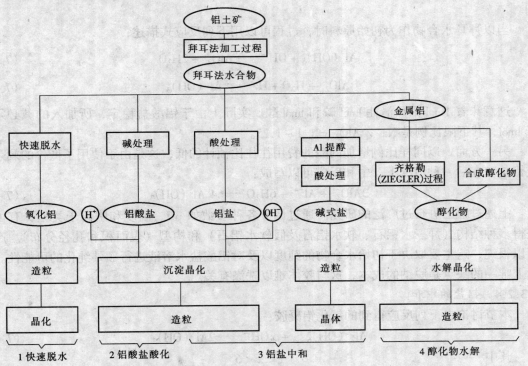

图 7-5　制备氧化铝载体的主要工艺过程

7.3.2.2　快速煅烧

拜耳水合物（三水铝石）的热分解反应如下：

$$2Al(OH)_3 \longrightarrow Al_2O_3 + 3H_2O \tag{7-1}$$

若经 250℃ 或更高温度的预处理，产品将有很高的表面积。根据生成的三水铝石晶粒的体积，应考虑粒子内部存在相当高的水分压，因此在晶体内部可能存在按下式进行的水热处理过程：

$$Al(OH)_3 \longrightarrow AlO(OH) + H_2O \tag{7-2}$$

$$Al_2O_3 + H_2O \longrightarrow 2AlO（OH） \tag{7-3}$$

结果生成了结晶良好，低表面积的软木铝石。

快速煅烧法是法国学者 Sausol 提出的，他发现当拜耳水合物用很短的停留时间焙烧时，得到的粉末状产品具有极高的表面积和反应活性，而不受反应 7-2 和 7-3 的干扰。由于反应活性高，因而可以在能提供高表面积和高压碎强度的转盘式滚球机中，用简单的方法成型。这样得到的产品主要用作干燥剂和克劳斯催化剂。

按照反应式（7-3）进一步进行水热处理，则形成具有高压碎强度特征的 $\alpha - Al_2O_3$。这种特性使其至今仍在烟气净化工艺过程中得到广泛的应用。

7.3.2.3 铝硅盐的酸化

这是生产催化过程所用氧化铝胶体的最普通方法。由于此法是生产凝胶的最经济方法，并为生产多种高纯度的产品提供了可能性，因此每家催化剂制造公司都有一些这方面的专利。

当以拜耳水合物作为初始原料时，过程可以用下列反应式描述：

$$Al（OH）_3 + OH^- \longrightarrow AlO_2^- + 2H_2O \tag{7-4}$$

$$AlO_2^- + H_2O + H^- \longrightarrow Al（OH）_3 \tag{7-5}$$

这意味着 1mol 铝只消耗 1mol 碱和 1mol 酸。实际上由于铝酸盐稳定，所加入的碱必须多于 1mol，其下限比例是 $Na^+ / AlO_2^- = 1.1 \sim 1.25$。

另一方面，以同样比例增加的酸的费用往往比预计的低，这是由于使用了低价的剩余酸或铝盐。在后一种情况下，中和反应可以写成：

$$3AlO_2^- + Al^{3+} + 6H_2O \longrightarrow 4 Al（OH）_3 \tag{7-6}$$

上述过程已进行过广泛的研究。通过调节各种参数如 pH、温度和阴离子类型，有可能获得多种结构（拜三水铝石、软水铝石及假软水铝石）和构型（表面积和孔径分布）。产品可以很纯，这主要取决于初始水合物的纯度以及对铝酸盐水溶液进行额外纯化的可能性。实际上唯一的缺点是脱钠的成本，这与胶体难以洗涤有关。

7.3.2.4 铝盐的中和

本节讨论由下列反应得到的氧化铝凝胶：

$$Al_2（OH）_{6-x}^{x+} + xOH^- \longrightarrow 2Al（OH）_3 \tag{7-7}$$

其中

$$1 < x < 6$$

以拜耳水合物作为初始原料比铝酸盐法花费大，因为水合物用酸处理比较难，所以每 mol 铝需要用多于 1mol 的酸，随后需用多于 1mol 的碱。但因为这种方法是继二氧化硅生产工艺之后，第二个应用溶胶概念生产"均相分散"粒子的方法，鉴于最近对溶胶工艺的兴趣很大，因此上述现存工艺仍有实用价值。

已知的例子是杜邦公司生产的 Baynal 氧化铝。按照式 7-7 对碱性铝酸盐进行水热处理，生成浓缩的一水氧化物溶胶，胶粒的比表面积高达 $600m^2/g$。将无定形凝胶通过高压釜处理可以得到同样结果。

7.3.2.5 其他工艺过程

为了完整起见，应该提到醇化物水解、有关复盐的生产及其热分解过程，复盐热分解可生成高表面积的产品。

7.3.3　氧化铝载体的成型

有若干种造粒技术可用来生产催化过程中所需求的各种形状、粒度、类型和强度的吸附剂或催化剂载体。主要是转盘滚球、挤出成型和油柱成型技术。世界市场上每年用于吸附作用和催化作用的颗粒状氧化铝，采用上述三种成型技术制备的大约分别占 40％、50％ 和 10％。对于汽车尾气的净化，还应提及特殊的涂层技术，该技术用于在陶瓷块体的孔道内沉积一层几十微米厚的氧化铝。

本节讨论前三种成型技术：转盘滚球、挤出成型和油柱成型。

7.3.3.1　转盘滚球

转盘滚球是使粉末逐渐润湿而聚集成球。操作是在一个围绕着倾斜轴旋转的滚球机中完成的。连续加入氧化铝粉末并进行润湿。同时不断向滚球机中加入氧化铝晶核，在表面张力的作用下，润湿的粉末逐渐覆盖在晶核上而使球变大。

球随着直径的增大而逐渐从滚球机的中心向边缘移动，当球的直径达到一定大小时，在离心力的作用下被抛出。氧化铝成球后接着进行活化。

成球的质量以及氧化铝球的性能取决于多种因素，包括氧化铝粉末的物化性质，氧化铝粉末以及晶核和水的进料速度，粘结剂的种类和用量，滚球机的转速和倾角以及水和粉末的加入位置。

转盘滚球技术特别适用于快速煅烧氧化铝的成球。实际上，由于这种氧化铝具有很高的再水合速度和晶化速度，因此在滚球操作的瞬间能形成很细的氧化铝水合物而马上固化，这种情况与水泥很相似。这样形成的球具有明显的强度，在随后的老化阶段强度又进一步增加。这种氧化铝球可以做成优良的吸附剂或催化剂载体。

7.3.3.2　挤出成型

对于氧化铝凝胶来说，挤出成型是最常用的造粒技术。氧化铝的挤出成型广泛应用于石油炼制工业中，加氢处理催化剂载体的制备。成型过程一般分两步：氧化铝等原料的混合与而后的挤出成型。

将假软水铝石或软水铝石粉末与水、优良的胶溶剂（通常用酸，如硝酸或醋酸），如果需要的话还有增塑剂进行混合。以上操作的目的是使胶溶剂以尽可能均匀的方式分散，并使混合物转变成具有流变性的化合物。这种化合物通常是具有一定流动范围的假塑性物料。

膏状物料被挤出后进行干燥和烧成。最普通的挤出物是圆柱体，也有些是制造商推荐的具有不同断面形状（如多叶状）的挤出物。从理论上说，这种挤出物在某些应用中具有较好的性能。

一般氧化铝膏状物的假塑性是很有意思的（黏度随剪切力而下降）。上述特性使得在挤出机内能形成有利于膏状物流动的条件，而在从挤出机排出时又能保持确定的固体形状（尤其是松弛时间很短时）。在混合过程中，氧化铝凝胶的微晶粒子被机械的（剪切力）和化学的（胶溶）作用所破坏，然后在化学键和物理引力的作用下重新聚集，使挤出物具有一定的强度。

混合－挤出条件对焙烧后挤出物的构型和机械性能有很大影响。为获得预期的性能，必须使各种参数，如氧化铝－水的比例、胶溶剂用量、混合时间以及混捏机的类型等达到最佳化。

7.3.3.3 油柱成型

用油柱成型技术制造球状氧化铝的方法，包括用喷雾器使形成氧化铝水溶胶的液滴。这些液滴在一装有不溶于水的溶剂的柱子中进行沉降。油柱中作用到溶胶液滴上的表面张力使其形成完美的氧化铝球，再对其进行中和及晶化（如果需要的话），然后进行干燥和焙烧。

油柱成型的载体可用于制备比如连续再生式的催化重整催化剂，因为这类催化剂在移动床中使用，因而要求高强度。

7.3.3.4 成型技术的比较

上述三种成型技术可以根据成型物料（氧化铝－水体系）中氧化铝的含量来区分。在转盘滚球工艺中氧化铝的质量百分数约为60%，对于挤出成型则下降到约45%，而油柱成球则为25%。此外，软水铝石凝胶的挤出成型过程以及使其晶化的氧化铝溶胶凝聚的油柱成型过程，主要是形成一种已具备最后应用所要求特性的氧化铝。另一方面，碱式铝盐的胶凝－晶化油柱成型过程以及快速脱水氧化铝的转盘滚球过程，则是成型步骤先于氧化铝晶化步骤的过程。

就各种氧化铝球的特点而言，对转盘成球技术的主要兴趣在于它具有较高的生产效率，因而球的造价较低。但缺点是氧化铝球的粒度大小不匀，产品需进一步过筛。油柱成球技术的优点是形成的球具有良好的对称性和均匀的粒度，但费用一般要高于转盘滚球。若所生产的载体并不要求具备特殊的滚动或抗磨损性能，最好采用挤出成型的方法。

7.3.4 氧化铝载体的孔隙

7.3.4.1 细孔孔隙

水合物转变成氧化物受到假晶规律的制约。从物理的角度看，这意味着从水合物的骨架出发，按照简单的规则构成了氧化物的骨架。例如，拜三水铝石的（001）晶面变成尖晶石型 $\eta - Al_2O_3$ 的（111）晶面，这就形成了一种特殊的孔结构。

有两种主要类形，结晶的三水氧化物和微晶软水铝石。结晶的三水氧化物没有孔隙，而且多数情况下表面积很小（大晶粒），在进行热分解时失去3个水分子，并像所预期的那样产生相当大的孔容（$0.2 \sim 0.3cm^3/g$）。低温下，细孔体系是由二维的平行孔（相当于三水氧化物的（001）面裂缝）组成的，这些孔的宽度小于 $2\mu m$，因此比表面积高达 $500m^2/g$。上述平行孔随着温度的升高而逐渐消失，同时出现同样取向［平行于（001）面］的棒状体系。

在微晶软水铝石或假软水铝石分解的情况下，由于粒子小且由于只失去 $1mol$ 水所造成的干扰小，所以生成了没有孔的 $\gamma - Al_2O_3$ 粒子，它具有与初始水合物粒子相同的形态。

在第一种情况下形成粒子内孔隙，而第二种情况下仅形成粒子间孔隙，在热分解时这种孔隙并不增加，两者形成细孔的机理没有差别。在两种情况中细孔孔隙的形成都是过渡相氧化铝晶粒堆砌的结果。唯一的区别是，第二种情况下细孔孔隙率是由软水铝石晶化步骤确定的；而第一种情况下晶化步骤不影响细孔孔隙率，但影响粗孔孔隙率，因为这时聚集体已达到最终的粒度。

7.3.4.2　粗孔孔隙

　　产生粗孔孔隙意味着形成了一种连接大孔的骨架。围绕这个目的有两种基本观点。第一种是在未焙烧的颗粒中加入一种可除去的材料，即所谓的"制孔剂"，加入足够的量以产生大孔骨架。然后，不可逆地强化围绕"制孔剂"的固体结构，最后再除去"制孔剂"，产生的空穴留下了相应的孔容。多数情况下除去"制孔剂"的方法是通过它们的燃烧，很多可借助燃烧而除去的物质，如木屑、炭黑，糖蜜以及石油焦。

　　另一种是基于简单的事实，即粒子的堆积总是保留一定的孔隙率（≥25%），同时孔的大小与粒子大小有关。根据这一原理，为了形成粗孔孔隙，只要将足够大的粒子粘结在一起即可。

　　实际上，单独使用第一种方法主要形成"钮扣状'的孔隙，用压汞法测定结果表明仍为细孔，因此需要用第二种方法。采用第二种方法的困难在于如何避免聚集体的密堆积。往往需要将两种方法结合起来，通过加入可烧去的材料使聚集体形成松散的堆积。

7.3.4.3　孔隙率的控制

　　细孔和粗孔分别由氧化物晶粒和聚集体堆积而成。图 7-6 是氧化铝的孔隙分布图。这清楚地说明控制孔隙的技术就是控制晶粒和聚集体，以及这两者的堆集状况的技术。

　　就三水氧化物而言，大晶粒的拜三水铝石或三水铝石经热分解，而生成氧化铝小晶粒的多孔聚集体。焙烧过程中主要是通过温度控制聚集体的大小，而粒子间的空隙几乎是一个常数。粗孔的大小可以通过初始水合物的晶粒大小来控制，在晶化阶段或通过研磨可以调节晶粒的大小。

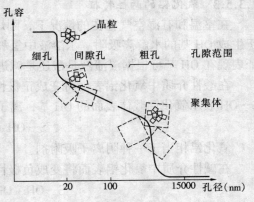

图 7-6　孔隙分布示意图

　　对于从软水铝石制得的氧化铝，通过一水氧化物的晶粒大小、形态和堆积方式可以很好地控制细孔孔隙、表面积、孔径分布和孔容。高表面积取决于形成与保持小晶粒的能力，而集中的孔径分布则取决于形成并保持单分散晶粒的能力。控制成核和晶化过程，并尽量避免在干燥过程中水热处理造成的晶粒演变，这样就可以获得高表面积和集中的孔径分布。细孔孔容的增加意味着容积孔隙的增加，即处于松散堆砌。可以通过三种可能的方式达到目的：加入制孔剂、控制干燥过程中的表面张力或水热处理。

7.3.5　氧化铝载体的物化性质

7.3.5.1　可润湿性

　　氧化铝与水溶液接触时，在表面张力的作用下水迅速地渗入载体的孔中。此过程中原来存在于孔中的部分空气将被截留和压缩。由于氧化铝表面是亲水性的，并且存在着细孔，因此颗粒内部产生很高的毛细管压强。正如下式所示：

$$P - P_0 = \frac{2\gamma}{r}\cos\alpha \qquad (7-8)$$

空气泡内部的压强 P 是液相中压强 P_0、空气－固体界面的表面张力 γ、孔半径 r（假设孔为圆柱形）以及润湿角 α 的函数。

就氧化铝－水体系（$\cos\alpha = 1$；$\gamma = 7 \times 10^2 N/m$）而言，在直径为 5nm 的孔内，毛细孔压强的理论值达 $56 \times 10^6 Pa$（560 巴）。实际上，被压缩的空气将溶解在溶液中，经扩散而逸出载体。

表面张力在实际应用上是很重要的。由于它的存在，可以通过喷洒含一定数量金属母体的溶液，将活性组分沉积在载体上（干浸或毛细管渗造浸渍），但浸渍时施于孔壁上的高压有可能使氧化铝颗粒破碎。对于只有细孔的载体来说，这种现象是非常有害的。一种补救办法是使载体在真空下浸渍，这种方法还可以大大缩短氧化铝的浸渍时间。

7.3.5.2 放热

水在氧化铝表面的吸附是一个放热过程。这种现象的重要性取决于结构、表面积以及载体的脱水程度。润湿焓一般为 $0.2 \sim 1J/m$。这样，在绝热条件下用 1g 水浸渍将使氧化铝升温 $8 \sim 40℃$。如果溶液中的金属母体很容易分解，浸渍过程也可能是吸热的，克服这种不利因素的一个办法是预先对球体进行蒸气处理，从而将放热的大部分消除掉。

7.3.5.3 氧化铝的两性特征

在室温和有湿空气存在的情况下，刚焙烧的氧化铝将再水合和再羟基化。上述现象相当于生成 OH 基的水解离吸附。水溶液中氢氧化铝的 OH 基以具有两性为其特征。这种两性特征表现在 OH 基可根据浸渍液是酸还是碱进行不同方式的电离。

在酸性介质中氧化铝表面将变成正极性，因此能吸附一种带相反电荷的阴离子。用符号 S—OH 表示氧化铝载体表面的 OH 基，离子化作用可用下式表示：

$$S—OH + H^+ = S—OH_2^+ \qquad (7-9)$$

氧化铝相当于一种阴离子吸附剂。

在碱性介质中氧化铝表面将变成负极性，可用下式表示：

$$S—OH + OH^- = S—O^- + H_2O \qquad (7-10)$$

在这种情况下，氧化铝相当于一种阳离子吸附剂。

图 7-7 定量地表示出比表面积为 $220m^2/g$ 的一种氧化铝，其阳离子与阴离子吸附量与 pH 值的关系。从图中可以清楚地看出氧化铝的两性：当 pH 值向酸性介质靠近时，对 Cl^- 离子吸附增加而不吸附 Na^+ 离子；当 pH 值向碱性范围移动时，对 Na^+ 离子的吸附增加而不吸附 Cl^- 离子。应该注意，氧化铝与浸渍液处于平衡的 pH 范围，pH = $8.5 \sim 9$ 的区域相当于氧化铝的零电荷点。

上述氧化铝吸附离子的特性，有利于促使活性组分的金属母体达到原子分散，催化剂在活化之后其活性相的分散度接近 100%。通过同类型的两种

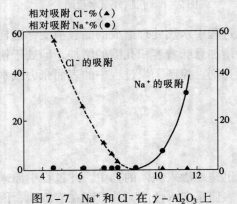

相对吸附 Cl^-%（▲）
相对吸附 Na^+%（●）

Cl^- 的吸附

Na^+ 的吸附

图 7-7 Na^+ 和 Cl^- 在 $\gamma - Al_2O_3$ 上的吸附与平衡 pH 的关系

离子的竞争吸附和离子交换，有可能使氧化铝颗粒内金属母体的分布达到最佳化。

如果竞争吸附离子对氧化铝的亲合力远高于金属母体对氧化铝的亲合力（高度螯合酸；如草酸或柠檬酸，它们很可能是按中心键模型吸附的），则有可能封闭颗粒外表面的吸附中心，而迫使金属母体在颗粒内吸附。

以上分析表明，氧化铝的表面特征使它具有了很值得注意的吸附和离子交换性能，从而有可能制备高度分散的催化剂，并能根据催化剂应用的需求使其达到最佳化。最后我们应该认识到，氧化铝的这些性质直接与其构型（比表面积）、结构特征以及化学纯度有关，载体中的杂质可能引起表面性质变化尤其是零电荷点的数值变化。

虽然本节未对氧化铝进行详尽地介绍，但讨论了这类复杂氧化物的许多重要特征：

（1）价格适中，可大量生产；

（2）能获得高表面积，在一般催化反应的操作条件下，具有良好的热稳定性；

（3）市场上可买到的氧化铝载体，其细孔与粗孔的范围很宽；

（4）存在表面酸性中心和表面碱性中心，从而使其具有许多重要的催化性能。

正是所有上述这些特点才使氧化铝多年来受到人们的喜爱，而且今后仍将受到欢迎。为了设计更有效的载体，现正借助于陶瓷和玻璃领域中的许多研究成果来寻找新的粉末合成和成型的途径。可以设想，对陶瓷和玻璃领域重新唤起的兴趣将为设计更优质的氧化铝载体提供重要的信息。

氧化铝有许多不同的晶型且可从不同的初始原料来生产。由不同类型的初始原料得到的产品是不相同的．在不同制备条件下，产品的孔型、表面积、密度、总孔容和其他物理特征将随着制备方法及初始原料的不同而有显著差别，这也是氧化铝被广泛应用的一个原因。氧化铝可以被加工成多种物理形状：片状、条状、棒状、带沟槽的棒、球形、圆柱形、环形、马鞍形等。

氧化铝载体可以与催化剂组分共沉淀。前驱物可以是氯化铝、硝酸铝、硫酸铝、乙醇铝或铝酸钠，用碳酸铵、氢氧化铵、氢氧化钠或碳酸钠，CO_2（碳酸）、醋酸或其他酸类，可以使其沉淀。

由于氧化铝能以阳离子或阴离子的形式存在，因此可采用多种不同的加工方法得到所需要的氢氧化铝或氧化铝。显然，可以通过制备时使用的初始原料来选择或控制沉淀物中残留的离子。将金属铝溶解在高纯度的硝酸或盐酸中，然后用高纯度的碳酸铵或氢氧化铵进行沉淀，可以得到最纯的氧化铝。如果希望产品保持酸性，可选用氯化铝或硫酸铝且用碳酸铵沉淀，这样，氯化物或硫酸盐将包藏在最后的沉淀物中。实际上，这是制备双功能催化剂中所需酸性氧化铝的一种方法。在这类催化剂中，载体是强酸性的，可加速某些反应，如烃类裂化和异构化反应。

7.4　非氧化铝型催化剂载体

7.4.1　二氧化硅

虽然二氧化硅不像氧化铝使用得那么广泛，但它有一些特性，可用于很多氧化铝不适用的情况。首要的一点是二氧化硅在酸性介质中很稳定，因而在此环境中它比氧化铝更令人满意。

碱性环境对二氧化硅和氧化铝都不利，因此二者都不特别适用于碱性体系。

不论是单独作为载体还是通过共沉淀而加到沉淀中，硅酸钠与硅酸钾都是常见的，并且是最方便的二氧化硅来源。

制备二氧化硅凝胶的一个典型方法是制备含 4% 硅酸钠（Na_2SiO_3）的溶液。在溶液中通入足够的 CO_2 或加入 H_2SO_4 或 HCl，使 pH 值接近 7，从而形成凝胶沉淀。在 pH 值为 7 的情况下溶液将形成凝胶，如果是在一个容器中，它将变得像胶冻一样硬。若容器的直径不太大，则将容器翻转过来时胶体仍可悬挂在其中。

接着用脱阳离子水洗涤凝胶。在最后的干胶中，钠一般可以脱到含 Na_2O 1.0% 左右。使 Na_2O 含量低于此水平几乎是不可能的，因而可以设想，残留的钠以硅酸钠的形式包藏在二氧化硅中，不能被分离或脱除。将凝胶在 10% 碳酸铵或碳酸氢铵溶液中浆化，可使钠离子含量达到最低。用搅拌打碎胶冻，从而有可能通过离子交换用铵离子取代钠离子。希望将钠脱除到尽可能低的水平，目的是避免钠的碱性，因为碱性可能对载于二氧化硅上的活性组分产生不利影响。此外，脱除了钠也防止了它对二氧化硅的助熔作用（降低二氧化硅的熔融温度，并"裹住"活性组分）。

如果硅凝胶是通过四氯化硅在水中水解而获得的，则可以避免钠。另一种同样有效避免钠的方法是在水中使硅酸乙酯水解。

可以得到不同程度水合的、近于纯的氧化硅。在干燥过程中二氧化硅体积显著收缩，干胶的体积不到原来水凝胶体积的 5%。得到的二氧化硅可以作为多数催化金属的载体，比表面积约 $400m^2/g$，浸渍过程受许多技艺性操作方法的影响。二氧化硅有一种特性（某些情况下氧化铝也如此），即当它渍泡在液体中时吸附热很大，以致使吸附在其表面的液体汽化而形成蒸气，从而导致载体颗粒破碎，有时形成细粉。

为避免上述炸裂，可以将二氧化硅颗粒装填到一根管中，然后通入水蒸气或者湿空气或一种湿气体，使二氧化硅载体的含水量达到 50% 或更高。当二氧化硅的含水量达到此水平时，液体进入细孔的速度以及释放出的热量不会再造成颗粒破碎。实际上，炸裂现象仍然存在，但程度较轻。如果用类似的方法处理氧化铝，炸裂程度会更轻。总之，炸裂是一个必然会遇到的问题，在某些情况下可以通过用水预饱和而加以避免。

可以由不同的初始原料生产二氧化硅，最后做成细粒子、挤出物（条状）、球状等。二氧化硅往往以共沉淀的形式使用，此时它完全分散在催化剂沉淀中，可以由几种方法实现这一点。一种方法是所有活性组分的盐类皆用氧化物，在氯化物溶液中，按照作为载体所需要的数量加入四氯化硅，控制溶液的 pH 值，使四氯化硅在溶液中不水解成盐酸和二氧化硅凝胶。然后升高 pH 值到接近中性，使所有的组分沉淀，二氧化硅则完全分散在催化剂沉淀中。

要记住，在上述制法中很难使 SiO_2 既处于很活泼的形态，又与催化组分完全混合。当温度超过 450~500℃ 时，往往开始形成硅酸盐。在更高的温度下，如果有足够的二氧化硅存在，则活性组分几乎完全转化成硅酸盐。虽然一再告诫应避免高温和形成硅酸盐，但并不是说轻度转化成硅酸盐也是有害的。在某些情况下，作为载体的二氧化硅与活性组分反应生成的硅酸盐具有极好的活性和选择性。

为使二氧化硅完全而均匀地分散在催化剂中，也可将硅酸乙酯加到拟沉淀的催化材料中。通常是在一个装有搅拌的容器中加入催化剂组分的前驱物，然后同时加入沉淀剂和硅酸乙酯，通过水解反应生成高度分散的二氧化硅。

　　用下列方法也可将共沉淀的二氧化硅引入到沉淀的催化剂配料之中，将足够量的固体盐溶解在水中，制成浓度为 4% 的硫酸钠（最好是偏硅酸钠）溶液。快速搅拌上述溶液，当溶液中含有的二氧化硅达到所需量时，迅速地将一种无机酸，如硝酸、盐酸或硫酸加到溶液中，使溶液的 pH 值从强碱性变成强酸性（pH < 2）。在这种条件下，二氧化硅将不形成凝胶而形成稳定的溶胶。将此溶胶加到低 pH 值的催化组分的盐溶液中，再加入沉淀剂（碳酸铵或碳酸氢铵、碳酸钠或碳酸钾，或者碳酸氢钠、碳酸氢钾）直到 pH 达 6.8 ~ 7.5。在这种情况下，催化组分被沉淀，同时二氧化硅作为载体也被包在沉淀中，二氧化硅还可能起到稳定剂甚至助剂的作用。

　　上述制备颗粒状二氧化硅和共沉淀二氧化硅的方法是生产二氧化硅载体的有效途径。此外，高纯度的二氧化硅能以胶体状态获得。胶体二氧化硅的特征明显地不同于共沉淀的、高度分散的二氧化硅。胶体二氧化硅通常是微球状的，直径约 40 ~ 350Å。胶体二氧化硅可以采用与硅酸钠类似的方式处理，它能够从通常存在的碱性溶液迅速地转变成酸性分散体系，后者也是高度稳定的胶体，也可以把它加到催化组分的溶液中，像硅溶胶那样被共沉淀。由于所加的球形可以具有不同的直径，而且还可能有不同的排列方式；具有一定空间的骨架或形成紧密堆积簇团，因此催化剂可能具有不同的孔结构特征。用胶体二氧化硅可以形成具有一定空间的骨架结构（其他类型的难熔氧化物也可获得类似的结构）。

　　胶体材料可以被干燥，而且像从硅酸钠得到的凝胶一样，在干燥时发生胶凝并变成颗粒。这类二氧化硅没有很细的孔或大的表面积，但它们的一个重要特点是其孔径和总孔容可以被控制。从胶体得到的二氧化硅比从硅溶胶得到的二氧化硅反应活性低，因此与从酸化硅酸盐（溶胶）得到的二氧化硅相比，它只有在更高的温度下才能与催化剂组分反应生成硅酸盐。但无论哪种情况，在大约 700℃ 左右时，二氧化硅都变得很活泼，发生聚结作用并生成大量的硅酸盐，还有一些其他类型的二氧化硅也应作为载体材料加以考虑。一种是发烟二氧化硅，是在气相中制备的胶态二氧化硅。另一种是各种形式的商品二氧化硅，如萃取玻璃或从硅酸钠通过沉淀和洗涤生成的二氧化硅。

　　在氧气或空气流中氧化四氯化硅，可生产发烟二氧化硅。这样得到的二氧化硅是高度分散的。由于它是在高温条件下制备的，因此是一种高温型二氧化硅，称为 α - 石英。它是一种块状材料，每立方米的重量只有 32 ~ 48kg，但是它在水中很容易被分散，因此可用于替代胶体二氧化硅。应该指出的是，胶体二氧化硅与发烟二氧化硅各有其独自的特性，它们的分散性和稳定性是很不相同的。此外，它们与催化组分反应生成硅酸盐的倾向也不相同。发烟二氧化硅较不活泼，因此较难生成硅酸盐。

　　有时用片状熔融二氧化硅作为载体。熔融二氧化硅像熔融氧化铝一样几乎是惰性物质，因此可以作为载体使用，而不必担心它对所研究的反应会产生有利或不利的影响。由于熔融二氧化硅具有不同于熔融氧化铝的特征，因此讨论二氧化硅的目的在于指出熔融二氧化硅也是一种有用的和比较惰性的载体。

7.4.2　硅藻土

　　硅藻土是一种天然存在的比较便宜的二氧化硅材料，常常用作催化剂载体，特别是负载了镍以后，成为了一种常用的液相多相加氢催化剂。硅藻土也用作助滤剂，若以它为载体，可以改善过滤性能并使液相多相体系易于悬浮。利用它的这种特性不需要外加机械搅拌，只要使氢气或其他气体混合物在悬浮液中鼓泡，就可使液体充分被搅拌，并使催化剂保持悬浮状态，因此可以节省投资和操作费用。另一方面，硅藻土是多孔性物质并具有吸附性能，因而当催化剂被排出和废弃时，大量有价值的产品可能被包藏在湿催化剂中，往往需要进行萃取回收处理。

硅藻土存在于自然界，它是热带内陆海中的古代硅藻硅化成的一种化石。表7－3概括了多数天然硅藻土的化学组成。

表 7－3　硅藻土的化学组成

类　　别	灼烧（%）	SiO_2	Al_2O_3	Fe_2O_3	P_2O_5	TiO_2	CaO	MgO	$Na_2O + K_2O$
未处理前	3.6	85.5	3.8	1.2	0.2	0.2	0.5	0.6	1.1
焙烧和碱处理	0.2	89.6	4.0	1.3	0.2	0.2	0.5	0.6	3.3

显然，在使用硅藻土时，必须对其中的一些重要组分予以重视。天然原矿含有酸溶组分（在 pH 值一般为 0.5～1.0 的硝酸镍或硝酸钴溶液中可被溶解）。此外，当用碳酸钠沉淀镍时将发生两种过程，较早从硅藻土中溶解的组分发生再沉淀，在碱性 pH 条件下悬浮的组分（SiO_2）溶解，这种可溶性可能是有害的。这意味着二氧化硅（硅溶胶）相当于 5% 的硅藻土，即老化过程中所产生的量。

在市场上可购得其他类型的硅藻土。有些是焙烧过的，有些是经酸或碱处理后再经水洗脱除了杂质的。这类硅藻土在 pH 值为 7.5 的条件下不与碱反应，因此最后活性为 x 或 $0.9x$。以硅溶胶的形式加入 5% SiO_2（以硅藻土总量为基准）活性增加到 $1.5x$。

商品硅藻土有多种规格：活泼的和不活泼的以及不同粒度和不同组成的粉末，此外，还有条状的和球形的。

7.4.3　二氧化钛

二氧化钛是最引人注目的载体之一，它已经是将继续成为很多研究工作的主题。关于这方面有一种极有意思的现象：当氧化锰负载在二氧化钛上时，其性能与负载在氧化铝、二氧化铈、氧化锆和氧化镁上明显不同。以甲醇氧化反应为例，当氧化锰负载在二氧化铈上时，甲醇在很低的温度下即氧化成二氧化碳和水；相反，当氧化锰负载在二氧化钛（下面将讨论其制备方法）上时，甲醇主要氧化成甲醛，产率约 80%。上述例子说明载体的影响，以及二氧化钛不同于其他载体的独特性。

正如氧化铝和二氧化硅在不同压力和不同温度下有不同物种一样，二氧化钛也有不同物种：板钛矿、锐钛矿和金红石。板钛矿是菱形的，锐钛矿是四方形的，而金红石是四方密堆积的。它们随着温度和压力的变化会发生相变。

二氧化钛作为一种载体材料可以从市场上购得。不同公司生产的在材料的组成、粒度、比表面、平均孔径、孔容等将有所区别。

能够买到颜料级的粉末状二氧化钛，所有的颜料级二氧化钛在其表面都涂有一层其他物质，因此在大多数需要选用纯二氧化钛的情况下它们将有干扰。由于涂层材料一般都是专利配方，因此不能预先知道实际所用的材料类型。通常涂层材料是二氧化硅，但不能认为一成不变。颜料级二氧化钛一般是锐钛矿。

二氧化钛有多种不同来源。已知四氯化钛具有急剧发烟的特征，因此难以贮运。但是，它可以溶解在有机溶剂或高浓度的盐酸水溶液中。当用水稀释时发生水解，得到高分散的二氧化钛。如果用能够形成高浓度溶液的氯化物制备催化剂，则采用足够浓的盐酸溶液作为助溶剂时，有可能使四氯化钛溶解在上述溶液中。

另一种方法是首先在一个装有搅拌的容器中配制催化剂组分的溶液，然后将沉淀剂以及四氧化钛溶液同时加到催化剂组分中使其沉淀。由于催化剂组分的沉淀和四氯化钛的水解，使得二氧化钛与催化剂组分形成共沉淀，但一般不愿采用这种方法。

通常认为钛很难形成硝酸盐，但四氯化钛很容易转化成硝酸盐。加入硝酸可使溶液保持足够低的 pH 值，在这种情况下硝酸钛是稳定的。为了制备硝酸钛，可以将四氯化钛放在一个带有回流冷凝器的烧瓶中。烧瓶装有加入硝酸的设备并配有测定溶液温度的装置。将烧瓶加热到 85℃ 左右，在此温度下缓慢而小心地加入硝酸，将氯化物从冷凝器出口排出。可以将硝酸钛与催化剂组分一起加到一个用于沉淀的容器中，然后以一种常规的方法，例如用碳酸钠或碳酸铵，或酸式碳酸盐，或者其他沉淀剂，使全部混合物沉淀。

另一种很好的将二氧化钛引入沉淀中的方法是使用一种有机钛化合物，在水溶液中它能迅速水解而生成高度分散的二氧化钛。

从市场上还可购得胶体二氧化钛。适用于胶体二氧化硅的各种因素也同样适用于胶体二氧化钛。胶体二氧化钛与共沉淀的二氧化钛相比，较难与催化剂组分反应生成钛酸盐。胶体二氧化钛趋向于使催化剂形成比较敞开的结构，即有较大的平均孔径。

7.4.3　其他

此外，氧化锆、镧系元素、氧化铬、氧化锡、碱土金属氧化物、碱土金属盐（包括碱土金属氧化物、碱土金属硫化物、碱土金属铝酸盐、碱土金属硅酸盐、碱土金属钛酸盐、碱土金属锆酸盐）等物质也都可以作催化剂载体使用。根据它们不同的性质而担载不同的催化剂，用于不同的场合。

例如，陈敏等人对 CeO_2 负载 PdO 催化剂的载体效应及其对催化性能的影响进行了研究。从载体效应角度来看，PdO/CeO_2 催化剂表现出独特的氧化活性，是由于稀土型载体 CeO_2 的使用起到了两种有益的作用：①在结构上，由于 CeO_2 具有面心立方结构，一个金属离子被 8 个 O^{2-} 包围，构成晶胞，它的特点主要体现在其结构中的表面空穴具有良好的储氧和供氧能力，以及分散表层活性组分的特性。②在化学作用上，由于 CeO_2 载体的使用，增加了 Pd 的金属微晶晶界处的氧化性，使 Pd 与载体之间产生一种协同效应，在合适的协同效应下促使催化活性的提高。

7.5　汽车尾气催化剂载体

7.5.1　汽车排放物的种类及其危害

近几十年来，随着工业经济的发展，石油燃料的大量消耗所引起的有害物质对大气产生了严重的污染。汽车发动机的有害排放物是造成大气污染的一个主要来源。20 世纪 60 年代以来，由于各国汽车使用集中，数量大，因此有害排放物对大气环境造成的严重污染和对人体的健康影响很大。

汽车发动机排气中包含许多成分，其基本成分是二氧化碳（CO_2）、水蒸气（H_2O）、过剩的氧气（O_2）以及存留下的氮气（N_2）等，它们是燃料和空气完全燃烧后的产物，从毒物学的观点看排气中的这些成分是无害的。除上述基本成分外，汽车发动机排气中还含有不完全燃烧的产物和燃烧反应的中间产物，包括一氧化碳（CO）、碳氢化合物（HC）、氮氧化物（NO_x）、二氧化硫（SO_2）、固体颗粒（铅及铅化物、碳烟）及醛类等。这些成分的质量总和在汽车发动机排气中所占的比例不大，如汽油机只占 5%，柴油机还不到 1%，但它们中大部分是有害的，有强烈刺激性的臭味，或有致癌作用，因此被列为有害排放物。

2002 年我国汽车产量达到了 347.7 万辆，2003 年汽车产量更是达到了 444.4 万辆，成为了世界第四大汽车生产国，2004 年我国汽车产量突破 500 万辆。现代社会的发展使汽车保有量出现了大幅度增长，而尾气排放所产生的污染也大量增加，大气中约 50% 的氮氧化物来自机动车尾气。汽车集中的发达地区，如广州，尾气排放产生的污染已占大气污染的 50% ~ 60%；与日本、美国相比，我国机动车单车的排放量在同样的情况下是日、美的 10 ~ 15 倍，加上各种车辆的混合行驶，街道面积狭小，车辆密度大，车辆平均行驶速度很低，故 CO 和 HC 的排放量非常高，造成汽车污染日益严重，北京和广州 NO_x 空气污染指标达四级，大多数城市臭氧浓度严重超标，从而引起酸雨、光化学烟雾等破坏地球生态环境和损害人体健康的一系列问题。

据 1998 年国际性组织发布的一项报告表明，全球空气污染最严重的十大城市中，我国占七个。据中国社会科学院公布的一项报告表明，1995 年我国环境污染所造成的经济损失达到 1875 亿元，占当年 GDP 的 3.27%，其中大气污染造成经济损失达到占总损失的 16.1%，因汽车尾气及悬浮颗粒物影响导致的人体健康损失估计为 171 亿元。

7.5.2 越来越严格的汽车尾气排放标准

汽车尾气已成为城市大气的主要污染源，且影响日益严重。国际上工业发达国家和地区早就指定了汽车污染物排放标准和检测方法，并强制推行汽车尾气净化器的使用。汽车尾气净化已经有 30 多年的历史。其净化标准逐年提高，如表 7 - 4、表 7 - 5 所示。

表 7 - 4　美国的汽车尾气排放标准

年　　代	CO（g/km）	H_mC_n（g/km）	NO_x（g/km）
1976	15	1.5	3.1
1980	7	0.41	2
1991	2.1	0.26	0.63
2004	1.1	0.078	0.13

表 7 - 5　美国加利弗尼亚州和欧盟汽车排放标准（g/km）

地　　区	CO	HC	NO_x
加利弗尼亚州：过渡期排放标准（TLEV）	2.11	0.08	0.25
加利弗尼亚州：低排放标准（LEv）	2.11	0.05	0.12
加利弗尼亚州：超低排放标准（ULEV）	1.06	0.02	0.12
欧盟 1996/97	2.7	0.341	0.252
欧盟 2000/2001	2.3	0.20	0.15
欧盟 2005/2006	1.0	0.10	0.08

为了贯彻《中华人民共和国环境保护法》，减少汽车排气对大气的污染，我国也从 1983 年开始陆续制定、颁布了 9 个相应标准，国家环保局专门发文要求执行。汽车行业管理部门国家机械工业局也公布了控制汽车产品排放的目标和方针，即 2002 年达到欧洲 90 年代初控制水平，2010 年实现与国际控制水平同步；可见我国汽车排放的控制水平远落后于发达国家。积极开展汽车污染控制方面的研究工作，采取各种有效措施减少汽车污染物的排放，使我国汽车工业尽快赶上世界先进水平，已是摆在我国汽车工作者面前的紧迫任务。

7.5.3　催化剂载体技术的发展

7.5.3.1　当前的汽车尾气净化处理技术

对于汽车尾气的污染问题现在国际上正在加紧研究彻底治本的方法，即不采用汽油、柴油燃料，而是用氢作燃料转换成电能来带动汽车发动机，氢气燃烧后只是产生水，不存在污染问题。但从目前的研究状况来看，要达到实用化的程度还有很长的一段路要走。

所以目前国际上对于汽车排放污染控制主要采用治标的方法，即产生了污染物之后再进行处理。在这些处理技术当中，除了采用尾气再循环、延迟点火时间等机内净化措施外，高效催化转化技术是最有效的机外净化措施。它是在尾气排出气缸进入大气之前同时将 CO、HC 和 NO_x 转化为无害的 H_2O、CO_2 和 N_2 气体，所用的净化器称为三效催化转化器或三元催化转化器，其由外壳、载体和催化剂三部分组成，载体分为陶瓷载体和金属载体，目前大量使用的是陶瓷载体。因此研究汽车尾气净化器中多孔陶瓷催化剂载体的制备具有很重要的意义。

7.5.3.2　汽车尾气催化剂载体的作用与要求

载体用于催化剂的制备，最初的目的是节约贵金属催化剂材料（如铂、钯等），同时提高催化剂的机械强度。后来，由于使用不同载体而使催化剂活性产生差异，才对载体其他方面的作用进行了研究。催化剂的载体具有以下几方面的作用：①增大有效表面积和提供合适的孔结构；②提高催化剂的机械强度，包括耐磨性、硬度、抗压强度和耐冲击性等；③提高催化剂的热稳定性；④提供催化反应的活性中心；⑤和活性组分作用形成新的化合物；⑥增加催化剂的抗毒性能，降低对毒物的敏感性；⑦节省活性组分用量，降低成本。

对于用作汽车尾气催化剂的载体所要求的性能是多方面的。载体的性能关系到催化剂的转化率、使用寿命和整个催化转化器的装配要求，对整个催化转化系统的性能（如压力降、传热和传质特性、强度、催化剂起燃性能和稳态转化率）都有很大影响。

汽车运行的工况是很复杂的，随着汽车载荷、行驶速度和路面状况的变化而异。一般可分为启动、怠速、小负荷、中负荷、大负荷和全负荷、加速等六个状态。CO、HC 和 NO_x 的最高排放量分别出现在怠速、低速和加速阶段。经验表明，汽车发动机一般工作在负荷不满和转速多变的情况下。在密集的城市交通运输中，汽车大部分时间（占全部时间的 64%）在低速（$n = 600 \sim 1800 r/min$）和功率从怠速到 23.6kW 之间工作。因而就催化剂的载体应满足以下要求：

（1）具有很高的热稳定性

汽车发动机的排气温度范围较宽，怠速时为 $200 \sim 300 ℃$，全负荷运转时达 $700 \sim 800 ℃$，在上坡或加速工况时，反应器温度可达 1000℃以上，高温（热）失活是催化剂劣化的主要原因，会使活性的 $\gamma - Al_2O_3$ 相变成比表面积小而无活性的 $\alpha - Al_2O_3$，致使材料变脆、变形并导致失活。因此，载体要有很高的热稳定性。

（2）具有很高的机械强度

催化剂固定在汽车排气尾管（催化转化）中，要承受高温腐蚀性气流的冲击和长期的振动。催化剂的破裂和流失是催化剂失活的机械原因。因此要求载体具有良好的耐冲击和振动性能。

（3）具有较高的比表面积

催化剂的活性与其比表面大小有关，若催化反应速度不受传质过程的限制，则催化活性与其比表面成正比。大比表面有利于催化剂活性组分的高度分散，对提高催化剂的活性极为有利。

（4）具有很低的热容量

对汽车尾气净化催化剂来讲，低热容就意味着催化剂热得快，这对于汽车冷启动时废气的催化转化尤为重要。大部分 CO 和 HC 是在汽车冷启动着火后到催化器开始工作的时间内（即汽车暖机运转过程中）排放的（参见图 7 - 8），因为冷启动时排气温度低，难以达到一般催化剂正常的工作温度（300 ~ 400℃），而使污染加剧。改进的方法除了改善催化剂的低温活性外，低热容的材料可使载体温升加快。

（5）热膨胀系数小

热膨胀系数小能够保证催化剂经受温度的急剧变化而不破裂。按实用化要求，催化剂载体的抗热震性能必须达到在空气中的急冷温差在650℃以上，要满足抗热震性要求堇青石蜂窝陶瓷的热膨胀系数需要降低至 $1.0 \sim 2.0 \times 10^{-6}/℃$ 左右。

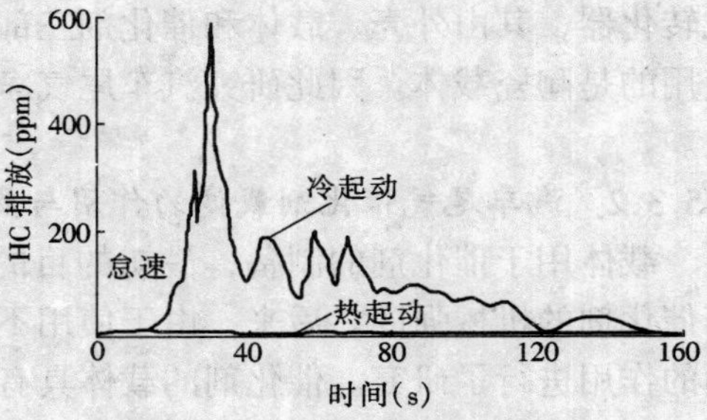

（6）耐腐蚀性好

汽车尾气的成分非常复杂，有几百种，其中有许多腐蚀性气体，载体必须经受这些腐蚀性气体在高温下的冲击，保证使用寿命。

图 7 - 8　BMW - 3 系列汽车在 FTP 第一试验阶段最初 160sHC 排放情况

（7）气体阻力小

催化转化器的安装要求对发动机产生的背压小，尽可能不影响发动机的正常工作，即气流经过载体后产生的压力差尽可能小。

除以上要求外，催化剂载体应有一定的形状，适宜的物理性能（如吸水性、密度、比热和导热系数等），不含有任何可使催化剂中毒的物质，并且要求其材料易得、成本低廉、制备方便，并不会造成环境二次污染。

7.5.3.3 汽车尾气催化剂载体材料的发展与比较

催化活性组分要担载在高比表面的载体上，才能很好的发挥作用，载体的选择对催化剂活性有很大影响。

用于汽车尾气净化催化剂的载体，从形状上可分为颗粒状和整体两类。

早期以活性氧化铝、硅氧化镁、硅藻土为原料制得的颗粒状载体，它具有大的比表面积

（$200 \sim 300 m^2/g$），并且有很好的机械强度，粒径在 $2 \sim 6mm$ 内，制备简单、价格低廉、装填容易、使用方便，早期多采用此类载体。但是由于活性氧化铝载体密度大、热容量高、暖机性能差，又是堆积式填装，易导致发动机排气阻力增大，背压大，油耗上升，功率下降，且在转化器中易磨损粉化，造成二次污染。20 世纪 80 年代逐渐被整体式蜂窝状载体所取代。

整体式载体主要为蜂窝状，其材料为陶瓷（如堇青石、富铝红柱石、莫来石、锂辉石、沸石、$\alpha - Al_2O_3$、氧化锆、二氧化钛、钛酸铝、透锂长石、硅铝酸盐及硅酸镁等）和金属合金。

陶瓷蜂窝载体是由许多薄壁平行小通道构成的整体，气流阻力小，几何表面积大，无磨损。大量研究表明，堇青石载体具有很低的热膨胀系数，有突出的抗热冲击性，而被广泛采用，是汽车排气净化催化剂较为理想的载体。它具有如下特征：①整体式结构，具有纵向连续不受阻挡的流动通道，每一通道皆贯通整个支持体，周围是一薄壁表面，其厚度可薄到只须满足催化剂强度要求的程度；②具有高的机械强度，耐冲击，热稳定性能好，热膨胀系数小；③整体式装配，易于装卸和更换；④孔隙率高，排气阻力小，对发动机性能影响小；⑤蜂窝状载体的蜂窝（窝室）截面有三角形、四方形和六角形等形状，载体断面形状一般以圆形和椭圆形为主。

国外在一些高级车或振动剧烈的车上，已采用抗氧化性能优良的不锈钢箔或 Fe－Cr－Al 合金材料制作的金属载体。这种载体与陶瓷蜂窝载体相比，壁厚可以比蜂窝结构的薄得多（约为 $50\mu m$），可以降低发动机背压，节约燃料；具有低热容和优良的导热性能，减少汽车冷启动时间，大大降低启动时的排放污染物含量，主要用于电加热催化剂 EHC（Electri-cally Heated Catalyst）控制，冷启动时的废气排放效果好；比陶瓷蜂窝载体有更高的热稳定性，一些公司把合金载体专用于紧凑耦合催化剂，以及形状、安装位置的随意性好等优点。

尽管金属载体具有上述优良的特性，但其亦存在许多目前无法解决的问题，如不锈钢箔的大量生产技术尚未确定，成型工艺复杂，载体与催化剂活性层附着性差，为提高不锈钢箔的抗氧化性、防止涂层的剥离，而需要加入稀土元素和贵重金属，致使成本明显提高等，从而使金属蜂窝载体至今不能获得更广泛的应用。

综合比较各种材料的优缺点，多孔陶瓷载体相比于金属载体具有耐高温性好、低热膨胀性、比表面积大、压力降小、扩散距离短、隔热性好、重量轻等优点，更适用于高温的汽车尾气催化剂的载体。而堇青石材质的多孔陶瓷具有膨胀系数小、抗热震性好等优点，目前汽车尾气处理的载体主要采用堇青石质多孔陶瓷。但也存在成型工艺复杂、对设备要求高、强度不够理想、气孔率也难以再提高等缺点，因而限制了其催化效果的进一步提高。

7.5.3.4 国内汽车尾气催化剂载体技术的差距

目前，国外生产用于汽车尾气净化的堇青石蜂窝陶瓷的热膨胀系数为 $0.6 \sim 1.2 \times 10^{-6}℃$，抗热震性能可达 700℃ 甚至 950℃ 以上。国内研制的情况远远落后，国内研制的堇青石蜂窝陶瓷的热膨胀系数一般为 $2.0 \times 10^{-6}℃$ 左右，抗热震性能一般为 $500 \sim 550℃$。

其次，净化的效果是衡量汽车尾气净化器一个关键性指标，另外还要求的是不要增加太多的压降，以免消耗更大的功率，增加废气的排放量。这两个要求主要是由载体的孔密度以及壁厚度决定的。对于确定的催化剂而言，载体所具有的表面积直接决定着催化的效果。具有相同材料的用作汽车尾气催化剂载体的表面积可用名义孔密度及壁厚度来比较。随着孔密度的增加，壁厚度的减小，产品性能也越好，表现为表面积增大，压力降降低（参见表7-6）。

表7-6 美国康宁公司蜂窝陶瓷孔型数据

名义孔密度（孔/in²）	400	300	200	100	50
壁厚（in） （cm）	0.065 0.17	0.105 0.27	0.116 0.29	0.163 0.41	0.230 0.58
比表面积（in²/in³） （cm²/cm³）	70.00 27.57	57.00 22.45	46.46 18.29	32.85 12.94	23.21 9.14
蜂窝体密度（g/in³） （g/cm³）	6.74 0.41	9.60 0.59	8.93 0.55	8.95 0.55	8.97 0.55
平均正压（psi） （kg/cm²）	3000 2113	4800 3381	3200 2254	3900 2747	4500 3169

随着标准越来越高，相应的对净化器的要求也日趋提高。国外的蜂窝陶瓷产品已经从400孔/in² 到600孔/in² 直至900孔/in²，另有报道已经研制了1100孔/in² 的陶瓷载体。但是同时，材料生产加工的难度却越来越大。目前900孔/in² 的产品壁的厚度只有3mil（1mil = 0.001in），也即76.2μm（参见表7-7），也有报道说可达0.05mm；再减小的话已经是相当难了，这涉及到成型模具、材料本身、成型工艺等各方面的极限问题。国内虽有报道初步研究成功了600孔/in² 的模具，但目前国内厂家生产不出孔密度超过400孔/in²，壁厚0.16mm以下的产品，而且性能也不如国外同规格产品（参见表7-8）。

性能上的差距是由技术装备上的差距造成的。蜂窝陶瓷生产工艺的复杂性决定了蜂窝陶瓷的生产对设备具有很高的要求。目前国外生产厂的设备专业化程度非常高，尤其是成型、干燥、切割、成品监测等工序已经实现了全自动化、高精度、连续化操作。而国内生产厂家由于资金不足，生产设备相比国外非常陈旧、落后，模具加工水平也很低，目前采用的生产工艺与国外的先进工艺也有一定的差距。

表7-7 三种蜂窝陶瓷载体及其数学参数

载体产品	孔密度（孔/in²）/ 壁厚（mil）	通孔率（%）	几何表面积（%）	压力差（%）
常规型	400/6.5	76	标准	标准
	350/5.5	80	减少（-4）	减少（-24）
薄壁型	600/4	80	增加（+26）	增加（+30）
	400/4	83	增加（+4）	减少（-20）
超薄型	600/3	84	增加（+28）	增加（+17）
	900/3	80	增加（+54）	增加（+88）

表7-8 我国常见的蜂窝陶瓷载体规格

孔密度 p（孔/in²）	400	300	200	100
壁厚 a（mm）	0.20	0.24	0.26	0.35

以上导致了国内生产的多孔陶瓷产品与国外相比，对汽车尾气处理效率低，排气合格率低50%，抗热震性能及机械强度方面还存在很大的不足，与国外产品的性能相比有相当大的差距。

综上所述，为提高汽车尾气净化处理效果，有必要研制性能更为优越的催化剂及其载体。随着人们环保意识的增强及环保法规的进一步严格，故研制高效环保型多孔陶瓷载体是一件迫在眉睫的社会任务，其意义将非常深远。故汽车尾气排气净化装置也被列入国家颁布的《国家高新技术产品目录》，作为国家重点支持的项目之一，各级政府也高度重视汽车排放的污染问题。

7.5.4 汽车尾气净化载体的制备

7.5.4.1 工艺流程

一般蜂窝陶瓷制备的工艺流程如下：主原料合成→混炼→陈腐→挤出成型→干燥→烧成→检验包装。

7.5.4.2 原料选择

制备蜂窝陶瓷的主要原料有董青石、钛酸铝、锂辉石、磷酸锆钠、氧化铝、锆英石、碳化硅、氮化硅、莫来石等，这些原料的性能如表7-9所示。

由于蜂窝陶瓷常采用挤压成型，必须在主原料中加入各种添加剂来提高泥坯的可塑性和流动性。添加剂包括水溶性和非水溶性两大类，主要有：粘结剂、增塑剂、解胶剂、润滑剂、润湿剂等。此外，还有保水剂、螯合剂、静电防止剂、保护胶体剂和表面活性剂等。目前大都采用淀粉、羧甲基纤维素、聚乙烯醇作为粘结剂，桐油、硬脂酸等作润滑剂，甘油作增塑剂。Auriol 等曾以9%凡士林和16%的水胶（1.5%甲基纤维素）作增塑剂，成功制取了挤压泥料。Kiefer 则用生淀粉作造孔剂，淀粉浆糊、甲基纤维素或聚乙烯醇等作增塑剂，挤压成型制备蜂窝陶瓷。日本专利用水合 Al_2O_3 加磷酸制备泥料。

表7-9 制备蜂窝陶瓷的主要原料

陶瓷原料	热膨胀系数（$\times 10^{-6}$/℃）	使用温度（℃）	耐化学腐蚀	抗折强度（MPa）
董青石	1~2	1100	耐碱性	130
钛酸铝	1~2	1300	耐碱性	50~70
锂辉石	-1~1	700	耐碱性	150
磷酸锆钠	-0.3~1	1500	耐碱性	110
氧化铝	8	1600	耐酸、碱性	600
锆英石	4	1600	耐酸性、抗氧化	49
碳化硅	4.8	1500	耐酸性	4500
氮化硅	3.2	1300	抗氧化、耐酸性	750
莫来石	2	1300	耐酸碱性、抗氧化	400

7.5.4.3 混炼

以水溶性粘结剂为例，将水78%、羧甲基纤维素12%、蜡乳浊液7%、硬脂酸3%、甘油3%搅拌均匀后，再与70%~75%的陶瓷粉料充分混炼，经陈腐、过滤杂质后即可挤出。对水系较难挤出的粉料，可加入适量蜡、聚乙烯、醋酸乙烯树脂、增塑剂、润滑剂等作为粘结剂。

7.5.4.4 挤出成型

蜂窝陶瓷在挤出成型前需对泥料进行过滤净化和预均化处理。

蜂窝陶瓷的蜂巢结构形状是由挤出成型而形成的，它的形状是由模具形状所决定。挤出模具的设计和制造是蜂窝陶瓷生产中的关键技术。挤出模具一般使用 45 号钢或模具钢制造，模具钢板厚为 13～16mm，通常模具外径比模具的有效挤出直径要大于 20～30mm。进泥孔打孔深度为 6～10mm，以正方形蜂窝结构为例。其线切割深度为 3～10mm。线切割缝宽即为产品的壁厚，一般在 0.2～0.5mm 范围内，进泥圆孔面积与十字出泥孔面积比应为（1.1～1.2）:1 为宜。打孔深度与块长度之比应在 (2～3):(1～2)，否则易脱落。对于大孔产品，一个送泥孔供应一个蜂巢泥料；对于小孔产品，一个送泥孔可代 5/4 左右个蜂巢泥料。挤出成型工艺是：泥料混后从模具中挤出、切割、最后粘拼即成。

7.5.4.5　干燥工艺及防止干燥开裂的方法

目前大都采用微波干燥工艺。蜂窝陶瓷的成品率在很大程度上取决于干燥工艺，固对于微波干燥作一较详细的探讨。尤其对于干燥开裂现象，将从理论出发，联系实践提出解决干燥开裂问题的解决办法。

（1）干燥原理

微波是一种波长极短、频率非常高的电磁波，波长在 1mm 到 1m 之间，其相应频率在 300MHz 至 300GHz 之间。微波作用于材料是通过空间高频电场在空间不断变换方向，使物料中的极性分子随着电场做高频振动，由于分子间的摩擦挤压作用，使物料迅速发热。可见，此种加热方式与传统的干燥方法具有完全不同的干燥方式。

因为陶瓷坯体中不同组分的物料分子的极性是不一样的，导致了对微波吸收程度的不一样。一般来说，物料分子极性越强，越容易吸收微波。水是分子极性非常强的物质，其吸收微波的能力远高于陶瓷坯体中的其他成分，所以水分子首先得到加热。物料含水量越高，其吸收微波的能力越强，含水量降低，对微波的吸收也相应减少，当干燥器内陶瓷坯体的含湿量有差异时，含水量较高的部分会吸收较多的微波，温度高、蒸发快，因此在所干燥的物体内将起到一个能量自动平衡作用，使物体平均干燥。另外，微波加热时，由于外部水分的蒸发，外部温度会略低于内部温度，热量从内向外传递，水分的转移同样由内向外，传质与传热是同向的，极大地提高了干燥速率，而传统干燥过程中，陶瓷坯体的温度梯度是外高内低，热量由外向内传递，水分自内向外转移，传质与传热逆向，干燥速率大大降低。微波还可以降低水分子（尤其是结合水）与物料分子间的亲合力，使水分子容易脱离物料分子而向外逸散。由于这些特点，使微波非常适合于干燥。

然而，在微波干燥的实际应用当中也会发生产品变形、开裂等缺陷。

（2）微波干燥产品变形开裂原因的理论分析

理论上可以从以下四个方面进行分析。

首先，在微波干燥陶瓷坯体中陶瓷材料吸收微波能量的公式为：

$$P = k f E^2 \varepsilon_r \tan\delta \qquad\qquad (7-11)$$

式中　k——常数；

　　　f——微波辐射频率，Hz；

　　　E——电场强度，V/m；

　　　$\tan\delta$——介电损耗系数；

　　　ε_r——材料的介电常数，N/m。

材料吸收微波能的能力取决于材料的介电常数、介电损耗、微波电磁场中频率的大小、电场的强弱、微波辐射频率（f）、电场强度（E）、代表微波方面的作用特性；当他们不变时介电损耗系数（$\tan\delta$）、材料的介电常数（ε_r）就决定了材料所吸收的能量。

从公式（7-11）中可以看出，当微波设备所产生的电场强度不均匀，材料内部的介电常数、介电损耗不均匀时，都会产生由吸收的热量不同而导致温度差，当温度差超过陶瓷坯体所能够承受的程度时，产生的热应力导致了陶瓷坯体的破坏。尤其是当部分材料的介电常数随温度突然增大，吸收微波能突然增大，产生"热过冲"现象。此时控制不好坯体往往就破坏了。

其次，微波具有穿透性的特征，微波可以直接穿透入陶瓷坯体内部，对内外均衡加热，从而大大缩短了加热时间。然而它存在一个穿透深度的问题，微波穿透深度计算公式为：

$$D = \frac{9.56 \times 10^7}{f\sqrt{\varepsilon_r} \times \tan\delta} \tag{7-12}$$

式中　f——微波频率；

$\quad\varepsilon_r$——相对介电常数；

$\tan\delta$——介质损耗角因子。

式（7-12）指出，功率渗透深度随着频率的降低而增大。通常，当频率低于100MHz时，渗透深度约为米级。因此，除非损耗因子过高，否则功率会渗透至很深。当频率接近微波加热范围时，渗透深度相应地减少，相对于被处理材料的尺寸量级，尤其当材料很湿时，它比 D 大许多倍，并且在温度分布方面会产生不能接受的不均匀性。

再次，对于物体在 t 秒内所能够承受的最大不均匀度，即温差 ΔT 有如下公式：

$$\Delta T / t = \frac{0.556 \times 10^{-10}\varepsilon''fE^2}{\rho C_p} \tag{7-13}$$

式中　ε''——包括电导效应在内的有效损耗因子；

$\quad\rho$——材料的密度，kg/m^3；

$\quad C_p$——材料的比热，$J/(kg\cdot℃)$。

当材料的密度与比热的乘积（ρC_p）越大，材料所能够承受的温差就越小，较小的不均匀度就可能引起材料的破坏。

最后，从热和质量的转移现象来看，微波加热的能量是通过湿物的体积而被吸收的，因此会在材料中产生一体积的热源。高频电磁能的体积吸收在适当的条件下不会导致湿物的温度达到液体的沸点。在物体微隙内的水分蒸发而产生的蒸气会引起内部气体压力的增加，驱使水分从物体内部向外部扩散。

当蒸发发生在材料表面上时，由于蒸发冷却使得表面温度较低，这种内外温度差别形成了温度梯度，这种梯度帮助水分向外表面迁移。但是，过大的能量耗散对于干燥高密度、无空隙及易碎介质时是不利的，因为黏滞阻力阻止了水分向表面迁移，在极端情况下，内部沸腾可以产生很高的内部压力足以使材料破裂。

从以上四点的理论分析可以看出，微波干燥并不就是可以解决传统干燥出现的变形、开裂等问题，仍需要我们从各种角度考虑，提出相应的办法以解决干燥产品的变形与开裂问题。

(3) 微波干燥所产生缺陷的解决办法

根据以上理论分析可以看出，影响微波干燥的因素很多。从材料内部来看，有混料不均匀导致极性分子分布不均匀、含水率太高、材料密度太大、比热太大、混入了金属颗粒杂质，以及材料的介质特性的复杂性使其不易掌握等原因。从外部来分析，有微波频率选择不当、微波干燥器产生的电磁场的不均匀性、微波功率控制不当、外界气流过快等原因。对于如何解决产品变形、开裂问题就可以从以上原因着手分析，可以提出如下解决方法。

对于陶瓷原料要尽量粉碎、混合均匀，尤其是对于介电性能相差较大的原料，不能使他们有较大的颗粒。对于含水率过高的陶瓷材料可以考虑先采用传统干燥方法，当材料降至一个临界湿度时再用微波干燥，此临界湿度标志着自由水与束缚水的边界，尽管不很明显，但可以为我们确定干燥工艺提供参考。另外，从生产成本来看，先采用低成本系统的传统干燥方法进行干燥，既可以有效地去除水分，又可以降低成本。

1) 避免混入金属杂质。

2) 选用合适的微波频率。微波干燥器的频率选择要考虑以下几个因素。①加工物料的体积及厚度。由于微波穿透物料的深度与加工所用的频率直接相关，如果体积较大、厚度也较大，这些因素将导致微波不能透入物料内部进行加热，导致内外温差过大而破坏材料。此时应选择较低频率的微波。②物料的含水量及损耗因子。一般来说，如果加工物料的含水率较大，其损耗因子就较大，当物料的损耗因子 ε'' 大于 5 时，就很有可能会出现渗透深度问题，这时由于材料对微波辐射的强烈吸收，入射能量的大部分被吸收在数毫米厚的表层里，而其内部则影响甚小，这就造成了不希望出现的不均匀的加热后果，此时选用频率较低的微波可以减缓影响。③投资成本。频率、功率越高，微波设备就越昂贵，然而提高微波频率，提高频率对改善微波加热的均匀性有一定的作用。工厂、企业应该辩证地分析微波频率问题，根据自己的实际情况来选择。

3) 正确进行微波设备的选型。微波干燥腔体装置有以下三种形式：行波加热器、多模炉式加热器和单模谐振腔式加热器。行波加热器应用很少，而多模炉式加热器应用最广泛，用于陶瓷研究的微波加热器大都采用这种方式。多模加热器是借助于某些方法从振荡源将功率耦合进来的一个密封的金属箱，箱体尺寸至少在两个方向上应具有几个波长的长度，这样的箱体将在给定的频段上维持一大群谐振模式。多模谐振腔的特点是结构简单，适用各种加热负载，但由于腔内存在着多种谐振模式，加热均匀性差，而且很难精确分析，完全靠实验设计。单模谐振腔加热器具有易于控制和调整、场分布简单、稳定，在相同的功率下比另外两种加热器具有更高的电场强度等优点，所以适宜于加热低介质损耗的材料。但其加热区太小，比较适用于实验室小型试件样品的微波干燥或微波源功率不大的情况。

4) 改善微波电磁场的不均匀性。对于如何解决多模加热器存在的最重要的是微波场的不均匀性问题，目前人们大多采用两种方法：一种是在干燥过程中不断移动试样，使试样各部分所受到的平均电场强度均等；二是采用模式搅拌器，周期地改变腔体工作模式，改善均匀性。最近，又有人提出另外的一种方法即提高工作频率，如美国的 Oka Ridge 实验室采用28GHz 微波源，并扩大腔体，使腔体尺寸与微波波长之比大于 100，形成非谐振腔（实际上是谐振模式个数趋于无限多）来实现整个腔内场分布的均匀性。这种方法的缺点是设备造价高昂，运行费用大。

5）适当延长干燥时间、降低干燥速度。过快的加热速度会在材料内部形成很大的温度梯度，因热应力过大而引起材料开裂。然而这将导致生产效率的降低和能耗的增高，因此选择合理的干燥时间和加热速度是取得满意干燥效果的必要条件。

6）严格控制微波功率。由于微波加热具有响应快的特性，微波加热的时滞极短，加热与升温几乎是同时的，功率的增大立即就会导致材料的升温速度增大，所以要严格控制微波功率，尤其是要防止微波功率的突然增大。这一点对于损耗因子会在最高干燥温度以下突变的材料显得更重要。损耗因子的突然增高将导致吸收热量突然增大，极易产生"热过冲"现象。

7）适当控制外界气流的速度。当气流速度过快时，物料表面的水蒸气迅速带走，表面收缩过快产品易变形或开裂。

7.5.4.6　烧成制度

由于大量有机成型粘结剂的存在，在烧成时要特别注意低温阶段（120~600℃）的升温速度（一般为 10~20℃/h）和气氛的控制。另外，有机物应在出现液相之前用充分的氧化气氛，使之充分排除。烧成设备可选用梭式窑、隧道窑等，对于烧成设备主要是注意其温度场的均匀性。

7.5.4.7　制备实例

本实例选择用的原料是堇青石，它是用于制备汽车尾气载体材料最普遍的一种，很具有代表性。

（1）原料与配方

合成堇青石采用苏州土、烧滑石、工业 Al_2O_3。其化学组成见表 7-10。堇青石分子式为：$2MgO \cdot 2Al_2O_3 \cdot 5SiO_2$，其理论化学组成为：$MgO51.4\%$，$Al_2O_334.8\%$，$SiO_213.8\%$。配方计算见表 7-11。经计算得：滑石 38.38g，苏州土 59.36g，工业 $Al_2O_314.15g$。换算成百分比为：滑石 34.30%，苏州土 53.05%，工业 $Al_2O_312.65\%$。

表 7-10　原 料 化 学 组 成

原　　料	SiO_2	Al_2O_3	Fe_2O_3	CaO	MgO	TiO_2	K_2O	Na_2O	总计
烧滑石	61.93	0.55	0.18	4.18	33.04	0.62	—	—	100.81
苏州土	46.55	34.91	0.92	0.74	0.51		0.24	1.07	
工业 Al_2O_3	—	98	—	—	—	—	—	—	

表 7-11　堇青石配方计算

原　　料	SiO_2	Al_2O_3	Fe_2O_3	CaO	MgO	TiO_2	K_2O	Na_2O
堇青石	51.4	34.80	—		13.8			
滑石 41.77－3.39＝38.38	23.77	0.21	0.07	1.6	12.68	0.24		
剩	27.63	34.59	0.07	1.6	1.12	0.24		
苏州土 59.36	27.63	20.72	0.55	0.44	1.21	—	1.21	0.64
剩	0	13.87	0.62	2.04	-0.09	0.24	1.21	0.64
$Al_2O_3$14.15	0	13.87	—	—	—	—	—	—
剩	0	0	0.62	2.04	-0.09	0.24	1.21	0.64

（2）董青石的合成

董青石的低共熔点为 1350℃，考虑到滑石和苏州土加热过程中会脱去吸附水和结晶水，故烧成温度定为 1350℃左右，升温制度如下，在 200℃前保温 30min，以脱去吸附水，600℃、800℃、1050℃各保温 30min，800～1050℃以 100℃/h 速度升温，1350℃保温 1.5h。

（3）制备出载体

本制备方法是靠设计好的多孔金属模具来成孔，将制备好的泥条通过一种具有蜂窝网格结构的模具挤出成型，经过烧结就可以得到最典型的多孔陶瓷，即现用于汽车尾气净化的蜂窝状陶瓷。

此外，也可以在多孔金属模具中利用泥浆浇注工艺获得多孔陶瓷。该类工艺的优点在于可以根据需要对孔形状和孔大小进行精确设计，对于蜂窝陶瓷最常见的网格形状为三角形、正方形。其缺点是不能形成复杂孔道结构和孔尺寸较小的材料。

7.5.5 汽车尾气催化剂载体的结构与性能

7.5.5.1 汽车尾气催化剂载体的结构

用于汽车尾气净化的主要是蜂窝状多孔陶瓷。所以仅以蜂窝陶瓷为例。蜂窝状多孔陶瓷中的气孔单元排列成二维的列阵，蜂窝陶瓷载体有如下特征：

（1）是整体式结构，具有纵向连续不受阻挡的流动通道，每一通道皆贯通整个支持体，壁厚度可薄到只须满足催化剂强度要求的程度。

（2）孔隙率高，排气阻力小，对发动机性能影响小。

（3）蜂窝状载体的蜂窝（窝室）截面有三角形、四方形和六角形等形状，载体断面形状一般以圆形和椭圆形为主。

其蜂窝结构优点有：①有许多的约束气道，既为气固催化反应提供了大的接触面积，又可以使气流的压力降较小；②体密度低，热容量低，有利于提高催化剂的起燃性能。

蜂窝状结构的表面通常是玻璃状或相当平滑的，难以固定催化组分，因此需要在其表面涂上一层涂层。这种涂层不仅易于固定催化剂的活性组分，而且应具有较大的表面积而使催化剂更加稳定，并能抗硫和卤素等化学毒物，常用的涂层为 $\gamma - Al_2O_3$。其比表面小（1～2m^2/g），且为了缩小净化器的体积，需在董青石基质材料上附上较高比表面的多孔物质，使活性成分容易和牢固地负载在载体表面，提供一个良好的催化反应环境。一般涂层材料为活性氧化铝，也是目前广泛应用的涂层材料。J. T. Kummer 曾用氧化锆作为涂层，其具有耐高温性能。1997 年 SAE 年会上有汽车尾气污染控制采用氧化锆作涂层的优点的报道。

7.5.5.2 汽车尾气催化剂载体的性能

一种典型的董青石蜂窝陶瓷载体的物性为：主要成分是董青石，次要成分为 Al_2O_3、尖晶石（$MgO \cdot Al_2O_3$）、富铝红柱石（$3Al_2O_3 \cdot 2SiO_2$）；熔融温度为 1450℃，孔壁密度为 1.6g/cm^3，热膨胀系数为 1.0×10^{-6}/℃，室温下热导热率为 9.2×10^{-3}J/（cm·s·℃），室温下比热为 0.84J/（g·℃），耐压强度 1.24×10^7N/m^2（平行于孔道）、1.37×10^6N/m^2（垂直于孔道）。各种材质蜂窝陶瓷的性能如表 7-12 所示。

表 7 – 12　各种材质蜂窝陶瓷的性能

材　料	堇青石	莫来石	莫来石 – 钛酸铝	尖晶石	氧化锆 – 尖晶石	氧化钙部分稳定	氧化铝	氧化铝 – 氧化硅	堇青石 – 莫来石
开口气孔率（%）	50	47	32	48	14	10	12	48	37
平均孔尺寸（μm）	12	0.5	4	18	0.3	0.3	0.3	2.5	9.8
热膨胀系数（×10⁻⁷/℃，25~1000℃）	12	55	26	85	79	83	73	70	31
轴向抗压（MPa）	10.5	55	30	90	96.5	67.5			
熔点（℃）	1450	1850	1700	1900	1870	2650	2000	1850	1450

　　蜂窝陶瓷的蜂巢结构对产品的机械强度、使用寿命和比表面积等有较大影响。通过提高孔密度、增加蜂窝体外包皮厚度或改变外边孔壁和外包皮的角度，都可以改进结构特性、提高强度和延长使用寿命。

　　另外，蜂窝陶瓷通道的形状对比表面积、开孔率等也有影响。具体应用时，不同的场合对蜂窝陶瓷的要求不同。

　　例如，用于汽车尾气处理时需热稳定性好、特别能耐久、具有良好的与涂层及催化活性材料的配合性；在用作烟道气净化处理时，希望发生 $4NO + 4NH_3 + O_2 = 4N_2 + 6H_2O$，而抑制 $SO_2 + 1/2O_2 = SO_3$，并且其孔结构和孔径分布可按需要进行调节；用作催化燃烧器时则更着重高温稳定性，即在 1500℃左右可长期使用，但仍有较大的比表面积且不会明显烧结。

　　堇青石是一种硅铝酸镁，常用作汽车废气净化处理的耐热催化剂载体。以堇青石为原料的多孔陶瓷载体虽然有很多优点，但是它的耐热性能不是很好，只能用于普通高温催化剂载体，日本国立名古屋工业研究所研制成一种多孔陶瓷，据称其性能优于堇青石，而生产成本则较之更低。

　　这种新陶瓷材料是用相等数量的白云石和合成的二氧化锆粉体与 0.5wt% 氟化锂粉体制造的。这些原料在球磨机内与乙醇或水混合，在 200MPa 下等静压模制成型。模制品在空气中 1000 ~ 1400℃下烧结 2h。这时材料的孔径分布窄，平均孔径为 1μm。改变烧结温度可将孔隙率控制在 30% ~ 60%，其熔点约为 2050℃，而堇青石的熔点为 1300℃。预计其价格将低于堇青石，因所用原料二氧化锆和白云石价格较低，在市场上容易买到。

7.5.6　汽车尾气催化剂载体的消声作用

　　机动车发动机的噪音已严重地影响人们的日常生活。催化剂载体由于其多孔的特性，具有一定的消声作用，同时可用作汽车排气消声器。可以起净化尾气和消声的双重功效。钟东阶等人对具有消声功能和净化功能的净化消声器进行了探索性研究，采用稀土元素作催化剂，用多孔陶瓷作催化剂载体，将载体与其他构件按一定的方式布置，使催化净化装置既可净化尾气中的有害成分，又能降低排气噪音。

7.5.7　非蜂窝状的汽车尾气催化剂载体

　　目前，在汽车尾气催化剂多孔陶瓷载体方面基本上是蜂窝陶瓷一统天下，非蜂窝陶瓷载体几乎见不到了。在 7.5.3.3 提到的已被淘汰的活性氧化铝等为原料制得的颗粒状载体，当然是一类非蜂窝陶瓷的载体。除此外，还有少部分研究者在进行其他形式的催化剂载体的研制工作。如利用纤维制备的多孔陶瓷作为催化剂载体，其具有极高的孔隙率，可高达 95%，但强度还远不能满足要求。又如：有人用自蔓延高温合成技术合成高强度的 Ni－Al 金属间化合物多孔材料，用作汽车尾气净化催化剂载体，不仅具有优良的耐热性、高的热导率和极大的催化剂吸附量，而且具有良好的消声效果。但气孔率也并不高，与 400 目的蜂窝陶瓷相当。而且由于其孔隙不是直通的，阻力较大，估计实用价值也不高。

7.6　固定化酶载体

　　酶只有溶解于水时才能发生作用，故在反应结束后，必须趁反应酶还没有变性时，立即回收，而重复利用这种回收酶时，在技术上则是困难的。因此，每反应一次就要扔掉一部分酶，这种方法是一种很不经济的方法。

　　如果能找到一种方法，既能保持酶所特有的催化活性，又能得到不溶于水的性能稳定的酶标准品，是最为理想的，因此产生了固定化酶。固定化酶不但具有生物体内酶一样的很强的催化特性，而且能像化学反应中所使用的固体催化剂一样很方便的回收，这种方法对酶的利用将是非常有利的。

　　固定化酶的研究始于 20 世纪 60 年代，70 年代迅速发展起来。固定化酶的产生和发展不仅打破了生物化学的传统概念，也给工业革命带来了强大的动力。在国外，固定化酶已被广泛用于氨基酸的拆分和提纯，葡萄糖和果糖的生产、诊断和分析试剂的制造，消除公害，特定的化学反应等等，几乎包括水产、纤维、造纸、化学、药品、石油、钢铁、金属、机械、电力等所有的产业部门。

　　目前对于固定化酶的研究，已经涉及到生物学、生物化学、酶化学、发酵工程、生物化学工程、有机化学、合成化学、催化化学、高分子化学、化学工程、材料学、医学及药学等各个学科领域。我国在固定化酶的研究方面，也取得了不少成绩。如用固定化大肠杆菌酰胺酶裂解青霉素生产 6－APA，不仅大大简化了操作，而且使 6－APA 的生产成本下降了三分之一以上。

7.6.1　酶和酶的固定化方法

7.6.1.1　酶的特性

　　酶是生物为了提高其生物化学反应效率而产生的生物催化剂，所有酶的结构中都有蛋白质。目前酶已超过 1500 种，其中被纯化为结晶的酶已有几百种以上。

　　（1）酶的催化特性

　　酶既然是催化剂，它必具一般催化剂所共有的特性，如参与生化反应，加速反应速度，能承受不断变化的过程中的物理、化学变化，反应结束时酶本身不消耗，能恢复到原始状态等。

酶作为催化剂的效率是指在最适合的条件下，一分子酶在单位时间内所能催化的最大底物分子数，称为分子活性。

（2）酶的专一性

大多数酶只能催化结构非常相似，通常系指相同官能团的化合物进行的特定反应。个别情况下，酶只能催化特定化合物的特定反应，这是酶催化反应的主要优点。具有相同专一性的酶只能催化不同的生化反应。

酶催化剂对底物种类具有很强的选择性，这是酶反应比一般化学反应优越的主要原因。

（3）蛋白质特性

酶的本质是蛋白质，故温度、pH对酶催化反应速度具有决定性的影响，应用时应时常注意酶的这一本质特性。

7.6.1.2　酶的固定化方法

目前酶的固定化方法主要有载体结合法，其中有物理吸附、共价结合和离子结合等，以及交联法和包埋法，如图 7-9 所示。

（1）载体结合法

本方法是将酶固定在非水溶性的载体上，常用的载体有纤维素等多糖衍生物颗粒，微孔玻璃和微孔陶瓷等，其结合类型有物理吸附、共价结合和离子结合。

物理吸附是由分子间引力引起的。任何固体物质表面吸附现象都服从最小自由表面能原理，即固体表面层分子具有自发吸附，以降低表面能的特性。利用固态载体的上述性质，可将酶吸附于载体上。这一类载体材料有氧化铝、高岭土、硅胶、二氧化钛、硅藻土等。本方法简单易行、酶活性大，但易脱落。

此时，通过对酶分子具有某些特定官能基团的分析了解，选择合适的载体，使之与酶实现共价结合或离子结合。与载体共价结合的酶的官能基团主要有氨基、羟基、羧基、酚基、醛基等。共价结合比较牢固，但手续繁杂。离子结合将伴随有电子的转移。通常陶瓷、玻璃等表面经适当处理，可使其表面带电，从而实现与酶的结合。

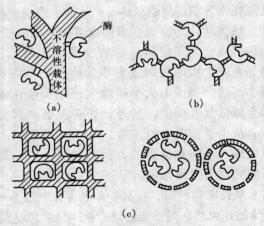

图7-9　固定化酶固定方法
（a）载体结合法；（b）交联法；（c）包埋法

（2）交联法

本方法是一种将酶与具有两个或两个以上官能团的试剂进行反应，它也是一种用化学键将酶固定化的方法。常用的官能团有戊二醛、双偶氮苯等。本法不用非水溶性载体。

（3）包埋法

这是一种将酶包埋在凝胶的微小格子内，或将酶包裹在半透性聚合物胶囊内。聚丙烯酰胺是常用的合成凝胶，也有用角叉草酸等天然凝胶。包埋时酶分子本身不发生变化，所以活性较大，但因是埋在内部，对大分子底物的催化作用弱。

在实际固载时，事实上并不是应用单一的一种固定化方法，而是两种或两种以上固定方法的混合型方法。

7.6.2 微孔陶瓷固定化酶载体

7.6.2.1 对载体的性能要求

载体的作用主要是改变催化剂的形态构造，对催化剂起分散和承载作用，从而提高酶催化剂的有效表面积，增加机械强度，改进耐热、耐化学稳定性。为此，作为固定化酶载体的微孔陶瓷应具有如下性能：

（1）具有高的比表面积，有利于固定大量的酶，通常应不低于 $100m^2/g$。

（2）酶固定于微孔陶瓷载体上后不至于明显降低酶的活性，性能稳定，活性时间长，不会造成酶中毒。

（3）孔径分布范围窄，便于酶清理与再生。

（4）当溶剂、pH 值、温度发生变化时，载体性能稳定，不引起结构变化。

（5）具有足够的机械强度，在满足强度要求条件下，密度要小。

（6）耐化学腐蚀，不受细菌侵蚀。

7.6.2.2 微孔陶瓷载体的特性

（1）微孔陶瓷的相组成

微孔陶瓷是一种非均质物体，就用颗粒堆积法制成的微孔陶瓷而言，从结构上看，它是由多晶体集料颗粒、颗粒间的一种熔点较低的多晶体和玻璃相混合物即粘结剂、集料颗粒间未被粘结剂填满的空隙即气孔所组成。由上简言之，微孔陶瓷载体表面是由晶界和晶粒表面所组成，而晶粒表面通常是由晶面、晶棱、凹槽等构成，晶界上存在固溶相或空隙缺陷。微孔陶瓷作为固定化酶载体，从本质上看是一种对固体表面现象的有效利用。

热力学认为，处在表面或界面上的分子、原子和离子的排列比内部的混乱，故其能量比内部高，为了使体系总的能量处于最低，表面或界面会自动将过剩能量降低到最小，例如在其上吸附表面张力小的物质，以降低表面能。界面能与表面能相似，只是比表面能小而已。表面能大小随着表面结构变化而变化，当表面的分子、离子吸附其他物质时都会降低其表面能。另外，处于表面和界面上的分子或离子质点，不像内部质点那样有序，从力学和电学观点看，处于不平衡状态，这就是固体表面所表现出的表面引力。其中表现为不饱和价键的力，有利于与酶的离子或共价键合；表现为分子引力的，有利于与酶的物理吸附作用。

微孔陶瓷材料，在其断面上存在大量 Si—O 和 Al—O 的不饱和键，它一方面形成 Si^{4+} 和 Al^{3+} 的正电场，另一方面还产生 O^{2-} 的负电荷电场，而有利于进行离子吸附。在微孔陶瓷表面，由于极性、不饱和性和气态水强极性作用，通常都存在 ≡Si—OH 或 —Al—OH 基团，因而可以通过氮化、烷基化等方法进行酶的固定处理。

（2）微孔陶瓷物理化学特性

微孔陶瓷就其物理方面的机械特性和化学稳定性而言，与其他几种酶载体相比是一种理想的材料。固定化酶在使用时，有一最适 pH，习惯上酶反应是在最适 pH 的缓冲液中进行，故在选择微孔陶瓷材质和制造过程中，要考虑微孔陶瓷载体表面的酸碱性。实践证明，偏酸性时，选用 SiO_2、TiO_2 材质的载体；偏碱性时，选用 MgO、ZrO_2、Al_2O_3 材质的载体。

（3）微孔陶瓷孔结构特性

利用颗粒堆积等方法制成的微孔陶瓷，其微孔大小取决于集料颗粒大小、粘结剂、增孔剂的种类和数量，以及相应的制备工艺。实践表明，用等直径的集料颗粒可得到孔径分布范围窄和具有高的气孔率的制品。

在实际生产过程中，不可能始终在最佳的工艺条件下，故所得的微孔陶瓷制品的微孔结构可达到理想的结构状态。根据对制品的显微结构观察分析，微孔陶瓷的气孔分为贯通气孔、半贯通气孔和封闭气孔三大类。一般来说，只有贯通气孔和半贯通气孔才对酶的固定化有作用，封闭气孔是不起作用的。为此，在集料和增孔剂的制备，粘结剂种类和加入量，以及混料、成型、烧成等方面，必须严格控制，以求消灭封闭气孔的出现。关于气孔率，高质量的微孔陶瓷固定化酶载体，应符合在满足机械强度的前提下，愈高愈好，通常气孔率在45%左右。在单位体积内，当气孔率一定时，平均孔径越细，弯曲因数越大，则内表面积也越大，所能固定的酶的量也越多。但考虑到酶催化剂时底物和产物的扩散阻力，以及有利于酶的再生活化，微孔陶瓷载体的比表面积和平均孔径应有一最佳关系值。此值确定后，为了得到平均孔径分布范围窄的制品，利用等直径圆球状集料是行之有效的办法。

7.6.2.3　陶瓷载体的材质

以前，用于固定化酶的材料一般为有机材料，无机材料使用较少。但随着研究的深入及广泛，无机载体加以修饰使之与酶结合的技术取得了重大突破。在这方面，美国的 UOP 公司以氧化铝为载体，德国的 Miles 公司以二氧化硅为载体制备固定化酶都取得了显著的成效。这使得固定化酶无机材料载体的研究及应用走向高潮。并且无机材料为载体制备固定化酶与有机材料相比，具有有机材料不具备的优点，如稳定性好，机械强度高，具有适宜的孔结构、易于再生等。

已经使用的无机载体有氧化铝、皂土、白土、高岭土、多孔玻璃、硅胶、二氧化钛、磷灰石等，无机材料作为固定化酶载体的优点逐渐显露出来。例如据 Kvesitadze 等的报告：使用多孔硅（CGP100 孔径 100nm）供 α - 淀粉酶和糖化酶的固定化时，如添加钛盐则固定化酶的活力最高。比戊二醛交联或偶氮偶联的多二倍。米曲霉的 α - 淀粉酶与枯草杆菌的 α - 淀粉酶和黑曲霉的糖化酶在 45℃用硅载体固定化时，用高浓度底物进行连续工作时，半衰期分别为 14d、35d 和 65d。

在这些材料中，氧化铝应用较早，也较普遍。这是因为氧化铝作为固酶载体具有如下的优点：具有大的比表面，固酶量大；性能稳定，活性期长，酶不会中毒；孔径分布为 $(120 \sim 210) \times 10^{-10}$m，便于清理、再生；耐化学腐蚀，不受细菌侵蚀；可用流态化床反应；造价低等等。如 1975 年 Messing 用孔径 175×10^{-10}m、比表面积 $100m^2/g$、25～60 目球状氧化铝陶瓷，固定葡萄糖异构酶。山东铝厂研究院曾于 1983～1985 年研究了由玉米→葡萄糖→高果糖浆（含果糖 50%～60%）的固酶氧化铝载体，其固定酶已达 8000～10000 个单位/克氧化铝。

7.6.2.4　微孔陶瓷载体的制备实例

实例一介绍的是一种可用于细胞固定化的泡沫陶瓷载体。

（1）原料

采用陶土（桂林美陶厂）、有机泡沫体（深圳信诚发过滤器材公司）、硅溶胶（上海昌全硅胶干燥剂有限公司）等为主要原料，陶瓷浆料的组成如表 7－13 所示。

表 7－13 陶瓷浆料的组成

组　成	含量（%）
陶　土	60 ~ 65
蒸馏水	35 ~ 38
硅溶胶	0 ~ 0.45

图 7－10 泡沫陶瓷制备的工艺流程简图

（2）工艺流程

采用有机泡沫浸渍工艺制备泡沫陶瓷，其工艺流程简图如图 7－10 所示。

（3）实验方案

实验方案如表 7－14 所示。

表 7－14 实 验 方 案

因　　素	水　　平					
烧成温度（℃）	1190	1210	1230	1250	1270	1290
固相含量（%）	56	58	60	62	64	66
硅溶胶（%）	0.25	0.30	0.35	0.40	0.45	
陈腐时间（d）	1	2	3	4	5	6

实例二是利用玻璃的分相可制得多孔玻璃固定酶载体的实例。

（1）利用玻璃的分相可制得多孔玻璃固定酶载体

①选择适当组成、经 1500℃熔融制得的硼硅酸盐玻璃。

②将其加热到 500 ~ 600℃，玻璃就会分离成 $Na_2O－B_2O_3$ 和 SiO_2 两相。

③将分相玻璃溶入浓度约为 5% 的酸中，溶出 $Na_2O－B_2O_3$ 相，留下 SiO_2 相。

由此制得的 SiO_2 玻璃具有无数连通的微孔多孔玻璃固定酶载体。

（2）固定酶方法步骤

①使用共价键法，其中以硅烷处理后形成偶氮结合型居多。

②首先是将多孔玻璃进行氨基硅烷处理，氨基硅烷多数可以用 $\gamma－$氨丙基三乙氧基硅烷。当玻璃在硅烷的甲苯溶液内进行回流时，氨基硅烷就会连接到多孔玻璃表面的羟基位置上。

③将制得的烷基胺－玻璃诱导体放入含有 10% 三乙胺和对硝基苯酰氯的氯仿中回流，它就同对硝基苯酰氯反应转变成烯丙基胺－玻璃诱导体。

④接着在含有 5% 浓度的硫代硫酸钠（$Na_2S_2O_3$）水溶液中，沸腾还原出硝基。

⑤然后，加上 HCl 和 $NaNO_2$ 进行重氮化。

⑥由此向制得的重氮化玻璃中添加酶，那么酶就会借助偶氮与玻璃相连接，从而制得固定化酶。

7.6.3 固定化酶反应器

在固定化酶工业中，除酶和载体外，固定化酶反应器是工程的关键。固定化酶反应器大体可分为：搅拌罐、填充或固定床、流化床、膜反应器和鼓泡塔等。选择固定化酶反应器的形式，应从固定化酶的形状和大小、机械强度、密度、反应过程最适 pH、底物的性质、对付杂菌污染的措施、再生清理难易、使用寿命、传质特性、反应器和运行成本等诸多方面权衡考虑。

目前固定化酶载体的形状有粒状（颗粒、小球）、柱状、筒状、膜状（膜、薄膜片、管状）以及纤维状等几种。其中粒状比表面积大，是常用的一种。粒状大小要综合考虑，愈小，比表面积愈大，但压力降也随之增大，提高流量有困难，传质阻力也增大；若采用流化床，上述情况将有所改善。另外，固定化酶有一定的运行使用寿命，设计选择反应器时，应考虑再生和清理，以及对底物溶液的黏度，反应 pH 值的调节和控制等方面。

7.6.4　固定化酶和载体的应用与展望

为了反应过程的加速、自动化和酶的连续循环使用，必须实现酶的固定化和制造出性能优异的固定化酶载体。目前，在食品、饮料、医药、生物工程乃至污水处理过程中，为了提高质量、降低成本，现已广泛应用固定化酶。例如，用葡萄糖异构酶将葡萄糖催化成为果糖，用葡萄糖淀粉酶将淀粉水解成葡萄糖，用乳糖酶将乳糖催化分解为葡萄糖和半乳糖，用蛋白酶和肽酶催化蛋白质水解得到氨基酸和可溶性的缩氨酸，用氨基酰化酶从氨基酸和消旋酸混合物中分离出 L－氨基酸，和用果胶酶使果胶水解得到澄清的果汁等。在上述反应中都要应用大量的性能优异的微孔陶瓷等载体材料，其中已实用化应用的，在美国为葡萄糖异构酶，在日本为氨基酰化酶。

目前，我国固定化酶技术还较落后，如对于生产 6－APA 青霉素的关键酶－酰化酶，我国主要靠价格昂贵的进口固定化载体或固定化的青霉素酰化酶来满足生产的需要，需要耗费大量的外汇。在石化工业中，生物催化脱氮、脱硫有着重要的工业应用前景和理论研究意义，其中酶的固载化是使高效能的生物催化得以工业化的重要环节，合成各种纯硅及杂原子同晶取代的 MCM－41 超大孔分子筛进行酶的固载，已成为国际上一大研究热点。因此，研究开发廉价、实用的固定化酶载体，对生产用途越来越广泛的固定化酶具有重要的意义。

综上所述，固定化酶与载体的应用方兴未艾，更广阔的前景有待人们去开拓。为了加速固定化酶和载体工业的发展，除了进一步降低酶的成本之外，在开发出性能优异的载体其中包括载体的材质、性能和载体预处理，酶在载体上的固定方法等方面还大有作为。

7.7　其他载体

以上较详细地、又有所侧重地介绍了多孔陶瓷用作催化剂载体、汽车尾气催化剂载体、固定化酶载体，然而多孔陶瓷作为载体的使用不仅仅是这些。

7.7.1　药物载体的研制

恶性骨肿瘤的保肢治疗中肿瘤切除后留下大块骨缺损；化疗药物无特异性，在杀伤肿瘤细胞的同时，对人体产生很重的毒副作用；目前常用的治疗方法都有一定的局限性。如果将多孔生物陶瓷作为骨填充材料植入体内之前载入抗癌药物，可以起到一举两得的作用。达到既能局部持续释放药物，降低全身毒副作用，又能充填骨肿瘤术后骨缺损的双重作用。已经有很多研究者开始了这方面的研制工作。如以 HA 陶瓷为载体，制成利福平 – 陶瓷人工骨核，用于治疗骨结核；实验证实利福平能在陶瓷内缓释达 27W，临床应用疗效满意。游洪波等人进行了阿霉素 – 多孔磷酸三钙陶瓷缓释体的研制及体内释药试验。闫玉华等人制备了 β – TCP 多孔陶瓷药物载体。

日本最近成功完成了利用碳纳米管（CNH）作为药物传送系统运载载体的基础实验。利用这一药物传送系统，科学家成功地使抗炎症药物地塞米松吸附在碳纳米管内，从而确认了碳纳米管具有缓慢释放药物成分和缓释后保持药效的特性，此项研究成果可大大加速碳纳米管的药物运载的研究与开发。

实验中，科学家首先使用 1:1 的水与乙醇混合，在室温液相中使药物地塞米松吸附在碳纳米管中。碳纳米管直径为 80 ~ 100nm，具有高亲和性，而地塞米松也是一种易于吸附的物质。碳纳米管氧化后，管端部和侧面会出现孔洞，经过对开孔与未开孔碳纳米管进行对比发现，开孔后的碳纳米管吸附地塞米松的药量比未开孔的高出 6 倍多。碳纳米管出现孔洞后，每克碳纳米管能够吸附 200mg 地塞米松。碳纳米管吸附地塞米松后，经过两周时间才能释放出一半吸附量，证明具有缓释特征。使用碳纳米管中释放出的地塞米松进行试验发现，地塞米松在试管中有促进骨形成的作用，同时发现，在药物释放后也能保持药效。

碳纳米管具有高纯度和尺寸一致等优点，对人体毒性较小，表面积大，能携带大量药物。科学技术振兴机构的科学家正着手对抗癌药物传送系统进行试验，不久后将进入动物试验阶段。

目前正在研制的纳米多孔生物陶瓷技术，可以使小于 1mm 厚的陶瓷片上形成二维任意规格的多孔点阵集合，这种微孔点阵可用来存储或固定各种生物种类或化学试剂。从而在生物工程、制药领域有巨大的市场，而且这个市场将会不断扩大，且规模化生产的工艺将日益成熟。

7.7.2 抗菌载体

抗菌剂载体具有以下几个方面的功能：

（1）可以用不同的方式吸附抗菌剂离子，成为离子存在的骨架，实现抗菌剂离子在抗菌制品中的缓解，从而达到抗菌效果。

（2）可以提高抗菌剂的耐热温度，扩大抗菌剂的使用范围。

（3）抗菌剂载体一般具有大的孔径，这样就扩大了抗菌剂离子的接触表面积，使抗菌剂的抗菌能力大为增加。

抗菌剂载体按其物质的结构性质分为下列几大类：合成晶体类、矿物晶体类、可溶玻璃类、微晶玻璃类、无定型溶胶类、碳素类、树脂类等。

（1）沸石

沸石分子是由 [SiO_4] 及 [AlO_4] 两种四面体通过桥氧原子而构成的三维骨架环状结构，其特点是孔径均匀且连续的隧道状微孔，这种多孔结构很稳定，无论发生吸附、脱附、脱水或离子交换反应，其结构都不会发生变化。运用抗菌载体最多的沸石类型有两种：A 型沸石和 Y 型沸石。将沸石微粒浸渍于抗菌金属可溶性盐的水溶液中，通过离子交换方式，即可获得具有抗菌功能的材料。

沸石抗菌载体的最高金属含量为 40wt%（Ag、Cu、Zn），其交换率与溶液浓度、pH 值、温度、离子种类、交换工艺及沸石硅铝比有关系。沸石抗菌剂一般耐热温度为 500℃。

沸石抗菌剂具有较好的银离子缓释能力，这使沸石抗菌剂既具有好的抗菌功能又拥有较长的抗菌寿命。沸石抗菌剂的抗菌力如下：

表 7 – 15　各种沸石对各种菌类抑制的 MIC（ppm）

菌株名称	不同沸石（wt%）				
	Ag2.5	Zn10	Cu10	Ag2.5	Zn10
大肠杆菌	62.5	>2000	>2000	125	
金黄色葡萄球菌	125	>2000	>2000	250	
肠球菌	125	>2000	>2000	250	

（2）托勃莫来石

托勃莫来石为层状晶体结构，具有良好的二价离子交换性能，将其中的 Si 用一部分 Al 取代，并以 Na 进行电价平衡，可得到具有一价离子交换能力的托勃莫来石。该种抗菌剂的制备是通过银离子取代其中的一部分钠离子，或一部分钙离子而得到。其中抗菌剂的抗菌离子银离子的溶出量较小，在 ppm 级范围。

托勃莫来石抗菌剂的较高金属含量是 2.18mmol/g，使用温度一般为 100℃以下。

托勃莫来石抗菌剂的抗菌力较强，银含量为 0.09mmol/g 以上时，含 1.0wt%的该抗菌剂的水悬浮液经 1h 振荡后，对大肠杆菌和金黄色葡萄球菌的杀灭率为 100%。

（3）磷酸钙

将磷酸钙与银的化合物（银盐或银的氧化物）混合后进行球磨，然后于 1000℃以上进行高温烧结，经粉磨后即制得以磷酸钙为载体的载银磷酸钙抗菌剂。

磷酸钙的银含量可以达到 3.5wt%，磷酸钙抗菌剂的抗菌性能如下：

表 7 – 16　磷酸钙抗菌剂的抗菌性能（抑菌圈）

样品银含量（%）	芽孢杆菌（mm）	大肠杆菌（mm）	金黄色葡萄球菌（mm）
0.5	2 ~ 3	1 ~ 2	3 ~ 4
2.0	3 ~ 4	2 ~ 3	5 ~ 6
3.5	7	3 ~ 4	10

（4）磷酸锆

磷酸锆的结构为 $[PO_4]$ 四面体和 $[ZrO_6]$ 八面体通过共用其顶角上的氧原子，而构成的三维空间结构。通过离子交换将银离子引入到磷酸锆晶体，所形成的化合物通式为 $(Ag_nH_m)Zr_2(PO_4)_3$。继续将其于 1200℃下高温热处理，便可得到抗菌材料。

磷酸锆晶体的银离子含量为 3wt%。磷酸锆抗菌剂的热稳定性好，一般可以在 1000℃以内使用。

磷酸锆抗菌剂中的银离子结合稳定，有人曾将磷酸锆抗菌剂在沸水中煮沸 24h 也不能检出银离子的溶出。

磷酸锆抗菌剂的抗菌力如表 7 – 17 所示。

表 7 – 17　磷酸锆对各种菌类抑制的 MBC（ppm）

编号	菌株名称	MBC（ppm）
1	金黄色葡萄球菌 ATCC 25923	62.5
2	大肠杆菌 TF 03301	15.6

（5）磷酸钛盐

磷酸钛盐晶体结构属于 Nasicon 型结构，其中［PO$_4$］四面体与［TiO$_6$］八面体共用顶角氧原子形成三维骨架结构。在加入锂元素的制备过程中，可以形成以磷酸钛锂为骨架结构的多孔微晶玻璃（简称 LATP）。磷酸钛盐抗菌剂的制备是通过离子交换的形式得到的。即将磷酸钛盐浸渍于硝酸银溶液中进行银离子置换，从而获得磷酸盐抗菌剂。

磷酸钛盐抗菌剂的最高金属含量为 60wt%，可见其承载能力是很惊人的。磷酸钛盐抗菌剂的使用温度为 900℃。

磷酸钛盐抗菌剂对于银离子具有很强的选择性置换，所制得抗菌剂的银离子溶出量极小，达到 ppm 级，特别是该抗菌剂在 900℃热处理后，银离子的溶出量会变得更小，这对于抗菌剂的抗菌效果的提高是极其有利的。

磷酸钛盐抗菌剂的抗菌力较强，在含有 0.005wt% 的银含量为 3wt% 的 LATP 磷酸缓冲溶液中加入 6.3×10^5 个/mL 的大肠杆菌，经 37℃下培养 6h 后，其成活个数就小于 1。

（6）羟基磷灰石

羟基磷灰石晶体为六方晶系，其中一种钙离子位于上下两层的六个［PO$_4$］$^{3-}$ 四面体之间，与六个［PO$_4$］$^{3-}$ 四面体中的九个角顶上的氧离子相连，故在整个晶体结构中形成平行于 c 轴的较大通道。另一种钙离子与其邻近的四个［PO$_4$］$^{3-}$ 四面中的六个角顶上的氧离子及氢氧根离子相连接。

羟基磷灰石抗菌剂的制备方法有三种：其一是将磷灰石或磷酸钙类材料与银或铜、锌化合物混合，通常在 1000℃以上烧结，使银或铜、锌化合物转变为金属态。其二是在合成羟基磷灰石反应中，将银或铜、锌等可溶性盐的水溶液加入反应物中，使抗菌金属离子进入磷灰石结晶产物中。其三，将结晶化的羟基磷灰石粉与可溶性的银或铜、锌盐等水溶液进行离子交换反应，即可获得抗菌材料。载银羟基磷灰石的化学式为 $Ag_xCa_{10-x}(PO_4)_6(OH)_2$，白色粉末，它几乎不溶于水、不挥发、无毒、耐高温。

羟基磷灰石中银的最高含量为 2wt% ~ 3wt%，使用温度为 1100℃左右。

羟基磷灰石抗菌剂的抗菌离子是以离子交换方式进入其结构中，故其银离子的溶出量很小。

羟基磷灰石抗菌剂的抗菌力较强，其抗菌力测试如下：

表 7 - 18 羟基磷灰石抗菌剂对各种菌类抑制的 MIC（ppm）

编 号	菌株名称	MIC（ppm）	编 号	菌株名称	MIC（ppm）
1	绿脓杆菌	62.5	3	金黄色葡萄球菌	125
2	酵母菌	500	4	大肠杆菌	62.5

（7）黏土矿物

膨润土属 2:1 型层状黏土矿物，它的晶体结构是每个结构单元晶层的两端为硅氧四面体层，中间夹着一个铝氧八面体层而成三层结构。膨润土抗菌剂的制备是通过采用银的氨络合盐对膨润土中的碱金属离子进行交换而得到，这样可以克服仅以银离子形式引入膨润土制备抗菌剂产生的一些缺陷。因为膨润土中的银离子在其层间的结合较弱，很容易游离出来，造成其一方面在使用初期游离出来的银离子浓度太大而且具有毒性，另一方面由于银离子很快游离出来不能保持抗菌剂长久的抗菌性，并使抗菌剂容易变色影响外观。

膨润土的离子交换容量为 100meg/g。膨润土抗菌剂的最高使用温度为 800～900℃。

在应用稀土元素作为抗菌成分的抗菌剂制备中，膨润土作为抗菌剂载体的另一制备方法及工艺为：改性膨润土与稀土元素溶液和同样具有抗菌力的离子锶混合搅拌，然后进行过滤、水洗、干燥、球磨得到抗菌剂成品。其抗菌性测试如表 7－19 所示。

表 7－19　膨润土抗菌剂的抗菌检测结果

实验样品	抗菌剂	空白对照	实验样品	抗菌剂	空白对照
实验菌株	金黄色葡萄球菌	金黄色葡萄球菌	8h 后活菌数	1	6200
初始菌数	20000	20000	杀菌率	99.9%	

海泡石、坡缕石的层链状结构和独特的沸石孔道结构，使其具有很强的吸附性能和阳离子交换性能，同样是很好的抗菌剂载体。

（8）可溶性玻璃

可溶性玻璃抗菌剂按玻璃的网络形成体可分为：硼酸盐、磷酸盐、硅酸盐、硼硅酸盐、硼磷酸盐等，主要成分如表 7－20 所示。

表 7－20　可溶性玻璃抗菌剂的主要成分

抗　菌　剂	主要成分（mol%）
磷酸盐玻璃	P_2O_5：40～60，$RO + R_2O$：40～50，Ag_2O：0.035wt%～5wt%
硅酸盐玻璃	SiO_2：55～80，Na_2O：19～42，Ag_2O：0.5wt%～3wt%
硼硅玻璃	SiO_2：25～60，B_2O_3：18～60，Na_2O：20，Ag_2O：2wt%
磷硅玻璃	P_2O_5：40～60，SiO_2：10，R_2O：15，RO：35～45
硼磷玻璃	P_2O_5：0～10，MgO：30～50，B_2O_3：40～60，Na_2O：1～10

较为常用的是磷酸盐玻璃和硼硅玻璃，其中日本已商业化产品的可溶性玻璃抗菌剂的抗菌性质如下：

表 7－21　可溶性玻璃抗菌对各种菌类抑制的 MIC（ppm）

菌　株　名　称	MIC（ppm）
大肠杆菌	62.5
金黄色葡萄球菌	125

采用磷酸盐、硼酸盐、氧化还原剂和铜盐、银盐制成含 CuO：50wt%、Ag_2O：35wt% 的可溶性玻璃，将其制成粉末状即得到可溶性玻璃抗菌剂，该抗菌剂通过玻璃粉的溶解而缓释银离子，产生抗菌效果，其抗菌性能如表 7－22 所示。

表 7－22　该玻璃抗菌剂对各种菌类抑制 MIC（ppm）

菌株名称	MIC（ppm）	菌株名称	MIC（ppm）
大肠杆菌	150	青霉素	150
黑霉菌	150	绿脓杆菌	150
金黄色葡萄球菌	300	枯草杆菌	300

一般可溶性玻璃抗菌剂中银含量为 3% ~ 5%，铜、锌为 30% ~ 50%。

可溶性玻璃抗菌剂的特点是：①玻璃具有可溶性，能释放出离子态金属；②通过调整粒度、溶剂的组成及溶液温度等，可控制玻璃溶解速度。

（9）硅胶

硅胶抗菌剂的制备分为两种：一是通过硅胶表面附银络合物 $Na_p [Ag_p (S_2O_3)]$，而后利用溶胶 – 凝胶法在其表面形成二氧化硅层得到；二是将硅胶用碱、偏铝酸盐混合处理，在硅胶表面形成薄层的沸石或无定型的硅酸盐的结构，而后用含有银离子的溶液处理得到抗菌剂。

硅胶的最高金属含量为 2wt% ~ 3wt%。硅胶抗菌剂的热稳定性一般不超过 600℃。

硅胶的吸附力比较强，在水溶液或潮湿的空气里银离子能够缓释出来，但使用较长时间后，硅胶的表面会吸附其他物质而影响银离子的缓释。

硅胶抗菌的抗菌力比较弱。最近开发的硅基氧化物抗菌剂，其抗菌力比较强。

具有纳米结构的硅基氧化物其突出的特点是：具有庞大的比表面积（用 BET 法检测，纳米 SiO_{2-x} 比表面积高达 $640 ~ 700m^2/g$）和多微孔结构。利用此特征，采用阴阳离子交换，将银离子交换到纳米硅基氧化物的微孔中，然后进行干燥、煅烧得到抗菌材料。

（10）氧化铝溶液

利用溶胶 – 凝胶法制备氧化铝溶胶，然后把氧化铝溶胶加入到肌醇六磷酸钠溶液中，再加硫氰酸钠溶液搅拌，最后加硝酸银水溶液，得到抗菌溶液。将此溶液喷涂到物体表面，进行干燥后热处理得抗菌制品。上述抗菌剂在用于瓷砖生产时，此抗菌瓷砖与 2.1×10^5 个/mL 的大肠杆菌菌液接触 24h，细菌杀灭率为 99.9%。

（11）活性炭

将活性炭和磷酸盐抗菌剂首先用有机粘结剂粘结，然后在 800℃ 下复活，可制得抗菌活性炭。把硝酸银、硝酸锰和硝酸钴均匀地添加到酚醛树脂中可制备出含银/锰金属元素的抗菌除臭活性碳纤维。

由上可以看出，抗菌剂抗菌力的好坏是与载体紧密相关的，同一种抗菌剂离子在不同的载体里，会表现出抗菌力的差异。而且，由于不同载体的物理性质有所不同，故会有各自相应的适用范围。另外，抗菌剂制备的相当一部分成本体现在抗菌剂载体的制备上，以及抗菌剂离子与载体的合成上。总之，在抗菌制品的制备时，应先分析清楚该制品的物理化学性质、制品的制备工艺特征、制品的使用环境条件，然后选择满足以上几方面要求的载体，再筛选出既经济又可容易与抗菌成分结合的、稳定的、抗菌效果好的抗菌剂载体。

7.7.3 香味载体

众所周知，工业化的城市环境中充满各种不同的污染源，不但开放空间的空气遭受污染，密闭空间内的空气也持续恶化，尤其是缺少开放空间的自然净化机制，使得人们使用时间最多的居家及办公场所成为受污染最严重的地方。其密闭空间内的空气中，累积无数的悬浮粉尘、微细粒子及过敏源，有许多疾病已被证明是由于人类长时间受到如此恶化的室内空气的影响而造成的。

另外，有些密闭空间内的空气中长期累积香烟气味、发霉气味或其他异味，也会严重影响人们的生活品质。

居家及办公室内的空间是人们使用时间最长的场所，其持续性的累积导致了无数的有害物质或异味，严重影响人们的身体健康和生活品质。因此，许多空气清净装置或减缓空气污染的装置陆续被提出，普遍实用的大多有：

（1）冷气空调系统：可以通过滤网装置，过滤密闭空间内空气的悬浮粉尘，也可减缓空气中的异味，但受限于空调系统的安装工程，未能遍及所有场所，而且，若未搭配其他改善空气品质的装置，其空气清净效果仍非常有限。

（2）空气清净器：过滤密闭空间内空气的悬浮粉尘，产生负离子，以凝聚空气中的悬浮微细粒子，释放臭氧，可以分解空气中的有机物质及消除空气中的异味。但其主要缺陷在于：由于新颖的空气清净器售价昂贵，只适用于有电源的场所，同时也需有定期的保养工作才能维持其功效。

（3）液体空气清香剂：通常是将清香剂液体填充于开口玻璃瓶，空气清香剂由瓶口逐渐释出，同时中和空气中的异味。其优点是廉价而且不需额外的电源，其抛弃式包装也不需定期的保养工作；其主要缺陷在于：使用期间受限于清香剂液体的挥发速度，一般都无法长期使用，同时其开口瓶装的清香剂液体也需避免倾倒或泄漏，放置的处所也受到限制，尤其，空气清香剂通常是使用廉价的工业生产的化学合成的香料物质，其效果也仅限于中和空气中的异味，对于空气中其他悬浮粒子及过敏源毫无改善效果。

（4）喷雾式的空气清香剂：在喷雾当时或许可以改变空气的气氛，但主要缺陷在于：通常其空气清香效果非常短暂，而且要利用喷雾推进剂使空气清香剂雾化，使用会破害大气臭氧层的喷雾推进剂，明显有违环保概念。

而轻质微孔陶瓷是一种具有很好的内吸与散发功能的新型多孔陶质产品，它能将各种液体、低黏度膏体较快地内吸于陶瓷基体内，然后通过表面均匀分布的显微气孔缓慢地散发到空气中。目前，欧美及日本等国广泛用来存放各种香料，以对空间环境进行净化，其效果显著，倍受欢迎。

例如，林宜山发明了一种长效型的多孔陶瓷空气清净器。通过将具有空气清净效能的植物萃取液成分吸附于多孔陶瓷载体，多孔陶瓷载体内的植物萃取液成分缓慢地迁移至多孔陶瓷载体的表面，再自然挥发至空气中，产生空气清净效果，达到效果持久且经济实惠的目的。

其具有如下优点：不需要额外的加热装置或电源；也不用会破害大气臭氧层的喷雾推进剂，可以达到环保的目的；具有空气清净效能的植物萃取液成分是纯天然植物的萃取液，而不含工业生产的化学合成的香料物质，对人体健康不会有不良影响，而且具有提神醒脑功效，对人体健康有益，同时该成分亦具有抑菌功效，可降低因滋生病霉菌所带来危害健康的危险；使用方便。

该具有空气清净效能的植物萃取液成分的重量份数配比为：樟脑 10～20 份、薄荷 15～30 份、芦荟 20～30 份及水菖蒲 20～30 份。此外还添加具有特殊香味的植物精油，如玫瑰、檀香或熏衣草的植物精油。该多孔陶瓷载体主要是混合有至少 30wt% 的麦饭石、氧化锌、氧化钛、二氧化硅及陶瓷黏土的陶瓷原料，再经高温烧结而成多孔性的中空陶瓷载体。其上设有一个以上的小孔，外表面是经过施釉烧结处理，这样可以使香味只通过小孔慢慢挥发出来，使其使用寿命可以大大增加。

7.7.4　纳米二氧化钛载体及其制备技术

随着社会的发展和人们生活质量的提高，在空气的净化、水处理等方面越来越受到世界各国的重视。工业技术的发展，一方面提高了人们的生活质量，另一方面也对环境造成了一定的污染，特别是对水和空气的污染，改善人类饮用水和呼吸空气的质量对人体健康具有不同寻常的意义。

就目前而言，还没有一套十分有效的装置可进行水和空气的洁净和杀菌，并可添加人体需要的部分微量元素。我们可以将生态环境材料制备技术和新材料制备技术相结合，通过在多孔陶瓷内涂覆二氧化钛光催化纳米涂层，制备成具有过滤、杀菌以及添加微量元素的装置，以满足人类生活日益提高的需要。

通过改变装置内的多孔陶瓷的孔径大小可进行不同杂质的过滤。合理地选择多孔陶瓷的制备材料，可达到增加微量元素的作用，同时可使水和空气几乎无阻力地通过，通过涂覆在紫外光照射下具有杀菌功能的 TiO_2 薄膜，达到杀菌的目的，在工业方面也具有广泛的应用前景。

赵修建等人发明了用于净化空气和水的二氧化钛光催化纳米涂层多孔陶瓷材料的制备方法。步骤如下：

(1) 孔的尺寸在 $50 \sim 500 \mu m$ 之间的多孔陶瓷制备。

(2) 二氧化钛溶胶制备：二氧化钛溶胶由钛酸盐水解制备，钛酸盐是正钛酸丁酯、钛酸异丙酯和钛酸乙酯中的一种或两种组合，钛酸盐的浓度为 $0.001 \sim 1M$；所用溶剂为乙醇、异丙醇、丙醇或水中的一种或多种的组合。二氧化钛溶胶中加入了络合稳定剂，络合稳定剂是三乙醇胺、二乙醇胺、乙酸丙酮、二乙二醇中的一种或两种的组合，其加入量为溶胶中二氧化钛质量的 $0.05\% \sim 10\%$。

(3) 将多孔陶瓷用二氧化钛溶胶采用浸渍提拉法或喷雾法镀膜，浸渍的沉入速度为 $20 \sim 40cm/min$，停留时间 $30s \sim 30min$，提拉速度为 $15 \sim 35cm/min$。然后用干的热空气进行干燥处理，干燥时间不少于 $30min$。

(4) 对镀膜后的多孔陶瓷进行晶化热处理，升温速度为 $10 \sim 20℃/min$，保温时间为 $80 \sim 120min$，降温速度为 $10 \sim 15℃/min$。

(5) 对已镀膜并晶化热处理过的多孔陶瓷进行酸处理，所用的酸为硫酸、亚硫酸、盐酸、乙酸中任一种或几种的组合酸。酸处理时酸的浓度为 $0.003 \sim 2M$，浸泡时间 $5 \sim 100min$，酸的温度 $0 \sim 60℃$。然后进行水洗，最后用干净的热空气干燥，即制得可用于净化空气和水的二氧化钛光催化纳米涂层多孔陶瓷材料。

多孔陶瓷按下述方法步骤制备：

(1) 以氧化铝粉、氧化硅粉、碳粉、氧化钙粉、微晶玻璃粉为原料，用硅胶水溶液、乙丙醇水溶液为结合剂，按设定的比例混合，挤压成型，压力为 $3 \sim 6MPa$。

(2) 将成型坯体在 $80 \sim 100℃$ 温度下干燥 $30 \sim 60min$，然后以 $5 \sim 10℃/min$ 升温速度升到 $1200℃$，烧结 $\geqslant 2h$ 即可。

在多孔陶瓷表面制备光活性二氧化钛薄膜的方法如下：

（1）以钛酸异丙酯［Ti（OC₃H₇）₄，CP］为主要原料，用量筒量取钛酸异丙酯和无水乙醇，无水乙醇量多于钛酸异丙酯（体积），将钛酸异丙酯溶于无水乙醇中，同时搅拌，制得钛酸异丙酯/乙醇溶液。

（2）接着加入乙酰丙酮负催化剂，以延缓钛酸丁酯的强烈水解，防止局部 TiO_2 沉淀的析出。

（3）待混合均匀后，再逐滴滴入体积比为 $H_2O:C_2H_5OH=1:10$ 的乙醇水溶液，继续搅拌 1h。

（4）最后在上述溶胶中加入不同量的聚乙二醇（平均分子量为 2000，表示为 2000PEG），从而获得稳定、均匀、清澈透明的浅黄色溶胶。

（5）静置 2h 后，可用于制备 TiO_2 薄膜。

（6）其中溶胶前驱液的化学组成摩尔比为 $Ti（OC_4H_9）_4:C_2H_5OH:H_2O:（CH_3CO）_2CH_2=1:26.5:1:1$；聚乙二醇为溶胶中 TiO_2 的质量 25%。所用陶瓷基体为洁净的氧化铝多孔陶瓷。

（7）其镀膜方法为将洁净的多孔陶瓷基片浸入上述配好的溶胶中，静置 10s 后，以 4mm/s 的提拉速度垂直向上提拉。

（8）然后将基片放入 100℃ 的干燥箱中干燥 10min。

（9）最后将基片置于 600℃ 的马弗炉中热处理 2h。

（10）取出即得到 TiO_2 薄膜。

（11）重复上述操作，可得到不同厚度的薄膜。

在上述陶瓷基体表面制备的 TiO_2 薄膜是多孔的，具有较大的比表面积，有利于光催化活性的提高。

王怀颖，江雷发明了一种多孔陶瓷负载的高活性纳米二氧化钛的制备方法。该发明将 TiO_2 的粉体烧结法和溶胶－凝胶法的两种常用负载方法相结合，首先采用溶胶－凝胶法制备适合浓度的二氧化钛溶胶，然后将一定比例的二氧化钛溶胶与二氧化钛粉末混合，经一定时间搅拌，加入分散剂和粘结剂，经过剧烈搅拌形成新的溶液，通过各种方法负载在多孔陶瓷表面。将负载过的陶瓷首先在水蒸气氛围下熏蒸一定时间，以除去大部分有机物，最后进行高温烧结，以使纳米 TiO_2 与载体形成高强度的粘结，同时又提高 TiO_2 活性。

7.7.5 分子筛载体及其制备技术

X 型分子筛具有较大的孔径通道、较高的空隙率，适用于较大分子的分离和反应。通过对其进行物理和化学方法修饰，是获得不同孔径分子筛膜的理想材料。

目前人工合成所得的沸石分子筛均是颗粒状的粉末，其尺寸由晶化液浓度、晶化时间等晶化操作参数决定。由于分子筛孔径均一而且具有高度择形性，在吸附分离和多相催化反应中已被广泛应用。但将分子筛具有的分离及反应功能统一起来，利用多孔材料作载体将沸石分子筛合成在多孔材料的表面上，从而形成一层均匀的沸石分子筛薄膜，同时这层沸石分子筛薄膜既有催化作用，又能实现对部分物料的同步分离，是近年来科技工作者致力发展的一种新型催化材料。

将分子筛作为制膜材料，最早是用在高分子膜中作为填充剂，以提高高分子膜的渗透速度和选择性。由于高分子材料的耐温性，这方面研究一直局限在低温液相分离过程—渗透蒸发过程；对较高温度的气相分离过程最近也有研究，但进展不大。若将分子筛直接生成在陶瓷载体表面上，使其连生成膜，既保持分子筛的分离和催化特性，大大改进多孔基质底膜对物料的分离效果，实现分离反应一体化，又具有无机膜的优点——耐温、耐化学侵蚀、抗溶胀和良好的机械强度，这成为了人们研究的热点和难点。

美国专利 USP 5464798 采用在 $\alpha - Al_2O_3$ 多孔陶瓷管的内表面上涂 $\gamma - Al_2O_3$ 凝胶，将它修饰成 50Å 孔径的担载体，用硅胶、NaOH 和 TPABr 合成硅酸盐 – 1 沸石分子筛膜。陶瓷管中装入分子筛母液进行晶化操作，一般 2~3 次即可。在进行分子筛膜修饰后明显降低了气体的渗透通量，一般仅为原基膜的 3%~14%，比 N_2 透量低 5 倍，$n - C_4H_{10}$ 低 190 倍，异丁烷低 1000 倍。异丁烷在膜上明显产生吸附；沸石膜对正、异丁烷混合物的分离系数可达到 22（室温下）。

文献 WO 95 29751 在陶瓷管和多孔烧结玻璃管上采用原位水热晶化合成出硅酸盐 – 1 膜，对 H_2 和 $i - C_4H_{10}$ 渗透速度之比可达 30，并可用来研究异丁烷脱氢。反应器外管为不锈钢管，管内外室用石墨垫圈密封，膜管内腔放置工业用 $Pt - Sn/\gamma - Al_2O_3$ 催化剂。该分子筛膜过程与 $\alpha - Al_2O_3$ 膜过程相比，其异丁烷产率提高了 70%。

文献 EP 674939 介绍了在多孔 $\alpha - Al_2O_3$ 陶瓷体上合成 ZSM – 5 分子筛膜的情况。试验中将硅源和铝源经过适当配置形成 A、B 溶液，最后母液的摩尔比组成为 SiO_2/Al_2O_3：102，Na_2O/SiO_2：0.23，$TPABr/SiO_2$：0.1，H_2O/SiO_2：200，耐压釜放入加热炉中，保持 180℃，均匀受热 36h 成膜。将制成的该膜应用于空气中 CO_2 分离，α_{CO_2/N_2} 可达 53~56，CO_2 的渗透速率可达 1.7×10^{-7} mol/（$m^2 \cdot s \cdot Pa$），而 α_{CO_2/N_2} 亦可达 42。

WO 9317781 采用气相合成法，先在 $\alpha - Al_2O_3$ 管或碟片上预负载上分子筛合成液，成膜后的干凝胶再在 130~200℃ 温度下水热晶化，多次重复操作成膜。用这种方法合成的 ZSM – 5 沸石膜，对间、对位二甲苯、三异丙苯混合体系有选择渗透作用。

USP 4699892 利用多孔载体合成出 A 型沸石层。用甲烷、乙烷和丙烷各 33mol% 的混合物表征膜的分离性，渗透过的气体摩尔组成为甲烷 73.5%，乙烷 26%，丙烷 0.5%。

文献 JP 08257301 介绍在管状多孔支撑体上合成出了 Y 型沸石膜。制膜用硅铝酸盐溶胶摩尔组成为 H_2O/SiO_2：50~120，Na_2O/SiO_2：0.5~2，SiO_2/Al_2O_3：5~15，将多孔载体浸泡于溶胶中水热晶化成膜。该膜可作渗透蒸发分离膜，对醇水，醇—环己烷有机混合体系有分离能力。

综上所述，上述文献中均没涉及 X 型分子筛在载体上成膜的情况以及适于工业应用的负载 X 型分子筛的多孔陶瓷管膜情况。

由此，许中强、陈庆龄发明了负载分子筛的氧化铝陶瓷管膜及其制备方法。该发明主要解决以往技术中没涉及 X 型分子筛在载体上成膜的缺陷。

负载分子筛的氧化铝陶瓷管膜的制备方法如下：

以铝酸钠作铝源和钠源（可加上氢氧化钠）；硅胶或硅溶胶和水为原料，反应体系的原料摩尔组成以氧化物计为：$aNa_2O \cdot bAl_2O_3 \cdot cSiO_2 \cdot dH_2O$，其中 $a/c = 1.0 \sim 13.0$，$c/b = 2 \sim 8$，$d/c = 50 \sim 1000$，将一个表面覆盖孔径为 40~10000Å 的氧化铝陶瓷管浸于反应体系中，反应原料在 50~120℃ 反应温度条件下，晶化 3~144h，在氧化铝陶瓷管上晶化生长硅铝摩尔比为 2~8 的 X 型分子筛膜。

采用多孔 $\alpha-Al_2O_3$、$\gamma-Al_2O_3$ 陶瓷管作载体，在其内表面上生长一层 X 型分子筛薄层。涂膜效果说明：采用无机硅铝酸盐的水基合成方法，在 $\alpha-Al_2O_3$ 和 $\gamma-Al_2O_3$ 表面上均能生长 X 型沸石，但一般须经 3～4 次操作才能在其内表面形成一层没有机械裂纹、没有残留的未晶化的光秃表面，其表面均匀覆盖着连续的分子筛薄层。覆盖的分子筛并非由单一聚晶形成，而是由分子筛颗粒组成，有颗粒边界存在，因此分子筛膜是由聚晶体连生形成的。

沸石分子筛依附在载体内表面成膜，对单位体积的载体而言能提供较大的渗透面积，而且像反应器单管一样，多根陶瓷管沸石分子筛膜可以束集在一起，形成列管式膜分离或反应器，能大大增加单位体积膜过程的面积，具有实用性，适于膜过程的推广和工业化。

涂膜效果与载体孔径结构大小和晶化液浓度有关。小孔径载体宜选取低浓度的硅铝酸盐晶化液作涂膜溶液，以利于分子筛前驱态凝胶进入孔口，从孔口向外生长和增强膜本身强度。延长分子筛合成时间，有利于表面沸石生长均匀。大孔载体则宜采用较高浓度的硅铝酸盐晶化液作涂膜溶液。因为大颗粒凝胶可避免分子筛在多孔载体的孔口深处生长太多，而影响膜的渗透性能。孔径太小或太大，即使调节晶化液的浓度也不能得到均匀连生，以及与载体结合较牢的分子筛薄层。

以下是应用此方法的一个实例。

配制晶化液所用的药品为：硅胶 30wt%，铝酸钠 NaAlO₂99.9wt%，氢氧化钠 97wt% 和去离子水，配成浓度以摩尔比计为：Na_2O/SiO_2 为 1.28，SiO_2/Al_2O_3 为 4.2，H_2O/SiO_2 为 135 的反应体系。

多孔 $\alpha-Al_2O_3$ 陶瓷管规格为 $\phi10mm \times 1.5mm \times L20mm$，孔径为 2000Å。为了使晶化尽量生长在载体的内表面上，将载体的管外表面用聚四氟乙烯带严密包扎。

称取 1.0536gNaOH、0.5203gNaAlO₂，搅拌下分别慢慢加入 10.8805g 去离子水中，搅拌数分钟成溶胶 A。称取 2.5426g30wt% 的溶胶，搅拌加入 15.003g 去离子水中，搅拌数分钟成溶液 B。最后在搅拌下将溶液 A 缓慢加入溶液 B，溶胶在碱性条件下水解、老化。

取上述配制的晶化液 10mL 置入内衬中 25mm×40mm 四氟内胆的不锈钢耐压釜中。将上述用聚四氟乙烯带包扎好的多孔陶瓷管载体垂直置入耐压釜中，整个载体没入晶化液中，封釜。将晶化釜平行移入已预热到 85℃ 的加热烘箱中，在自生成压力下水热晶化 40h，无搅拌。合成结束后，用自来水急冷晶化釜，开盖。用去离子水充分洗涤至载体呈中性，在 90℃ 下干燥过夜，再移入高温马弗炉中，以 0.2℃/min 的速度缓慢升温至 450℃ 下焙烧 4h，再降至室温，以除去沸石孔中的水分。

重复上述步骤四次。每一次陶瓷管的放置位置上下颠倒一下，以使晶化后的分子筛薄层两端均匀。晶化次数可通过观察 SEM 照片及对成膜后载体的渗透性能的考察决定。

结果显示在多孔基材体上有一层均匀连续的分子筛层，膜厚约 $10\mu m$。

多孔陶瓷载体因其特殊的孔结构和陶瓷本身的特殊性能，使其成为一种性能优异，作用独特的新材料。多孔陶瓷载体的研究和开发工作已经受到人们普遍的重视，目前，许多国家和地区，尤其是欧、美、日在这方面投入了巨大的人力物力。我国也越来越重视多孔材料的开发与应用。可以预见，随着各应用领域对多孔陶瓷载体需求的不断扩大，及对高性能多孔陶瓷载体的迫切需要，特别是发展生物技术及控制和改善环境的呼声不断高涨，将会促进多孔陶瓷载体的飞速发展，为多孔陶瓷载体的应用开创更广阔的前景。

第8章 多孔过滤陶瓷

19世纪70年代，多孔陶瓷就开始用作过滤材料，用来提纯铀和作为过滤细菌。多孔陶瓷用作过滤器主要有以下优点：

（1）过滤精度高，可适用于各种介质的精密过滤，最高过滤精度可以达到 $0.1\mu m$，过滤效率大于 95%。

（2）耐酸、碱性好，可适用于强酸（如硫酸、盐酸等）、强碱（如氢氧化钠等）介质和各种有机溶剂的过滤。

（3）机械强度高，可适用于高压流体的过滤，最高工作压力可达 16MPa。

（4）热稳定性好，可适用于高温流体的过滤，最高工作温度超过 1000℃。

（5）使用寿命长，根据不同的过滤介质，一般为6个月~3年。

（6）操作方便，可持续运行，反吹间隙周期长，反吹时间短，便于自动化操作。

（7）清洁状态好，多孔陶瓷本身无味，无毒，无异物脱落，可用于无菌介质过滤。过滤器可用高温蒸汽进行杀菌处理。

正因为多孔陶瓷具有这些优点，近年来多孔过滤陶瓷在生产和人们的日常生活中显现出了强大的生命力，应用越来越广泛，发挥着重要的作用。

本章将围绕多孔陶瓷的过滤机理、性能和应用等方面内容展开介绍，概述了关于多孔过滤陶瓷的过滤渗透机理、过滤性能，用于熔融金属过滤的多孔陶瓷，食品医药过滤、气体过滤、电化学膜、扩散、气体分离以及有毒物质的吸收分离的多孔陶瓷。

8.1 多孔陶瓷的过滤机理及性能

8.1.1 多孔陶瓷的过滤机理

多孔过滤陶瓷为了用于过滤，其孔洞应该以贯通性孔道为主，并且根据不同的过滤场合，其孔径大小及分布也不同。受现有制备方法的限制，其孔道往往是弯弯曲曲的，大小、形状也不规整（见图8-1）。

由于其共价键和复杂离子键的键合以及复杂的晶体结构而具有耐高温、耐腐蚀、热稳定性好的特点，并且当流体流经孔隙时，内外表面会产生各种各样的物理效应（如毛细虹吸效应等）。

由于多孔陶瓷内部具有大量贯通的、分布均匀的、开口微细的气孔。陶瓷过滤器的过滤是集吸附、表面过滤和深层过滤相结合的一种过滤方式。对于液-固、气-固系统的过滤与分离来说，其过滤机理主要为以下三种：

1）惯性冲撞：流经多孔陶瓷微孔孔道的流体中的杂质颗粒，由于惯性与微孔孔道壁接触而被捕捉。惯性冲撞捕捉与杂质颗粒直径的平方成正比，与流速及流体黏度成反比。

2）扩散：杂质颗粒由于布朗运动而离开流线和微孔孔道壁接触，从而被捕捉。扩散捕捉和流速与流体黏度、杂质颗粒直径成反比。

3）截留：杂质颗粒由于比微孔孔道大而被捕捉，属表层过滤。截留只与杂质颗粒的大小有关，而与流速、流体的黏度没有关系。

图8-1为惯性冲撞、扩散捕捉、截留的示意图。

当流体流经多孔陶瓷时，大于多孔陶瓷孔径的颗粒被截留在多孔陶瓷表面，形成滤饼层，小于多孔陶瓷孔径的颗粒，由于受惯性碰撞和布朗运动的影响，仍有部分颗粒被截留在表面或沉积在多孔陶瓷孔道内。由于多孔陶瓷微孔孔道迂回曲折，加上流体介质在多孔陶瓷表面形成的架桥效应，及惯性冲撞和布朗运动的作用，因此其过滤精度要比本身的孔径高得多。如 $10\mu m$ 孔径的多孔陶瓷过滤液体时，其过滤精度可达 $1\mu m$；过滤气体时，其过滤精度可达 $0.5\mu m$。

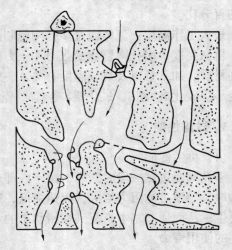

图8-1 惯性冲撞、扩散捕捉、截留示意图
🔺截留捕捉；🔶惯性冲撞捕捉；🔗扩散捕捉

过滤器运行一段时间后，多孔陶瓷内部孔道被流体介质中杂质颗粒堵塞，表面滤饼层增厚，导致过滤阻力增大，可向过滤器中通以反吹气体，以多孔陶瓷背面进行气体或液体反吹，反洗。这样，进入多孔陶瓷内部的杂质及表面形成的滤饼层，在高压反吹气体的作用下，就会脱离多孔陶瓷，从而使多孔陶瓷基本恢复到初始状态。其再生机理如图8-2所示。

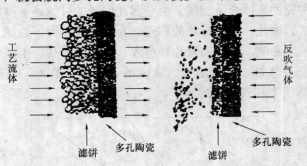

图8-2 反吹法再生多孔陶瓷过滤器

对于气-液、液-液系统分离来说，其原理和液-固分离系统一样，它是通过多孔陶瓷体的亲合性和聚集作用，将气体中的液体或液体中的液体进行两相分离。

8.1.2 物理化学性能

以下是过滤用多孔陶瓷的物理化学性能及其含义。

孔径 D：表明制品开口气孔大小，这里指制品最大开口直径。通过控制多孔陶瓷集料颗粒大小，多孔陶瓷过滤元件孔径可分为 $1.5\mu m$、$10\mu m$、$20\mu m$、$30\mu m$、$40\mu m$、$50\mu m$、$60\mu m$、$80\mu m$、$100\mu m$、$150\mu m$、$200\mu m$、$250\mu m$、$300\mu m$ 等系列。

气孔率：制品中开口气孔体积占总体积的百分比。

最大工作压差：流体通过多孔陶瓷制品时，其内部结构不被破坏时所允许的最大压力差。

耐酸性：多孔陶瓷制品经 20% 硫酸溶液煮沸 1h 后，其弯曲强度与腐蚀前弯曲强度的百分比。

耐碱性：多孔陶瓷制品经 20％ NaOH 溶液加热煮沸 1h 后，其弯曲强度与腐蚀前弯曲强度的百分比。

最大工作温度：流体通过多孔陶瓷制品时，其内部结构不被破坏时所允许的最大温度。

机械强度：多孔陶瓷承受张力和压力的能力。强度主要与集料材质、集料颗粒大小、结合剂材质、加入量以及烧成温度有关。一般认为，按材质分，多孔陶瓷的强度按下列顺序依次变小：碳化硅>刚玉>氧化铝>莫来石>瓷粒>石英>硅藻土。

8.1.3 过滤性能

（1）再生性能

多孔陶瓷过滤一段时间后，由于内部通道可能被流体介质中的颗粒杂质堵塞，表面滤饼层增厚，导致过滤阻力增大，流速降低，这时可通过气体反吹、液体反洗或气－液混洗的方式再生，从而使其基本恢复到初始状态的水平。定时反吹、反洗，能大大延长多孔陶瓷过滤元件的使用寿命。

（2）过滤精度

过滤精度是指能够滤除流体介质中最小固体颗粒的粒径大小。影响多孔陶瓷过滤精度的主要因素是其孔径大小。对于同一流体介质来说，孔径愈小，则过滤精度愈高，反之愈低。其次，工作压力对过滤精度也有影响。一般来讲，对液体介质，其过滤精度可达到多孔陶瓷孔径的 $1/15 \sim 1/5$。对气体介质，由于布朗运动在气体中比在液体中活泼，扩散捕捉作用增大，过滤精度能达到孔径的 $1/30 \sim 1/20$。对于过滤细菌来说，由于细菌的柔软性，菌体在过滤压力下可变形，即使孔径比菌体小，细菌也有可能通过，应通过试验确定孔径大小。

（3）过滤速率

过滤速率是指单位时间内通过多孔陶瓷的流体介质流量。由于多孔陶瓷的过滤是一种集惯性冲撞、扩散和截留相结合的过滤方式，因此，流体介质的黏度、介质工作压力、过滤元件本身的微孔性能等对其过滤速率都有较大影响。多孔陶瓷孔径愈大，气孔率愈高，工作压差愈大，则流量愈大。而随着多孔陶瓷壁厚增加，黏度增大，流量迅速减小。图 8－3、图 8－4 分别为不同孔径多孔陶瓷的纯水过滤速率和氮气过滤速率。

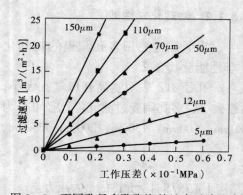

图 8－3　不同孔径多孔陶瓷的纯水过滤速率

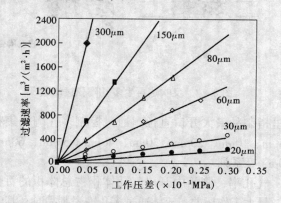

图 8－4　不同孔径多孔陶瓷的气体（N₂）过滤速率

（4）透气度（透水率）

透气度是指 $1mmH_2O$ 压差下，在单位时间 lh 内通过厚度 1cm，面积 $1m^2$ 的多孔陶瓷的干式气体量，其具体的计算测量可参见 2.5 节。

透水率 J 指在 0.1MPa，16℃时，纯水的渗透率。用下式计算：

$$J = \frac{产水量}{时间 \times 有效面积}$$

对于粉尘过滤器来说，其要考虑的过滤性能有收尘效率、过滤容量、压力损失、粉尘保持容量与堵塞。

收尘效果是指多孔陶瓷对流体中的固相颗粒的收集能力，这是过滤所需的特性。收尘效率与最大孔径有直接关系，基本上在过滤液体时，几乎 100% 地收集直径为最大孔径的 1/10 以上的颗粒；过滤气体时，几乎 100% 地收集直径为最大孔径 1/20 以上的颗粒。过滤容量是指陶瓷过滤器过滤层的单位面积、单位压差、单位时间的流体渗透量，它与过滤器的气孔率及毛细管的直径平方成正比。

压力损失是指流体通过前后的压差，多孔陶瓷的压损一般较小，可以通过试验标定。

粉尘保持容量目前国际上还没有统一的规定，如有规定是收尘器压力损失达初始值两倍时收集的粉尘量；日本 JIS Z 8901 标准规定的是 15 种粉尘以 $100 \pm 10mg/m^3$ 浓度连续供给，当风量降至 80% 或粉尘捕集率降至 85% 时，所收集的粉尘量。

堵塞是指颗粒堆积在过滤层外部或内部而使过滤容量下降。

8.1.4　多孔陶瓷孔道直径实验方法

（1）原理

将试样浸饱试验液体后，浸没于试验液体中，缓慢向试样通入气体（空气或氮气），在试样上逐步增加压力，使试验气体被迫通过饱和水的多孔陶瓷试样，得出在试样表面形成第一个气泡时所需的最小压力，即可计算出最大毛细孔道直径。

（2）仪器、材料

真空装置：包括真空容器、真空泵及连接件。

气源：实验所用气体为经过过滤的压缩空气或氮气；瓶装压缩气体，则须经 4 ~ 25MPa 氧气减压器减压后使用。

减压阀：输入气体压力为 0.2 ~ 1MPa，输出压力为 0 ~ 0.2MPa。

测量有效压力的装置（标准压力表或充水、充汞 U 形压力计）：精确度 ±1%。

样品夹具：根据试样形状而定，应能保证试样完全浸没于一定深度的液体中。如果试样是空心柱形，应把它沿其水平主轴转动而使整个表面均得到观察。

试验液体：蒸馏水。

（3）试样制备

用与制品生产相同的工艺制作圆片试样，其直径为 30 ± 0.5mm，厚度与制品相同或由制品切取试样，样品数量不得少于 3 个。

（4）测试装置与步骤

试验装置如图 8 – 5 所示。

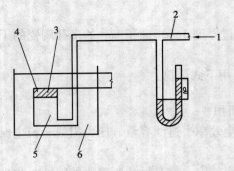

图 8-5 气泡试验装置图
1—气体；2—试验液体；3—气压；4—液压 P_1；
5—试样；6—调节阀门

测试步骤如下：

①将试样放入干净烧杯并置于真空干燥器中，抽真空至剩余压力小于 0.0013MPa，保持 10min，然后通过真空干燥器上口所装移液漏斗放入蒸馏水，直到试样完全淹没。再抽气至试样上无气泡出现时，即可停止，取出盛有试样的容器，在室温下静置 1h。

②将饱和试样装入样品夹具，压紧密封，将试样浸入试验水，水高出试样面 5mm 左右，同时采取适当灯光照明。

③打开储气瓶阀门，调节氧气减压器，使供气在试验期间保持为 0.2MPa。

④缓慢调节减压阀，升压速度控制在 20Pa/min 或 100Pa/min 以下，直到试样面上出现第一个（或成串）气泡时为止，记下此时压力计读数 ΔP。

⑤试验在室温下进行。

（5）结果计算

孔道直径按以下公式计算：

$$d = 4\gamma/\Delta p \tag{8-1}$$

$$\Delta p = p_0 - p_1 \tag{8-2}$$

$$p_1 = 9.81\rho h \tag{8-3}$$

式中　d——气泡试验孔径的毛细管的直径，m；

　　　γ——试验液体的表面张力，N/m；

　　　Δp——静态条件下，试样上的压力差，Pa；

　　　p_0——试验气体压力，Pa；

　　　p_1——在气泡形成的水平面上试验液体的压力，Pa；

　　　ρ——试验液体密度，kg/m³；

　　　h——试验液体表面到试样表面的高度，m。

根据式（8-1）计算气泡试验孔径，以 3 次结果的算术平均值为准，精确到 ±5%。

8.1.5　多孔材料过滤精度表征方法

多孔材料大多用作过滤材料。而作为以过滤器的形式应用于各行业的多孔材料，其首要的衡量性能的指标是"精度"，即过滤材料的孔径。

对多孔材料孔径的测量一般有直接法或间接法两类测量方法。直接测量用显微镜观察测量法、X 射线小角度散射测量法、电子显微镜观察法等。间接测量法是利用一些与孔径有关的物理现象，通过实验测出各有关物理参数，并在孔隙为均匀通直圆孔的假设条件下计算出孔隙的等效孔径，具体有：汞压入法、气泡法、离心力法、透过法、气体吸附法、悬浊液过滤法，图 8-6 是各类测试方法的测试范围。

直接法大多用来测量试样表面孔隙的大小，或金属网孔型的孔径，对于有一定厚度或孔隙深度的多孔材料，则大多采用间接型检测方法。

目前关于多孔材料孔径或过滤精度的概念还未达成一个在各行业中都取得共同认可的明确定义。

由于过滤材料应用的广泛性，对其精度的标定因行业的不同或者行业之间的要求不一样，造成对过滤器精度的标称上呈现出多种标称共有的局面，如关于多孔材料或过滤器的孔径有如下诸种标称：公称过滤精度、名义过滤精度、绝对过滤精度、过滤度、最大孔径、过滤效率98%的β值*、最大气泡孔径等。即使在国内众多机械设计手册中，对过滤材料过滤精度也没有一个完整、统一、严谨的定义。

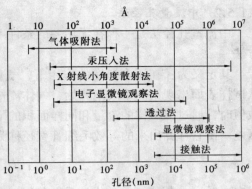

图8-6 各种测试多孔材料孔径方法的检测范围

气泡检测法测出的孔径只是等效最大孔径，未反映出多孔材料的真实孔径及实际过滤精度。汞压入法在过滤材料的孔径尤其是孔径分布的检测方面发挥了很大作用，它的出发点仍是以等径毛细管束理论模型为理论基础，所得出的孔径仍是一个等效孔径。

8.1.5.1 透过法

该法依据是在层流条件下气体通过多孔材料时，如将孔道当作圆的正直毛细管，根据哈根－泊稷叶定律，推导出有效平均孔径：

$$d_c = \sqrt{\frac{32\,GWLQ}{EA\Delta P}} \tag{8-4}$$

式中 d_c——有效平均孔径；

ΔP——毛细管两端流体的压差；

E——空隙度；

L——多孔体厚度；

A——截面积；

G——流体黏滞系数；

W——弯曲系数；

Q——通过介质的流量。

在已知介质的结构参数 E、T、A 后，在压差不超过 1005MPa 下，测得通过过滤介质的压降 ΔP 与流体流量 Q 代入上式，可求得平均孔径，这里关键是确定材料的弯曲系数，国内有人在这方面进行了一些理论推导。

这一方法的优点是实验工具相对简单，又克服了气泡法和悬浊液过滤法在测试方法上所存在的一些不足，如克服了气泡法测量孔径的偶然性和悬浊液过滤法的破坏性，所得数据与实际结果比较接近。但仍然只是一种等效平均孔径，若在此方面加以修正也不失为一种有效

---

* β值是描述过滤材料和液体过滤器过滤效果的一个常用参数，也称为过滤比。β值是透过率的倒数，与过滤效率的关系为：过滤效率 = 1 - 1/β。

的检测方法。

8.1.5.2 中流量孔径法

中流量孔径法是一种在无堵塞的条件下，按流体流量和压差的关系确定平均孔径的试验方法。

其定义为：在压力梯度的作用下，气体通过已经浸满液体的多孔试样（简称湿试样），从试样表面出现第一个气泡开始，气体流量随着压差的提高而加速地增加。当压差达到某个数值时，通过湿试样的流量和同样面积的干试样的流量之比等于 1:2 时，这压差称为中流量压差。由它计算出来的等效毛细管直径称为中流量孔径，又称为平均孔径，计算公式为：

$$D_b = \frac{4r\cos\theta}{\Delta P_b} \tag{8-5}$$

式中　D_b——气泡试验的中流量孔径，m；

　　　r——试验液体的表面张力，N/m；

　　ΔP_b——在动态平衡的状况下试样的压差，Pa；

　　　θ——液体对材料表面的浸润角，一般选用 $\cos\theta = 1$ 的液体。

中流量孔径试验，是一种评价过滤器性能的比较简便而可靠的方法。

8.1.5.3 悬浊液过滤法

悬浊液过滤法是采用模拟过滤过程的方法，对过滤前后悬浊液中粒子的粒度通过比率及粒度分布变化规律进行定量分析，而得出的表征多孔材料孔径及孔径分布的方法。

但对于悬浊液过滤法存在的一些共同的问题：一是破坏性实验，试样一经检测无法重复使用；二是测试过程复杂，费用高昂。

8.1.5.4 玻璃珠过滤法

如图 8-7 所示，一种玻璃珠（全部保持在规定范围内）的悬浮液通过一台过滤器，并在下游收集于一个分析薄膜上，采用玻璃珠是因为它们是圆球形，容易和其他杂质区分出来，而且它们测试后可以再生利用，最后把这些通过的玻璃球在显微镜下进行检测，测定最大球状玻璃珠的数值，得出过滤器的绝对径级。

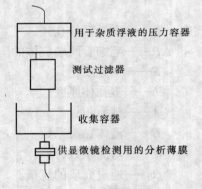

用于杂质浮液的压力容器

测试过滤器

收集容器

供显微镜检测用的分析薄膜

图 8-7　玻璃珠分析测试仪器简图

8.1.5.5 单次通过法

该方法是将配制好的加入已知各尺寸颗粒分布的 AC 粉尘[①]的悬浊液一次性通过被测过滤器，直至过滤器因沉积下来的 AC 粉尘堵塞为止，在这一过程中用颗粒计数器测定相同尺寸的滤后颗粒数，从而得到各尺寸 β 值，即上、下游同种颗粒尺寸的比值，依据 β 值确定过滤精度和孔径分布。

8.1.5.6 多次通过法

与单次通过法相对应的是"多次通过"，它使通过试验过滤器的任何污物在密闭的回路

---

① 美国规定用于过滤与除尘设备性能试验的标准粉尘，该粉尘取自美国亚利桑那荒漠地区。

中，不受限制地不变化地进行再循环。这样，通过试验过滤器的污物就多次作用在试验滤芯上，直至通过试验过滤器的压降增加到给定值为止。

与单次通过法基本相似的是通过颗粒计数器对上、下游同种粒子数进行监测统计，计算其 β 值。

$$\beta x = 上游给定颗粒尺寸的颗粒数 / 下游相同颗粒尺寸的颗粒数$$

式中 x 表示给定颗粒的尺寸大小。如：$\beta 5 = 200$，表示粒径为 5mm 的颗粒，200 个中有一个透过。当 $\beta x = 75$ 时，确定这一颗粒尺寸为该过滤器的过滤精度。之所以取 $\beta x = 75$ 是因为此过滤率是使试验结果具有再现性的最大过滤率，与单次通过法相比，更切合实际应用环境。对于多次通过法已有相应的 ISO 4572 标准，已被大多数国家所认可。

8.1.6 影响渗透性能的因素

对多孔陶瓷渗透性能最广泛的应用就是制备多孔陶瓷渗透膜，早在 20 世纪 60 年代末，迈克尔等人就指出，对于转化率受平衡限制的反应，通过膜不断分离产物可以平衡移动，并提出膜反应器概念，即具有选择性透过的膜，能同时进行反应和分离作用的反应器。因此，膜反应器的关键是制备具有渗透通量大及渗透选择性高的膜。

多孔陶瓷 Al_2O_3 膜由于机械强度高、耐热性能好、抗腐蚀及容易清洗等优点，从而受到膜分离和膜反应研究者瞩目，成为膜科学研究热点之一。而无机微孔膜又由于具有较高的渗透通量，较好的工业应用前景，故得到了广泛的研究。目前国内外市场上常见的无机类基质膜多为微滤膜（MF），其孔径在 100nm 至 10μm 之间，这只能适用于悬浮物的分离，而对于分子溶液或气体分离是不适用的，因此必须进行复合。换言之，要获得更小孔径的膜，就要在基质膜上再覆盖一层或数层（包括超滤膜及控制膜）箔膜，从而制成复合多孔陶瓷结构膜。溶胶 – 凝胶法的成膜技术有两种不同的途径，即胶体凝胶法和聚合凝胶法。

8.1.6.1 添加剂的影响

在溶胶 – 凝胶法制膜过程中，常在胶体溶液中加入某些有机粘合剂，这样可以防止微粒团聚、调节黏度、增加物料未焙烧时的强度、防止裂缝的形成。一般的纤维素化合物（如甲基纤维素、轻乙基纤维素）和聚乙烯醇等都可满足要求。但在某些情况下，即使加入粘合剂，在干燥的最后阶段或焙烧的初期，还可能会观察到皱缩现象；如果再加入某种增塑剂（如聚乙二醇、丙三醇等）可大大减少皱缩现象。对添加甲基纤维素而制得的 Al_2O_3 多孔陶瓷膜与无添加剂进行比较，观察表明加入添加剂的溶胶能形成表面光滑、均匀、无裂缝的复合膜。

8.1.6.2 混合气总流量和氢气浓度对透氢率的影响

在 100℃下考察了反应边混合气（$N_2 + H_2$）总流量和氢浓度对氢透过率的影响，在总流量不变的条件下，渗透率随氢浓度的提高而降低。另外，在氢浓度相同时，混合气总流量越大，透氢率越小。这可解释为：在膜面积一定的条件下，虽然提高氢气的浓度或总流量，氢透过的绝对量有所增加，但变化不大。换言之，透过氢的增加量赶不上氢浓度或氢流量的增加量，故其相对透过量即渗透率下降。

8.1.6.3 涂膜次数和氢气浓度对渗透率的影响

采用 $H_2 + C_2 + C_3H_6$ 混合气体系，保持总流量为 70mL/min，丙烯流量为 10mL/min，通过

改变 $N_2 + H_2$ 的比例而改变氢的浓度，温度为 100℃，考察涂膜次数和氢浓度对氢和丙烯渗透率的影响，随着涂膜次数的增加，控制层膜厚度的增加，阻力变大，氢和丙烯的渗透率逐渐变小。随氢气浓度增加，氢的渗透率下降。而丙烯的透过率随氢的浓度变化不大，丙烯的浓度在不变的情况下，氢气浓度的改变对丙烯的渗透率没有影响。

8.1.6.4　温度对渗透率的影响

气体在微孔膜中的传递过程具有努森扩散的特征，其扩散系数可由下式表达：

$$D_{k.i} = (2\varepsilon\mu_k I_m V_m)/3 \tag{8-6}$$

$$V_m = (8RT/\pi M_i)^{1/2} \tag{8-7}$$

式中　ε——膜的孔隙率；

μ_k——努森形状因子；

I_m——膜微孔的平均孔半径，m；

V_m——膜微孔中的平均分子速率，m/s；

T——温度，K；

M_i——气体 i 的克分子质量，kg/mol；

R——气体常数 [8.314J/(mol·K)]。

综合（8-6）、（8-7）两式可知，在膜材料和被分离气体确定的情况下，扩散系数与温度的平方根成正比，即随温度的升高而升高。因此，透气率也随温度升高而升高。

从发展趋势来看，陶瓷膜制备技术的发展主要在多孔膜研究方面，进一步完善已商品化的无机超滤和微滤膜，发展具有分子筛分功能的纳滤膜、气体分离膜和渗透汽化膜；已经商品化的多孔膜主要上超滤和微滤膜，应用广泛的商品化的 Al_2O_3 膜即是由粒子烧结法制备的。

8.2　用于熔融金属过滤的多孔陶瓷

金属中夹杂物的数量、形状、分布、大小等均对材料的强度、塑性、韧性有重大的影响，因此，研究金属净化法，提高金属的内在质量和纯净度，提高其综合性能，以其极高的综合效益倍受注目。目前，国内外金属液净化的方法大致分为两类：一类采用去除或防止夹杂物形成的冶金设备，如真空熔炼、精炼、电渣重熔等工艺；另一类采用多孔陶瓷过滤器，应用过滤技术对熔体进行过滤净化是去除合金中夹杂物、提高金属制品质量的最有效途径。

研究表明，多孔陶瓷过滤器净化金属液具有工艺简单，能耗低的特点，用陶瓷过滤器过滤金属可显著去除金属中夹杂物和气体等，提高金属的内在质量。特别是近来对食品包装、电子元件、电线用铝、铜等的要求提高促进了这种方法的使用。

多孔陶瓷由于具有热稳定性、化学稳定性和抗金属冲刷性等优点而被用作熔融金属的优选材料，但用于熔融金属当中还需满足两个条件：一个是高温下不与所过滤的金属起反应；另一个是过滤器要有良好的抗热震性以及足够的强度。

过滤材质的选择须先考虑所过滤金属的性质，实际多为多组分金属氧化物材质，其常用的材质有 Al_2O_3、ZTA、SiC、莫来石和镁铝尖晶石等。一般来说，以被过滤金属的氧化物来制备相应的多孔陶瓷，如金属铝的过滤用 Al_2O_3 或莫来石质多孔陶瓷，而铁或铁合金的过滤则用 SiC 质多孔陶瓷，并且这种多孔陶瓷的添加剂中应尽量避免磷酸盐，因为磷酸盐易于与铁液反应，析出单质磷，并传递到铁铸件中，影响铸件的机械性能。

应用多孔陶瓷对金属熔体研究较早，在 20 世纪 80 年代初就有人用水力模拟研究了多孔陶瓷过滤器的过滤机理，发现过滤器捕集夹杂物的效率与过滤器材质、流体速度、夹杂物种类都有关系。实验表明，过滤是在过滤介质谷部、凹部的重力沉降、阻拦及吸附产生的。

目前所用的过滤器有二维网状过滤器（如丝寻）和三维多孔状过滤器。多孔状过滤器有氧化铝球堆积床、多孔陶瓷管、泡沫陶瓷等，可以去除比孔径尺寸小得多的夹杂物。按陶瓷过滤器的结构划分有颗粒状、芯型、网状、蜂窝状、泡沫等陶瓷过滤器，应用最普遍的是泡沫陶瓷过滤器。

8.2.1　泡沫陶瓷过滤器

泡沫陶瓷过滤器是以泡沫塑料为前驱载体，浸渍陶瓷料浆后经干燥和烧结制成的三维网状骨架结构的多孔体。其孔隙率高达 80% ~ 90%，通过流体的压力损失小，通道曲折，表面积大，与流体的接触效率高，具有良好的除渣过滤性能。可用于有色合金、钢铁材料等的净化过滤。陶瓷过滤器应具备足够的强度、良好的抗热震性和抗蠕变性，合适的孔径和孔隙率。国内外一些研究单位和厂家生产的泡沫陶瓷过滤器的成分以及性能如表 8 - 1 所示。

表 8 - 1　泡沫陶瓷过滤器的成分和性能

研制单位	材　质	孔隙率（%）	孔径（μm）	体积密度（g/cm^3）	耐压强度（MPa）	蠕变率（%）
美国高新技术陶瓷公司	莫来石	77	1194	0.46	2.29	0.203
		78	737	0.47	3.06	0.136
		81	610	0.45	0.74	0.595
	Al_2O_3	85	1143	0.57	2.45	0.151
		83	838	0.61	2.18	0.375
		80	533	0.69	1.25	0.749
	ZrO_2	85	1346	0.72	1.40	0.185
		84	737	0.74	1.37	0.262
		82	610	0.84	1.01	0.276
北京航空材料研究所	$Al_2O_3 + ZrO_2$	85 ~ 87		0.38 ~ 0.40	0.79 ~ 0.90	
北京科技大学	Al_2O_3 MgO ZrO_2	80 ~ 85		0.59	3	

用泡沫陶瓷过滤器过滤金属时，流经过滤器的金属液忽快忽慢，造成动量变化，使液体中的夹杂物颗粒离开流线而被吸附在过滤器的壁上，或沿流线的切线方向进入死角而滞留其中。同时，过滤器把金属液分割成许多细小的液流，雷诺数大为减小，有利于夹杂物上浮和滞留，并吸附金属中的气体。过滤器孔隙率愈大，过滤路程愈长，捕杂效率愈大，过滤净化效果愈好。以下介绍几种泡沫陶瓷过滤器：

（1）江苏省的科技人员开发了一种泡沫陶瓷过滤器，其原料是由碳化硅、氧化铝、硅胶和硅酸铝纤维组成，直接形成胚体网络结构，可防止污染、可耐高温、抗压强度大，完全可以满足过滤铁溶液的要求。

（2）广东省的科技人员开发了一种泡沫陶瓷过滤器，它与传统的过滤器相比，这种泡沫过滤器不仅可以过滤熔融金属液体中的氧化物、碳化物、氧化物等非金属杂质和部分气体，还可以过滤和吸附细小颗粒杂质，过滤工艺简单，节约能源。此过滤器具有强度高、抗热震性能好、不掉渣等特点。

（3）锆刚玉－莫来石泡沫陶瓷过滤器是以氧化铝粉和锆英石粉为原料烧结而成的，材料抗弯强度高、抗热震性能好、经过滤后的金属液体杂质数量少。

（4）某牌泡沫陶瓷是某公司与景德镇陶瓷学院合作生产的继普通多孔陶瓷、蜂窝状多孔陶瓷之后的第三代多孔陶瓷产品，它具有三维连接网络状骨架和贯通气孔，其气孔率高，可达 70%～95%；密度小，仅为 0.3～0.6g/cm³；同时，它还具有阻力小、强度高、耐高温、耐腐蚀、抗热震性能好等特点，及优越的过滤吸附性能，如表 8－2 所示。

表 8－2　某牌泡沫陶瓷产品规格

密　　度	$1.5～1.9g/cm^3$	堆积密度	$0.75～0.95g/cm^3$
内孔隙率	≥26%	磨损率	<4.0%
孔　隙　率	≥55%	盐酸可溶率	≤0.22%
比表面积	$>1.0×10^4cm^2/g$	氢氧化钠可溶率	≤15.0%
抗压强度	≥76N	粒径	0.5～30mm

注：以 1:5 蒸馏水浸泡 24h 后检测符合饮用水卫生规范。

根据不同需要，某牌泡沫陶瓷可采用氧化铝、锆刚玉－莫来石、莫来石及堇青石等多种材质，广泛应用于冶金、铸造、化工、环保、轻工、食品等行业，其具体应用有：

某牌泡沫陶瓷可应用于熔融金属液体过滤，能有效去除熔体中的氧化夹杂物，净化熔体，使由此制得的铸轧、铸棒、铸件等产品表面缺陷如黑点、砂眼和气孔明显减少，产品的光洁度明显提高，大大提升产品的档次和质量。

某牌泡沫陶瓷可应用于对高温合金中的夹杂物进行过滤、净化，使合金中的夹杂物重量、总氧含量以及单位面积上的夹杂物个数等均有明显的减少，从而提高合金及其铸件的质量。

除此之外，某牌泡沫陶瓷还可制成其他各种化工过滤器、金属熔体过滤器、气体过滤器、催化剂载体、光热交换体、固体热转换器、在线混合器、散气管、保温蓄热体等产品，以及用于接触反应塔和气体吸收塔中作为填料。

8.2.2　其他用于熔融金属多孔陶瓷

除了以上介绍的用于熔融金属的泡沫多孔陶瓷，另外还有其他的多孔陶瓷用于熔融金属中，如：

（1）蜂窝状陶瓷过滤器用于熔融金属，蜂窝状陶瓷过滤器强度高，多用于浇铸钢液等流量较大的设备，网状陶瓷过滤器主要用于过滤低熔点的熔融金属。

(2) 网状陶瓷过滤器用于熔融金属，网状陶瓷过滤器是由耐火纤维编织而成的，或由陶瓷绳坯一层层相互垂直地重叠至一定厚度再烧结而成，主要用于过滤低熔点的熔融金属。

高性能泡沫陶瓷过滤器可大规模过滤钢液，其在连铸工艺设备上的一些过滤试验研究已取得一定的进展。据报道，美国塞利公司用 Al_2O_3 材质和 ZrO_2 材质过滤钢液，使其夹杂物含量减少。北京科技大学用 Al_2O_3 作为材质，过滤工业纯铁：除渣率为 $10\% \sim 36\%$，氮去除率为 $16\% \sim 54\%$。

8.2.3 多孔陶瓷过滤机

陶瓷过滤机则是通过采用高润湿的氧化铝基材料烧结而成的微孔陶瓷过滤介质，真空抽滤时只能通过熔融金属液体而不能通过气体。因而最大限度地减小了压力损失，降低了气耗、能耗，其基本原理为毛细现象。例如，芬兰的奥托昆普明太克公司于 20 世纪 90 年代推出了 CC 系列陶瓷过滤机，并在美国、智利、芬兰等十几个国家投入使用。我国首先由广东凡口铅锌矿于 1995 年引进 CC – 45 陶瓷过滤机，并投产成功。目前，江苏某机械厂生产的陶瓷圆盘真空过滤机，经过与进口陶瓷过滤介质板同机使用，其各项性能指标已达到国际先进水平。

某研究中心研制的高性能陶瓷过滤机是目前国际上最为先进的、节能的固液分离设备，在矿山、煤炭、化工等行业应用十分广泛，与传统过滤设备相比，具有能耗低（比传统过滤方法节能 90% 左右）、设备结构紧凑、滤饼含水率低、固体物料穿漏少、自动化程度高等突出优点。

如果在微孔陶瓷上覆上陶瓷膜，则构成了微孔陶瓷过滤机。精密微孔陶瓷过滤机是以高性能微孔陶瓷膜作为核心过滤元件，可用于去除电镀行业各种酸、碱性电镀液中微细杂质粒子的一种高效过滤设备，它可以有效地去除各种电镀液中颗粒大小在 $0.5\mu m$ 以上的杂质粒子，提高镀层质量。该系列过滤器不仅可以满足一般装饰性镀件电镀液的过滤需要，而且可以满足电子镀件电镀液的过滤需要。其主要性能特点有：

设备运行可靠、使用寿命长：过滤器核心部件采用高性能微孔陶瓷膜材料，结构稳定、可清洗再生，正常使用寿命 2 年以上；过滤器其他部件均采用不锈钢或 ABS，耐化学腐蚀，正常使用寿命可在 10 年以上。

过滤效率高：过滤精度 $0.5\mu m$ 以上，过滤后电镀液中杂质浓度小于 $1mg/L$，清洗再生周期为 $2 \sim 7d$。

操作方便：设备整体配套，设有进料、出料、排污和清洗阀门，机械清洗，免拆卸，并配有自动控制装置。

清洁状态好：对需过滤的电镀液介质无污染。

适用范围广：可适宜于杂质浓度 $0.5g/L$ 以下的各种酸、碱性电镀液过滤。

对应不同的处理量一般都有不同的规格，如表 8 – 3 为某公司的产品型号规格。

表 8 – 3 微孔陶瓷过滤机规格

规格型号	处理量 (T/H)	外型尺寸 (mm)	设备质量 (kg)	电机功率 (kW)	滤芯数量	控制方式
TD – 0.5	0.5	800 × 450 × 1100	50	0.37	7	手动
TDZ – 0.5	0.5	800 × 450 × 1100	60	0.37	7	电动

续表 8 - 3

规格型号	处理量 （T/H）	外型尺寸 （mm）	设备质量 （kg）	电机功率 （kW）	滤芯数量	控制方式
TD - 1.0	1.0	900×500×1100	70	0.55	11	手动
TDZ - 1.0	1.0	900×500×1100	85	0.55	11	电动
TD - 1.5	1.5	900×500×1350	85	0.75	11	手动
TDZ - 1.5	1.5	900×500×1350	100	0.75	11	电动

8.3 水过滤多孔陶瓷

8.3.1 用于水净化的多孔陶瓷

众所周知，多孔陶瓷已广泛用于饮用水的净化，它具有耐高温，耐酸碱，流量大，易冲洗再生，使用寿命长，过滤精度高，可除去水中杂质、细菌、微生物、重金属离子等，并具有抗菌、杀菌防霉功能，具有净化、除菌、活化、除异味的功能，净化效果好，通水量大等优点。

如常见的氧化铝多孔陶瓷过滤材料，其采用非对称结构，通过不同的工艺条件，可制备出孔径从 0.1 微米至几十微米不等的过滤材料。例如，制成以氧化铝为材料的微孔陶瓷滤芯，可除去水中杂质、细菌、微生物、重金属离子等，并具有抗菌、杀菌防霉功能。其主要技术指标：孔径：$3 \sim 6\mu m$（渗滤）、$< 2.2\mu m$（压滤），气孔率：$> 60\%$，除菌效果：大肠杆菌 < 3 个/L，杂菌总数 < 100 个/mL，同时因其化学性质稳定，无对人体有害物质，因此可用于饮料、注射用水等高纯液体的过滤。具有轻质、高气孔率、良好清洁状态和高过滤精度，使用寿命长，易于清洁和再生等优点。产品的规格有多种，如表 8 - 4 为渗滤用微孔陶瓷滤芯的主要规格。

表 8 - 4　渗滤用微孔陶瓷滤芯的主要规格

序　号	规格 （mm）	形　状	流量（$P=200$mmH$_2$O） （mL/min）	性能指标	用　途
1	50×160×8	棒状	20	孔径 $5 \sim 6\mu m$ 气孔率 $\geqslant 68\%$ 过滤精度 $0.2\mu m$	矿泉壶阻菌用滤芯
2	95×85×8	半球状	25		
3	100×85×8	半球状	30		
4	125×8	板状	22		
5	180×8	板状	50		

有许多厂家在此基础上，增加其功能，如用渗银微孔陶瓷滤芯为主要过滤元件，配以高科技远红外活化球，渗银活性炭等材料设计而成的家用净水器。具有净化、除菌、活化、除异味的功能，净化效果好，通水量大等特点。

介孔分子筛型无机复合膜，它是以特定孔径的无机陶瓷管作为基膜；取正硅酸乙酯、正钛酸丁酯、四甲基氢氧化氨水溶液，与十六烷基三甲基溴化铵混合介孔分子筛凝胶，在陶瓷基膜表面进行表面复合，然后在介孔分子筛孔内表面进行化学镀覆。用于水体净化介孔分子筛型无机复合膜，它不仅脱除水体中的有机污染物，又极大程度地降低水体中的有害元素，有效地用于水体净化。

8.3.2　用于海水淡化的多孔陶瓷

将海水淡化为饮用水的方法，有薄膜蒸发法、超滤法、反渗透法等。

如果在半透膜的一侧为纯水，另一侧为某种物质的溶液，则由于渗透压的作用，水会透过半透膜进入溶液中，将溶液稀释，并使溶液的液面升高。液面升高所增加的静液压就等于溶液在该浓度下的渗透压。如果在溶液一侧施加较大的静压力，它超过渗透压，则溶液中的水就会透过半透膜进入另一侧的水中，使溶液浓度升高。这种作用称为反渗透，利用它可以将溶液中的水分分离出来。

反渗透膜主要是非对称性膜、复合膜和中空纤维膜。

非对称性反渗透膜的表层有很微细的微孔，直径约 2nm，厚度 $0.2 \sim 0.5 \mu m$，底层为海绵结构，孔径 $0.1 \sim 1 \mu m$，从上到下逐渐扩大，该层厚度为 $50 \sim 100 \mu m$。这种膜的透水速率为 $0.2 \sim 0.6 \mathrm{m}^3 / (\mathrm{m}^2 \cdot \mathrm{d})$。

复合膜的表层是超薄膜，厚度只约 $0.04 \mu m$，其下用多孔支撑层和纺织物加强，透水速率更高，可达 $1 \mathrm{m}^3 / (\mathrm{m}^2 \cdot \mathrm{d})$。

中空纤维反渗透膜的直径很小，外径 $25 \sim 150 \mu m$，表层厚 $0.1 \sim 1 \mu m$，壁厚取决于工作压力，外径与内径之比一般为 2。由于它的壁厚与管径之比较大，不需要支持就能承受较高的外压，故设备结构可以简化，一定容积内的膜面积较大。

反渗透所用的工作压力高于超滤和微滤，一般为 $2 \sim 10 \mathrm{MPa}$。水透过反渗透膜不是简单的筛分作用，它与膜的物理化学性质有很大关系。它的机理有几种理论：氢键理论、优先吸附 - 毛细管流动机理、溶解扩散模型等。

现在反渗透法已大规模地用于从海水制取淡水，一些大型工厂的淡水日产量达到数百至千吨。它亦用于医药和食品工业中用以浓缩各种稀制品（果汁、维生素、抗生素等），以及金属电镀废水的处理（将水回收循环并将浓缩液提取有用成分），效果良好。这种方法不用热能，无化学反应，不耗用化学剂，优点很多，只是膜设备的一次投资较大。

在这些方法中，除薄膜法外，其他方法均不符合作为饮用水的要求。何况这些方法包括薄膜蒸发法，处理费用极高，除特殊用途外，不可能用于一般饮用水的制取。

最近出现的一种新型的用于海水淡化的纳米多孔陶瓷复合膜，用此产品处理的海水，不用再处理就可以直接饮用。其有产水量高，每吨海水的出水量为 45% 以上，脱盐率 99% 以上，抗污染、抗降解等优点，达到世界卫生组织和其他饮用水标准，具备使用寿命长，达到 5 年，每吨水处理成本只有 $2.60 \sim 3.00$ 元，远远超过美国、以色列同类产品的寿命，并且价格也较低。

这种纳米多孔陶瓷复合膜是以黏土、硅石或再加氢氧化铝为原料，在其中添加气泡形成的多孔陶瓷，经 1350℃ 烧成制得连续多孔陶瓷材料，再将此陶瓷材料与有机高分子活性材料相配合作为过滤材料，使海水通过，即可除去海水中的盐分，从而得到质优价廉的饮用水。该方法配方和制备技术独特、新颖，生产成本低。

8.3.3 用于脱水的多孔陶瓷

反过来，如果需要的是滤除水之后的固体物质，则多孔陶瓷可用于脱水。脱水用多孔陶瓷可以分为板状和芯状两种外形。

如一种新型的脱水用复合多孔陶瓷过滤板是一种新型的固液分离材料，其结构上采用薄壁中空内填支撑球的设计，利用薄壁过滤层的毛细管作用原理达到很好的过滤效果和显著的节能效果，同时过滤过程采用周期循环反冲洗、酸洗及超声波清洗相结合的方法，保证了长期连续使用过滤效率不降低。与传统的滤布和金属丝网过滤法相比，具有能耗小（比传统方法节能 90% 左右），设备结构紧凑，滤饼含水率低，固体物料穿透少，便于自动化生产，耐化学腐蚀性优良，机械强度高，使用寿命长，易于再生等显著特点。可广泛应用于矿山行业矿产品的脱水加工；酿酒行业啤酒的精密过滤，麦芽细碎后的滤除；陶瓷行业色素、颜料；煤碳行业精细煤的脱水处理，洗煤废水的过滤回用；造纸行业纸浆的脱水、废水过滤回收；环保行业污水的净化处理等。

其主要技术指标如下：有效气孔率 38.2%；真空度（水饱和时）0.09MPa；洛氏硬度 63.5；过滤量（锌精矿）800～1000t/day；过滤物含水率（锌精矿）10%。

芯状的脱水用多孔陶瓷有不同的性能规格，如表 8-5，为某厂生产，用于压滤用微孔陶瓷芯的规格。

表 8-5 压滤用微孔陶瓷滤芯主要规格

序 号	规 格（mm）	形 状	流量（$P = 200mmH_2O$）（mL/min）	性能指标	用 途
1	53×230×8	管状 Tube	2000	孔径：2～3μm 气孔率：≥60% 过滤精度：0.2μm	饮用水、矿泉水无菌净化，超滤，反渗透用水预处理
2	65×160×8	棒状 Bar	1500		
3	75×300×10	管状 Tube	3000		
4	75×500×10	管状 Tube	5000		

8.4 气体过滤用的多孔陶瓷

据中国社会科学院公布的一项报告表明，1995 年我国环境污染所造成的经济损失达到 1875 亿元，占当年 GDP 的 3.27%，其中大气污染所造成的经济损失占总损失的 16.1%。因此，在众多工业部门中，如何处理有毒气体始终是一个紧迫的课题。只要处理得当，既可化害为利，又可变废为宝。由此可看出用于有毒物质吸附的多孔陶瓷材料有重大的经济及环保意义。所以这部分主要介绍多孔过滤陶瓷对有毒物质的分离，即汽车尾气及工业废气净化以及有毒气体分离方面的多孔陶瓷的制备工艺、性能及应用，并详细地给出了各种过滤器的应用效果。

8.4.1 用于汽车尾气净化的多孔陶瓷

作为汽车尾气净化器的多孔陶瓷主要是蜂窝陶瓷，其材质主要有：75 瓷、95 瓷、堇青石＋莫来石、堇青石、碳化硅、锂辉石等。比较常用的是堇青石（$2MgO \cdot 2Al_2O_3 \cdot 5SiO_2$）。

虽然堇青石热膨胀系数小，热稳定性好，但它的比表面积小，所以必须在堇青石基体上再附上一层高比表面积的 $\gamma - Al_2O_3$ 的薄涂层，然后再负载贵金属等催化活性组分。表 8－6 是氧化铝涂载量与比表面积的关系，表 8－7 是比表面积和催化剂活性的关系。可见，随 $\gamma - Al_2O_3$ 涂载量的增加，比表面积增大，使催化剂的活性增强。

表 8－6 活性氧化铝涂载量与比表面积的关系

$\gamma - Al_2O_3$ 涂载量（%）	6.0	8.9	9.0	9.8	18.3	22.1	26.1
比表面积（m^2/g）	5.8	8.2	9.9	10.9	14.2	16.1	21.1

表 8－7 比表面积和催化剂活性的关系

比表面积（m^2/g）	Co 转化 50% 时温度（℃）	Co 转化 90% 时温度（℃）
3.5	213	265
5.0	195	212
14.9	186	205

近年来，汽车工业正朝着富氧燃烧的方向发展，对净化器的净化效率和寿命的要求日趋提高。应用溶胶－凝胶制膜技术，利用 ZrO_2 增韧堇青石都是提高净化器质量的重要措施。

至于汽车尾气催化剂载体的制备、性能等方面，已经在第 7 章的 7.5 节中详细讨论过，读者可以自行参照。

8.4.2 用于柴油机尾气的微粒捕集器

微粒捕集器也称为柴油机排气微粒捕集器（DPF，Diesel Particulate filter），它的过滤材料可以是陶瓷蜂窝载体、陶瓷纤维编织物、金属蜂窝载体和金属纤维编织物等。也有用泡沫陶瓷来作微粒捕集器材料。

微粒捕集器的壁面是多孔陶瓷相邻的两个通道，其中一个通道出口侧被堵住，而另一个通道进口侧被堵住。这就使排气从入口敞开的通道进入，穿过多孔陶瓷壁面进入相邻的出口敞开通道，而微粒就被过滤在通道壁面上。这种微粒捕集器的过滤效率可达到 90% 以上，同时高沸点的碳氢化合物也能被部分收集。与催化转化器不同的是，一般微粒捕集器只是一种物理性的降低引汽微粒的方法，随过滤下来的微粒的累积，造成排气背压增加，导致发动机的动力性和经济性恶化。因此，必须及时除去微粒捕集器中的微粒，以便能继续工作。除去微粒捕集器中的微粒称为再生，是微粒捕集器实用化的关键技术。堇青石和碳化硅是两种已投入商业应用的微粒捕集材料。目前应用最多的是壁流式蜂窝陶瓷微粒捕集器。壁流式蜂窝陶瓷的制备读者可以参见第 3 章多孔陶瓷的制备技术中的 3.7.5 壁流式蜂窝陶瓷过滤体。

8.4.3 用于工业废气过滤的多孔陶瓷

传统的吸附工业废气主要可分为重力惯性除尘、电除尘和过滤除尘等方法。以往，对废气的过滤除尘，在我国大多采用玻璃纤维或改性玻璃纤维作过滤材料，由于这些过滤材料耐温较低（不能高于 400℃），所以对于 400℃ 以上的高温烟气（或煤气），只好采用掺冷空气降温处理后再过滤的方法，这样要消耗掉大量的动力。另外，采用玻璃纤维袋，往往由于操作不当造成玻璃纤维袋被高温气体击穿等问题，从而影响除尘效果。鉴于上述原因，需要一种耐高温、抗热震性能优良的有高渗透性多孔材料。现在就举一些关于工业废气过滤的多孔过滤陶瓷。

（1）选用 SiC 作为集料，活性碳粉作为成孔剂，采用注浆成型方法成型，氧化气氛中常压烧结。所制备出的 SiC 多孔陶瓷过滤材料具有优良的使用性能。即：气孔率高（大于60%），过滤效果优良，过滤过程中压力损失较小，过滤效率高，使用寿命长；气孔率大使气孔的表面积大，与高温烟尘或污水的接触面积大，过滤净化的效果增加，节约污染流体的净化处理成本。强度大：可以承受较大的压力差，具有优良的耐腐蚀、耐冲蚀性，使用可靠性高、安全性高。孔径分布理想，使得 95% 以上的高温粉尘颗粒都可以一次过滤清除。气孔形状呈立体网状贯通结构，可以大大增加固相颗粒在过滤材料内部的行程，显著提高一次净化率。网状结构分布的气孔，可以有效避免固相颗粒在体内的积聚，从而减少清洗维护次数，同时，可以减轻清洗反吹的阻力，便于清洗。导热性能优良，热膨胀系数小，因此，该陶瓷过滤材料可以应用于 1350℃ 以下的高温烟尘净化。

（2）用陶瓷纤维制备的多孔陶瓷，体内具有大量彼此相通或闭合气孔的新型陶瓷材料，其具有的优良性能，被广泛用于化工、环保、能源、冶金、电子、轻工、建筑等领域；陶瓷纤维（氧化铝、莫来石、硅酸铝纤维等）作为保温、隔热、耐火材料，在国内外都有大量生产，价格便宜，并有着充足的矿物资源。陶瓷纤维的主要性能参数为：直径 $2 \sim 8\mu m$；Al_2O_3 含量 $45\% \sim 95\%$；最高使用温度 $1100 \sim 1800℃$；密度 $2.6 \sim 3.4g/cm^3$；单丝抗拉强度 $1200 \sim 2000MPa$；弹性模量 $120 \sim 300GPa$；具有优良的基础性能，是很好的基材材料。由于陶瓷纤维具有如此优良的性能，由它制备的多孔陶瓷具有耐高温、气孔率高、质轻、透气性好、消声性能好等优点，特别适合于高温烟气过滤除尘，同时它还是制备汽车尾气催化剂载体的潜在材料，它可以克服成型堇青石蜂窝陶瓷汽车尾气催化剂载体工艺复杂、要求的模具质量高等缺陷，可以提高生产效率，降低生产成本。

8.4.4　用于发电厂的多孔陶瓷过滤器

众所周知，将能源转换为二次能源——电能，是能源利用工作中最为重要的手段。而各种发电方式中，火力发电在我国占有相当密度。在"洁净煤发电技术"方面，整体煤气化燃气–蒸汽联合循环（IGCC）的发展已经取得了令人瞩目的成绩，它能够较大幅度地提高发电厂效率至 $50\% \sim 60\%$，并使燃煤污染问题解决得最彻底，在 21 世纪的相当长的一段时间内，都能满足日益严格的环保标准要求。因此在 21 世纪，除了增殖反应堆外，IGCC 是一种最有发展前途的燃煤发电方式。美国能源部的 Morgantown Energy Technology Center 曾对未来几十年内几种发电方式在市场上占领的份额做出了预测，结果如图 8 – 8 所示。

在燃煤发电 IGCC（或者基于 PFBC）系统所产生的热气体中，因为包含有煤灰等杂质，需要依靠热气体过滤设备来达到汽轮机入口气流的要求。为了保持系统的效率，过滤系统必须在燃烧

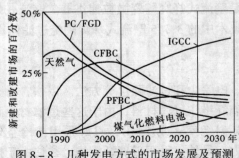

图 8 – 8　几种发电方式的市场发展及预测

温度或接近燃烧温度下工作。这样高温除尘技术就是相当关键的问题。

目前在使用的烛状过滤器（candle filter，参见图8-9美国西屋公司的烛状过滤器）系统中，热气体是从过滤器的外部流向里面，这样灰尘就沉积在过滤器的外表面上。当灰尘沉积得过多时就会影响过滤效率，此时需要高压气流从反方向吹扫过滤器，高压气流一般用室温下的气体或只是轻微预热的气体，这样过滤器就得承受很大的温度瞬时变化，并且有时不可预见的系统扰动可能造成更严重的温度变化。在这样的温度变化、高压气流以及高温气体所含的碱金属、硫化物等的侵蚀下，传统的高温过滤用的多孔陶瓷（由耐火材料诸如堇青石、碳化硅等粗颗粒，用第二相粘结，经过烧结后而形成的多孔陶瓷，开口气孔率大约为40%）过滤器往往会因为突然的脆性断裂而造成灾难性的后果，因此需要新型材料制备的过滤器来代替传统的刚性过滤器。

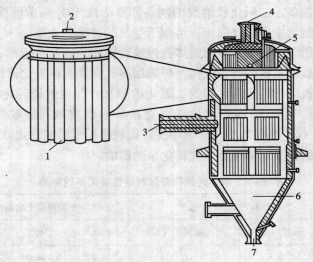

图8-9　西屋公司的烛状陶瓷管过滤器

1—烛状陶瓷管；2—陶瓷管排组合件；3—烟气（煤气）进口；4—清洁气出口；

5—脉冲气流的反吹喷嘴；6—灰斗；7—排灰口

而用无机陶瓷纤维制作的多孔陶瓷过滤器，因为纤维本身的特性，可以克服烛状过滤器中传统多孔陶瓷的脆性断裂问题，具有良好的抗热震性，很适合用于高温烟气（煤气）的过滤除尘。所以纤维多孔陶瓷对于IGCC作用至关重要。而IGCC可以大幅度提高发电效率，污染问题解决得彻底，完全可以使用含硫量高于3%的高硫煤，耗水量小。所以，此过滤器对于大幅度提高我国火力发电厂的效率以节约能源，以及解决火力发电厂污染问题、对环境的保护都有着重要意义。

8.4.5　用于空气净化的多孔陶瓷

在当今的家庭生活中，人们越来越注重室内的空气环境和质量，下面就介绍几种用于空气净化的多孔陶瓷。

（1）轻质微孔陶瓷瓶是一种具有很好的内吸与散发功能的新型多孔陶瓷产品，它能将各种液体、低黏度膏体较快地内吸于陶瓷基体内，然后通过表面均匀分布的显微气孔缓慢地散发到空气中。目前欧美及日本等国广泛用来存放各种香料以对空间环境进行净化，其效果显著，倍受欢迎。产品主要性能指标：显气孔率 30% ~ 40%；饱和吸水量 10 ~ 20mL；体积密度 1.55 ~ 2.0g/cm³；白度 > 70%。

(2) 废气净化器，它由接管、多孔陶瓷立体电炉、蜂窝型陶瓷管组、过滤罩电源连接线组成，在接管有一层保温层，在接管的周围有小通孔，在接管的进气口处有气流缓冲挡片，多孔陶瓷立体电炉装在接管内的挡片的后方，蜂窝型陶瓷管组装在接管内多孔陶瓷立体电炉的后方，过滤罩安装在接管的出气口处，在过滤罩内装有活性碳，在过滤罩上有散热片。此过滤器价格低廉、效果好，并适应于多种废气排出污染源处理废气的特点。

(3) 某单位研制了用于净化空气的二氧化钛光催化纳米涂层多孔陶瓷材料的制备方法。该方法包括多孔陶瓷制备，二氧化钛溶胶的制备和高活性 TiO_2 杀菌薄膜的制备，此方法制备的二氧化钛光催化纳米涂层多孔陶瓷，可用于空气的过滤和杀菌。

除了以上介绍的用于有害气体吸附的多孔过滤陶瓷外，还有自行车、缝纫机、漆包线等行业在烤漆等工序中放出大量的有害气体，可采用多孔陶瓷载体催化器加以净化。其原理是利用催化燃烧法将有机废气转化为无毒的二氧化碳和水。催化燃烧转化主要靠 Pd 完成，但陶瓷载体材质的选择、器型结构的设计等可直接影响催化效果。载体材质主要有 TiO_2、$TiO_2 - SiO_2$、Al_2O_3 等。载体孔径大小、孔壁厚度、比表面积都影响催化效果。表 8 - 8 列出了氧化铝瓷载体的产品结构及对催化器活性转化率的影响。

表 8 - 8　载体的结构参数对活性转化率的影响

载体类型	产品结构参数			不同温度下的活性转化率（%）			
	孔径（mm）	孔壁（mm）	通孔截面积（%）	400℃	340℃	280℃	240℃
A	3	0.9	42	98.7	94.9	85.4	43.4
B	27	0.5	52	100	100	98.9	98.3

8.5　用于食品医药过滤的多孔陶瓷

近年来多孔过滤陶瓷在食品医药领域中的应用也很广泛。用于医药食品行业的多孔陶瓷具有耐高温、耐腐蚀、良好的生物和化学相容性。在医药工业中的疫苗、酶、病毒、核酸、蛋白质等生理活性物质的浓缩、分离、精制，激素的精制，人工血液制造等；在食品、饮料工业中，特别适用于色、香、味强的饮料及低度酒类的过滤，在啤酒（特别是生啤酒）的生产中发挥不可替代的作用，表 8 - 9 列出了多孔陶瓷的应用实例。

表 8 - 9　多孔陶瓷的应用实例

材　　料	孔径（μm）	应　　用
具有薄外壳的多孔陶瓷片	1	酱油中沉淀物的过滤
具有开孔的多孔陶瓷	0.01 ~ 200	食品作物用负压冲洗系统

续表 8-9

材　料	孔径（μm）	应　用
双形态多孔堇青石	10～1000	酵母胞固定化用载体
多孔氧化硅凝胶膜	0.1～10	酵母胞固定化
氧化铝管	0.05	从淀粉糖化溶液中分离葡萄糖
多孔氧化硅	16nm、25nm、5000nm	过滤器、催化剂、酶的载体
多孔磷酸钛微精玻璃	20～25nm	酶回收、蛋白质纯化等

表 8-8 中后三种属于微滤或超微滤，可采用水热－热静压工艺、溶胶－凝胶工艺等方法制造。近几年，人们采用溶胶－凝胶工艺已研制开发了多种多孔陶瓷材料。此工艺是以金属元素的醇盐为原料，经过有机溶剂溶解，在水中经过强烈快速搅拌水解成溶胶，然后采用一定的工艺方法涂覆于载体表面，经高温烧结即成为具有微孔结构的陶瓷，此工艺可由化学方法控制材料的孔结构，特别适于制造陶瓷分离膜。采用不同的制备工艺，可以制备孔径尺寸从 4～5μm 的不同孔径的分离膜。采用不同金属元素的醇盐，可以分别制备氧化铝、氧化硅、氧化钛、氧化锆等陶瓷分离膜。与高分子膜相比，陶瓷分离膜耐高温（使用温度可达1000℃以上），强度高，可适用于高压体系；耐腐蚀，对于堆积在膜表面或微孔内的有机物，可采用酸洗或高温烧失处理。陶瓷分离膜在 H_2-N_2、N_2-CO_2、H_2-H_2S、水－乙醇的分离，各类油与水的分离，各类研磨油的再生，排放液中有用物质的回收，超纯水的制备等方面有着广阔的应用前景。

近年来用无机材料制造膜有很大发展，常用金属、金属氧化物、陶瓷和玻璃等材料。例如在多孔陶瓷的表面上由 Al_2O_3、TiO_2、ZrO_3 等成分形成微孔膜，通常用管状的多管道（7～19 管道）形式，或用不锈钢粉末等材料烧结制成。它们有耐热、化学稳定性好、机械强度高等优点。

微滤和超滤现已在多个领域中广泛应用，特别是水的精制、酒类的精制、除去液体中的细菌和各种微粒、从工厂排出水中回收有用物质或收集有害物质等。在制糖工业中应用微滤和超滤的可能性早就受到注意和研究，近年来的研究工作相当多。

膜过滤通常采用横向（切向）流动的工作方式，所处理的液体在过滤面之上流过，流向与过滤面平行。大部分液体通过滤膜成为提纯液，少部分液体不透过，与被截留的溶质（通常是杂质）一起成为浓缩液向后排出。这种工作方式不同于常规的过滤方法，后者亦称为"一端不通"的过滤方法，不能通过滤层的物质积存在过滤面上成为滤饼。和它相比，横向流动方式不通过过滤介质的残余物量较大，但可以连续工作，过滤速度较高（因截留物的积存较少）。但用微滤膜隔除悬浮微粒时，亦可用常规的过滤方法。

入料体积对浓缩液体积的比例以符号 VCF 表示，它是膜过滤的很重要参数，VCF 值大意味着杂质浓缩程度较高，残余液体积较小，但膜的过滤性能会降低（因杂质积聚较多）。

美国 Saska 进行了多项研究。先用陶瓷膜过滤器（Rhone-Poulene 公司产品，截留分子量 30 万，有 19 个通道）处理糖厂的澄清汁，温度 90℃，运行 20h。透过流率初时为 250～300L/（m²·h），以后逐渐降低到 200～150L/（m²·h）之间，所用压力初期较低，2h 后稳定在0.4MPa，液体流速为6.5cm/min。透过流率还受到 VCF 值的很大影响，多次实验结果，

当 VCF 为 $2\sim3$ 时，透过流率为 $200\sim300L/(m^2\cdot h)$；当 VCF 为 $8\sim10$ 时，透过流率降至 $100\sim200L/(m^2\cdot h)$。此外，所处理的糖汁的浊度也有很大影响，浊度高时膜受污染较快，即使用时的过滤速度下降得较快。过滤后糖汁锤度不变，色值降低很少（11600IU 降至 11400IU），但浊度由 240NTU 下降至 1.0NTU，混浊物除去 99.6%，此外，淀粉除去 46%，葡聚糖除去 77%。

将经过陶瓷膜过滤的清汁再用 G30 除盐膜（截留分子量 2500）过滤，反复进行 3 次。原来的清汁色值为 18000IU，膜过滤后降到 2000IU。原来糖汁煮出的 A 糖的色值为 3000IU，即膜过滤的脱色效果超过了结晶一次的作用。这意味着采用膜过滤可能取代传统的先煮制原糖再回溶精炼的重结晶工艺路线。用膜过滤的清汁煮出的 A 糖的色值为 250IU，洗涤后降至 100IU。这种膜过滤的 VCF 值为 $1\sim7$ 之间，使用压力 1.4MPa，透过流率约为 $40L/(m^2\cdot h)$，比陶瓷膜低相当多。

他试验将精炼糖厂的中间糖蜜稀释后用陶瓷膜（截留分子量 300000）过滤。入料浓度 $31°Be'$，滤液 $28.5°Be'$，入料混浊度 330NTU，滤液 30NTU，降低 91%，入料色值 21000IU，滤液 18000IU，降低 14%。这种处理除去了绝大部分高分子物质和悬浮微粒，以后再用树脂就很少受污染，是离子交换法和离子排斥法的一种极好的前处理方法。

将上述的膜滤前和膜滤后的糖液分别浓缩到高浓度再测定其黏度，在 $80°Be'$ 下，已滤糖液的黏度为 500cp，而未滤者为 1000cp，前者降低约一半；在 $84°Be'$ 下，两者的黏度分别为 1700 和 2700cp，已滤者低约 37%。经过膜滤的糖液的黏度降低约相当于糖液浓度降低 $2°Be'$，因此可使煮糖结晶率提高 $3\%\sim5\%$。

这种处理的过滤速度同样受到物料原来的清浊度的影响。例如在 VCF 为 5.0 时，初始浊度为 11NTU 的糖液的透过流率约为 $64L/(m^2\cdot h)$，而浊度为 80NTU 的糖液只约为 $45L/(m^2\cdot h)$。

膜过滤的余留液含有大量的糖分和浓集的杂质，要加水稀释后再用膜过滤，将糖分收回（类似一般过滤用水洗涤泥层）。

用超滤膜处理清汁的过滤速度高于处理混合汁及中和汁，每平方米膜每小时得到的滤液量约 30 升，这样的过滤速度很难满足生产的需要。如要达到 20t/h 的过滤量，则要约 $600m^2$ 的超滤膜，这在投资和管理上都相当困难。

超滤膜在使用时易受污染，性能下降较快；过滤余留物的量较大，将它的糖分回收要增加流程和设备；这些问题都要研究解决。

广东和广西的糖业界曾研究应用国产的 PA 微孔管过滤器，它是一个圆筒形容器，内装多条微孔过滤管，液体从外面通过它的微孔进入管内集中流出。过滤管是造孔剂为聚乙烯烧结的微孔管，直径 25mm，有不同型号，截留微粒的直径为 $0.1\sim10\mu m$。曾试验过滤亚硫酸法糖厂的清汁（澄清汁与滤清汁的混合物），蒸发罐糖浆和炼糖厂的回溶糖浆（已加活性碳），都能将糖液中的不溶物除去大部分，色值略有降低，纯度略有提高。用于过滤清汁的过滤速度较高，连续使用 8h 的过滤速度为 $13kg/(min\cdot m^2)$。过滤后用热水和压缩空气反洗可将沉淀物清除。用于过滤糖浆时的过滤速度较低，且较易被阻塞。

近十年来，电渗析技术发展得很快，现已大规模应用在海水的淡化，并逐渐扩大应用到电子、医药、化工、食品和环保等领域。如在食品工业中用于从牛奶中除去无机盐和从酒和果汁中除去有机酸等，特别在制糖工业中应用电化学膜（电渗析膜）受到国内外的重视。

多孔陶瓷电渗析膜有两类：一类只能透过阳离子，简称为阳膜，它通常含有带负电的活性基团，能透过阳离子，但它的负电基则将溶液中的负离子排斥在外并阻挡其通过；另一类膜只能透过阴离子，简称阴膜，它通常含有带正电的活性基团，能透过阴离子，但排斥和阻挡阳离子。以下是一些使用实例。

印度 Thampy 等试验用电渗析器处理甘蔗糖厂的清汁。所用的树脂膜为苯乙烯系磺酸型阳离子树脂和季胺型阴离子树脂，尺寸为 $50cm \times 100cm$，有效面积为 $3445cm^2$，有 100 对膜，单程工作，将两组串联使用。清汁过滤并冷却到 45℃后进入多孔陶瓷渗析器，流量为 $300 \sim 450L/h$，渗析器的电压为 100V。清汁灰分除去 $50\% \sim 70\%$，纯度提高 $4 \sim 6$ 度，蔗糖损失约 0.35%，用电量为 $2 \sim 2.5kW \cdot h/m^3$。

澳大利亚糖业研究所的 Cress 用电渗析器（Ionics 公司产品）处理糖浆。它有 20 对膜和板，每对膜面积 $232cm^2$。糖浆先稀释到不同浓度（$15 \sim 35°Be'$），分别通过多孔陶瓷电渗析器，研究浓度的影响。结果说明，在糖液浓度低时，灰分除去率较高，超过 40%，用较低的电流和电压已有良好效果；随糖液浓度升高，灰分除去率明显降低，用较高电流和电压的效果稍为好些。每用 $1kW \cdot h$ 电除去的灰分，在几种条件下都可超过 $3kg$，这意味着煮炼间可多收回数千克的糖，如不计算设备及其他费用，用电渗析处理糖汁的经济效益相当好。

用电渗析法也可以除去糖蜜中的无机物。日本冲绳的 Daiichi Seito 原糖厂在 1982 年装置了面积为 $700m^2$ 的多孔陶瓷电渗析器，用以处理乙糖蜜。灰分除去率为 $40\% \sim 60\%$，糖蜜纯度提高约 7 度，煮糖后的糖蜜纯度约下降 3 度，糖蜜量减少，因此多回收的糖量约为除去灰分量的一倍。

日本 Masaki 等研究了糖蜜的电渗析处理。所用装置有 20 对阳膜和中性膜，膜面积为 $16cm \times 18cm$，总面积 $0.576m^2$，使用电压 40V。糖蜜用两种方法预处理：一种同上述；另一种是稀释到 $50°Be'$，加热到 70℃，离心分离 20min。预处理可除去 $10\% \sim 30\%$ 的灰分（与糖蜜的来源和处理方法有关）。糖蜜温度 $35 \sim 40$℃，通过多孔陶瓷电渗析器后返回再循环处理，经过不同时间后取样分析糖液成分。测定数据说明，随电渗析处理时间延长，灰分除去率直线升高，5h 后约达到 $30\% \sim 40\%$。对钾和硫酸根的除去率较高，而对钙镁的除去率较低。糖蜜纯度提高约 9 度，电流效率 $30\% \sim 40\%$。

Tako 等研究糖蜜的电渗析，使用间歇式渗析器，它有 10 对阴、阳离子膜，膜面积 $246cm^2$。糖蜜先加入一倍或两倍水稀释，搅拌 1h 后用离心机（分离因素 23000G）分离 50min。清液浓度 $30 \sim 40°Be'$，40℃，用电渗析器处理 1h，流动速度 $4.1L/min$，流出液返回循环，使用电压 10V。两端电极室通入 $3\% Na_2SO_4$ 液作电极水，另在浓缩室通入 $1\% NaCl$ 液带出浓缩液。在电渗析的初始 20min，糖液含钾量明显下降，降幅约 40%，以后下降就很少，到 60min 时接近 50%。钙镁的下降不多，这是由于它们的含量远低于钾，以及二价离子比一价离子难通过树脂膜。含钠量反略有点升高（由浓缩室渗漏出）。提高温度可降低电阻而提高电流效率，因膜的操作温度极限是 50℃，故使用温度只是 40℃。通过渗析器的流动速度也有影响，当它由 $2.0L/min$ 提高到 $4.1L/min$ 时，除钾率显著升高，但再提高到 $5L/min$ 并无作用。电压的影响亦较大，将电压由 8V 提高到 10V，效果较大，但再提高到 12V 的作用就不大。随渗析时间延长，糖液的浓度逐渐下降（由于外加水的渗入）。电压越高，下降越大。在 10V 电压下，20min 后浓度由 40°Bé′降至 37°Bé′。电渗析后糖蜜中的含氮物和多糖类物质都稍为减少。

用于医疗器械领域的多孔陶瓷，混合纤维素酯微孔滤膜、海绵、塑料树脂、棉花等有机材料制成空气过滤静脉输液器。本装置是以过滤净化进入输液瓶的空气，防止输液被污染。此装置有以下优点：使进入输液瓶中的空气经过过滤净化，使空气中的病菌、灰尘、花粉及其他致热源等不能进入输液瓶，使输液达到洁净无菌，减少病人在输液后的反应和输液被污染而危害病人。

8.6 用于曝气的多孔陶瓷

曝气设备是指将气体分散使之能够更容易溶解的设备。其分为气泡曝气设备和机械曝气设备。气泡曝气设备分为小气泡曝气设备、中气泡曝气设备、大气泡曝气设备三种；机械曝气设备分为表面曝气器、机械浸没式曝气器（潜水型）、转刷型表面曝气器三种。

小气泡曝气设备可以采用扩散板、扩散管等形式，多由多孔陶瓷制成，如表 8 – 10 所示。

表 8 – 10　小气泡曝气设备

扩　散　板	由多孔材料制成，有：多孔陶瓷薄板扩散器、多孔塑料薄板扩散器、化纤薄膜扩散器三种
扩　散　管	由多孔陶瓷扩散管组成，内径 44 ~ 77mm，长 600mm，每 10 根为一组，通气率 $12 ~ 15m^3/$（h·根）
扩散盘（圆帽盖）	直径 18mm，清洗时易拆除或更换
平板与管式扩散器	板式扩散器安装在水泥板或铝板框架上，每框 6 到 6 个以上块板。每组框与供气管连接；管式扩散器借螺栓旋入空气支管，该类扩散器易于装拆清洗

图 1 – 3 为用于曝气装置的多孔陶瓷外形及实际使用情况，可以适用于海水和淡水的曝气。

现有多孔陶瓷曝器虽然具有气泡均匀细小、充氧效率高的优点，但只有单一的下进气方式，多孔陶瓷曝气器上的孔隙易堵塞，不便清洗和维修，曝气器的现场安装也较困难。

华东冶金学院的蔡建安发明了一种实用新型（ZL96231651,2），提供一种结构组合灵活、维修更换方便的多孔陶瓷单元组合式曝气装置。

此实用新型的曝气装置是由多孔陶瓷曝气单元和阀门、法兰、联接管构成。而多孔陶瓷曝气单元主要由筒形多孔陶瓷、通气芯管、密封胶垫、端盖、套管构成，如图 8 – 10 所示。

构成的多孔曝气单元可采用串联或并联方式组合。由于采用标准化的单元结构使制作和维修更换极其方便。每个多孔陶瓷单元不但能单独作为曝气器使用，还能按树状结构进行串联或并联，构成组合式曝气装置，以满足不同曝气用量和服务面积的要求。其组合过程仅是简单的配管操作，如图 8 – 11 所示。

家庭里养鱼用的水草缸，虽然水草缸里面的鱼能提供一部分的二氧化碳，但通常含量还

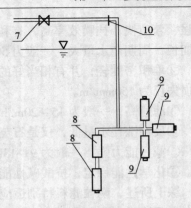

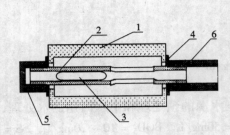

图 8-10 多孔陶瓷单元结构

1—筒形多孔陶瓷；2—通气芯管；3—通气芯管

开孔；4—密封胶垫；5—端盖；6—套管

图 8-11 由多孔陶瓷单元扩展成

的组合式曝气装置

7—阀门；8—多孔陶瓷曝气单元；9—多

孔陶瓷曝气单元；10—法兰

是不够，所以要借着辅助器材来增加二氧化碳的浓度。可以用精密陶瓷扩散器：此扩散器是用玻璃和陶瓷制成，利用陶瓷的毛细孔，当二氧化碳透过陶瓷的毛细孔而变成很细小的气泡进而溶解于水中。其优点是安装容易，不须再装其他动力，体积小，容易隐藏。缺点是使用一段时间陶瓷表面易生藻类而阻碍扩散效果，要常清洗以免堵塞。

多孔陶瓷还可以用于工业废水和城市污水处理中的曝气生物滤池（简称 BAF 工艺），起到生物菌附着挂膜的载体作用和截留悬浮物固体的截污作用。

曝气生物滤池工艺是近年来国际上兴起的城市污水处理新技术，在城市、生活、食品加工、酿造等工业有机废水处理中具有去除 SS、COD_{cr}、BOD_5、硝化与反硝化、脱氮、除磷、除去 AOX（有害物质）的作用。它最大的特点是集生物氧化和截留悬浮物固体于一体，并节省了传统工艺后续二次沉淀池，具有有机物容积负荷高、水力负荷大、水力停留时间短、出水水质高、占地面积小、基建投资少、能耗及运作成本低等特点，是我国环保领域的一次重大技术突破。

这种多孔陶瓷可以选用纤维状黏土添加成孔剂、粘结剂，经球磨、筛分、成型、煅烧而成，其表面坚硬是一种优质的净水滤料。如表 8-11 为某厂生产的陶粒滤料的产品规格。

表 8-11 陶粒滤料的产品规格

密　　度	1.5～1.9（g/cm³）	堆积密度	0.75～0.95（g/cm³）
内孔隙率	≥26%	磨损率	<4.0%
孔隙率	≥55%	盐酸可溶率	≤0.22%
比表面积	>1.0×10⁴cm²/g	氢氧化钠可溶率	≤15.0%
抗压强度	≥76N	粒　　径	0.5～30mm

注：以 1:5 蒸馏水浸泡 24h 后检测符合饮用水卫生规范。

制备的陶粒滤料主要特点有：

①颗粒圆、均匀，表面粗糙、多微孔、内部孔隙发达、比表面积大，从而生物菌附着能

力强、繁殖快、挂膜效率高，有利于生物菌生长繁殖，生物量高，对有机物降解迅速，工作周期长，周期产水量大，一般为 $500 \sim 1000 m^3 / m^2$。

②堆积密度轻，并有相当好的强度，从而反冲洗能耗比较低，水头损失也小，清洁料水头损失仅为 $150 mm / m$。

③滤速高，一般为 $15 \sim 20 m / h$，最高可达 $35 m / h$。

④反冲洗耗水量低，仅是石英砂滤料的 $30\% \sim 40\%$。

⑤截污能力强，一般为 $9 \sim 13 kg / m^3$，最高可达 $35 kg / m^3$。

⑥化学性能稳定，抗酸碱性能强，使用寿命长。

综上所述，陶粒滤料特别适应于城市自来水微污染水源的预处理和中水回用的水处理，其出水可达国家二级污水处理 A – B 级标准（$COD_{cr} = 50 mg / L$，$BOD_5 = 10 \sim 20 mg / L$，$SS = 10 \sim 20 mg / L$，$NH_3 – N = 8 \sim 15 mg / L$）。

8.7 用于电化学、燃料电池的多孔陶瓷

电化学膜主要应用于电解槽、电池等中，如利用多孔陶瓷与液体和气体接触面积大，槽电压比一般材料低得多的特点制造电解隔膜及电池用隔离板等。多孔陶瓷制作的电解隔膜材料可大大降低电解槽电压，提高电解效率，节约电能和电极材料；制作的电池用隔离板可代替各种电池的有机元件，大大延长电池的使用寿命。鉴于以上，下面介绍几种用于电化学的多孔陶瓷。

（1）由中国科学院海洋研究所研制的一种长寿命参比电极膜，具体说是一种涉及阴极保护的电位监测的参比电极膜。本电极是在已有电极的基础上增加了两个白金片组成的电极，用于多孔陶瓷片污损后的自更新，同时还增加了不锈钢外壳，使敏感件阳极极化，形成新鲜表面而恢复其性能，从而提高了参比电极的使用寿命。它的优点是通过多孔陶瓷片和敏感件的自动更新，延长了电极的使用寿命。

（2）电化学膜的多孔过滤陶瓷的应用采用过孔陶瓷制品与多孔石墨制品为主要材料制成的燃料电池，它可以根据所需用电功率进行组合，达到所需的供电功率。

西门子西屋动力公司公开了一种制造用于燃料电池，具有改进性能和较高制造成品率的多孔陶瓷管的方法（US［31］09/058，067）。该方法包括挤压封闭端燃料电池管，如固态氧化物燃料电池的空气电极，其中封闭端也起烧结支撑的作用。生成的燃料电池管具有优良的孔隙率分布，这种分布提供在燃料电池操作期间在管封闭端处的改进氧扩散率。因为该区域具有最高的电流密度，所以结果是燃料电池管的性能提高和可靠性改进，而且因为制造成品率较高，而降低了整个燃料电池成本。

具体的一个制备例子为：陶瓷燃料电池粉末可以包括 La_{1-x}（M1），Mn_{1-y}（M2）$_y O_3$，其中 x 的范围从 0 至 0.5；M1 包括钙、锶、钇、铈、其他适当的掺杂物，或者其组合；y 的范围从 0 至 0.5；M2 包括镍、铬、锌、钴、其他适当的掺杂物，或者其组合。溶剂可以包括水、丙醇、醋酸丁酯或丁氧基乙醇，对于多种用途水是最佳的。除陶瓷燃料电池粉末和溶剂之外，混合物可以包括诸如甲基纤维素、羟丙基甲基纤维素、聚乙烯醇、聚乙烯醇缩丁醛树脂或丙烯酸聚合物之类的有机粘合剂，并且/或者可以包括诸如聚乙二醇、丁苄基邻苯二甲

酸酯或聚合脂肪酸之类的增塑剂。

　　燃料电池最好通过挤压成型。例如，通过把以上给出的化合物的适当混合物组合，并且在高剪力条件下把它们混合制成粉膏，然后通过在增高压力下（例如 800psi 至 5000psi）下强迫粉膏通过图 8 − 12 中所示的模具可以挤压成管。模具的形状确定挤压管的横截面几何形状。

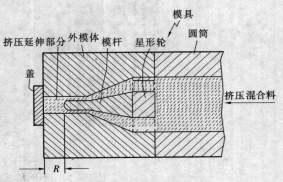

图 8 − 12　挤压成型模具

　　管最好挤压成长度从 100cm 至 200cm 和直径为 2.2cm，带有轴向长度约 3cm 至 8cm 的延伸封闭端。当 200cm 长度空气电极在从这样一个封闭端悬挂的同时焙烧，封闭端孔隙率和氧扩散率高于开放端，如表 8 − 12 所示。

表 8 − 12　不同端部的性能

端　部	孔隙率（%）	氧扩散率（cm²/S）
封闭端	33.2	0.022
开放端	30.6	0.018

　　改进封闭端氧扩散率减小了在高燃料利用率的条件下，固态氧化物燃料电池操作的扩散极化。电气性能因此提高，导致在给定电流下的较大功率。

　　该发明相对于先有技术具有几个优点。该方法提供的空气电极在电池封闭端处管的孔较多（较高氧扩散率），所以性能提高，并且减小电池断裂的倾向。该方法也允许以单次操作制造带有悬挂固定物的封闭端管，这与需要烧结加强以便人工安装到空气电极管的开放端中的以前方法不同。该方法将常规加工步骤转化成人力需求减小的、过程自动化的步骤，这在大体积空气电极制造设施中是非常重要的。

　　该发明的挤压封闭端配制特别适于自动制造过程。例如，自动过程可以利用翼片运输系统，把挤压管支撑在暖空气床上，输送管通过干燥室，在延伸的支撑中钻一个容纳用来悬挂的销的孔，及把管运送到烧结炉。

8.8　由过滤体组装成过滤装置

　　在前面的内容基本涉及的是过滤体，如何将性能优良的过滤体组装成实际使用的过滤装置呢，一般要经过组件这个步骤。

　　比如，常见的管状过滤体，其基本步骤如下：

　　（1）制备不同性能及规格的陶瓷管

　　例如某厂生产的陶瓷膜膜管（见图 8 − 13），其各种规格见表 8 − 13。

　　（2）由过滤体组装成过滤体组件

　　由过滤体可以组装成不同形式的过滤体组件，如图 8 − 14 所示，图 8 − 14（a）为圆柱形组件，图 8 − 14（b）为箱体形组件。表 8 − 14 为不同组件的规格。

图 8 − 13　陶瓷膜膜管

(a)

(b)

图 8 – 14 不同形式的过滤体组件
(a) 为圆柱形组件；(b) 为箱体形组件

表 8 – 13 膜管的性能规格

通道数	1	7	19
外径（mm）	13	25	30
内径（mm）	9	6	4
长度（mm）	800	1000	1000
膜面积（m²）	0.033	0.132	0.24
材　质	氧化铝		
膜孔径（μm）	0.05、0.1、0.5、2		
耐酸碱	pH 1～14		
使用压力（MPa）	<1.0		
使用温度（℃）	<250		

表 8 – 14 组件的型号规格

组件型号	膜管数	膜面积（m²）	组件材质	组件型号	膜管数	膜面积（m²）	组件材质
CL – 1M – 7K	1	0.13	1Cr18Ni9Ti	CL – 7M – 19K	7	1.67	1Cr18Ni9Ti
CL – 7M – 7K	7	0.92		CL – 19M – 19K	19	4.5	
CL – 0.5M – 19K	0.5	0.12		WY – 36M – 1K	36	0.47	
CL – 1M – 19K	1	0.24		WY – 77M – 1K	77	2.51	ABS①1Cr18Ni9Ti

①ABS 是一种共混物，是丙烯腈 – 丁二烯 – 苯乙烯的共聚物。

（3）由组件构成过滤装置

由组件构成的过滤设备内部结构可以参照图 8 – 9 西屋公司的烛状陶瓷管过滤器理解。由组件构造成的、直接用于生产的过滤装置的型号规格如表 8 – 15。

表 8-15 过滤装置的型号规格

设备类型	设备型号	膜面积（m²）	设备类型	设备型号	膜面积（m²）
实验室试验设备	CL-1Z-0.5M-19K	0.12	食品、化工、医药、环保等行业工业、企业用陶瓷膜设备	CL-6Z-7M-19K	10
	CL-1Z-1M-19K	0.24		CL-3Z-19M-19K	13.6
	CL-2Z-1M-19K	0.48		CL-6Z-19M-19K	27.2
	WY-1Z-36M-1K	0.47		CL-9Z-19M-19K	40.8
	JSWY-1Z-77M-1K	2.51		CL-12Z-19M-19K	54.4
	JSWY-2Z-77M-1K	5	外压分离方式	WY-4Z-77M	10
	JSWY-4Z-77M-1K	10		WY-6Z-77M	15
食品、化工、医药、环保等行业工业、企业用陶瓷膜设备	CL-2Z-7M-7K	1.85		WY-10Z-77M	25
	CL-3Z-7M-7K	2.77		WY-20Z-77M	50
	CL-3Z-7M-19K	5.0			

对于管状过滤体所设计的除尘器有许多不同的应用场所。如，实用新型 90218313.3 提供了一种陶瓷微孔管过滤式除尘器，主要是为了解决国内高温烟气净化的难题而设计。实用新型 92219251.0 提供了一种用高孔隙率的微孔陶瓷管作为集尘元件的高温陶瓷集尘装置。实用新型 97200732.6 提供了一种高温气体除尘装置，适用于流化床气化炉高温出口煤气，流化床锅炉高温出口燃烧气或冶炼炉高温出口气中所含固体颗粒的脱除，其特征在于使用陶瓷管过滤。专利 98105707.1 提出了一种用陶瓷过滤器将含有 Ca 的粉尘除尘的除尘装置的运转方法，它在流入陶瓷过滤器的燃烧气体中，借助含有 MgO 的矿物而添加 MgO 时，能抑制过滤器的差压上升速度。专利 03135407.6 提供一种无机膜管的应用方法和除尘装置及制造方法，在除尘体内，无机膜管以列管形式进行排列组装，用于制作一种除尘装置，对气体进行净化，可广泛用于高温烟尘、钢铁冶炼、磨料行业、水泥厂等粉尘的回收与治理。

以上实用新型或发明专利所涉及到的过滤体都是陶瓷管。用陶瓷管制备的除尘器可以高效地处理各种高温烟尘，并且阻力损失较小，不存在产生污水的问题；但其存在占用体积大，不易安装及维修的缺点。专利 00253297.2 提供了一种壁流式蜂窝陶瓷过滤体（参见第 3 章的 3.7.5 壁流式蜂窝陶瓷过滤体），对气体进行过滤，陶瓷体轴向有平行的蜂窝孔道，相邻的蜂窝孔道两端交替堵孔，在蜂窝孔道的蜂窝壁上均布微孔，可以克服陶瓷管的缺点。

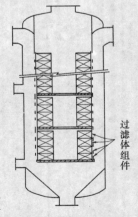

过滤体组件

图 8-15 大型过滤器

用壁流式蜂窝陶瓷过滤体进一步设计出专用的除尘装置，根据蜂窝孔道是水平还是垂直可以分为两种类型，蜂窝孔道水平安装时，可以比较方便地叠加成大中型的过滤装置（如图 8-15 所示），但是反冲洗后的粉尘却也容易留在孔道内。影响反冲洗效果。蜂窝孔道垂直安装时反冲洗后的粉尘很容易在重力作用下往下落，反冲洗效果较好。但是其做成大中型过滤装置时不易叠加，存在粉尘收集的难题。

多孔过滤陶瓷材料的研究与开发已受到人们的普遍重视，许多应用在技术上已成为可能，它的应用给工厂、医药、能源等领域带来了巨大经济效益和社会效益，其应用领域仍在不断扩大，开发应用前景十分广阔。今后多孔过滤陶瓷材料的发展可表现在如下几方面：

（1）多孔过滤陶瓷在工厂、医药等行业的继续推广使用对发展基础行业具有很大的现实意义。

（2）新能源多孔过滤陶瓷材料的制备。

（3）催化剂载体的研发，重点是无机分离催化膜的研究。

（4）过滤器，重点是研制高效分离膜，如纳米陶瓷滤膜。

（5）多孔过滤陶瓷的材料设计，应用分子动力学模拟陶瓷的应力与裂纹生长之间的相互作用，从而改善陶瓷材料的脆性，提高其强度。

由于多孔过滤陶瓷性材料性能优异，用途广泛。目前，它已成为国内外众多科研机构和生产厂家竞相开发的一类新型陶瓷材料。随着能源与环保在国计民生中的地位不断提高，多孔过滤陶瓷材料的研究、开发和应用必将受到进一步的重视。

第9章　多孔生物陶瓷

全球生物医学材料及制品发展相当迅速，在 2000 年市场达 600 亿美元以上，近年来保持 10%～20% 的增长速度；目前发展态势可与信息、汽车产业在世界经济中地位相比；生物材料研究进展将开拓更为广阔的市场空间；预计今后 15～20 年间，生物材料产业将达到药物市场规模。随着人口老龄化加剧、中青年创伤增多、高新技术迅猛发展以及人们对生命质量和健康水平要求逐渐提高，其潜力更加巨大。

由于当前制造工业、交通运输和体育运动的高速发展，创伤病人会越来越多，同时由于空气和环境的污染，肿瘤的发病率逐年增高。这样在骨科和口腔领域对这类材料的需求有着广泛的市场。据统计全国骨缺损病例为 300 万/年，对骨修复材料的需求是 200 万例/年，目前的实际用量为 50 万/年。在中国市场，骨修复产品为每单位 2000 元人民币左右。这样每年有不低于 10 亿元人民币的市场，而潜在的市场是 40 亿元人民币/年。

作为重要的生物医药材料，体内移入物的材料，不仅要在生物条件下物理机械性能长期稳定，而且要对人体的组织、血液、免疫等系统不产生不良影响。也就是生物医用材料应具有无毒性、组织相容性、血液相容性、耐生物老化性和消毒性。

经过近两世纪，特别是 20 世纪中叶的探索，生物材料已经基本上形成了三大系列，即金属材料、高分子材料和生物陶瓷材料。这些生物材料在生物体中使用时，金属材料存在溶析、腐蚀和疲劳问题；高分子材料存在稳定性差、老化和强度低的问题。而目前世界各国相继发展的生物陶瓷材料，因为具有生物活性、生物相溶性、理化性能稳定、无毒副作用等优点，因此具有广阔的发展前景。生物陶瓷除用于测量、诊断治疗等外，主要是用作生物硬组织的代用材料。可用于骨科、整形外科、牙科、口腔外科、心血管外科、眼外科、耳鼻喉科及普通外科等方面。

生物陶瓷材料历史悠久，从 1808 年开始陶瓷就用于镶牙，1892 年，熟石膏用作骨缺损填充材料；1963 年，多孔铝酸盐材料用作骨替代材料；1969 年，亨奇开展了生物玻璃的研究；20 世纪 70 年代后，开展了对可吸收陶瓷的研究；20 世纪 70～80 年代，羟基磷灰石应用于临床；20 世纪 80～90 年代，生物陶瓷研究快速进展；目前，纳米医用陶瓷的独特性能引起广泛的重视。

而多孔生物陶瓷，除了具有生物陶瓷的优点外，由于具有多孔结构，更适合用于修补骨缺损部位。这样新生骨质将逐渐进入多孔陶瓷珊瑚状孔隙内，慢慢将多孔陶瓷吸收，最终这种多孔陶瓷将由新生骨质取代，国外利用多孔生物陶瓷用以修复头盖骨、大腿骨、脊椎骨等临床试验，并均已经获得成功。

从大量的文献综述可以看出，生物陶瓷的发展历经致密材料、涂层材料最终将归结到多孔陶瓷，这是仿生学的必然。类似自然骨组织组成、结构和性质的理想生物陶瓷的研究，是生物陶瓷今后发展的主流方向。

本章综合论述了多孔生物陶瓷的原料、制备、应用以及孔隙与组织的长入、力学性质、生物降解等方面的关系等。将重点介绍多孔生物陶瓷的制备方法，尤其是一些新技术，并结合实例加以说明；应用方面注重介绍较新型的、有发展潜力的复合多孔陶瓷、多孔陶瓷组织工程化方面的问题，最后根据目前多孔生物陶瓷存在的问题，提出了其今后发展的方向。

9.1 生物陶瓷

9.1.1 植入陶瓷和生物工艺学陶瓷

生物陶瓷指与生物体或生物化学有关的新型陶瓷，包括精细陶瓷、多孔陶瓷、某些玻璃和单晶。根据使用情况，生物陶瓷可分为与生物体相关的植入陶瓷和与生物化学相关的生物工艺学陶瓷。前者植入体内以恢复和增强生物体的机能，是直接与生物体接触使用的生物陶瓷。后者常用作固定酶、分离和提纯细菌、病毒、各种核酸、氨基酸等以及作为生物化学反应催化剂的载体，是使用时不直接与生物体接触的生物陶瓷。

植入陶瓷又称生物体陶瓷，主要有人造牙、人造骨、人造心脏瓣膜、人造血管和其他医用人造气管和穿皮接头等。

植入陶瓷要求其一要与生物体的亲和性好，即植入的陶瓷被侵蚀、分解的产物无毒，不使生物细胞发生变异、坏死，不会引起炎症、生长肉芽等。二要在体内有长期功能，且可靠性高，即在 10 ~ 20 年的长期使用中，不会降低强度，不发生表面变质，对生物体无致癌作用等。三要易于在短期内成形加工。四要容易灭菌。陶瓷不同于金属，它具有强共价键性质，即使在生物体内苛刻的化学条件下，也具有良好的化学稳定性，排异反应迟缓，具备长期使用的机械性质。与有机高分子材料相比，生物体陶瓷耐热性好，便于进行高压灭菌。

9.1.2 植入陶瓷按与组织的反应水平分类

植入陶瓷按其与组织的反应水平来分，分为生物惰性和生物活性两大类。

9.1.2.1 生物惰性陶瓷

生物惰性陶瓷以氧化锆和氧化铝基陶瓷为代表，其特点是不与组织产生化学结合，能在生理环境中保持化学稳定，分子中的键力较强，并具有很高的强度，主要用于承力的人工骨关节。但其弱点是不具有生物活性，形成骨接触界面（界面上有薄层纤维），与生体组织间的结合基本上是不牢固的机械嵌连。

9.1.2.2 生物活性陶瓷材料

生物活性陶瓷的材质有生物活性玻璃（磷酸钙系）、羟基磷灰石（HAP）陶瓷、磷酸三钙（TCP）陶瓷、双相钙磷陶瓷（HAP/TCP）等磷酸钙盐。与氧化锆和氧化铝基陶瓷相反，生物活性陶瓷不但具有良好的生物相容性，而且可以传导骨生长并和组织形成牢固的键合。生物活性陶瓷包括表面生物活性陶瓷和生物吸收性陶瓷（又称生物降解陶瓷）。生物表面活性陶瓷通常含有羟基，还可做成多孔性，生物组织可长入并同其表面发生牢固的键合。

生物降解陶瓷包括：硫酸钙陶瓷、碳酸钙陶瓷、磷酸钙陶瓷及其同分异构体*，特点是其成分与骨矿物组成类似，在生物环境下能发生不同程度的降解，被组织吸收（此被称为生物降解或生物吸收），在生物体内能诱发新生骨的生长，材料完全吸收后所形成新骨塑形不再受材料存在的影响，而材料吸收形成的新骨塑形后强度优于新骨与材料结合的强度，因此被认为是典型的现代生物陶瓷。

9.1.3　植入陶瓷按材质的分类

目前已经实用的植入陶瓷的品种如按制备的材质分类，其性能和用途如表 9-1 所示。

表 9-1　植入陶瓷的品种、用途

品　种	性　能	用　途
氧化铝陶瓷和单晶氧化铝	表面为亲水性，与生物体组织有良好的亲合性	人造骨、人造关节、接骨用螺钉
磷酸钙系陶瓷（磷灰石质陶瓷）	类似于人骨和天然牙的性质、结构，可依靠从体液中补充 Ca^{2+}、PO_4^{3-} 等形成新骨，可在骨骼接合界面产生分解、吸收和析出等反应，实现牢固结合	人造骨、人造关节、人造鼻软骨、穿皮接头、人造血管、人造气管等
其他陶瓷（碳，$CaO-P_2O_5-SiO_2$、Na_2O 系玻璃、微晶玻璃等）	具有生物稳定性的碳有很好的生物体亲和性	人造心脏瓣膜、人造骨、人造牙等

9.1.4　多孔生物陶瓷

多孔生物陶瓷就是具有较多孔隙的生物陶瓷。多孔隙结构在生物陶瓷中显示了一系列的优点：有利于组织细胞长入和代谢及营养物质出入，显示出良好的生物相容性，植入骨断端易形成骨性结合；材料可不同程度地溶解所形成的高钙离子层及微碱性环境，可有效促进成骨细胞的粘附、增殖及分泌基质；使材料中微量氟元素能促进成骨细胞合成 DNA，并提高碱性磷酸酶活性。

从前面 9.1.2 小节论述可以看出，多孔生物陶瓷不属于生物惰性陶瓷，而应该属于生物活性陶瓷材料。多孔生物陶瓷从材质上来看是属于磷酸钙系的（见表 9-1），主要成分应包含羟基磷灰石或磷酸三钙及其同分异构体。所以接下来先简单介绍这两种物质。

9.2　羟基磷灰石与磷酸三钙

9.2.1　羟基磷灰石

9.2.1.1　羟基磷灰石晶体与降解

羟基磷灰石（hydroxyapatite 简称 HAP）晶体属六方晶系，6/m 对称型和 P63/m 空间群，晶胞参数为：$a_0 = 9.40 \sim 9.45 \text{Å}$，$C_0 = 6.86 \sim 6.89 \text{Å}$。理论组成是 $Ca_{10}(PO_4)_6(OH)_2$，体积

---

　*　同分异构体指具有相同分子式而结构不同的化合物。

质量为 $3.16g/cm^3$，性脆，折射率为 $1.64 \sim 1.65$，微溶于水，水溶液呈弱碱性（$pH = 7 \sim 9$），易溶于酸，难溶于碱，HAP 是强离子交换剂，分子中的 Ca^{2+} 容易被 Cd^{2+}、Hg^{2+} 等有害金属离子和 Sr^{2+}、Ba^{2+}、Pd^{2+} 等重金属离子交换，还可与含有羧基的氨基酸、蛋白质及有机酸等发生交换反应。HAP 是人体内骨和齿的重要组成部分，如人骨成分中 HAP 的质量分数约 65%，人的牙齿釉质中 HAP 的质量分数则在 95% 以上，具有优秀的生物相容性。

羟基磷灰石的部分物理性质如下：熔点：1923K；弹性模量：$40 \sim 117$GPa；拉伸强度：$38 \sim 48$MPa；抗压强度：$294 \sim 450$MPa；抗弯强度：$100 \sim 120$MPa。

HAP 的表面性能取决于其结构，HAP 表面主要存在 2 个吸附位置，当 OH^- 位于晶体表面时，该位置联结着 2 个 Ca^{2+}，在水溶液中，这个表面的 OH^- 至少在某一瞬间空缺，由于 2 个 Ca^{2+} 带正电，形成一个吸附位置。同理，当表面的 Ca^{2+} 在某一瞬间空缺时，表面形成另外一个吸附位置，而该位置带负电荷，能吸附 Sr^{2+} 等阳离子和蛋白质分子上的 ∈ 基团。HAP 表面水化层通过氢键与水有较好的相容性，在水中的表面能较低，能够长时间保持细小的分散状态。

按照分子式计算 HAP 的 Ca:P 理论值为 1.67，但受制造过程的影响，其组成相当复杂，Ca:P 值发生变化，由于羟基磷灰石的 Ca:P 值是一个较重要的参数，将直接影响它的高温稳定性，从而影响羟基磷灰石的烧结后的成分和力学性能。

Ca:P 值的变化与经煅烧合成 HAP 晶体结构的变化，见表 9 – 2 所示。

表 9 – 2　Ca:P 值与 HAP 晶体结构关系

序　号	Ca:P	pH	未煅烧的合成粉料		煅烧后的合成粉料	
			Ca:P	晶体结构	Ca:P	晶体结构
1	1.67	10	1.60	HAP 晶体	1.62	HAP 晶体
2	1.67	10.5	1.61	HAP 晶体	1.63	HAP 晶体
3	1.67	11.5	1.64	HAP 晶体	1.66	HAP 晶体
4	1.67	12	1.65	HAP 晶体	1.67	HAP 晶体
5	1.55	12	1.54	HAP 晶体	1.52	α – TCP、HAP
6	1.55	11.5	1.53	HAP 晶体	1.51	α – TCP、HAP

Mark T 等人评估了几种 HAP 后发现，经过烧结的 HAP 由于高的结晶性以及没有可置换的离子，所以其溶解度较其他 HAP 更低。这表明结晶是影响 HAP 降解的一个因素，且高结晶的 HAP 比贫晶的 HAP 更稳定而且不易降解。他们同时发现，颗粒越大，其溶解度和降解率越低。Habibovic 等人则发现烧结温度也是影响 HAP 降解速率的一个因素，其中降低烧结温度会导致更高的微孔隙率和初始降解速率。

9.2.1.2　羟基磷灰石粉体的合成

HAP 的合成方法有许多种，通常可以将这些方法基本分成两大类：液相合成法（即湿法）与高温固相合成法（即干法）。

（1）高温固相合成法

以 $Ca_3(PO_4)_2$ 与 $CaHPO_4$ 和 $CaCO_3$ 或者 $Ca(OH)_2$ 为原料，在高温下通过扩散传质机制的固相反应制得。这种方法与普通陶瓷的制造方法基本相同，根据配方将原料磨细混合，在高温 1000~1300℃下进行合成，其反应如式（9-1）：

$$6CaHPO_4 \cdot 2H_2O + 4CaCO_3 \longrightarrow Ca_{10}(PO_4)_6(OH)_2 + 4CO_2 + 4H_2O \tag{9-1}$$

此方法往往可以得到符合化学计量、结晶完整的粉末，但是在过程中要求相对较高的温度和热处理时间，同时这种粉末的可烧结性较差。而且所得到的晶粒尺寸较大，往往有杂质相存在，在研磨时不仅费时，且易粘污，因此在生物陶瓷领域较少采用。

（2）液相合成法

包括水热合成法、溶胶-凝胶法、沉淀法、乳液剂法、超声波合成法、酸碱反应法、气溶胶分解法等等，这里只是选择几种作简单介绍，其有的合成法在 9.4 节生物陶瓷的制备中将结合实例具体介绍。

①水热合成法

水热合成法是高温条件下在水溶液中制备 HAP 结晶沉淀的方法，其反应方程式如式（9-2）：

$$6CaHPO_4 + 4CaCO_3 \longrightarrow Ca_{10}(PO_4)_6(OH)_2 + 4CO_2 + 2H_2O \tag{9-2}$$

在特制的密闭反应容器中（高压釜），采用水溶液作为反应介质，在高温高压环境中，使得原来难溶或不溶的物质溶解并重结晶的方法。水热法合成 HAP 在 160~200℃，1~2MPa 的蒸汽压条件下，通过添加 Ca(OH)_2 来调整 Ca/P 在 1.50~1.67 之间，可制得针状结晶的单相 HAP。Ca/P 为 1.67 时制得的 HAP，其杨氏模量为 109~116GPa，刚性模量为 42~45GPa。通过此法制备的粉体不但具有晶粒发育完整、粒度小且分布均匀、颗粒团聚较轻的特点，还具备条件较易控制，反应时间较短，省略了燃烧步骤和研磨步骤的优点；同时合成温度相对较低；反应条件适中，设备较简单，耗电低。但水热法对设备的耐蚀性要求较高，废液需要处理，而且反应原料和添加剂、介质的 pH 值、温度和压力、反应时间和陈化时间等对产物的生成和性质有较大的影响。

②溶胶-凝胶法

溶胶-凝胶法是近些年才发展起来的新方法，但已引起了广泛的关注，即将醇盐溶解于有机溶剂中，通过加入蒸馏水使醇盐水解、聚合形成溶胶，溶胶形成后，随着水的加入转变为凝胶，凝胶在真空状态下低温干燥，得到疏松的干凝胶，再将干凝胶作高温煅烧处理，即可得到粉体陶瓷。此法制得的产物纯度高、颗粒超细、均匀性好、颗粒形状及尺寸可控、Ca/P 摩尔比可任意调节、反应在室温进行、生成物为凝胶产物，因此能制备出比表面积巨大（10~40m²/g）、纳米尺寸（<100nm）的无定形 HAP 粉末，且设备简单；但是其原料价格高、有机溶剂毒性及高温热处理时颗粒容易快速团聚等因素，制约了这种方法的应用。

③沉淀法

通过把一定浓度的钙盐和磷盐混合搅拌，在一定的 pH 值下发生化学反应，产生胶体 HAP 沉淀物，在一定温度下煅烧得到 HAP 晶体粉末。

如用 Ca(NO_3)_2 与 (NH_4)_2HPO_4 进行反应，得到白色的羟基磷灰石沉淀。其反应如式（9-3）所示：

$$10Ca(NO_3)_2 + 6(NH_4)_2HPO_4 + 8NH_3 \cdot H_2O + H_2O \longrightarrow Ca_{10}(PO_4)_6(OH)_2 + 20NH_4NO_3 + 7H_2O \tag{9-3}$$

该法反应温度不高，合成粉料纯度高，晶粒较细，工艺相对简单，合成粉料的成本相对较低，较其他方法更适合于实验生产。但是，必须严格控制工艺条件，否则极易生成 Ca/P 值相对较低的缺钙磷灰石，故该种工艺应注意以下两点：一是合理控制混合溶液的 pH 值及反应产生沉淀的时间，采用分散设备使溶液混合均匀，保证反应完全进行；二是反复过滤，使固液相完全分离，提高粉料的纯度。

④超声波合成法

超声波在水介质中引起气穴现象，使微泡在水中形成、生长和破裂。这能激活化学物种的反应活性，从而有效地加速液体和固体反应物之间非均相化学反应的速度。因而可用超声波来合成羟基磷灰石，但是反应机理还不十分清楚。

⑤复分解反应法

复分解法所用原料是硝酸钙（$Ca(NO_3)_2 \cdot 4H_2O$）与磷酸氢二铵（$(NH_4)_2HPO_4$），将此两种分析纯化学试剂用蒸馏水及氨水配制成浓度为 0.25mol/L，pH 值为 10 ~ 11 的溶液，按照钙磷比稍高于羟基磷灰石理论钙磷比的配比，在连续搅拌下，将磷酸氢二铵溶液滴加到硝酸钙溶液中。滴加完成后，在一定温度下保温陈化。用过滤或离心分离的方法，将固液两相分开，用蒸馏水洗涤，50 ~ 90℃烘干，制得羟基磷灰石原始粉料。

反应时滴加的速度、溶液的温度、浓度和 pH 值、滴加完成后的陈化等因素影响着沉淀产物的形态、纯度。

依据钙磷化合物溶解度相图，钙离子浓度在 10^{-3}mol/L 以上，pH 值为 10 以上最稳定的钙磷化合物是羟基磷灰石，因此，维持溶液 pH 值为 10 以上，是保证产物羟基磷灰石纯度的关键。提高反应溶液的浓度，可以降低产物的粒度；提高反应温度，可以迅速生成羟基磷灰石晶体并提高结晶度。

用 0.6mol/L 的磷酸铵溶液与 1.00mol/L 的硝酸钙溶液，在 pH 值为 10 和 90℃反应，并在 90℃保温过夜，产物为 50nm × 100nm 左右的棒状晶体；在其他条件相同的情况下，随着反应温度从 3℃提高到 90℃，产物从细小的球形向比较大的棒状、针状晶体发展，在 60℃以上形成结晶度良好的针状晶体（大约 < 50nm × 400nm）。

在二甲基甲酰胺溶剂中，将硝酸钙溶液滴加到 pH 值为 10 的磷酸铵溶液中，反应产物经 140 ~ 145℃常压处理 2h，可以获得长宽比 5.5 ~ 12 的针状纳米羟基磷灰石晶体。

在 60℃和 pH 值为 10 时，将 0.096mol/L 的磷酸铵溶液滴加到 0.16mol/L 的硝酸钙溶液中，而后在近沸点温度搅拌和陈化 2h，离心分离水 100℃干燥过后，获得的羟基磷灰石粉末粒径 0.6 ~ 0.7μm。为了使产物的结晶形态更好和便于分离，提高反应的温度或反应后加热煮沸悬浮液，可以促使晶体长大。

⑥中和反应法

用磷酸溶液直接与氢氧化钙悬浊液发生中和反应，沉淀生成羟基磷灰石。

将高温焙烧过的氧化钙配成一定浓度的悬浊液，严格按照羟基磷灰石的钙磷化学计量比，将一定浓度的磷酸直接滴加于 $Ca(OH)_2$ 悬浊液中，用氨水调整反应液 pH 值，使反应过程和终止时值不小于 9。反应后经陈化、分离、洗涤、干燥，获得羟基磷灰石陶瓷粉。

例如，用 0.3mol/L 的磷酸溶液滴定 0.5mol/L 的氢氧化钙悬浊液，用氨水控制溶液 pH > 9，陈化 48h 以上，离心分离，50℃烘干 72h 以上，获得粒度 100nm 左右的棒状羟基磷灰石结晶粉。用 1.0mol/L 的磷酸滴定 1.0mol/L 的氢氧化钙悬浊液，并控制反应 pH = 9.0，反应

24h 后，分离产物，在 200℃干燥，获得直径 1~9nm 长度 0.1~0.3μm 的针状羟基磷灰石结晶，钙磷比 1.67。这种反应要严格控制反应物钙磷的配比和溶液 pH 值。

9.2.2　磷酸三钙

9.2.2.1　磷酸三钙晶体与降解

磷酸三钙又名正磷酸钙，分子式为：$Ca_3(PO_4)_2$，分子量 310.18。已知有三种晶型：β 型（三方晶系，相对密度 3.14，在 1180℃以下稳定），α 型（单斜晶系，相对密度 2.81~2.87，在 1180~1430℃稳定）及 α' 型（在 1430℃以上稳定），熔点 1720℃。此外，还有无定形，白色粉末，相对密度 3.14，熔点 1670℃，几乎不溶于水和乙醇，但溶于酸。

纯净的磷酸三钙在 1180℃时，$\beta-Ca_3(PO_4)_2$ 会转化为活性较好的 $\alpha-Ca_3(PO_4)_2$，但在冷却过程中 $\alpha-Ca_3(PO_4)_2$ 会缓慢地转化为 $\beta-Ca_3(PO_4)_2$。根据美国 F.T 尼尔逊的研究发现，当有 MgO、Al_2O_3 和 Fe_2O_3 等杂质存在时，这些杂质会阻止 α 型转变成 β 型，使 $\alpha-Ca_3(PO_4)_2$ 保持稳定。

由磷酸三钙（TCP）为主要成分的生物陶瓷在骨移植领域发挥了重要的作用，其具有良好的生物相容性，Ca/P 比（1.5~1.6）与骨组织的 Ca/P 比（1.66）相近似。

TCP 陶瓷材料具有多孔性，其外貌呈珊瑚状，内部不仅微孔丰富、分布均匀，且大气孔相互连通，这类结构类似于生物活体的松质骨构架，如图 9-1 所示。它自身的降解使其钙磷离子溶于组织中，骨组织利用其中的 Ca、P 成分，从而引起组织的矿化物沉积，在陶瓷周围及其孔隙中形成骨组织。实验表明其在生命机体中的降解行为非常显著，在新生骨组织大量生成的同时达到骨缺损修复的目的。其多孔结构和大量分布较均匀的内连孔道，使其具有宽大的内部空间和表面积，可以吸收和容纳大量的骨髓，使植入局部有较高的骨髓细胞浓度，并充当骨髓的传递和释放载体，引导新骨逐渐长入材料的内部。

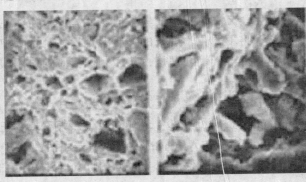

图 9-1　TCP 生物陶瓷的多孔结构

和 HAP 相比，TCP 更易于在体内溶解，其溶解度比 HAP 约高 10~20 倍。

$\beta-TCP$ 的降解速率与其表面构造、结晶构型、孔隙率及植入动物的不同有关。例如，随表面积增大、结晶度降低、晶体结晶完整性下降、晶粒减小以及 CO_3^{2-}、F^-、Mg^{2+} 等离子取代而使降解加快。控制 $\beta-TCP$ 的微观结构及组成，可以制备出不同降解速度的材料。

程晓兵等人在做多孔块状 β – 磷酸三钙陶瓷兔颅骨缺损修复的组织学观察实验中，2 周时组织学观察到疏松结缔组织浸润到 β – TCP 材料孔隙内。当 8 周时，可见 β – TCP 材料周围有大量的多核异物巨细胞，并明确观察到细胞内吞噬的材料颗粒，证明了细胞的吞噬作用是 β – TCP 具有可吸收性的重要原因之一。

在 8 周至 12 周时，可明显观察到材料的占位减少，孔隙明显增大，随着材料被吸收，新生骨逐渐占据材料的位置，使新骨连成片，这充分显示了 β – TCP 可吸收性的优越性，然而在 12 周时，β – TCP 的吸收率不尽满意，但是随着时间的延长，材料仍可被完全吸收。也可以通过增加材料本身的孔隙率来加快吸收速度，这有待于在以后的实验中摸索出较理想的材料孔隙率，来满足临床的需要。

9.2.2.2 磷酸三钙的制备

自然界中以磷矿、磷灰石，磷灰土等形式广泛存在。磷酸三钙制备也比较简单，制法分为固相法、液相法等，下面介绍几种，有的合成法还会在 9.4 节生物陶瓷的制备中将结合实例具体介绍。

(1) 固相反应法

固相反应法是根据高温下固相反应来制备 TCP 粉末，反应如下：

$$3CaHPO_4 \cdot 2H_2O + CaCO_3 \longrightarrow Ca_3(PO_4)_2 + CO_2 \uparrow + 5H_2O \uparrow \tag{9-4}$$

采用常规固相反应法制备的 P – TCP 粉末平均粒度大于 $10\mu m$，通过湿式粉碎法制备的粉末平均粒径显著减小，可以容易得到微细粉。

例如：将磷酸盐或磷酸盐与碳酸钙的混合粉体在 $1200 \sim 1400^\circ C$ 下煅烧，然后急冷获得单斜 α 相磷酸三钙晶体。如果通过添加了少量的添加剂，制得以斜方 α 相磷酸三钙晶体为主要成分的固相反应产物。

(2) 沉淀法

沉淀法是制备材料的湿化学方法中工艺简单、成本低、所得粉体性能良好的一种崭新的方法。它通常是在溶液状态下将不同化学成分的物质混合，在混合液中加入适当的沉淀剂制备前驱体沉淀物，再将沉淀物进行干燥或煅烧，从而制得相应的粉体颗粒。沉淀法是目前制备 β – TCP 粉末最常用的一种方法。

沉淀法主要是根据溶液中的下列化学反应方程式 (9-5)、(9-6) 来制备的。在反应过程中，要不断加入氨水调节 pH 值，反应 (9-5) 的 pH 值控制在 6.0 左右，反应 (9-6) 的 pH 值控制在 10.0 以上。在沉淀物中加入适量的多元醇型表面活性剂，干燥后得到松散、不结块的粉末。再经过 $700 \sim 800^\circ C$ 煅烧，保温 $3 \sim 5h$ 后，便可得到 β – TCP 粉末。

$$3Ca(OH)_2 + 2H_3PO_4 \longrightarrow Ca_3(PO_4)_2 \downarrow + 6H_2O \tag{9-5}$$

$$3Ca(NO_3)_2 + 2(NH_4)_2HPO_4 \longrightarrow Ca_3(PO_4)_2 \downarrow + 4NH_4NO_3 + 2HNO_3 \tag{9-6}$$

(3) 溶胶 – 凝胶法

溶胶 – 凝胶法是将醋类化合物或金属醇盐溶于有机溶剂中，形成均匀的溶液，然后加入其他组分，在一定温度下反应形成凝胶，最后经干燥处理制成粉末。此法制得的粉末粒径比较小（nm 级），分布均匀。

9.3 多孔生物陶瓷的孔隙与性质

多孔生物陶瓷的几何形态，特别是孔洞的粗糙度、大小、孔洞的互通性等因素将影响这类材料的成骨能力。

Peelen 将多孔生物陶瓷的气孔分成微气孔（由于烧成过程中颗粒未充分靠拢造成的与粉末颗粒大小相仿的气孔）和大气孔（几百微米的气孔），微气孔决定材料的降解速度，大气孔则可使骨组织长入。

9.3.1 孔隙与机体软硬组织长入及新骨生成

大量的研究表明：活体组织进入孔以及新骨的生成相当大程度上取决于植入样品的孔径大小、孔隙率、孔的形状和孔的大小分布等。目前，对多孔生物陶瓷中的孔径影响因素研究得较多。

9.3.1.1 孔径与活体组织长入

Hulbert 等人认为，要得到功能完善的植入材料最小的孔径要求为 $100\mu m$，而大于 $200\mu m$ 的孔是骨引导的基本要求。

Uchida 等注意到在 HAP 和 β – TCP 中，孔径为 $210\sim300\mu m$ 的生物陶瓷中的新骨生成比孔径为 $150\sim210\mu m$ 的更多。

多孔生物陶瓷的生物学特性在国内外诸多的研究表明，如 White 等对孔径和组织响应之间的关系研究，$10\mu m$ 的孔径将允许细胞的长入；$10\sim50\mu m$ 孔径将有利于纤维组织的形成；孔径大于 $150\mu m$ 时将有利于新骨的形成。Kuhne 等研究发现，孔径为 $500\mu m$ 的新骨生长多于孔径为 $200\mu m$ 中的新骨生长。

Eggli 等在 β – TCP 和 HAP 的对比研究中发现，在胫骨的皮髓质部位，$50\sim100\mu m$ 的孔径比 $200\sim400\mu m$ 的孔径更有利于新骨的形成。

尽管在孔的大小上报道不一，但一般认为孔径应在 $100\sim500\mu m$ 之间，理想的孔径为 $300\sim400\mu m$。之所以出现孔径不一，是由于具体的实验条件不同，很可能导致陶瓷中孔的几何形态以及孔的内部连通性的不同，另外测试孔径的方法、测试的仪器设备也不尽相同。

最可能的是忽略了孔与孔内连接的作用。经过众多的研究，发现了孔内连接径在 $20\sim50\mu m$ 可形成类软骨和类骨样组织。假如要形成矿化骨，内连接径必须大于 $50\mu m$。

孔内连接是多孔材料中孔穴的门户或通道，它的大小直接影响着材料的生物学性能（组织形成和生长）。它能使细胞进入孔穴之中，并通过组织液渗透和血液循环提供细胞和组织营养，使其能生存和增殖。但是，要形成有良好功能的组织，必须有足够的血液供应，这里孔内连接的大小起着决定性作用。通常认为多孔陶瓷的孔内连接越大，血液供应越充足。但过大的孔内连接会使材料变得非常脆弱，而孔内连接径过小，将限制或阻止在材料中的血液供应，影响组织的形成和功能的建立，所以控制好孔内连接径极其重要（见图 9 – 2）。

9.3.1.2 孔隙率与活体组织长入

孔隙率越高，越有利于活体组织的长入。

Winter 的研究表明：植入 HAP 的密度与植入后的生理反应一致。致密 HAP 植入体内后

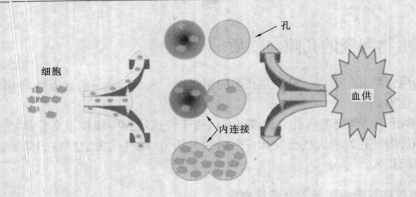

图 9-2　孔内连接径对活体组织长入的影响

仅在表面形成骨质，虽然附着紧密，但不能长入到 HAP 的内部。多孔 HAP 植入体内后，能使界面的软硬组织都长入孔隙内，形成纤维组织和新生骨组织交叉结合状态，这种界面能保持正常的代谢关系，骨材料的界面结构具有生理性结合。

当孔隙率超过 30% 以后，孔隙之间开始相互连通，孔隙率越高，连通程度越高。新生组织可以从人工骨表面长入内部各部分，而且相互结合起来，这样不仅能获得良好的界面结合，还由于新生组织的长入既降低了多孔 HAP 的脆性，又提高了抗折强度。此外，由于多孔而降低了 HAP 材料的刚性，有利于界面应力的传导，符合界面力学要求，使界面能保持稳定，从而提高种植效应。

9.3.1.3　孔的形态和骨质再生

从新生骨机理来看，一般认为蛋白吸附先于成骨细胞的增殖，因此利用尺寸与血浆中蛋白的狭孔，应该是有利于新骨的生成。Chang 等用聚醋纤维作致孔剂，制成纤维状的孔，在 $50\mu m$ 时观察到活性骨传导现象，这在以前的报道中很少见到，可以证明长条形拉伸孔可能更有利于骨质再生。

9.3.1.4　孔径分布和骨质再生

严格的孔径分布，对促进骨质再生是有利的。

Flautre 等曾做过实验，他们用相同孔径的萘和聚甲基丙烯酸甲酯（PMMA）分别作 HAP 生物陶瓷的造孔剂，植入于兔股骨中，12 周后发现，用 PMMA 作造孔剂的生物陶瓷中的新生骨的量是用萘作造孔剂的 2 倍，他们认为这是因为用萘作造孔剂和钙磷粉末混合不均及其孔径分布控制不好所引起的。

这也提示我们，当用加入造孔剂工艺来制备多孔磷酸钙陶瓷时，不管用何种造孔剂，其混合程序和控制孔径分布都是非常重要的。

9.3.2　孔隙率与力学性质

多孔生物陶瓷的强度较低主要与它的总气孔体积较大有关。

9.3.2.1　抗压强度与总气孔率的关系

De Groot 等人研究了多孔 HAP 的强度与孔隙率的关系，得出了抗压强度（σ_c）与总气孔率（V_ρ）的关系：

$$\sigma_c = 700\exp(-5V_\rho) \tag{9-7}$$

式中 σ_c——多孔生物陶瓷的抗压强度，MPa；

$\quad\quad V_\rho$——总气孔率。

周大利等制备了多孔 β – TCP 样品，用 d_{50} = 1.32 μm 的 TCP 前驱体粉料，通过加 20~30 目球状硬酯酸调节孔隙率，烧结温度为 1150℃，保温 40min。实验研究了孔隙率对多孔 β – TCP 烧结强度的影响，结果见表 9 – 3。

表 9 – 3 孔隙率对多孔 β – TCP 烧结强度的影响

编　号	1	2	3	4	5	6
β – TCP 陶瓷孔隙率（%）	50	53	59	66	71	75
抗压强度（MPa）	8.0	7.5	6.4	5.7	3.9	2.3

由表 9 – 3 可知，随着孔隙率的增加，多孔 β – TCP 陶瓷体的抗压强度降低，为了保证其有一定的强度，孔隙率宜控制在 65% 以下。

9.3.2.2 抗张强度与微孔率的关系

抗张强度（σ_t）主要由微孔（<1 μm）率（V_m）决定：

$$\sigma_t = 220\exp(-20V_m) \tag{9-8}$$

式中 σ_t——多孔陶瓷的抗张强度，MPa；

$\quad\quad V_m$——微孔率。

HAP 的弹性模量 E 比骨头的高。一般情况下，当烧成温度降低后可提高活性，但降低 E 值，HAP 的 Weibull 因子（n）在生理溶液中较低，$n = 12$，这表明在抗拉负荷下强度低。

9.3.3 孔隙与生物陶瓷降解性

孔隙对生物陶瓷的降解性影响很大。

9.3.3.1 生物陶瓷降解原因

磷酸钙生物陶瓷与多孔 HAP 的降解性能原因，可综合为以下 3 种因素：

（1）物理因素：体液冲蚀、磨耗，致使陶瓷碎裂或崩解，使陶瓷粒子分散成小颗粒。

（2）化学因素：溶解、局部 Ca^{2+} 浓度过饱和、产生新晶相或出现无定形物，如非晶态磷酸钙、$CaHPO_4 \cdot 2H_2O$（brushite，C_2P）及 HAP 的阳离子替换物等。

（3）生理学因素：破骨细胞和吞噬细胞作用可降低周围的 pH 值，产生某些活性物质，增加陶瓷溶解速度。

9.3.3.2 孔隙与降解速度

多孔 HAP 植入体内后，使其降解速度增大的因素有：①表面积的增大（颗粒状 > 多孔块状 > 致密块状），晶体完整性差（即：缺陷多）；②结晶度下降，晶体和晶粒变小；③HAP 中存在 CO_3^{2-}、Mg^{2+}、Sr^{2+} 等离子。

显而易见，孔隙的增多会增大体液冲蚀、磨耗的面积，也增大了多孔生物陶瓷与体液的接触界面，发生更多的化学溶解，更多的破骨细胞和吞噬细胞作用于多孔生物陶瓷，对上述 3 种因素都有不同程度的促进作用。

Roman 等的研究证实，浸蚀液体积与试样表面积之比直接影响降解过程，对相同的浸蚀液体积，多孔磷酸钙生物陶瓷的比值比致密体的要小，更易于降解。而表面积和材料的孔隙率密切相关，孔隙率越大，材料的表面积越大，生物降解性能也将增强。另外，孔隙率越高，也越有利于新骨的长入，但是孔隙率过高时，多孔磷酸钙生物陶瓷本身的强度很低，为了让植入初期的多孔磷酸钙生物陶瓷能满足临床应用对其力学性能的要求，一般将其孔隙率控制在 $50\% \pm 5\%$。

另外，孔洞的结构形状也对生物陶瓷的降解有影响。如周大利等曾研究得出，在相同孔隙率下，柱状孔多孔 β - TCP 陶瓷的溶解速度快于球形孔多孔 β - TCP 陶瓷。

有人认为，降解下来的 Ca^{2+}、PO_4^{3-} 等离子并不直接参与新骨的生成，而是被细胞吞噬后输送到身体组织中，但大多数学者认为降解下来的 Ca^{2+}、PO_4^{3-} 等离子能直接用于新骨的生成，其机理为：①细胞和植入体材料的相互作用使局部环境酸化；②磷酸钙生物陶瓷溶解，接着和体液中的 Ca^{2+}、PO_4^{3-} 及有机基质相互作用形成碳酸化的羟基磷灰石；③产生细胞外基质（胶原和非胶原蛋白）；④胶原纤维矿化同时偶合进新骨再生时形成的 HAP 晶体。

9.4 多孔生物陶瓷的制备

由于多孔生物陶瓷具有优良的生物性能，近数十年来一直受到人们密切的关注和广泛的研究。近年来关于多孔生物陶瓷的研究，很大部分集中在多孔植入体孔的结构上，为实现对多孔陶瓷结构的研究，人们进行了大量实验，借用了一系列制备其他类型的多孔陶瓷的技术。具体制备技术已在第 3 章中较详细地论述了，本节只是就多孔生物陶瓷的制备实例进行介绍。

9.4.1 添加造孔剂工艺

Engin 等在制备生物陶瓷时采用了此方法，具体步骤如下：

（1）羟基磷灰石粉末与造孔剂甲基纤维素粉末以一定的比例混合后，再与去离子水混合成浆料；

（2）经超声震动脱气；

（3）烘箱中 $50 \sim 90\degree C$ 烘干；

（4）以 $0.5\degree C/min$ 的速度升温至 $250\degree C$，再以 $3\degree C/min$ 的速度升温到 $1250\degree C$，保温 3h，随炉冷却到室温；

（5）最后制备得到孔隙度 $60\% \sim 90\%$，孔径 $100 \sim 250\mu m$，互通性良好的多孔羟基磷灰石陶瓷。

Moliu 制备多孔羟基磷灰石模拟自然骨组织时，也采用了添加造孔剂的方法。成孔剂采用 0.093mm、0.188mm、0.42mm 直径的 PVB 颗粒，体积比 $42\% \sim 61\%$，与羟基磷灰石粉末均匀混合后，制成压坯，$500\degree C$ 去除 PVB，$1200\degree C$ 烧结。结果表明，成型压力和烧结时间对孔壁微观组织和孔隙分布影响很大，烧结后的孔隙尺寸比 PVB 颗粒尺寸小 10%。

林开利等通过添加聚乙二醇，制备了多孔硅酸钙生物陶瓷，气孔率为 $53.7\% \sim 73.6\%$，大孔孔径为 $200 \sim 500\mu m$ 的孔连通性好的多孔生物陶瓷。

此方法可以制备出大孔孔径的多孔生物陶瓷，但是微孔不易控制，一般可与其他方法一起来达到全面控制生物陶瓷孔隙的目的。

9.4.2 发泡工艺

以下是采用发泡工艺方法，但是用不同的发泡剂，分别制备 β-TCP、羟基磷灰石多孔生物陶瓷的两个实例。实例一是用松香皂及骨胶作发泡剂制备 β-TCP 生物陶瓷的流程。

9.4.2.1 制备 β-TCP 生物陶瓷的流程

（1）β-TCP 粉末的制备

用固相反应法制备 β-TCP 粉末：

$$2CaHPO_4 \cdot 2H_2O + CaCO_3 \xrightarrow{\text{高温}} Ca_3(PO_4)_2 + 5H_2O\uparrow + CO_2\uparrow \tag{9-9}$$

以摩尔比 2:1 准确称取分析纯 $CaHPO_4 2H_2O$ 和分析纯 $CaCO_3$，混合均匀，在硅碳炉中升温至 940℃，升温速率为 15℃/min，保温 2h，随炉冷却。

（2）高温粘结剂的制备

为提高 β-TCP 陶瓷的活性，降低其烧成温度，在原料中引入高 P_2O_5 含量的 $Na_2O \cdot CaO \cdot P_2O_5$ 玻璃作为粘结剂：

表 9-4 粘结剂的化学组成

成 分	P_2O_5	Na_2O	CaO	MgO
含量（%）	65~85	6~18	5~15	1~5

取过 40 目筛及经玛瑙三头研磨机研磨 2h 制得的粘结剂 1~2g。

（3）发泡剂的制备

采用松香皂及骨胶的化泡特性，使用磁力搅拌器制得孔径均匀的泡沫。经反复实验证实，打泡成败的关键在于环境温度，温度过低，泡不易成型；温度过高，泡沫易碎。所以，最适宜的室温应在 28~35℃。

（4）β-TCP 陶瓷的制备

制备多孔 β-TCP 陶瓷工艺路线见图 9-3。

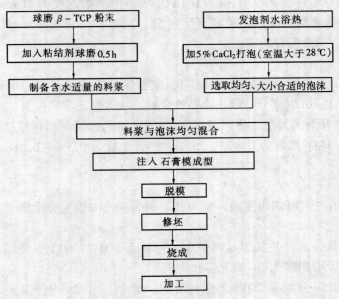

图 9-3　制备多孔 β-TCP 陶瓷工艺流程图

在制备工艺中，料浆含水量对材料力学性能影响较大，控制料浆含水率则是重要因素。含水率越高、气孔率越大、容重越小，但是，强度也降低。可通过控制料浆含水率，控制材料的理化性能。

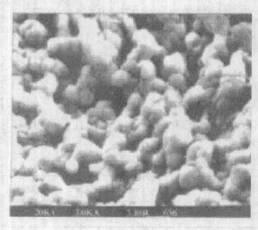

（SEM，×3000）

图 9 - 4　β - TCP 内部微孔结构

在制备多孔 β - TCP 陶瓷的工艺中，最不易控制的步骤是料浆的含水率。可拟采用一种简易的工艺方法：即将球磨后的料浆完全干燥，再适当研细，按一定比例加入蒸馏水，调制均匀后与发泡剂混合。这样，既可简化工艺过程，又可增加制品性能的稳定性。

将最后制得的材料表面磨平，煮沸一段时间，除去杂质后在 110℃ 下烘干，进行 SEM 观察及性能测试。结果制备出具有良好力学强度、合适微观结构的多孔 β - TCP 生物陶瓷。其表面及内部均匀分布着平均孔径为 $100 \sim 500 \mu m$ 的气孔，气孔率为 $60\% \sim 75\%$，抗压强度4 ~ 10Pa。SEM 观察结果表明：材料内部有很多连通孔隙，颗粒间的连结为颈部连结，如图9 - 4所示。

9.4.2.2　多孔 β - 磷酸三钙骨修复材料的制备

本实例是王士斌等人用双氧水作发泡剂以及其他辅助剂来制备多孔 β - 磷酸三钙骨修复材料。

（1）粉末的制备

将 0.6mol/LCa(OH)$_2$ 反加至 0.4mol/LH$_3$PO$_4$ 溶液中滴加速度为 20mL/min。前后均无需氨水调节，且无需陈化与洗涤，在常温下反应 5h。沉淀物经 80℃ 下干燥 24h，900℃ 下焙烧 2h，研磨即制得 β - TCP 陶瓷粉末。

（2）成型

将制得的 β - TCP 粉料与双氧水（H$_2$O$_2$）、聚乙烯醇溶液和（或）少量的丙烯酸乳液调制糊状浆料，搅拌 15min 以充分分散，得黏性浆料，注入黏土陶瓷模具。

选择 H$_2$O$_2$ 作造孔剂需另配木质素磺酸钙（MA）和 PVA 辅助剂作粘结剂。物料的固液比为 1/（1.5 ~ 2.0），H$_2$O$_2$ 浓度为 $0.4\% \sim 2.0\%$，PVA 浓度为 $0.3\% \sim 0.8\%$，H$_2$O$_2$: PVA : MA = 20 : 9 : 1（体积比）。

（3）干燥

置于烘箱内，在 2 ~ 3h 内由室温升至 80℃，并保持 24h 以充分干燥。

（4）烧结

将多孔体与模具分离，并置于马弗炉中，升温至 900 ~ 1100℃，烧结 1 ~ 3h。经适当的程序降至室温，最后得到多孔 β - TCP 多孔陶瓷。

烧成曲线为：0.5h升温至200℃，保持0.5h；然后，在2h内升温至1100℃，保持1h；随着炉冷却至900℃，保持0.5h，然后自然冷却至室温。

双氧水是常用的发泡剂，采用 H$_2$O$_2$ 可制得类似于自然松质骨结构的大孔/微孔结构，也经常用双氧水作发泡剂来制备多孔羟基磷灰石生物陶瓷。例如 Klein 等将含 2% 聚乙烯醇与 4% 过氧化氢的水溶液与羟基磷灰石粉末混合，制成浆料，以缓慢的速度升温至 80℃ 并保温 4h，使过氧化氢分解，经低温预烧和高温烧结，制得孔洞贯通性良好的多孔羟基磷灰石陶瓷。

但由于 H_2O_2 的分解有一定的速度，受温度、料浆黏度影响，因此控制生成的 HAP 的气孔率和气孔尺寸比较困难。所以要注意掌握料浆的黏度、双氧水浓度、反应温度等技术参数。

9.4.3 有机泡沫浸渍工艺

相对其他制备多孔 HAP（或 $\beta - TCP$）陶瓷的方法来说，有机泡沫浸渍方法可以得到较均匀的孔径，孔径大小可以控制，以及可得到复杂的外形结构。第一个实例是用有机泡沫浸渍法制备羟基磷灰石多孔生物陶瓷。

9.4.3.1 浸渍法制备羟基磷灰石多孔生物陶瓷

（1）羟基磷灰石制备

实验中采用的羟基磷灰石为本实验室用湿化学方法制备的：

$$10Ca(NO_3)_2 + 6(NH_4)_3PO_4 + 2NH_3 \cdot H_2O \longrightarrow Ca_{10}(PO_4)_6(OH)_2 + 20NH_4NO_3 \quad (9-10)$$

表 9-5　浆料的化学组成

组　分	含量（质量分数%）
HAP	50
SiC	2.5
MgO	2.5
粘结剂	1~5
消泡剂	1~3
去离子水	30~40

此方法得到的羟基磷灰石研磨后用 80 目筛子过筛后，将粉末在 900℃ 下煅烧 24h。

（2）浆料配置

浆料配方如表 9-5 所示。

将材料一起加入球磨罐，球磨 3h 以上。如果球磨后浆料黏度很大，可以将 HAP 分为两次或两次以上添加；另外，可以使用分散剂增加固相含量。

（3）浸浆过程

将聚氨酯泡沫用酒精或丙酮洗净，干燥后放入浆料中浸泡一段时间，待泡沫完全浸润后取出，用压轮均匀地将多余浆料压出，使浆料均匀地吸附在泡沫的梁上；或者用离心机除去多余浆料。重复以上过程多次，待浆料厚度达到要求后，在空气中自然干燥。

实验中采用的聚氨酯泡沫具有很好的孔隙结构，其平均孔径约为 $400\mu m$（如图 9-5）。

（4）烧结

由于海绵在烧结过程中分解，加上浆料的固

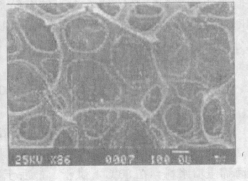

图 9-5　聚氨酯泡沫的多孔结构

相含量低（20%~25%），样品在烧结过程中会有约 30% 的收缩发生。如果不做特殊的处理，考虑到羟基磷灰石的脆性很大，收缩时受到的应力会使表面产生大量的裂纹，甚至会使样品坍塌。

因此，可以在烧结过程中将样品置于软垫上，尽量减小收缩时收到的应力；另外，升温速度尽量控制在 $1℃/min$ 以下，这样可以避免由于升温过快造成的应力。

最后得到的多孔羟基磷灰石陶瓷的平均孔径在 $200 \sim 300\mu m$ 之间，孔隙率在 $70\% \sim 80\%$（如图 9-6、图 9-7 所示）。

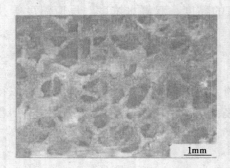

图 9-6　羟基磷灰石多孔结构　　　　　图 9-7　多孔羟基磷灰石的孔径

9.4.3.2　海绵浸渍法制备多孔 β-TCP 生物材料

本实例是樊东辉等人利用海绵浸渍方法制备出了具有优良生物降解特性的 β-Ca_3（PO_4）$_2$（β-TCP）多孔陶瓷材料。

制备方法步骤

1）粉末 β-TCP 制备

将分析纯 $CaHPO_4 \cdot 2H_2O$ 和 $CaCO_3$ 以摩尔比 2:1 的比例混合，在 930℃ 保温 2h 制得 β-TCP 粉末，其化学方程式如下：

$$2CaHPO_4 \cdot 2H_2O + CaCO_3 \longrightarrow Ca_3（PO_4）_2 + 3H_2O \uparrow + CO_2 \uparrow \qquad (9-11)$$

2）磷酸盐高温粘结剂的制备

由于单纯的 β-TCP 粉末难以在低温下烧制成块状材料，必须加入适当的粘结剂，同时这种粘结剂成分必须选择同人体骨组织成分相近似的磷酸盐体系，经反复筛选，得出如表 9-6 所列的粘结剂配方。

表 9-6　磷酸盐高温粘结剂的配方

成分	P_2O_5	Na_2O	MgO	$AlPO_4$	CaO
含量（%）	75 ~ 80	5 ~ 7	3 ~ 5	3 ~ 5	6 ~ 10

将表中所列原料充分混合后加热至 900℃，保温 0.5h，然后淬冷，研磨后备用。

3）多孔 β-TCP 块状陶瓷制备

将上述所得的 β-TCP 粉末和高温粘结剂按 85:15 重量比例混合，加入适量的蒸馏水球磨 20h，制得 β-TCP 料浆，加入 H_3PO_4，调节 pH 值至弱酸性。再将已剪裁好的高弹性聚氨酯海绵浸渍浆料，在 80℃ 下烘干，最后于 880℃ 保温 1.5h 烧结成多孔 β-TCP 块状陶瓷材料。

需要指出的是采用此种方法烧制 β-TCP 陶瓷，要特别注意控制升温速度，否则在海绵随温度升高而挥发的过程中会引起整个坯体材料塌方，图 9-8 示出了有关烧成工艺的升温曲线。

　　制备出具有优良生物降解特性的多孔 β – TCP 陶瓷材料。实验结果表明，这种材料的孔径是正态分布的，平均大孔孔径为 243.2μm，大孔率约 41.2%，样品内部相互连通，呈网状孔结构特点（如图 9 – 9），它将有利材料植入体内后能够自身降解，并诱导新骨组织长入。

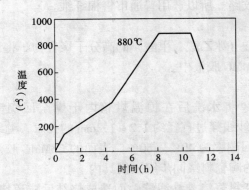

图 9 – 8　样品的烧成曲线

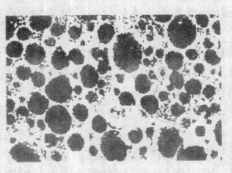

图 9 – 9　材料内部大孔形貌
的 SEM 观察（×30）

9.4.4　原位反应合成 $CaO – P_2O_5 – SiO_2$ 系生物陶瓷

　　黄永前等人采用原位反应法合成了 $CaO – P_2O_5 – SiO_2$ 系生物陶瓷。其具体方法如下：

　　在烧瓶中加入一定量的无水乙醇，按一定比例加入 TEOS 和蒸馏水，充分搅拌后，在搅拌状态下加入一定量的磷酸作为催化剂，于 60℃水浴条件下制备 SiO_2 溶胶。

　　按照 $n(Ca):n(P):n(Si) = 1.60:1.00:0.33$ 配制低 SiO_2 含量的钙磷基生物陶瓷。首先按照计算的比例称量分析纯的 $CaCO_3$，并放入蒸馏水中，充分搅拌制成悬浮液，在搅拌状态下将一定浓度的 H_3PO_4 溶液滴加入 $CaCO_3$ 的悬浮液中，制得先驱物，所得先驱物在 50℃烘干后，磨成粉，按比例加入上述方法制备的 SiO_2 溶胶混合均匀，压制成型为测试试样，在 240℃水热合成 8h，在 1020℃下烧结 2h 制得 $CaO – P_2O_5 – SiO_2$ 系生物陶瓷。取其中部分试样在 240℃二次水热处理 8h。

　　在 1020℃下烧结 2h 试样的主晶相为 β – TCP，次晶相为 HAP，此外尚含有 SiO_2。二次水热处理工艺后，多孔生物陶瓷中的颗粒状 β – TCP 向针状缺钙型 HAP 转变，试样的开口气孔率从二次水热处理前的 65.5% 增加到 75.0%，抗压强度从二次水热处理前的 1.80MPa 提高为 2.90MPa。原位形成的针状缺钙型 HAP 晶体提高了多孔生物陶瓷的抗压强度。

9.4.5　构建高贯通多孔生物陶瓷

　　梁列峰等人利用纤维纱线构建了高贯通多孔生物陶瓷。其方法为：采用质量分数为 1% 乙酸和质量分数为 2% 聚合物配置的 CSMMG 胶液，涂层在棉纤维上，以作为陶瓷体内隧道的支撑体，织入质量分数为 8% 的聚乙烯醇作粘结剂，和质量分数为 40% 的羟基磷灰石粉混合制备陶瓷料浆中形成初坯，进行烧结。

　　最后得到的样品内隧道定向连通，分布均匀，成型完整，内壁呈细条纹，满足组织细胞生长、迁移、粘附的条件，样品未引入异质成分。

具体的步骤如下：

（1）选择纤维纱线

纤维纱线、天然纤维、素纤维或天然蛋白质纤维均能满足制备要求。但一般不宜采用化学纤维，主要是由于化学纤维对 CSMMG 胶液很难形成可渗透的吸附，胶液凝固后不规则地附着于纤维外表面，无法保留纤维表面原有的纹路。所以选用普通市售棉纤维。

（2）配置的 CSMMG 胶液

选择一种具有良好生物相容性、可溶于弱酸（冰乙酸、甲酸）的高分子聚合物。将该聚合物按照 2:1 的配比溶于乙酸溶液内配置的 CSMMG 胶液中。

（3）纤维的预处理

胶液静置 1h，待胶液里的微气泡消失后，将水洗后在恒温烘箱内干燥至回潮率为 30%～40% 的纤维纱线浸泡其内 10min，然后将纱线穿过直径约 1.2～1.3mm 的孔眼，缠绕在网架上，使纱线间彼此不接触，室温下阴干至回潮率为 40%～50%，表面的 CSMMG 胶液体积收缩，纤维线仍保留原有的纹路，与配置好的陶瓷料浆同步织入模具内。

纤维预处理的目的是：①表面膜可防止陶瓷料浆渗入纱线缝隙而造成烧结后隧道堵塞；减少纱线的表面单纤及绒毛，使陶瓷料浆在坯体内充实；②保留纱线表面原有纹路，使其在成坯和烧结初期，纤维裂解挥发之前，结合纤维的复合组分对 HAP 的蚀刻作用，使隧道内壁呈现条纹；③适度增强纤维的刚性，以保证处理过的纤维在与陶瓷浆料混合铸坯初期，能够实现期望定位，纤维不会因为混合过程中的机械力而产生弯曲、纠缠、并合，从而使隧道空间分布均匀，避免多孔陶瓷局部应力缺陷的产生。

（4）陶瓷浆料的配置

称量 8%PVA 后倒入蒸馏水，在 88～95℃ 的条件下持续搅拌，至溶液呈透明无色黏稠液体，待降至 70℃ 后按 40% 的比例缓慢倒入 HAP 干粉，使用磁力搅拌机的中速档持续搅拌 4h 以上后获得黏稠料浆。

（5）成型

事先用表面光亮的纸板，根据陶瓷内的孔道分布的设计，在纸板上指定位置穿孔，孔径略大于涂膜后的纤维直径，然后将纸板折成模具，固定于载物台上，底部用蜡封口，用滴管在模具内滴注一层薄的 HAP/PVA 料浆后，开始在第一排孔穿引经处理的纱线，然后在模具内第一排纱线上用滴管滴注一层 HAP/PVA 料浆，此后交替进行至坯体完成，在干燥烘箱内 50℃ 恒温干燥 6h 以上，在初坯逐渐蒸发水分的过程中，纤维表面具有一定含水率的酸性 CSMMG 胶，对与其接触的湿态 HAP 料浆产生酸蚀刻作用，并将纤维纹路印嵌其上，有望形成隧道内壁条纹。

注意的是，恒温干燥温度偏高虽然可减少干燥时间，但会导致此时含水量较高的 HAP/PVA 料浆快速非匀质地收缩，产生一些非纤维制成的大孔。

（6）烧结

干燥结束后顺模具内壁切断纤维，取出纤维已在内部完成隧道初成型的坯体，放入程控高温烧结电炉中进行烧结，输入事先设定的程序并启动。烧结程序在分别为 120℃、300℃、380℃ 恒温 30min、1h、1h，保证水分、CSMMG 胶、纤维的缓慢挥发、裂解，维持坯体结构的稳定。在 900℃ 以前升温速度为 6℃/min，在 900℃→1300℃→900℃ 时，升降温速度为

2℃/min，1300℃恒温 2h，以使 HAP 粉粒在足够的时间和温度条件下，表面融熔、晶体长大和相互结合，900℃后自然炉冷至 60℃以下取出。

9.4.6 其他方法

以下所提到的方法并不是不重要，只是限于篇幅，把下面的方法列入其他方法中作一简单介绍。

9.4.6.1 微波等离子体烧结多孔 HAP/β – TCP 双相生物陶瓷

季金苟等人针对常规马弗炉烧结钙磷生物陶瓷温度高，烧结时间长，制品晶粒粗，强度和生物学活性难于同时提高的问题，采用微波等离子体新技术烧结了多孔 HAP/β – TCP 双相生物陶瓷。

实验结果显示，和常规马弗炉烧结法相比，微波等离子体烧结可在极短的加热时间内，制得线收缩率较大，晶粒尺寸小，抗压强度更大的多孔 HAP/β – TCP 双相生物陶瓷。

通过模拟体液的浸泡实验发现，其类似骨磷灰石形成量也明显多于常规马弗炉烧结。这预示微波等离子体烧结是一种既能提高钙磷材料的力学强度，同时又可能增加其生物学活性的新烧结方法。

9.4.6.2 水热热压法

将化学计量的氢氧化钙和磷酸氢铵置于高压釜中，在一定的温度、压力下水热热压发生反应，产生的 NH_3 形成多孔 HAP 中的大孔。早在 1978 年 peelen 就制出了多孔的 HAP，但烧成温度较高，为 1250℃。

根据 IR 谱线分析：HAP 的烧成温度低于 1050℃时，在 650cm 和 3550cm^- 处 OH^- 的吸收带明显存在；而高于 1100℃时不能观察到，说明 HAP 已脱羟，脱羟 HAP 生物活性差。因此水热热压法是成型多孔 HAP 的较好方法。

9.4.6.3 微波工艺法

在 HAP 粉体中混合无机物，如（NH_4）$_2CO_3$，压制成型后用微波工艺在 1150~1200℃下恒温 1~5min，可制得气孔率 <73% 的多孔 HAP。

9.4.6.4 骨架复制法

利用珊瑚的天然多孔结构制备种植体，是将环氧树脂添入珊瑚的空隙中，然后用酸等洗掉主要成分为碳酸钙的珊瑚骨骼，得到环氧树脂骨架，然后就可以将生物材料填充进骨架，然后进行灼烧，将环氧树脂的骨架去除，再进行烧结就可以得到具有与孔珊瑚结构完全相同的种植体材料，填充进骨架的材料可以是铁、钒、Al_2O_3 等。

9.4.6.5 凝胶注模成型法

凝胶注模成型是一种把传统陶瓷成型工艺与高分子化学反应相结合的一种崭新的陶瓷成型工艺。其成型过程是一种原位成型过程，它主要利用陶瓷料浆中有机单体的原位固化来赋予陶瓷坯体的形状，可以制备出各种形状复杂的陶瓷坯体。

例如，将 40%（体积分数）的羟基磷灰石混合 7.5%（质量分数）磷酸钙玻璃、5% $Ca(OH)_2$ 配制成浆料，再加入到由 0.1g 十二烷基硫酸钠和 0.005g 十二醇制备出的流动性好的泡沫中，在空气中凝胶后，以 3℃/min 的速度升温到 1250℃烧结，可制得孔隙率为 84%，200~500μm 的多孔 HAP。

9.4.6.6 溶胶－凝胶工艺

其主要利用凝胶化过程胶体粒子的堆积和凝胶及热处理过程中留下小气孔，形成可控多孔结构材料。该方法大多数产生纳米级气孔，属于中孔或微孔范围，这是前述方法难以做到的，实际上这是目前最受人们重视的一个领域。溶胶－凝胶法和其他方法相结合是制备高规整度、亚微米尺度多功能材料的方法。例如：①以均一半径的粒子微膜板并结合溶胶－凝胶法；②以表面活性剂为模板并结合溶胶－凝胶法；③以特殊结构的化合物为模板并结合溶胶－凝胶法。尽管溶胶－凝胶法制备多孔陶瓷的原理比较清楚，但对具有不同孔径、形状与厚度等理化性质的多孔陶瓷膜的制备技术还需进一步研究。

此外，还有陶瓷粗粒粘结、堆积形成多孔结构，添加造孔剂的方法，通过把食盐、生物陶瓷粉及粘结剂混合在一起，然后成型烧结制得含均匀分布食盐的生物陶瓷块，再放在沸水里溶去食盐从而得到多孔生物陶瓷，等等。具体的制备工艺读者可参阅第 3 章。

9.4.7 复合多孔生物陶瓷的制备

比较典型的生物复合材料中，无机材料与其他材料复合的有：采用喷涂（等离子喷涂、火焰喷涂、爆炸喷涂）、沉积（溅射沉积、离子注入、离子束沉积、电泳沉积等）、氮化、熔烧、电镀等制备的金属表面羟基磷灰石涂层；无机材料与有机材料复合形成的 HAP－胶原复合材料。

生物复合材料中较多的还是无机材料与无机材料的复合生物材料。如 HAP－TCP 复合材料，可以很好地控制降解速度；HAP－HAP 晶须复合材料，可以达到补强增韧的目的；HAP－生物玻璃复合材料可以提高强度和骨结合强度；生物活性陶瓷－生物惰性陶瓷复合材料，如 HAP－ZrO_2 复合材料，既有高强度、高韧性，也有足够的活性，以及生物活性涂层材料。

制备无机复合生物陶瓷的成型、制备技术主要有：模压成型法、注浆成型法、冷等静压成型法、溶胶－凝胶成型法、熔烧涂层法、高温喷涂法等。在这些技术中，几乎都可以用来制备复合多孔生物陶瓷。

不同的复合材料应用不同的制备方法就有很多实例。本小节只是通过两种复合多孔陶瓷的制备例子来具体说明。

9.4.7.1 多孔双相钙磷生物陶瓷的制备

多孔羟基磷灰石和磷酸三钙生物陶瓷都具有良好的生物相容性，但其生物性能有一定的差异。多孔 HAP 生物陶瓷具有更好的骨生成能力。有人认为多孔 HAP 具有一定的诱导成骨效应，可诱导新骨长入孔隙中；另一方面二者在体内的降解速度也有很大不同。多孔 HAP 在体内的溶解度很小，表现出相当高的惰性；β－TCP 则具有生物降解性，植入体内后可逐渐溶解而被新骨置换，植入材料与宿主骨之间产生 Ca、P 离子交换，从而使种植材料与宿主骨之间逐渐达到完全融合，实现骨性结合。就材料力学性能而言，通过实验发现，与 HAP 相比 β－TCP 具有更高的弯曲强度，因而具有更好的韧性，作为种植材料，这种韧性的提高是非常重要的。

与多孔 HAP 相比，多孔两相磷酸钙生物陶瓷具有较好的韧性。材料中含有 TCP 具有生物降解作用，在骨组织与材料界面之间形成骨性结合，有利于骨组织的改建和替代；而且多孔两相磷酸钙生物活性陶瓷具有良好的生物相容性，能安全地用于人体，因而是更有发展前景的人工骨材料。

有意制成的 HAP 和 β – TCP 混合的两相多孔磷酸钙盐种植体，其降解速率随 β – TCP/HAP 比值和孔隙率的增加而增大。通过控制两相种植体中 β – TCP 的含量以及孔隙率的大小，可以制备出具有所期望降解速率的磷酸钙盐种植体。其中稳定相 HAP 的作用就是为 β – TCP 降解后形成的新生骨提供支架。

双相钙磷生物陶瓷（BCP）制备的主要方法有：①先通过湿法制备缺钙磷灰石，再经烧结而得；②固相反应法；③直接将纯的羟基磷灰石 HAP 和纯的 β – TCP 按一定比例机械混合而得。第三种方法因为不易获得纳米级的 HAP 和 β – TCP 粉末，所以双相粉末的均匀度没前两种方法好。有报道说前两种方法制得的 BCP 比后种方法制得的 BCP 显示出更好的生物活性、生物降解性及较好的机械性能。目前研究较多的是前两种方法。

（1）湿法制备 BCP

1）缺钙磷灰石的制备

Ca/P 比值低于纯 HAP 化学计量（1.67）的磷灰石可视为缺钙磷灰石（CDA），可用 $Ca_{10-x}M_x(PO_4)_{6-y}(HPO_4)_y(OH)_2$ 来表示，通过对缺钙磷灰石在 700℃ 以上烧结可得到不同 HAP/β – TCP 比例的双相陶瓷。缺钙磷灰石的制备主要有共沉淀法和水解法。共沉淀法反应的产物与初始配料的 Ca/P 比值、pH 值及反应温度有关。

2）缺钙磷灰石的烧结

通过对磷灰石（生物性或合成的）烧结可以得到纯 HAP 或纯 β – TCP 及 HAP/β – TCP 双相钙磷生物陶瓷。烧结后的 HAP/β – TCP 比例主要取决于未烧结的磷灰石的缺钙程度，同时烧结温度对其组成亦有很大影响，但在烧结温度低于 1000℃ 时，其生成的 HAP/β – TCP 比例影响不大。普遍认为 BCP 的烧结温度不应超过 1200℃，因为过高的烧结温度会使部分 β – TCP 转变成 α – TCP，从而影响材料的相组成和性能。

（2）固相反应法制备 BCP

可利用磷酸二氢钙 [$Ca(H_2PO_4)_2, H_2O$]、碳酸钙（$CaCO_3$）和去离子水在室温下混合，经烧结来制备钙磷陶瓷。Ca/P 比为 1.5~2.0，烧结温度为 800~1100℃，可制得纯 HAP 或纯 β – TCP 及 HAP/β – TCP 双相钙磷生物陶瓷。

在制备双相钙磷生物陶瓷时，按照前面所叙述的多孔生物陶瓷的制备方法，比如，在湿法制备时加入发泡剂双氧水、添加造孔剂，用海绵浸渍配好的浆液等方法来造孔。在固相反应法中混入成孔剂如壳聚糖等，高温烧结后即可制备出多孔双相钙磷生物陶瓷。

9.4.7.2　泡沫骨架——HAP 复合多孔生物陶瓷

在再生骨未完全形成之前，强度低、脆性大是多孔生物陶瓷作为植入体的致命弱点。为此，必须对其本身进行补强增韧，以使其尽早代行被替换体的功能。泡沫骨架——HAP 复合多孔生物陶瓷是由选择高强度的生物惰性陶瓷制成的，而后在其中浸入羟基磷灰石浆料，使浆料均匀涂覆于骨架表面，再烧制成一种复合多孔生物陶瓷，则该陶瓷既可保持生物惰性陶瓷的强度，又可体现羟基磷灰石的生物活性，同时还具有多孔生物陶瓷机体内补强的特性，可以得到高性能的生物活性陶瓷。

这种复合多孔生物活性陶瓷与其他种类的补强多孔生物陶瓷相比，有如下两点优越性：其一是自身强度高，表面、内部均由骨架承力。因此，对骨架与 HAP 的界面结合强度，骨架表面 HAP 层的厚度等参数均可降低要求，是解决植入体早期强度的最佳途径。相比之下，钛表层喷涂种植体表面仍由 HAP 承力，涂层太厚，受力时容易破裂并与钛基分离，涂层太薄，不利于新生骨长入。其二是可充分发挥生物活性陶瓷的传导骨生长特性，新生骨或其他有机组织可通过贯穿孔隙长入作为种植体的陶瓷内部，是一种三维的机体内补强方式。而强基体上的涂层在机体内的补强至多是一种二维的表面补强，即新生骨仅可在表面很薄的 HAP 层中生长，补强效果相对较弱。

（1）泡沫陶瓷骨架的制作

采用泡沫塑料作为前驱体，浸浆成型后烧结，工艺流程如下：

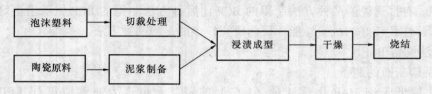

图 9 – 10　泡沫陶瓷工艺流程图

其中泡沫塑料选用市售高弹性聚氨酯泡沫塑料，以苏州特号高岭土、$\alpha - Al_2O_3$、$CaCO_3$、MgO 等原料配制成典型 75 瓷。出磨后的浆料略加干燥，加入适量塑化剂调整黏度，使其既有良好的成型性能，又能满足强度和孔隙率的要求。塑化剂采用 5% 聚乙烯醇溶液，采用手工、机械联合浸渍成型方法，用离心和辊压来控制坯体质地均匀，坯体阴干后烧结，烧结期间、泡沫塑料和塑化剂的排除是关键，在该温区要严格来用慢升保温方式，否则气体挥发过快将使坯体发生开裂或塌陷。400℃以下升温速度控制在每小时 30～50℃为宜，烧结止火温度控制在 1350～1400℃，保温 2h。烧成后用排水法测得表观孔隙率为 67%～71%，孔径为 0.4～0.8mm。

（2）复合多孔陶瓷的制备

如何使 HAP 粉料浸入泡沫陶瓷的孔隙中，均匀地包裹在骨架表面，是发挥其生物活性的关键。该方法采用离心和注塑两种方式，注塑的方式类似于热注塑，用 200 目的 HAP 粉料和 5% 聚乙烯醇溶液按适当比例（1:2～2:1）调成一定黏度的浆料，加一定气压压入已放有泡沫陶瓷骨架的模具中，退模阴干。此法能保证浆料与骨架完全浸润，阴干后坯体的孔隙大小与浆料黏度有关，可由此调整骨架表面 HAP 层的厚度和孔隙尺寸。离心法可与 HAP 粉末的制备过程联合应用。

浸浆后阴干的毛坯，1150℃烧结 1h，即可得复合多孔生物陶瓷成品。本次烧结完全是针对羟基磷灰石进行的，该温度对泡沫陶瓷骨架并无太大影响。

复合多孔生物陶瓷的强度主要取决于泡沫陶瓷骨架的强度。通常致密 Al_2O_3 瓷的抗压强度可达 4000MPa，多孔质 Al_2O_3 瓷平均也可达 50MPa，远比多孔 HAP 瓷的抗压强度（15MPa 左右）要高。可以预料，如果能选用刚玉质或增韧 ZrO_2 陶瓷作为泡沫骨架，其强度还可提高。同时，泡沫骨架还可以选用泡沫金属骨架，如泡沫金属钛。因泡沫金属的强度，尤其是韧性远大于陶瓷，作为增强骨架其作用会更强。

尽管多孔生物陶瓷制备技术已从初期的摸索阶段逐步进入了应用阶段，但仍有很多问题有待解决。今后面临的主要挑战有：

　　（1）多孔生物陶瓷的首要特征是其多孔特性，多孔生物陶瓷的制备首要关键与难点就是形成多孔结构。选择适当的方法和工艺可以得到合适的多孔生物陶瓷。单纯得到气孔率很高的多孔生物陶瓷并不困难，但要控制孔径及其分布、形状、三维排列等，目前还很不理想，还需进行大量的研究与探索。

　　（2）有序、均匀、可控的三维连通、高显孔率、高比表面，并且大孔、小孔和微孔相结合的、可提供宽大的表面积和空间，有利于细胞粘附生长、细胞外基质沉积、营养和氧气进入以及代谢产物排出，也有利于血管和神经长入和无生命生物材料向有生命物质转化，其多孔结构有待今后进行深入和大量的研究。

　　（3）为新生组织提供支撑，并保持一定时间直至新生组织具有自身生物力学特性方面的研究工作还面临着很大的困难。

　　（4）对于一定的实际应用必须使其同时具有相应的易加工性能，如提供适当的强度和加工特性以便医生进行修剪和处理，所以在这方面的研究还需大大加强。

　　（5）为了增强多孔生物陶瓷性能和丰富其功能，多孔结构的生物化学修饰与处理将是另一个研究热点。

　　（6）目前多孔生物陶瓷的制备生产基本上还处在实验室阶段或作坊式阶段，低成本、高生产率的工业化生产技术也是今后研究的重点。

9.5　多孔生物陶瓷的性能及其测试

　　因为多孔生物陶瓷直接应用在人体，必须对其各方面性能进行严格的检测，这些性能不仅包括各种物理化学性能，更重要的还有生物学性能。他们都必须达到相应的国家或行业标准。如：羟基磷灰石制品的标准是《羟基磷灰石生物陶瓷》YY 0305—1998；β – TCP 生物陶瓷必须满足《β – 磷酸三钙陶瓷》YZB/GEM 0053—2002 所要求的性能；如果用作陶瓷牙齿，则要求达到《陶瓷牙》YY 0301—1998 的要求。

　　本节提到的性能及其测试方法，只是为多孔生物陶瓷满足生物相容性要求提出了材料方面的性能测试方法。虽然植入材料引起的生物学反应主要依赖于材料的组成和性质，但由多孔生物陶瓷制成的最终产品，根据使用目的，还有对其形态、孔隙率、力学性能等的特殊要求，这种要求彼此不同。而产品的生物相容性与其形态、结构、使用目的和植入体位等密切相关。因此，各种多孔生物陶瓷植入体，除应当满足本节提到的要求外，还必须按国家医药管理局有关规定进行动物和临床试验。

9.5.1　物理化学性能及其测试

9.5.1.1　化学性能及其检测方法

　　包括：钙、磷原子比，相成分及结晶度，红外吸收谱峰，微量杂质元素和重金属总量极限等项目。

　　各个检测项目的检测方法如下：磷原子比（Ca/P），按 GB/T 1871.1 测定磷含量，按 GB 1871.4 测定钙含量，并据此计算 Ca、P 原子比；红外吸收光谱，按 JB/T 001 进行；杂质元素分析：砷的测定，按 YY 0305—1998、《中华人民共和国药典》（1995 年版）附录中砷盐检查法进行；锡的测定，按 GB 10724 进行；汞的测定，按 GB 9723 进行；铅的测定，按 GB 10724进行；重金属元素总量，按《中华人民共和国药典》（1995 年版）附录中重金属检查法进行。

相成分及结晶度的测定方法如下（以 HAP 为例）。

（1）建立定标曲线

确定羟基磷灰石和 β - 磷酸三钙混合样的 HAP 定标曲线。

将羟基磷灰石（HAP）和磷酸三钙（TCP）纯粉分别置于刚玉坩埚，放入箱式电炉中，以 5℃/min 的升温速率加热至 1050℃，保温 2h，随炉冷却至室温后取出，用玛瑙乳钵研细。

用 X 射线衍射仪测定两种粉末的衍射谱（Cu Ka，石墨单色器），扫描速度 0.2°/s，扫描范围 2θ：10° ~ 50°，所得 X 射线衍射谱图应分别符合 PDF 粉末衍射文件 No.9—432（HAP）和 No.9—169（β - TCP），不能有其他杂相峰和明显的非晶相显示。

准确称取上述烧制后的粉末，按 HAP 百分含量分别为 0、10%、30%、50%、70%、90% 和 100% 配制一系列 HAP 与 β - TCP 的混合标样，分别置于玛瑙乳钵中小心研磨混匀。

按扫描速度 0.2°/min，扫描范围 2θ：30.0° ~ 32.5°，和以纯 HAP 为准，选择适当的功率和计数率，使 HAP 的最强衍射峰（31.80）接近记录纸的满度为测定条件，分别获取上述纯样和混合标样的 X 射线衍射谱。测量各混合标样衍射谱中 HAP 的最强峰（31.8°）和 β - TCP 的最强峰（31.0°）的峰高值 i_{HAP} 和 $i_{\beta-TCP}$，以及纯 HAP 衍射谱中最强峰（31.8°）和纯 β - TCP 衍射谱中最强峰（31.0°）的峰高值 $i_{纯HAP}$ 和 $i_{纯\beta-TCP}$，用回归法按式（9 - 12）计算各混合标样中 HAP 的相对衍射强度 ρ：

$$\rho = \frac{I_{HAP}}{I_{HAP} + I_{\beta-TCP}} \qquad (9-12)$$

式中

$$I_{HAP} = i_{HAP}/i_{纯HAP}$$

$$I_{\beta-TCP} = i_{\beta-TCP}/i_{纯\beta-TCP}$$

以 HAP 百分含量 X 对相对衍射强度 ρ 作 HAP/β - TCP 混合样的 X—ρ 定标曲线。

同样的方法，作出羟基磷灰石和 α - 磷酸三钙混合样的 HAP 定标曲线。但要注意的区别是：电炉要加热至 1250℃，并且保温 4h；α - 磷酸三钙 PDF 粉末衍射文件 No.9—348（α - TCP），最强衍射峰为 30.7°。

（2）测定 HAP 相百分含量

取 6g 样品及纯 HAP 和纯 TCP 粉末置于箱式电炉中，样品中若只含有 β - TCP，按加热至 1050℃，保温 2h 的方法制备试样；若仅含有 α - TCP 或同时含有 β - TCP 和 α - TCP，则加热至 1250℃并且保温 4h。

按（1）中的方法测定样品的衍射谱，谱图中主相的衍射峰应符合 PDF 粉末衍射文件 No.9—432，除可含单一的 α - TCP 或 β - TCP 相外，不能有明显的其他杂相峰和非晶相存在。若谱图中同时有 β - TCP 和 α - TCP 衍射峰出现，则应将样品和纯样按重新加热至 1250℃处理，使其只含 α - TCP 后再测衍射谱。

在确认样品中除主相外仅含单一 TCP 杂相后，将样品分为三个平行样，按（1）中的方法测定其衍射谱，同时做相应的纯 HAP 和纯 TCP 的衍射谱，并按式（9 - 12）用回归法计算三个样品的 HAP 相对衍射强度，取其算术平均值，代入相应的 X—ρ 定标曲线中得出 HAP

的百分含量 X。

检测样品为羟基磷灰石时以 HAP 含量不小于 95％，X 射线衍射谱中无其他杂相峰为合格。

9.5.1.2　物理性能及其检测方法

物理性能包括如下项目：外观、尺寸、密度、显气孔率，溶解性和力学性能等。其检测方法如下：

外观：用目测法，将试样放在培养皿中，在自然光下观测。

尺寸：颗粒形产品，按 GB/T 1480 进行，试验筛应满足 GB 6003 要求，样品量为 100g；块状形产品，用游标卡尺测定。游标卡尺精度为 0.02mm。

密度：按 GB 1966 进行。

溶解性：按 GB 9724 进行。

力学性能：由供需双方根据产品的用途确定检测的项目，按照相应的国家或行业标准进行检测，如抗压强度按照 GB/T 1964—1996 多孔陶瓷抗压强度试验方法进行。

9.5.2　生物学性能及其试验

生物学性能包括：溶血试验、细胞毒性试验、短期全身毒性试验、静脉注射急性全身毒性试验、皮肤刺激试验、Ames 试验（诱变试验阴性）、致敏试验、骨内植入试验、皮下植入试验等性能试验。

各种性能的检测方法如下：溶血试验，按 YY/T 0127.1 进行；细胞毒性试验（分子过滤法），按 GB 11749—89 中 A2 进行；短期全身毒性试验，按 YY/T 0244 进行；静脉注射急性全身毒性试验，按 YY/T 0127.2 进行；Ames 试验，按 GB 11749—89 中 A3 进行，试样为材料浸提液；致敏试验，按 GB 11749—89 中 A4 进行，试样为材料浸提液；骨植入试验，参照 ASTM F981：1986 进行。

皮肤刺激试验是用于评价试验材料的组织刺激作用，这是一个急性毒性试验，是为检测试验材料是否存在有害浸提物质而设计的。按照如下方法进行：

（1）试样浸提液的制备

1）0.9％氯化钠（NaCl）溶液浸提液的制备

从抽样中称取材料或制品 4g，若系块状材料，应碎裂成 $\phi 1 \sim 2mm$ 大小的颗粒。材料经自来水冲洗，超声波清洗两次，蒸馏水摇洗两次，每次约 1min。置带塞试管内，加 0.9％氯化钠（NaCl）溶液 20mL，于 121℃条件下浸提 1h，室温冷却备用。浸提液应在 24h 内注射，若放置超过 24h，应重新制备浸提液。

2）阴性对照物用 0.9％氯化钠（NaCl）溶液，阳性对照物用 2％甲醛溶液。对照溶液的处理方法与浸提液相同。

（2）试验动物

1）使用健康白色家兔，体重为 2.0～2.5kg，皮肤光滑，无皮肤病或损伤，使用前未作过任何试验。每一试验材料至少用 2 只动物。

2）试验步骤

于试验前 24h，剪去动物脊柱两侧背毛，暴露足够的面积，避免机械刺激或损伤。

319

试验时，用 75% 酒精消毒皮肤，在每只动物脊柱一侧作皮内注射 10 点，每点注射材料浸提液 0.2mL，间隔 20mm；另一侧注射 0.9% 氯化钠（NaCl）或 2% 甲醛溶液，共 5 个点，每点 0.2mL。

注射后 24h、48h 和 72h 观察注射局部皮肤和周围组织的反应。按表 9-7 所示，对皮肤红肿和水肿表现进行记分分级评价。

表 9-7　皮肤反应和记分

红　斑	记　分	水　肿	记　分
无红斑	0	无水肿	0
轻度红斑	1	很轻的水肿（勉强看出）	1
明显红斑	2	轻度水肿（隆起面轮廓清楚）	2
中等到严重红斑	3	中度水肿（隆起近 1mm）	3
严重红斑（紫色）到轻度焦痂形成	4	严重水肿（隆起 >1mm）	4

（3）结果判断

在观察期内，试验与阴性对照的组织反应类型相似，则认为该材料浸提液对皮肤无刺激性。若有一只动物出现中等或严重的组织反应，另一只动物无反应，则应再用 3 只动物做重复试验，若重复试验结果与阴性对照无明显差异，则认为无刺激性。

9.6　多孔生物陶瓷的应用实验

正因为多孔生物陶瓷有利于活体组织的长入，有利于骨质再生，还有利于其降解等优点；所以自从出现以来国内外都进行了大量的研究，也已经有大量的临床应用实验。但是辩证地看待其气孔，具有以上优点的同时也导致了强度的下降。所以现在已经商品化的产品品种不多，如作为骨填充材料。在中国高新技术产品出口目录中的骨填充用多孔生物陶瓷材料，要求材料为粉末状，或表面气孔含量 >20% 的固体陶瓷材料，国内已经有好几家厂家可以生产。产品的外形有粉末状、颗粒状、条块状等，除了用作骨填充用，还有的用作义眼台。

生物陶瓷领域最活跃的研究课题之一是生物陶瓷与生物的亲和性（即相容性）。国外已经有利用多孔生物陶瓷用以修复头盖骨、大腿骨、脊椎骨等临床试验的公开报道，国内也有很多用于动物实验以及临床实验的报道。传统的单相多孔生物陶瓷已经研究得很成熟了（国内已有多家公司可以生产羟基磷灰石、TCP 多孔生物陶瓷），所以本节只是介绍一些相对较新的、有较优越性能的多孔生物陶瓷，如羟基磷灰石（HAP）、多孔双向羟基磷灰石（CPC）、新型生物材料 CFRC、聚磷酸钙生物陶瓷，临床实验的部分研究者的成果，以及多孔陶瓷组织工程化人工软骨修复动物软骨缺损，以期能够抛砖引玉。

9.6.1　多孔型羟基磷灰石/骨诱导蛋白复合人工骨的临床应用

羟基磷灰石材料具有良好的生物相容性和生物活性，能与自然体骨形成牢固的骨性结合，具有骨传导作用，但无骨诱导能力，一定程度上影响了它用于修复大范围骨缺损的效果。医学上对股骨头无菌坏死病例主要围绕着促使病变股骨头血运的恢复，逆转病机，防止塌陷等方法治疗，对中晚期已严重塌陷和大块坏死的股骨头的矫正，恢复球形的荷重仍较困难，完全恢复期较长。利用具有诱导成骨活性的骨诱导蛋白与多孔 HAP 材料结合制成复合人工骨，可替代人体自身软骨和单纯 HAP 材料填入骨缺损部位，起支架作用；如植入多束血管，使 HAP 材料兼有骨诱导的能力，可克服修复股骨，由于承重能力差，出现重新塌陷的问题，缩短恢复期。HAP 人工骨材料用于股骨坏死的修复的临床报道国内外尚不多见。

下面的临床应用实验是罗宇宽、王迎军等人于 1993 年 5 月进行的，其制备过程如下：

采用化学沉淀法合成 HAP 粉料，HAP 粉料经预处理，加造孔剂调浆，在石膏模内成型，常压烧结，根据临床要求修整形状、尺寸，清洗消毒处理。将 BIP（骨诱导蛋白）溶于盐酸胍溶液中，按不同百分比配制 BIP 溶液，把烘干后的 HAP 材料放入浸泡，取出处理待用。

合成 HAP 材料经 L929 细胞毒性试验，无毒。

兔体颌骨处埋植材料在荧光显微镜下观察，发现材料与骨之间有新骨形成的荧光，植入 3 个月新骨基本成熟，长入材料孔内和覆盖材料的新骨逐渐增多，6 个月新生交织骨逐渐变成多层平行的板层骨，覆盖在植入材料的表面，新生骨量比植入单纯的 HAP 材料在同样情况下要多。这一结果说明：多孔 HAP/BIP 复合材料有很好的生物相容性和生物活性，不但起骨传导作用，而且有良好的诱导成骨的能力，能增加新骨的形成和促进骨缺损的修复。

多孔 HAP/BIP 复合材料初步应用于股骨头坏死临床病例，是将复合材料填入清除干净的病灶，恢复球形，然后把多束血管植入恢复供血。21 例临床病例手术术口均一期愈合，无一例出现血肿感染、材料脱出等并发症，股骨头没有出现重新塌陷现象，手术后四周从 CT 扫描中可看到体骨与复合材料人工骨之间形成直接结合，顶部有小部分低密度间隙区，八周后结合良好，不存在间隙区，八个月新骨已成熟，人工骨材料与骨组织形成紧密结合，按手术后恢复期比较，同一程度病例，使用复合人工骨材料能使整个恢复期缩短三分之一。

由此可见，多孔 HAP/BIP 材料具有良好的生物相容性、无毒性和免疫反应。具有明显的成骨及修复骨缺损的功能，其作用可为多孔 HAP 材料提供成骨的支架，而 BIP 赋予多孔 HAP 材料诱导成骨的能力，两者共同作用促使新骨形成，这种植骨材料特别适用于骨缺损较大的病例，避免自身供骨的痛苦，临床应用前景好。

9.6.2　多孔双向羟基磷灰（CPC）的临床应用

多孔双向羟基磷灰（CPC）是由羟基磷灰石（HAP）和少量磷酸三钙（TCP）制成的一种人工骨材料，其微孔与大孔结合的造型方式有利于新骨长入其间，从而起到"生物自锁"及后期转化为受体骨组织的作用。下面是安洪等人采用四川大学材料科学技术研究所提供的颗粒板块状 CPC，对 49 例四肢骨缺损进行修复的临床应用。

CPC 颗粒型直径为 1~2mm，大小均匀。颗粒自身孔隙率为 12%，其中彼此贯通的孔隙率为 10%，孔径为 50~100μm；片块型孔隙率为 60%，孔径为 75~550μm，平均 380μm。HAP 在 1250℃ 以内其理化性能稳定，不溶于水和乙醇，无抗原性、致畸性和致热原反应。

（1）一般资料

本组共 49 例，其中男 30 例，女 19 例；年龄 11～65 岁，平均 28 岁。良性骨病搔刮术后骨缺损 31 例；良性骨病伴病理骨折 6 例；外伤骨折伴骨缺损 6 例；陈旧性骨折增生型骨不连 3 例；行小关节融合术 3 例。

（2）消毒方法

采用体积分数为 40% 的甲醛密闭薰蒸 24h 或高压、煮沸消毒。以上 3 种方法均分别使用过，未见 CPC 形态、强度及颜色发生改变。

（3）置入方法

所有病例均为择期无菌手术，将原始病损清除后视具体情况作以下不同处理：①腔洞型缺损，无论缺损大小均可用颗粒型 CPC 填入，也可将片状、块状 CPC 混入其中；②外伤性骨皮质缺损或骨不连清除硬化骨后均用片状、块状 CPC 嵌入，以免用颗粒型时发生颗粒外溢；③关节融合术时，用适宜厚度的 CPC 片嵌入撑开的关节间隙，让其回缩的关节囊、韧带压迫固定。由于仅应用于手足小关节缺损的修复，故未用内固定，而用石膏外固定；④大型腔洞修复时，为避免术后病理骨折，可先用脱蛋白骨填入起到支柱作用，周围再置放 CPC 颗粒。

植入量为：2～76g，平均 22g。

（4）结果

全部病例获得 6 个月～4 年随访，平均 2.5 年。全部病例切口均Ⅰ期愈合，无渗液、红肿等异物反应。术后 1 周和 3 个月 X 线片观察，术中植入的 CPC 材料间隙小，空隙消失，且原骨病灶增白，腔壁变模糊，与 CPC 连接成一片。小关节融合术者术后 4～7 个月愈合；骨不连接者术后 5～7 个月愈合。1 例肱骨干较大骨囊肿，病灶搔刮，植入 CPC 一个月后再次骨折，用管型石膏固定，2 个月后形成大量新骨而愈合。植入 CPC 均未见明显降解吸收，髓腔仍呈封闭状态。儿童患者病骨随生长发育未见异常，与健侧比较无长度及形态差异。1 例踝部骨囊肿术后 2 个月进行骨显像检查，见 CPC 中心有明显放射性浓聚，提示新骨已长入 CPC 内部。2 例骨愈合后行内固定物取出术，术中发现骨皮质表面呈象牙骨样，致密、光洁，较正常皮质骨更硬。从原螺钉孔刮取植入 CPC 中心组织（相当于原髓腔中心），病理检查为骨样组织。

9.6.3 新型生物材料 CFRC 的应用

碳元素是构成生物机体、参与生命活动的基本元素。从生物化学角度来看，碳是生理惰性的材料，在人体软、硬组织中，具有良好的亲和性、无毒性、无排异反应、不降解，并可在体内保持长期稳定。

20 世纪 80 年代发展起来的 CFRC（碳纤维增强碳）复合材料，就是国内外航天器高新科学工程中，取得应用的一种密度小、高比强度、高耐磨损、耐疲劳破坏、并具有较大调整幅度的低模量多功能材料。生物 CFRC 材料中单质碳主要以无定形乱层结构存在，使其具有优良抗血栓和溶血作用，加之碳本身与机体软、硬组织优良的亲和性等特点，更为其在人工骨方面的应用创造了条件。

目前，CFRC 作为人工骨材料，国内外已有多例生体实验与临床应用。但从已取得的成果来看，尚属起步阶段。进入 20 世纪 90 年代，随着现代医学的发展，对植入体有了更高的要求。除满足安全性指标外，更强调其在硬组织中的生物力学相容性、材料表面的生物化、最终应形成具有仿真结构的再建骨界面结构，达到长期康复目标。基于 CFRC 材料集优良力学、电学、生物学性能于一身的优势，因此诸多生物材料学家将其进一步用作植骨研究上，以提高与机体界面结合强度，同时改善界面层的生物化效果。

9.6.4　多孔 β – TCP/BMP 复合人工骨

多数人工骨缺损修复材料无骨诱导活性，为使人工植骨材料具有骨诱导活性，并可在体内降解，该研究采用可降解陶瓷 β – 磷酸三钙（β – TCP）与骨形成蛋白（BMP）复合，形成具有骨诱导能力的人工骨。将 β – TCP/BMP、单纯 TCP、羟基磷灰石（HAP）和 TCP/HAP 分别植入 168 只小鼠股部肌肉内，在 24h，72h，1 周、2 周、4 周、8 周取材，作大体观察、组织形态学观察、扫描电镜观察及碱性磷酸酶（ALP）检测。另将上述材料植入 55 只兔桡骨 1.5cm 缺损中，分别在 2 周、4 周、8 周、12 周、16 周取材，作大体、X 线、组织形态学观察及计算机图像分析。研究结果显示：将 β – TCP/BMP 植入小鼠肌袋后 1 周软骨生成，4 周有造血骨髓的板层骨生成。ALP 检测 1 周、2 周水平最高。植入材料与骨组织之间无纤维组织间隔。在兔桡骨缺损修复的研究中发现，β – TCP/BMP 的骨缺损修复作用最强，16 周植入材料的降解达 53%，成骨量亦最多。研究结果表明：β – TCP/BMP 是一种可降解、具有较强骨诱导能力、生物相容性较好的人工骨。

9.6.5　聚磷酸钙生物陶瓷及其应用

聚磷酸钙（CPP）的分子式为 $[Ca(PO_3)_2]_n$，密度为 2.85g/cm^3，其 Ca/P 摩尔比理论值为 0.5。Pilliar RM 等人研究表明，随着 Ca/P 比的降低，磷酸钙原子结构能够成为直链聚合物形式，可以形成三维的笼状结构（超磷酸盐）、环状结构（偏磷酸盐）以及链状结构（多磷酸盐）。

Grynpas 等人用 150~250μm 的多孔试样试验发现，CPP 是和细胞骨或皮层骨相连接，在 2 周内骨组织的生长都是很明显的，这表明其具有骨传导性。

移植到体内的 CPP 的降解率是和其初始尺寸成反比的，尺寸最小的颗粒形成的移植块 6 周降解了 47%，而相对最大的颗粒形成的移植块在相同时间内降解了 9.5%。CPP 在体内的降解速率高于体外降解速率，这表明在体内 CPP 除了发生体外的水解降解外，可能更多是由于细胞活性导致的生物活性降解。而 Pilliar 等人则发现 CPP 的降解过程分为 2 个阶段：① 在降解前期，首先是无定形或结晶度小的区域发生快速降解，此时 CPP 的力学性能丧失很快，时间大概是一天左右；②第二阶段是材料的高结晶度区域发生降解，此时速率较前期要慢得多，力学性能也是逐渐降低的。

生物陶瓷的力学强度普遍不高，但聚磷酸钙则有望克服这个问题。据 Pilliar 等人的报道，当多孔聚磷酸钙孔径比较均匀，且孔的直径在 106~150μm 之间时，其最大可承受压强为 24.1MPa，可满足作为松质骨的要求。

聚磷酸钙在临床上的应用主要是用于治疗脸部的颌部的骨缺损，填补牙周的空洞等。其中粉末状的可用于满足不规则形状的缺陷，比如大型牙周缺陷和牙槽增高；而适宜的多孔块状所形成的合成材料，在某些需要受伤骨或严重缺损骨的修复中有广泛的应用。

9.6.6 多孔陶瓷组织工程化人工软骨修复动物软骨缺损

中国军事医学科学院组织工程中心的研究人员，最近应用多孔生物陶瓷为支架，以骨髓间充质干细胞为种子细胞培育出的组织工程化软骨，成功修复了羊关节软骨缺损，使瘸腿山羊重新活动自如。

这是中国科学家首次在具有免疫力的大动物体内，应用多孔陶瓷组织工程化人工软骨修复关节软骨缺损，这项研究成果已经达到国际先进水平，意味着中国在软骨组织工程研究领域取得了突破性进展。

据介绍，此项研究首先需要抽取羊身上的自体骨髓组织，体外进一步分离、培养具有多项分化潜能的间充质干细胞，然后使这些细胞在特定的分化条件下分化成软骨细胞，将这些细胞收集起来，接种到一种预制成圆柱状、可完全降解的多孔生物陶瓷支架上，使细胞与支架材料复合后形成复合体。最后，在体外培育一段时间后，以外科手术的方法植入到羊自体肱骨关节软骨圆形缺损处。

研究人员在手术后进行了 24 周观察，发现原先植入到体内的多孔陶瓷已经逐渐降解消失，取而代之的是移植细胞在材料孔洞内产生的新生组织，从而使羊关节软骨缺损得到了完美修复。实验证明，这种组织工程技术复制的关节软骨具有正常关节软骨组织相同的组织学特征和结构，能够与周围原有的关节软骨融为一体，并具有较高的生物力学强度。

研究人员与法国地中海大学合作，选用三维多孔生物陶瓷作为细胞的支架材料，该类材料与目前常用的细胞支架相比，不仅具有体内可完全降解特性和良好的细胞相容性，还能够对该类材料的微孔结构进行精确控制，使其完全符合细胞在材料内进行生长代谢的需求。

据了解，这种多孔陶瓷为支架再造的组织工程化软骨修复羊关节软骨缺损获得成功，表明中国已经掌握了制备组织工程化人工软骨的关键技术，有望在近年内开发出进入临床应用的软骨组织工程产品。

9.7 多孔生物陶瓷的发展方向

据民政部门的报告，我国仅肢体不自由的患者就约有 1500 万，其中残疾约 780 万，全国每年骨缺损和骨损患者近 300 万；我国牙缺损、牙缺失患者人数达总人口的 $1/5 \sim 1/3$，口腔生物材料需求巨大，目前我国正走向老龄化社会，对生物材料的需求量更大。对于生产价格低廉，质量优异的植入材料具有极大的市场前景。

在属于植入材料中的多孔生物陶瓷由于其无毒性、生物相容性好、在体内能部分或完全降解吸收，并且来源广泛、价格低廉，能避免疾病传播的潜在危险性，同时产品易于控制、制备和标准化，达到产品质量的稳定，从而成为必然的发展趋势。

然而，对于多孔生物陶瓷目前存在的问题，一个是如何确定和控制最佳的孔洞结构，这已经有很多研究者正在进行研究工作。他们也提出了各种方法来控制孔隙（如前面各节所述），但目前还没有系统的结论。即确定不同用途、不同植入环境及用不同材料时究竟什么样的孔洞结构最优？目前市场上的生物陶瓷产品存在着这样那样的缺点，如孔形不规则、不均一和气孔率低，孔的内连接径过小和孔隙沟通率低，陶瓷产品的成分组成和纯度很难控制，块状产品表面光洁度欠佳等不足之处。它们可直接影响陶瓷生物学效应和材料降解度，并影响产品的临床使用。如何可以控制、制备出这么一种孔洞结构的多孔生物陶瓷来呢？这方面还是需要将来不断研究的方向。

第二个问题是除了陶瓷材料本身存在的脆性之外，孔洞这一具有优越性的结构本身也带来的一个问题，即孔隙率越高，力学性能就越差（见9.3.2）。当传统工艺生产的陶瓷孔隙率超过50%时，力学性能就较差，这就大大限制了多孔生物陶瓷的使用范围。现在研究的主要是采用复合、多相多孔生物陶瓷、多孔生物陶瓷的组织工程化（如9.6所述）来解决此类问题，这是一个很有前景的发展方向。

第10章　多孔陶瓷传感器

多孔瓷传感器的敏感元件工作原理是：当微孔陶瓷元件置于气体或液体介质中时，介质的某些成分被多孔体吸附或与之反应，使微孔陶瓷的电位或电流发生变化，从而检验出气体或液体的成分。传感器选用陶瓷材料是因为陶瓷材料具有下述性质：

（1）相对而言，通过控制它的成分和烧结条件等手段，陶瓷的微观结构比较容易调节。微观结构对陶瓷的所有特性都有重大影响，包括它们的电学、磁学、光学、热学和机械性能。

（2）由于陶瓷材料的耐高温和抗恶劣环境影响能力很强，所以常常将它们用于高温环境下的处理过程。

（3）陶瓷主要是由价格便宜的材料制备而成，这就是说用它生产的传感器价格也将比较低廉。陶瓷的结构特性是和下列因素密切相关的：晶粒（块体），分隔相邻晶粒的表面（晶粒间界），分隔晶粒表面和空间的界面，以及结构中的孔隙。由于这些各不相同的特性，既可利用陶瓷块体，也可利用陶瓷表面的性质来制造传感器。

由于多孔陶瓷传感器具有敏感性好，耐高温，抗腐蚀性强，成本低廉，工艺流程简单，测试灵敏、准确等特点，所以具有广阔的开发前景。可应用于各种特殊场合，很久以来多孔陶瓷传感器在工业、农业、气象、卫生、国防等领域都有非常广泛的应用。随着敏感材料的日新月异、更新换代，对传感器性能要求不断提高和更加严格，传感技术与相关科技领域的交叉与不断外延，应用领域的日益扩展，作为敏感元件的多孔陶瓷材料的研究也取得了丰硕的成果。

本章将分别论述多孔陶瓷气敏传感器和多孔陶瓷湿敏传感器，以及由多孔陶瓷气敏和湿敏元件制成的综合功能传感器的工作原理、制备工艺以及最新的研究进展，并扼要分析了多孔陶瓷传感器的未来发展方向。

10.1　多孔陶瓷传感器类型

目前已用于传感器制备的陶瓷材料有以下几类：①基于利用其晶粒物理特性的材料；②基于利用其晶粒间界性质的材料；③基于利用其表面特性的陶瓷材料。有时，无法严格地将某些陶瓷材料归入任何上述类型，因为传感器的工作是基于不止一种的、而是多种特性的综合效应。

10.1.1　按材料分类

表 10-1 示出了按照所利用的材料属性进行的陶瓷传感器分类。一类是在其工作过程中利用陶瓷块体性质的陶瓷传感器，这类传感器具有材料物理性质的特征——介质、压电体、

磁性或半导体。在这些传感器中已经达到的材料特性水准已接近单晶材料所具有的特性水准。

表 10 – 1　多孔陶瓷传感器分类（按材料）

所利用的属性	一般应用	功能特性
块体性质	热敏传感器	负温度系数（NTC）热敏电阻
	氧气传感器	固体电介质
	氧气传感器	半导体
	压力敏传感器	压电效应
	红外线传感器	热电效应
	超声波传感器	压电效应
	电容式热敏传感器	铁磁体
	临界温度传感器	半导体
晶粒间界特性	热敏传感器	正温度系数（PTC）热敏电阻
	气敏传感器	半导体
	压力敏传感器	半导体
表面特性	湿敏传感器	

10.1.2　按应用方法分类

按应用方法分类如表 10 – 2 所示。

表 10 – 2　传感器及其应用

传感器品种	工作原理	可被测定的非电学量
力敏电阻、热敏电阻（NTC）、PTC、半导体传感器	阻值变化	力、质量、压力、加速度、温度、湿度、气体
电容传感器	电容量变化	力、质量、压力、加速度、液面、湿度
感应传感器	电感量变化	力、质量、压力、加速度、旋进数、转矩、磁场
霍尔传感器	霍尔效应	角度、旋进度、力、磁场
压电传感器、超声波传感器	压电效应	压力、加速度、距离
热电传感器	热电效应	烟雾、明火、热分布
光电传感器	光电效应	辐射、角度、旋转数、位移、转矩

10.1.3　以其输出信号为分类标准

以其输出信号为标准，可将多孔陶瓷传感器分为：

模拟传感器——将被测量的非电学量转换成模拟电信号。

数字传感器——将被测量的非电学量转换成数字输出信号（包括直接和间接转换）。

膺数字传感器——将被测量的信号量转换成频率信号或短周期信号的输出（包括直接或间接转换）。

开关传感器——当一个被测量的信号达到某个特定的阈值时，传感器相应地输出一个设定的低电平或高电平信号。

10.2 多孔陶瓷传感器的工作原理

多孔陶瓷作为传感器元件，它的主要用途是用作湿敏和气敏元件，而多孔陶瓷用作光、磁、电等传感器元件时，常兼有湿敏或者气敏功能，而且多孔陶瓷用作光、磁、电等传感器元件的原理与其他功能陶瓷相似，所以下文重点论述多孔陶瓷作为湿敏和气敏传感器元件的工作原理。

10.2.1 多孔陶瓷作为湿敏和气敏元件的工作原理

采用多孔半导体陶瓷制造的气敏和湿敏传感器，其工艺流程相似，工作机理相同，所以综合论述。

多孔陶瓷作为湿敏或者气敏传感器的工作原理是：当它处于气体或者液体介质中时，介质中的气体或者水分子吸附在多孔陶瓷的孔表面，使多孔陶瓷的电学性能发生改变，其电学性能与介质的气体种类、压力和浓度形成一定函数关系，当给多孔陶瓷加一定的电压时，通过测量加在孔陶瓷的电流或者电阻信号可以间接测量介质的压力和浓度信号。下面从气体或者水分子吸附过程和多孔陶瓷电学性能的改变两方面论述多孔陶瓷传感器的工作原理。

10.2.1.1 气体或水分子的吸附

气体或水分子部分填充了孔隙空间，它们被吸附在晶粒表面，形成一个或更多一些的原子层。使用传感器的最终目的是测定气体的压力和它们的分子浓度。被吸附气体的数量 x 是以单位陶瓷质量内填充的气体质量或体积方式测定的，测量单位是 kg/kg 或 m^3/kg。数量 x 是气体压力 P、温度 T、气体种类 G 和陶瓷吸附体 Ads 的函数，即

$$x = f(P, T, G, Ads) \tag{10 - 1}$$

如果温度比临界温度低得多，那么气体可以看成是蒸汽，从而对它的压力可以进行估算，由此

$$x = f\left(\frac{D}{P_s}, T, G, Ads\right) \tag{10 - 2}$$

这里的 P_s 是气体的饱和蒸汽压。当温度为常数时，被吸附气体的数量与压力的关系 $x = f(P/P_s)$ 称为等温吸附线。通过实验测定，有五种等温吸附线，它们示于图 10 - 1。这些等温线大多与物理吸附相关，它们的曲线形状取决于孔的结构和大小。等温吸附线的通式可用下式表示：

$$\frac{x}{x_m} = \frac{C\frac{P}{P_s}}{1 - \frac{P}{P_s}} \times \frac{1 + (n + 1)\left(\frac{P}{P_s}\right)^n + \left(\frac{P}{P_s}\right)^{n+1}}{1 + (C - 1)\left(\frac{P}{P_s}\right) - C\left(\frac{P}{P_s}\right)^{n+1}} \tag{10 - 3}$$

式中　　C——常数；

　　　　n——分子层的数目；

　　　　x_m——最大吸附量。

Ⅰ类和Ⅳ类等温线对湿敏和气敏传感器有很大的意义。Ⅴ类等温线的最显著的差别在低压区，在特定区域它影响传感器的灵敏度。图 10 - 1 中等温吸附线的类型有：①Ⅰ类等温物理吸附线；②Ⅱ类等温物理吸附线；③Ⅲ类等温物理吸附线；④Ⅳ类等温物理吸附线；⑤Ⅴ类等温物理吸附线；⑥化学吸附。

（1）Ⅳ类等温吸附线

Ⅳ类等温线十分常见（如图 10 - 1）。它们发生在中等大小的孔隙中，尺寸从 2～3nm 到几十纳米。低气压区（曲线 DF 段）与单层吸附有关，它是可逆的，正由于这个原因，不存在迟滞现象。在点 F 处，完成第一层吸附膜。关于迟滞现象机制的解释，一个普遍的看法是逐渐吸附下一层，直到达到 H 点处完全吸附满新一层为止。然后，孔隙中的蒸汽呈现了液体的性质。H 点之后，分子被外表面捕获，由于这个原因，曲线成为准垂直上升。解吸附情况时，显示出了毛细管现象。为简便起见，可以把孔隙看成是圆柱形的毛细管。蒸汽浸润了它们的表面，因而毛细管孔的弯月面是凹状的。弯月面上的压力降低。在这个区间，解吸附的实质是液体从毛细管孔蒸发。如果在周围气氛中的蒸汽压力低于孔的临界压力，那么就发生蒸发过程。

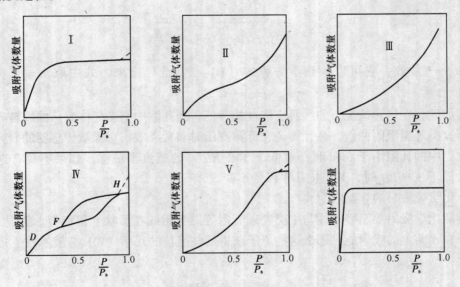

图 10 - 1　相对湿度与吸附气体数量的关系

临界压力由下列开尔文方程决定：

$$\ln\left(\frac{P_k}{P_s}\right) = \frac{-2\delta V \cdot \cos\theta}{rRT} \tag{10 - 4}$$

式中　　δ——液体的表面张力；

　　　　V——液体的克分子体积；

r ——孔隙的半径；

R ——普适气体常数；

θ ——浸润角，它与温度有关，并随孔隙半径的增加而减小。

这个结果对用多孔陶瓷制造的传感器来说是极端重要的，它们工作在被测气体压力时增时减的条件下，因而当气压降低时，气体的解吸过程相当地缓慢，结果导致迟滞现象。这是很不希望存在的，因为在气压下降时的测量会因它产生很大误差。由此需要在陶瓷中有较大的孔隙。要使陶瓷传感器能在很宽的压力范围内正常工作，陶瓷中的孔隙应有不同的尺度。Ⅱ类和Ⅲ类等温吸附线是非多孔块体的，而Ⅳ类则是大孔度块体的，它们的解吸过程很激烈。

（2）Ⅰ类等温吸附线

在中等和高气压区中，曲线具有很高的水平线段，这是典型的Ⅰ类等温线。在

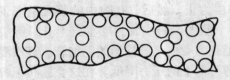

图 10 – 2　气体分子在微孔中的分布

低区时，它的吸附能力随压力的增大而增强。这些等温曲线是微孔（不大于 $2 \sim 3\,\mathrm{nm}$）块体的特征。气体分子自由地通过它，但在其内壁上至多覆盖一个吸附层（见图 10 – 2）。在此情况时，其等温吸附线可用式（10 – 5）表示。

$$\frac{x}{x_\mathrm{m}} = \frac{C\left(\dfrac{P}{P_\mathrm{s}}\right)}{1 + C\left(\dfrac{P}{P_\mathrm{s}}\right)} = \frac{B_\mathrm{p}}{1 + B_\mathrm{p}} \tag{10 – 5}$$

式中　B ——常数，它可以从基本方程式（10 – 3）推导出来，式中取 $n = 1$。低压时

$$x = x_\mathrm{m} B_\mathrm{p} \tag{10 – 6}$$

确实如此，在这种情况下曲线具有线性的特征。当孔隙中充满气体时，曲线转入水平区段。按照这类等温吸附曲线，微孔陶瓷在低蒸汽压时非常灵敏。对湿敏传感器的研究结果表明，当它们中的孔隙小于 $3\,\mathrm{nm}$ 时，对低于 $30\% RH^*$ 的蒸汽很敏感，如果不具有这类小孔隙，那么低于 $30\% RH$ 时，其阻抗几乎保持不变。

（3）化学吸附时的等温吸附线

典型的化学吸附等温吸附线与Ⅰ类物理吸附等温吸附线在形状上很相似。假设 E_ad 为被吸附原子在表面上的吸附能，那么这些原子获得某些能量的几率（W）与玻尔兹曼常数（k）的关系为：

$$W \propto \exp\left(-\frac{E_{ad}}{kT}\right) \tag{10 – 7}$$

因此，随着温度升高，分子脱离表面的几率增加，也就是说，在恒压时其吸附能力下降。图 10 – 3 示出了被吸附气体数量与温度的关系曲线。图上 BC 段相当于物理吸附，DF 段相应于化学吸附，而 CD 段则是从物理吸附向化学吸附转化的阶段。化学吸附的激活能较高，因而它只能在较高温度时发生。在从物理向化学吸附的转化过程中时，曲线上的局部高峰对

---

　*　RH 为相对湿度，指一定容积内空气的湿度饱和百分比。

气敏传感器的工作很重要，根据它来选择最佳工作温度。

图 10-3 原理上是条等压线。但在测定相对温度时，必须考虑到饱和蒸汽压（P_s）与温度的关系，这就是 $P_s \sim \exp(-E_p/kT)$，式中，E_p 是蒸发能。这个压力随温度上升按指数关系增长，被吸附蒸汽的数量（x）为：

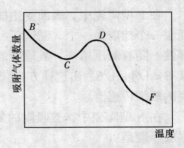

图 10-3　多孔陶瓷温度与吸附气体浓度关系

$$x \propto \exp\left(-\frac{E_p - E_{ad}}{kT}\right) \qquad (10-8)$$

因为 $E_p > E_{ad}$（$E_p \sim 1\text{eV}$），所以在一定的相对湿度条件下，被吸附蒸汽的数量随温度升高而增加。实验结果证明，在相对湿度恒定时，湿敏传感器的电阻随温度上升而降低。

10.2.1.2　多孔陶瓷电学性能的改变

多孔陶瓷是这样一类陶瓷：其晶粒是氧化物半导体，并具有电子（或空穴）电导率。外界因素会影响它的电子电导率、改变块体的导电能力、改变晶粒表面，以及影响晶粒间界的势垒高度。在多孔陶瓷中，气体和水分子起着活性粒子的作用，它在晶粒表面或其体内制造施主或受主能级。这些变化既在晶粒体内，也在它的表面，即在整个晶粒内发生。多孔陶瓷气敏和湿敏传感器的工作机制几乎就是多孔陶瓷中的晶粒间界电学特性和电学过程。因为每种气体对多孔陶瓷电学性能的改变都同出一辙，下文就以氧介质和水蒸汽介质为例，来说明多孔陶瓷电学性能的改变。

（1）氧介质对陶瓷晶粒体电导的影响

传感器陶瓷中大都包含氧化物陶瓷，这就是为什么氧对晶粒块体性质的影响非常关键。通过调节氧气压力可以控制晶格中金属离子和氧离子的比例，即可以控制晶格中的缺陷密度。从而以这种途径控制晶粒中的电子或空穴浓度。在经典的氧化物半导体理论中，已对这些问题进行了极好地研究。例如，当氧化锌中锌原子富余时，多余的锌原子定位在晶格间空位上，因而它的电导 σ_n 是 N 型的，并且它和氧压 p_0 的关系遵循下列方程：

$$\sigma_n \approx \sigma_0 p_0^{\beta} \qquad (10-9)$$

式中 β 为常数，在 $T = 1100\text{℃}$ 时，$\beta = 1/6$。随着氧压增加，电导性质改变成 P 型的，因为在空位上引入了过多的氧原子，而过剩的氧起的是受主的作用。因而按照规律（$\beta = 1/6$ 时），电导随压力的增加而增高。在其他一些氧化物中，例如 BaO、SrO、TiO_2、SnO_2，也已发现了类似的规律。在特定的温度条件下，在几分钟之内可以达到平衡。由于这个原因，想以这种办法达到调节电导性的目的，只有在高温条件下才比较适宜。

（2）氧介质对多孔陶瓷的晶粒表面和晶界特性的影响

对传感器用陶瓷来说，氧对晶粒表面和晶粒间界的作用是决定性的，因为它们的烧结过程大多是在空气环境中进行的。在工艺操作环境和高温情况下，不可避免地会发生氧原子在晶粒表面上的化学吸附。有报告指出，以 ZnO 为基材的变阻器陶瓷中，晶粒上覆盖了氧原子构成的单原子层薄膜。按照下列反应式，它们扮演受主角色：

$$O_2 + 2e^- \longrightarrow 2O^- \quad \text{或} \quad O_2 + 2e^- \longrightarrow O_2^{2-} \qquad (10-10)$$

必然的结果是，被吸附的氧将改变表面层的电子浓度，并且将起着与 N 型和 P 型半导体相反的作用。

在 P 型陶瓷中，表面受主能级从表面富集层中捕获电子，从而导电性增加。这些富集表面层一个挨着另一个，制造了一个复杂的、相互交织的导电通道。这些通道决定了陶瓷的电导性。随着氧压增高，氧原子的吸附数量也增加，同时富集层扩大。例如对 P 型 CoO 而言，其 $\beta = 1/4 \sim 1/6$。由这样方式获得的电导能力与氧压间的依从关系，可以被用来制成 P 型陶瓷的氧敏传感器。

在 N 型陶瓷中，被吸附的氧在表面上形成耗尽层，在晶粒间界区导致产生势垒，其耗尽层厚度是：

$$d_n = \sqrt{\frac{2\varepsilon\varepsilon_0\varphi_s}{qN}} \qquad (10-11)$$

式中　d_n——耗尽层厚度；

　　　ε——相对介电常数；

　　　ε_0——真空介电常数；

　　　φ_s——势垒高度；

　　　q——电子电荷；

　　　N——施主浓度。

随之而来的是，在这类情况下，吸附氧增加了它的阻抗。在低电压时，式（10-11）中的第三项乘数项可以改写，而且电流密度可用下式决定：

$$j \approx V\exp\left(-\frac{q\varphi_s}{kT}\right) \qquad (10-12)$$

利用上述表示式，晶粒间界的阻抗 R 由下式决定，它和被吸附氧原子的密度是指数关系。

$$R \approx \exp\left(\frac{q\varphi_s}{kT}\right) \qquad (10-13)$$

氧吸附的化学性质还被另一些研究工作所证实，他们研究了 ZnO 可变电阻衰变与温度的关系，测得了吸附激活能为 $2 \sim 4eV$。把 ZnO 陶瓷片放在残余气体气压为 2Pa 的真空中加热时，在 $20 \sim 350℃$ 范围内，它的导电能力随热处理温度升高而提高。对其他一些氧化物半导体也获得了相类似的结果，但在参数值上有些不同。在 N 型陶瓷中，由于氧受主作用的结果，在晶粒间界中比较容易形成势垒。在氧化锌可变电阻陶瓷中还掺入了一些起受主作用的杂质，这时其势垒高度可以达到 $\varphi_s = 1eV$。从化学的观点看来，氧是一种氧化剂，其他一些氧化性气体也应该对陶瓷性质起到相类似的影响。

（3）水蒸汽对半导体陶瓷特性的影响

在可能与表面直接发生互作用的情况时，气体和水分子将直接被陶瓷晶粒表面吸附，一旦与表面相结合，它们就会起施主的作用。对 H_2（还原性气体的代表）和 H_2O 来说，其相互反应是：

$$H_2O（蒸汽）-e^- \longrightarrow H_2O^+ \qquad (10-14)$$

由此产生的结果是，对 N 型陶瓷而言，这类气体将降低晶界间的势垒高度，从而提高其导电性能。如果原先就没有势垒，那么就会生成表面富集层，其导电能力与压力相关。在 P 型陶瓷中，还原性气体和水蒸汽生成耗尽层，因而会降低导电能力。

吸附过程中贯穿了与被化学吸附了的氧之间的相互作用。在多数陶瓷中，氧是被化学吸附在晶粒表面上的，还原性气体和水分子将和氧发生化学性互相作用，因为从能量的观点看，这些反应具有较大优势。如果这里不存在氧缺位，那么反应将是：

$$H_2 （气相） + O^- \longrightarrow H_2O + e^- \tag{10-15}$$

$$H_2O （蒸汽） + O^- \longrightarrow 2OH^- + e^- \tag{10-16}$$

如果存在有氧缺位，那么反应是：

$$H_2O （蒸汽） + O^{2-} + V_0^- \longrightarrow 2OH^- + e^- \tag{10-17}$$

$$H_2O （蒸汽） + O^{2-} + V_0^{2-} \longrightarrow 2OH^- + 2e^- \tag{10-18}$$

最终的结果是相似的——气体起着施主的作用。

10.2.2　压敏

多孔陶瓷作为压敏传感元件的工作，可以用下面的模型来说明：

首先来考察一个电池，它由固体电介质做的多孔陶瓷体（1）和两片多孔导电电极（2）组成，示于图 10-4。和两个导电极相接的表面安置在两个空间之间，并将它们彼此隔离，并且充入的气体通常也是不同的。假设，被检测的气体，例如 O_2，在两个空间所测量到的气压是不同的，那么从热动力学的观点来看，在两个电极周围的气体的化学势也是不同的。再假设，电极 1 区和电极 2 区的化学势分别为 μ_1 和 μ_2。假定被测气体的压力不太大，并可把它看成是理想气体，因为通常把大气压 $P_0 = 101325Pa$ 时的理想气体状态看作为测量化学势的起始点。在任意压力 P 时，1g 分子理想气体的化学势 μ' 可用式（10-19）表示。

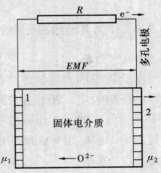

图 10-4　固体电介质电池原理图

$$\mu' = RT\ln P \tag{10-19}$$

式中，$R = 8.314J/(mol \cdot K)$，它是普适气体常数。一个粒子（分子）的化学势 μ 则是：

$$\mu = kT\ln P \tag{10-20}$$

式中，$k = 1.38 \times 10^{-23}J/K$，为玻尔兹曼常数。

如果在一个确定介质的两个点上化学势有差别，那么会发生转移现象。在所假设的情况下，气体分子穿过固体电介质转移。气体分子在与陶瓷晶粒表面接触时分解。例如氧原子，将从电极 2 处捕获电子，成为双电荷负离子。

$$O_2 + 4e^- \longrightarrow 2O^{2-} \tag{10-21}$$

在此过程产生的氧离子将从具有较高化学势的电极向较低化学势电极方向运动。两个电极化学势之间的差值可以用它们间产生的电动势（EMF）来表征：

$$EMF = \frac{\mu_1 - \mu_2}{q} \tag{10-22}$$

式中　q——离子电荷。

如果右边空间的气体压力较大，即 $P_2 > P_1$，那么生成的是阴离子，并且 $\mu_2 > \mu_1$。由

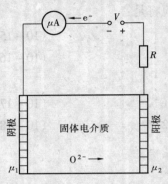

图 10-5　电化学泵的原理图

此，在电路回路中出现流动电流，它在固体电介质中是离子性的，而在外电路中是电子性的。按照固体电介质的典型机制，氧离子从右向左运动。如果外电路处于开路状态，那么在电极间就产生电动势，或者换言之，电极间产生电位差。这里所讨论的固体电介质基本单元引发了很不同的应用设想：EMF 的化学电源、浓差电池、电化学泵（如图 10-5 所示）。

化学源电动势：基本单元处在不同气体压力时，它的电极区形成的电动势可以用来作功。

这就是称之为化学源电动势的工作原理。气压差导致 EMF 产生，这个情况与将电极插入浓度不同的溶液中时发生的现象是相似的。

10.2.3　作为其他敏感元件的工作原理

10.2.3.1　力敏

多孔陶瓷的力敏机理与陶瓷厚膜相似，陶瓷厚膜力敏传感器的基本工作原理是利用应变电阻的压阻效应。20 世纪 70 年代初，人们发现厚膜应变电阻受到的应力作用是，其阻值发生明显变化，并产生压阻效应。国外学者 G.E..Pike 和 C.H.Seager 认为，厚膜应变电阻小主要是由于厚膜电阻颗粒间的电子隧道效应引起的。

10.2.3.2　热敏

多孔陶瓷单独作为热敏元件比较少见，主要是作为热-湿、热-气等综合传感器元件使用。多孔陶瓷的热敏感性同其他陶瓷传感器元件的热敏感性是相同的，它的原理就是，陶瓷体作为半导体，它的电阻随温度的变化而变化，通过测定加在半导体上的电流或者电压，便可测定热信号。

10.2.2.3　磁敏

用固相反应法制备的钙钛矿型氧化物 $La_{0.67-x}Bi_x Sr_{0.33}MnO_3$（$x = 0$、0.1、0.2）多孔陶瓷有电磁性质和 CMR（Colossal Magneto-Resistance）效应，即庞磁电阻效应。实验结果显示，Bi 有助于晶粒的长大，并使电阻率峰值向低温方向移动。多孔样品的磁阻 MR 主要取决于显微结构，在 0~300K 温度范围内时，MR 随温度升高单调下降。在较高的温度下，能够观察到低场磁电阻 LFMR（Low-Field Magneto Resistance）效应。与多晶致密样品相比，化合物多孔样品的电阻率峰变宽，峰值下降。多孔陶瓷样品中的 CMR 效应来源于两部分，一部分来源于内壁的晶粒内的组元；另一部分来源于晶界和孔隙的效应。通过控制后者可以获得 LFMR 效应和提高 MR 效应，这是获得可应用 CMR 材料的一条重要途径。

10.3　气敏传感器

多孔陶瓷在气敏传感器领域的应用十分广泛，下面从应用的角度，即实用和控制角度进

行论述。

10.3.1　气敏传感器的应用

多孔陶瓷传感器以氧传感器气应用最为广泛，可用于生活、生产、环保等领域。氧传感器和其他传感器的应用如表10－3所示。

表10－3　多孔陶瓷气敏传感器的应用

应用目的	任　务	被监测气体
防止工厂、住宅、矿山、机动车等突发事故	易燃气体泄漏报警 有毒气体泄漏报警 火　警 不完全燃烧报警 缺氧报警	LP气体、甲烷、汽油蒸汽、其他爆炸性气体 CO、Cl_2、H_2S 及其他有害气体 烟雾、CO、CO_2、易燃气体 CO、O_2、碳氢化合物 O_2
改善生活条件	烹调过程自动化 居室、办公室、厂房、机动车的空调和通风	油蒸汽、烟雾 O_2、CO_2、烟雾、各种有机溶液蒸汽、臭气
防止有害因素的环境保护	监控发动机和锅炉的燃烧 监测大气污染	O_2、CO_2、碳氢化合物 NO_x、SO_x、CO 等
生产过程的产品质量保证	工业过程气体纯度的监测 气体分解过程监控 制造工艺的调节 林业、森林业、畜牧业的空气监控 发酵过程控制	各种气体 各种气体 各种气体 O_2、CO_2、氨和其他有害气体 酒精蒸汽
其他	酒精中毒程度测定 医疗中的应用	酒精蒸汽 O_2、CO_2、麻醉性气体

10.3.1.1　氧传感器

氧气传感器主要用于监控和调整汽车发动机中的、工业和家用锅炉的燃烧过程。在这些方面的应用中，最重要的任务是保证燃烧过程充分、具有最大效率，同时对大气的污染尽可能小。

当采用三元催化转换器时，汽车发动机使用符合化学计量比的空气－燃油混合气，燃烧过程在催化转换器中结束，而催化器处在排放气体的排出通道中。这种情况下，主要目的是减少废气对大气的污染，但在达到这个目的的同时，做不到使燃油有一个最佳的燃烧效率。要达到控制燃烧的目的，可以使用传感器，由 ZrO_2 为基材、添加了 Y_2O_3 稳定材料的固体电介质制成的传感器。这类传感器可检测空气－燃油混合气的氧化或还原特性，并在它的电压输出时产生一个陡峭的变化。空气和燃油的比例发生变化时引起的电位突然改变，使传感器具有开关的能力。并且这个变化尺度与温度有关，所以有可能使传感器具有测定化学计量比的能力。而催化转换器用来解决随后的问题，即承担 CO 和 CO_x 气体的氧化和 NO_x 气体的还原问题。而且，如果空气－燃油混合气偏离化学计量比越来越多时（无论是正向还是反向偏离），三元催化剂的效能将很快下降。

为了检测汽车尾气中有没有氧气，可以使用以 TiO_2 为基材的半导体传感器。TiO_2 制成的化学计量比空气－燃油混合率传感器的工作机制是，对应于环境中氧浓度的变化，TiO_2 陶瓷的电阻发生相应改变。这类传感器一般制成厚膜型和圆片型。两种类型最终制成的材料中都是含有微量铂的多孔 TiO_2 陶瓷。这类传感器内有加热热丝，同时电路中也保证了温度补偿功能。

既能减少空气污染，又能节约燃油的方法之一是向发动机供给贫油混合料（贫油燃烧系统）。在此系统中，在比化学计量比要求低得多的贫油区就能达到稳定的燃烧，结果是，较好地节约了燃料，又减少了 NO_x 气体的排放。但在贫油燃烧系统中，其尾气中会出现多余的氧气，因此需要对非化学计量配比的油气混合气敏感的传感器。为此可以使用有限电流类传感器。传感器具有"三明治"结构，两个电极中间夹了一块氧化锆，在两个电极上加上电压后，由于电化学过程的作用，氧原子将向阳极移动，因而产生电流流动。起初，电流随电压增大按比例增加，但当电压达到一定高压后，电流不再增长（饱和）。这个饱和电流值与废气中氧气分压比成比例。

除了监控燃烧过程外，氧气敏传感器还用于冶金学热处理过程中气体含量的监控，用于水果、蔬菜储存空间气体含量控制，用于空气污染监测，以及医学和生物技术（麻醉器械、人工呼吸器、氧增压器、充氧保育箱等）的测量需要。

目前氧传感器有氧化锆（ZrO_2）和氧化钛（TiO_2）两种。

汽车尾气净化用 ZrO_2 气体氧传感器的外电极表面常有陶瓷多孔层，其作用有三点：一是在外电极表层形成一个相对静态的气体层，以达到测量平衡氧分压的目的；二是避免电极物质由于被尾气冲刷和挥发而造成的损失；三是使电极免遭可能有的铅、硅、硫、一氧化碳的毒害，或电极物质烧结而造成活性降低的问题。但陶瓷多孔层的存在也会造成电极极化，使 ZrO_2 气体氧传感器对汽车尾气的测量产生误差，陶瓷多孔层对电极极化影响的定量研究难以准确估价。

氧传感器是多孔陶瓷材料应用于传感器领域中最频繁的一种传感器，下面以氧传感器为例说明多孔陶瓷作为气敏元件的工作原理。

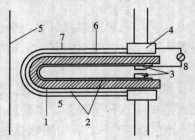

图 10－6　多孔陶瓷氧传感器
1—多孔陶瓷体；2—铂电极；
3、4—电极引线点；5—排气管；
6—陶瓷防护层；7—排气；8—大气

轿车发动机控制系统使用氧化锆式氧传感器（如图 10－6所示），其基本元件是专用陶瓷体 1，陶瓷专用体是多孔陶瓷材料制成的氧化锆（ZrO_2）固体电解质。陶瓷体制成试管式的管状（亦称锆管），其内表面与大气相通，外表面与废气相通。氧传感器安装在排气管上，为了防止废气中的杂质腐蚀铂膜，在锆管外表的铂膜上覆盖有一层多孔的陶瓷防护层 6，并且还加装一个防护套管，套管上开有槽口。氧传感器的接线端有一个金属护套，其上开有一孔，用于锆管内表面与大气相通，电线将锆管内、外表面铂极 2经绝缘套从传感器引出。锆管的陶瓷体是多孔的，允许氧渗入该固体电解质内，温度较高时，氧气发生电离。若陶瓷体内（大气）外（废气）侧氧含量不一致，即存在浓度差时，在固体电解质内部氧离子从大气一侧向排气一侧扩散，使锆管成了一个微电池，在锆管两铂极间产生电压。当混合气稀时，排气中所含氧多，两侧氧浓度差小，只产生小的电压；而当混合气浓时，排气中氧含量少，同时伴有较多的未完全燃烧的产物 CO，HC，H_2 等。这些成分在锆管外表面的铂催化作用下，与氧发生反应，消耗排气中残余的氧，使锆管外表面氧气浓度变成零，这样就使得两侧氧浓度差突然增大，两极间产生的电压便突然增大。

因此，氧传感器产生的电压将在过量空气系数 $\lambda = 1$ 时产生突变；$\lambda > 1$ 时，氧传感器输出电压几乎为零；$\lambda < 1$ 时，氧传感器输出电压接近 1V，见图 10-7。在发动机闭环控制的过程中，氧传感器相当于一个浓稀开关，根据混合气空燃比变化向电脑输送脉冲宽度变化的电压脉冲信号。

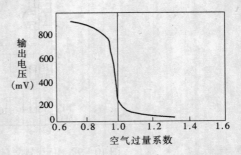

图 10-7　空气过量系数与输出电压关系图

氧化锆式氧传感器输出信号的强弱与工作温度有关，其工作温度一般为 300~900℃，输出信号在 600℃左右时最明显。所以，现在应用的氧传感器中大多装有加热器，采用加热的方式来保证其工作温度，以便在启动后能迅速达到工作温度，在怠速时就能实现最佳的"λ"调节。例如，一汽大众生产的捷达王轿车装备的 AHP 发动机，在启动后由汽油泵继电器 J17 控制 λ 传感器加热器 Z19，90s 后，氧传感器就可被加热到 300℃以上开始工作。

发动机控制单元根据氧传感器信号按顺序修正喷油嘴的喷油时间，使混合气成分保持 $\lambda = 1$。"λ"调节可以自学习（自适应）。传感器和执行元件上的改变可以通过自适应的"λ"调节在喷油时间上补偿。在装有"λ"调节的车上不再需要人工调节 CO 浓度。

10.3.1.2　用于监控易燃气体泄漏的气敏传感器

气敏传感器最常用的场合是那些需要测定易燃气体浓度，并给出相应信号的情况。图 10-8 中示出了比较简单的连接气敏传感器 TGS 109 与气体泄漏检测系统的电路。传感器对诸如 LP 气体、丙烷、丁烷、甲烷等易燃气体敏感。此外，它还对温度和湿度的波动敏感。为了补偿这些波动的影响，在它的负载电路上加接了一个热敏电阻。通过元件 R_3、R_4、RP_1 以及热敏电阻的选用，可以抵消温度对 V_{RL} 的影响。晶闸管必须选用那些触发电流尽可能小的，因为晶闸管的输入阻抗较低时，温度补偿电路的工作较好。

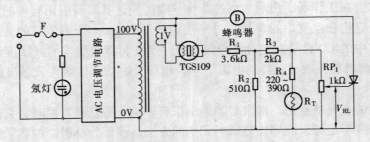

图 10-8　TGS 109 的气体泄漏检测电路

图中 R_T 为热敏电阻，其 $R_{25} = 600\Omega$，$B = 3500$。气敏传感器 TGS 813 适合于在较大范围内检测各种气体，例如天然气、LP 气体和煤气。电路的设计主要针对检测含量大约在 3000

$\times 10^{-6}$ 左右的甲烷气体（天然气）。

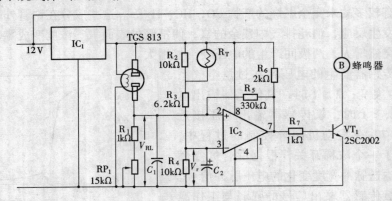

图 10-9　用于易燃气体泄漏检测器的气敏传感器连接电路

图中：IC_1 为型号 $\mu A7805$ 或相当的，3 端电压调节器为 $5 \pm 0.2V$，1A；IC_2 为型号 LM311 或相当的；R_T 为热敏电阻，$R_{25} = 5k\Omega$，$B = 4100$，IC_1 电压调节器输出的恒压 5V 供给传感器的加热器和检测电路。检测电路由 TGS 813、R_1 和 RP_1 串联组成。输出电压为 V_{RL}，它是 R_1 和 RP_1 电阻两端的压降输出，此电压进入比较器的同相输入。V_r 为比较器的基准电压，它由 R_4 上的压降决定。元件 R_4 也是温度补偿电路的一部分，补偿电路的其他部分还有 R_2、R_3 和 R_T（热敏电阻）。

电路的 V_r 值设计为 20℃时 2.5V，当例如天然气等易燃气体与传感器相接触时，检测电路的输出 V_{RL} 超过 V_r，这样，比较器的输出进入高电平，随后 VT_1 将起作用，使蜂鸣器发出警报。

传感器电阻（R_s）与环境温度和湿度有关，由于这个原因，将导致报警极限值的波动。为了补偿温度和湿度造成的变化，建议使用 NTC 热敏电阻（R_T）。在此电路中，由于温度变化的结果，可以导致 V_r 自动调整。热敏电阻的温度系数比传感器的要大，因此热敏电阻的系数应该可以通过电阻 R_2 和 R_3 进行调整。

10.3.1.3　用于监测有害气体含量的气敏传感器

有害气体（一氧化碳、氨、硫化氢等），即使在周围空气中它们的含量非常低，也对人体有害。如果它们在工作场所出现，将是非常危险的。这就需要应用有效的器件监测这类气体的存在，防止它们在空气中的含量超过一定的浓度。Figaro 公司生产的传感器 TGS 203 用于测量混合气体中的 CO 含量。它对混合气体中的氢气和酒精蒸气的灵敏度最低。随着周围空气中 CO 含量的增加，敏感元件的电阻下降。相对于敏感元件最大灵敏度的最佳工作温度在 100℃左右。

这类传感器的主要缺点是，湿度对测量结果有影响，而且在常温时，它的响应时间相对而言长了些。这些不足可以应用加热敏感元件的方法达到部分补偿，加热采用间歇的规范进行。加热时，将敏感元件表面上的水蒸汽和其他次要气体清除掉，而测量在较低温度时进行。设计了一个活性碳的过滤器，为传感器提供必要的保护，使它免受氧化氮的影响。

10.3.1.4　用于监测酒精气体浓度的气敏传感器

陶瓷气敏传感器也可以用于分析酒精蒸气的含量。传感器与相应的电路配合能够检测血液中的酒精含量。其工作原理非常简单，如果血液中含有一定比例的酒精成分，那么它必定会发散到空气中来，血液中酒精浓度越高发散在空气中的比例也越大。如果用含有一定浓度酒精的空气喷吹传感器，传感器的电阻将发生与酒精浓度相应的变化，这个变化可以用合适的测量电路鉴别。使用的气敏传感器 TGS 822 是 Figaro 公司制造的。

10.3.1.5　空气质量气敏传感器

关系到环境保护和人类身体健康的特别重要的课题是，保持空气质量的问题。人类健康在很大程度上取决于空气中氧和二氧化碳的浓度。如果房间中人很多，氧的含量将逐渐减少，与此同时 CO_2 气体的含量增加，这会使人感到疲乏、烦躁，以及注意力不集中，如果 CO_2 气体继续增多，将会引起头痛。

人类通过自己的嗅觉具有一种特别的发觉空气质量变化的能力，但如果在房间中待的时间太长时，人会失去与室外空气进行对比的能力。因此，为了在办公室、居室、汽车、飞机上创造一个舒适的环境，应用了各种空气调节系统，以维持空气的高质量。空调器常常会被调节在长时间工作的状态，这不总是需要的。新鲜空气需要不断加热到与环境温度相一致的程度，不间断地换气可能造成不必要的能源消耗。

利用对还原性气体敏感的气敏传感器，将它用于监控空气调节器的工作，将有助于解决这类问题。气敏传感器检测空气中的污染成分（香烟烟雾、微尘），并对诸如 CO、H_2 等还原性气体敏感。从传感器处测得的信号经微处理器处理，然后分别控制与空气质量相关的各个器械。

10.3.1.6　食物气敏传感器

气味检测是半导体气敏传感器扩大应用的主流方向之一，最有潜力的应用领域是食品工业和医学，还有家住环境和舒适度的调节系统等。在开发味敏传感器方面取得的主要成就是在改进提高敏感材料的灵敏度和选择性方面，针对气味的特征成分，使用各种掺杂剂，以适应不同的需要。典型的刺激性气味的主要组分是三甲胺（TMA）和二甲胺（DMA），以及氨气，对 TMA 和 DMA 敏感的气敏传感器被用来鉴别鱼类的新鲜程度。

在开发专为检测多种混合气体中的一种气体成分的传感器时有相当的难度，因为很难使气敏传感器具有一个理想的选择性。此外，在有些场合还需要分别鉴别出混合气体中的各个成分。后一种情况可以用几个不同的传感器组成的系统，配以对它们取得的信息进行仔细处理。这类系统的方框图示于图 10－10。

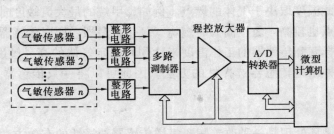

图 10－10　气体测定系统的方框图

检测其中一种，还是所有成分取决于系统的设计目标，可以采用高选择性传感器，也可以选用具有部分交叉选择性的传感器。第一种选择时，每一只传感器只对混合气中某一种成分敏感。如果混合气中含有的气体组分数量多于设计的传感器数目时，该系统就没有能力鉴别所有的组分气体。当然，那些只对一种成分敏感的传感器，应是在它工作时能够不受其他气体组成影响的。但是，现实情况是，大多数传感器不是只对某种特定气体敏感，而是对一类气体（例如还原性气体，或者是氧化性气体等）敏感。

当混合气体中的组成成分不能被分别直接测定时，还可以利用微处理器，由它将从各传感器那里获取的信息进行二级处理，然后使用模式识别方法进行气体性质分析。

10.3.2 多孔陶瓷气敏传感器选择性和灵敏度的控制

气敏传感器主要用于检测是否存在某种特定的气体，并进而测定它的浓度。在被监控的环境中有可能出现各种化学成分和不同化学特性的气体。而传感器对环境中存在的这些气体的反应可能是所有这些气体作用后的叠加效应。所以传感器必须具备一定的选择性，即它只对某一种需要监控的气体作出响应。另一方面，半导体陶瓷气敏传感器的功能是将气体分子吸附到陶瓷晶粒的表面上来。吸附过程中在表面上相伴发生化学反应。这类反应的特性是用该类反应的激活能来表征的，所以出于提高传感器的效率考虑，常常要求在较高温度条件下工作。随后，高工作温度又要求陶瓷材料和电极具有足够的高温稳定性。高灵敏度，实质上是要求气敏传感器的高效能。关于选择性、灵敏度，还有工作温度等问题在许多方面是相互联系的，因此把它们放在一起讨论。

对半导体气敏传感器的选择性和灵敏度控制来说，有四种常用的方法：温度控制、利用催化剂和助催化剂、在晶粒表面增加某种特别的添加剂、使用过滤器。

10.3.2.1 控制工作温度

陶瓷传感器对存在的特定气体作出反应，即发生电阻变化，取决于两个因素：在晶粒表面进行的化学反应速度，以及气体分子到达表面的扩散速度。这是一个激活过程，而且其化学反应的激活能也比较高。在这种情况下，低温时传感器的响应速度受到化学反应速度的制约，而在高温时，响应速度将受到气体分子扩散速度的限制。在某个中间温度时，两种过程的速度值达到平衡，因而在此温度点，传感器的响度速度达到最大值。按照这个机制，对每种气体都有一个特有的温度，在此温度时传感器的灵敏度出现一个峰值。

相应于一定峰值的温度是气体品种和陶瓷化学成分，包括其添加物和催化剂的函数。对还原性气体来说，此温度取决于气体的燃点。例如，甲烷的最大灵敏度时的温度比氢气的要高，因为甲烷的燃点也较高。氢在高温时燃烧（氧化）激烈，所以传感器的响应较慢。在这类情况时，采用选择陶瓷传感器的工作温度来达到对给定气体的高灵敏度，也即高选择性。控制工作温度是一种调整传感器选择性的方法，因此可以将一只传感器用于检测不同的气体。

10.3.2.2 热循环

敏感元件的热循环处理是一种改善陶瓷气敏传感器选择性的有效方法。研究了 Figaro 工程公司生产的气敏传感器 TGS 812。按照公司的说法，它被设计用于检测酒精和有害气体，例如 CO 气体，但它对许多其他气体同样有反应。此传感器是由掺杂 Pd 的 SnO_2 材料做成的厚膜传感器，使用金电极，加热传感器的电阻丝卷绕在管子上，因而不可能直接测量传感器的温度，只能从加在加热丝上的电压推算。例如，电压 5V 时相应的工作温度大约为 300 ~ 400℃。

在测量传感器的阻抗时，根据焦耳定律，流经传感器的电流会释放出热量，这个热量和气体"燃烧"时的放热反应一起影响传感器的温度。被试传感器插入到一个特定的容器中，并有用金属网做成的防护网，它可以让气体流动，并可防止在燃烧气体数量较大时可能发生的火焰喷散。

在有特定气体浓度环境中，热循环和电阻的测量工作按下述方式进行。专门设计的功能性电源输出波动加热电压，它按上升和下降方式循环变化，例如按正弦波法，则电压在 0.2 ~ 6.2V 区间内变化。研究了三种加热电压加载值，5V、6.2V 和 7.2V。采用同时测量流经传感器的电流，和直流电压压降的方法测定传感器的电阻。按照作者的意见，这种方法可以确保测量的高精度和提高灵敏度。加热电压的波动周期从 10 ~ 200s 不等。在确定了加热电压波动周期后，测量了传感器与时间的关系曲线，然后将此曲线与电压波动曲线进行比较。

图 10 - 11 上示出了两条取自实验曲线的、极限情况的曲线，它们取自已介绍过的研究工作。对大部分曲线而言，发现有分裂成两个分立峰值的倾向（如曲线 1）：一个峰是加热过程的，而另一个是冷却过程中。这两个峰分别处在最大加热电压的左右两侧。很明显，加热峰处在对气体有最大灵敏度的温度区。随着温度继续升高，灵敏度开始下降。在冷却过程中，在同一温度值时，再一次出现峰值，但峰高较低。

图 10 - 11 在不同循环加热电压条件下，在乙醇气体中，作为时间函数的氧化锡气敏传感器电导率变化——曲线 1 和曲线 2，曲线 3——已归一化的正弦波加热电压。

如果循环过程重复，那么上述的关系曲线也会反复重现。当最大灵敏度温度比加热过程可达到的温度还低些时，那么得到的是曲线 1 类型的。如果降低加热电压幅度，那么两个峰值间的比值增加，而且第一个峰右移。

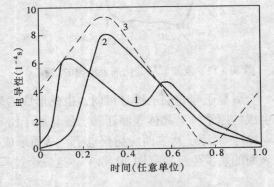

图 10 - 11　电阻率变化曲线

曲线 2 反映的是极限情况时的状态。这时电导率峰与加热电压峰位置几乎是重合的，而冷却过程中观察到的峰消失了。在这个点上，对给定气体而言达到了灵敏度的绝对最大值。因此，针对每一种被研究的气体，要通过改变加热电压波动周期和加热电压幅度来优选最佳的检测方法。举例来说，已经肯定，如果波动周期长于 20s，那么灵敏度就会降低。已经测定了与各种气体最大灵敏度值相对应的平均加热电压：CO 气体时是 2.6V，H_2 气体时是 4.2V，而乙醇气体则为 3.5V。当存在上述三种气体时，峰值很容易测定，但对甲烷气体和丙烷气体却观察不到峰值，对这两种气体的最大灵敏度是在加热电压为 6.2V 时。

研究了加热电压波形的影响。对那些其最大灵敏度出现在低温时的气体来说，加热电压波形的影响并不明显。对于丙烷气体，锯齿波在周期内最高温度处达到的峰值形状较明显。

方形波对有选择性的气体检测，诸如丙烷气体和 CO 气体，比较合适。也有设想，利用具有温度线性增长的波形来补偿加热电压与传感器温度间的非线性关系，这将很有实际意义。还讨论了灵敏度与气体浓度间的相互关系。有些气体在低浓度时，它的灵敏度下降，因而会限制对它的检测。但这些问题在这里不准备探讨。

10.3.2.3　应用催化剂

催化剂问题在很多文献，以及它所给出的资料索引中都有详细的讨论。有些金属，主要是 Pd 和 Pt，常被当作活泼催化剂来使用。它们的原子沿着陶瓷半导体的晶粒表面分布。这些原子的浓度很低，而且也不直接影响陶瓷的导电性能。催化剂原子起到降低反应的激活能和凝集反应物质的作用。

表面上的催化剂微粒催化 RH_2 的氧化反应，但对半导体的阻抗没有贡献。一般来说，应用催化剂后表面反应过程是这样的：第一个气体分子按下列反应式与催化剂的金属原子相结合：

$$2Pt^+ + H_2 \longrightarrow 2Pt:H \qquad (10-23)$$

$$4Pt^- + O_2 \longrightarrow 4Pt:O \qquad (10-24)$$

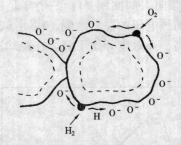

图 10-12　氢和氧从催化剂上溢出的过程

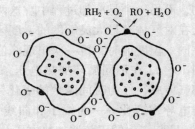

图 10-13　N 型半导体传感器的晶粒间界电导

金属原子与它们的键合很弱，由此形成的复合体很容易分解，从而生成氢或氧的原子。新生成的原子将沿晶体表面迁移。催化原子诱导的迁移过程，称为气体离子的"溢流"（图 10-12）。氧原子从表面层捕获电子，从而形成受主表面态。还原性气体 H_2 和 RH_2 与被吸附在表面的氧发生反应（图 10-13）。这三个过程可以用下列反应式来表述：

$$O_2 + 2e^- \longrightarrow 2O^- \qquad (10-25)$$

$$O^- + H_2 \longrightarrow H_2O + e^- \qquad (10-26)$$

$$RH_2 + 2O^- \longrightarrow R(OH)_2 \qquad (10-27)$$

不同气体对半导体性质的影响是不同的，在 N 型电导性时，含氧的气氛将使晶粒间界上的势垒升高，而在还原性气体中时，势垒高度降低。在第一种情况时阻抗增大，后一种时阻抗减小。

陶瓷的导电能力是由晶粒间的接触面积大小决定的，由此可以得出结论，气体分子必须要能进入到这类接触面，已谈到过的"溢流"现象促进了这个过程。所以，催化剂不只是通过降低反应激活能来影响传感器灵敏度，而且还通过促使气体分子沿陶瓷晶粒表面的溢流发挥作用。

另一种关于催化剂影响的解释称为费米能级控制。显而易见，这是指晶粒体内费米能级的控制，费米能级较低，相应的势垒高度就较大，反之亦然。但是传感器的阻抗一般是由势垒高度和晶粒体电导能力决定的。

加入催化剂后，由于气体与晶粒表面间的反应激活能降低了，所以最大灵敏度时的温度也变得较低。例如，SnO 传感器不掺杂时，它检测 CO 的最大灵敏温度是 $TM = 200℃$，浓度为 0.02%（CO）时的灵敏度是 $Sg = 4$，如果传感器中含有 0.05% 的 Pd，那么 $TM = 20 \sim 25℃$（即室温），$Sg = 12$。如果添加相同数量的 Pt 作为催化剂时，那么虽然 TM 仍保持在室温值，但 $Sg = 136$。这清楚地说明了通过溢流现象催化剂影响灵敏度的机制。

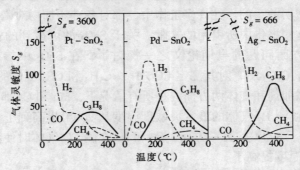

图 10 – 14 SnO_2 基敏感元件对一些气体的灵敏度气体浓度

图 10 – 15 在空气、H_2、C_3H_8 气体中的，SnO_2 基敏感元件的阻抗 – 温度特性曲线气体浓度和金属含量相同。一般来说，催化剂是降低最大灵敏度温度的，但它对灵敏度的影响则取决于被测气体的性质。举例来说，仍是上述同一种传感器，它检测 CH_4 时的 $TM = 450℃$，0.5%（CH_4）浓度时 $Sg = 20$，添加 Pd 或 Pt 后，温度 TM 分别变成了 $325℃$ 或 $300℃$，但它们的灵敏度没有发生变化。如果添加的催化剂是 0.5% Ag，那么 $TM = 400℃$，$Sg = 24$。加入不同催化剂的 SnO_2 传感器的一些典型灵敏度特性曲线示于图 10 – 14 上。关于纯 SnO_2 和掺杂 SnO_2 传感器的阻抗 – 温度关系曲线示于图 10 – 15 上。经空气稀释后：H_2 0.8%，CH_4 0.5%，

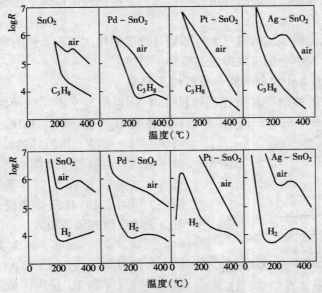

图 10 – 15 SnO_2 和掺杂 SnO_2 传感器的阻抗 – 温度关系曲线图

C_3H_8 0.2%，CO 0.02%。各种金属的掺加量均为 0.5wt%。

在文献中讨论了助催化剂的功能。它们的作用还没有研究透。助催化剂附着在表面上，虽然它不是催化剂，但参与了选择性和反应活性提高的过程。这类添加剂通常是凭经验挑选的。

10.3.2.4 贴附晶粒表面的添加剂

这些添加剂是在制成陶瓷之前掺加在最开始的混合料中的。它们一般是些金属氧化物或其他化合物，但大多数情况下它们不属于陶瓷晶粒的组成成分。它们的作用是与它们分布在沿晶粒表面的位置有密切关系的。在许多工作中，都对各种添加物对陶瓷敏感材料的影响作了研究，例如，以上这些报告中所引用的文献。关于 SnO_2 的可得到的资料很少，对 ZnO 研究得较广。致力于这方面问题的早期论文之一探讨了，在 SnO_2 中掺有 Mn、Co、Ni、Cu、Ru、Rh、Ag 和 $La_{0.6}Sr_{0.4}CoO_3$ 后，对其测定 CO、H_2、C_3H_8 和 CH_4 气体的灵敏度的影响。

如何影响取决于添加剂和气体两方面。在所有情况下，Mn 和 Co 都可降低传感器的灵敏度，但与此同时，Mn 使测 H_2 气体的最大灵敏度温度从 200℃ 提高到了 300℃，而对 C_3H_8 气体则是从 350℃ 降低到了 300℃。另一方面，Co 和 Na 在测 CO 气体时使温度有所降低，但关系到 H_2 检测时，却使温度提高了。

SnO_2 中加入 Al 或 Ni 时，对 CO 气体的最大灵敏度温度基本维持不变，但由于 Al 的存在，其灵敏度几乎增长了两倍。贱金属的作用很明显是与陶瓷晶粒体性质无关的，因为呈现出对气体有固定的选择性。关于这种作用的性质至今尚未搞清楚，不过倾向于认为是电子性机制。很可能金属原子建立了活性的表面态。

举例来说，在 SnO_2 中添加有 Ag，那么在氧化过程中 Ag 会生成受主型表面能级，但在还原性气体中则生成施主表面能级。另一方面，当在 SnO_2 中存在金属和催化剂的复合效应时（例如 Pd 或 Pt 与 La_2O_3 一起添加时），对乙醇气体的灵敏度大幅度增长，特别是 Pt 时，增长尤其激烈。可能，除了在表面上的金属原子的纯电子行为影响了表面的化学活性外，还复合了对气体分子沿表面的溢流过程的影响。因为它的作用可以理解为也是一种加速剂（助催化剂）。

各种金属及其氧化物添加剂对气敏传感器灵敏度的作用还涉及到陶瓷晶粒尺寸。这些添加剂在陶瓷的烧结过程中会促进或抑制晶粒的生长过程。

10.3.2.5 用陶瓷晶粒大小控制陶瓷传感器的灵敏度

已有实验研究了各种杂质和陶瓷晶粒尺寸对 SnO_2 相对于不同气体时的灵敏度的影响。在试验对 H_2、CO 和 $i-C_4H_{10}$（异丁烷）气体的灵敏度时，取得了相当好的灵敏度和晶粒尺寸间关系曲线。当晶粒尺寸缩小时，灵敏度上升，并且当尺寸小于 10nm 之后，灵敏度的提高速度特别快。但对 C_2H_5OH 气体来说，含有不同添加物时，灵敏度值的离散很大。

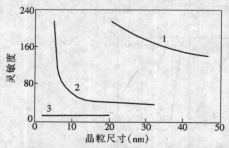

图 10-16 掺杂和不掺杂 SnO_2 敏感元件对 H_2 气体灵敏度和 SnO_2 晶粒尺寸间的关系

1—掺 Al；2—不掺杂；3—掺 Sb

例如，添加 La 时，最大灵敏度出现在晶粒尺寸大约为 20nm 时。图 10-16 示出了 SnO_2 传感器的晶粒尺寸和 H_2 气体灵敏度的关系曲线，H_2 气体的浓度为 800×10^{-6}，测量温度 130℃，并针对不加添加剂和添加了 Sb 和 Al 的情况。这组曲线说明，除了晶粒尺寸，添加物的性质同样会影响传感器的灵敏度。

测量条件：空气中 H_2 气体浓度为 800×10^{-6}，温度 130℃，研究了在烧结温度为 800℃、1100℃、1200℃、1300℃ 时测量的 SnO_2 传感器对甲烷气体（1000×10^{-6}）和对酒精气体（100×10^{-6}）的灵敏度。当温度提高时，两种气体的灵敏度都下降，换句话说，随着晶粒尺寸增大灵敏度降低。对甲烷气体，其最大灵敏度温度维持不变，但对酒精气体而言，烧结温度较高时，最大灵敏度温度有上升的趋势，烧结温度为 1300℃ 时，直到工作温度达 500℃ 仍不出现最大值（参阅图 10-17 和图 10-18）。

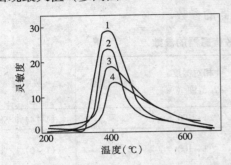

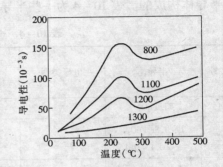

图 10-17　二氧化锡对甲烷气体（1000×10^{-6}）
的灵敏度与工作温度的关系曲
1—800℃；2—600℃；3—1100℃；4—1300℃

图 10-18　二氧化锡对酒精气体（100×10^{-6}）
的电学响应与工作温度的关系

晶粒尺寸的效应可以用耗尽层厚度 d 与晶粒尺寸 D 之间的比值发生的改变来解释。一般来说，传感器的阻抗取决于晶粒间界上的势垒高度和晶粒体电导率。如果晶粒很大，即 $D \gg d$，那么生成的势垒数量有限，因而阻抗相对较低。一旦二者的尺寸接近时，那么晶粒间会出现某些"瓶颈"，这些瓶颈主导了阻抗。"瓶颈"尺寸越窄，阻抗就越大。如果耗尽层的厚度比晶粒尺寸还大，那么电阻将是晶粒体积的函数。实际上，如果晶粒尺寸小于 5nm 时，已经观察到电阻急速上升的现象。现实情况中，在气体环境中晶粒尺寸较小，意味着表面较大，从而灵敏度较高。

讨论的三种耗尽层厚度与晶粒尺寸间比值关系可按下述方式分类：$D \gg 2d$ 时，晶粒间界起控制作用；$D \approx 2d$——"瓶颈"控制；$D \ll 2d$——晶粒控制。显然，这些控制途径涉及到添加剂作用的两个或三个方面：晶粒尺寸；晶粒体内的自由电子的浓度；以及表面受主能级的密度。因此要控制表面耗尽层的厚度。这个方法可能最适用于厚膜传感器，因为它的烧结温度较低，因而晶粒增长较慢。因此，就陶瓷传感器而言，如果在制造工艺开始阶段就采用小粒度的氧化物，那么就可以实现有效的控制。

图 10-18 经过不同的热处理后，二氧化锡对酒精气体（100×10^{-6}）的电学响应与工作温度、晶粒尺寸的作用确实是多方面的。如果尺寸较小，那么多孔结构较为发达，并且表面积比也较大。在这类情况时，电阻的变化也是比较明显的。

烧结温度较高时，陶瓷的密度增大，因而孔隙表面在测定灵敏度时的贡献可以忽略不计。与此同时形成了晶粒的链接，沿它们间的晶粒间界上的势垒也不复存在，其结果是，电阻和对气体的灵敏度都会降低。

10.3.2.6 利用过滤器

这个方法相对敏感元件的构造来说是比较精确的。使用过滤器的目的在于允许特定的气体进入或阻挡特定气体的通过。例如，对于控制 H_2 气体来说是一种方便的办法，因为很容易设置一个足够小直径孔的过滤器，它只允许氢分子通过。

10.4 湿度传感器

多孔陶瓷湿敏传感器有三类：由单种氧化物制造的；由钙钛矿类氧化物制造的；由接触型半导体构成的。表 10 - 4 为一些半导体湿敏传感器的参数。

表 10 - 4 一些半导体湿敏传感器的参数

序号	半导体	电导类型	相应的工作温度（℃）	相对湿度 RH 范围（%）	响应时间	灵敏度
1	$LaFeO_3$	N	室温	1 ~ 100		$(1 ~ 4)\%/\%$
2	$La_{1-x}Sr_xFeO_3$, $x = 0.1 ~ 0.4$	P	室温	1 ~ 100		$(1 ~ 6)\%/\%$
3	$Sr_{0.9}La_{0.1}SnO_3$	N	300 ~ 400	0.5 ~ 100	5min	$G ~ P_{H_2O}^{0.23}$
4	$Sr_{0.9}La_{0.1}TiO_3$	N	300 ~ 400	0.1 ~ 100	5min	$G ~ P_{H_2O}^{0.13}$
5	$Ca_{0.9}La_{0.1}SnO_3$	N	400	1 ~ 100	5min	$G ~ P_{H_2O}^{0.18}$
6	$Sr_{0.9}La_{0.1}TiO_3$	N	400	0.5 ~ 100	5min	$G ~ P_{H_2O}^{0.12}$
7	$SrTiO_3$	P	300 ~ 400		5min	
8	$SrSnO_3$	N	300 ~ 400		5min	
9	$Ni_{1-x}Fe_xO_4$	P		1 ~ 100		
10	$ZrO_2 - MgO$	N	- 10 ~ 700	$10^{-1} ~ 10$		
11	SnO_2（Pt，Al_2O_3，MnO_2）	N	10 ~ 50	1 ~ 100	1min	
12	$(ZnO)_{1-x}(WO_3)_x$ $x = 0.01 ~ 5$	N	室温	14 ~ 100		
13	$LaCrO_3$	contact	20 ~ 30	0 ~ 100	30 ~ 90s	
14	$ZnO - Ni_{1-x}Li_xO$	heterocontact	室温	2 ~ 90	< 1min	

10.4.1 单氧化物半导体多孔陶瓷传感器

目前由单氧化物半导体开发的传感器有 ZrO_2、SnO_2 和 ZnO 等传感器。

10.4.1.1 ZrO_2 为基材的体系

以 ZrO_2 为基材制成的湿敏陶瓷材料，通过掺杂最多不超过 30mol% 的 MgO、BaO、BeO、

SrO、CdO 或 Al$_2$O$_3$ 已形成了整整一族，并已取得了专利。它们大都可能是含有氧缺位的稳态立方锆结构，并是 N 型电导率。

另一族是包含了 Ta$_2$O$_5$ 和 Nb$_2$O$_5$，掺杂量可高达 50mol％的材料。显然，Ta 和 Nb 是施主型杂质，用此制成的传感器电导率随相对湿度升高而增加。

日本 Matsushita 公司宣布了一种命名为 "Neo – Humiceram" 的传感器生产技术，用它制造的掺杂 MgO 陶瓷，在很宽的湿度量程内（$100 \times 10^{-6} \sim 10000 \times 10^{-6}$）和极宽的温度范围内（$-10 \sim 700℃$）具有很高的灵敏度。传感器经过 1300℃的烧结，其电极由 RuO$_2$ 制成。

10.4.1.2　TiO$_2$ 基体系

已取得专利的材料是掺杂了不超过 5mol％的 BeO、BaO、MgO、Al$_2$O$_3$ 和 ZnO，其导电率为 P 型。这类材料的电导率随湿度增加而降低，它们具有典型的 P 型半导体特性。工作温度可高达 600℃，在含有 3000×10^{-6} 乙醇的气氛环境中也能正常工作。

10.4.1.3　SnO$_2$ 基体系

对于厚膜传感器，典型例子的成分由 85％SnO$_2$、10％Al$_2$O$_3$ 和 5％TiO$_2$（重量比）构成，其基板为 Al$_2$O$_3$ 陶瓷，浆料的烧结温度是 700℃，电极为 Au。为了保护敏感层免遭炽热气体的影响，在其上涂覆了一层由 Pt、Al$_2$O$_3$、MnO$_2$ 制成的过滤层。在基板的另一面安装了 RuO$_2$ 加热器，可加温到 600℃。在测量范围 20％ ~ 100％ RH 内，电阻和相对湿度间的关系曲线很陡，具有 $\ln RH = -4 \times 10^{-3} R + \alpha$ 的性质，其中 α = 截距。观察到了其他气体对它有很大的干扰作用，因为过滤层亲 H$_2$ 和 C$_2$H$_5$OH。

10.4.1.4　ZnO 基体系

对掺杂有 WO$_3$ 的 ZnO 陶瓷的研究结果表明，杂质浓度在低于 0.5mol％时，陶瓷的灵敏度很高，但在较高掺杂浓度时，陶瓷的密度增加，而其灵敏度衰减。测定在 1100℃中烧结 2h，掺杂 0.01mol％和 0.5mol％浓度的陶瓷的电阻和电容与相对湿度间的相互关系，其结果示于图 10 – 19。

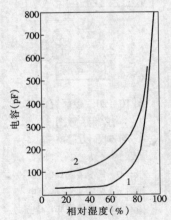

图 10 – 19　WO$_3$ 掺杂 ZnO 陶瓷的
电容 – 湿度特性曲线
1—含 0.01mol％WO$_3$；
2—含 0.5mol％WO$_3$

发现两种成分的特性曲线有很大的不同：曲线 2（含 0.5mol％的 WO$_3$ 杂质）的灵敏度覆盖整个测量区，而曲线 1（含 0.01mol％的 WO$_3$ 杂质）只有当 RH 大于 55％时才有明显的灵敏度。曲线 1 的特性和那些称为露点传感器的很相似。

所谓露点传感器是由掺杂有 MgO 和 TiO$_2$ 的 Cr$_2$O$_3$ 陶瓷做成的，这些传感器的电阻值在 80％ RH 左右突然锐减。利用它们的这个特性，可以把它们做成监视和控制湿度的关键元件。

两种成分陶瓷的特性曲线差异可以用它们不同的孔隙结构和尺度来解释。曲线 1 的成分很难烧结，因而生成的孔隙较大，在低温度时的电阻也较高。显然，增加了 WO$_2$ 含量的材料 2 中导致生成了小尺寸孔隙，从而在低湿度时，其灵敏度也高。成分 2 的电容与相对湿度之间的依从关系符合下式：$C = C_o \exp(-Kc/RH)$，其中，$Kc = 182$。

上述陶瓷材料的伏安特性曲线是非线性的，并且在空气中其非线性指数也是相对较小的，$\alpha = 3 \sim 5$。相对介电常数为 $1000 \sim 10000$。这些参数说明，在它们的晶粒间界上存在势垒。

在这些基础上可以得出结论，所研究过的传感器是半导体型的。那些在孔隙内、吸附在陶瓷晶粒表面上的水蒸汽，不足以本质性地改变系统的相对介电常数。

10.4.2 钙钛矿型氧化物半导体陶瓷湿敏传感器

10.4.2.1 $La_{1-x}Sr_xFeO_3$ 体系

该体系研制的传感器都是用常规陶瓷工艺制备的：在 800℃ 时焙烧 12～20h，并在 1300℃ 烧结长达 12～24h。电极用含钙浆料制造，对湿度灵敏度的测定工作应用 1.5V、100Hz 电源。传感器上串接了一个标准电阻，然后测量其电流（如图 10－20）。一些不同成分传感器的特性曲线示于图 10－21。

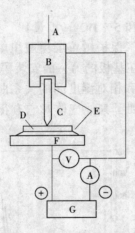

图 10－20 被研究的传感器示意图

A—可调压力；B—金属针极的夹具；C—金属针极；D—钙钛矿型氧化物薄片；E—银或碳基导电浆料；F—金属衬底；G—直流电源

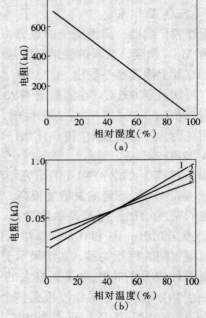

图 10－21 一些 $La_{1-x}Sr_xFeO_3$ 传感器的电阻－湿度特性曲线

(a)$x=0$;(b)$1-x=0.1,2-x=0.2,3-x=0.3$

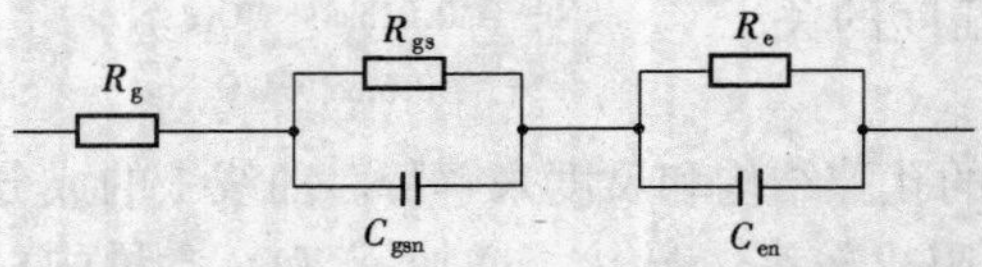

$LaFeO_3$ 的阻值随相对湿度的增长而下降，但在掺杂了 Sr 的陶瓷，其阻值也增加。在这些条件下获得的结果，可以用两方面的因素得到合乎逻辑的解释，即两种不同类型材料的不同电导性质，以及吸附水蒸汽的施主性质。而用质子电导性来解释这些现象是不太合理的。

图 10－22 示出了其等效电路模型，它是以阻抗

图 10－22 $La_{1-x}Sr_xFeO_3$ 传感器的等效电路图

R_g—晶粒电阻；R_{gs}—晶粒表面电阻；C_{gsn}—晶粒表面的"非德拜"电容；R_e—电极表面电阻；C_{en}—电极表面"非德拜"电容

348

分析为基础得出的。晶粒的电导率值与湿度无关，而电极的累积效应明显，并且电极的容抗和阻抗又与湿度有很大关系。在 $x > 0.5$ 以后灵敏度下降。上述传感器在低湿度时，其电阻相对也较低。

10.4.2.2　钙、锶的钛化合物和锡化合物

对下述成分的陶瓷材料：$SrSnO_3$，$SrTiO_3$，$Sr_{0.9}La_{0.1}TiO_3$，$Sr_{0.9}La_{0.1}SnO_3$，$Ca_{0.9}La_{0.1}TiO_3$ 和 $Ca_{0.9}La_{0.1}SnO_3$，在 1300 ~ 1500℃ 的温度区间内烧结 6h 后，研究结果表明，传感器的行为取决于陶瓷的电导类型，与 $La_{1-x}Sr_xFeO_3$ 的相似。

10.4.2.3　接触构成的半导体型陶瓷湿敏传感器

以金属和 N 型半导体陶瓷 $LaCrO_3$ 构成的、具有中等电导率的二极管式传感器，其结构与第一只点接触晶体管很相似。对不同金属触点的伏安特性曲线的研究结果表明，接触的正向和负向电阻值在干燥空气中有所不同，而在潮湿空气中只有正向电阻变化。通过测定 Al 和 Fe 点电极晶体管在干燥空气和潮湿环境中的伏安特性曲线，测定温度范围为 25 ~ 50℃，发现它和温度、湿度有很强的依从关系。

解释为，在湿润环境中伏安特性曲线的变化是与吸附水分子之后肖特基势垒下降相关的。对于用 $ZnO - Ni_{1-x}Li_xO$ 异质结制成的湿敏传感器，ZnO 陶瓷是 N 型的，而掺杂 Li（$x = 0.01 ~ 0.5$）的 NiO 陶瓷则是 P 型电导。

预制成的小圆片在 725 ~ 1400℃ 中，而 NiO 小圆片在 1500℃ 中烧结，时间均为 5h。圆片的两面都用 $1 ~ 25\mu m$ 粒度的砂纸抛光，然后圆片在丙酮浴中用超声波粘合。在各种湿度条件下，对 ZnO - ZnO 和 NiO - NiO 同质结以及异质结的伏安特性曲线的测试结果说明，对 ZnO - ZnO 结来说，接触的正向与反向电阻均随湿度增加而增高，但在 NiO - NiO 时，电阻均下降。这些行为很容易用陶瓷的导电类型和水分子的施主作用来解释。

异质结呈现出伏安特性的非线性特征，对湿度灵敏度高。在电压一定时，湿度增高，则正向电流按指数方式增大。这个现象可解释为 ZnO 有较高的灵敏度，并且圆片间的势垒较低。如果提高 ZnO 的烧结温度，增大砂纸的砂粒粒度，那么接触传感器的灵敏度还会增加。Li 的最佳掺杂量是 $x = 0.03$。如果掺杂浓度过高，那么会形成第二相，同时灵敏度劣化。

10.4.3　多孔陶瓷湿敏传感器的应用

10.4.3.1　概述

湿敏传感器已经广泛地用于工业制造、医疗卫生、林业和畜牧业等各个领域。在家用电器中用于生活区的环境条件监控、食品烹调器具和干燥机的控制等。

陶瓷湿敏传感器中有潜力的应用对象是家用空调器、微波炉、视频录像机以及一些其他家用电器。在种植业的暖房中，最佳的蔬菜生长条件不仅使植物的生长和成熟周期缩短了，而且通过湿度的调节可以防止有害病变的发生。在许多工业领域中需要进行干燥处理，通过控制相对湿度的方法，可以保持最佳的干燥条件，因而可以在节约能耗的条件下，确保被干燥产品质量的一致性。

食品味道的改变在很大程度上与其中水分含量有关，控制水分含量就能保持所生产食品的质量。在食品制造工业中，对生产线的在线过程全都需要对水分含量进行监测。

湿敏传感器同样也用于电子工业。在生产工艺过程中必须对静电事故给予特别的关注。

静电电荷的数量与湿度有直接关系，出于这个原因，在电子工业中必须将湿度调控在一个特定的范围内。

10.4.3.2 陶瓷湿敏传感器的实际应用

陶瓷湿敏传感器已广泛应用于各类机具中，例如湿度计、空调器、增湿机、去湿机、微波炉等。

（1）湿度计

湿度计是测量各种介质中含湿量的仪器。基于陶瓷湿敏传感器，已制成一系列不同的湿度计。介绍一种名为"Chichidu 湿度计 CH‒1"的数字式湿度计，生产者是 Chichidu Cement 公司，它有下列工作特性：

湿度测量范围	$15\% \sim 100\% RH$
测量精度	$\pm 4\% RH$
湿度计的工作温度范围	$0 \sim 40℃$
传感器的输出信号	幅度变化为 $0 \sim 10V$
最大电源消耗	22W（包括加热器加热功率15W）

湿度计显示出有很高的灵敏度和可靠性。采用了热敏电阻对陶瓷传感器的特性进行温度补偿。

（2）空调器

空气调节系统需要多种传感器，例如温度、湿度和空气成分等的监控。空调器中装备了带有微处理器的传感器之后，可以大幅度降低能源消耗，提高系统的效率，并且能提供最合适的生活条件。

陶瓷湿敏传感器在空调器中的安装有两种方式。第一种方式是将传感器安置在进气流中，这种方式的主要优点是传感器的响应较快，但缺点是进气的湿度已经调控了，它可能与房间中空气的湿度不一样，而且它可能因与污染气体相接触，比较容易损坏。第二种方式是将传感器安置在进气通道的外面，例如安装在控制电路板上。这时，传感器的响应能力可能有一定的下降，不过，由于尘粒碰撞传感器表面，从而引起它失效的可能性较小，因而采用这种方式的较多。

（3）空气增湿器和除湿器

陶瓷湿敏传感器可以用于空气增湿器和除湿器的相对湿度监控。用于这方面的目的时，传感器要么安装在风扇产生的空气流中，要么安装在控制单元上。用第一种安置方式时，为了延长传感器的工作寿命，应该在空气进入传感器的前方增设一个空气过滤器。

（4）微波炉

在微波炉中，陶瓷湿敏传感器用于监测食品烹制成熟程度。食品原料或多、或少地含有水分，加热时它们将蒸发成水气，因此通过测定炉中的湿度可以监控食品的加工过程。微波炉中的湿度变化范围很大，约从百分之几的相对湿度一直到百分之百。同时，温度上升很快，在几分钟之内达到100℃左右。此外，除了水蒸气，还有大量不同的有机挥发物从食品原料中发散到微波炉中。在这种条件下，大多数湿度传感器无法正常工作。只有一定类型的陶瓷传感器才能克服这些难点。

把用于微波炉的陶瓷湿敏传感器，安装在食品加工过程散发的水蒸气流经的通风区域。由于空气中的杂质、油蒸汽、颗粒物等会粘附在陶瓷传感器上，使它的灵敏度下降。因此，为了使它能保持原有的性能，通常选用再生型（例如通过热处理）的陶瓷传感器。在食品加工开始前和结束后，对传感器进行热清洁处理，把传感器表面上的沾污物清除掉。

微波炉开关接通后，就会有一个信号执行热清洁处理，传感器性能得以复原。微波炉的烹调过程可以分为两个阶段。第一个阶段（初始加热过程），磁控管启动后食品开始加热。相对湿度开始时增大，但然后开始减少，并达到某个最低值。进入第二阶段时，继续加热又产生更多的水蒸气，相对湿度重新增大，一直到食品最终加工完成。第二阶段包括的时间是从相对湿度的最低谷开始的，一直到烹调的完成。显然，这个时间的长短与食品原料有关，因此它的设定应与初始加热时间成比例，并按不同食品原料性质调整。

采用上述微波炉的控制方法，只要通过按钮选定被加工食品的类型，而不再需要按照食品的体积、质量选择加热时间等旋钮，就可以加工任何品种的食物。

由于陶瓷湿敏传感器的这些特点、参数、特性，它们还被广泛用于不同工业领域的装备中，例如化学工业、造纸工业、食品工业等；也可用于林业，例如土壤监测、暖房种植业等；用于医学卫生例如消毒灭菌、微生物培养等；以及制药业和许多其他领域。

10.5　多功能传感器

陶瓷传感器是用化学、物理及热性能稳定的金属氧化物高温烧结而成，具有耐热、耐磨、耐腐蚀等优良性，不仅应用于光、位置、热、电磁波等多种检测领域，而且最适宜用在条件苛刻的气氛中。作为传感器的敏感元件的特种陶瓷，最初主要着眼于它的介电性、磁性及半导体，尽可能使材料固有的特性发挥出近似与单晶的水平。例如，温度传感器利用的是陶瓷的热点效应，超声波传感器利用的是陶瓷的压电效应。

后来人们发现利用陶瓷上的孔隙，让水蒸气通过这些气孔，在陶瓷内部扩散并吸附于粒界表面，将引起界面导电率的变化，从而研制出新型的功能元件，这种具有粒界、粒体、表面、气孔结构的特种陶瓷，不但能用于制造温度或气体传感器，而且被认为是能适用传感器元件多功能在内的多孔陶瓷材料。因为众多陶瓷都具有多功能性质。

在单功能元件中，为了避免材料的各种功能相互影响，往往采取特殊方法将不同的功能与有的功能加以分离和隔离，如果我们能有效地利用分离和隔离技术，使材料的各种功能平等地发挥出来，则可能得到各种多功能元件。作为传感器的陶瓷，今后要着重研究的是如何进一步提高原料的纯度，如何控制结构和尺寸精度。此外，还必须开发一系列新技术，例如，能将一个晶粒作为单一功能元件使用的晶粒控制技术、提高气孔率和机械强度的技术、陶瓷与硅半导体的结合法、高温烧结膜化技术及微弱电信号放大技术。

在工农业生产、储存、运输及日常生活中，经常需要对环境（温度、湿度、气体）进行各种检测。如空调机、纤维工业、烟厂、酒厂粮库、气象观察、功能陶瓷的生产、食品工业都需要同时检测温度、湿度甚至各种气体。通常这都是用几种单功能传感器集在一起完成的。相继出现的多功能传感器，特别是多功能陶瓷传感器，不但能完成几种检测，而且能更充分地利用计算机的优势。

10.5.1 多孔陶瓷光湿敏传感器

10.5.1.1 光湿敏传感器原理

多孔陶瓷在光敏元件中的应用主要是作为光湿敏传感器元件。利用硅作衬底的陶瓷钛酸镧锶（SrLaTiO$_3$）材料制作光湿敏半导体元件，独特的 MIS 结构元件，既具有光敏特性，又可以测量湿度信号。利用光，湿特性元件设计成光湿敏元件在许多领域都有广泛的应用，主要产品有 LED、激光器等。

光湿敏元件及传感器制造使用的材料有很多种，陶瓷钛酸镧锶是其中一种。掺入 La 的 SrLaTiO$_3$ 对可见光敏感。通过测定，掺入 La 的 SrLaTiO$_3$ 在波长 380～760nm 范围内存在吸收光谱，同时 Sr$_{1-x}$La$_x$TiO$_3$ 是一种多孔瓷材料，对水分子有物理化学吸附，使综合介电常数发生变化，从而实现 MIS 电容器的电容量或电流对相对湿度产生敏感。

在图 10－23 中，元件 1、3 端的 MIS 电容器特性对湿度信号敏感，即测量湿度信号利用 1、3 端；元件 1、2 端的薄膜电阻对可见光敏感，即测量光信号利用 1、2 端。元件的敏感材料为 SrLaTiO$_3$ 材料，元件中采用 SiO$_2$ 层起绝缘作用，且有利于敏感元件的微型化和集成化。MIS 利用平面工艺设计，既具有电容特性，对湿度敏感，又具有电阻特性，对光信号敏感。图 10－24 为其结构等效电路。

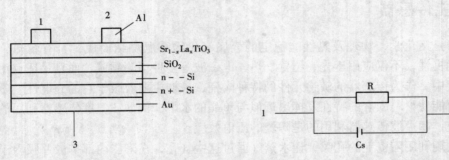

图 10－23　MIS 结构元件　　　　　图 10－24　MIS 的结构等效电路

在图 10－25 中 L－RH 是 MIS 结构元件，E$_1$ 是给元件提供支流电压的电源，R$_1$ 是测量采样电阻，电阻两端的电压 V$_2$ 就是反映元件 L－RH 的光特性，A$_1$ 是放大器，电压 V$_2$ 经过放大后输出 Vh0～5V。测量范围 0～1000lx，响应时间小于 0.5 秒。

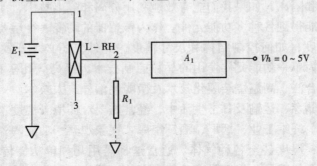

图 10－25　光敏传感器电路

图 10 − 26 中，A_2 是给元件 L − RH 供电的电流电源，电阻 R_2 是湿敏信号的取样电阻，电压 V_3 的变化反映元件的湿敏特性，电压 V_3 经过 A_3 放大，有效值转换后输出电压 $VL = 0 \sim 2V$，可以直接输出到测量仪表。

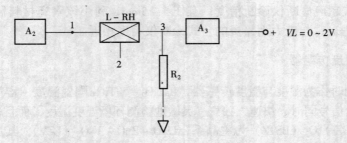

图 10 − 26　湿敏传感器电路

制作成的 MIS 结构的敏感元件对光、湿信号敏感度与信号的大小成线形关系，这种机构具有很好的集成化，多功能特性，利用 MIS 结构的元件设计的传感器，可以用一只元件既测量光信号又测量湿信号。

10.5.1.2　智能光湿敏测量仪

在传感器电路的基础上，设计出以单片微机、数字和模拟电路组成的智能测量仪电路，光湿敏传感器的湿敏交流信号经过交流与直流有效值转换电路，进入多路模拟开关电路，光敏直流信号直接输入到多路模拟开关电路，单片机控制多路模拟开关，分别对湿敏、光敏信号进行采样。单片机通过显示与键盘电路控制 4 位 LED 显示和键盘。单片机的程序烧录在程序存储器，湿敏、光敏特性的校准常数、补偿数据、测量方式、湿度上下限报警参数都存放在 EEPROM 存储器中。

10.5.1.3　精度补偿

首先设置测量仪的工作方式为显示测量电压，不具有补偿性能。将测量仪的测量湿度传感器放入测量湿度系统中，当测量湿度在 12.0% ~ 91.4% 范围变化时，表中测量数据与相对湿度之间类似指数关系，测量数据是光湿敏传感器、信号转换电路的总和，若不加补偿，其误差为 19%，这样测量仪的精度就很低。

智能测量仪配有单片机，可以利用软件对采集到的数据进行补偿。软件对非线性误差进行补偿的方法很多，我们采用最小二乘法，对测量数据进行曲线拟合。首先是在满足测量精度的前提下，求出函数的多项系数，最后得到拟合函数，将多项系数存入 EEPROM 中。在每次测量时将测量数据代入函数，经过运算后得到的数据就是相对湿度数值。

采用硅衬底的 $Sr_{1-x}La_xTiO_3$ 薄膜元件结构（MIS）填补了国内空白，在国际上尚属鲜见。将 MIS 结构的光湿敏元件作为湿度和光敏传感元件设计成智能光湿敏测试仪，可方便地对元件性能进行检测，完善了元件的半导体制备工艺技术，并确定了元件的工作电参数。

10.5.2　多孔陶瓷力敏传感器

俄罗斯开发出一种用于诊断的新型多孔陶瓷材料，用该陶瓷材料制成的压力变换器可大大提高医用便携式超声诊断仪的精度。压力变换器是用多孔陶瓷材料制成的，材料内部小孔的大小、形状和分布会影响压力变换器的超声测量效果。俄罗斯立罗斯托夫大学研究人员利用专门的数学方法计算出小孔的最佳大小、形状和分布情况，并利用他们自己开发出的材料合成技术，向传统用来制造多孔陶瓷材料的固体锆钛酸铅溶液中冲入气泡，从而得到理想的用来制造压力变换器的多孔陶瓷材料。

目前的便携式超声诊断仪诊断精度只有 $3.5 \sim 5mm$，利用该陶瓷材料制造的压力变换器可以使精度达到 $2mm$，与庞大而昂贵的台式诊断仪精度相近。

10.5.3 湿度 – 温度传感器

多孔陶瓷可同时作为湿度与温度传感器，$BaTiO_2 – SrTiO_3$ 陶瓷温度 – 湿度传感器是最常用的元件，它能以电信号同时、快速、独立、灵敏地检测环境温度湿度，而且性能稳定。研究表明（Ba、Sr）（Ti、Zr）O_3（BSTZ）为主晶系，$Li_2O – ZnO – V_2O_5$（LZV），其主晶相介电系数随温度变化大，多孔陶瓷表面电导随湿度变化敏感。$Ba_{1-x}Sr_xTiO_3$ 多孔陶瓷的介电系数和温度的关系如图10 – 27；居里温度 $T_x = -50℃$ 时，$Ba_{1-x}Sr_xTiO_3$ 的电容与相对湿度的关系如图 10 – 28。

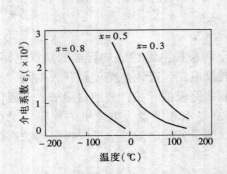

图 10 – 27　多孔陶瓷介电系数与温度的关系

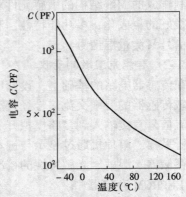

图 10 – 28　电容与温度的关系

图 10 – 29 为 10Hz 时电阻与相对湿度的关系。图 10 – 30 为电容与相对湿度的关系。对环境变化的响应是，与热敏电阻近似相等；电阻对相对湿度变化的响应时间为几秒。在加热清洗条件下，性能稳定。

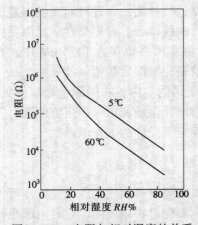

图 10 – 29　电阻与相对湿度的关系

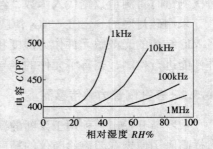

图 10 – 30　电容与相对湿度的关系

10.5.4 湿度 – 气体传感器

$MgCr_2O_4$ – TiO_2 陶瓷的结构具有典型的多功能性，是一种 P 型半导体。水吸附在晶粒表面上，主要是化学吸附。高温下吸附水气后，表面电导率发生变化。当工作温度低于 150℃ 时，具有良好的感湿性。随着湿度的增加，陶瓷的电阻明显下降（如图 10 – 31），滞湿小于 $0.5\% RH$，响应时间为几秒。随着还原性气体浓度的增加，阻值有不同程度的增大。

它还对各种气体不敏感，当温度高达 300 ~ 500℃ 时，它丧失了对水蒸气的敏感性，而对多种气体敏感，450℃ 时化学吸附 O_2 后，随着 O_2 浓度的增加，陶瓷的电阻下降，如图 10 – 32 所示。

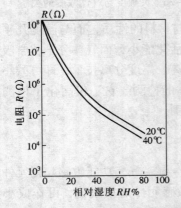

图 10 – 31 多孔陶瓷电阻与相对湿度的关系

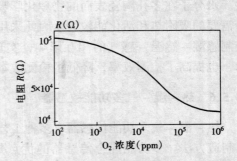

图 10 – 32 多孔陶瓷电阻与氧浓度的关系

图 10 – 33 表明 400℃ 时化学吸附烟雾使阻值增加的情况。$MgCr_2$ – TiO_2 多孔陶瓷已应用于环境湿度和乙醇、烟雾和高灵敏和选择性的检测。

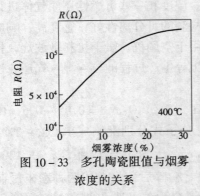

图 10 – 33 多孔陶瓷阻值与烟雾
浓度的关系

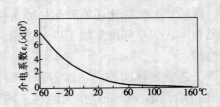

图 10 – 34 介电系数对温度的敏感特性图

10.5.5 温度 – 湿度 – 气体传感器

$BaTiO_3$ – $BaSnO_3$（简称 BTS）系列多孔陶瓷是一种新的铁电体 P 型半导体，它具有电容的温度变化率、电阻量的湿度变化率和还原性气体浓度变化都大的特点。因此能对环境气氛的温度 – 湿度 – 气体进行检测。介电系数对温度的敏感性（1kHz，3V）示于图 10 – 34；电阻对湿度的敏感性（1kHz，3V）示于图 10 - 35；灵敏度 α 与气体浓度的关系示于图 10 - 36。

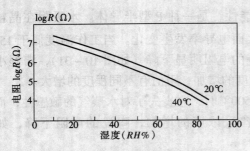
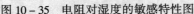
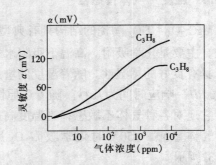

图 10 - 35　电阻对湿度的敏感特性图　　图 10 - 36　灵敏度与气体浓度的关系

因此，高频电场下，BTS 多孔陶瓷的介电常数主要取决与材料的性质，而与温度几乎无关。水分子在多孔陶瓷表面的物理化学吸附所需要的吸附和活化能小，而气体分子化学吸附所需要的吸附热和活化能较大。因此采用参量分离、频率分离、温度分离技术，即可减小和控制感湿 - 感温 - 感气的相互影响，实现温度 - 湿度、气体的检测。它不仅简化了检测技术，也提高了检测效率，降低了检测成本，且扩大了应用范围。

10.5.6　热 - 湿 - 气多功能敏感器

热 - 湿 - 气多功能传感器有多种工艺，在此介绍一种热 - 湿 - 气多功能敏感陶瓷元件及其制造方法。多功能混合传感器的优点是：可以实现器件敏感元件的集成化，可作成小型化、低电压工作的器件，器件温度特性好，易于组装，成本低，易于批量生产。

该多功能敏感元件是由 $Ba(Ti_{1-x}Sn_x)O_3$，$x = 0.05 \sim 0.5$ 组成的 P 型半导体多孔陶瓷，经过加入造孔剂，松装成型和轻度烧结形成二维连通网状结构。该工艺是利用介电常数与温度剧烈的依赖关系，以及水和气体在多孔陶瓷表面吸附导致电阻的显著变化，采用电参量分离、温度分离和频率分离技术，实现对环境气氛的温度、湿度和一些可燃性还原气体进行检测，在热 - 湿 - 气三方面都有良好的敏感特性，并具有检测的可分离性好，感度高，响应速度快，滞后小，抗氧化还原和耐热冲击性好等特点，可用于空调机、烘干机和微波灶，粮食和食品仓库，烟草和皮革加工以及纺织、印染和石油化工等生产过程的热 - 湿 - 气还原性气体的检测。

该工艺是这样实现的：作为基片的多孔陶瓷 $Ba(Ti_{1-x}Sn_x)O_3$，$x = 0.05 \sim 0.5$，由化学纯 $BaCO_3$，TiO_2 和 SnO_2 作为原料，按 $BaTiO_3 - BaSnO_3$ 分子式分别配制成 $BaCO_3 - TiO_2$ 和 $BaCO_3 - SnO_2$，然后进行湿法混合和烘干，在 $1000kg/cm^2$ 压力下压成坯体，在 1200 ~ 1300℃下保温 2 ~ 5h，再分别合成 $BaTiO_3$ 和 $BaSnO_3$ 熔块。粉碎后，将上述两种粉末配制成 BTS 混合料，进行二次球磨和二次烘干，掺入造孔剂并混合均匀（造孔剂为 BTS 混合料的 10vol% ~ 60vol%），然后进行成型，制成 $\phi 5mm \times 0.25mm$ 的生坯体，最后轻度烧结，形成具有一定颗粒和孔径，而且分布均匀的多孔陶瓷基片。这种多孔陶瓷具有三维连通的网状孔结构，其总孔隙率 $P = 25\% \sim 50\%$，然后在基片的一面丝网印刷并烧制成 RuO_2 多孔电极，另一面真空蒸镀金叉指电极，然后组装上电阻加热器，连线后即可对温度 - 湿度 - 气体进行检测。

此工艺制成的敏感元件的检测灵敏度与现有的单功能和双功能敏感元件灵敏度相当，可以由单个元件同时检测温度、湿度、还原性气体等三个功能，扩大了应用范围，简化了检测技术，提高了检测效率，降低了检测成本。BTS 多功能敏感元件可以在温度为 – 40℃ 到 150℃ 范围内检测温度，在相对湿度为 1% 到 100% RH 范围内检测湿度，在 400℃ 时检测丙烯、乙烯、乙炔和乙醇。

10.6　多孔陶瓷传感器的未来发展方向

10.6.1　纳米技术与多孔陶瓷传感器

10.6.1.1　多孔陶瓷传感器的缺陷

多孔陶瓷材料的研究与应用存在的问题主要表现在：材料的脆性，缺乏完整材料的大规模生产体系，缺乏对材料孔结构精确设计与控制的有效手段，缺乏将孔结构与力学性能相联系的有效模型。

10.6.1.2　多孔陶瓷材料制备技术面临的问题

尽管多孔陶瓷制备技术已从初期的摸索阶段逐步进入了应用阶段，但仍有很多问题有待解决。今后面临的主要有：①多孔陶瓷的首要特征是其多孔特性，选择适当的方法和工艺可以得到合适的多孔陶瓷。单纯得到气孔率很高的多孔陶瓷并不困难，但要控制孔径及其分布、形状、三维排列等，目前还很不理想；②有序、均匀、可控的三维气孔连通、高显孔率、高比表面，并且大孔、小孔和微孔相结合，可提供大的表面积和空间，还要今后进行深入和大量研究；③对于一定的实际应用必须使其同时具有相应的易加工性能，如提供适当的强度和加工特性；④为了增强多孔陶瓷性能和丰富其功能，多孔结构的化学修饰与处理将是另一个研究热点；⑤目前多孔陶瓷的制备生产还处在实验化阶段，或作坊式阶段，低成本、高生产率的工业化生产技术也是今后研究的重点。

10.6.1.3　纳米技术特点

纳米技术是指在 1 ~ 100nm 尺度范围内，对物质和材料进行研究处理的技术。纳米尺度下的物质世界及其特性是人类较为陌生的领域，也是一片新的研究疆土，在这种尺度下，有许多新现象、新规律有待发现，这也是新技术发展的源头。纳米科技是多学科交叉融合性质的集中体现，而现代科技的发展几乎都是在交叉和边缘领域取得创造性的突破。当微粒小于 100nm 时，物质的很多性能将发生质变，从而呈现不同于宏观物质的奇异现象"低熔点、高比热容、高膨胀系数，高反应活性、高扩散率，高强度、高韧性，奇特磁性，极强的吸波性"。如：纳米相陶瓷是摔不破的，且具有的高硬度、高韧性、低温超塑性、易加工等传统陶瓷无与伦比的优点。纳米科技将引发一场新的工业革命。

10.6.1.4　纳米技术应用于多孔陶瓷传感器

利用纳米微粒巨大的表面积、高活性和特异物性的特点，可以制成气敏、湿敏、光敏、热敏等多种传感器，其优点是响应速度快，灵敏度高，选择性优良。所以，纳米材料在传感领域有广阔的应用前途。

纳米材料具有十分奇特的力学性能，如，研制成的纳米陶瓷材料具有十分优异的强度、硬度、韧性、弹性模量和抗高温蠕变性能，使之可以机械加工、弯曲，而且耐高温。美国还在研究航天器和发射环境保障用的微型传感器；执行空间和空中任务的微米/纳米压力和温度传感器；用于航天航空的微型机械设计与制造的摩擦学；用于航天和导弹系统的爆炸系统等领域。

许多纳米无机氧化物都具有气敏特性，对某种或某些气体有极佳的敏感性以外的其他气体不敏感，长期使用性能稳定。半导体纳米传感器的灵敏度高、性能稳定、结构简单、体积微小，近年来得到了迅速的发展，在一些发达国家已进入实用性阶段。

半导体纳米气体传感器是利用半导体纳米陶瓷与气体接触时，电阻的变化来检测低浓度气体。半导体纳米陶瓷表面吸附气体分子时，根据半导体的类型和气体分子的种类不同，材料的电阻率也随之发生不同的变化。半导体纳米材料表面吸附气体时，如果外表原子的电子亲合能大于表面逸出功，原子将从半导体表面得到电子，形成负离子吸附；相反，则形成正离子吸附。利用纳米材料制成的气体传感器，其气体的吸附和脱离速度快，赋予传感器更加优异的性能。

湿度传感器可以将湿度的变化转换为电讯号，易于实现湿度指示、记录和控制的自动化。湿度传感器的工作原理是由半导体纳米材料制成的陶瓷电阻随湿度的变化关系决定的。纳米固体具有明显的湿敏特性，巨大的表面和界面，对外界环境湿气十分敏感。环境湿度迅速引起其表面或界面离子价态和电子运输的变化。例如，$BaTiO_3$ 纳米晶体电导随水分变化显著，响应时间短，$2min$ 即可达到平衡。湿度传感器的湿敏机制有电子导电和质子导电等。例如，纳米 $Cr_2O_4TiO_2$ 陶瓷的导电机制是离子导电，质子是主要的电荷载体，其导电性由于吸附水而增高。所用纳米材料制成的湿度传感器有很高的湿度活性，湿度响应快，对温度、时间、湿度和电负荷的稳定性高。

纳米材料在传感器上体现的性能还有很多，如热敏性、磁敏性、多功能敏感等。纳米传感器的特征是比表面积大。随着接触面积的增大，便出现了许多特异的性能，可满足传感器功能要求的敏感度、响应速度、检测范围等。

纳米材料因其独特的性能在传感器工业上显示出广阔的应用前景，各发达国家，如日、美、法、德等均投入巨资对其加以研究，我国作为纳米材料研究的世界八强之一，也正加大科研力度。为提高我国传感器工业的竞争实力，我们有必要把高科技的纳米技术引入传感器行业，开发出微型化、集成化、智能化、多功能、高附加值的传感器新品。

10.6.2　信息综合技术

多孔陶瓷传感器大多是复合传感器，多孔陶瓷传感器的发展方向是高可靠性、多功能、微型化、集成化和智能化。而且在现代工程应用中，传感器技术应用于机器人技术、机电一体化、柔性制造系统等控制技术，随着应用系统逐渐扩大，所需的功能也越来越复杂，使用的传感器种类也相应增多，多传感器融合技术就是对同一检测对象，检测不同信息的处理方法在多传感器系统中，信息表现为多样性、复杂性以及大容量，信息处理不同于单一感检测处理技术，多传感器信息融合技术已成为当前的一个重要研究领域。随着传感器技术、数据处理技术、计算机技术、人工智能技术等相关技术的发展，多传感器信息融合必将成为未来复杂工业系统的重要技术。

多孔陶瓷特有的结构与材料性能使它可以作为热、湿、磁、电、力、气体等传感器的敏感元件，而且多孔陶瓷可以作为热–湿–气多功能传感器等多功能传感器的敏感元件。多孔陶瓷作为敏感元件有抗腐蚀、耐高温、响应速度快、灵敏度高等优良特性，这是其他敏感元件不能代替的。然而，多孔陶瓷材料作为敏感元件仍然有它的不足：材料的脆性，缺乏完整材料的大规模生产体系，缺乏对材料孔结构精确设计与控制的有效手段，缺乏将孔结构与力学性能相联系的有效模型。目前能够克服这一缺陷的就是引进纳米技术，用纳米技术制作的多孔陶瓷材料可以集合多孔陶瓷与纳米陶瓷的各自优点。在多孔陶瓷传感器的应用技术方面，信息融合技术将推动多孔陶瓷传感器的发展。

参 考 文 献

1 Jeannine Saggio – Woyansky, Curtis E. Scott, W. P. Minnear. processing of porous ceramic. American Ceramic Society Bulletin, 1992, 71 (11): 1674 ~ 1682

2 Lorna J. Gibson, Michael F. Ashby 著. 刘培生译. 多孔固体结构与性能. 北京: 清华大学出版社, 2003, 11

3 M.V 斯温主编. 陶瓷的结构与性能. 北京: 材料科学与技术出版社, 1998, 11

4 罗民华. 莫来石纤维多孔陶瓷的制备、结构表征及性能研究. 华南理工大学博士学位论文, 2003, 6

5 Joseph A. Fernando. PROCESSING, STRUCTURE AND PROPERTIES OF AN ALUMINA FIBER BASED HIGH TEMPERATURE FILTER MEMBRANE. Doctor Dissertation of the Graduate School of State University of New York at Buffalo, 2001, 9

6 徐惠忠, 周明编著. 绝热材料生产及应用. 北京: 中国建材工业出版社, 2001, 8

7 诸爱珍. 硅藻土基多孔陶瓷的研制. 陶瓷, 2004, (1): 17 ~ 18 – 33

8 张金升, 丛晓敏, 于文等. 空心砖、多孔砖自动化控制生产线. 砖瓦, 1999, (6): 32 ~ 34

9 秦振平, 郭红霞. 模板法合成有序多孔材料研究进展. 化工进展, 2002, 21 (5): 323 ~ 327

10 朱承翔, 路庆华. 从《SCIENCE》和《NATURE》文献看多孔性材料制备的最新动态. 化工新型材料, 2001, 29 (1): 22 ~ 25

11 段曦东. 多孔陶瓷的制备、性能及应用. 陶瓷研究, 1999, 14 (3): 12 ~ 17

12 江培秋, 李素珍. 高孔隙多孔陶瓷材料的制备工艺. 现代技术陶瓷, 2003, (2): 37 ~ 40

13 JENG – MAW CHIOU, D.D.L CHUNG. Improvement of the temperature resistance of aluminium matrix composites using an acid phosphate binder Part Ⅱ Preforms. JOURNAL OF MATERIALS SCIENCE, 1993, 28: 1447 ~ 1470

14 [美] W.D. 金格瑞等著. 清华大学无机非金属材料教研组译. 陶瓷导论. 北京: 中国建筑工业出版社, 1982

15 史可顺. 多孔陶瓷制造工艺及进展. 硅酸盐通报, 1994, (3): 38 ~ 44

16 罗民华, 曾令可. 多孔陶瓷的表征与性能测试技术. 佛山陶瓷, 2004, (2): 3 ~ 6

17 王珏. 新型纳米多孔材料气凝胶. 世界科学, 1996, (5): 25 ~ 26

18 朱新文, 江东亮, 谭寿洪. 多孔陶瓷的制备、性能及应用: (Ⅰ) 多孔陶瓷的制造工艺. 陶瓷学报, 2003, 24 (1): 40 ~ 45

19 王连星, 宁青菊等. 多孔陶瓷材料. 硅酸盐通报, 1998, 1: 41 ~ 45

20 杨刚宾, 蔡序珩, 乔冠军. 多孔陶瓷制备技术及其进展. 河南科技大学学报 (自然科学版), 2004, 25 (2): 99 ~ 103

21 黄敏明等. 孔结构的变化对催化剂载体强度的影响. 中国科学技术大学学报, 1986, 1: 38 ~ 43

22 资文华, 陈庆华, 孙俊赛等. SiO₂ 基复合多孔陶瓷载体的制备. 中国陶瓷, 2004, 40 (2): 25 ~ 29

23 江培秋. 影响多孔陶瓷挤出成型工艺因素探讨. 现代技术陶瓷, 2004, (1): 6 ~ 9

24 严继民, 张启元, 高敬琮编著. 吸附与凝聚. 北京: 科学出版社, 1986

25 史泰尔斯 AB 著. 李大东, 钟孝湘译. 催化剂载体与负载型催化剂. 北京: 中国石化出版社, 1992, 1

26 宝鸡有色金属研究所编. 粉末冶金多孔材料 (下册). 北京: 冶金工业出版社, 1979

27 韩永生等. 多孔陶瓷材料应用及制备的研究进展. 材料导报, 2002, 16 (3): 26 ~ 29

28 徐如人, 庞文琴等著. 分子筛与多孔材料化学. 北京: 科学出版社, 2004

29 黄培, 徐南平, 时钧. γ – Al₂O₃ 超滤膜分离层活性孔孔径分布测定研究. 膜科学与技术, 1996, 16

（4）：32～38

30 熊兆贤著 . 陶瓷材料的分形研究 . 北京：科学出版社，2000

31 倪文，刘凤梅 . 纳米孔超级绝热材料的原理与制备 . 保温材料与建筑节能，2002，22（1）：36～38

32 甘礼华，陈龙武，张宇星 . 非超监界法制备 SiO$_2$ 气凝胶 . 物理化学学报，2003，19（6）：504～508

33 罗儒显 . 无机微孔基质膜的研制及表征 . 华南理工大学博士学位论文，1995，6

34 李月琴，吴基球 . 多孔陶瓷的制备、应用及发展前景 . 陶瓷工程，2000，（6）：44～47—37

35 穆柏春，李德，贾天敏等 . 过滤净化分离用的多孔陶瓷材料 . 辽宁工学院学报，1995，15（4）：1～5

36 黄培，邢卫红，徐南平等 . 气体泡压法测定无机微滤膜孔径分布研究 . 水处理技术，1996，22（2）：80～84

37 GB/T 1966—1996（代替 GB 1966—80）. 多孔陶瓷显气孔率、容重试验方法

38 张守梅，曾令可，张明 . 地铁多孔吸音材料的研制 . 保温材料与建筑节能，2003，（5）60～62

39 E. 利弗森主编 . 材料的特征检测（第Ⅱ部分）. 北京：科学出版社，1998，6

40 姜继圣，罗玉萍，兰翔 . 新型建筑绝热、吸声材料 . 北京：北京化学工业出版社，2002

41 王小华，曾令可，罗民华 . 用于汽车尾气净化的多孔陶瓷 . 中国陶瓷工业，2004，11（5）：45～48

42 陈驹声，居乃琥，陈石根编著 . 固定化酶理论与应用 . 北京：轻工业出版社，1987

43 王迎军，朱建业，郑岳华 . 羟基磷灰石陶瓷粉料的合成 . 中国陶瓷，1994，（4）：12～17

44 梁列峰，翁杰 . 构建高贯通多孔生物陶瓷的纤维处理与功效 . 天津工业大学学报，2005，24（3）：13～16

45 罗宇宽，王迎军，刘康时等 . 多孔型羟基磷灰石/骨诱导蛋白复合人工骨的研究与临床应用 . 硅酸盐通报，1998，（1）：10～12—32

46 徐启华，吴扬 . 多功能陶瓷传感器 . 工业仪表与自动化装置，1995，（1）：18～20

47 李平，余萍，肖定全等 . 气敏传感器的近期发展 . 功能材料，1999，30（2）：126～132